Dr. Etzold
Diplom-Ingenieur für Fahrzeugtechnik

# So wird's gemacht

pflegen – warten – reparieren

**Band 103**

**Mercedes E-Klasse, Typ 210
Limousine/T-Modell**

Benziner
2,0 l/100 kW (136 PS)   6/95 – 3/02
2,0 l/120 kW (163 PS)   5/00 – 3/02
2,3 l/110 kW (150 PS)   6/95 – 6/98
2,4 l/125 kW (170 PS)   8/97 – 4/00
2,6 l/125 kW (170 PS)   5/00 – 3/02
2,8 l/142 kW (193 PS)  12/95 – 3/97
2,8 l/150 kW (204 PS)   2/97 – 3/02
3,2 l/162 kW (220 PS)   6/95 – 6/97
3,2 l/165 kW (224 PS)   7/97 – 3/02

Delius Klasing Verlag

**Redaktion:** Günter Skrobanek (Text)
Christine Etzold (Bild)

Bibliografische Information der Deutschen Nationalbibliothek

Die Deutsche Nationalbibliothek verzeichnet diese Publikation in der Deutschen Nationalbibliografie; detaillierte bibliografische Daten sind im Internet über http://dnb.dnb.de abrufbar.

8. Auflage / G
ISBN 978-3-7688-0963-4
© Delius Klasing & Co. KG, Bielefeld

© Abbildungen: Redaktion Dr. Etzold; Daimler AG
**Alle Angaben ohne Gewähr**
Druck: Kunst- und Werbedruck, Bad Oeynhausen
Printed in Germany 2017

Alle in diesem Buch enthaltenen Angaben und Daten wurden von dem Autor nach bestem Wissen erstellt und von ihm sowie vom Verlag mit der gebotenen Sorgfalt überprüft. Gleichwohl können wir keinerlei Gewähr oder Haftung für die Richtigkeit, Vollständigkeit und Aktualität der bereitgestellten Informationen übernehmen.

Alle Rechte vorbehalten! Ohne ausdrückliche Erlaubnis des Verlages darf das Werk weder komplett noch teilweise reproduziert, übertragen oder kopiert werden, wie z. B. manuell oder mit Hilfe elektronischer und mechanischer Systeme einschließlich Fotokopieren, Bandaufzeichnung und Datenspeicherung.

Delius Klasing Verlag, Siekerwall 21, D-33602 Bielefeld
Tel.: 0521/559-0, Fax: 0521/559-115
E-Mail: info@delius-klasing.de
www.delius-klasing.de
http://sowirdsgemacht.com

## Lieber Leser,

die Automobile werden von Modellgeneration zu Modellgeneration technisch immer aufwendiger und komplizierter. Ohne eine Anleitung kann man mitunter nicht einmal mehr die Glühlampe eines Scheinwerfers auswechseln. Und so wird verständlich, dass von Jahr zu Jahr immer mehr Heimwerker zum »So wird's gemacht«-Handbuch greifen.

Doch auch der kundige Hobbymonteur sollte bedenken, dass der Fachmann viel Erfahrung hat und durch die Weiterschulung und den ständigen Erfahrungsaustausch über den neuesten Technikstand verfügt. Mithin kann es für die Überwachung und Erhaltung der Betriebs- und Verkehrssicherheit des eigenen Fahrzeugs sinnvoll sein, in regelmäßigen Abständen eine Fachwerkstatt aufzusuchen.

Grundsätzlich muß sich der Heimwerker natürlich darüber im klaren sein, daß man mit Hilfe eines Handbuches nicht automatisch zum Kfz-Mechaniker wird. Auch deshalb sollten Sie nur solche Arbeiten durchführen, die Sie sich zutrauen. Das gilt insbesondere für jene Arbeiten, die die Verkehrssicherheit des Fahrzeugs beeinträchtigen können. Gerade in diesem Punkt sorgt das »So wird's gemacht«-Handbuch jedoch für praktizierte Verkehrssicherheit. Durch die Beschreibung der Arbeitsschritte und den Hinweis, die Sicherheitsaspekte nicht außer acht zu lassen, wird der Heimwerker vor der Arbeit entsprechend sensibilisiert und informiert. Auch wird darauf hingewiesen, im Zweifelsfall die Arbeit lieber von einem Fachmann ausführen zu lassen.

> **Sicherheitshinweis**
> Auf verschiedenen Seiten dieses Buches stehen »Sicherheitshinweise«. Bevor Sie mit der Arbeit anfangen, lesen Sie bitte diese Sicherheitshinweise aufmerksam durch und halten Sie sich strikt an die dort gegebenen Anweisungen.

Vor jedem Arbeitsgang empfiehlt sich ein Blick in das vorliegende Buch. Dadurch werden Umfang und Schwierigkeitsgrad der Reparatur offenbar. Außerdem wird deutlich, welche Ersatz- oder Verschleißteile eingekauft werden müssen und ob unter Umständen die Arbeit nur mit Hilfe von Spezialwerkzeug durchgeführt werden kann. Besonders empfehlenswert: Wenn Sie eine elektronische Kamera zur Hand haben, dann sollten Sie komplizierte Arbeitsschritte für den Wiedereinbau fotografisch dokumentieren.

Für die meisten Schraubverbindungen ist das Anzugsdrehmoment angegeben. Bei Schraubverbindungen, die in jedem Fall mit einem Drehmomentschlüssel angezogen werden müssen (Zylinderkopf, Achsverbindungen usw.), ist der Wert **f e t t** gedruckt. Nach Möglichkeit sollte man generell jede Schraubverbindung mit einem Drehmomentschlüssel anziehen. Übrigens: Für viele Schraubverbindungen sind Innen- oder Außen-Torxschlüssel erforderlich.

Als ich Anfang der siebziger Jahre den ersten Band der »So wird's gemacht«-Buchreihe auf den Markt brachte, wurden im Automobilbau nur ganz wenige elektronische Bauteile eingesetzt. Inzwischen ist das elektronische Management allgegenwärtig; ob bei der Steuerung der Zündung, des Fahrwerks oder der Gemischaufbereitung. Die Elektronik sorgt auch dafür, dass es in verschiedenen Bereichen keine Verschleißteile mehr gibt. Das Überprüfen elektronischer Bauteile ist wiederum nur noch mit teuren und speziell auf das Fahrzeugmodell abgestimmten Prüfgeräten möglich, die dem Heimwerker in der Regel nicht zur Verfügung stehen. Wenn also verschiedene Reparaturschritte nicht mehr beschrieben werden, so liegt das ganz einfach am vermehrten Einsatz von elektronischen Bauteilen.

Das vorliegende Buch kann nicht auf jedes technische Fahrzeug-Problem eingehen. Dennoch hoffe ich, dass Sie mit Hilfe der Beschreibungen viele Arbeiten am Fahrzeug durchführen können. Eines sollten Sie jedoch bei Ihren Arbeiten am eigenen Auto beachten: Ständig werden am aktuellen Modell Änderungen in der Produktion durchgeführt, so dass sich die im Buch veröffentlichten Arbeitsanweisungen und Einstelldaten für Ihr spezielles Modell geändert haben könnten. Sollten Zweifel auftreten, erfragen Sie bitte den aktuellen Stand beim Kundendienst des Automobilherstellers.

*Rüdiger Etzold*

# Inhaltsverzeichnis

**Die E-Klasse** . . . . . . . . . . . . . . . . . . . . . . . 11
   Die wichtigsten Motordaten . . . . . . . . . . . . . . 12

**Motor-Mechanik** . . . . . . . . . . . . . . . . . . . . . 13
   Motor aus- und einbauen . . . . . . . . . . . . . . . 13
   Kettenspanner aus- und einbauen . . . . . . . . . 17
   Zylinderkopfdeckel aus- und einbauen
      (4-Zylinder-Motor) . . . . . . . . . . . . . . . . . . 18
   Zylinderkopf/Zylinderkopfdichtung
      aus- und einbauen (4-Zylinder-Motor) . . . . . . . . 19
   Nockenwellen aus- und einbauen
      (4-Zylinder-Motor) . . . . . . . . . . . . . . . . . . 22
   Nockenwellen-Grundstellung prüfen/einstellen
      (4-Zylinder-Motor) . . . . . . . . . . . . . . . . . . 24
   Zylinderkopfdeckel aus- und einbauen
      (V6-Zylinder-Motor) . . . . . . . . . . . . . . . . . 25
   Zylinderkopf/Zylinderkopfdichtung
      aus- und einbauen (V6-Zylinder-Motor) . . . . . . . 25
   Nockenwelle aus- und einbauen
      (V6-Zylinder-Motor) . . . . . . . . . . . . . . . . . 28
   Nockenwellen-Grundstellung prüfen/einstellen
      (V6-Zylinder-Motor) . . . . . . . . . . . . . . . . . 29
   Zylinderkopfdeckel aus- und einbauen
      (Reihen-6-Zylinder-Motor) . . . . . . . . . . . . . . 30
   Zylinderkopf/Zylinderkopfdichtung
      aus- und einbauen (Reihen-6-Zylinder-Motor) . . . . 31
   Nockenwellen aus- und einbauen
      (Reihen-6-Zylinder-Motor) . . . . . . . . . . . . . . 34
   Nockenwellen-Grundstellung prüfen
      (Reihen-6-Zylinder-Motor) . . . . . . . . . . . . . . 35
   Hydraulische Tassenstößel prüfen . . . . . . . . . 36
   Ventilschaftabdichtungen ersetzen . . . . . . . . . 37
   Ventil aus- und einbauen . . . . . . . . . . . . . . 39
   Ventilführungen prüfen . . . . . . . . . . . . . . . 40
   Ventilsitz im Zylinderkopf nacharbeiten . . . . . . . 41
   Kompression prüfen . . . . . . . . . . . . . . . . . 41
   Untere Motorraumabdeckung aus- und einbauen . . 42
   Keilrippenriemen aus- und einbauen/spannen . . . 43
   **Störungsdiagnose Motor** . . . . . . . . . . . . . . 46

**Motor-Schmierung** . . . . . . . . . . . . . . . . . . . 47
   Der Ölkreislauf . . . . . . . . . . . . . . . . . . . . 48
   Die Ölstandanzeige . . . . . . . . . . . . . . . . . 49
   Ölstandgeber aus- und einbauen . . . . . . . . . . 50
   Öldruck prüfen . . . . . . . . . . . . . . . . . . . . 50
   Öldruckregelventil aus- und einbauen . . . . . . . . 52
   Ölwanne aus- und einbauen . . . . . . . . . . . . . 53
   **Störungsdiagnose Ölkreislauf** . . . . . . . . . . . 55

**Motor-Kühlung** . . . . . . . . . . . . . . . . . . . . . 56
   Der Kühlmittelkreislauf . . . . . . . . . . . . . . . 56
   Kühlmittel ablassen und auffüllen . . . . . . . . . 57
   Kühler-Frostschutzmittel/Mischungsverhältnis . . . 58
   Kühlmittelregler (Thermostat) prüfen . . . . . . . . 59
   Kühlsystem prüfen . . . . . . . . . . . . . . . . . 59
   Geber für Kühlmittelstandanzeige
      aus- und einbauen/prüfen . . . . . . . . . . . . . 61

Kühlmittelregler (Thermostat) aus- und einbauen . . 62
Lüfterhaube/Kühlerlüfter . . . . . . . . . . . . . . . 63
Lüfterhaube aus- und einbauen . . . . . . . . . . . 64
Visco-Lüfterkupplung aus- und einbauen . . . . . . 65
Kühler aus- und einbauen . . . . . . . . . . . . . . 66
Kühlmittelpumpe aus- und einbauen . . . . . . . . 68
**Störungsdiagnose Motor-Kühlung** . . . . . . . . . 70
**Störungsdiagnose Kühlmittelstandanzeige** . . . . 70

**Kraftstoffanlage** . . . . . . . . . . . . . . . . . . . . 71
   Kraftstoff sparen beim Fahren . . . . . . . . . . . 71
   Sicherheits- und Sauberkeitsregeln
      bei Arbeiten an der Kraftstoffversorgung . . . . . . 71
   Tankgeber aus- und einbauen . . . . . . . . . . . 72
   Kraftstoffpumpe aus- und einbauen . . . . . . . . 73
   Luftfilter aus- und einbauen . . . . . . . . . . . . . 74
   Luftfilter-Querrohr aus- und einbauen . . . . . . . 74
   Saugrohr aus- und einbauen . . . . . . . . . . . . 75
   Gaszug/Drosselklappengestänge einstellen . . . . 76
   Gaszug/Drosselklappengestänge einstellen . . . . 77
   Gaszug einstellen . . . . . . . . . . . . . . . . . . 79
   Gaszug aus- und einbauen . . . . . . . . . . . . . 79

**Motorsteuerung/Einspritzanlage/Zündung** . . . . . . 81
   Sicherheitsmaßnahmen bei Arbeiten
      an der Motorsteuerung . . . . . . . . . . . . . . . 82
   Funktion der Motorsteuerung . . . . . . . . . . . . 83
   Das Zündsystem . . . . . . . . . . . . . . . . . . 84
   Zündkerzentechnik . . . . . . . . . . . . . . . . . 84
   Zündspulen aus- und einbauen . . . . . . . . . . . 85
   Luftmassenmesser aus- und einbauen . . . . . . . 86
   Unterdruckanschlüsse . . . . . . . . . . . . . . . 87
   Kraftstoffverteiler mit Einspritzventilen
      aus- und einbauen . . . . . . . . . . . . . . . . . 88
   Einspritzventile aus- und einbauen . . . . . . . . . 89
   Einspritzventile prüfen . . . . . . . . . . . . . . . 89
   Lambdasonde aus- und einbauen . . . . . . . . . 90
   **Störungsdiagnose Benzin-Einspritzanlage** . . . . 91

**Abgasanlage** . . . . . . . . . . . . . . . . . . . . . . 92
   Funktion des Katalysators . . . . . . . . . . . . . 93
   Sicherheitsregeln für Katalysator-fahrzeuge . . . . 94
   Abgasanlage auf Dichtigkeit prüfen . . . . . . . . . 94
   Abgasanlage aus- und einbauen . . . . . . . . . . 95
   Mittel- und Nachschalldämpfer aus- und einbauen . . 96

**Kupplung** . . . . . . . . . . . . . . . . . . . . . . . . 97
   Dicke der Kupplungsscheibe
      in eingebautem Zustand prüfen . . . . . . . . . . 98
   Kupplung aus- und einbauen/prüfen . . . . . . . . 98
   Ausrücklager aus- und einbauen . . . . . . . . . . 100
   Kupplungsbetätigung entlüften/
      Hydraulikflüssigkeit erneuern . . . . . . . . . . . 101
   Kupplungsnehmerzylinder aus- und einbauen . . . 102
   **Störungsdiagnose Kupplung** . . . . . . . . . . . 103

**Getriebe/Schaltung/Automatikgetriebe** . . . . . . . 104
   Getriebe aus- und einbauen . . . . . . . . . . . . 104
   Gelenkwelle aus- und einbauen . . . . . . . . . . 108
   Schaltung einstellen . . . . . . . . . . . . . . . . . 109
   Vollautomatik . . . . . . . . . . . . . . . . . . . . . 110
   Ölstand im automatischen Getriebe prüfen . . . . . 111
   Schaltstange einstellen . . . . . . . . . . . . . . . 112

**Vorderachse** . . . . . . . . . . . . . . . . . . . . . . . 113
   Stoßdämpfer aus- und einbauen . . . . . . . . . . 114
   Stoßdämpfer prüfen/verschrotten . . . . . . . . . 115
   Schraubenfeder vorn aus- und einbauen . . . . . . 116
   Radlagerspiel vorn einstellen . . . . . . . . . . . . 117

**Hinterachse** . . . . . . . . . . . . . . . . . . . . . . . 118
   Stoßdämpfer hinten aus- und einbauen . . . . . . . 119
   Schraubenfeder hinten aus- und einbauen . . . . . 120
   Hinterachswelle aus- und einbauen . . . . . . . . . 122
   Hinterachswelle zerlegen/
      Gummimanschetten ersetzen . . . . . . . . . . 124

**Lenkung** . . . . . . . . . . . . . . . . . . . . . . . . . 126
   Sicherheitsmaßnahmen zum Airbag/Sidebag . . . . 126
   Airbageinheit am Lenkrad aus- und einbauen . . . . 127
   Lenkrad aus- und einbauen . . . . . . . . . . . . . 127
   Spurstangenkopf aus- und einbauen . . . . . . . . 128
   Gummimanschette für Lenkung
      aus- und einbauen . . . . . . . . . . . . . . . . 129
   Lenkhilfpumpe aus- und einbauen . . . . . . . . . 130

**Bremsanlage** . . . . . . . . . . . . . . . . . . . . . . 132
   Technische Daten Bremsanlage . . . . . . . . . . . 134
   Bremsbeläge vorn aus- und einbauen . . . . . . . . 135
   Scheibenbremsbeläge hinten aus- und einbauen . . . 138
   Bremsscheibendicke/Seitenschlag prüfen . . . . . . 140
   Bremssattel aus- und einbauen . . . . . . . . . . . 141
   Bremsscheibe aus- und einbauen . . . . . . . . . . 143
   Die Bremsflüssigkeit . . . . . . . . . . . . . . . . . 143
   Bremsanlage entlüften . . . . . . . . . . . . . . . 144
   Bremsschlauch aus- und einbauen . . . . . . . . . 145
   Die Feststellbremse . . . . . . . . . . . . . . . . . 147
   Pedal für Feststellbremse/vorderen Seilzug
      aus- und einbauen . . . . . . . . . . . . . . . . 147
   Bremsbacken für Feststellbremse
      aus- und einbauen . . . . . . . . . . . . . . . . 148
   Bremskraftverstärker prüfen . . . . . . . . . . . . 150
   Feststellbremse einstellen . . . . . . . . . . . . . . 150
   Bremslichtschalter aus- und einbauen . . . . . . . . 151
   **Störungsdiagnose Bremse** . . . . . . . . . . . . 152

**Räder und Reifen** . . . . . . . . . . . . . . . . . . . 154
   Räder- und Reifenmaße . . . . . . . . . . . . . . . 154
   Reifenfülldruck . . . . . . . . . . . . . . . . . . . . 155
   Reifen- und Scheibenrad- Bezeichnungen . . . . . . 155
   Austauschen und auswuchten der Räder . . . . . . 156
   Reifenpflegetips . . . . . . . . . . . . . . . . . . . 157
   Gleitschutzketten (Schneeketten) . . . . . . . . . . 157
   Fehlerhafte Reifenabnutzung . . . . . . . . . . . . 157
   Vorderwagenunruhe beseitigen . . . . . . . . . . . 158
   Fahrzeugvermessung . . . . . . . . . . . . . . . . 159
   **Störungsdiagnose Reifen** . . . . . . . . . . . . 160

**Karosserie** . . . . . . . . . . . . . . . . . . . . . . . 161
   Fugenmaße . . . . . . . . . . . . . . . . . . . . . 161
   Sicherheitshinweise bei Karosseriearbeiten . . . . . 161
   Stoßfänger vorn aus- und einbauen . . . . . . . . . 162
   Stoßfänger hinten aus- und einbauen . . . . . . . . 163
   Innenkotflügel aus- und einbauen . . . . . . . . . . 163
   Kotflügel aus- und einbauen . . . . . . . . . . . . 164
   Kühlergrill/Mercedes-Stern aus- und einbauen . . . 165
   Motorhaubenschloß aus- und einbauen . . . . . . . 165
   Außenspiegel aus- und einbauen . . . . . . . . . . 166
   Spiegelglas aus- und einbauen . . . . . . . . . . . 166
   Vordertür aus- und einbauen . . . . . . . . . . . . 166
   Tür einstellen . . . . . . . . . . . . . . . . . . . . 167
   Hintertür aus- und einbauen . . . . . . . . . . . . 168
   Türgriff vorn aus- und einbauen . . . . . . . . . . . 168
   Türgriff hinten aus- und einbauen . . . . . . . . . . 170
   Türschloß aus- und einbauen . . . . . . . . . . . . 170
   Türinnenverkleidung aus- und einbauen . . . . . . . 171
   Sidebag aus- und einbauen . . . . . . . . . . . . . 172
   Fensterheber vorn aus- und einbauen . . . . . . . . 172
   Türfenster vorn einstellen . . . . . . . . . . . . . . 173
   Fensterheber hinten aus- und einbauen . . . . . . . 174
   Türfenster vorn aus- und einbauen . . . . . . . . . 174
   Fensterhebermotor aus- und einbauen . . . . . . . 175
   Motorhaube aus- und einbauen . . . . . . . . . . . 176
   Heckklappenverkleidung aus- und einbauen . . . . 177
   Heckklappe aus- und einbauen . . . . . . . . . . . 178
   Schloß für Heckklappe aus- und einbauen . . . . . 178
   Handschuhkasten aus- und einbauen . . . . . . . . 179
   Abdeckung für Schalthebel aus- und einbauen . . . 179
   Aschenbecher vorn aus- und einbauen . . . . . . . 180
   Brillen-/Cassettenfach aus- und einbauen . . . . . . 180
   Mittelkonsole aus- und einbauen . . . . . . . . . . 180
   Bedienblende für Heizung aus- und einbauen . . . 181
   Gepäckraum-Bodenbelag aus- und einbauen . . . . 181
   Verkleidung C-Säule aus- und einbauen . . . . . . . 181
   Gepäckraum-Seitenverkleidung
      aus- und einbauen . . . . . . . . . . . . . . . . 182
   Linke Abdeckung unter Armaturentafel
      aus- und einbauen . . . . . . . . . . . . . . . . 183
   Vordere Sicherheitsgurte/Gurtstraffer/
      Gurtkraftbegrenzer . . . . . . . . . . . . . . . . 183
   Vordersitz aus- und einbauen . . . . . . . . . . . . 183
   Rücksitz aus- und einbauen . . . . . . . . . . . . . 184
   Zentralverriegelung/Diebstahlwarnanlage . . . . . . 185
   Fernbedienung für Zentralverriegelung
      synchronisieren . . . . . . . . . . . . . . . . . . 185
   Zentralverriegelungselemente aus- und einbauen . . 185
   Lufteintritt unterhalb Windschutzscheibe
      aus- und einbauen . . . . . . . . . . . . . . . . 186

**Heizung** . . . . . . . . . . . . . . . . . . . . . . . . . 188
   Klimaanlage . . . . . . . . . . . . . . . . . . . . . 188
   Heizgebläse aus- und einbauen . . . . . . . . . . . 189
   Bediengerät für Heizung aus- und einbauen . . . . 190
   **Störungsdiagnose Heizung** . . . . . . . . . . . 190

**Elektrische Anlage** . . . . . . . . . . . . . . . . . . 191
   Meßgeräte . . . . . . . . . . . . . . . . . . . . . . 191
   Meßtechnik . . . . . . . . . . . . . . . . . . . . . 192
   Elektrisches Zubehör nachträglich einbauen . . . . . 193

Fehlersuche in der elektrischen Anlage . . . . . . . . 194
Schalter auf Durchgang prüfen . . . . . . . . . . . . 195
Relais prüfen . . . . . . . . . . . . . . . . . . . . . . . 195
Elektrische Anlage in der E-Klasse . . . . . . . . . 196
Scheibenwischermotor prüfen . . . . . . . . . . . . . 197
Heizbare Heckscheibe prüfen . . . . . . . . . . . . . 197
Hupe aus- und einbauen . . . . . . . . . . . . . . . . 198
Sicherungen auswechseln . . . . . . . . . . . . . . . . 198
Batterie aus- und einbauen . . . . . . . . . . . . . . 199
Hinweise zur wartungsarmen Batterie . . . . . . . . 200
Batterie laden . . . . . . . . . . . . . . . . . . . . . . 201
Batterie prüfen . . . . . . . . . . . . . . . . . . . . . 201
Batterie lagern . . . . . . . . . . . . . . . . . . . . . 203
Batterie entlädt sich selbständig . . . . . . . . . . . 203
**Störungsdiagnose Batterie** . . . . . . . . . . . . . . 204
Sicherheitshinweise bei Arbeiten
am Drehstromgenerator . . . . . . . . . . . . . . 205
Generator-Ladespannung prüfen . . . . . . . . . . . 205
Generator aus- und einbauen . . . . . . . . . . . . . 205
Schleifkohlen für Generator/Spannungsregler
ersetzen/prüfen . . . . . . . . . . . . . . . . . . . 206
**Störungsdiagnose Generator** . . . . . . . . . . . . . 207
Anlasser aus- und einbauen . . . . . . . . . . . . . . 208
Magnetschalter prüfen/aus- und einbauen . . . . . 209
**Störungsdiagnose Anlasser** . . . . . . . . . . . . . . 210

**Beleuchtungsanlage** . . . . . . . . . . . . . . . . . . . . 211
Lampentabelle . . . . . . . . . . . . . . . . . . . . . . 211
Beleuchtungsanlage der E-Klasse . . . . . . . . . . . 212
Glühlampen für Beleuchtung vorn auswechseln . . . 212
Glühlampe für Nebelscheinwerfer auswechseln . . . . 213
Glühlampe für seitliche Blinkleuchte auswechseln . . 214
Glühlampe für Heckleuchte auswechseln . . . . . . 214
Glühlampe für Kennzeichenleuchte auswechseln . . . 215
Innenraumleuchten aus- und einbauen/
  Glühlampe wechseln . . . . . . . . . . . . . . . . 215
Scheinwerfer einstellen . . . . . . . . . . . . . . . . . 216
Scheinwerfer aus- und einbauen . . . . . . . . . . . . 216
Scheinwerfer-Streuscheibe aus- und einbauen . . . . 217
Heckleuchten in der Heckklappe
  aus- und einbauen . . . . . . . . . . . . . . . . . 218
Heckleuchte im Seitenteil aus- und einbauen . . . . 218

**Armaturen** . . . . . . . . . . . . . . . . . . . . . . . . . 219
Schalttafeleinsatz (Kombiinstrument)
  aus- und einbauen . . . . . . . . . . . . . . . . . 219
Schalttafeleinsatz-Kontrollampen ersetzen/
  Gehäuse zerlegen . . . . . . . . . . . . . . . . . 220
Blinker-/Wischerschalter aus- und einbauen . . . . . 221
Lichtschalter aus- und einbauen . . . . . . . . . . . . 222
Radio aus- und einbauen . . . . . . . . . . . . . . . . 223
Antennenanlage . . . . . . . . . . . . . . . . . . . . . 223
Radio-Codierung eingeben . . . . . . . . . . . . . . 224
Lautsprecher aus- und einbauen . . . . . . . . . . . 224

**Scheibenwischeranlage** . . . . . . . . . . . . . . . . . 225
Scheibenwischergummi ersetzen . . . . . . . . . . . 225
Scheibenwaschdüse einstellen . . . . . . . . . . . . . 227
Wischeranlage/Wischermotor aus- und einbauen . . . 227

Heckwischermotor aus- und einbauen . . . . . . . . 228
Scheibenwaschpumpe prüfen/ersetzen . . . . . . . . 229
**Störungsdiagnose Scheibenwischergummi** . . . . 230

**Wagenpflege** . . . . . . . . . . . . . . . . . . . . . . . 231
Fahrzeug waschen . . . . . . . . . . . . . . . . . . . 231
Fahrzeug reinigen/konservieren . . . . . . . . . . . 231
Lackierung ausbessern . . . . . . . . . . . . . . . . . 232

**Werkzeugausrüstung** . . . . . . . . . . . . . . . . . . 233

**Starthilfe/Fahrzeug abschleppen** . . . . . . . . . . 234
Motor-Starthilfe . . . . . . . . . . . . . . . . . . . . . 234
Fahrzeug abschleppen . . . . . . . . . . . . . . . . . 235

**Fahrzeug aufbocken** . . . . . . . . . . . . . . . . . . 237

**Wartung** . . . . . . . . . . . . . . . . . . . . . . . . . . 239
Wartungsplan ab 3/97 . . . . . . . . . . . . . . . . . 239
Wartungsplan 6/95 – 2/97 . . . . . . . . . . . . . . . 241

**Wartungsarbeiten** . . . . . . . . . . . . . . . . . . . . 242
**Motor und Abgasanlage** . . . . . . . . . . . . . . . 242
Motorölwechsel . . . . . . . . . . . . . . . . . . . . . 242
Sichtprüfung auf Ölverlust . . . . . . . . . . . . . . . 244
Motorölstand prüfen . . . . . . . . . . . . . . . . . . 245
Keilrippenriemen: Zustand prüfen . . . . . . . . . . 245
Gasbetätigung schmieren . . . . . . . . . . . . . . . 246
Kühlmittelstand prüfen . . . . . . . . . . . . . . . . . 247
Frostschutz prüfen . . . . . . . . . . . . . . . . . . . 247
Kühlsystem-Sichtprüfung auf Dichtheit . . . . . . . 248
Kraftstofffilter ersetzen . . . . . . . . . . . . . . . . . 248
Luftfiltereinsatz wechseln . . . . . . . . . . . . . . . 249
Sichtprüfung der Abgasanlage . . . . . . . . . . . . 250
Zündkerzen aus- und einbauen/prüfen . . . . . . . 250
Die richtigen Zündkerzen für die E-Klasse-Motoren . . 251
**Getriebe/Achsantrieb** . . . . . . . . . . . . . . . . . 252
Schaltgetriebe: Sichtprüfung auf Dichtheit . . . . . . 252
Ölstand im Ausgleichgetriebe prüfen . . . . . . . . 252
Gummimanschetten der Achswellen prüfen . . . . . 253
Gelenkscheiben der Gelenkwelle prüfen . . . . . . . 253
Automatikgetriebe: Getriebeöl und Filter wechseln . . 253
**Vorderachse/Lenkung** . . . . . . . . . . . . . . . . . 255
Vorderachsgelenke prüfen . . . . . . . . . . . . . . . 255
Lenkung: Faltenbälge prüfen/
  Spurstangen auf Spiel prüfen . . . . . . . . . . . 256
Ölstand für Servolenkung prüfen . . . . . . . . . . . 256
Ölstand Niveauregulierung/4-MATIC/ASD/ADS
  prüfen . . . . . . . . . . . . . . . . . . . . . . . . 257
**Bremsen/Reifen/Räder** . . . . . . . . . . . . . . . . 258
Bremsbelagdicke/Bremsscheibe prüfen . . . . . . . 258
Bremsflüssigkeitsstand prüfen . . . . . . . . . . . . . 259
Sichtprüfung der Bremsleitungen . . . . . . . . . . . 259
Feststellbremse einbremsen . . . . . . . . . . . . . . 260
Bremsflüssigkeit wechseln . . . . . . . . . . . . . . . 260
Reifenprofil prüfen . . . . . . . . . . . . . . . . . . . 261
Reifenfülldruck prüfen . . . . . . . . . . . . . . . . . 262
Reifenventil prüfen . . . . . . . . . . . . . . . . . . . 262

**Karosserie/Innenausstattung** . . . . . . . . . . . . 263
Motorhaube schmieren . . . . . . . . . . . . . . . . 263
Sichtprüfung aller Sicherheitsgurte . . . . . . . . . . 263
Staubfilter/Aktivkohlefilter ersetzen . . . . . . . . . . 264
Schiebedach: Gleitschienen und
   Gleitbacken reinigen . . . . . . . . . . . . . . . . 265
Anhängevorrichtung prüfen/reinigen/schmieren . . . . 266
**Elektrische Anlage** . . . . . . . . . . . . . . . . . 267
Kontrolleuchten/Außenbeleuchtung: Funktion prüfen . 267
Teleskopstab der Antenne reinigen . . . . . . . . . 267
Batterie: Flüssigkeitsstand prüfen . . . . . . . . . . 268
Serviceanzeige im Kombiinstrument zurücksetzen . . 268

**Maße der E-Klasse** (T-Modell) . . . . . . . . . . . . 269

# Die E-Klasse

Im Juni 1995 startete europaweit die neue Modellgeneration der E-Klasse. Wesentliche Merkmale des Designs sind das Vier-Scheinwerfer-Gesicht und die coupé-ähnliche Heckform.

Im Juli 1999 erfolgte ein dezentes Facelift. Dabei wurde die Frontpartie um rund 2 cm abgesenkt, Motorhaube und Kühlergrill neu gestaltet und die Stoßfängerverkleidung in die Karosserie integriert. Die seitlichen Blinkleuchten befinden sich jetzt in den Gehäusen der Außenspiegel, anstelle der Glühlampen werden Leuchtdioden eingesetzt. Geringfügig geändert hat sich ebenfalls die Einbauposition der Scheinwerfer – sie sitzen jetzt tiefer und flacher in der Frontpartie.

Dank einer optimierten Karosseriestruktur mit großen Deformationszonen und wirksamen Rückhaltesystemen mit serienmäßigem Gurtkraftbegrenzer sowie Front- und Seitenairbags zählt die E-Klasse zu den sichersten Automobilen ihrer Klasse.

Für den Antrieb der E-Klasse stehen recht unterschiedliche Dieselmotoren mit einem breiten Leistungsspektrum und unterschiedlicher Diesel-Einspritztechnik zur Verfügung.

Beim Fahrwerk setzt das Unternehmen auf die von anderen Mercedes-Modellen her bekannte Doppelquerlenker-Vorderachse sowie die Raumlenker-Hinterachse. Diese bewährten Konstruktionen bieten eine exakte Radführung und ein neutrales Eigenlenkverhalten.

Über die gleiche Fahrwerkstechnik verfügen auch die T-Modelle, die im April 1996 der Öffentlichkeit präsentiert wurden. Dank der umklappbaren Fondsitzbank bietet diese Modellvariante ein Höchstmaß an Variabilität. Bei dachhoher Beladung beträgt das Fassungsvermögen der Kombi-Modelle im Fond fast 2.000 Liter.

Das T-Modell wurde mit der bisherigen Karosserieform bis März 2003 gebaut, während die Limousine bereits im Frühjahr 2002 von der nächsten Modellgeneration abgelöst wurde.

Die in diesem Band beschriebenen Wartungsarbeiten gelten für alle Modellvarianten.

**Limousine 6/95 – 6/99**

**Limousine 7/99 – 3/02**

# Die wichtigsten Motordaten

| Modellbezeichnung | | E 200 | E 200 | E 200 EVO | E 230 | E240 | E240 2.6 | E 280 |
|---|---|---|---|---|---|---|---|---|
| Herstellungszeitraum | von – bis | 6/95 – 6/99 | 7/99 – 3/02 | 5/00 – 3/02 | 6/95 – 6/98 | 8/97 – 4/00 | 5/00 – 3/02 | 12/95 – 3/97 |
| Typ | Limousine | 210.035 | 210.035 | 210.048 | 210.037 | 210.061 | 210.062 | 210.053 |
| | T-Modell[1] | – | 210.235 | 210.248 | 210.237 | 210.261 | 210.262 | – |
| Motor | | 111.942 | 111.945 | 111.957 | 111.970 | 112.911 | 112.914 | 104.945 |
| Hubraum | cm³ | 1998 | 1998 | 1998 | 2295 | 2398 | 2597 | 2799 |
| Leistung | kW bei 1/min | 100/5500 | 100/5500 | 120/5300 | 110/5400 | 125/5900 | 125/5500 | 142/5500 |
| | PS bei 1/min | 136/5500 | 136/5500 | 163/5300 | 150/5400 | 170/5900 | 170/5500 | 193/5500 |
| Drehmoment | Nm bei 1/min | 190/4000 | 190/3700 | 230/2500 | 220/3700 | 225/3000 | 240/4500 | 270/3750 |
| Bohrung | ∅ mm | 89,9 | 89,9 | 89,9 | 90,9 | 83,2 | 89,9 | 89,9 |
| Hub | mm | 78,7 | 78,7 | 78,7 | 88,4 | 73,5 | 68,2 | 73,5 |
| Verdichtung | | 9,6[2] | 10,4 | 9,5 | 10,4 | 10,0 | 10,5 | 10,0 |
| Zylinderzahl | | R4 | R4 | R4 | R4 | V6 | V6 | R6 |
| Ventile pro Zylinder | | 4 | 4 | 4 | 4 | 3 | 3 | 4 |
| Motor-Steuerung | | HFM | HFM | HFM | HFM | HFM | HFM | HFM |
| Zündfolge | | 1-3-4-2 | 1-3-4-2 | 1-3-4-2 | 1-3-4-2 | 1-4-3-6-2-5 | 1-4-3-6-2-5 | 1-5-3-6-2-4 |
| **Füllmengen** | | | | | | | | |
| Motoröl (mit Filter) | Liter | 5,5 | 5,5 | 5,6 | 5,5 | 8,0 | 8,0 | 7,5 |
| Kühlflüssigkeit | Liter | 8,5 | 8,5 | 8,5 | 8,5 | 9,6 | 10,0 | 9,0 |

| Motorbezeichnung | | E 280 | E 320 | E 320 | E 420 | E 430 | E 50 AMG | E 55 AMG |
|---|---|---|---|---|---|---|---|---|
| Herstellungszeitraum | von – bis | 2/97 – 3/02 | 6/95 – 6/97 | 7/97 – 3/02 | 2/96 – 2/98 | 3/98 – 3/02 | 3/96 – 9/97 | 10/97 – 3/02 |
| Typ | Limousine | 210.063[3] | 210.055 | 210.065 | 210.072 | 210.070 | 210.072 | 210.074 |
| | T-Modell[1] | 210.263[3] | – | 210.265 | 210.272 | – | – | 210.274 |
| Motor | | 112.921 | 104.995 | 112.941 | 119.985 | 113.940 | 119.985 | 113.980 |
| Hubraum | cm³ | 2799 | 3199 | 3199 | 4196 | 4266 | 4973 | 5439 |
| Leistung | kW bei 1/min | 150/5700 | 162/5500 | 165/5600 | 205/5700 | 205/5750 | 255/5750 | 260/5500 |
| | PS bei 1/min | 204/5700 | 220/5500 | 224/5600 | 279/5700 | 279/5750 | 347/5750 | 354/5500 |
| Drehmoment | Nm bei 1/min | 270/3000 | 315/3850 | 315/3000 | 400/3000 | 400/3000 | 480/3750 | 530/3000 |
| Bohrung | ∅ mm | 89,9 | 89,9 | 89,9 | 92,0 | 89,9 | 96,5 | 97,0 |
| Hub | mm | 73,5 | 84,0 | 84,0 | 78,9 | 84,0 | 85,0 | 92,0 |
| Verdichtung | | 10,0 | 10,0 | 10,0 | 11,0 | 10,0 | 11,0 | 10,5 |
| Zylinderzahl | | V6 | R6 | V6 | V8 | V8 | V8 | V8 |
| Ventile pro Zylinder | | 3 | 4 | 3 | 4 | 3 | 4 | 3 |
| Motor-Steuerung | | Motr.ME2.0 | HFM | Motr.ME2.0 | Motr.ME1.0 | HFM | HFM | HFM |
| Zündfolge | | 1-4-3-6-2-5 | 1-5-3-6-2-4 | 1-4-3-6-2-5 | 1-5-4-8-6-3-7-2 | | | |
| **Füllmengen** | | | | | | | | |
| Motoröl (mit Filter) | Liter | 8,0 | 7,3 | 8,0 | 8,0 | 8,0 | 9,4 | 9,4 |
| Kühlflüssigkeit | Liter | 11,0 | 9,0 | 10,5 | 12,5 | 10,4 | 9,0 | 9,0 |

**HFM** = **H**eißfilm-**M**otorsteuerung, teilweise auch als **HMS** (= **H**eißfilm-**M**otor-**S**teuerung) bezeichnet.
**Motr.** = BOSCH-**Motr**onic

[1] Das T-Modell wurde mit der bisherigen Karosserie noch bis 03/2003 weitergebaut.
[2] Ab 6/96 liegt die Verdichtung bei 10,4.
[3] Typbezeichnung für E280 4MATIC: 210.081 beziehungsweise 210.281.

# Motor-Mechanik

## Motor aus- und einbauen

### 4-Zylinder-Motor

Der Motor kann zusammen mit dem Getriebe nach oben ausgebaut werden. Es empfiehlt sich deshalb auch, das Kapitel »Getriebeausbau« zu lesen. Zum Ausbau des Motors wird ein Kran benötigt. In **keinem Fall** darf der Motor mit einem Rangierheber nach unten abgesenkt werden, da der Heber am Motor schwere Schäden verursachen würde.

Da auch auf der Wagenunterseite einige Verbindungen gelöst werden müssen, werden vier standsichere Unterstellböcke sowie zum Aufbocken des Wagens ein Rangierheber benötigt. Vor der Montage im Motorraum sollten die Kotflügel mit Decken geschützt werden. Die vordere Haube muß beim Motorausbau nicht abgenommen werden.

Der Motor kann auch ohne Getriebe ausgebaut werden. Die Arbeitsschritte mit (*) sind dann nicht erforderlich. Das Getriebe muß dabei mit einem Werkstattwagenheber und einer Holzzwischenlage abgestützt werden; Verbindungsschrauben Motor/Getriebe lösen und Motor mit Montierhebel vom Getriebe abdrücken.

Je nach Baujahr und Ausstattung können die elektrischen Leitungen beziehungsweise Unterdruck- und Kühlmittelschläuche, unterschiedlich im Motorraum verlegt sein. Da nicht auf jede Modellvariante detailliert eingegangen werden kann, empfiehlt es sich, die jeweilige Leitung vor dem Abziehen mit Klebeband zu kennzeichnen. Beschrieben wird der Ausbau des 4-Zylinder-Motors, beim 6-Zylinder-Motor ist sinngemäß vorzugehen.

### Ausbau

- Motorhaube in senkrechte Stellung bringen. Dazu Motorhaube öffnen. Motorhaube etwas herunterdrücken und halten. Am rechten Scharnier, in Fahrtrichtung gesehen, auf den Sperrhebel mit der Aufschrift »PRESS« drücken und Motorhaube in die senkrechte Stellung hochfahren lassen. Die Haube wird nach der Entriegelung durch die Gasdruckdämpfer nach oben gedrückt.

**Hinweis:** Die Fachwerkstatt verwendet zum Herausheben des Motors einen speziellen Motortragebügel, da die Öffnung der Motorhaube auch in senkrechter Stellung nicht ausreicht um den Motor mit dem Kran direkt herausheben zu können. Steht der Tragebügel nicht zur Verfügung Motorhaube ausbauen.

- Untere Motorraumverkleidung ausbauen.
- Klimaanlage 6/95 – 6/96: Visco-Lüfterkupplung ausbauen. Dabei Linksgewinde der Mutter beachten.
- Kühlflüssigkeit ablassen, siehe Seite 57.
- Kühler ausbauen, siehe Seite 66.

**Achtung:** Bei Fahrzeugen mit Klimaanlage sofort nach dem Kühlerausbau Kondensator mit geeigneter Platte aus Blech oder Kunststoff abdecken und dadurch vor Beschädigungen beim Motorausbau schützen. Die Schutzplatte kann selbst angefertigt werden: Maße ca. 400 x 680 x 1 mm, zum Einhängen am Kühler beziehungsweise Kondensator entsprechende Haltebügel an der Platte befestigen.

- Stecker vom Luftmassenmesser abziehen.
- Luftfilter-Querrohr und Luftfilteroberteil zusammen mit Luftmassenmesser herausnehmen.
- Klimaanlage: Keilrippenriemen ausbauen, siehe Seite 43.

### Elektrische Leitungen vom Motor abbauen:

- Batterie-Massekabel (–) bei ausgeschalteter Zündung abklemmen. **Achtung:** Dadurch werden elektronische Speicher gelöscht, wie zum Beispiel der Radiocode. Hinweise im Kapitel »Batterie aus- und einbauen« beachten.
- Abdeckung für Steuergerätebox ausbauen.
- Steckverbindung für Motor-Steuergerät abziehen. Dazu Sicherungsbügel hochziehen und dadurch Stecker entriegeln.
- Steckverbindungen in der Steuergerätebox trennen.
- Verbindung für Überspannschutz trennen.
- Elektrische Leitungen am Generator abklemmen.
- Steckverbindung für Lambdasonde trennen.
- Masseband vom Motor vorn links abschrauben.

- Automatik: Steckverbindung im Motorraum vorn links trennen. Dazu Scheibenwaschbehälter abschrauben und anheben.
- Elektrische Leitung vom Verbinder Klemme 30, Fußraum links, außen an der Karosserie abschrauben.

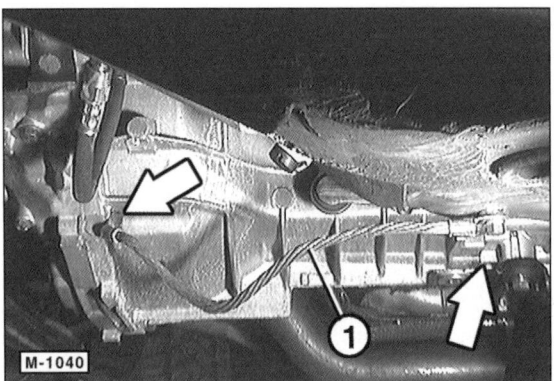

- Von unten Masseband –1– zwischen Motor und Aufbau am Motor abschrauben.
- Wird der Motor vom Getriebe getrennt, Anlasser ausbauen, siehe Seite 208.
- Klimaanlage: Steckverbindung vom Kältekompressor abziehen.

---

- Unterdruckleitung am Ventil für Aktivkohlesystem abziehen.
- *Gaszug aushängen ?*
- Tankdeckel kurzzeitig öffnen und Überdruck im Kraftstoffsystem entweichen lassen.

**Sicherheitshinweise:**

■ **Kein offenes Feuer, nicht rauchen, keine glühenden oder sehr heißen Teile in die Nähe des Arbeitsplatzes bringen. Unfallgefahr! Feuerlöscher bereitstellen.**

■ **Unbedingt für gute Belüftung des Arbeitsplatzes sorgen. Kraftstoffdämpfe sind giftig.**

■ **Das Kraftstoffsystem steht unter Druck. Beim Öffnen der Anlage können Benzinspritzer auftreten, daher austretenden Kraftstoff mit einem Lappen auffangen. Schutzbrille tragen.**

- Kraftstoffleitungen mit Tesaband kennzeichnen und am Leitungsstutzen abbauen. Vorher Schläuche mit handelsüblichen Schlauchklemmen abklemmen. **Achtung:** Kraftstoff läuft aus, Lappen unterlegen.
- Unterdruckleitungen am Saugrohr abziehen beziehungsweise mit Überwurfmutter abschrauben.
- Automatikgetriebe: Unterdruckleitungen an den Umschaltventilen abziehen.

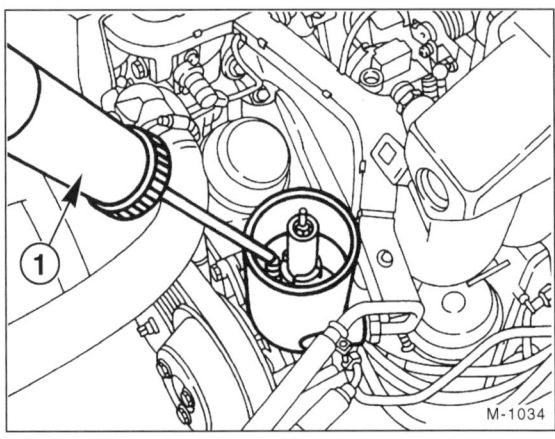

- Hydrauliköl aus dem Vorratsbehälter der Lenkhilfe mit geeigneter Spritze –1– absaugen. Schläuche abschrauben und verschließen.

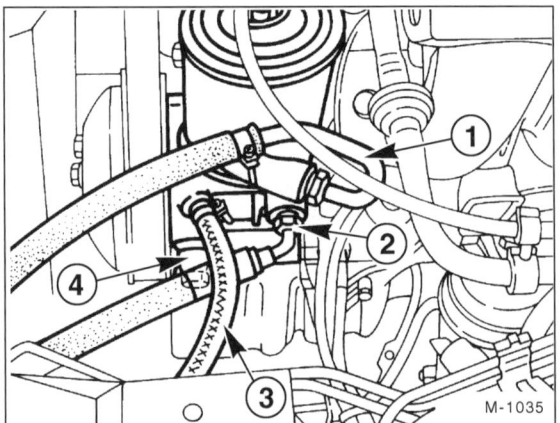

- Rücklaufleitung –1– und Hochdruck-Dehnschlauch –2– für Servolenkung abschrauben. Bei Fahrzeugen mit Niveauregulierung zusätzlich Hochdruckschlauch –3– und Ölleitung –4– für Tandempumpe abschrauben.
- Kühlmittelschläuche am Zylinderkopf hinten und an der Kühlmittelpumpe vorn abziehen. Vorher Schlauchschellen lösen und ganz zurückschieben.

**Sicherheitshinweis:**
**Der Kältemittelkreislauf der Klimaanlage darf nicht geöffnet werden.** Das Kältemittel kann bei Hautberührung zu Erfrierungen führen.

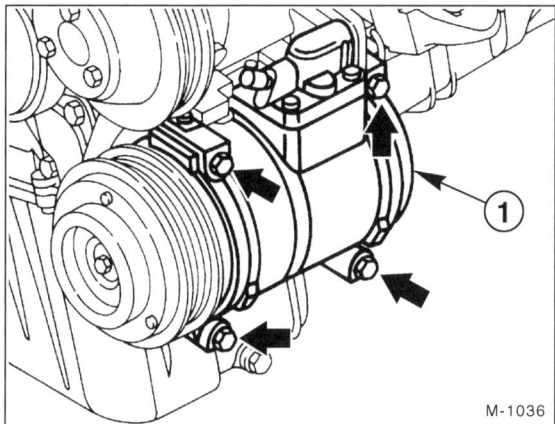

- **Klimaanlage:** Kältekompressor –1– abschrauben –Pfeile– und mit angeschlossenen Leitungen und einem Drahthaken seitlich am Aufbau aufhängen.
- Kühlmittel am Motorblock ablassen. Anschließend Ablaßschraube sofort wieder einschrauben.
- Schaltstangen am Getriebe abbauen, siehe Seite 104.

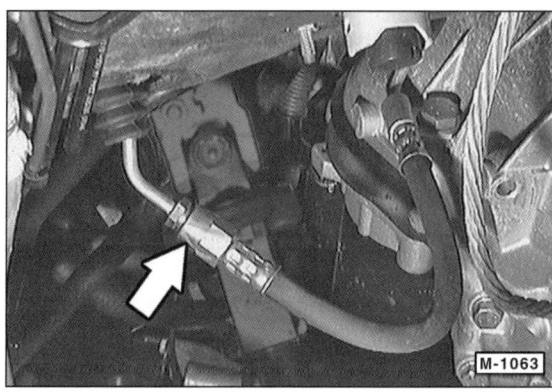

- Hydraulikleitung zum Nehmerzylinder der Kupplung trennen.*
- Abgasanlage ausbauen, siehe Seite 95.
- Klemmutter der Gelenkwelle lösen und Gelenkwelle am Getriebe abschrauben.*
- Motorlager hinten ausbauen.*
- Motorlager von Karosserie beziehungsweise Vorderachsträger abschrauben.
- Wird der Motor vom Getriebe getrennt, Verbindungsschrauben Motor/Getriebe unten herausschrauben.
- Motor anseilen. Dazu geeignetes Seil oder Kette an den Aufhängeösen des Motors einhängen. Motor mit Werkstattkran leicht vorspannen.

- Verbindungsschrauben Motor/Getriebe oben herausschrauben.
- Motor mit Montiereisen vom Getriebe abdrücken und herausheben.

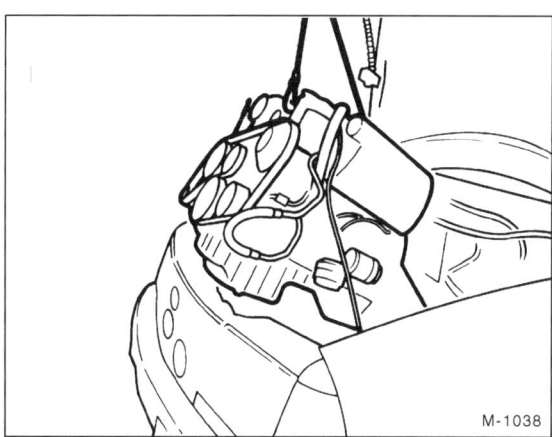

- Motor mit Getriebe in Schräglage drehen und herausheben. Dabei Schräglage anpassen, je weiter der Motor herausgehoben ist, maximale Schräglage ca. 45°.

**Achtung:** Der Motor muß beim Herausheben sorgfältig geführt werden, um Beschädigungen am Aufbau zu vermeiden. Dabei insbesondere auf die hintere Aufhängeöse des Motors und den Motorölfilter achten. Außerdem kontrollieren, ob alle Verbindungen zum Motor gelöst wurden.

- Wurden Motor und Getriebe zusammen ausgebaut, Getriebe abflanschen.

**Einbau**

- Motorlager, Kühlmittel-, Öl- und Kraftstoffschläuche auf Porosität oder Risse prüfen, falls erforderlich erneuern.
- Rillenkugellager in der Kurbelwelle und Kupplungsausrücklager auf leichten Lauf, Ausrückhebel auf Leichtgängigkeit prüfen.
- Kupplungs-Mitnehmerscheibe auf ausreichende Belagdicke sowie Belagzustand prüfen.
- Motorlager vorn und hinten auf Porosität und Beschädigung prüfen.
- Falls ausgebaut, Getriebe an Motor anflanschen und komplett in den Motorraum einfahren.
- Motor einsetzen. Beim Absenken darauf achten, daß der Motor sorgfältig geführt wird, um Beschädigungen an Antriebswelle, Kupplung und Aufbau zu vermeiden.
- Getriebe am Zwischenflansch des Motors anschrauben, dabei Massekabel links unten am Getriebe mit anschrauben.
**Anziehdrehmoment:** Schraube M10x40: **55 Nm**
Schraube M10x45: **55 Nm**
Schraube M10x90: **45 Nm**
- Befestigungsschrauben für die vorderen Motorlager einsetzen und handfest anschrauben.

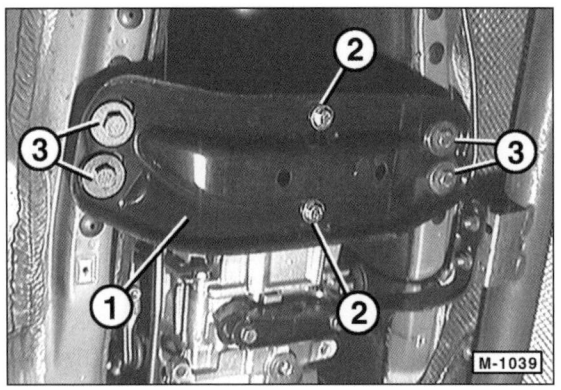

- Hinteres Motorlager mit folgenden Drehmomenten anschrauben:
  Schrauben –2– Motorlager hinten an Motor-
    Querträger hinten –1– (Motor 111/104) ......**25 Nm;**
    (Motor 112) ........................**30 Nm.**
  Schrauben –3– Motor-Querträger
    hinten an Karosserie ..................**40 Nm;**
  Schrauben beziehungsweise Mutter
    Motorlager hinten an Getriebe ..........**40 Nm.**

- Schrauben für vordere Motorlager mit folgenden Drehmomenten anschrauben:
  Schrauben Motorlager vorn
    an Vorderachsträger (Motor 111/104) ......**40 Nm;**
    (Motor 112) ........................**35 Nm.**
  **Falls das Motorlager komplett ausgebaut war:**
  Schrauben für Motorlager an
    Motorträger vorn (Motor 111/104) ..........**55 Nm;**
    (Motor 112) ........................**35 Nm.**
  Schrauben Motorträger
    an Motorblock (Motor 111/104) ..........**25 Nm;**
    (Motor 112) ........................**20 Nm;**
  M6-Schraube Abschirmblech an Motorträger ....**10 Nm.**

- Gelenkwelle am Getriebe einbauen, siehe Seite 108.
- Wurde der Motor ohne Getriebe ausgebaut, Anlasser einbauen, siehe Seite 208.
- Massekabel Motor/Aufbau am Motor anschrauben.
- Schaltstangen am Getriebe anbauen, siehe Seite 104.
- Hydraulikleitung für Kupplung verbinden.
- Abgasanlage einbauen, siehe Seite 95.
- **Klimaanlage:** Kältekompressor anschrauben. Schutzplatte für Kondensator abnehmen. Keilrippenriemen einbauen, siehe Seite 43.
- Kühler einbauen, siehe Seite 66.
- Sämtliche Kühlmittelschläuche aufschieben und mit Schellen sichern.
- **Klimaanlage 6/95 – 6/96:** Visco-Lüfterkupplung einbauen, siehe Seite 65.
- Untere Motorraumabdeckung einbauen, siehe Seite 42.
- Fahrzeug ablassen.

- Rücklaufleitung und Hochdruck-Dehnschlauch für Servolenkung anschrauben. Bei Fahrzeugen mit Niveauregulierung zusätzlich Hochdruckschlauch und Ölleitung für Tandempumpe anschrauben. Druckölpumpe (Niveauteil) der Tandempumpe entlüften.
- Kraftstoffleitungen anschließen.
- Sämtliche Unterdruckschläuche aufstecken, die zum Motor führen.
- Sämtliche elektrische Leitungen anklemmen, die vom Aufbau zum Motor führen. Elektrische Leitungen mit Kabelbindern befestigen.
- Abdeckung für Steuergerätebox einbauen.
- **Automatikgetriebe:** Unterdruckleitungen an den Umschaltventilen aufstecken.
- Unterdruckleitung am Ventil für Aktivkohlesystem aufstecken.
- Luftfilter-Querrohr Luftmassenmesser und Luftfilteroberteil einbauen, siehe Seite 74.
- Stecker vom Luftmassenmesser aufstecken.
- Bremsflüssigkeitsstand prüfen. Kupplung entlüften, siehe Seite 101.
- Hydrauliköl für Lenkhilfe auffüllen, Lenkhilfe entlüften, siehe Seite 130.
- Ölstand im Motor und Getriebe prüfen, gegebenenfalls auffüllen, siehe Seite 245/252.
- Kühlmittel auf Gefrierschutz prüfen und auffüllen, siehe Seite 57.
- Batterie-Massekabel (–) anklemmen.
- Motor auf Betriebstemperatur bringen, Kühlmittelstand überprüfen und sämtliche Schlauchanschlüsse auf Dichtheit prüfen.
- Motorhaube schließen, dazu Sperrhebel am rechten Haubenscharnier drücken. Gegebenenfalls Motorhaube einbauen, siehe Seite 174.
- Zeituhr einstellen.
- Diebstahlcode für Radio eingeben.
- Motor-Fehlerspeicher auslesen lassen.

# Kettenspanner aus- und einbauen

**Ausbau 4-Zylinder-Motor**

- Luftfilteroberteil ausbauen, siehe Seite 74.

> **Sicherheitshinweis:**
> **Der Kältemittelkreislauf der Klimaanlage darf nicht geöffnet werden.** Das Kältemittel kann bei Hautberührung zu Erfrierungen führen.

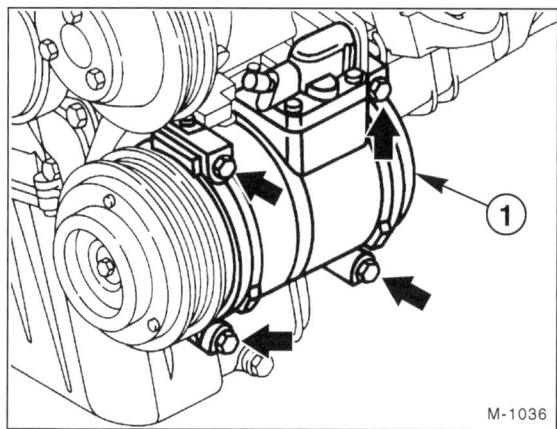

- **Klimaanlage:** Kältekompressor –1– abschrauben –Pfeile– und mit angeschlossenen Leitungen und Draht seitlich am Aufbau aufhängen.
- Visco-Lüfterkupplung ausbauen, siehe Seite 65.
- Lüfterhaube ausbauen, siehe Seite 64.

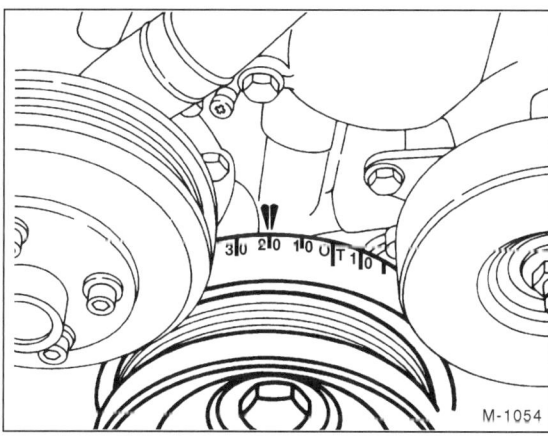

- Motor auf 20° nach Zünd-OT des 1. Zylinders stellen. In dieser Stellung kann die Steuerkette an den Nockenwellenrädern bei ausgebautem Kettenspanner nicht überspringen.

- Zum Drehen des Motors Getriebe in Leerlaufstellung bringen, Handbremse anziehen. Kurbelwelle mit Umschaltknarre und Steckschlüsseleinsatz SW 27 an der Zentralschraube der Kurbelwellen-Riemenscheibe in Motordrehrichtung, also im Uhrzeigersinn, durchdrehen bis die Markierungen übereinstimmen, siehe Abbildung. Der Steckschlüsseleinsatz muß länger als 42 mm sein.

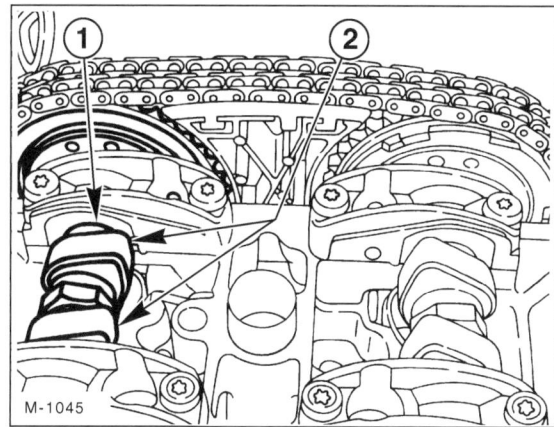

- Prüfen, ob der 1. Zylinder 20° nach OT steht. Dazu Öleinfülldeckel vom Zylinderkopfdeckel abschrauben. Durch die Öffnung sichtprüfen, ob die Spitzen der Einlaßnocken –2– des 1. Zylinders schräg nach oben zeigen. Gegebenenfalls Kurbelwelle um 1 volle Umdrehung weiterdrehen. In der Abbildung ist der Zylinderkopfdeckel zur Verdeutlichung abgenommen. 1 – Einlaßnockenwelle.

- Generator mit Folie oder Lappen abdecken.

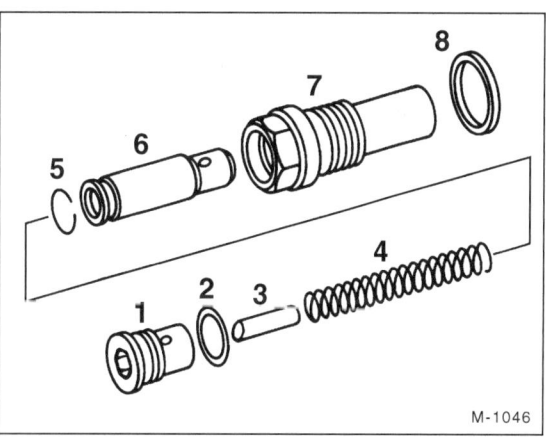

- Verschlußschraube –1– um 1 Umdrehung lösen, dazu wird ein Innensechskantschlüssel SW 10 benötigt.
- Kettenspanner komplett am Teil –7– herausschrauben und abnehmen.

**Achtung:** Wurde der Kettenspanner am Sechskant gelöst, muß er grundsätzlich ausgebaut und zerlegt werden, weil sonst beim Einschrauben die Steuerkette überspannen würde.

- Verschlußschraube –1– mit Dichtring –2– herausschrauben. Druckfeder –4– komplett mit Füllstift –3– herausnehmen.

- Druckbolzen –6– mit Rastfeder –5– nach hinten herausdrücken.
- Einzelteile sorgfältig mit Kraftstoff reinigen und auf Wiederverwendbarkeit (Anlaufspuren, Riefen) prüfen. Beschädigte Teile austauschen, gegebenenfalls Kettenspanner komplett erneuern.

**Einbau**

- Kettenspannergehäuse –7– mit **neuem** Dichtring –8– am Motorblock einschrauben. Anzugsdrehmoment: **80 Nm**.
- Teile –3– bis –6– wie vor der Zerlegung zusammensetzen und in das montierte Kettenspannergehäuse einsetzen.
- Verschlußschraube –1– mit **neuem** Dichtring –2– einschrauben, dabei wird die Feder zusammengedrückt. Schraube mit **40 Nm** anziehen. **Hinweis:** Zur Erleichterung beim Einsetzen, Dichtring mit etwas Fett an der Verschlußschraube ankleben.
- Abdeckfolie oder Lappen vom Generator abnehmen.
- Lüfterhaube einbauen, siehe Seite 64.
- Visco-Lüfterkupplung einbauen, siehe Seite 65.
- Klimaanlage: Kältekompressor anschrauben.
- Luftfilteroberteil einbauen, siehe Seite 74.
- Motor starten und Dichtheit des Kettenspanners prüfen.

**Speziell Reihen-6-Zylinder-Motor M104:**

- Keilrippenriemen ausbauen, siehe Seite 43
- Luftfilter ausbauen, siehe Seite 74.
- Obere Schraube für Generator herausdrehen, untere Schraube lösen.
- Generator nach unten schwenken.

**Speziell V6-Zylinder-Motor M112:**

- Keilrippenriemen ausbauen, siehe Seite 43
- Generator ausbauen, siehe Seite 205.
- Kettenspanner vom Steuergehäuse abschrauben und herausnehmen.
- Kettenspanner mit neuem Dichtring einsetzen und mit **80 Nm** anschrauben.

**Hinweis:** Es ist nicht erforderlich, den Kettenspanner zu zerlegen.

# Zylinderkopfdeckel aus- und einbauen
## 4-Zylinder-Motor

**Ausbau**

- Luftfilter-Querrohr ausbauen, dazu Schlauchbänder lösen.

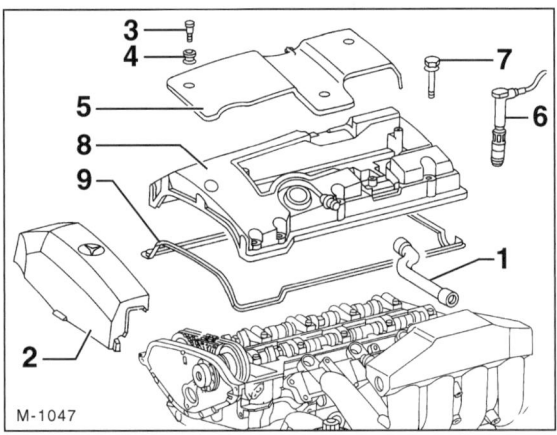

- Motorentlüftungsschlauch –1– vom Zylinderkopfdeckel abziehen, vorher Schlauchschelle lösen.
- Abdeckung –2– seitlich ausclipsen und nach oben abnehmen. Schrauben –3– lösen und Abdeckung –5– abnehmen. 4 – Tülle.
- Alle Zündkerzenstecker –6– abziehen.
- Kabel für Lambdasonde seitlich ausclipsen.
- Schrauben –7– für Zylinderkopfdeckel ausschrauben. **Achtung:** Die Schrauben haben unterschiedliche Längen, daher Einbaulage für Wiedereinbau notieren.
- Zylinderkopfdeckel –8– mit Dichtung –9– abnehmen.

**Einbau**

- Dichtung auf Porosität und Quetschungen überprüfen, gegebenenfalls erneuern.
- Beim Einsetzen der Dichtung besonders auf richtigen Sitz in den hinteren Aussparungen achten.
- Schrauben für Zylinderkopfdeckel mit 10 Nm gleichmäßig anziehen.
- Kabel für Lambdasonde einclipsen.
- Zündkerzenstecker in richtiger Anordnung wieder aufstecken.
- Abdeckungen einclipsen und anschrauben.
- Motorentlüftungsschlauch aufstecken und mit Schlauchschelle sichern.
- Luftfilter-Querrohr einbauen.
- Motor warmfahren und Zylinderkopfdeckel auf Dichtheit prüfen, besonders in den hinteren Aussparungen und in den Zündkerzenschächten.

# Zylinderkopf/Zylinderkopfdichtung aus- und einbauen

## 4-Zylinder-Motor

Zylinderkopf nur bei abgekühltem Motor ausbauen. Abgas- und Ansaugkrümmer bleiben angeschlossen.

Eine defekte Zylinderkopfdichtung ist an einem oder mehreren der folgenden Merkmale erkennbar:

- Leistungsverlust.
- Kühlflüssigkeitsverlust. Weiße Abgaswolken bei warmem Motor.
- Ölverlust.
- Kühlflüssigkeit im Motoröl, Ölstand nimmt nicht ab, sondern zu. Graue Farbe des Motoröls, Schaumbläschen am Peilstab, Öl dünnflüssig.
- Motoröl in der Kühlflüssigkeit.
- Kühlflüssigkeit sprudelt stark.
- Keine Kompression auf 2 benachbarten Zylindern.

### Ausbau

- Motorhaube senkrecht stellen, siehe Seite 13.
- Batterie-Massekabel (–) bei ausgeschalteter Zündung abklemmen. **Achtung:** Dadurch werden elektronische Speicher gelöscht, wie zum Beispiel der Radiocode. Deshalb Hinweise im Kapitel »Batterie aus- und einbauen« durchlesen.
- Zylinderkopfdeckel ausbauen, siehe Seite 18.
- Kühlmittel ablassen, auch am Kurbelgehäuse, siehe Seite 57.
- Kühlmittelregler (Thermostat) ausbauen, siehe Seite 62.
- Kühlmittelschlauch hinten am Zylinderkopf abziehen. Vorher Schelle lösen und zurückschieben.
- Abgasrohr am Abgaskrümmer abschrauben.

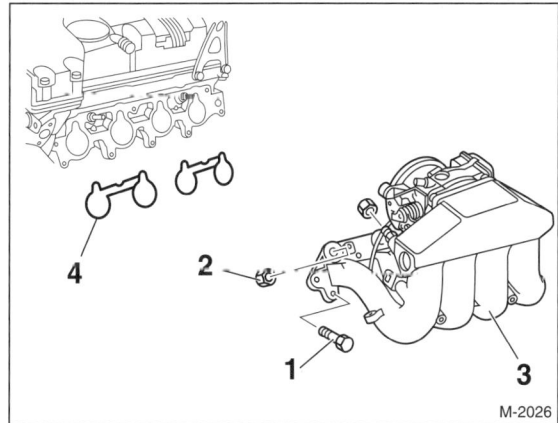

- Saugrohr –3– vom Zylinderkopf abschrauben –1/2– und mit angeschlossenen Anschlußleitungen zur Seite schwenken. 4 – Dichtung.

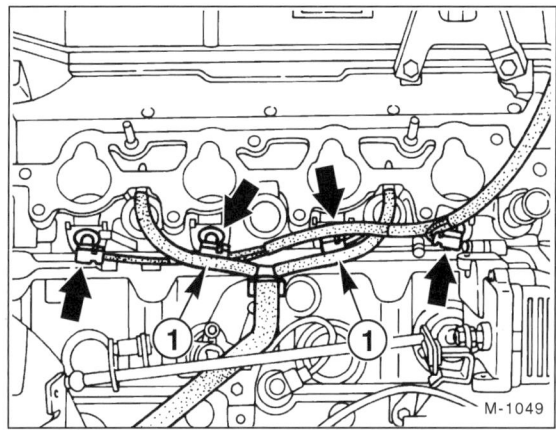

- Entlüftungsleitungen –1– am Zylinderkopf unten abziehen.

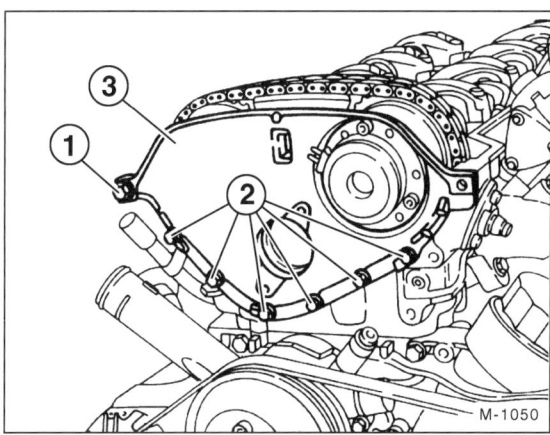

- 2 Schrauben –1– auf beiden Seiten der vorderen Abdeckung –3– ausschrauben. Diese Schrauben haben Gewindedurchmesser 8 mm, außerdem sitzen Paßhülsen hinter der Abdeckung.
- Schrauben –2– (Gewindedurchmesser 6 mm) ausschrauben.
- Abdeckung –3– abnehmen, dabei O-Ring-Dichtung zwischen Abdeckung und Zylinderkopf beachten. Dichtflächen reinigen.
- Führungsrohr für Ölmeßstab am Zylinderkopf abschrauben. Bei Automatikgetriebe, auch Führungsrohr für Getriebe-Ölmeßstab hinten am Zylinderkopf abschrauben.
- Motor auf 20° nach Zünd-OT des 1. Zylinders stellen und Kettenspanner ausbauen, siehe Seite 17.

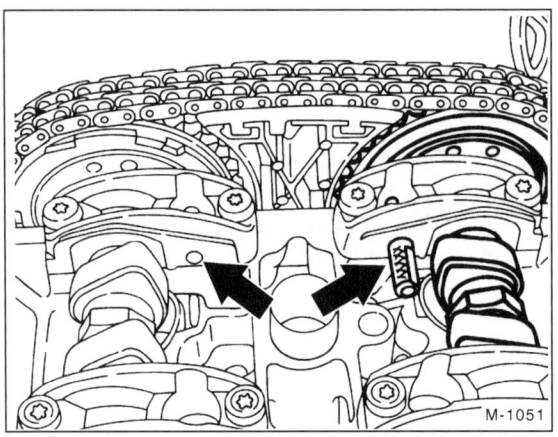

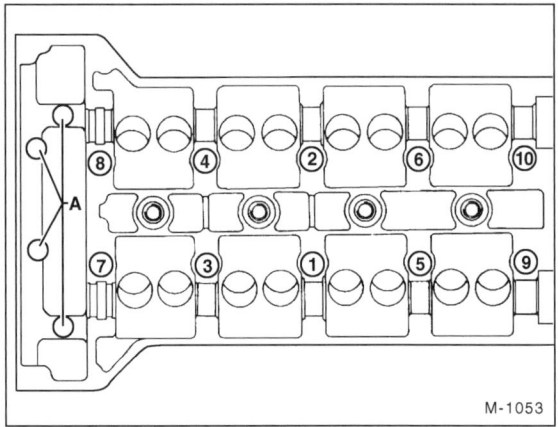

- Nockenwellen mit 2 Fixierstiften durch die Bohrungen in den vorderen Nockenwellenlagern arretieren.
- Lage der Steuerkette zu beiden Nockenwellen-Kettenrädern mit Farbe kennzeichnen, dazu Strich über Kette und Kettenrad ziehen.
- Auslaßnockenwellenrad vom Nockenwellenflansch abschrauben.
- **2,0-l-Motor bis 4/96:** Einlaßnockenwellenrad abschrauben.
- **2,0-l-Motor ab 5/96 und 2,3-l-Motor:** Einlaßnockenwelle mit Nockenwellenversteller ausbauen, siehe Seite 22.

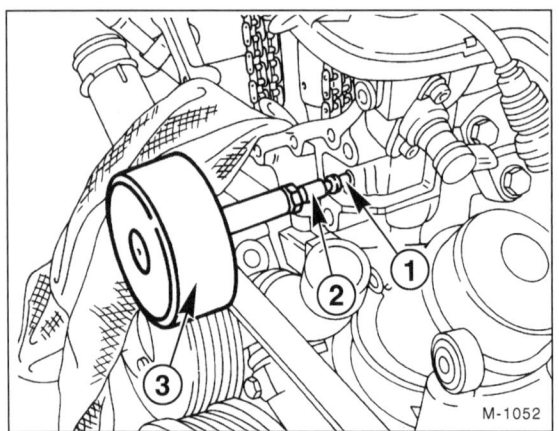

- Gleitschienenbolzen –1– am Gewinde mit Schlagauszieher –2– oder geeignetem Werkzeug ausziehen. Dazu das Gewicht –3– des Schlagausziehers sachte gegen den Anschlag gleiten lassen.

- 4 Kombi- beziehungsweise Torxschrauben –A– zwischen oberem und unterem Steuergehäusedeckel (Deckel, in dem die Steuerkette läuft) herausdrehen.
- Zylinderkopfschrauben in umgekehrter Reihenfolge der Numerierung, also von 10 nach 1, herausdrehen. Hierfür wird ein Innenvielzahn-Schlüsseleinsatz benötigt (z. B. HAZET 990 SLg-12).
- Zylinderkopf abheben. Der Zylinderkopf kann auch mit einem Werkstattkran abgehoben werden. Dazu muß anstelle des 1. Nockenwellenlagerdeckels der Auslaßnockenwelle ein geeigneter Halter, zum Beispiel MERCEDES 104 589 00 40 00, angeschraubt werden. Seil oder Kette durch den Halter und die hintere Motor-Aufhängeösen führen und am Kran einhängen.

### Einbau

Vor dem Einbau Zylinderkopf und Zylinderblock mit geeignetem Schaber von Dichtungsresten freimachen. **Darauf achten, daß keine Dichtungsreste in die Bohrungen fallen.** Bohrungen mit Lappen verschließen.

- Zylinderkopf und Motorblock mit Stahllineal in Längs- und Querrichtung auf Planheit prüfen, gegebenenfalls nacharbeiten (Werkstattarbeit).
- Zylinderkopf auf Risse, Zylinderlauffläche auf Riefen überprüfen.
- Bohrungen der Zylinderkopfschrauben sorgfältig von Öl und anderen Rückständen reinigen. Bohrungen mit Preßluft ausblasen, oder Schraubendreher mit Lappen umwickeln und Flüssigkeit aufsaugen.

**Achtung:** Die Bohrungen für die Zylinderkopfschrauben müssen frei von Öl- und Kühlmittelresten sein. Sonst baut sich Druck beim Einschrauben der neuen Schrauben auf, was zum Reißen des Motorblocks oder zu einem falschen Anzugsdrehmoment führen kann.

- Zylinderkopfdichtung grundsätzlich ersetzen.
- Neue Dichtung ohne Dichtmittel so auflegen, daß keine Bohrungen verdeckt werden.

- Zylinderkopf aufsetzen. Vor dem Aufsetzen sicherstellen, daß Nockenwellen und Kurbelwelle wie beim Ausbau stehen und nicht verdreht wurden, sonst können Ventile auf die Kolben aufsetzen. **Achtung:** Der Zylinderkopf wird durch Paßstifte im Zylinderblock zentriert. Beim Aufsetzen des Zylinderkopfes auf die Gleitschienen achten beziehungsweise Gleitschienen zusammenbinden.

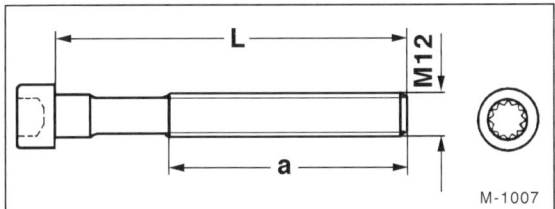

- Länge der Zylinderkopfschrauben messen. **Die Länge im Neuzustand beträgt 102 mm.** Bei jedem Anziehen unterliegen sie einer bleibenden Längung. Bei einer Länge von **105 mm** sind die Kopfschrauben auf jeden Fall zu **ersetzen**.

- Zylinderkopfschrauben am Gewinde und an der Kopfauflagefläche einölen, mit Unterlegscheiben einsetzen und handfest anziehen.

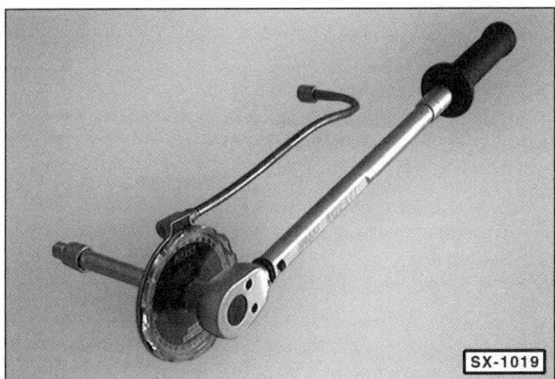

**Achtung:** Das Anziehen der Zylinderkopfschrauben ist mit größter Sorgfalt durchzuführen. Vor dem Anziehen der Schrauben sollte der Drehmomentschlüssel auf seine Genauigkeit überprüft werden. Das Anziehen der Zylinderkopfschrauben um die vorgegebenen Winkel wird mit einer Winkelscheibe erleichtert, zum Beispiel HAZET 6690. Um den Drehmomentschlüssel nicht mit hohem Drehmoment zu belasten, sollte die Winkelscheibe nur zusammen mit einem starren Schlüssel angewendet werden.

**Hinweis:** Steht keine Winkelscheibe zur Verfügung, Drehwinkel abschätzen. Dazu starren Schlüssel so aufsetzen, daß der Schlüsselarm längs zum Motor steht und Schlüssel in einem Zug drehen, bis der Griff quer zum Motor steht.

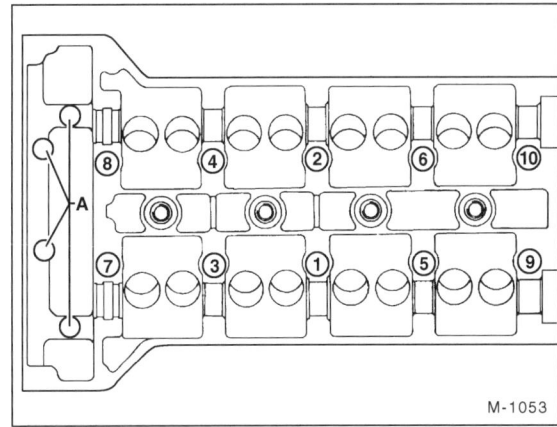

- Zylinderkopfschrauben gemäß der Reihenfolge von 1 bis 10 in **drei Stufen** anziehen.

  **1. Stufe:** mit Drehmomentschlüssel und **55 Nm**;

  **2. Stufe:** mit **starrem Schlüssel** um **90°** weiterdrehen;

  **3. Stufe:** mit **starrem Schlüssel** um **90°** weiterdrehen.

- **Bis 8/97: Kombi**schrauben –A– einschrauben und mit **25 Nm** festziehen.
  **Seit 8/97: Torx**schrauben –A– für Steuergehäusedeckel zunächst mit **18 Nm** anziehen und dann in der 2. Stufe mit einem starren Schlüssel **90°** weiterdrehen.

- Falls angebaut, vorderen Halter vom Zylinderkopf abschrauben. Nockenwellenlagerdeckel wechselweise mit 20 Nm festziehen.

- Gleitschienenbolzen mit handelsüblichem Dichtmittel bestreichen und eintreiben.

- **2,0-l-Motor ab 6/96 und 2,3-l-Motor:** Einlaßnockenwelle mit Nockenwellenversteller einbauen, siehe Seite 22.

- **2,0-l-Motor bis 5/96:** Einlaßnockenwellenrad mit **neuen** Schrauben und **20 Nm** anschrauben. Anschließend Schraube mit starrem Schlüssel um **90°** (¼ Umdrehung) weiterdrehen.

- Steuerkette auf Einlaßnockenwellenrad auflegen, dabei die beim Ausbau angebrachte Farbmarkierungen beachten.

- Auslaßnockenwellenrad in die Steuerkette einsetzen, dabei Markierungen beachten.

- Auslaßnockenwellenrad an Nockenwellenflansch ansetzen und mit **neuen** Torxschrauben (Schlüsselgröße T40), anschrauben. Schrauben mit **20 Nm** anziehen, dann mit starrem Schlüssel **90°** (¼ Umdrehung) weiterdrehen.

- Kettenspanner einbauen, siehe Seite 17.

**Achtung:** Arretierstifte aus den Nockenwellen ziehen.

- Abgasrohr anschließen, siehe Seite 95.

- Kühlmittelschlauch hinten am Zylinderkopf aufstecken und mit Schlauchklemme sichern.

- Ölmeßstab-Führungsrohre für Motor und Automatikgetriebe am Zylinderkopf anschrauben.

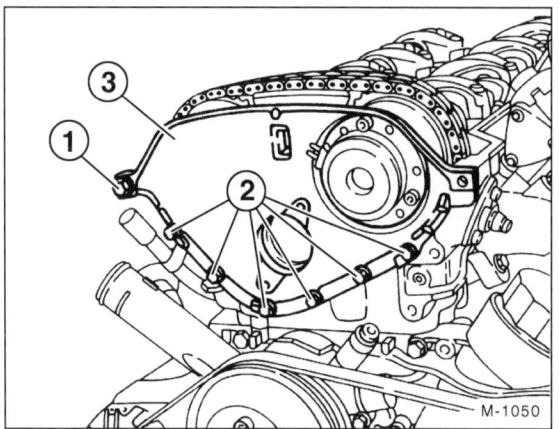

- Dichtflächen für vordere Abdeckung –3– am Zylinderkopf mit einem handelsüblichen Dichtmittel, zum Beispiel Omnifit FD 3041, bestreichen.
- Paßhülsen für 2 Schrauben –1– (Gewindedurchmesser 8 mm) hinter der Abdeckung einsetzen. **Neue** O-Ringdichtung für Kühlmittel einsetzen und Abdeckung aufdrücken.
- Schrauben –1– auf beiden Seiten mit **25 Nm**, Schrauben –2– (Gewindedurchmesser 6 mm) mit **10 Nm** anschrauben.
- Kabel für Lambdasonde zusammenstecken.
- Entlüftungsleitungen am Zylinderkopf aufstecken.
- Ansaugkrümmer mit **neuen** Dichtungen am Zylinderkopf anschrauben. Schrauben gleichmäßig über Kreuz mit **20 Nm** anziehen.
- Kühlmittelregler (Thermostat) einbauen, siehe Seite 62.
- Kühlmittel auffüllen, siehe Seite 57.
- Zylinderkopfdeckel einbauen, siehe Seite 18.
- Batterie-Massekabel anklemmen.
- Zeituhr einstellen.
- Diebstahlcode für Radio eingeben.

**Achtung:** Bei Ölverschmutzung aufgrund undichter Zylinderkopfdichtung empfiehlt sich ein vorgezogener Ölwechsel, siehe Seite 242.

- Motor warmfahren und auf Dichtigkeit prüfen.

# Nockenwellen aus- und einbauen

### 4-Zylinder-Motor

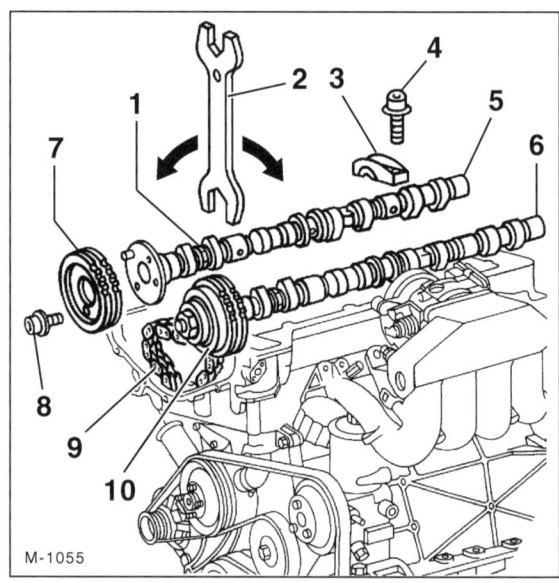

1 – Sechskant zum Verdrehen oder Gegenhalten der Nockenwelle
2 – Maulschlüssel zum Verdrehen oder Gegenhalten der Nockenwellen
3 – Nockenwellen-Lagerdeckel
4 – Befestigungsschraube, **20 Nm**
5 – Auslaß-Nockenwelle
6 – Einlaß-Nockenwelle
7 – Auslaß-Nockenwellenrad
8 – Befestigungsschraube, **20 Nm + 90°**
9 – Steuerkette
10 – Einlaß-Nockenwellenrad mit Nockenwellenversteller, Schraube Anker an Steuerkolben: **5 Nm + 90°**, Mutter Nockenwellenrad an Flanschwelle: **65 Nm**.

**Achtung:** Werden Teile der Ventilsteuerung wieder verwendet, müssen diese an gleicher Stelle wieder eingebaut werden. Damit keine Verwechselungen vorkommen, empfiehlt es sich, ein entsprechendes Ablagebrett anzufertigen.

Die Nockenwellen werden bei eingebautem Zylinderkopf nach oben ausgebaut.

### Ausbau

- Batterie-Massekabel (–) abklemmen. **Achtung:** Beim Abklemmen der Batterie erlischt Radio-Diebstahlcodierung. Siehe Hinweise „Batterieausbau".

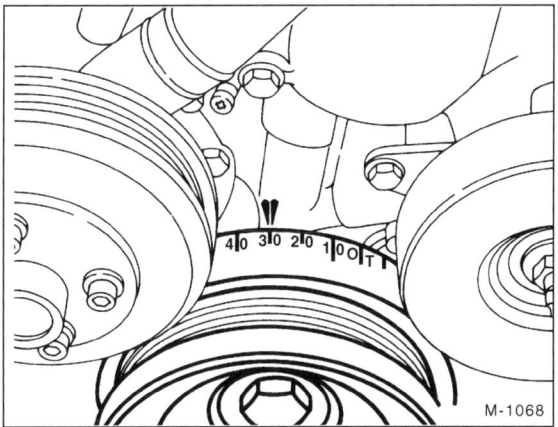

- Zylinder 1 auf 30° nach Zünd-OT stellen. Motor drehen, siehe Seite 19.

**Hinweis:** In dieser Stellung (30° nach OT) können die Nockenwellen bei abgenommener Steuerkette gedreht werden, ohne daß die Ventile mit dem Kolbenboden in Berührung kommen.

- Zylinderkopfdeckel ausbauen, siehe Seite 18.
- Gehäuse für Kühlmittelregler ausbauen, siehe Seite 62.
- Vorderen Deckel –3– ausbauen, siehe Abbildung M-1050 auf Seite 19.
- Lage der Steuerkette zu beiden Nockenwellen-Kettenrädern mit Farbe kennzeichnen, dazu Strich über Kette und Kettenrad ziehen.
- Kettenspanner ausbauen, siehe Seite 17.
- Auslaß-Nockenwellenrad –7– mit einem Torx-Schlüsseleinsatz T40 abschrauben, dabei Nockenwelle am Sechskant –1– gegenhalten. Nockenwellenrad abnehmen.
- Steuerkette vom Einlaß-Nockenwellenrad abheben.
- Nockenwellen mit Maulschlüssel –2– am Sechskant –1– so weit drehen, daß möglichst alle Grundkreise der Nocken an den Tassenstößeln anliegen. Dadurch sind die Nockenwellen in den Nockenwellenlagern weitgehend spannungsfrei. **Achtung:** Nockenwellen sind sehr bruchempfindlich.
- Nockenwellen-Lagerdeckel abschrauben. Dazu alle Schrauben der Lagerdeckel über Kreuz zunächst ½ Umdrehung lösen. Danach Schrauben über Kreuz in Schritten von 1 Umdrehung lösen und anschließend herausdrehen. Lagerdeckel abnehmen.
- Nockenwellen herausnehmen.
- Ventilschaft-Abdichtungen mit verbogenem Metallmantel müssen erneuert werden.

### Einbau

- Sämtliche Einbauteile sorgfältig mit Waschbenzin reinigen, Dichtflächen säubern.
- Nockenwellen, Tassenstößel und Lagerstellen mit Motoröl einölen. Nockenwellen so einsetzen, daß möglichst alle Grundkreise der Nocken an den Tassenstößeln anliegen. **Achtung:** Die Einlaß-Nockenwelle kann mit oder ohne Nockenwellenrad beziehungsweise Nockenwellen-Versteller eingebaut werden. Wird die Nockenwelle ersetzt, auf richtige Zuordnung achten. Die Nockenwellen-Kennzahl steht am 2. Nockenwellenlager auf der Nockenwelle.
- Nockenwellenlagerdeckel in der richtigen Reihenfolge ansetzen. Nockenwellenlager und Lagerdeckel sind mit den Ziffern 1 - 10 fortlaufend numeriert, beginnend an der Auslaß-Nockenwelle –5– vorn (Kettenradseite). Lagerdeckel wechselweise in Schritten von 1 Umdrehung anziehen und schließlich mit **20 Nm** festziehen.
- Steuerkette auf Einlaß-Nockenwellenrad und Gleitschiene oben auflegen.
- Auslaß-Nockenwellenrad in die Steuerkette einsetzen und an der Nockenwelle mit einer **neuen** Bundschraube und **20 Nm** anschrauben. Anschließend Schraube mit einem starren Schlüssel und **90°** weiterdrehen.
- Übereinstimmung der beim Ausbau angebrachten Markierungen auf Nockenwellenräder und Steuerkette überprüfen.
- Kettenspanner einbauen, siehe Seite 17.
- Vordere Abdeckung einbauen, siehe Seite 19.
- Gehäuse für Kühlmittelregler einbauen, siehe Seite 62.
- Zylinderkopfdeckel einbauen, siehe Seite 18.
- Batterie-Massekabel (–) anklemmen.
- Zeituhr einstellen.
- Diebstahlcode für Radio eingeben.

# Nockenwellen-Grundstellung prüfen/einstellen

## 4-Zylinder-Motor

**Prüfen**

- Zylinderkopfdeckel ausbauen, siehe Seite 18.
- Zylinder 1 auf 20° nach Zünd-OT stellen, siehe Seite 19.

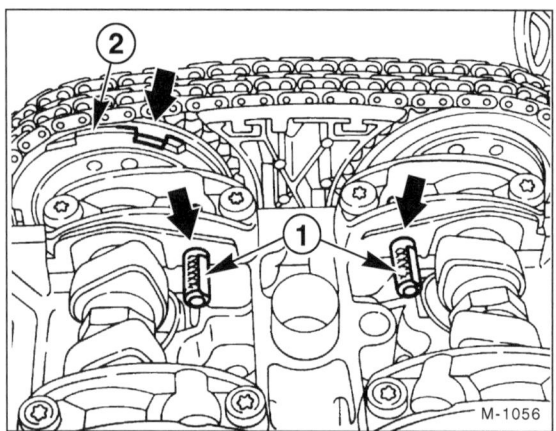

- Nockenwellen fixieren. Dazu Fixierstifte –1– durch die beiden Bohrungen in den Nockenwellen-Lagerdeckeln 1 und 6 in die Bohrungen im Nockenwellenflansch einsetzen. Falls sich die Fixierstifte nicht einsetzen lassen, Abweichungen in Grad Kurbelwinkel feststellen, gegebenenfalls Nockenwellen-Grundstellung einstellen.

**2,0-l-Motor ab 5/96 und 2,3-l-Motor:** Die Umfangsanschläge am Einlaß-Nockenwellenrad –2– müssen in Stellung »spät« stehen (Stellung der Anschläge in den Aussparungen der Flanschwelle) –Pfeil oben–.

**Abweichung von der Grundstellung prüfen:**

Voraussetzung: Kurbelwelle befindet sich in der Stellung 20° nach OT für Zylinder 1. Beide Fixierstifte sind nicht eingesetzt.

- Kurbelwelle gradweise weiterdrehen, bis sich ein Fixierstift einsetzen läßt.
- Verstellwert an der Kurbelwellen-Riemenscheibe ablesen und notieren.
- Fixierstift herausziehen.
- Kurbelwelle gradweise weiterdrehen, bis sich der Fixierstift an der anderen Nockenwelle einsetzen läßt.
- Verstellwert an der Kurbelwellen-Riemenscheibe ablesen und notieren.
- Fixierstift herausziehen.

Aufgrund der Kettenlängung, darf der Wert der Einlaß-Nockenwelle zwischen 20° und 30°, der der Auslaß-Nockenwelle zwischen 25° und 35° nach OT liegen.

Bei Falschmontage der Steuerkette, wenn beispielsweise die Kette um 1 Zahn versetzt wurde, verändert sich der Wert um ca. 20° Kurbelwinkel.

Die Steuerzeiten lassen sich nicht einstellen.

**Grundstellung einstellen**

- Zylinder 1 auf 30° nach Zünd-OT stellen.

**Hinweis:** In dieser Stellung (30° nach OT) können die Nockenwellen bei abgenommener Steuerkette gedreht werden, ohne daß die Ventile mit dem Kolbenboden in Berührung kommen.

- Zylinderkopfdeckel ist ausgebaut.
- Gehäuse für Kühlmittelregler ausbauen, siehe Seite 62.
- Vorderen Deckel –3– ausbauen, siehe Abbildung M-1050 auf Seite 19.
- Kettenspanner ausbauen, siehe Seite 17.
- Auslaß-Nockenwellenrad mit einem Torx-Schlüsseleinsatz T40 abschrauben, dabei Nockenwelle am Sechskant gegenhalten. Nockenwellenrad abnehmen.
- Steuerkette vom Einlaß-Nockenwellenrad abheben.
- Nockenwellen mit Maulschlüssel so weit drehen, bis sich die Fixierstifte –1– einsetzen lassen.
- Kurbelwelle in Stellung »20° nach OT« zurückdrehen. Dabei Steuerkette stramm nach oben ziehen.
- Steuerkette auf Einlaß-Nockenwellenrad und Gleitschiene oben auflegen.

**2,0-l-Motor ab 5/96 und 2,3-l-Motor:** Die Umfangsanschläge am Einlaß-Nockenwellenrad –2– müssen in Stellung »spät« stehen (Stellung der Anschläge in den Aussparungen der Flanschwelle) –Pfeil oben–.

- Auslaß-Nockenwellenrad in die Steuerkette einsetzen und an der Nockenwelle mit einer **neuen** Bundschraube und **20 Nm** anschrauben. Anschließend Schraube mit einem starren Schlüssel und **90°** weiterdrehen.
- Kettenspanner einbauen, siehe Seite 17.
- Fixierstifte abnehmen.
- Motor 2mal in Motordrehrichtung durchdrehen und wieder auf 20° nach OT stellen.
- Grundstellung der Nockenwellen nochmals prüfen. Gegebenenfalls Einstellung wiederholen.
- Vorderen Deckel einbauen, siehe Seite 19.
- Gehäuse für Kühlmittelregler einbauen, siehe Seite 62.
- Zylinderkopfdeckel einbauen, siehe Seite 18.

## Zylinderkopfdeckel aus- und einbauen

V6-Zylinder-Motor M112

**Ausbau**

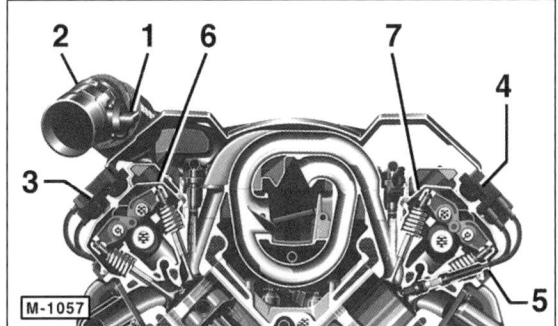

- Stecker –1– vom Luftmassenmesser abziehen.
- Resonanzkörper vom Luftfilter abbauen.
- Luftfilter ausbauen.
- Luftansaugrohr –2– am Zylinderkopfdeckel abschrauben, am Drosselklappenteil abclipsen und mit Luftmassenmesser herausnehmen.
- Automatikgetriebe: Führungsrohr für Getriebeöl-Meßstab abschrauben.
- Zündspulen –3/4– von den Zylinderkopfdeckeln abschrauben.
- Sämtliche Zündkerzenstecker –5– abziehen.
- Unterdruckschläuche von den Zylinderkopfdeckeln abziehen. Je 1 Schlauch pro Deckel, zum Saugrohr hin zeigend.
- Motorentlüftungsschlauch von der hinteren Stirnseite des linken Zylinderkopfdeckels –7– abziehen.
- Zylinderkopfdeckel –6/7– abschrauben.

**Einbau**

- Zylinderkopfdeckel mit Dichtung ansetzen und über Kreuz mit **10 Nm** anziehen. Korrekten Sitz der Deckeldichtung durch Abtasten mit den Fingern prüfen, vor allem an der hinteren Stirnseite des Zylinderkopfs.
- Motorentlüftungsschlauch hinten am linken Zylinderkopfdeckel aufstecken.
- Unterdruckschläuche an den Zylinderkopfdeckeln aufstecken.
- Zündspulen mit **8 Nm** anschrauben.
- Zündkerzenstecker entsprechend den Markierungen auf Zylinderkopfdeckel und Zündspulen aufstecken, siehe Seite 250.
- **Automatikgetriebe:** Führungsrohr für Getriebeöl-Meßstab anschrauben.
- Luftfilter ausbauen.
- Luftansaugrohr mit Luftmassenmesser am Drosselklappenteil einclipsen, am Luftfilter aufschieben und am Zylinderkopfdeckel anschrauben.
- Stecker für Luftmassenmesser aufstecken. Resonanzkörper einbauen.

## Zylinderkopf/Zylinderkopfdichtung aus- und einbauen

V6-Zylinder-Motor M112

Zylinderkopf nur bei abgekühltem Motor ausbauen. Abgas- und Ansaugkrümmer bleiben angeschlossen.

Eine defekte Zylinderkopfdichtung ist an verschiedenen Merkmalen erkennbar, siehe Seite 19.

**Ausbau**

- Batterie-Massekabel (–) bei ausgeschalteter Zündung abklemmen. **Achtung:** Dadurch werden elektronische Speicher gelöscht, wie zum Beispiel der Radiocode. Deshalb Hinweise im Kapitel »Batterie aus- und einbauen« durchlesen.
- Kühlmittel am Kühler ablassen, siehe Seite 57.
- Visco-Lüfter ausbauen, siehe Seite 65.
- Lüfterhaube ausbauen.

**Achtung:** Bei Fahrzeugen mit Klimaanlage sofort nach dem Kühlerausbau Kondensator mit geeigneter Platte aus Blech oder Kunststoff abdecken und dadurch vor Beschädigungen bei den weiteren Arbeitsgängen schützen. Die Schutzplatte kann selbst angefertigt werden: Maße ca. 400 x 680 x 1 mm, zum Einhängen am Kühler beziehungsweise Kondensator entsprechende Haltebügel an der Platte befestigen.

- Zylinderkopfdeckel ausbauen, siehe entsprechendes Kapitel.
- Kraftstoffleitung abschrauben.
- Saugrohr ausbauen, siehe Seite 75.
- Leitung vom Unterdruck-Umschaltventil abschrauben und elektrische Steckverbindung trennen.
- Nockenwellen-Positionsgeber vorn am rechten Zylinderkopf abschrauben.
- Keilrippenriemen ausbauen, siehe entsprechendes Kapitel.
- Lenkhilfpumpe mit Vorratsbehälter abschrauben und mit angeschlossenen Leitungen am Aufbau aufhängen.
- Ölfilter ausbauen und Öl aus dem Filtergehäuse in die Ölwanne ablaufen lassen, siehe Seite 242.
- Kühlmittelschläuche am Ölkühler abziehen.
- Ölkühler am Ölfiltergehäuse abschrauben und mit angeschlossenen Leitungen zur Seite legen.
- Ölfiltergehäuse abschrauben. Dazu Zentralschraube im Ölfiltergehäuse herausdrehen.
- Kühlmittelschlauch von der hinteren Stirnseite des linken Zylinderkopfs abziehen. Vorher Schellen lösen und zurückschieben.
- Abgasanlage vom Krümmer abbauen, siehe Seite 95.
- Kurbelwelle auf 40° nach Zünd-OT für Zylinder 1 stellen. Kurbelwelle drehen, siehe Seite 19.

**Achtung:** Steuerkette und Nockenwellenräder sind zueinander markiert. Kurbelwelle solange durchdrehen, bis alle Markierungen gleichzeitig übereinstimmen. Dazu können bis zu

14 Umdrehungen erforderlich sein. Anschließend **OT-Stellung** von Kurbelwelle und Nockenwellen **nicht mehr verändern.** Kurbelwelle nur in Motordrehrichtung drehen, nicht rückwärts drehen.

- Nockenwelle rechts mit Fixierplatte arretieren.
- Kettenspanner ausbauen, siehe entsprechendes Kapitel.
- Nockenwellenräder abschrauben.

**Achtung:** Steuerkette mit Draht sichern, damit sie nicht ins Kurbelgehäuse fallen kann oder an Kurbel- sowie Ausgleichswelle überspringen kann. Bei abgebauten Nockenwellenrädern darf der Motor nicht mehr durchgedreht werden, da sonst die Steuerkette verkanten könnte.

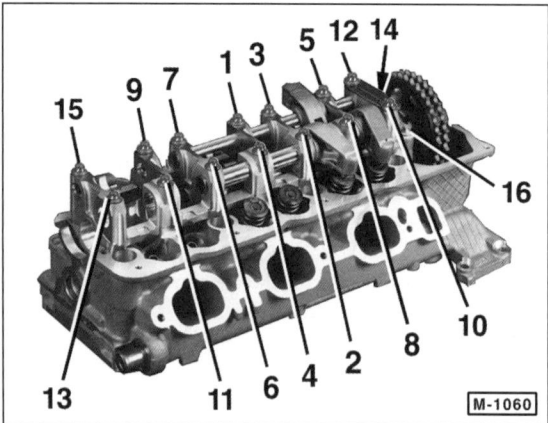

- Nockenwellen-Lagerbrücken entgegen der angegebenen Reihenfolge, also von 16 nach 1, abschrauben. Dabei Schrauben zunächst ½ Umdrehung, dann 1 Umdrehung lösen und anschließend herausdrehen.

**Hinweis:** Die Nockenwellenlagerbrücke darf nicht zerlegt werden. Bei Beschädigungen am Ventiltrieb (Rollenkipphebel, Kipphebelachse) oder der oberen Nockenwellenlagernhälfte muß der Zylinderkopf komplett mit Nockenwellenlagerbrücke erneuert werden.

**Achtung:** Zylinderkopfschrauben nur bei abgekühltem Motor lösen (Umgebungstemperatur, ca. 20° C).

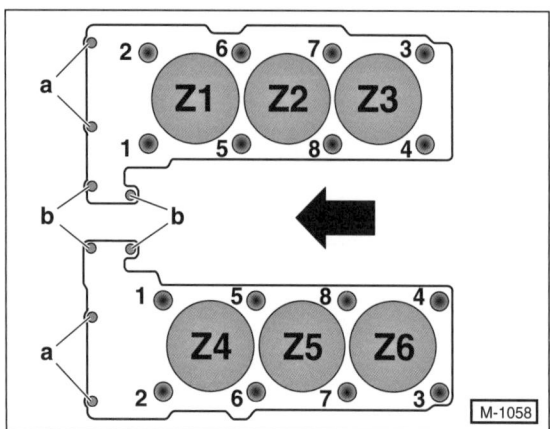

- Zylinderkopf mit 4 Schrauben –a/b– vom Steuergehäusedeckel abschrauben.

- Zylinderkopfschrauben in der angegebenen Reihenfolge der Numerierung, also von 1 nach 8, herausdrehen. Hierfür wird ein Innentorx-Schlüsseleinsatz benötigt. Z1 bis Z6 = Zylinder 1 bis 6. Der Pfeil zeigt in Fahrtrichtung.
- Zylinderkopf abheben.

**Einbau**

Vor dem Einbau Zylinderkopf und Zylinderblock mit geeignetem Schaber von Dichtungsresten freimachen. **Darauf achten, daß keine Dichtungsreste in die Bohrungen fallen.** Bohrungen mit Lappen verschließen.

- Zylinderkopf und Motorblock mit Stahllineal in Längs- und Querrichtung auf Planheit prüfen, gegebenenfalls nacharbeiten (Werkstattarbeit).
- Zylinderkopf auf Risse, Zylinderlauffläche auf Riefen überprüfen.
- Bohrungen der Zylinderkopfschrauben sorgfältig von Öl und anderen Rückständen reinigen. Bohrungen mit Preßluft ausblasen, oder Schraubendreher mit Lappen umwickeln und Flüssigkeit aufsaugen.

**Achtung:** Die Bohrungen für die Zylinderkopfschrauben müssen frei von Öl- und Kühlmittelresten sein. Sonst baut sich Druck beim Einschrauben der neuen Schrauben auf, was zum Reißen des Motorblocks oder zu einem falschen Anzugsdrehmoment führen kann.

- Zylinderkopfdichtung grundsätzlich ersetzen.
- Neue Dichtung ohne Dichtmittel so auflegen, daß keine Bohrungen verdeckt werden.
- Vor Aufsetzen des Zylinderkopfes prüfen, ob sich die Nockenwellen in der Stellung »40° nach OT« befinden. Auch die Kurbelwelle muß sich noch in dieser Stellung befinden, siehe unter »Ausbau«.
- Zylinderkopf aufsetzen. **Achtung:** Der Zylinderkopf wird durch Paßstifte im Zylinderblock zentriert.
- Länge der Zylinderkopfschrauben ab Unterkante Schraubenkopf messen. **Die Länge im Neuzustand beträgt 141,5 mm. Bei einer Länge von 144,5 mm sind die Kopfschrauben auf jeden Fall zu ersetzen.**
- Zylinderkopfschrauben am Gewinde und an der Kopfauflagefläche einölen, mit Unterlegscheiben einsetzen und handfest anziehen.

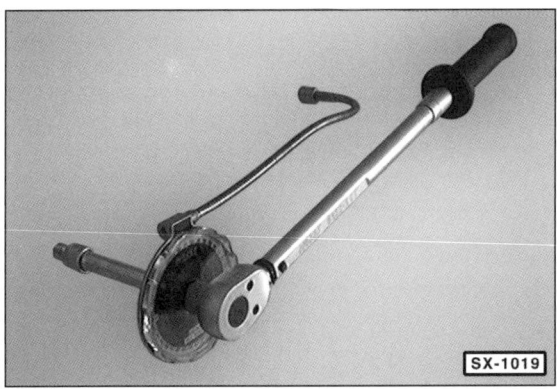

**Achtung:** Das Anziehen der Zylinderkopfschrauben ist mit größter Sorgfalt durchzuführen. Vor dem Anziehen der Schrauben sollte der Drehmomentschlüssel auf seine Genauigkeit überprüft werden. Das Anziehen der Zylinderkopfschrauben um die vorgegebenen Winkel wird mit einer Winkelscheibe erleichtert, zum Beispiel HAZET 6690. Um den Drehmomentschlüssel nicht mit hohem Drehmoment zu belasten und um die Genauigkeit des Winkelanzugs zu erhöhen, sollte die Winkelscheibe nur zusammen mit einem starren Schlüssel angewendet werden.

**Hinweis:** Steht keine Winkelscheibe zur Verfügung, Pappscheibe mit aufgezeichnetem Winkel anfertigen. Pappscheibe mit Winkelmarkierung am angesetzten Schraubenschlüssel anlegen. Dann Schlüssel so weit drehen, daß dieser mit dem anderen Schenkel der Winkelmarkierung übereinstimmt.

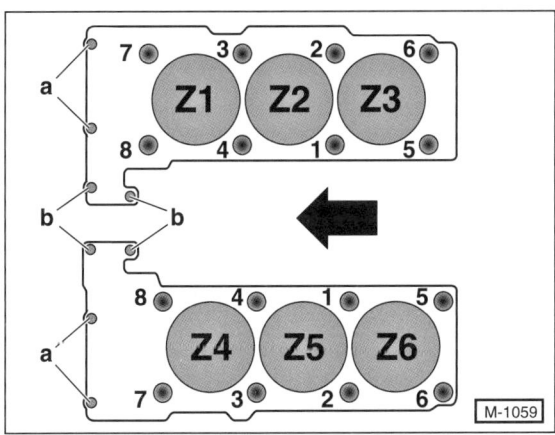

- Zylinderkopfschrauben gemäß der Reihenfolge von 1 bis 8 in **vier Stufen** anziehen.

**1. Stufe:** mit Drehmomentschlüssel und **20 Nm**;

**2. Stufe:** mit Drehmomentschlüssel und **50 Nm**;

**3. Stufe:** mit **starrem Schlüssel um 65° weiterdrehen**;

**4. Stufe:** mit **starrem Schlüssel um 65° weiterdrehen.**

**Achtung:** Wurde das Anzugsdrehmoment für eine Zylinderkopfschraube versehentlich überschritten, alle Schrauben entsprechend dem Löseschema herausdrehen. Schaftlänge der Schraube mit überschrittenem Anzugsmoment prüfen und gegebenenfalls Schraube ersetzen. Alle Schrauben entsprechend dem Anzugsschema, mit Stufe 1 beginnend, festziehen.

- Zylinderkopf mit 4 Schrauben –a/b– und **20 Nm** am Steuergehäusedeckel anschrauben. Der Pfeil zeigt in Fahrtrichtung.
- Sämtliche Nockenwellenlager mit Motoröl ölen.
- Nockenwellen-Lagerbrücken einsetzen, Schrauben handfest anziehen.
- Schrauben für Lagerbrücken in der richtigen Reihenfolge festziehen, siehe Seite 28.
- Nockenwellenräder mit Steuerkette so aufsetzen, daß die Markierungen übereinstimmen und mit **50 Nm** anschrauben. Anschließend Schrauben mit starrem Schlüssel und **90°** weiterdrehen.
- Grundstellung der Nockenwellen prüfen, gegebenenfalls einstellen, siehe entsprechendes Kapitel.
- Kettenspanner einbauen, siehe entsprechendes Kapitel.
- Fixierplatte für Nockenwelle herausnehmen.
- Abgasanlage am Krümmer anbauen, siehe Seite 95.
- Kühlmittelschlauch an der hinteren Stirnseite des linken Zylinderkopfs aufschieben und mit Schellen sichern.
- Ölfiltergehäuse mit neuem Dichtring ansetzen und mit **70 Nm** anschrauben.
- Ölkühler mit **neuen** Dichtungen und **10 Nm** am Ölfiltergehäuse anschrauben.
- Kühlmittelschläuche am Ölkühler aufschieben.
- Lenkhilfepumpe mit Vorratsbehälter anschrauben.
- Keilrippenriemen einbauen, siehe entsprechendes Kapitel.
- Nockenwellen-Positionsgeber mit 8 Nm am Zylinderkopf anschrauben. Vorher O-Ring auf Beschädigung prüfen, bei defektem O-Ring muß der Positionsgeber erneuert werden.
- Leitung am Unterdruck-Umschaltventil anschrauben und elektrische Stecker verbinden.
- Saugrohr einbauen, siehe Seite 75.
- Kraftstoffleitung anschrauben.
- Zylinderkopfdeckel einbauen, siehe entsprechendes Kapitel.
- Bei Fahrzeugen mit Klimaanlage, Schutzplatte am Kondensator abnehmen.
- Lüfterhaube einbauen.
- Visco-Lüfter einbauen, siehe Seite 65.
- Ölfilter ersetzen, Motoröl auffüllen, siehe Seite 242.
- Kühlmittel auffüllen, siehe Seite 57.
- Batterie-Massekabel (–) anklemmen.
- Zeituhr einstellen.
- Falls erforderlich, Diebstahlcode für Radio eingeben.

# Nockenwelle aus- und einbauen

## V6-Zylinder-Motor M112

### Ausbau

- Zylinderkopfdeckel ausbauen, siehe entsprechendes Kapitel.
- Kurbelwelle auf 40° nach Zünd-OT für Zylinder 1 stellen. Kurbelwelle drehen, siehe Seite 19.

**Achtung:** Steuerkette und Nockenwellenräder sind zueinander markiert. Kurbelwelle solange durchdrehen, bis alle Markierungen gleichzeitig übereinstimmen. Dazu können bis zu 14 Umdrehungen erforderlich sein. Anschließend **OT-Stellung** von Kurbelwelle und Nockenwellen **nicht mehr verändern**. Kurbelwelle nur in Motordrehrichtung drehen, nicht rückwärts drehen.

- Kettenspanner ausbauen, siehe entsprechendes Kapitel.
- Hallgeber für Nockenwelle (Nockenwellen-Positionsgeber) vorn am rechten Zylinderkopf abschrauben.
- Nockenwellenrad abschrauben. Dabei mit Maulschlüssel SW 38 am Sechskant der Nockenwelle gegenhalten.
- Nockenwellenrad und Steuerkette mit Kabelbinder zusammenbinden, damit die Stellung von Kette zu Kettenrad unverändert bleibt.

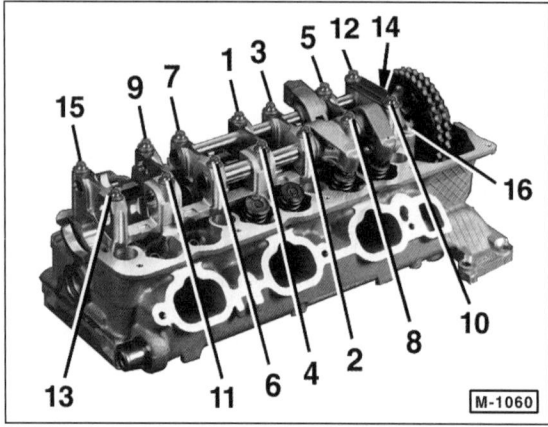

- Nockenwellen-Lagerbrücken entgegen der angegebenen Reihenfolge, also von 16 nach 1, abschrauben. Dabei Schrauben zunächst ½ Umdrehung, dann 1 Umdrehung lösen und anschließend herausdrehen.

**Hinweis:** Die Nockenwellenlagerbrücke darf nicht zerlegt werden. Bei Beschädigungen am Ventiltrieb (Rollenkipphebel, Kipphebelachse) oder der oberen Nockenwellenlagernhälfte muß der Zylinderkopf komplett mit Nockenwellenlagerbrücke erneuert werden.

- Nockenwelle herausnehmen. **Achtung:** Nockenwellen-Kennzeichnung für den Wiedereinbau beachten. Die Kennzahl steht auf der Nockenwelle vor dem 2. Nockenwellenlager beziehungsweise am Flansch für das Nockenwellenrad.
- Ventilschaft-Abdichtungen mit verbogenem Metallmantel müssen erneuert werden.

### Einbau

- Sämtliche Lagerflächen mit Motoröl ölen.
- Nockenwellen einsetzen. Dabei auf richtige Nockenwellenkennzahl achten. Die Kennzahl steht auf der Nockenwelle vor dem 2. Nockenwellenlager beziehungsweise am Flansch für das Nockenwellenrad.
- Auf richtigen Sitz des Verschlußdeckels an der Stirnseite der Nockenwelle achten.

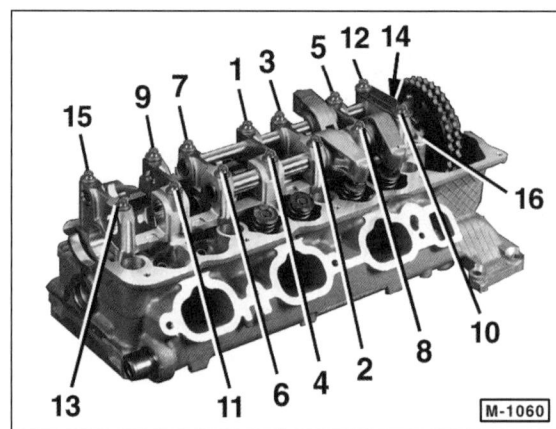

- Nockenwellen-Lagerbrücke einsetzen, Schrauben handfest anziehen.
- Schrauben in der angegebenen Reihenfolge, also von 1 nach 16 in mehreren Stufen anziehen. **Anzugsdrehmoment** für Schraube M7x45: **15 Nm**; Schraube M7x84: **10 Nm + 90°**.
- Nockenwelle in Grundstellung drehen.
- Kabelbinder an Nockenwellenrad und Steuerkette lösen. Nockenwellenrad mit Steuerkette an die Nockenwelle mit **50 Nm** anschrauben. Anschließend Schraube mit starrem Schlüssel und **90°** weiterdrehen.
- Nockenwellen-Positionsgeber mit **8 Nm** am Zylinderkopf anschrauben. Vorher O-Ring auf Beschädigung prüfen, bei defektem O-Ring muß der Positionsgeber erneuert werden.
- Kettenspanner einbauen, siehe entsprechendes Kapitel.
- Grundstellung der Nockenwelle prüfen, siehe entsprechendes Kapitel.
- Zylinderkopfdeckel einbauen, siehe entsprechendes Kapitel.

# Nockenwellen-Grundstellung prüfen/einstellen

V6-Zylinder-Motor M112

**Steuerzeiten**

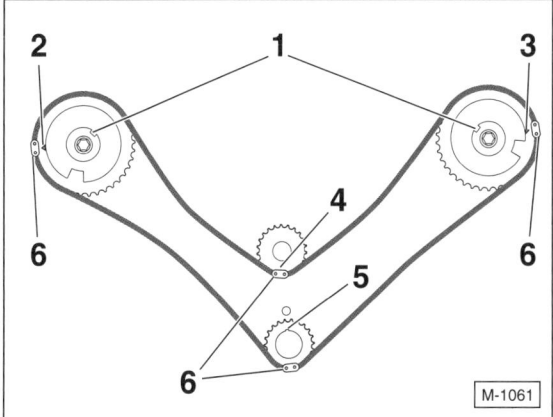

1 – Nut in Nockenwelle
2 – Markierung am rechten Nockenwellenrad
3 – Markierung am linken Nockenwellenrad
4 – Markierung am Kettenrad der Ausgleichswelle
5 – Nut in Kurbelwelle
6 – Kupferlasche

Die 4 Kupferlaschen der Steuerkette dienen als Montageerleichterung beim Auflegen der Steuerkette. Wenn alle 4 Kupferlaschen gleichzeitig mit den Markierungen auf den jeweiligen Kettenrädern übereinstimmen, steht die Kurbelwelle in Position »40° nach OT für Zylinder 1«.

**Prüfen**

- Zylinderkopfdeckel ausbauen, siehe entsprechendes Kapitel.
- Kurbelwelle auf 40° nach Zünd-OT für Zylinder 1 stellen. Kurbelwelle drehen, siehe Seite 19.

**Achtung:** Steuerkette und Nockenwellenräder sind zueinander markiert. Kurbelwelle solange durchdrehen, bis alle Markierungen gleichzeitig übereinstimmen. Die Nuten der Nockenwellen müssen parallel zur Zylinderkopf-Oberfläche (Trennfläche zum Zylinderkopfdeckel) nach innen zeigen (in Richtung anderer Zylinderkopf). Dazu können bis zu 14 Umdrehungen erforderlich sein. Anschließend **OT-Stellung** von Kurbelwelle und Nockenwellen **nicht mehr verändern**. Kurbelwelle nur in Motordrehrichtung drehen, nicht rückwärts drehen.

- Fixierplatte (Spezialwerkzeug) bündig auf den rechten Zylinderkopf legen und in die Nut der rechten Nockenwelle einführen. Die linke Nockenwelle zeigt mittig zur Trennfläche für den Zylinderkopfdeckel.
- Andernfalls Motor an der Kurbelwelle in Motordrehrichtung soweit durchdrehen (Fixierplatte abgenommen), bis die Kupferlaschen auf der Steuerkette den Markierungen auf den Nockenwellenrädern genau gegenüberstehen. Die Gradanzeige auf der Kurbelwellen-Riemenscheibe muß dann bei 40° nach OT stehen.
- Andernfalls Kurbelwelle gradweise solange weiterdrehen, bis die Fixierplatte eingeschoben werden kann.
- Gradanzeige auf der Kurbelwellen-Riemenscheibe notieren. Aufgrund der Kettenlängung darf der Wert zwischen 38° und 42° nach OT liegen.

Bei Falschmontage der Steuerkette, wenn beispielsweise die Kette auf dem Nockenwellenrad um 1 Zahn versetzt wurde, verändert sich der Wert um ca. 10° Kurbelwinkel. Das bewirkt eine Steuerzeitverschiebung um 20° Kurbelwinkel. Wurde die Kette auf der Kurbelwelle um 1 Zahn versetzt verändert sich der Wert um ca. 20° Kurbelwinkel.

**Einstellen**

- Zylinderkopfdeckel ausgebaut.
- Kurbelwelle steht auf 40° nach Zünd-OT für Zylinder 1. Markierungen auf den Nockenwellenrädern stimmen mit Kupferlaschen auf der Steuerkette überein.
- Kettenspanner ausbauen, siehe entsprechendes Kapitel.
- Hallgeber für Nockenwelle (Nockenwellen-Positionsgeber) vorn am rechten Zylinderkopf abschrauben.
- Nockenwellenräder abschrauben. Dabei mit Maulschlüssel SW 38 am Sechskant der Nockenwellen gegenhalten.
- Nockenwellenrad und Steuerkette mit Kabelbinder zusammenbinden, damit die Stellung von Kette zu Kettenrad unverändert bleibt.
- Linke Nockenwelle mit Maulschlüssel in Grundstellung drehen. Die Nut der Nockenwelle muß parallel zur Zylinderkopf-Oberfläche (Trennfläche zum Zylinderkopfdeckel) nach innen, zum Saugrohr, zeigen.

**Hinweis:** Bei der Kurbelwellenstellung »40° vor OT« können die Nockenwellen bei abgebauter Steuerkette gedreht werden, ohne daß die Ventile mit dem Kolbenboden in Berührung kommen.

- Rechte Nockenwelle mit Maulschlüssel in Grundstellung drehen. Die Nut der Nockenwelle muß parallel zur Zylinderkopf-Oberfläche (Trennfläche zum Zylinderkopfdeckel) nach innen, zum Saugrohr, zeigen.
- Fixierplatte (Spezialwerkzeug) bündig auf den rechten Zylinderkopf legen und in die Nut der rechten Nockenwelle einführen.
- In dieser Stellung Nockenwellenräder einbauen, siehe entsprechendes Kapitel.
- Nockenwellen-Positionsgeber mit **8 Nm** am Zylinderkopf anschrauben. Vorher O-Ring auf Beschädigung prüfen, bei defektem O-Ring muß der Positionsgeber erneuert werden.
- Kettenspanner einbauen, siehe entsprechendes Kapitel.
- Zylinderkopfdeckel einbauen, siehe entsprechendes Kapitel.

# Zylinderkopfdeckel aus- und einbauen

## Reihen-6-Zylinder-Motor M104

**Ausbau**

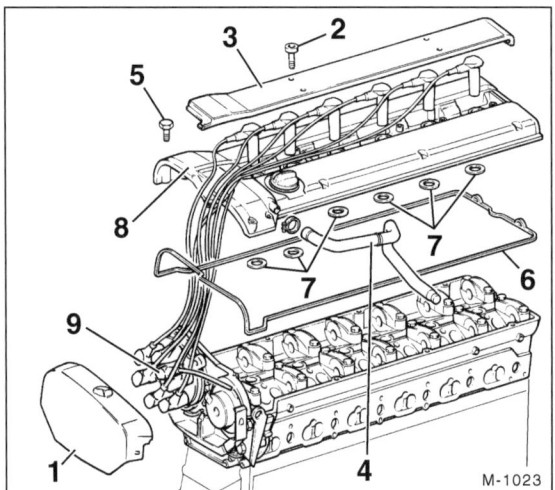

- Abdeckung –1– seitlich ausclipsen und nach oben abnehmen.

- Schrauben –2– herausdrehen und Zündkabelabdeckung –3– abnehmen. Hinweis: Die Zündkabeldarstellung –9– in der Abbildung entspricht nicht dem Typ 210.

- Alle Zündkerzenstecker durch Rechts- und Linksdrehen lösen und abziehen. Zündkerzenstecker mit Zündspulen zur Seite legen.

- Motorentlüftungsschlauch –4– am Zylinderkopfdeckel –8– abziehen, vorher Schlauchschelle lösen.

- Schrauben –5– für Zylinderkopfdeckel ausschrauben. Zylinderkopfdeckel mit Dichtung –6– und Dichtungen –7– für Zündkerzenschächte abnehmen.

**Einbau**

- Dichtungen auf Porosität und Quetschungen überprüfen. Ist eine Dichtung beschädigt, müssen alle gemeinsam erneuert werden.

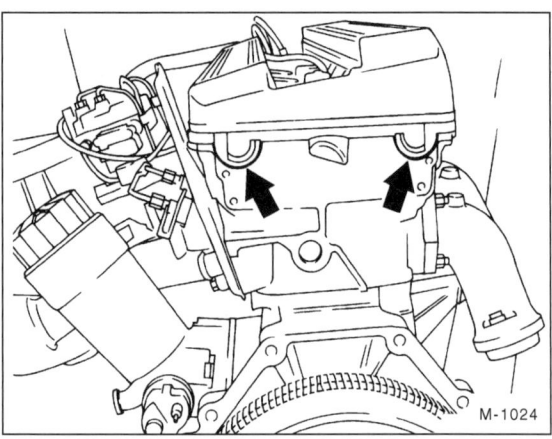

- Beim Einsetzen der Dichtung besonders auf richtigen Sitz in den hinteren Aussparungen achten –Pfeile–.

- Schrauben für Zylinderkopfdeckel mit 10 Nm gleichmäßig anziehen.

- Zündkerzenstecker in richtiger Anordnung wieder aufstecken, als Hilfe ist ein Schema auf der Zylinderkopfdeckel aufgedruckt.

- Abdeckungen einclipsen und anschrauben.

- Motorentlüftungsschlauch aufstecken und mit Schlauchschelle sichern.

- Motor warmfahren und Zylinderkopfdeckel auf Dichtheit prüfen, besonders in den hinteren Aussparungen.

# Zylinderkopf/Zylinderkopfdichtung aus- und einbauen

## Reihen-6-Zylinder-Motor M104

Zylinderkopf nur bei abgekühltem Motor ausbauen. Abgas- und Ansaugkrümmer bleiben angeschlossen.

Eine defekte Zylinderkopfdichtung ist an verschiedenen Merkmalen erkennbar, siehe Seite 19.

### Ausbau

- Batterie-Massekabel (–) bei ausgeschalteter Zündung abklemmen. **Achtung:** Dadurch werden elektronische Speicher gelöscht, wie zum Beispiel der Radiocode. Hinweise im Kapitel »Batterie aus- und einbauen« beachten.
- Kühlmittel ablassen, auch am Kurbelgehäuse, siehe Seite 57.
- Saugrohr-Oberteil ausbauen, siehe Seite 75.

### Motor auf Zünd-OT stellen:

- Lüfterhaube (Verkleidung um den Kühlerlüfter) ausbauen. Dazu 2 Haltefedern nach oben abziehen. Lüfterhaube unten aus den Führungen herausziehen und abnehmen.
- Getriebe in Leerlaufstellung bringen und Handbremse anziehen.

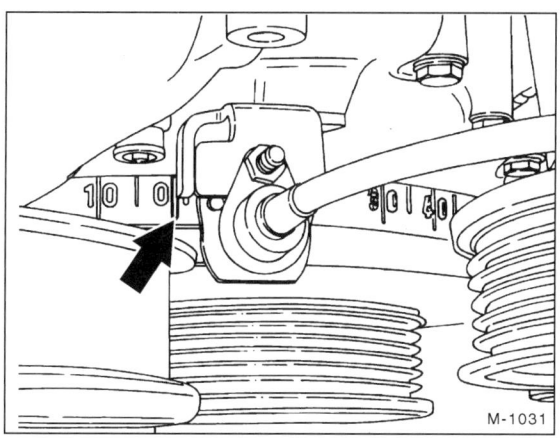

- Kurbelwelle mit Umschaltknarre und Steckschlüsseleinsatz SW 27 an der Zentralschraube der Kurbelwellen-Riemenscheibe in Motordrehrichtung, also im Uhrzeigersinn, durchdrehen bis die OT-Markierung mit der linken Kante des Halters für OT-Geber übereinstimmt, siehe Abbildung. Hinweis: Der Steckschlüsseleinsatz muß mindestens 40 mm lang sein.
- Kühlmittel ablassen, auch am Kurbelgehäuse, siehe Seite 57.
- Saugrohr-Oberteil ausbauen, siehe Seite 75.

### Vorderen Deckel ausbauen

- Zylinderkopfdeckel ausbauen, siehe Seite 30.
- Kettenspanner ausbauen, siehe Seite 17.

**Achtung:** Der Kettenspanner muß ausgebaut werden, da beim Herausnehmen der oberen Gleitschiene der Kettenspanner automatisch eine Raste nachspannen würde. Dies würde zu einer Überspannung der Steuerkette führen.

- Auslaßnockenwelle in Nockenwellendrehrichtung drehen und dadurch Steuerkette bei der oberen Gleitschiene entspannen. Zum Drehen Maulschlüssel SW 27 beziehungsweise SW 29 an den Abflachungen vor den Nocken von Zylinder 5 ansetzen.
- Obere Gleitschiene von den Lagerbolzen abziehen.
- Auslaßnockenwelle mit Maulschlüssel entgegen der Nockenwellendrehrichtung zurückdrehen.
- Kettenspanner einbauen, siehe Seite 17.

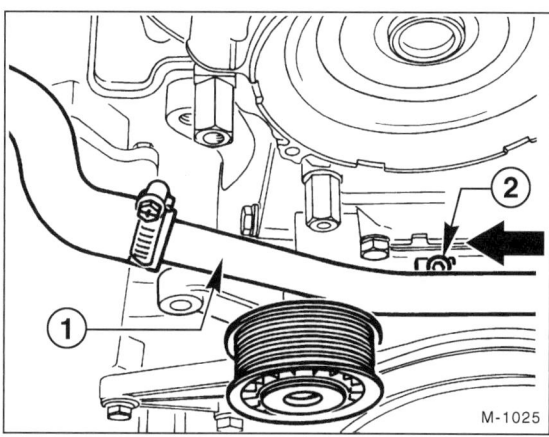

- Kühlmittelrücklaufleitung –1– am Lüfterlagerbock –2– und an der Kühlmittelpumpe abschrauben und herausziehen.
- Stecker für Positionsgeber Nockenwelle und Stellmagnet Nockenwellenverstellung abziehen.
- Bei Lufteinblasung: Unterdruckleitungen und Stecker am Umschaltventil abziehen.

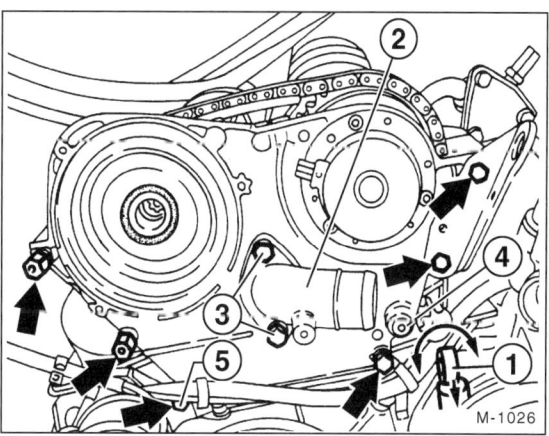

- Bei Spannvorrichtung für Keilrippenriemen 1. Ausführung: Stoßdämpfer –1– am vorderen Deckel abschrauben und nach unten drücken. Beilegscheibe beachten, beim Wiedereinbau nicht vergessen.
- Kühlmittelstutzen –2– abschrauben –3–.

- Verschlußschraube –4– im vorderen Deckel herausschrauben und mit Dichtring abnehmen.
- Durch die Öffnung oberen Gleitschienenbolzen mit Schlagauszieher oder geeignetem Werkzeug ausziehen.
- Schrauben –Pfeile– für vorderen Deckel herausdrehen, Deckel mit Schraube –5– abnehmen.

---

- Vordere Abgasanlage am Abgaskrümmer abschrauben, etwas absenken und abstützen.
- Falls vorhanden, Schlauch für Lufteinblasung von der Lufteinblasleitung abziehen, vorher Schelle lösen und zurückschieben.
- Falls vorhanden, Halter für Lufteinblasleitung mit Distanzhülse oberhalb der Kurbelwellen-Riemenscheibe abschrauben.
- Automatikgetriebe: Ölmeßstab-Führungsrohr am Zylinderkopf hinten rechts abschrauben.
- Kühlmittelschlauch hinten am Zylinderkopf abziehen, vorher Schelle lösen und zurückschieben.

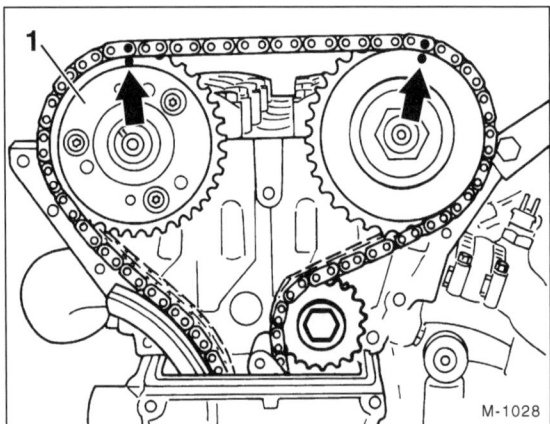

- Stellung der Nockenwellenräder zur Steuerkette mit Filzstift oder Farbe markieren.
- Auslaßnockenwellenrad –1– abschrauben.
- Steuerkette vom Einlaßnockenwellenrad abnehmen.

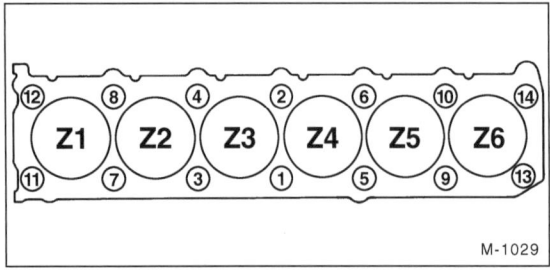

- Zylinderkopfschrauben in umgekehrter Reihenfolge der Numerierung, also von 14 nach 1, herausdrehen. Hierfür wird ein Innenvielzahn-Schlüsseleinsatz benötigt (z.B. HAZET 990 SLg-12). Der Zylinder –Z1– befindet sich an der »Lüfter«-Seite des Motors. Z1 – Z6 = Zylinder 1 bis 6.

- Zylinderkopf abheben. Der Zylinderkopf kann auch mit einem Werkstattkran abgehoben werden. Dazu muß anstelle des 1. Nockenwellenlagerdeckels der Auslaßnockenwelle ein geeigneter Halter, zum Beispiel MERCEDES 104 589 00 40 00, angeschraubt werden. Seil oder Kette durch den Halter und die hintere Motor-Aufhängeösen führen und am Kran einhängen.

### Einbau

Vor dem Einbau Zylinderkopf und Zylinderblock mit geeignetem Schaber von Dichtungsresten freimachen. **Darauf achten, daß keine Dichtungsreste in die Bohrungen fallen.** Bohrungen mit Lappen verschließen.

**Achtung:** Wird bei einem Motor ohne Lufteinblasung der Zylinderkopf ersetzt, Lufteinblasbohrung im Zylinderkopf mit einem Verschlußdeckel (ET-Nr. 104 016 00 33) seitlich rechts verschließen. Verschlußdeckel mit Dichtmasse »LOCTITE 241« einsetzen.

- Zylinderkopf und Motorblock mit Stahllineal in Längs- und Querrichtung auf Planheit prüfen, gegebenenfalls nacharbeiten (Werkstattarbeit).
- Zylinderkopf auf Risse, Zylinderlauffläche auf Riefen überprüfen.
- Bohrungen der Zylinderkopfschrauben sorgfältig von Öl und anderen Rückständen reinigen. Bohrungen mit Preßluft ausblasen, oder Schraubendreher mit Lappen umwickeln und Flüssigkeit aufsaugen.

**Achtung:** Die Bohrungen für die Zylinderkopfschrauben müssen frei von Öl- und Kühlmittelresten sein. Sonst baut sich Druck beim Einschrauben der neuen Schrauben auf, was zum Reißen des Motorblocks oder zu einem falschen Anzugsdrehmoment führen kann.

- Zylinderkopfdichtung grundsätzlich ersetzen.
- Neue Dichtung ohne Dichtmittel so auflegen, daß keine Bohrungen verdeckt werden.

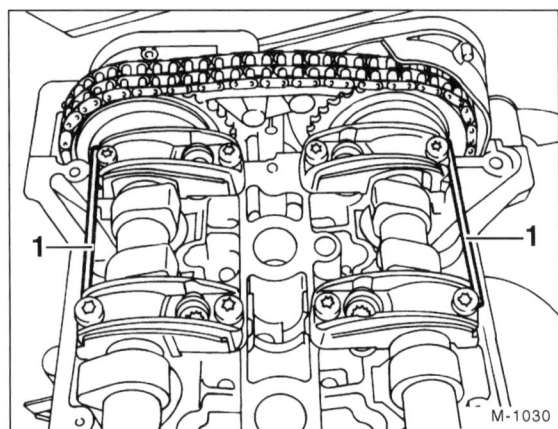

- Vor Aufsetzen des Zylinderkopfes prüfen, ob sich die Nockenwellen in OT-Stellung befinden. In dieser Stellung lassen sich Stifte –1– von 4 mm ⌀ direkt oberhalb der Zylinderkopf-Oberkante in die Nockenwellenräder-Flansche einsetzen. Auch die Kurbelwelle muß sich noch in OT-Stellung befinden, siehe Abbildung unter »Ausbau«.

- Zylinderkopf aufsetzen. **Achtung:** Der Zylinderkopf wird durch Paßstifte im Zylinderblock zentriert.
- Länge der Zylinderkopfschrauben ab Unterkante Schraubenkopf messen. **Die Länge im Neuzustand beträgt 160 mm.** Bei einer Länge von **163,5 mm** sind die Kopfschrauben auf jeden Fall zu **ersetzen.**
- Zylinderkopfschrauben am Gewinde und an der Kopfauflagefläche einölen, mit Unterlegscheiben einsetzen und handfest anziehen.

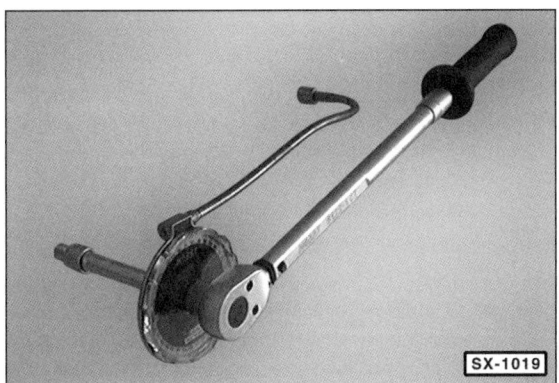

**Achtung:** Das Anziehen der Zylinderkopfschrauben ist mit größter Sorgfalt durchzuführen. Vor dem Anziehen der Schrauben sollte der Drehmomentschlüssel auf seine Genauigkeit überprüft werden. Das Anziehen der Zylinderkopfschrauben um die vorgegebenen Winkel wird mit einer Winkelscheibe erleichtert, zum Beispiel HAZET 6690. Um den Drehmomentschlüssel nicht mit hohem Drehmoment zu belasten, sollte die Winkelscheibe nur zusammen mit einem starren Schlüssel angewendet werden.

**Hinweis:** Steht keine Winkelscheibe zur Verfügung, Drehwinkel abschätzen. Dazu starren Schlüssel so aufsetzen, daß der Schlüsselarm längs zum Motor steht und Schlüssel in einem Zug drehen, bis der Griff quer zum Motor steht.

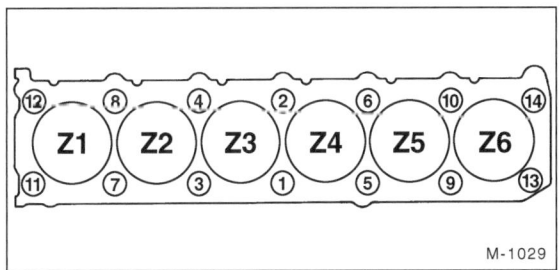

- Zylinderkopfschrauben gemäß der Reihenfolge von 1 bis 14 in **drei Stufen** anziehen. Z1 – Z6 = Zylinder 1 bis 6.
1. **Stufe:** mit Drehmomentschlüssel und **55 Nm;**
2. **Stufe:** mit **starrem Schlüssel um 90° weiterdrehen;**
3. **Stufe:** mit **starrem Schlüssel um 90° weiterdrehen.**
- Falls angebaut, vorderen Halter vom Zylinderkopf abschrauben. Nockenwellenlagerdeckel wechselweise mit **20 Nm** festziehen.

- Steuerkette auf Einlaßnockenwellenrad auflegen, dabei die beim Ausbau angebrachten Farbmarkierungen beachten.
- Auslaßnockenwellenrad in die Steuerkette einsetzen, dabei Markierungen beachten.
- Auslaßnockenwellenrad an Nockenwellenflansch ansetzen und anschrauben. Das Anzugsdrehmoment richtet sich nach der Größe der Schraube.
Torx-Schraube T30 mit
  Gewinde M7 x 13 mm . . . . . . . . . . . . . . . . . . . **18 Nm;**
Torx-Bundschraube T30 mit
  Gewinde M7 x 13,5 mm . . . . . . . . . . . . . . . . . **22 Nm;**
Torx-Bundschraube T40 mit
  Gewinde M7 x 13,3 mm. . . . . . . . . . . . . **20 Nm + 60°.**
**Achtung:** T40-Schraube immer erneuern.
- Stifte 4 mm ⌀ aus den Nockenwellenflanschen herausziehen.
- Kühlmittelschlauch hinten am Zylinderkopf aufschieben und mit Schelle sichern.
- Automatikgetriebe: Ölmeßstab-Führungsrohr am Zylinderkopf hinten rechts anschrauben.
- Falls vorhanden, Halter für Lufteinblasleitung mit Distanzhülse oberhalb der Kurbelwellen-Riemenscheibe anschrauben.
- Falls vorhanden, Schlauch für Lufteinblasung an der Lufteinblasleitung aufschieben und mit Schelle sichern.
- Vordere Abgasanlage am Abgaskrümmer anschrauben, siehe Seite 95.

**Vorderen Deckel einbauen**

- Dichtflächen für vorderen Deckel reinigen. Die Dichtflächen müssen öl- und fettfrei sein.
- Zum Abdichten in die Nut des Steuergehäusedeckels links und rechts am Stoß –Pfeile– zum Zylinderkopf jeweils punktförmig Dichtmittel, MERCEDES-Nr. 002 989 45 20, auftragen. Stattdessen kann auch ein anderes handelsübliches Dichtmittel verwendet werden, zum Beispiel „Omnifit FD 10" oder „Curil".
- Neue Profilgummidichtung –1– ohne zusätzliches Dichtmittel in die Nut einlegen.

- Oberseite der Profilgummidichtung mit wenig Motoröl bestreichen.
- Vorderen Deckel an den Auflageflächen zum Zylinderkopf mit Dichtmittel 002 989 45 20 bestreichen.

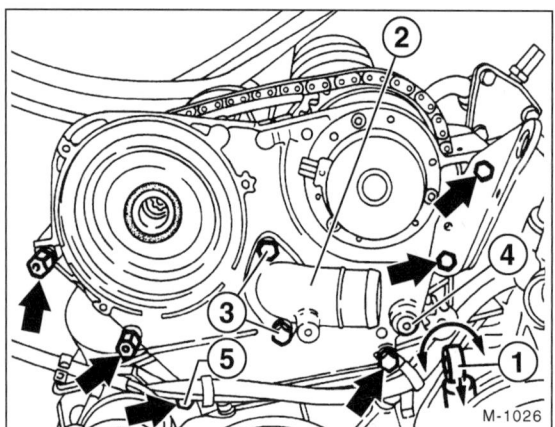

- Vorderen Deckel mit eingesteckter unterer Schraube –5– montieren. Die unteren Schrauben zuerst anziehen, Anzugsdrehmoment **20 Nm**.

**Achtung:** Bei der Montage des vorderen Deckels darauf achten, daß die Profilgummidichtung nicht verschoben wird.

Wird der vordere Deckel erneuert, muß der Positionsgeber Nockenwelle eingestellt werden. Abstandsmaß 0,2 bis 0,6 mm.

- Oberen Gleitschienenbolzen einsetzen.
- Verschlußschraube –4– mit Dichtring in den vorderen Deckel einschrauben.
- Kühlmittelstutzen –2– anschrauben –3–.
- Falls abgeschraubt, Stoßdämpfer –1– für Keilrippenriemen am vorderen Deckel anschrauben, Beilegscheibe nicht vergessen.
- Bei Lufteinblasung: Unterdruckleitungen und Stecker am Umschaltventil aufstecken
- Stecker für Positionsgeber Nockenwelle und Stellmagnet Nockenwellenverstellung aufstecken.
- Kühlmittelrücklaufleitung mit neuem Dichtring einsetzen und am Lüfterlagerbock sowie an der Kühlmittelpumpe anschrauben.
- Obere Gleitschiene auf die Lagerbolzen aufstecken.
- Zylinderkopfdeckel einbauen, siehe Seite 30.

---

- Saugrohr-Oberteil einbauen, siehe Seite 75.
- Kühlmittel auffüllen, siehe Seite 57.
- Batterie-Massekabel (–) anklemmen.
- Zeituhr einstellen.
- Falls erforderlich, Diebstahlcode für Radio eingeben.

# Nockenwellen aus- und einbauen

### Reihen-6-Zylinder-Motor M104

**Achtung:** Werden Teile der Ventilsteuerung wieder verwendet, müssen diese an gleicher Stelle wieder eingebaut werden. Damit keine Verwechslungen vorkommen, empfiehlt es sich, ein entsprechendes Ablagebrett anzufertigen.

Die Nockenwellen werden bei eingebautem Zylinderkopf nach oben ausgebaut. Einige Arbeiten sind im Kapitel »Zylinderkopf aus- und einbauen« ausführlicher beschrieben, deshalb dieses Kapitel ebenfalls durchlesen, siehe Seite 31.

### Ausbau

- Batterie-Massekabel (–) bei ausgeschalteter Zündung abklemmen. **Achtung:** Dadurch werden elektronische Speicher gelöscht, wie zum Beispiel der Radiocode. Hinweise im Kapitel »Batterie aus- und einbauen« beachten.
- Motor auf Zünd-OT für Zylinder 1 stellen, siehe Seite 19.
- Kurbelwelle auf 30° vor Zünd-OT für Zylinder 1 drehen. **Hinweis:** In dieser Stellung können die Nockenwellen bei abgebauter Steuerkette gedreht werden, ohne daß die Ventile mit dem Kolbenboden in Berührung kommen.
- Vorderen Deckel und obere Gleitschiene ausbauen.
- Lage der Steuerkette zu beiden Nockenwellen-Kettenrädern mit Farbe kennzeichnen, dazu Strich über Kette und Kettenrad ziehen.
- Auslaß-Nockenwellenrad abschrauben und abnehmen.
- Steuerkette vom Einlaß-Nockenwellenrad abnehmen.
- Nockenwellen mit Maulschlüssel SW 27/SW 29 so drehen, daß die Spitzen der Nocken am 2. Zylinder mittig auf die Tassenstößel drücken.

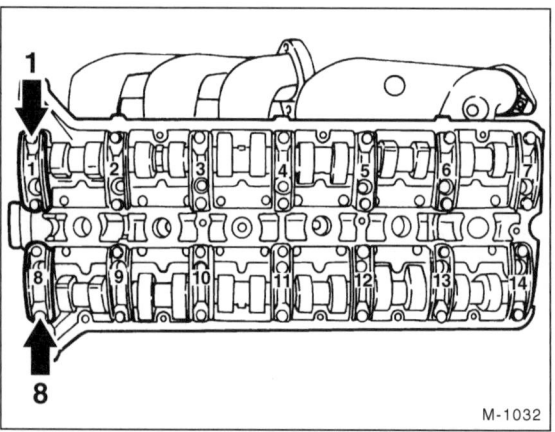

**Achtung:** Nockenwellen sind sehr bruchempfindlich und müssen daher möglichst spannungsfrei gelöst beziehungsweise montiert werden. Alle Schrauben für die Lagerdeckel über Kreuz zunächst ½ Umdrehung, dann alle Schrauben 1 Umdrehung lösen und herausschrauben.

- Nockenwellen-Lagerdeckel 1, 4, 6 und 7 der Auslaßnockenwelle abschrauben. Lagerdeckel abnehmen.
- Nockenwellen-Lagerdeckel 8, 11, 13 und 14 der Einlaßnockenwelle abschrauben. Lagerdeckel abnehmen.

**Achtung:** Die Schrauben der folgenden Lagerdeckel über Kreuz zunächst ½ Umdrehung, dann alle Schrauben 1 Umdrehung lösen, bis der Gegendruck der Ventilfedern abgebaut ist.

- Nockenwellen-Lagerdeckel 2, 3 und 5 der Auslaßnockenwelle abschrauben. Lagerdeckel abnehmen.
- Nockenwellen-Lagerdeckel 9, 10 und 12 der Einlaßnockenwelle abschrauben. Lagerdeckel abnehmen.
- Nockenwellen herausnehmen.
- Ventilschaft-Abdichtungen mit verbogenem Metallmantel müssen erneuert werden.

### Einbau

**Achtung:** Wird die Nockenwelle ersetzt, auf richtige Zuordnung achten. Die Nockenwellen-Kennzahl befindet sich am 3. Nockenwellen-Lagerzapfen hinten, hinter dem Nockenwellen-Lagerdeckel beziehungsweise auf dem Nockenwellenflansch.

- Sämtliche Einbauteile sorgfältig mit Waschbenzin reinigen, Dichtflächen säubern.
- Tassenstößel prüfen, siehe Seite 36.
- Nockenwellen, Lagerstellen und Tassenstößel mit Motoröl einölen.
- Prüfen, ob die Kurbelwelle sich in der Stellung »30° vor OT« befindet, andernfalls entsprechend verdrehen.
- Nockenwellen so in die Lagerstellen einlegen, daß die Nockenspitzen am 2. Zylinder mittig nach unten zeigen, axial ausrichten
- Zuerst Lagerdeckel 2, 3, 5 der Auslaßnockenwelle anschrauben. Dabei Schrauben über Kreuz in Schritten von jeweils 1 Umdrehung abwechselnd anziehen. Dabei Nockenwelle mit Schlüssel SW 27/SW 29 so halten, daß die Spitzen der Nocken am 2. Zylinder mittig nach unten zeigen. Anzugsdrehmoment: **20 Nm.**

**Achtung:** Die Nockenwelle darf beim Anschrauben der Lagerdeckel nicht verkanten, Bruchgefahr!

- Anschließend Lagerdeckel 9, 10, 12 der Einlaßnockenwelle auf die gleiche Weise anschrauben.
- Restliche Nockenwellen-Lagerdeckel montieren und mit **20 Nm** anziehen.
- Steuerkette auf Einlaß-Nockenwellenrad auflegen.
- Auslaß-Nockenwellenrad in die Steuerkette einsetzen und an der Nockenwelle anschrauben, siehe Seite 31.
- Übereinstimmung der beim Ausbau angebrachten Markierungen auf Nockenwellenräder und Steuerkette überprüfen.
- Grundstellung der Nockenwellen prüfen.
- Vorderen Deckel und obere Gleitschiene einbauen.
- Kettenspanner einbauen.
- Batterie-Massekabel (–) anklemmen.
- Zeituhr einstellen.
- Diebstahlcode für Radio eingeben.

## Nockenwellen-Grundstellung prüfen
### Reihen-6-Zylinder-Motor M104

Einige Arbeiten sind im Kapitel »Zylinderkopf aus- und einbauen« ausführlicher beschrieben, deshalb dieses Kapitel ebenfalls durchlesen, siehe Seite 31.

### Prüfen

- Zylinderkopfdeckel ausbauen.
- Lüfterhaube ausbauen.
- Motor auf OT für Zylinder 1 stellen, siehe Seite 19.

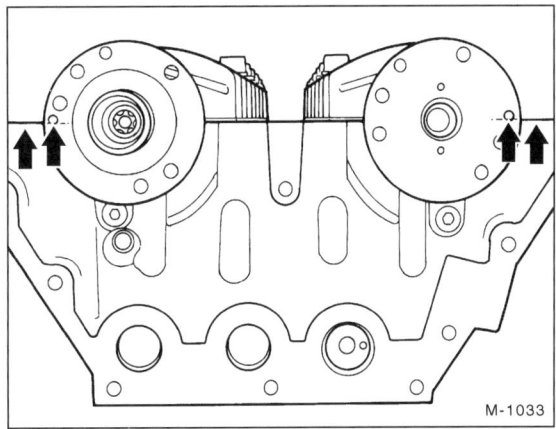

- Die Nockenwellen-Einstellbohrungen müssen sich dann jeweils außen an der Zylinderkopf-Oberkante befinden –Pfeile–. Der Nockenwellenversteller steht in Richtung »spät«.

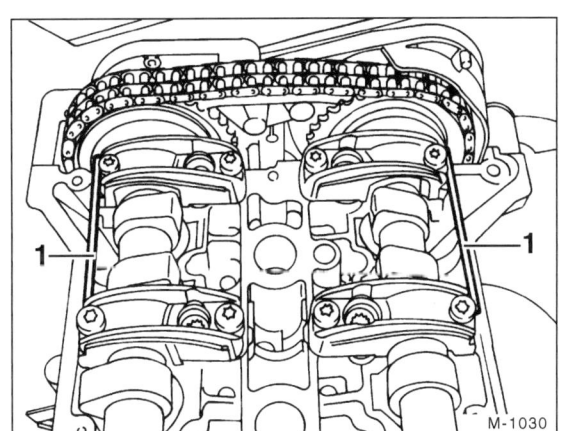

- In dieser Stellung lassen sich die Stifte –1– von 4 mm ⌀ direkt oberhalb der Zylinderkopf-Oberkante in die Flansche der Nockenwellenräder einsetzen. Andernfalls Grundstellung der Nockenwellen einstellen.

### Einstellen

- Kurbelwelle auf 30° vor OT für Zylinder 1 stellen.
- Kettenspanner ausbauen.
- Vorderen Deckel ausbauen.

- Nockenwellen in Grundstellung drehen und Stifte in die Bohrungen einführen.
- Kurbelwelle auf OT für Zylinder 1 drehen, dabei Steuerkette anheben damit diese nicht verkanten kann.
- Nockenwellenversteller von Hand in Nockenwellendrehrichtung auf Anschlag »Stellung spät« drehen. Dazu Einlaßnockenwelle entgegen der Motordrehrichtung drehen und Nockenwellenrad in Motordrehrichtung bis zum Anschlag drehen.
- Steuerkette auf Einlaßnockenwellenrad auflegen und prüfen, ob die Steuerkette an der Gleitschiene im Steuergehäusedeckel richtig anliegt.
- Auslaßnockenwellenrad bei »Nockenwelle in Grundstellung« montieren.
- Vorderen Deckel einbauen.
- Kettenspanner einbauen.
- Grundstellung der Nockenwellen prüfen, gegebenenfalls Einstellung wiederholen.

## Hydraulische Tassenstößel prüfen

### Reihen-4- und 6-Zylinder-Motor (M111, M104)

Die hydraulischen Ventilstößel sind zu prüfen, wenn nach Erreichen der Betriebstemperatur Geräusche im Ventiltrieb auftreten.

**Achtung:** Geräusche im Ventiltrieb beim Anlassen des Motors sind normal. Beim Motorstillstand wird je nach Stellung des Nockens mehr oder weniger Öl aus dem einzelnen Ventilstößel herausgedrückt. Dies führt zu Geräuschen, bis sich die Hydrostößel bei laufendem Motor wieder mit Motoröl gefüllt haben. Unter Umständen kann dieser Vorgang so lange dauern, bis der Motor seine Betriebstemperatur erreicht hat. Um eine einwandfreie Funktion der Hydrostößel zu gewährleisten, befindet sich im Zylinderkopf eine Ölrücklaufsperre, welche verhindert, daß sich die Ölkanäle im Zylinderkopf bei abgestelltem Motor vollständig entleeren.

### Prüfen

- Motor warmfahren. Nach Erreichen der Kühlmittel-Betriebstemperatur noch etwa 5 km weiterfahren, damit auch eine ausreichende Motoröltemperatur sichergestellt ist.
- Falls die hydraulischen Stößel immer noch laut sind, Motor abstellen und Zylinderkopfdeckel ausbauen, siehe Seiten 30.
- Kurbelwelle und damit Nockenwelle so weit drehen, bis die Nocken des zu prüfenden Hydrostößels vom Stößel wegzeigen. . Dazu Getriebe in Leerlaufstellung bringen, Handbremse anziehen und Kurbelwelle an der Befestigungsschraube der Riemenscheibe mit geeignetem Schlüssel im Uhrzeigersinn drehen.

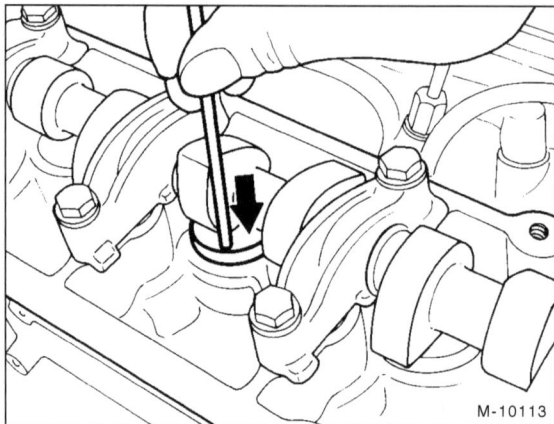

- Tassenstößel mit Holz- oder Kunststoffkeil mit normaler Handkraft nach unten drücken. Bei zu starkem Druck sinkt das Ausgleichelement im Tassenstößel scheinbar ab, in Wirklichkeit öffnet jedoch das Ventil. **Achtung:** Kein Stahlwerkzeug zum herunterdrücken verwenden.
- Falls sich dabei ein Tassenstößel leichter als die anderen niederdrücken läßt, diesen erneuern. **Achtung:** Sinken mehrere Ausgleichelemente scheinbar ab, Drucköllversorgung des Zylinderkopfs prüfen.

# Ventilschaftabdichtungen ersetzen

Hoher Ölverbrauch kann auf verschlissene Ventilschaftabdichtungen zurückzuführen sein. Die Ventilschaftabdichtungen können auch bei eingebautem Zylinderkopf ausgebaut werden. Allerdings werden dann Preßluft sowie ein Hebeldrücker mit Abstützvorrichtung benötigt, z. B. MERCEDES-111 589 015900, 111 589 186100 und 111 589 256 300. Stehen die Spezialwerkzeuge nicht zur Verfügung, muß der Zylinderkopf ausgebaut werden.

Beschrieben wird der Arbeitsablauf anhand des **4-Zylinder-Motors**, beim 6-Zylinder-Motor ist sinngemäß vorzugehen. Es werden dann jedoch entsprechend angepaßte Werkzeuge benötigt. Spezielle Hinweise für den V-6-Zylinder-Motor stehen am Ende des Kapitels.

### Ausbau

**Achtung:** Werden Teile der Ventilsteuerung wieder verwendet, müssen diese an gleicher Stelle wieder eingebaut werden. Damit keine Verwechselungen vorkommen, empfiehlt es sich, ein entsprechendes Ablagebrett anzufertigen.

- **Reihen-6-Zylinder-Motor:** Lüfterhaube ausbauen. Bei Automatik-Getriebe: Ölmeßstabführungsrohr am Zylinderkopf hinten abschrauben.
- Nockenwellen ausbauen, siehe entsprechendes Kapitel.
- Zündkerzen ausbauen, siehe Seite 250.

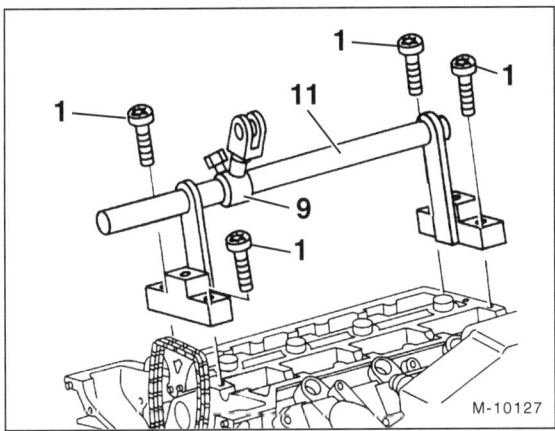

- Abstützbrücke –11– mit Schiebestück –9– an Nockenwellenlager 1 und 5 beziehungsweise später an Lager 6 und 10 mit den Bundschrauben –1– für Lagerdeckel und 20 Nm anschrauben.
- Kolben des jeweiligen Zylinders in den Oberen Totpunkt (OT) drehen. Dazu Kurbelwelle verdrehen, siehe Seite 19.
- **4-Zylinder-Motor:** Bei OT-Stellung der Riemenscheibe stehen die Kolben der Zylinder 1 und 4 in OT. Bei Übereinstimmung der 180°-Marke der Riemenscheibe mit der Bezugsmarke sind es die Zylinder 3 und 4.
- **Reihen-6-Zylinder-Motor:** Bei OT-Stellung der Riemenscheibe stehen die Kolben der Zylinder 1 und 6 in OT. Bei Übereinstimmung der 120°-Marke der Riemenscheibe sind es die Zylinder 2 und 5; bei der 240°-Marke die Zylinder 3 und 4. Riemenscheibenstellung siehe Seite 31.

**Achtung:** Beim Drehen der Kurbelwelle die Steuerkette hochhalten, damit sie sich nicht verklemmt.

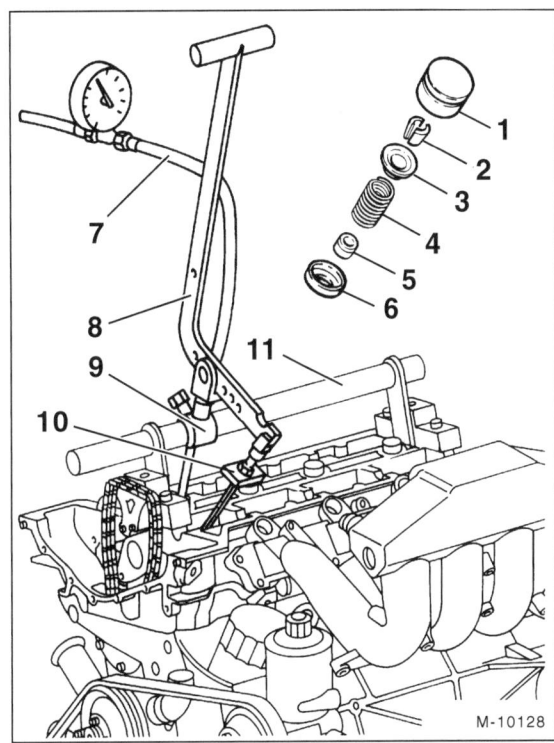

1 – Tassenstößel
2 – Ventilkegelstücke
3 – Ventilfederteller oben
4 – Ventilfeder
5 – Ventilschaftabdichtung
6 – Ventilfederteller unten
7 – Druckschlauch
8 – Hebeldrücker
9 – Schiebestück
10 – Druckstück
11 – Abstützvorrichtung

- Hebeldrücker –8– einhängen.
- Tassenstößel –1– mit einem Gummisauger (30 mm ⌀) herausziehen, z. B. HAZET 735-2. **Achtung:** Für diese Arbeit **keinen** Magnetheber verwenden, da hierdurch die Gleitflächen des Tassenstößels magnetisiert werden. Dadurch lagern sich kleinste Eisenspäne an der Oberfläche ab, was zu Schäden an Tassenstößeln und Nocken führt.
- Kurbelwelle arretieren, damit der Kolben durch den Druck im Kompressionsraum nicht weiterbewegt wird. Dazu 1. Gang einlegen und Handbremse anziehen. Die Werkstatt verwendet hierzu ein Spezialwerkzeug, das in den Zahnkranz des Schwungrades eingesetzt wird.
- Kompressionsraum des Zylinders mit mindestens 6 bar Überdruck unter Druck setzen. Dazu Anschlußschlauch –7– des Zylinderdichtheitsprüfgerätes in die Zündkerzenbohrung einschrauben. Steht das Prüfgerät nicht zur Verfügung kann ein entsprechender Anschlußstutzen mit Hilfe einer alten Zündkerze angefertigt werden.

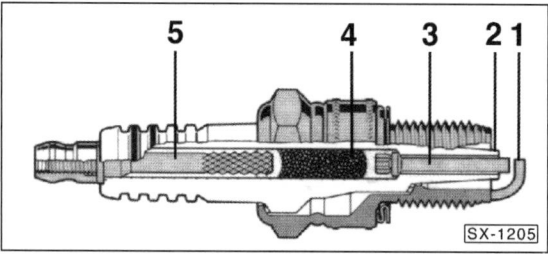

- An einer alten Zündkerze Masseelektrode –1– abkneifen. Keramik-Isolator –2– mit Schraubendreher abbrechen und Mittelelektrode –3– durch Hin- und Herbiegen abbrechen und herausnehmen. Rest der Mittelelektrode zusammen mit Glasschmelze –4– und Anschlußbolzen –5– mit geeignetem Durchschlag (ca. 3 mm) heraustreiben. Dabei Zündkerze in Schraubstock einspannen oder in entsprechendem Schraubendrehereinsatz (Stecknuß) einsetzen. **Achtung:** Das Gewinde der Zündkerze darf nicht beschädigt werden, um Folgeschäden an der Gewindebohrung im Zylinderkopf zu vermeiden.

- Zündkerze in den betreffenden Zylinder einschrauben und mit Druckluftschlauch verbinden.

- Über den Druckluftschlauch ständig mindestens 6 bar Überdruck in den Zylinder blasen.

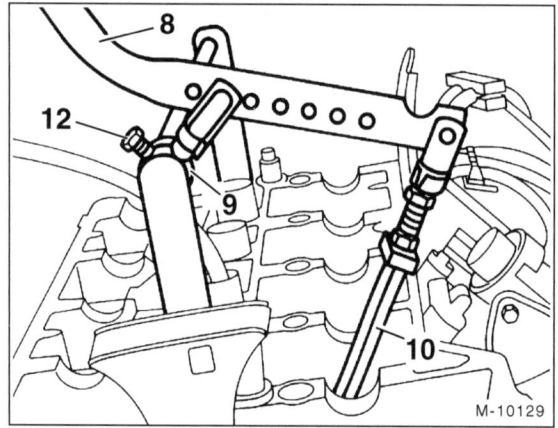

- Hebeldrücker –8– mit Druckstück –10– am Ventilfederteller ansetzen. Druckstück und Schiebestück –9– parallel zueinander ausrichten. Schiebestück mit Schraube –12– arretieren.

- Ventilfeder zusammendrücken.

**Achtung:** Ventilfeder **nicht** ohne Druckluft ausbauen, sonst können Beschädigungen an Ventilen und Kolben entstehen.

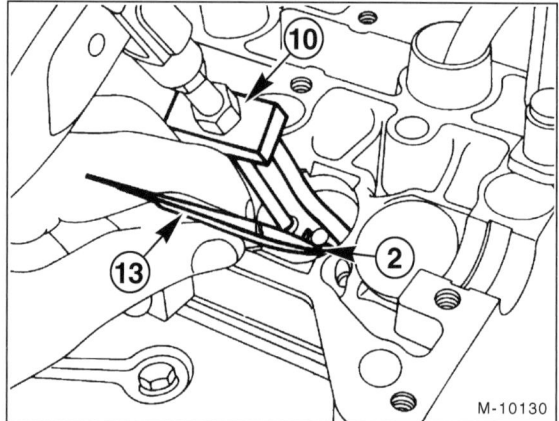

- Ventilkegelstücke –2– mit Pinzette –13– oder Magnetheber vom Ventilschaft abnehmen. 10 – Druckstück.

- Ventilfederteller –3– und Ventilfeder –4– herausnehmen, siehe Abbildung M-10128.

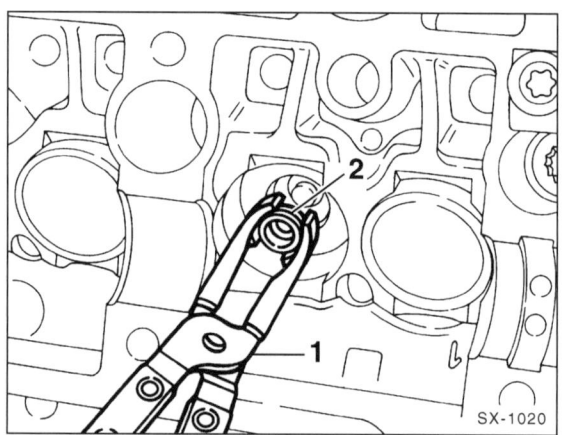

- Ventilschaft-Abdichtungen –2– mit einer Spezialzange –1–, z. B. HAZET 2791, vom Ventilschaft abziehen. **Achtung:** Dabei Ventilschaft und Ventilführung nicht beschädigen.

- Falls erforderlich, Ventilschaft an der Nut mit feinem Schmirgelleinen entgraten.

- Ventilführungen im Anlagebereich der Ventilschaft-Abdichtungen auf Verschleiß prüfen. Falls kein fester Sitz der Ventilschaft-Abdichtungen mehr gewährleistet ist, Ventilführungen erneuern (Werkstattarbeit).

### Einbau

- Eingeschlagene Ventilkegelstücke und Federteller erneuern.

- Ventilführungen, die an der Haltenut für die Ventilschaft-Abdichtung ausgeschlagen sind und Ventile mit beschädigten Ventilenden oder beschädigtem Ventilschaft müssen erneuert werden (Werkstattarbeit).

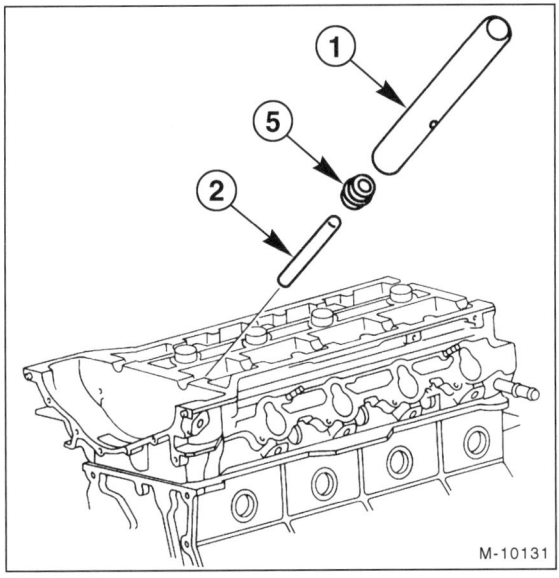

- Schutzhülse –2– auf den Ventilschaft aufstecken.
- Ventilschaft-Abdichtung –5– einölen und mit Montagedorn –1– von Hand aufdrücken.

**Achtung:** Die Montagehülse liegt dem Reparatursatz bei. Beim Aufschieben ohne Montagehülse wird die Dichtlippe der Ventilschaft-Abdichtung beschädigt.

- Ventilfederteller unten, Ventilfeder und Ventilfederteller oben einsetzen und Ventilfeder spannen.
- Ventilkegelstücke einsetzen, Ventilfedern entspannen.
- Tassenstößel einsetzen.
- Ventilschaftabdichtung für nächstes Ventil ersetzen.
- Spezialwerkzeug abschrauben.
- Zündkerzen einbauen, siehe Seite 250.
- Kurbelwelle in die Position drehen, wie vor dem Herausnehmen der Nockenwellen. Dabei Kurbelwelle in Motordrehrichtung, also im Uhrzeigersinn, drehen.
- Nockenwellen einbauen, siehe entsprechendes Kapitel.
- **Reihen-6-Zylinder-Motor:** Lüfterhaube einbauen. Bei Automatik-Getriebe: Ölmeßstabführungsrohr am Zylinderkopf hinten anschrauben.

### V6-Zylinder-Motor

Benötigte Werkzeuge: Hebeldrücker mit Gelenklager, z. B. MERCEDES-111 589 25 61 00 zum Einschrauben am Zylinderkopf.

- Visco-Lüfter ausbauen, siehe Seite 65.
- Lüfterhaube ausbauen.
- Keilrippenriemen ausbauen, siehe entsprechendes Kapitel.
- Zylinderkopfdeckel ausbauen, siehe entsprechendes Kapitel.
- Je eine Zündkerze pro Zylinder ausbauen, siehe Seite 250.
- Saugrohr komplett ausbauen, siehe Seite 75.

- Nockenwellenlagerbrücken ausbauen, siehe Seite 28.
- Motor auf OT des zu bearbeitenden Zylinders stellen. Dabei Steuerkette hochhalten, damit sie sich nicht verklemmt.
- Hydraulische Ventilstößel mit 2 mm starkem Dorn aus den Rollenkipphebeln herausdrücken.
- Nach dem Ersetzen der Ventilschaft-Abdichtung für den betreffenden Zylinder Hydraulische Ventilstößel in die Rollenkipphebel einsetzen. Dabei darauf achten, daß das Plättchen oben im Rollenkipphebel mit den Schlitzen nach unten zum Hydrostößel zeigt.
- Der weitere Einbau erfolgt in umgekehrter Reihenfolge.

## Ventil aus- und einbauen

### Ausbau

**Achtung:** Werden Teile der Ventilsteuerung wieder verwendet, müssen diese an gleicher Stelle wieder eingebaut werden. Damit keine Verwechselungen vorkommen, empfiehlt es sich, ein entsprechendes Ablagebrett anzufertigen.

- Zylinderkopf ausbauen und auf 2 Holzleisten legen, siehe Seiten 19/25/31.
- Nockenwellen ausbauen, siehe Seiten 22/28/34.
- Tassenstößel ausbauen, siehe Seite 37.

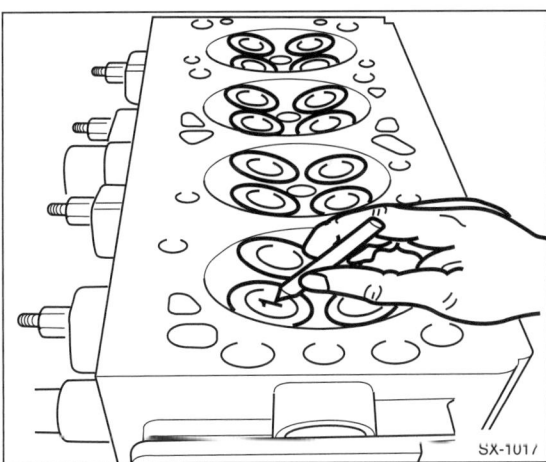

- Ventile vor dem Ausbau kennzeichnen, damit sie an gleicher Stelle wieder eingebaut werden. Dazu mit Filzstift die Ventilteller numerieren.

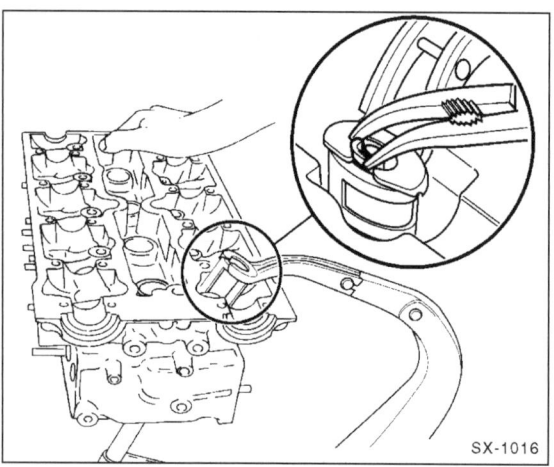

- Ventile mit handelsüblichem Federspanner ausbauen. Hierzu Federn spannen und am Ventilschaft die Ventilkeile entfernen. Anschließend Feder entspannen, oberen Ventilteller und Ventilfeder herausnehmen.
- Ventilschaftabdichtungen ausbauen, siehe Seite 37.
- Ventile zur Brennraumseite aus Zylinderkopf herausziehen.
- Ventile reinigen. Ventile mit verbranntem Ventilteller, mit zu geringer Höhe des Ventiltellers und mit abgenütztem oder riefigem Ventilschaft sind zu erneuern.
- Die Werkstatt kann den Ventilschaft auf Schlag prüfen. Der zulässige Schlag darf nicht mehr als 0,03 mm betragen.

**Achtung:** Auslaßventile sind natriumgefüllt. Sie dürfen nicht eingeschmolzen oder als Werkzeug (z. B. Durchschlag) verwendet werden. Explosionsgefahr!

- Ventilführungen, die an der Haltenut für die Ventilschaft-Abdichtungen ausgeschlagen sind und Ventile mit beschädigten Ventilenden oder Ventilschaft müssen erneuert werden.

### Einbau

Vor Einbau der Ventile Ventilführungen prüfen, eventuell Ventilsitze nacharbeiten.

**Achtung:** Wird ein neues Ventil eingebaut, auf jeden Fall vorher Ventilsitz nacharbeiten.

- Ventilschaft an der Anlagefläche der Ventilkegelstücke entgraten.
- Ventilschaft und Ventilführung mit Motoröl leicht einölen und Ventil einsetzen.
- Ventilschaft-Abdichtung einbauen, siehe entsprechendes Kapitel.
- Ventilfeder einbauen, siehe entsprechendes Kapitel.
- Anschließend nächstes Ventil einbauen. Dabei Ein- und Auslaßventil nicht verwechseln.
- Tassenstößel einsetzen.
- Nockenwellen einbauen, siehe entsprechendes Kapitel.
- Zylinderkopf einbauen, siehe entsprechendes Kapitel.

## Ventilführungen prüfen

Bei Instandsetzungsarbeiten von Zylinderköpfen mit undichten Ventilen genügt es nicht, die Ventile und Ventilsitze zu bearbeiten beziehungsweise zu erneuern. Es ist außerdem dringend erforderlich, die Ventilführungen auf Verschleiß zu prüfen. Besonders wichtig ist die Prüfung an Motoren mit längerer Laufzeit. Verschlissene Ventilführungen gewährleisten keinen zentrischen Ventilsitz und führen zu hohem Ölverbrauch. Ist der Verschleiß zu groß, sind die Ventilführungen zu erneuern (Werkstattarbeit).

- Ventil ausbauen.

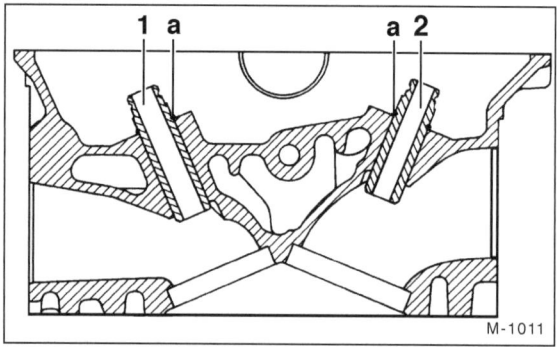

- Ventilführung −1/2− mit einer Zylinderbürste (∅ ca. 20 mm) reinigen.
- Ventil von der Brennraumseite her in die Ventilführung einführen und Spiel durch seitliches Hin- und Herbewegen des Ventils prüfen. Die Ventilführung darf dabei kein spürbares Spiel aufweisen. −1− Ventilführung für Auslaßventil, −2− Ventilführung für Einlaßventil, −a− Sprengring.
- Gegebenenfalls Ventilführungen erneuern lassen (Werkstattarbeit).
- Ventilführungen, die an der Haltenut für die Ventilschaft-Abdichtungen ausgeschlagen sind, und Ventile mit beschädigten Ventilenden oder Ventilschaft müssen erneuert werden.

## Ventilsitz im Zylinderkopf nacharbeiten

Ventilsitze mit Verschleiß- oder Verbrennungsspuren können nachgearbeitet werden, solange die Korrekturwinkel und Sitzbreiten eingehalten werden. Andernfalls muß der Zylinderkopf ersetzt werden. Ventilsitzringe können mit den üblichen Werkstattmitteln erneuert werden. Für das Nacharbeiten wird ein Ventilsitz-Drehgerät benötigt. Diese Arbeiten sollte man von einer Werkstatt durchführen lassen.

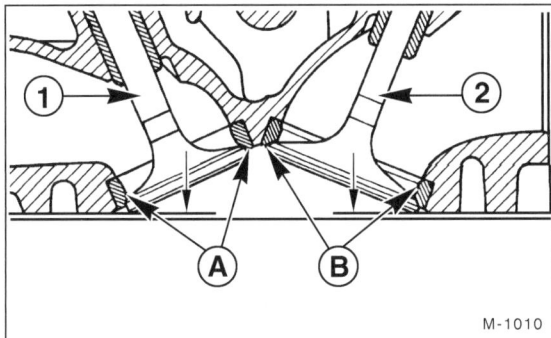

Ventilsitzring –A– für Auslaßventil –1–.
Ventilsitzring –B– für Einlaßventil –2–.

**4-Zylinder-Motor (M111)**

| Ventilsitz | Einlaß | Auslaß |
| --- | --- | --- |
| Ventilsitzbreite | 0,9 - 1,1 mm | 0,9 - 1,1 mm |
| Ventilsitzwinkel | 45° | 45° |
| Korrekturwinkel oben | 35° | 35° |
| Korrekturwinkel unten | 58° | 58° |
| Zuläss. Rundlaufabweich. | 0,03 mm | 0,03 mm |
| Abstand »A« | 25,18-25,70 | 23,18-23,70 |
| Abstand »B« | 24,93-25,45 | 22,93-23,45 |

**A** = Abstand von Ventilschaftende bis Nockenwellenlagergrund bei Nockenwellen-⌀ Normalmaß.

**B** = Abstand von Ventilschaftende bis Nockenwellenlagergrund bei Nockenwellen-⌀ Reparaturstufe.

**Reihen-6-Zylinder-Motor (M104)**

| Ventilsitz | Einlaß | Auslaß |
| --- | --- | --- |
| Ventilsitzbreite | 0,9 - 1,1 mm | 0,9 - 1,1 mm |
| Ventilsitzwinkel | 45° | 45° |
| Korrekturwinkel oben | 30° | 30° |
| Korrekturwinkel unten | 60° | 60° |
| Zuläss. Rundlaufabweich. | 0,03 mm | 0,03 mm |

## Kompression prüfen

Die Kompressionsprüfung erlaubt Rückschlüsse über den Zustand des Motors. Und zwar läßt sich bei der Prüfung feststellen, ob die Ventile oder die Kolben (Kolbenringe) in Ordnung bzw. verschlissen sind. Außerdem zeigen die Prüfwerte an, ob der Motor austauschreif ist bzw. komplett überholt werden muß. Für die Prüfung wird ein Kompressionsdruckprüfer benötigt, der recht preiswert in Fachgeschäften angeboten wird.

Der Druckunterschied zwischen den einzelnen Zylindern darf maximal 1,5 bar betragen. Falls ein oder mehrere Zylinder gegenüber den anderen einen Druckunterschied von mehr als 1,5 bar haben, ist dies ein Hinweis auf defekte Ventile, verschlissene Kolbenringe bzw. Zylinderlaufbahnen. Ist die Verschleißgrenze erreicht, muß der Motor überholt bzw. ausgetauscht werden.

**Kompressionsdruck in bar**

| Motor | | Sollwert | Differenz |
| --- | --- | --- | --- |
| 2,0-l | 6/95 - 5/96 | 10,5 – 14 | ≤ 1,5 |
| 2,0-l | ab 6/96 | 11 – 15 | ≤ 1,5 |
| 2,3-l | | 11 – 15 | ≤ 1,5 |
| 2,8-/3,2-l (R6) | 6/95 - 2/97 | 10,5 – 14 | ≤ 1,5 |
| 2,4-/2,8-/3,2-l (V6) | ab 3/97 | 10 – 14 | ≤ 1,5 |

- Zur Prüfung der Kompression den Motor warmfahren. Nach Erreichen der Kühlmittel-Betriebstemperatur noch etwa 5 km weiterfahren, damit auch eine ausreichende Motoröltemperatur sichergestellt ist.
- Motorhaube senkrecht stellen, siehe Seite 13.
- Sämtliche Zündkerzen herausdrehen, siehe Seite 250.

**Achtung:** Motor **nicht** mit dem Zündstartschalter durchdrehen.

- Damit beim Durchdrehen des Motors mit dem Anlasser kein Kraftstoff eingespritzt wird, Kompressionsdruckschreiber folgendermaßen anschließen (die Beschreibung bezieht sich auf einen Druckschreiber mit eingebautem Startschalter):

  ◆ Steuergerätedeckel abschrauben.

  ◆ Im Gehäuse für Steuergeräte Stecker der Steckverbindung Klemme 50 abziehen und mit Steuerleitung des Druckschreibers verbinden.

  ◆ Deckel für Plusabgriff am linken Radlauf im Motorraum abclipsen. Leitung für Stromzuführung des Druckschreibers an den Plusabgriff (Klemme 30) anschließen.

**Sicherheitshinweis:**
Getriebe in Leerlaufstellung beziehungsweise bei automatischem Getriebe Wählhebel in Stellung »P« und Handbremse angezogen. Während der Motor durchgedreht wird, **nicht über den Motor beugen. Unfallgefahr!**

- Motor durch Drücken auf den Kontaktschalter des Kompressionsdruckschreibers mit Anlasser ein paarmal durchdrehen, damit Rückstände und Ruß herausgeschleudert werden.

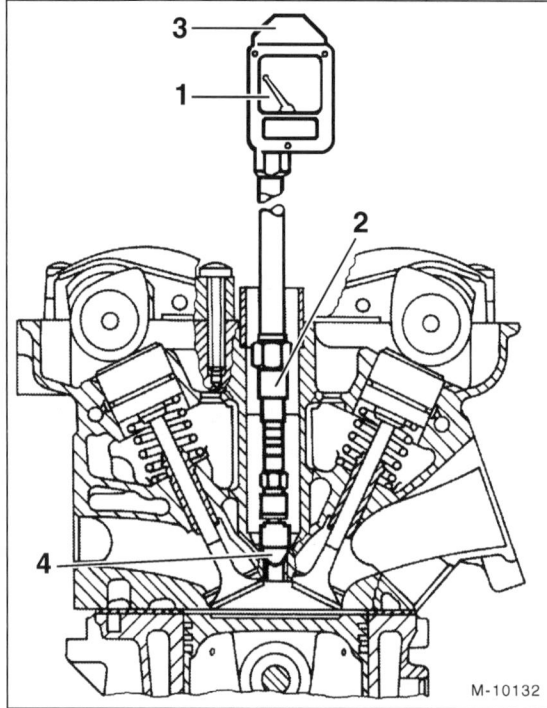

- Kompressionsdruckprüfer –1– entsprechend der Bedienungsanleitung mit dem Dichtkegel –4– in die Zündkerzenöffnung drücken oder einschrauben. Neues Diagrammblatt –3– einsetzen. 2 – Zwischenstück.

- Von Helfer Gaspedal ganz durchtreten lassen und während der ganzen Prüfung mit dem Fuß festhalten.

- Motor ca. 8 Umdrehungen drehen lassen, bis kein Druckanstieg mehr auf dem Meßgerät erfolgt.

- Nacheinander sämtliche Zylinder prüfen und mit Sollwert vergleichen.

- Anschließend Zündkerzen einbauen, siehe Seite 250.

- Motorhaube schließen.

**Speziell V6-Zylinder-Motor**

- Luftfilter mit Luftmassenmesser ausbauen, siehe Seite 75.
- Zündspulen auf der linken Seite ausbauen.
- Je 1 Zündkerze pro Zylinder ausbauen, siehe Seite 250.
- Nach der Kompressionsdruckprüfung Motorfehlerspeicher in der Werkstatt auslesen und gegebenenfalls löschen lassen.

# Untere Motorraumabdeckung aus- und einbauen

Die untere Motorraumabdeckung ist je nach Motor ein- oder zweiteilig.

**Ausbau**

- Fahrzeug aufbocken.

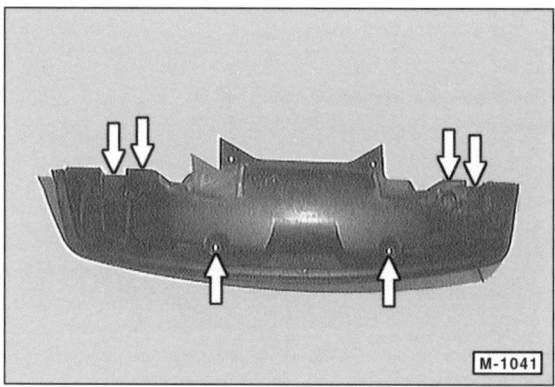

- Vordere Abdeckung abschrauben.

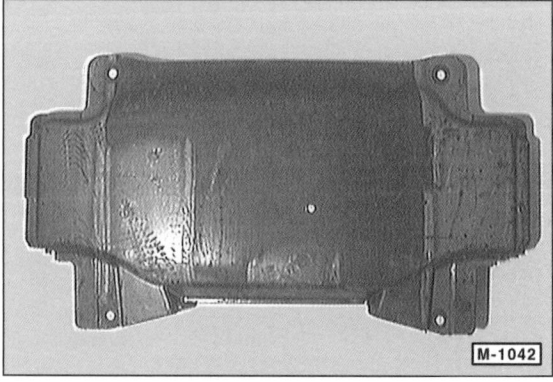

- Falls vorhanden, hintere Abdeckung abschrauben.

## Einbau

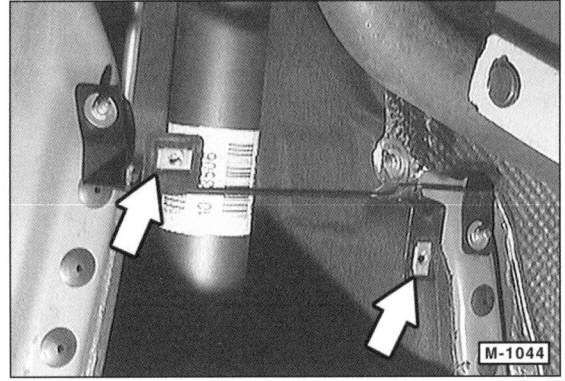

- Korrekten Sitz der Blechmuttern prüfen, gegebenenfalls in Position bringen.
- Untere Motorraumabdeckung(en) ansetzen und festschrauben. Mit der hinteren Abdeckung, falls vorhanden, beginnen.
- Fahrzeug ablassen.

## Keilrippenriemen aus- und einbauen/spannen

### 4-Zylinder-Motor

Sämtliche Zusatzaggregate des Motors werden durch einen Keilrippenriemen angetrieben.

Eine automatische Spannvorrichtung sorgt dafür, daß der Keilrippenriemen über einen längeren Zeitraum gleichmäßig gespannt bleibt.

Der Riemen muß im Rahmen der regelmäßigen Wartung auf Beschädigungen geprüft werden. Je nach Ausstattung des Fahrzeuges besitzt der Keilrippenriemen eine unterschiedliche Länge.

### Ausbau

- Fahrzeuge mit Heizungs-Automatik beziehungsweise Klimaanlage bis 8/96: Visco-Lüfterkupplung ausbauen, siehe Seite 65.

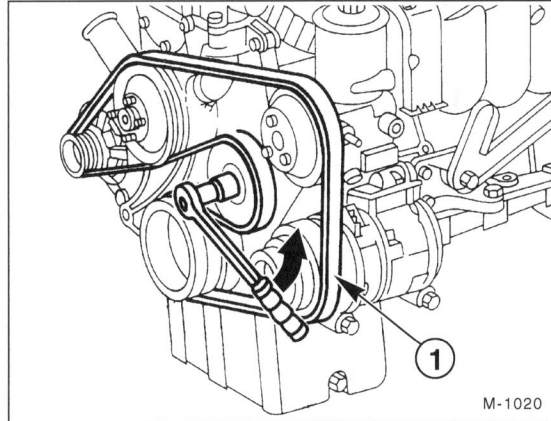

- Schlüssel mit Stecknuß für Außentorx-Schraube E10 an der Schraube der Spannrolle ansetzen und Keilrippenriemen –1– durch Schwenken entgegen Uhrzeigersinn entspannen. Keilrippenriemen abnehmen.

**Achtung:** Spannarm nicht an der Mutter für Spannrollenbefestigung schwenken.

### Einbau

- Riemenscheibenprofile und Spannvorrichtung auf Beschädigung und Verschmutzung prüfen, gegebenenfalls reinigen oder erneuern. Dabei auf ausgeschlagene Lagerstellen der Spannvorrichtung und auf Dellen an den Riemenscheiben achten.
- Keilrippenriemen prüfen. Riemen mit Schmutzeinlagerungen zwischen den Rippen, gelösten Rippen, Ausfransungen, Querrissen oder Rippenbrüchen unbedingt ersetzen, siehe auch Kapitel »Wartung«.

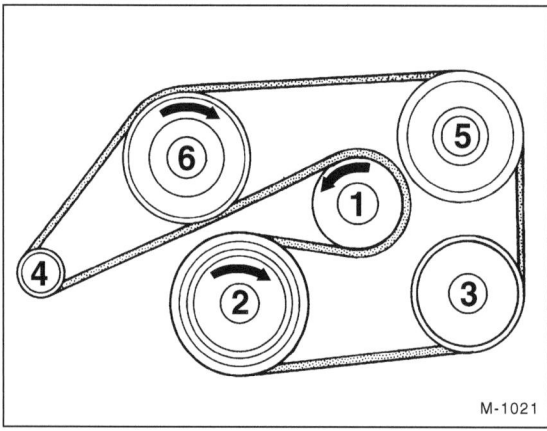

1 – Spannrolle
2 – Kurbelwelle
3 – Kältekompressor (Klimaanlage)
4 – Drehstromgenerator
5 – Lenkhilfepumpe
6 – Kühlmittelpumpe

- Keilrippenriemen auflegen, dabei an der Spannrolle beginnen. Riemen entsprechend der Ziffernfolge in der Abbildung auflegen.

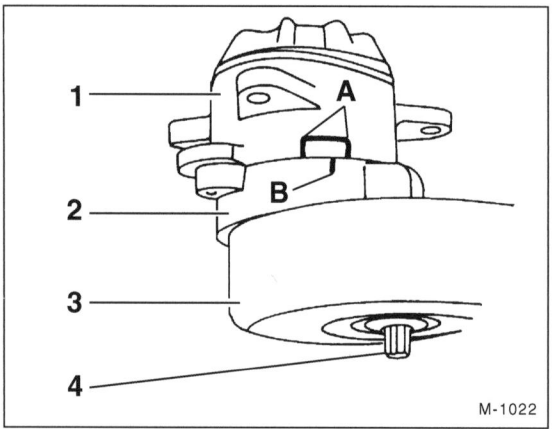

- Spannrolle loslassen. Die Positionsmarkierung –B– muß sich nun im Arbeitsbereich –A– befinden. Wenn nicht, stimmt entweder die Länge des Keilrippenriemens nicht oder die Spannvorrichtung ist fehlerhaft. 1 – Träger; 2 – Spannarm; 3 – Spannrolle; 4 – Außentorx E10.
- Sitz des Riemens auf den Riemenscheiben sichtprüfen.
- Visco-Lüfterkupplung einbauen, siehe Seite 65.

## Speziell Reihen-6-Zylinder-Motor M104

**Achtung:** Da Spannrollen mit unterschiedlichem Durchmesser (92 mm bzw. 80 mm) eingebaut werden, sind bei gleicher Motorausstattung unterschiedlich lange Keilrippenriemen erforderlich. Ist die kleinere Spannrolle (⌀ 80 mm) vorhanden, dann muß ein um ca. 20 mm kürzerer Keilrippenriemen eingebaut werden.

### Ausbau

- Lüfterhaube ausbauen, siehe Seite 64.

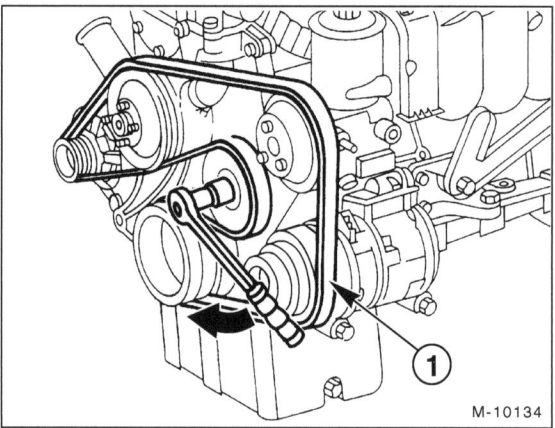

- Schlüssel mit Stecknuß SW 15 an der Mutter der Spannrolle ansetzen und Keilrippenriemen –1– durch Schwenken im Uhrzeigersinn entspannen. Keilrippenriemen abnehmen.

### Einbau

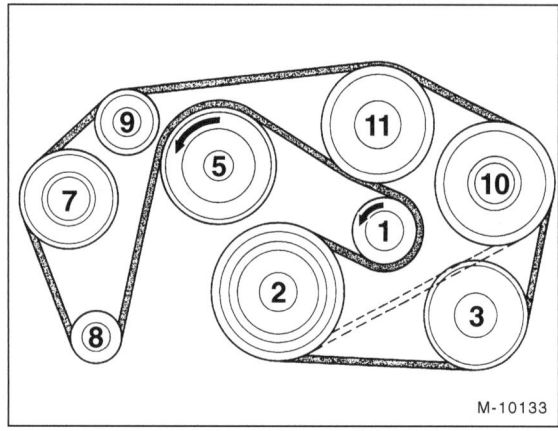

1 – Spannrolle
2 – Kurbelwelle
3 – Kältekompressor (Klimaanlage)
5 – Lüfter
7 – Luftpumpe
8 – Generator
9 – Umlenkrolle oben
10 – Lenkhilfepumpe
11 – Kühlmittelpumpe

- Keilrippenriemen auflegen, dabei an der Spannrolle beginnen. Riemen entsprechend der Ziffernfolge in der Abbildung auflegen.

- Spannrolle durch Schwenken im Uhrzeigersinn entspannen und Keilrippenriemen vollständig auflegen.
- Sitz des Riemens auf den Riemenscheiben sichtprüfen.
- Lüfterhaubenring einsetzen, drehen und sichern.

## Speziell V6-Zylinder-Motor M112

### Ausbau

- Visco-Lüfter ausbauen, siehe Seite 65.
- Lüfterhaube ausbauen, siehe Seite 64.
- Keilrippenriemen entspannen und abnehmen. Dazu Innentorxschlüssel an der Stiftschraube in der Mitte der Spannrolle ansetzen und Spannrolle entgegen dem Uhrzeigersinn schwenken.

### Einbau

- Keilrippenriemen auflegen, dabei an der Kurbelwellen-Riemenscheibe beginnen. Riemen entsprechend der Ziffernfolge in der Abbildung auflegen.

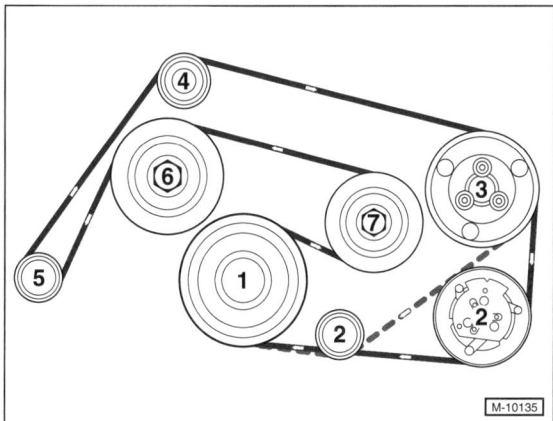

1 – Kurbelwelle  
2 – Umlenkrolle 2 bzw. Kältekompressor  
3 – Lenkhilfpumpe  
4 – Umlenkrolle 1  
5 – Drehstromgenerator  
6 – Kühlmittelpumpe/Lüfter  
7 – Spannrolle  

- Spannrolle durch Schwenken entgegen dem Uhrzeigersinn entspannen und Keilrippenriemen vollständig auflegen.
- Sitz des Riemens auf den Riemenscheiben sichtprüfen.
- Lüfterhaube einbauen, siehe Seite 64.
- Visco-Lüfter einbauen, siehe Seite 65.

# Störungsdiagnose Motor

Damit der Motor überhaupt anspringen kann, müssen verschiedene Voraussetzungen erfüllt sein: Es wurden keine Bedienungsfehler gemacht; Kraftstoff befindet sich im Tank; der Anlasser dreht normal durch.

Tritt ein Fehler im Motorsteuerungssystem auf, nimmt das elektronische Motorsteuergerät gespeicherte Festwerte an und ermöglicht weiterhin den Betrieb des Fahrzeugs - allerdings mit Einschränkungen. Ein Einkreisen des Fehlers ist in Eigenhilfe nicht mehr möglich. Fachwerkstatt aufsuchen und mit Hilfe des Diagnosegerätes, Fehler aufspüren.

**Störung:** Der Motor springt schlecht oder gar nicht an

| Ursache | Abhilfe |
|---|---|
| Bedienungsfehler beim Starten. | ■ Kupplung treten beziehungsweise bei automatischem Getriebe den Wählhebel in Stellung »P« oder »N« einlegen, Zündung einschalten, kein Gas geben. Zündschlüssel drehen und Anlasser betätigen. Sobald der Motor läuft, Schlüssel loslassen. Grundsätzlich sofort losfahren, nur bei strengem Frost Motor ca. 30 Sekunden warmlaufen lassen. Wenn der Motor nach mehreren Startversuchen trotz einzelner Zündungen nicht anspringt, nochmals mit vollständig niedergetretenem Gaspedal starten. **Achtung:** Häufige vergebliche Startversuche hintereinander können den Katalysator schädigen, da unverbranntes Benzin in den Katalysator gelangt und bei Erwärmung explosionsartig verbrennt. Bei **heißem Motor** Gaspedal während des Startens langsam niedertreten. |
| Anlasser dreht nicht, oder zu langsam. | ■ Batterie laden. Anlasserstromkreis überprüfen. |
| Kraftstoffanlage defekt, verschmutzt. | ■ Kraftstoffanlage überprüfen. |
| Kompressionsdruck zu niedrig. | ■ Motor überholen. |
| Falsche Steuerzeiten, Längung der Steuerkette. | ■ Steuerzeiten überprüfen lassen, Steuerkette ersetzen. |
| Zylinderkopfdichtung defekt. | ■ Dichtung ersetzen. |
| Wegfahrsperre sperrt den Motor. | ■ Zündschlüssel rausziehen und umgedreht ins Zündschloß stecken. Zündschlüssel beim Starten am äußersten Rand des Griffes anfassen. Zündschlüssel vom Schlüsselbund abnehmen. Ersatzschlüssel verwenden. Fehlerspeicher der Wegfahrsperre auslesen lassen. |

# Motor-Schmierung

Für die E-Klasse sind Mehrbereichsöle vorgeschrieben. Das Mehrbereichsöl baut auf einem dünnflüssigen Einbereichsöl auf, das durch sogenannte »Viskositätsindexverbesserer« in heißem Zustand stabilisiert wird. Dadurch ist für jeden Betriebszustand die richtige Schmierfähigkeit gegeben.

Es können auch Leichtlauföle (Hochleistungsöle) verwendet werden. Dabei handelt es sich um Mehrbereichsöle, denen unter anderem Reibwertverminderer zugesetzt wurden, wodurch sich die Reibung innerhalb des Motors vermindert. Für das Leichtlauföl wird als Grundöl ein sogenanntes Synthetiköl verwendet.

**Anwendungsbereich/Viskositätsklassen**

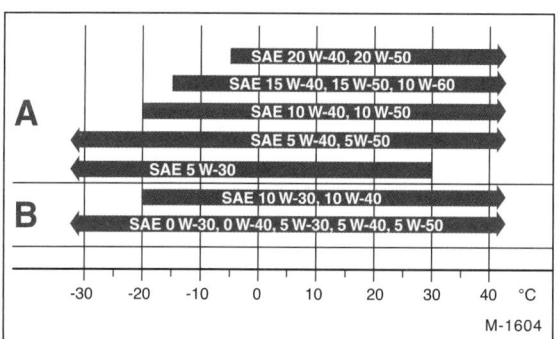

A – Mehrbereichsöle
B – Leichtlauföle (Hochleistungsöle)

In der Abbildung wird die Motoröl-Viskosität in Abhängigkeit von der Außentemperatur dargestellt. Da sich die Einsatzbereiche benachbarter SAE-Klassen überschneiden, können kurzfristige Temperaturschwankungen unberücksichtigt bleiben. Es ist zulässig, Öle verschiedener Viskositätsklassen miteinander zu mischen, wenn einmal Öl nachgefüllt werden muß und die Außentemperaturen nicht mehr der Viskositätsklasse des im Motor befindlichen Öles entsprechen.

**Zusatzschmiermittel – gleich welcher Art – sollen weder dem Kraftstoff noch den Schmierölen beigemischt werden.**

## Das richtige Motoröl für die E-KLASSE-Motoren

Es empfiehlt sich grundsätzlich nur ein von MERCEDES freigegebenes Motoröl zu verwenden. Die Freigabe steht dann auf dem Ölbehälter, zum Beispiel »MB 229.3«. Es handelt sich dabei um die Blattnummer aus den MERCEDES-BENZ-Betriebsstoff-Vorschriften.

| Motor | Ölfreigabe nach MB-Vorschrift | | |
|---|---|---|---|
| Benzinmotor | 229.1 | 229.3 | 229.5 |
| Dieselmotor | 228.1 | 228.3 | 228.5 |
| | 229.1 | 229.3 | 229.5 |

MB = MERCEDES-BENZ

**Hinweis:** Falls kein von MERCEDES freigegebenes Motoröl zur Verfügung steht, kann zum Nachfüllen ein Motoröl der Spezifikation API-SG/CE oder ACEA-A3/B3 verwendet werden.

**Allgemeine Spezifikation des Motoröls**

Die Qualität eines Motoröls wird durch Normen der Automobil- sowie der Ölhersteller gekennzeichnet.

Die Klassifikation der Motoröle amerikanischer Ölhersteller erfolgt nach dem **API**-System (API: American Petroleum Institut): Die Kennzeichnung erfolgt durch jeweils zwei Buchstaben. Der erste Buchstabe gibt den Anwendungsbereich an: **S** = Service, für **Ottomotoren** geeignet; **C** = Commercial, für **Dieselmotoren** geeignet. Der zweite Buchstabe gibt die Qualität in alphabetischer Reihenfolge an. Von höchster Qualität sind Öle der API-Spezifikation **SH** für Ottomotoren und **CF** für Dieselmotoren.

Europäische Ölhersteller klassifizieren ihre Öle nach der »**ACEA**«-Spezifikation (ACEA = Association des Constructeurs Européens de l'Automobile), die vor allem die europäische Motorentechnologie berücksichtigt. Öle für PKW-Benzinmotoren haben die Klassen ACEA A1-96 bis A3-96; Dieselmotoröle die Klassen B1-96 bis B3-96. Von höchster Qualität sind Öle **A3** für Ottomotoren und **B3** für Dieselmotoren. »**96**« steht für den Beginn der Gültigkeit der ACEA-Klassifikation im Jahr 1996 an. Motoröle mit höheren Jahreszahlangaben können ebenfalls verwendet werden.

**Ölverbrauch**

Bei einem Verbrennungsmotor versteht man unter dem Ölverbrauch diejenige Ölmenge, die als Folge des Verbrennungsvorganges verbraucht wird. Auf keinen Fall ist Ölverbrauch mit Ölverlust gleichzusetzen, wie er durch Undichtigkeiten an Ölwanne, Zylinderkopfdeckel usw. auftritt.

Normaler Ölverbrauch entsteht durch Verbrennung jeweils kleiner Mengen im Zylinder; durch Abführen von Verbrennungsrückständen und Abrieb-Partikeln. Zudem verschleißt das Öl durch hohe Temperaturen und hohe Drücke, denen es im Motor fortwährend ausgesetzt ist. Auch äußere Betriebsverhältnisse, wie Fahrweise sowie Fertigungstoleranzen haben einen Einfluß auf den Ölverbrauch. Im Normalfall ist dieser Verbrauch so gering, daß zwischen den vorgeschriebenen Ölwechselintervallen nur ein geringfügiges Nachfüllen erforderlich ist.

Unbedingt muß Öl nachgefüllt werden, wenn die »Nachfüll«-Markierung erreicht ist (Nachfüllmenge dann max. 2,0 l).
**Achtung:** Motoröl **nicht** über die »Maximal«-Markierung einfüllen. Wurde zuviel Öl eingefüllt, muß das überschüssige Öl abgelassen werden. Sonst kann der Katalysator beschädigt werden, da unverbranntes Öl in die Abgasanlage gelangt.

## Der Ölkreislauf

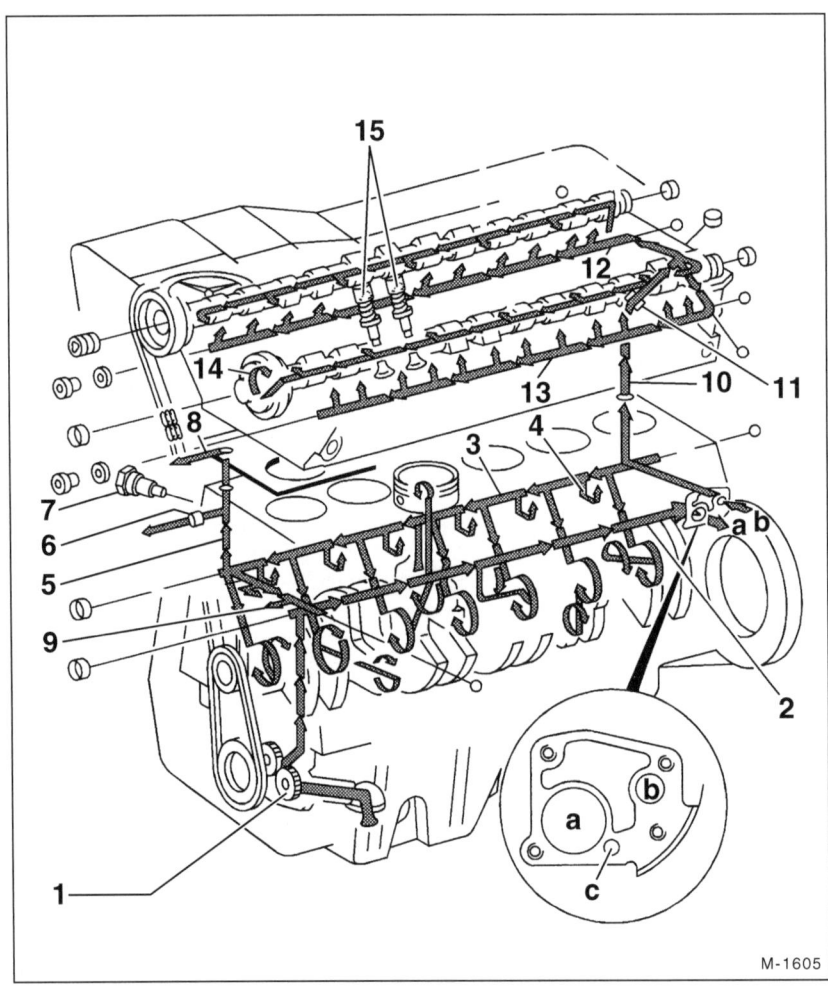

1 – **Ölpumpe**
  Saugt das Motoröl über Saugkorb und Saugrohr aus der Ölwanne an.
2 – **Öllängskanal zum Ölfilter**
3 – **Hauptölkanal**
  Zu den Lagerstellen.
4 – **Ölspritzdüsen**
  Motoröl wird von unten zur Kühlung gegen den Kolbenboden gespritzt.
5 – **Steigleitung zum Kettenspanner**
6 – **Ölrücklaufsperrventil**
7 – **Kettenspanner**
8 – **Entlüftungsöffnung in der Zylinderkopfdichtung**
9 – **Ölspritzdüse für Steuerkette**
10 – **Steigleitung zum Zylinderkopf**
11 – **Öldrossel**
  Innendurchmesser 4 mm.
12 – **Ölkanal**
  Zur Versorgung der Tassenstößel auf der Auslaßseite.
13 – **Ölkanal**
  Zur Versorgung der Tassenstößel auf der Einlaßseite.
14 – **Nockenwellen-Versteller**
15 – **Hydraulische Tassenstößel**
a – **Ölkanal**
  Von der Ölpumpe zum Ölkühler.
b – **Ölkanal**
  Vom Ölfilter zu den Lagerstellen.
c – **Ablaufbohrung in die Ölwanne**

Die Abbildung zeigt den Reihen-6-Zylinder-Motor.

# Die Ölstandanzeige

## 6/95 – 2/97

Die Ölstandanzeige besteht im wesentlichen aus dem Ölstandgeber, der über der Ablaßschraube in die Ölwanne eingeschraubt ist, und der Kontrolleuchte im Schalttafeleinsatz. Die Ölstandanzeige überwacht den Ölstand in der Ölwanne ab einer Öltemperatur von ca. +60° C.

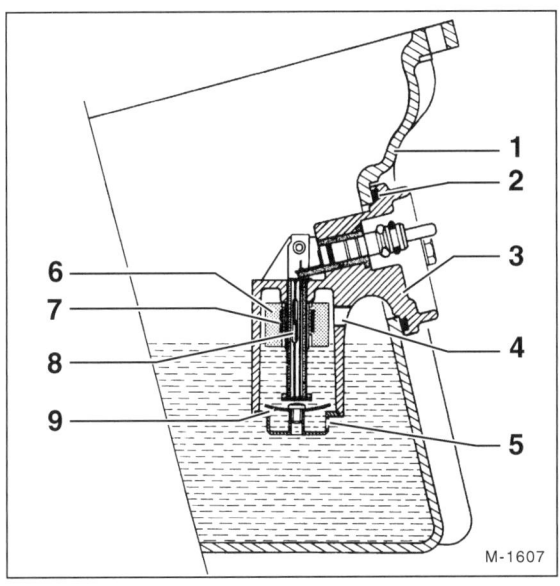

1 – Ölwanne
2 – O-Ring
3 – Ölstandgeber
4 – Belüftungsbohrung 8 mm ⌀
5 – Ablaufbohrung 4 mm ⌀
6 – Schwimmer
7 – Magnet
8 – Reed-Kontakt
9 – Bimetall-Schnappscheibe

Der Ölstand in der Ölwanne wird von einem Schwimmer abgetastet. Bei geringem Ölstand (im Bereich der unteren Marke des Ölmeßstabes) wird durch einen Magnet im Schwimmer der Reedkontakt geöffnet. Dadurch erhält die Elektronik im Schalttafeleinsatz ein Signal, und die Kontrollampe leuchtet auf.

Bei sinkendem Ölstand wird je nach Fahrweise die Kontrolleuchte zuerst kurzzeitig und später ständig aufleuchten.

Um bei verschiedenen Fahrzuständen, beispielsweise scharfe Linkskurve, unnötige Warnungen zu vermeiden, ist in der Elektronik eine Verzögerungsschaltung angebracht. Sie läßt erst ein Aufleuchten der Kontrolleuchte zu, wenn 60 Sekunden lang Ölmangel signalisiert wird.

Zur Vermeidung von Fehlanzeigen bei kaltem Motor (dickflüssiges Öl läuft nur langsam zur Ölwanne zurück) hat der Ölstandgeber eine Bimetall-Schnappscheibe. Sie verhindert, daß der Schwimmerraum über die Ablaufbohrung bei niedrigen Temperaturen leerläuft.

Die Ölstandanzeige ist so ausgelegt, daß die Kontrolleuchte kurz vor der »min«-Markierung am Ölmeßstab aufleuchtet (Sicherheitsreserve). Daher muß nicht sofort, sondern erst bei nächster Gelegenheit wie z. B. Tankstopp Motoröl nachgefüllt werden.

### Ab 3/97, Wartungssystem ASSYST

Durch den Ölstandgeber wird der Ölstand ständig überwacht und die entsprechenden Daten werden an das Steuergerät von »ASSYST« weitergegeben.

Wenn Öl nachgefüllt wird, erkennt »ASSYST« dies und verlängert das Serviceintervall entsprechend. Zu hoher oder zu niedriger Ölstand wird im Schalttafeleinsatz angezeigt. Die Ölstandanzeige erscheint auf dem Display automatisch wenn zuviel oder zuwenig Öl vorhanden ist, oder wenn der Fahrer die Anzeige manuell abruft.

**Hinweis:** Die tatsächlichen Anzeigen im Fahrzeug können modell- und baujahrbezogen von den hier angegebenen Beispielen abweichen.

### Automatische Anzeige:

Frühestens 60 Sekunden nach Motorstart und nur bei Öltemperaturen über +60° C.

- Bei zuviel Öl erscheint das Ölkannensymbol und die Anzeige »ÖLSTAND ÜBER MAX«, zusätzlich ertönt ein Warnton. In diesem Fall überschüssiges Motoröl absaugen (Tankstelle).

- Bei geringem Ölstand erscheint das Ölkannensymbol und die Anzeige »ÖLSTAND UNTER MIN«. In diesem Fall so bald wie möglich Motoröl nachfüllen.

- Bei zuwenig Öl erscheint das Ölkannensymbol und die Anzeige »ÖLSTAND MINIMUM«, zusätzlich ertönt ein Warnton. In diesem Fall umgehend Motoröl nachfüllen.
**Hinweis:** Bei Fahrzeugen ohne Multifunktionsanzeige erscheint neben dem Ölkannensymbol die blinkende Anzeige »-2L«.

**Achtung:** Die Ölstandanzeige verändert sich nicht, während Öl nachgefüllt wird. Um den neuen Ölstand anzeigen zu lassen, Anzeige manuell abrufen.

### Manuelle Anzeige:

- Zündung ausschalten und anschließend Startschalter mit Zündschlüssel in Stellung »2« drehen. Nach ca. 10 Sekunden erscheint der Text »ÖLSTAND ANZEIGEN?«, das Ölkannen- und das Uhrensymbol leuchten.

- Während dieser Anzeige Rückstelltaste für Tageskilometerzähler innerhalb 1 Sekunde 2mal drücken. Nach einer gewissen Wartezeit erscheint der Ölstand, zum Beispiel: »1,0L Öl einfüllen«. Die Wartezeit ist von der Öltemperatur abhängig. Sie beträgt bei +20° C ca. 30 Minuten, bei +60° C ca. 1 Minute.

## Ölstandgeber aus- und einbauen

### Ausbau

- Untere Motorraumverkleidung ausbauen, siehe Seite 42.
- Motoröl ablassen beziehungsweise absaugen, siehe Seite 242.

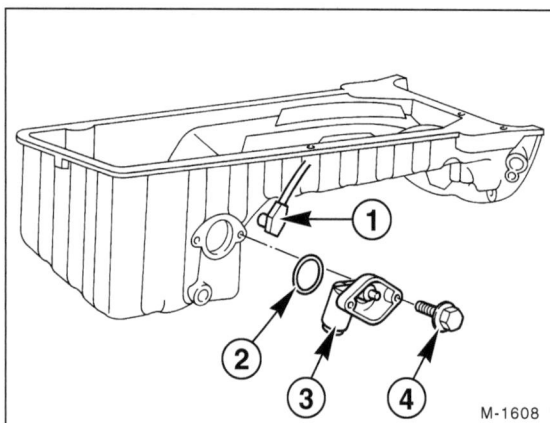

- Stecker –1– für Ölstandgeber abziehen.
- Schrauben –4– herausdrehen. Ölstandgeber –3– schwenken und aus der Ölwanne herausziehen.

### Einbau

- Ölstandgeber mit **neuem** O-Ring –2– einsetzen und mit **10 Nm** anschrauben –4–.
- Stecker aufschieben.
- Untere Motorraumverkleidung einbauen, siehe Seite 42.
- Motoröl auffüllen, siehe Seite 242.
- Motor warmlaufen lassen und Ölstandgeber auf Dichtheit prüfen.

### Speziell V6-Zylinder-Motor

- Ölwannen-Unterteil ausbauen.
- Ölstandgeber (vorn neben dem Ölsaugrohr) von unten mit 2 Torxschrauben abschrauben.
- Ölstandgeber mit **10 Nm** anschrauben.

## Öldruck prüfen

### Prüfen

- Motor auf Betriebstemperatur bringen. Dazu Motor warmfahren, bis die Kühlmitteltemperaturanzeige normale Betriebstemperatur anzeigt. Anschließend ca. 5 km weiterfahren, damit sichergestellt ist, daß auch das Motoröl die Betriebstemperatur erreicht hat.
- Luftfilter-Oberteil ausbauen, siehe Seite 74.
- Verschlußschraube herausdrehen und mit Dichtring abnehmen. Beim 4-Zylinder-Motor sitzt die Verschlußschraube vorn an der rechten Seite des Motorblocks. **Hinweis:** Der Öldruck kann auch am Ölfilterdeckel gemessen werden, siehe dazu Hinweise am Ende des Kapitels.
- Öldruckmanometer anstelle der Verschlußschraube mit Dichtring einschrauben.
- Ölstand prüfen, gegebenenfalls richtigstellen, siehe Seite 245.
- Die Fachwerkstatt prüft die Öltemperatur, indem der Meßfühler des Thermometers anstelle des Ölmeßstabes in das Führungsrohr eingeführt wird. Sollwert: +90° C.
- Motor starten und im Leerlauf drehen lassen.
- Der Öldruck darf nicht unter 0,3 bar liegen. Andernfalls Ölkreislauf (Pumpe, Lager usw.) überprüfen.
- Beim Gasgeben muß der Öldruck unverzögert ansteigen und bei 3.000/min mindestens 3 bar erreichen.
- Motor abstellen.
- Öldruckmanometer herausschrauben.
- Verschlußschraube mit Dichring einschrauben und mit **40 Nm** festziehen.

**Speziell Reihen-6-Zylinder-Motor**

- Die Verschlußschraube für die Öldruck-Meßbohrung sitzt an der rechten Seite des Ölfiltergehäuses.

| Motor-Drehzahl | Öldruck bei 80° C |
|---|---|
| 600 - 750/min | ca. 1,3 bar |
| 1.000/min | ca. 2,2 bar |
| 2.000/min | ca. 4,8 bar |
| 3.000/min | ca. 5,1 bar |
| 4.000/min | ca. 5,3 bar |

- Verschlußschraube mit **neuem** Dichtring einschrauben und mit **15 Nm** festziehen.

**Speziell V6-Zylinder-Motor**

- Visco-Lüfter ausbauen, siehe Seite 65.
- Lüfterhaube ausbauen, siehe Seite 64.
- Die Verschlußschraube für die Öldruck-Meßbohrung sitzt an der Stirnseite des Motors unterhalb vom Ölfiltergehäuse im Steuergehäuse.

| Motor-Drehzahl | Öldruck bei 80° C |
|---|---|
| 700/min (Leerlauf) | ≥ 0,7 bar |
| 3.000/min | ≥ 3,0 bar |

- Verschlußschraube mit **neuem** Dichtring einschrauben und mit **20 Nm** festziehen.

**Öldruck am Ölfilterdeckel messen:**

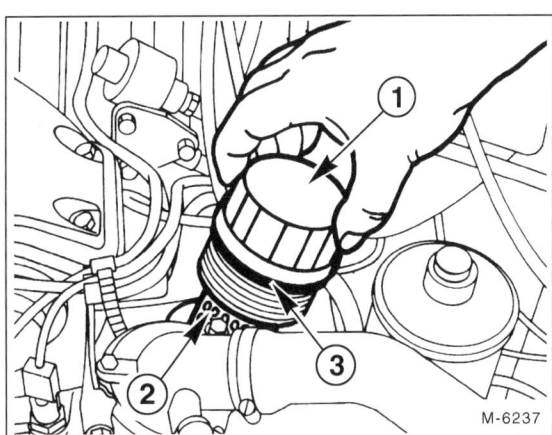

- Ölfilterdeckel –1– mit Steckschlüsseleinsatz SW 74 beziehungsweise HAZET 2169 abschrauben.
- Ölfilterdeckel mit Filtereinsatz –2– herausziehen. 3 – Dichtring.
- Neuen Filtereinsatz in das Ölfiltergehäusel einsetzen.
- Ölfilterdeckel mit Prüfanschluß (Spezialwerkzeug) und Dichtring anschrauben.

Ein geeigneter Ölfilterdeckel kann folgendermaßen angefertigt werden:

- Es wird ein Ersatzteil-Ölfilterdeckel benötigt.
- Öffnung 8 mm ⌀ mittig in den Ölfilterdeckel bohren.
- Innensechskantschraube M6 x 12 mit 2 mm ⌀ hohlbohren.
- Gewinde M6 in den Verbindungsstutzen M12 x 1,5 des Druckschlauchs schneiden.
- Innensechskantschraube mit Dichtscheibe 6,5 x 18 von innen in die Bohrung des Ölfilterdeckels einsetzen.
- Von der äußeren Seite des Deckels Aluminiumdichtring 12 x 17 und Anschlußstutzen für Druckschlauch ansetzen. Innensechskantschraube in den Anschlußstutzen einschrauben.
- Öldruckmanometer an den Druckschlauch des Verbindungsstutzens anschließen.
- Nach der Prüfung des Öldrucks bisherigen Ölfilterdeckel mit **neuem** Dichtring aufschrauben.

# Öldruckregelventil aus- und einbauen

4-Zylinder-Motor
Reihen-6-Zylindermotor

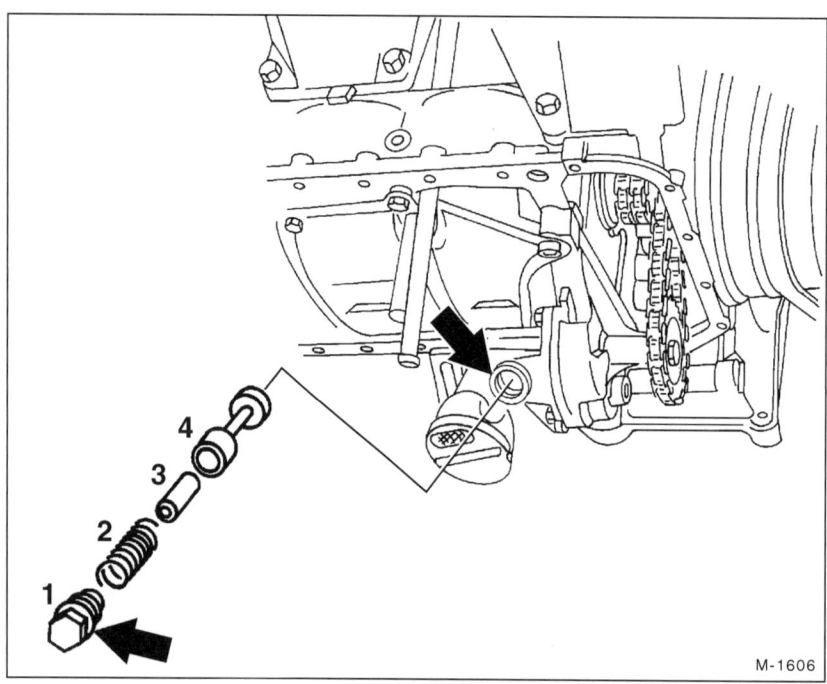

1 – Verschlußschraube, SW-22
2 – Druckfeder
3 – Führungsbolzen
4 – Kolben

Das Öldruckregelventil befindet sich im Verbindungskanal zwischen Druck- und Saugraum der Ölpumpe. Steigt der Öldruck über ca. 5 bar, öffnet das Ventil, und ein Teil des Öles kann in den Saugraum der Pumpe zurückfließen.

Das Ventil ist zu überprüfen, wenn bei normalem Ölstand der Öldruck zu gering ist.

**Achtung:** Besitzt die Ölpumpe ein aufgepresstes Antriebskettenrad (sonst geschraubt), dann kann das Öldruckregelventil nicht ausgebaut werden. Anstelle der Verschlußschraube wird das Regelventil durch einen Blechdeckel mit Sicherungsring verschlossen. Bei defektem Öldruckregelventil muß die Ölpumpe ersetzt werden.

**Ausbau**

- Ölwanne ausbauen.
- Verschlußschraube mit Schlüssel SW-22 herausdrehen.

**Achtung:** Die Verschlußschraube steht durch Federkraft unter Druck und kann leicht wegspringen.

- Druckfeder, Führungsbolzen und Kolben herausnehmen.

**Achtung:** Schwergängigen oder klemmenden Kolben mit einer Außen-Seegerringzange herausziehen.

- Bohrung in der Ölpumpe reinigen und mit Preßluft ausblasen.
- Kolben in der Ölpumpenbohrung mehrmals hin- und herschieben. Falls sich der Kolben nicht leicht hin- und herschieben läßt, Kolben mit Polierleinen leicht abziehen.

**Einbau**

- Falls der Kolben erneuert wird, neuen Kolben auf Leichtgängigkeit in der Bohrung prüfen. Gegebenenfalls Grat am Kolben mit Schmirgelleinen entfernen.
- Kolben mit Führungsbolzen und **neuer** Druckfeder einsetzen.
- Verschlußschraube ohne Dichtring einschrauben und mit **50 Nm** festziehen. Die Verschlußschraube dichtet durch ihren Konussitz.
Anzugsdrehmoment 4,2-/5,0-l-Motor: **40 Nm.**

# Ölwanne aus- und einbauen

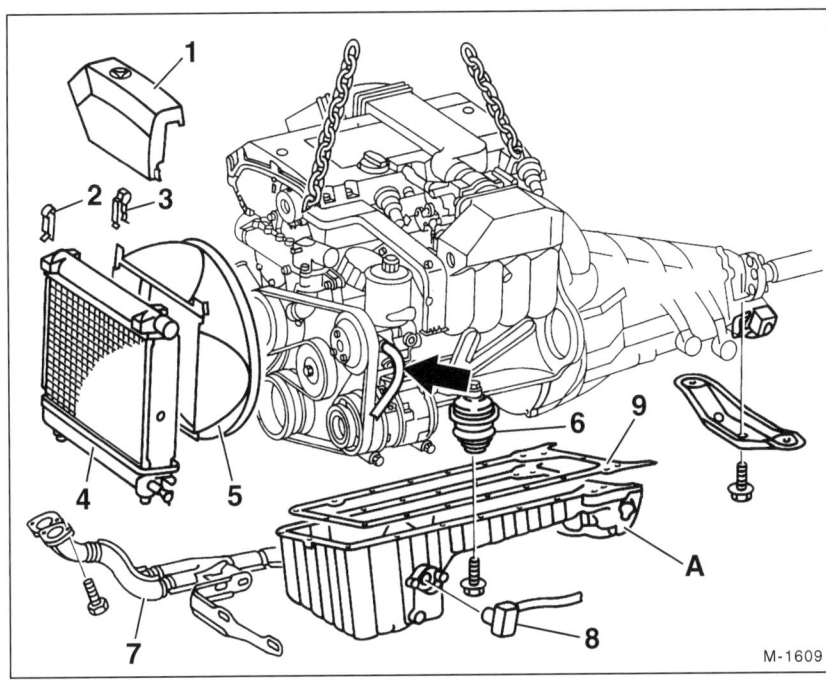

1 – Abdeckung
2 – Klammer für Kühler
3 – Klammer für Lüfterhaube
4 – Kühler
5 – Lüfterhaube
6 – Motorlager vorn
7 – Vorderes Abgasrohr
8 – Stecker Ölstandgeber
9 – Ölwannendichtung
A – Ölwanne

**Ausbau**

**Achtung:** Damit die Ölwanne herausgenommen werden kann, müssen Lenkung und Vorderachsträger abgesenkt werden. Diese Arbeiten sind nicht detailliert beschrieben. Bei fehlender Erfahrung für solche Arbeiten, Ölwanne besser von der Fachwerkstatt aus- und einbauen lassen.

- Batterie-Massekabel (–) bei ausgeschalteter Zündung abklemmen. **Achtung:** Dadurch werden elektronische Speicher gelöscht, wie zum Beispiel der Radiocode. Deshalb Hinweise im Kapitel »Batterie aus- und einbauen« durchlesen.
- Untere Motorraumverkleidung ausbauen, siehe Seite 42.
- Motoröl ablassen, siehe Seite 242.
- Abdeckung –1– ausbauen.
- **Klimaanlage bis ca. 6/96:** Klammern –3– abziehen. Lüfterhaube –5– hochziehen und über den Lüfter legen.
- Hydrauliköl aus dem Vorratsbehälter der Lenkhilfe mit geeigneter Spritze absaugen.
- Saugleitung an der Lenkhilfpumpe abschrauben und verschließen. Das ist erforderlich, damit der Motor angehoben werden kann.
- Masseleitung im Motorraum vorn links abschrauben.
- Elektrische Leitung vom Verbinder Klemme 30, Fußraum links, außen an der Karosserie abschrauben.
- Beide Vorderfedern ausbauen, siehe Seite 116.
- Motorlager vorn –6– vom Vorderachsträger abschrauben.
- Vorderes Abgasrohr –7– vom Krümmer abschrauben.
- Motor anseilen und soweit wie möglich anheben, siehe Seite 13.

- Vorderachsträger mit Werkstattwagenheber beziehungsweise Gruben- oder Montagelift abstützen.
- Lenkungskupplung oberhalb vom Lenkgetriebe mit Klemmschraube abschrauben.
- Vorderachsträger abschrauben und mit Lenkung absenken.
- Stecker –8– für Ölstandgeber abziehen.
- Masseband von der Getriebeglocke abschrauben.

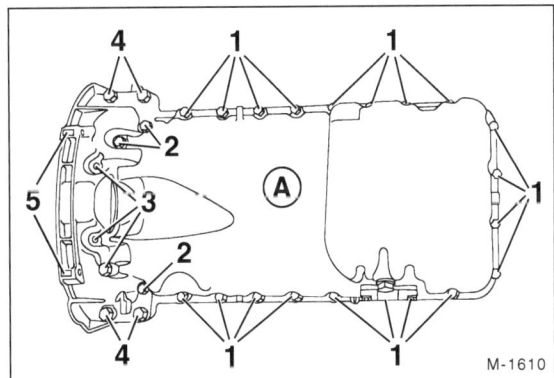

- Befestigungsschrauben –1– bis –5– für Ölwanne –A– herausdrehen.
- Ölwanne –A– mit Ölwannendichtung in Fahrtrichtung nach vorn herausnehmen. Dabei gegebenenfalls die Kurbelwelle etwas drehen.

**Achtung:** Bei automatischem Getriebe die Getriebeölleitungen etwas zur Seite drücken.

- Dichtfläche an Ölwanne und Kurbelgehäuse sorgfältig reinigen.

**Einbau**

- **Neue** Ölwannendichtung mit Dichtmasse, zum Beispiel »Omnifit FD 10«, am Motorblock fixieren.
- Ölwanne vorsichtig ansetzen, zur hinteren Anlagefläche am Getriebe ausrichten und Befestigungsschrauben gleichmäßig handfest einschrauben. Dabei Masseband an Getriebeglocke mitanschrauben.

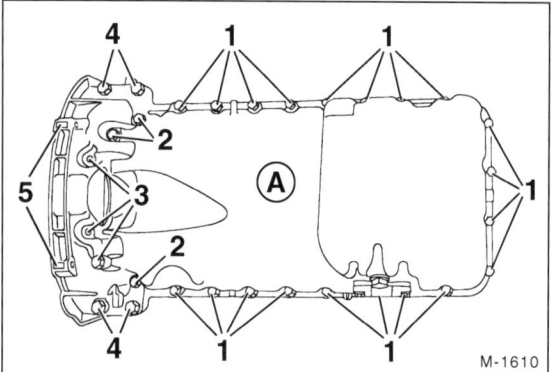

1 – Kombischraube M 6x20   10 Nm
2 – Kombischraube M 6x35   10 Nm
3 – Kombischraube M 6x85   10 Nm
4 – Schraube M 8x40   25 Nm
5 – Schraube M 10x40   40 Nm
A – Ölwanne

- Schrauben für Ölwanne wechselweise mit vorgeschriebenem Drehmoment festziehen. Dabei unterschiedliche Schraubenlängen und Schraubendurchmesser beachten.

**Achtung:** Wird die Ölwanne nicht zum Getriebe hin ausgerichtet, kann das später zu Geräuschen führen.

- Vorderachsträger anheben, dabei Lenkungskupplung aufschieben. Vorderachsträger mit **130 Nm** anschrauben.
- Lenkungskupplung mit **neuer Schraube** sowie **neuer Mutter** und **20 Nm** anschrauben.
- Motor ablassen.
- Befestigungsschrauben für die vorderen Motorlager einsetzen und handfest anschrauben.
- Schrauben für vordere Motorlager mit **40 Nm** festziehen.
- Stecker für Ölstandgeber aufstecken.
- Vorderes Abgasrohr am Abgaskrümmer anschrauben, siehe Seite 95.
- Beide Vorderfedern einbauen, siehe Seite 116.
- Elektrische Leitung am Verbinder Klemme 30, Fußraum links, außen an der Karosserie anschrauben.
- Masseleitung im Motorraum vorn links anschrauben.
- Saugleitung an der Lenkhilfpumpe anschrauben, neues Hydrauliköl auffüllen.
- Falls abgebaut, Lüfterhaube einsetzen und mit Klammern befestigen.
- Obere Abdeckung einsetzen.
- Untere Motorraumverkleidung einbauen, siehe Seite 42.
- Motoröl auffüllen, siehe Seite 242.
- Batterie-Massekabel (–) anklemmen.
- Motor warmlaufen lassen und Ölwanne auf Dichtheit prüfen.
- Servolenkung entlüften, siehe Seite 130.
- Zeituhr einstellen.
- Falls erforderlich, Diebstahlcode für Radio eingeben.

**Speziell Reihen-6-Zylinder-Motor M104:**

- Lüfterhaube ausbauen und über den Lüfter legen, siehe Seite 64.
- **Automatikgetriebe:** Getriebeöl ablassen. Links und rechts Ölleitungen zwischen Getriebe und Ölkühler abschrauben. Getriebeöl ablassen, siehe Seite 253.
- Schrauben für Ölwanne wechselweise mit vorgeschriebenem Drehmoment festziehen. Dabei unterschiedliche Schraubenlängen und Schraubendurchmesser beachten. Anzugsdrehmoment M6-Schraube: 10 Nm; M8-Schraube: 20 Nm.
- Vorderachsträger anheben und mit **130 Nm** anschrauben.
- Lenkungskupplung mit **neuer Schraube** sowie **neuer Mutter** und **25 Nm** anschrauben.

**Speziell V6-Zylinder-Motor M112:**

- Visco-Lüfter ausbauen, siehe Seite 65.
- Lüfterhaube ausbauen, siehe Seite 64.
- Ölwannenunterteil abschrauben und herausnehmen.
- Einstecktiefe für Ölmeßstab-Führungsrohr im Kurbelgehäuse markieren. Führungsrohr für Ölmeßstab vom Zylinderkopfdeckel abschrauben und herausnehmen.

**Achtung:** Nach dem Auftragen des Dichtmittels muß die Ölwanne innerhalb von 5 Minuten angesetzt und angeschraubt sein.

- Dichtmittel, zum Beispiel »LOCTITE 5900«, an den Dichtflächen von Ölwanne und Kurbelgehäuse in einer Raupe von 2,0 mm ± 0,5 mm ∅ auftragen.

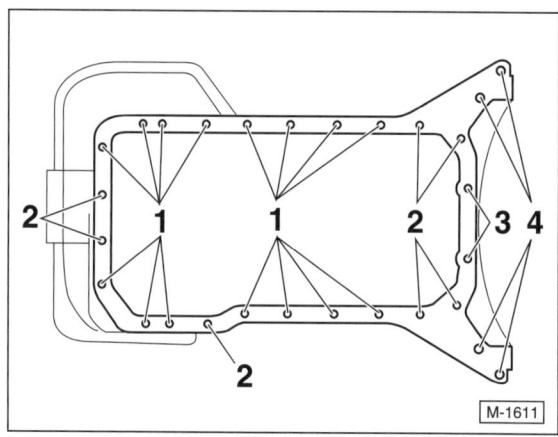

1 – Schraube M 6x20. . . 10 Nm
2 – Schraube M 6x40. . . 10 Nm
3 – Schraube M 6x90. . . 10 Nm
4 – Schraube M 8x30. . . 20 Nm

- Schrauben für Ölwanne einsetzen und handfest anschrauben, anschließend wechselweise mit vorgeschriebenem Drehmoment festziehen. Dabei unterschiedliche Schraubenlängen und Schraubendurchmesser beachten.
- Vorderachsträger anheben und mit **130 Nm** anschrauben.
- Lenkungskupplung mit **neuer Schraube** sowie **neuer Mutter** und **20 Nm** anschrauben.
- Schrauben für vordere Motorlager mit **35 Nm** festziehen.
- Ölmeßstab-Führungsrohr einsetzen und am Zylinderkopfdeckel anschrauben.

**Achtung:** Nach dem Auftragen des Dichtmittels muß das Ölwannen-Unterteil innerhalb von 5 Minuten angesetzt und angeschraubt sein

- Dichtmittel, zum Beispiel »LOCTITE 5900«, an den Dichtflächen von Ölwannenunter- und -oberteil in einer Raupe von 2,0 mm ± 0,5 ⌀ mm auftragen.
- Schrauben für Ölwannenunterteil einsetzen und handfest anschrauben, anschließend wechselweise mit **10 Nm** festziehen.
- Lüfterhaube einbauen, siehe Seite 64.
- Visco-Lüfter einbauen, siehe Seite 65.

## Störungsdiagnose Ölkreislauf

| Störung | Ursache | Abhilfe |
|---|---|---|
| Geringer Öldruck nach Anspringen des Motors. | Öl sehr warm. | ■ Unbedenklich, wenn Öldruck beim Gasgeben auf Normalwert steigt. |
| Zu niedriger Öldruck im unteren Drehzahlbereich. | Öldruckregelventil klemmt in offenem Zustand durch Verschmutzung. | ■ Ventil ausbauen und prüfen. |
| Zu niedriger Öldruck im gesamten Drehzahlbereich. | Zu wenig Öl im Motor. | ■ Motoröl nachfüllen. |
|  | Ansaugsieb in der Saugglocke verschmutzt. | ■ Ölwanne ausbauen, Ansaugsieb reinigen. |
|  | Ölsaugrohr lose oder gebrochen. | ■ Ölwanne ausbauen, Saugrohr überprüfen. |
|  | Ölpumpe verschlissen. | ■ Ölpumpe ausbauen und prüfen, ggf. ersetzen. |
|  | Lagerschaden. | ■ Motor ausbauen und überholen. |

# Motor-Kühlung

## Der Kühlmittelkreislauf

Solange der Motor kalt ist, zirkuliert das Kühlmittel nur im Zylinderkopf sowie im Motorblock und – bei geöffneter Heizung – im Wärmetauscher. Mit zunehmender Erwärmung öffnet der Kühlmittelregler (Thermostat) den großen Kühlmittelkreislauf. Das Kühlmittel wird von der ständig im Einsatz befindlichen Kühlmittelpumpe über den Kühler geleitet. Die Kühlflüssigkeit durchströmt den Kühler von oben nach unten und wird dabei durch die an den Kühlrippen vorbeistreichende Luft gekühlt.

Zur Steigerung des Luftdurchsatzes durch den Kühler wird die Drehzahl des Lüfterrades durch eine integrierte Visco-Kupplung erhöht. Bei ausgeschalteter Visco-Kupplung dreht sich der Lüfter entsprechend der Motordrehzahl, jedoch nicht schneller als mit 1.000/min. Bei einer Kühlmitteltemperatur von ca. +95° C schaltet ein Bimetallstreifen die Visco-Kupplung ein, wodurch die Lüfterdrehzahl entsprechend der Motordrehzahl zunimmt. Übersteigt die Motordrehzahl ca. 4500/min, schaltet die Lüfterkupplung automatisch ab, weil das Siliconöl im Innern zu heiß wird. Sobald die Drehzahl wieder unter ca. 4500/min sinkt, wird der Lüfter wieder zugeschaltet. Durch den nicht ständig voll mitlaufenden Lüfter wird die nutzbare Motorleistung erhöht und der Kraftstoffverbrauch verringert.

### Nachlaufkühlung (6-/8-Zylinder-Motor)

Falls nach Abstellen des Motors die Kühlmitteltemperatur über 110° C ansteigt, wird im Kühlmittelkreislauf eine elektrische Umwälzpumpe eingeschaltet, die das Kühlmittel in Bewegung bringt. Dadurch werden eine örtliche Überhitzung des Motors und die Bildung von Dampfblasen verhindert. Die elektrische Umwälzpumpe läuft zur Nachlaufkühlung maximal 10 Minuten lang.

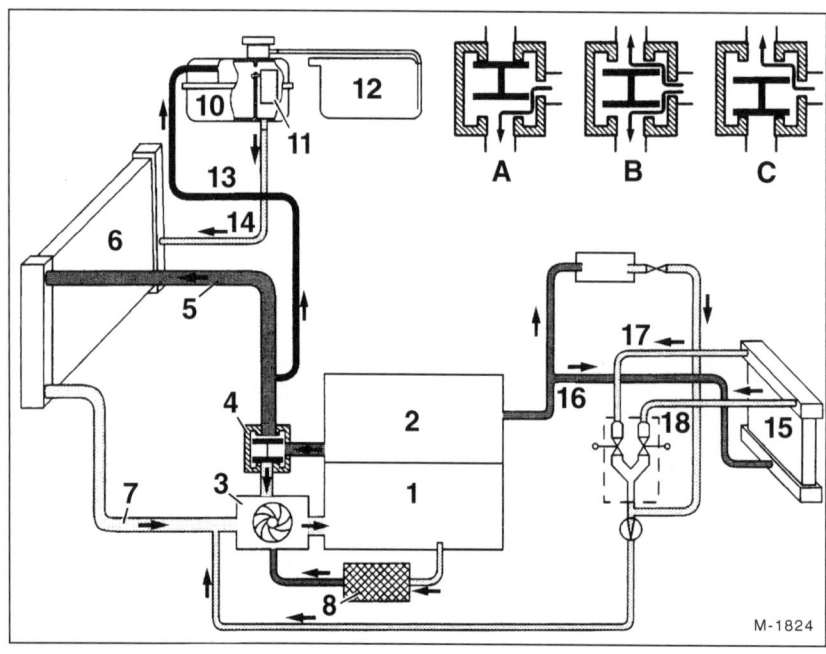

1 – Motorblock
2 – Zylinderkopf
3 – Kühlmittelpumpe
4 – Kühlmittelregler (Thermostat)
  A – Kurzschlußbetrieb. Kühlmittelumlauf nur im Motor, bei einer Kühlmitteltemperatur von unter +85° C (+87° C).
  B – Mischbetrieb. Bei einer Kühlmitteltemperatur von +85° C (+87° C) bis +94° C (+102° C) ist der Kühlmittelregler teilweise geöffnet. Die Kühlflüssigkeit strömt auch durch den Kühler.
  C – Kühlbetrieb. Bei einer Kühlmitteltemperatur über +94° C (+102° C) ist der Kühlmittelregler voll geöffnet. Die ganze Kühlflüssigkeit fließt durch den Kühler.
  **Hinweis:** Die Klammerwerte (...) gelten für die 6-Zylinder-Motoren.
5 – Kühlmittelleitung oben
6 – Querstromkühler
7 – Kühlmittelleitung unten
8 – Ölkühler
10 – Ausgleichbehälter
11 – Silikatvorrat
  Verhindert Aluminiumkorrosion. Falls vorhanden, braucht der Silikatvorrat im Rahmen der Wartung nicht gewechselt zu werden.
12 – Überlaufbehälter
13 – Entlüftungsleitung
14 – Entlüftungsleitung
15 – Heizungs-Wärmetauscher
16 – Zulauf Heizung
17 – Rücklauf Heizung rechts
18 – Rücklauf Heizung links

**Elektrische Lüfter**

Fahrzeuge mit Klimaanlage besitzen ein zusätzliches Doppellüftersystem vor dem Kühler. Dabei treibt der Elektromotor des linken Lüfters über einen Keilriemen das rechte Lüfterrad an.

**Der Inhalt des Kühlsystems beträgt je nach Motor ca. 8,5 Liter bis ca. 12,5 Liter Kühlflüssigkeit.**

**Achtung:** Bei Arbeiten am Kühlsystem unbedingt darauf achten, daß **kein Kühlmittel auf den Keilrippenriemen** gelangt. Der Glykolanteil des Kühlmittels kann das Gewebe des Riemens so schädigen, daß der Riemen nach einiger Betriebszeit reißen kann.

## Kühlmittel ablassen und auffüllen

Das Kühlmittel ist im Rahmen der Wartung alle 3 Jahre zu erneuern. Falls bei Reparaturen der Zylinderkopf, die Zylinderkopfdichtung, der Kühler, der Wärmetauscher oder der Motor ersetzt wurden, muß die Kühlflüssigkeit auf jeden Fall ersetzt werden. Das ist erforderlich, weil sich die Korrosionsschutzanteile in der Einlaufphase an den neuen Leichtmetallteilen absetzen und somit eine dauerhafte Korrosionsschutzschicht bilden. Bei gebrauchter Kühlflüssigkeit ist der Korrosionsschutzanteil in der Regel nicht mehr groß genug, um eine ausreichende Schutzschicht an den neuen Teilen zu bilden. Wird die Kühlflüssigkeit im Rahmen anderer Reparaturen abgelassen, sollte sie zur Wiederverwendung aufgefangen werden.

**Hinweis:** Kühlmittel ist leicht giftig. Gemeinde- und Stadtverwaltungen informieren darüber, wie das alte Kühlmittel entsorgt werden soll.

**Hinweis:** Die Beschreibung bezieht sich auf den 4-Zylinder-Motor. Zusätzliche Angaben für den 6-Zylinder-Motor (V6 und R6) sowie den 8-Zylinder-Motor stehen am Ende des Kapitels.

### Ablassen

- Batterie-Massekabel (–) bei ausgeschalteter Zündung abklemmen. **Achtung:** Dadurch werden elektronische Speicher gelöscht, wie zum Beispiel der Radiocode. Deshalb Hinweise im Kapitel »Batterie aus- und einbauen« durchlesen.

> **Sicherheitshinweis:**
> Bei heißem Motor vor dem Öffnen des Deckels einen dicken Lappen auflegen, um Verbrühungen durch heiße Kühlflüssigkeit oder Dampf zu vermeiden. Deckel nur bei Kühlmitteltemperaturen unter +90° C abnehmen.

- Deckel am Ausgleichbehälter nach links drehen, bis er einrastet, und Überdruck aus dem Kühlsystem entweichen lassen. Dann Deckel weiterdrehen und ganz abnehmen.
- Heizungsregler im Innenraum auf maximale Heizleistung stellen.
- Motorraumverkleidung unten ausbauen, siehe Seite 42.

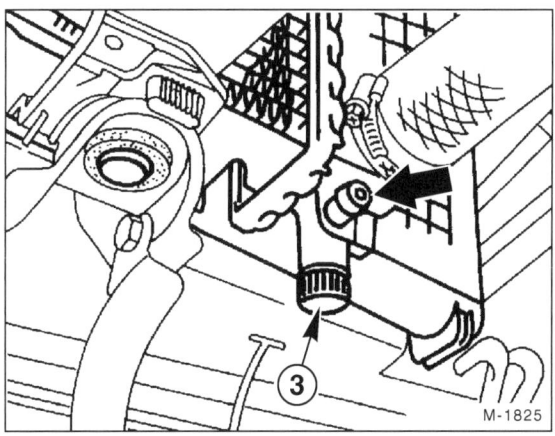

- Schlauch auf den Ablaßstutzen des Kühlers stecken.
- Schlauch mit 12 mm Innendurchmesser auf den Ablaßstutzen des Kühlers stecken.
- Sauberes Auffanggefäß unter den Kühler stellen. Schlauch in das Auffanggefäß führen und Ablaßschraube –3– öffnen.

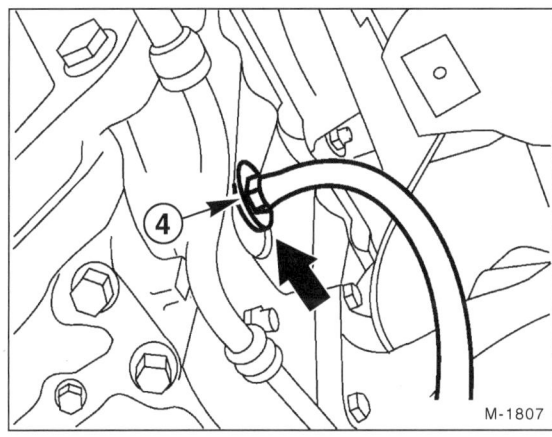

- Schlauch mit 14 mm Innendurchmesser auf die Ablaßstutzen am Motorblock stecken –Pfeil–.
- Sauberes Auffanggefäß unter den Motor stellen. Schlauch in das Auffanggefäß führen und Ablaßschraube –4– nur lösen, nicht abschrauben.
- Kühlmittel ganz ablaufen lassen.
- Ablaßschraube am Motorblock festziehen.
  Anzugsdrehmoment 4-Zylinder-Motor: **30 Nm**;
    V6-Motor: **12 Nm;**
    Reihen-6-Zylinder-Motor: **30 Nm.**
- Ablaßschraube am Kühler mit 1,5 bis 2 Nm, also handfest, hineindrehen.
- Falls aufgesteckt, Ablaufschlauch abnehmen.
- Motorraumverkleidung unten einbauen, siehe Seite 42.

### Auffüllen

- Frostschutz des Kühlmittels prüfen, siehe Seite 247.

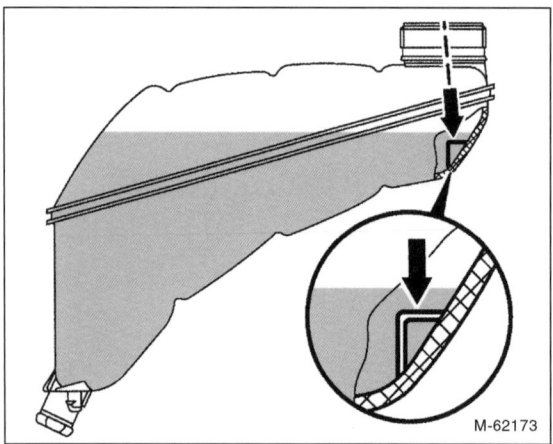

- Kühlmittel über den Einfüllstutzen des Ausgleichbehälters auffüllen. Der Kühlmittelstand soll bis zu der eingegossenen Nase –Pfeil– am Boden des Ausgleichbehälters reichen (sichtbar bei geöffnetem Verschlußdeckel).
- Batterie-Massekabel (–) anschließen.
- Motor mit mittlerer Drehzahl warmlaufen lassen. Dabei Heizung auf volle Leistung stellen.
- Beim Warmlaufen Kühlmittelstand beobachten und, falls erforderlich, Kühlmittel nachfüllen. Bei warmem Motor soll der Kühlmittelstand ca. 1 cm über der Markierung stehen.
- Bei einer Kühlmitteltemperatur von +60° bis +70° C Ausgleichbehälter verschließen.
- Motor weiter warmlaufen lassen, bis der Kühlmittelregler öffnet (Kühlmitteltemperatur ca. +100° C). Der untere Schlauch am Kühler wird dann warm.
- Kühlsystem auf Dichtheit sichtprüfen.
- Zeituhr einstellen.
- Diebstahlcode für Radio eingeben.

### Speziell 6-Zylinder-Motor (R6 und V6)

- 2-Stufen-Verschlußdeckel am Ausgleichbehälter ½ Umdrehung nach links drehen und Überdruck aus dem Kühlsystem entweichen lassen. Dann Deckel weiterdrehen und ganz abnehmen.

**Hinweis:** Beim **6-Zylinder-Motor** besitzt der Verschlußdeckel des Kühlsystems eine 2. Druckstufe, so daß nach dem Abstellen des Motors der Druck im Kühlsystem bis auf 2 bar ansteigen kann, ohne daß Kühlmittel austritt.

- Vor dem Auffüllen Temperaturfühler am Kühlmittelreglergehäuse herausschrauben.
- Kühlmittel auffüllen, bis es am Reglergehäuse austritt.
- Temperaturfühler einschrauben und Kühlmittel weiter auffüllen.
- Verschlußdeckel einschrauben, bis die Nase in die Kerbe am Kühlmittel-Ausgleichbehälter einrastet.

### Speziell 8-Zylinder-Motor

- 2-Stufen-Verschlußdeckel wie 6-Zylinder-Motor.
- 2 Ablaßventilschrauben am Motorblock neben linkem und rechtem Motorträger. Anzugsdrehmoment: 10 Nm.

# Kühler-Frostschutzmittel/ Mischungsverhältnis

Die Kühlanlage wird ganzjährig mit einer Mischung aus Wasser und Kühlerfrost- und Korrosions-Schutzmittel befüllt. Diese Mischung verhindert Frost- und Korrosionsschäden sowie Kalkansatz und hebt außerdem die Siedetemperatur des Kühlmittels an. Durch den Verschlußdeckel am Ausgleichbehälter wird bei warmem Motor innerhalb des Kühlkreislaufes ein Überdruck von ca. 1,4 bar aufgebaut, der ebenfalls zur Siedepunkterhöhung der Kühlflüssigkeit beiträgt. Erforderlich ist der höhere Siedepunkt der Kühlflüssigkeit für ein einwandfreies Funktionieren der Motor-Kühlung. Bei zu niedrigem Siedepunkt der Flüssigkeit kann es zu einem Hitzestau kommen, wodurch der Kühlkreislauf behindert und die Kühlung des Motors vermindert werden. Deshalb muß das Kühlsystem unbedingt ganzjährig mit einer Kühlkonzentrat-Mischung gefüllt sein.

**Achtung:** Nur von MERCEDES-BENZ freigegebenes Kühlkonzentrat verwenden.

Das Wasser muß sauber und kalkarm sein. Trinkwasser erfüllt normalerweise diese Anforderungen. Sollte das Wasser sehr hart (hoher Kalkanteil) oder die Wasserqualität nicht bekannt sein, kann vollentsalztes oder destilliertes Wasser verwendet werden.

Da der Korrosionsschutz-Anteil in der Kühlflüssigkeit nach einiger Zeit an Wirkung verliert, sollte die Kühlflüssigkeit alle 3 Jahre gewechselt werden.

### Kühlmittel-Mischungsverhältnis

| Motor | Frostschutz bis | Kühlkonzentrat | Wasser | Gesamtfüllmenge |
|---|---|---|---|---|
| 2,0-/2,3-l | −37° C<br>−45° C | 4,3 l<br>4,7 l | 4,2 l<br>3,8 l | 8,5 l |
| 2,4-l | −37° C<br>−45° C | 4,8 l<br>5,3 l | 4,8 l<br>4,3 l | 9,6 l |
| 2,6-l | −37° C<br>−45° C | 5,0 l<br>5,5 l | 5,0 l<br>4,5 l | 10,0 l |
| 2,8-/3,2-l (104) | −37° C<br>−45° C | 4,5 l<br>5,0 l | 4,5 l<br>4,0 l | 9,0 l |
| 2,8-l (112) | −37° C<br>−45° C | 5,5 l<br>6,0 l | 5,5 l<br>5,0 l | 11,0 l |
| 3,2-l (112), 4,3-l | −37° C<br>−45° C | 5,3 l<br>5,8 l | 5,2 l<br>4,7 l | 10,5 l |
| 4,2-l | −37° C<br>−45° C | 6,3 l<br>6,9 l | 6,2 l<br>5,6 l | 12,5 l |
| 5,0-/5,5-l | −37° C<br>−45° C | 4,5 l<br>5,0 l | 4,5 l<br>4,0 l | 9,0 l |

Der Frostschutz sollte in unseren Breiten bis ca. −35° C reichen.

**Achtung:** Ist der Anteil des Kühlkonzentrats in der Kühlflüssigkeit höher als 55% (entspricht einem Frostschutz von −45° C), verringert sich der Frostschutz und verschlechtert dadurch die Wärmeabfuhr des Kühlsystems.

# Kühlmittelregler (Thermostat) prüfen

Der Kühlmittelregler öffnet mit zunehmender Erwärmung des Motors den großen Kühlmittelkreislauf. Bleibt der Kühlmittelregler durch einen Defekt geschlossen, wird der Motor zu heiß. Erkennbar ist das an einer im roten Bereich stehenden Kühlmittel-Temperaturanzeige, während gleichzeitig der Kühler kalt bleibt. Ein defekter Thermostat kann aber auch nach dem Abkühlen der Kühlflüssigkeit weiterhin geöffnet bleiben. Dies erkennt man daran, daß der Motor nicht mehr seine Betriebstemperatur erreicht bzw. daß der Zeiger der Kühlmittel-Temperaturanzeige langsamer ansteigt als bisher oder im Winter die Heizleistung nachläßt.

**Achtung:** Wenn der Motor nach kurzer Fahrstrecke heiß wird, kann das auch daran liegen, daß sich der Kühler aufgrund von Kalkablagerungen zugesetzt hat.

### Prüfen

● Kühlmittelregler ausbauen, siehe entsprechendes Kapitel.

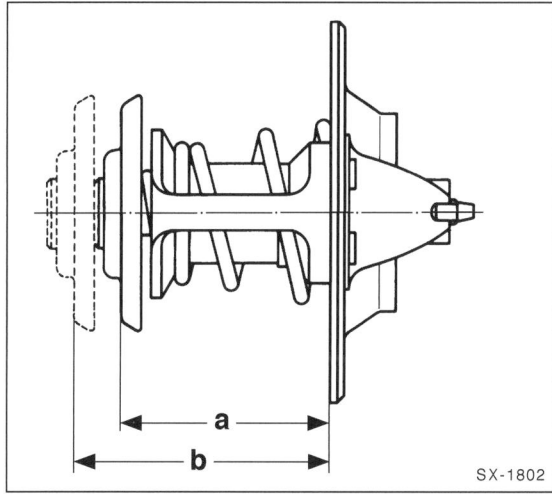

● Höhe des Thermostats messen, Maß »a« notieren.

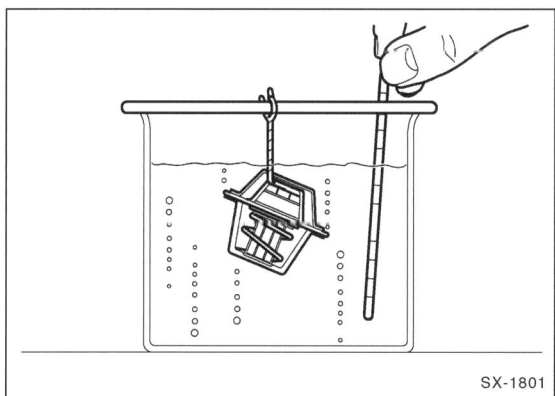

● Kühlmittelregler im Wasserbad langsam erwärmen. Dabei darf der Thermostat nicht die Wände des Behälters berühren. Der Thermostat muß vollständig eingetaucht sein. Temperatur mit einem geeigneten Thermometer kontrollieren.

● Bei einer Temperatur von ca. +85° C beginnt die Bimetallfeder des Reglers sich auszudehnen. Die größte Ausdehnung ist ab ca. +94° C erreicht.
**6-Zylinder-Motor (R6 und V6):**
Öffnungsbeginn:     85 – 89° C;
Öffnungsende:       102° C.
**8-Zylinder-Motor bis 8/97:**
Öffnungsbeginn:     78 – 82° C;
Öffnungsende:       94° C.

● Sobald das Wasser die Öffnungstemperatur erreicht, muß der Thermostat mit dem Öffnen der Regelklappe beginnen.

● Wasser weiter erwärmen, bis der Siedepunkt erreicht ist. Thermostat herausnehmen, die Höhe messen (Maß »b«) und mit dem ersten Meßwert (Maß »a«) vergleichen. Der Öffnungshub beträgt bei Öffnungsende ca. 8 mm.

● Anschließend prüfen, ob sich der Regler beim Abkühlen wieder ganz schließt.

● Bei fehlerhafter Funktion, Thermostat ersetzen.

● Kühlmittelregler einbauen.

# Kühlsystem prüfen

**Hinweis:** Die Beschreibung bezieht sich auf den 4-Zylinder-Motor. Zusätzliche Angaben für den 6-Zylinder-Motor (V6 und R6) stehen am Ende des Kapitels.

### Prüfen

Undichtigkeiten im Kühlsystem und die Funktion des Überdruckventils im Verschlußdeckel für das Kühlsystem können mit einem handelsüblichen Prüfgerät überprüft werden.

**Achtung:** Wurde die Zylinderkopfdichtung erneuert, Motor zuerst auf Betriebstemperatur bringen, danach Kühlsystem auf Dichtheit prüfen.

> **Sicherheitshinweis:**
> Bei heißem Motor vor dem Öffnen des Deckels einen dicken Lappen auflegen, um Verbrühungen durch heiße Kühlflüssigkeit oder Dampf zu vermeiden. Deckel nur bei Kühlmitteltemperaturen unter +90° C abnehmen.

● Deckel am Ausgleichbehälter nach links drehen, bis er einrastet, und Überdruck aus dem Kühlsystem entweichen lassen. Dann Deckel weiterdrehen und ganz abnehmen.

● Verschlußdeckel auf Korrosion prüfen, gegebenenfalls erneuern.

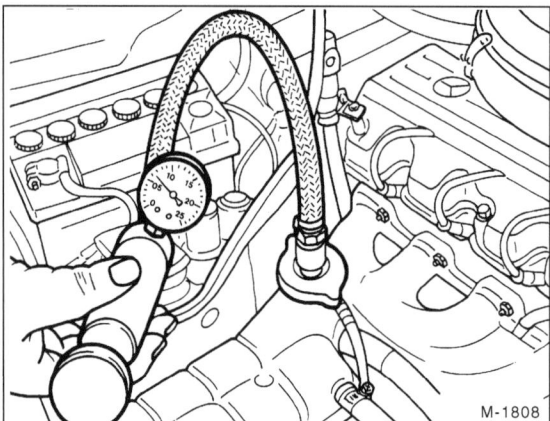

- Prüfgerät auf Einfüllstutzen des Ausgleichbehälters aufsetzen. Mit der Handpumpe des Gerätes einen Überdruck von ca. 1,4 bar erzeugen. Fällt der Druck ab, undichte Stelle suchen und beseitigen. Die undichte Stelle läßt sich an ausfließendem Kühlmittel erkennen.

- Wenn der Druck ohne Austritt von Kühlmittel abfällt, kann auf inneren Kühlmittelverlust im Motor, zum Beispiel durch eine defekte Zylinderkopfdichtung oder einen Gehäuseriß, geschlossen werden.

### Überdruckventil prüfen

Das Überdruckventil sitzt im Deckel des Ausgleichbehälters. Es hat die Aufgabe, ab einem bestimmten Überdruck das Kühlsystem zu öffnen und das überschüssige Kühlmittel abfließen zu lassen.

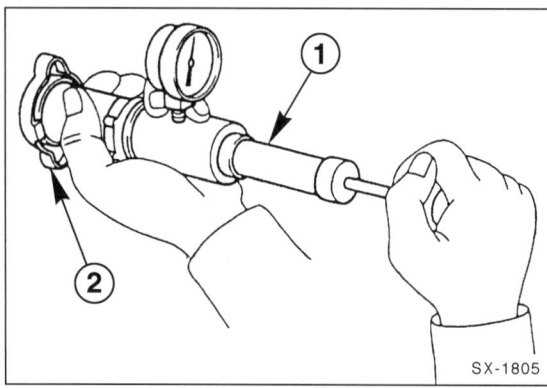

- Kühlerverschlußdeckel –2– auf das Prüfgerät –1– aufschrauben.

- Überdruck aufbauen. Das Überdruckventil muß bei einem Überdruck von 1,3 bis 1,4 bar öffnen. Andernfalls Deckel ersetzen. Hinweis: Öffnungsdruck bei einem neuen Deckel: 1,4 bis 1,5 bar.

**Hinweis:** Auf dem Verschlußdeckel ist der jeweilige Öffnungsdruck des Überdruckventils in »bar mal 100« angegeben. Wenn beispielsweise auf dem Deckel »140« steht, liegt der Öffnungsdruck des Überdruckventils bei 1,4 bar.

### Unterdruckventil prüfen

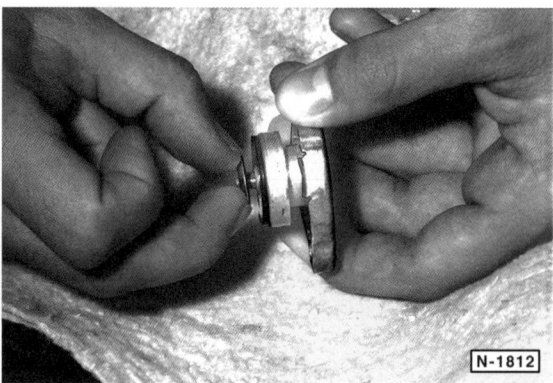

- Unterdruckventil mit den Fingern herausziehen, so daß es sich öffnet. Prüfen, ob sich das Ventil beim Loslassen vollständig schließt. Das Unterdruckventil im Deckel öffnet bei 0,1 bar Unterdruck.

- Verschlußdeckel am Ausgleichbehälter aufschrauben, Gummidichtring bei Beschädigung erneuern.

### Speziell 6-/8-Zylinder-Motor (V6/V8 und R6)

Beim **6-/8-Zylinder-Motor** besitzt der Verschlußdeckel des Kühlsystems eine 2. Druckstufe, so daß nach dem Abstellen des Motors der Druck im Kühlsystem bis auf 2 bar ansteigen kann, ohne daß Kühlmittel austritt.

- 2-Stufen-Verschlußdeckel am Ausgleichbehälter ½ Umdrehung nach links drehen und Überdruck aus dem Kühlsystem entweichen lassen. Dann Deckel weiterdrehen und ganz abnehmen.

- Öffnungsdruck für Überdruckventil:
  Stufe 1 = 1,3 – 1,5 bar;
  Stufe 2 = 1,8 – 2,2 bar.

- Verschlußdeckel einschrauben, bis die Nase in die Kerbe am Kühlmittel-Ausgleichbehälter einrastet.

# Geber für Kühlmittelstandanzeige aus- und einbauen/prüfen

Die Kühlmittelstandanzeige besteht im wesentlichen aus dem Kühlmittelstandgeber im Ausgleichbehälter und der Kontrollampe im Schalttafeleinsatz.

Die Kühlmittelstandanzeige warnt bei laufendem Motor vor zu geringem Kühlflüssigkeitsstand und dadurch möglicher Überhitzung des Motors.

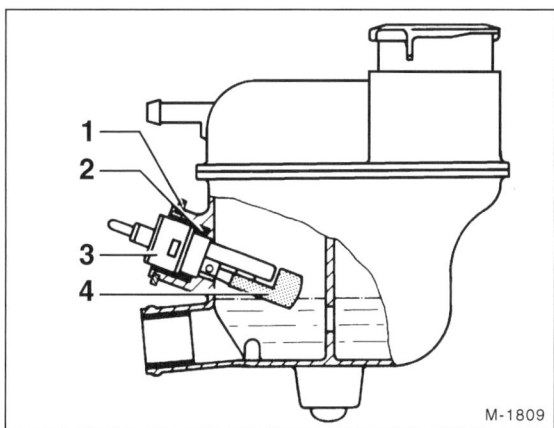

1 – Sicherungsring
2 – Dichtring
3 – Geber
4 – Schwimmer

Der Kühlmittelstand im Ausgleichbehälter wird von einem Schwimmer –4– abgetastet. Bei geringem Kühlflüssigkeitsstand schließt ein Kontakt im Geber –3– und die Kontrollampe leuchtet auf. Je nach Fahrweise wird die Kontrolleuchte zuerst kurzzeitig und später ständig aufleuchten. Leuchtet die Kontrollampe auf, Kühlmittel auffüllen. **Hinweis:** Bei Fahrzeugen mit Multifunktionsanzeige erscheint im Anzeigenfeld das Symbol für geringen Kühlmittelstand und gleichzeitig erscheint in Klarschrift die Meldung »Kühlmittelstand zu niedrig«.

## Prüfen

- Luftfilter ausbauen, siehe Seite 74.
- Ausgleichbehälter und mit angeschlossenen Leitungen unter dem Kotflügelfalz hervorziehen. Dazu hinten, in Fahrtrichtung gesehen, eine Befestigungsmutter herausdrehen und Behälter vorn aus dem beiden Aufnahmen herausziehen.
- Stecker am Kühlmittelstandgeber abziehen.

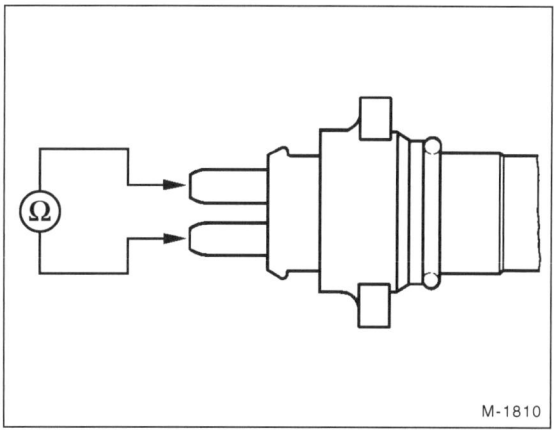

- Ohmmeter zwischen die beiden Kontakte am Geber anschließen. Bei Kühlmittelstand an der MAX-Marke muß das Meßgerät unendlich (∞) anzeigen.
- Bei leerem Ausgleichbehälter soll der Widerstand ca. 5 Ω betragen. Gegebenenfalls Geber ersetzen.
- Ist der Geber in Ordnung, obwohl die Kontrollampe nicht leuchtet, elektrische Leitungen und Kontrollampe prüfen, siehe auch Seite 191.

## Ausbau

- Falls erforderlich, etwas Kühlmittel ablassen.
- Sicherungsring –1– mit Schraubendreher abhebeln.
- Geber aus Ausgleichbehälter herausziehen.

## Einbau

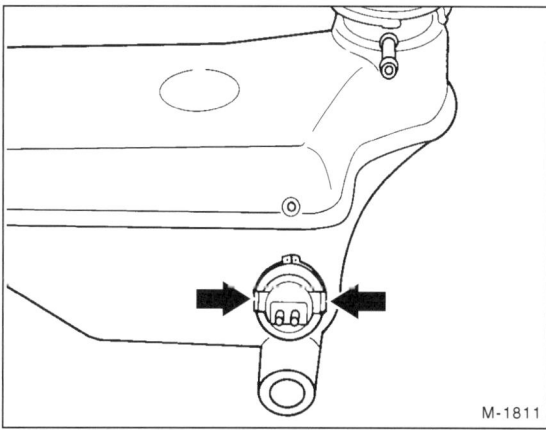

- Neuen Geber mit neuem Dichtring –2– so in den Ausgleichbehälter einsetzen, daß die unterschiedlich breiten Nasen am Geber in die Öffnung des Ausgleichbehälters eingreifen –Pfeile–.
- Sicherungsring aufdrücken.
- Kühlmittel auffüllen.
- Stecker aufschieben.
- Ausgleichbehälter in die vorderen Aufnahmen einsetzen und hinten anschrauben.
- Luftfilter einbauen, siehe Seite 74.

# Kühlmittelregler (Thermostat) aus- und einbauen

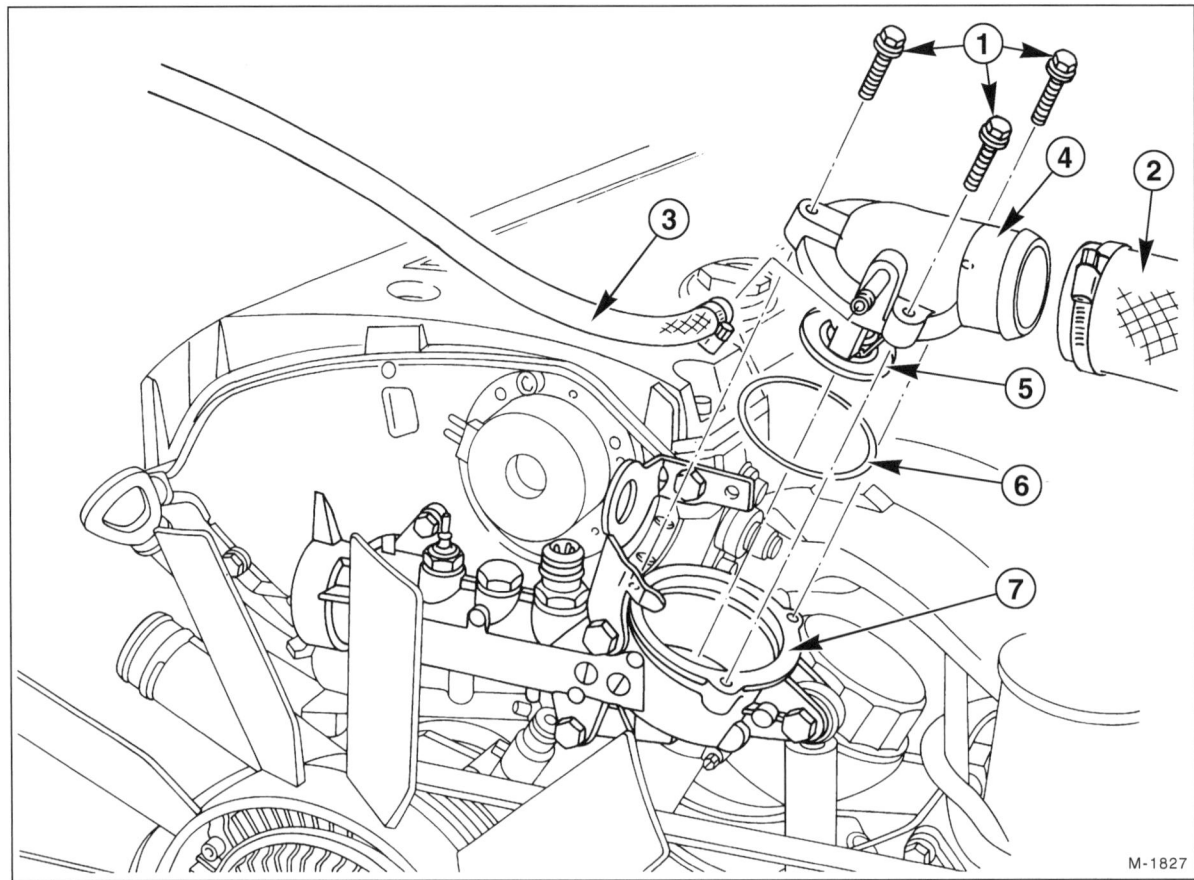

1 – Schraube, 10 Nm
2 – Kühlmittelschlauch
3 – Kühlmittelschlauch
4 – Deckel Kühlmittelreglergehäuse
5 – Kühlmittelregler (Thermostat)
6 – Dichtring
7 – Reglergehäuse

Die Abbildung zeigt den 2,0-/2,3-l-Motor.

### Ausbau

- Batterie-Massekabel (–) bei ausgeschalteter Zündung abklemmen. **Achtung:** Dadurch werden elektronische Speicher gelöscht, wie zum Beispiel der Radiocode. Deshalb Hinweise im Kapitel »Batterie aus- und einbauen« durchlesen.

> **Sicherheitshinweis:**
> Bei heißem Motor vor dem Öffnen des Deckels einen dicken Lappen auflegen, um Verbrühungen durch heiße Kühlflüssigkeit oder Dampf zu vermeiden. Deckel nur bei Kühlmitteltemperaturen unter +90° C abnehmen.

- Kühlmittel ablassen und auffangen, siehe entsprechendes Kapitel.
- Motorabdeckung vorn oben ausbauen.
- Kühlmittelschläuche –2– und –3– abziehen. Vorher Schellen lösen und zurückschieben.
- Thermostatdeckel –4– am Reglergehäuse abschrauben und mit Kühlmittelregler –5– herausnehmen.

**Achtung 4- und V6-Zylinder-Motor:** Der Kühlmittelregler darf aus dem Thermostatdeckel **nicht** ausgebaut werden. Er wird dadurch zerstört. Ein Wiedereinbau ist nicht möglich. Bei Defekt, Regler zusammen mit Deckel ersetzen.

- Kühlmittelregler prüfen.

### Einbau

- Deckel mit Kühlmittelregler und **neuem** Dichtring aufsetzen und mit **10 Nm** anschrauben. Vorher Dichtflächen an Gehäuse und Deckel reinigen.
- Kühlmittelschläuche aufschieben und mit Schellen sichern.
- Kühlmittel auffüllen.
- Motor warmlaufen lassen, bis der Lüfter einschaltet. Prüfen, ob der Kühler unten warm wird und das Kühlmittelreglergehäuse dicht ist.
- Batterie-Massekabel (–) anklemmen.
- Zeituhr einstellen.
- Falls erforderlich, Diebstahlcode für Radio eingeben.

**Speziell Reihen-6-Zylinder-Motor:**

- Thermostatdeckel abschrauben und mit angeschlossenen Schläuchen zur Seite legen. Kühlmittelregler herausnehmen.

- Kühlmittelregler mit neuem Dichtring in das Gehäuse einsetzen. **Achtung:** Beim Einfüllen des Kühlmittels wird das Kühlsystem über ein Kugelventil am Kühlmittelregler entlüftet. Daher Kühlmittelregler so einsetzen, daß sich das Kugelventil an der höchsten Stelle befindet.

- Deckel aufsetzen und mit **10 Nm** anschrauben.

**Speziell 8-Zylinder-Motor bis 8/97:**

- Der Kühlmittelregler sitzt seitlich in der Kühlmittelpumpe.

- Aus- und Einbau ist prinzipiell gleich wie beim 4- und V6-Zylinder-Motor. Der Kühlmittelregler darf aus dem Thermostatdeckel **nicht** ausgebaut werden. Bei Defekt, Regler zusammen mit Deckel ersetzen.

# Lüfterhaube/Kühlerlüfter

Je nach Motor und Ausstattung ist als Kühlergebläse ein Lüfter mit Visco-Kupplung oder mit Elektromotor eingebaut.

**2,0-/2,3-l-Motor**

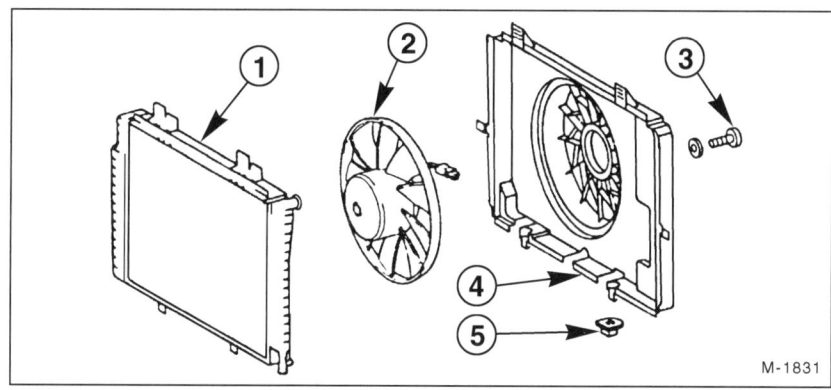

1 – Kühler
2 – Elektrolüfter
3 – Schraube (3 Stück)
4 – Lüfterhaube
5 – Gummilager

**Alle Motoren mit Klimaanlage**

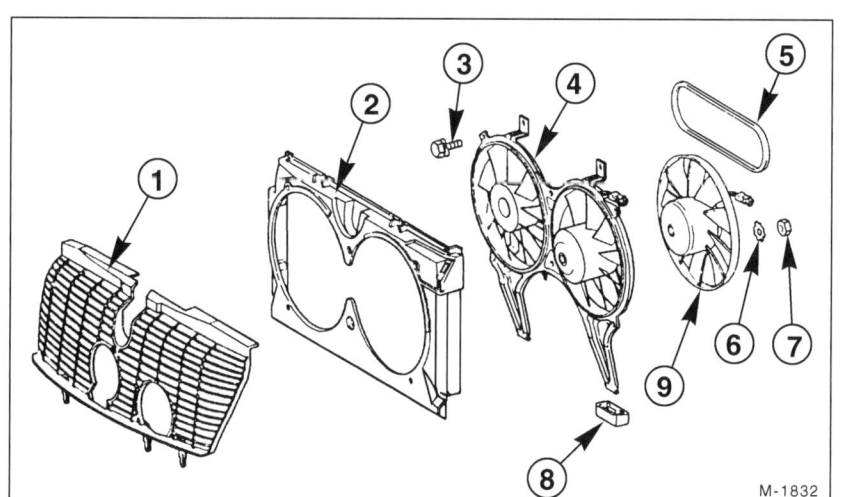

1 – Lüftergitter
2 – Lüfterhaube
3 – Kombischraube (2 Stück)
4 – Doppellüfter
  Das rechte Lüfterrad wird durch einen wartungsfreien Keilriemen vom danebenliegenden Elektrolüfter angetrieben.
5 – Keilriemen
6 – Zahnscheibe
  Nicht bei V6-Motor.
7 – Mutter (3 Stück)
  Nicht bei V6-Motor.
8 – Gummilager
9 – Elektrolüfter

# Lüfterhaube aus- und einbauen

## Ausbau

- Visco-Lüfterkupplung ausbauen.

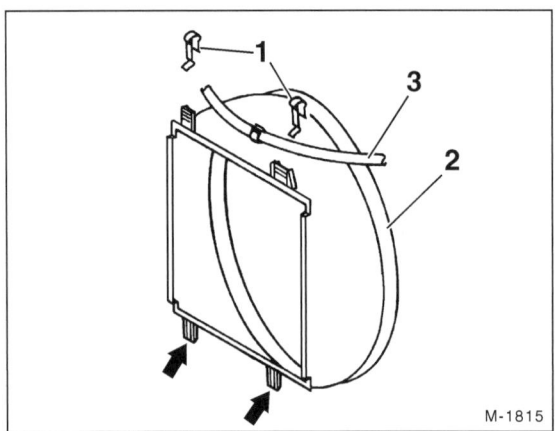

- Kühlmittelschlauch –3– an der Lüfterhaube –2– ausclipsen.
- Halteklammern –1– abziehen.
- Lüfterhaube –2– mit den Haltenasen –Pfeile– nach oben aus den Aufnahmen am Kühler herausziehen.

## Einbau

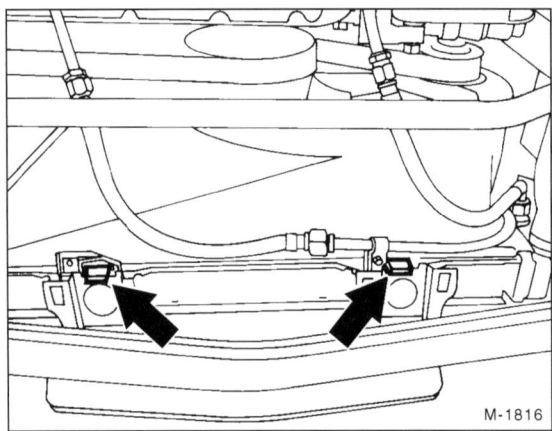

- Lüfterhaube mit den Haltelaschen –Pfeile– in die Aufnahmen am Kühler einsetzen. Die Anzahl der Haltelaschen kann je nach Modell unterschiedlich sein.

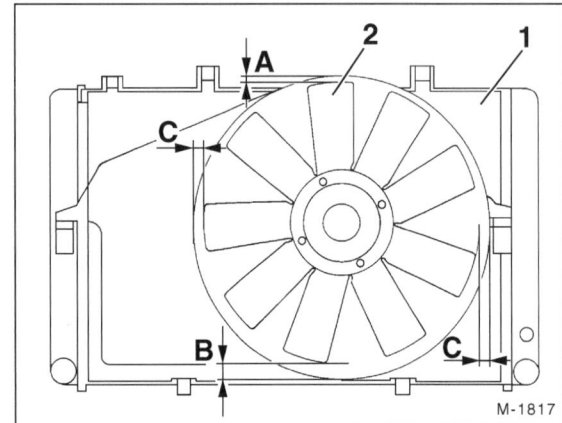

- Lüfterhaube –1– zu Lüfter –2– so ausrichten, daß die Abstände –A–, –B– und –C– ca. gleich groß sind.
- Haltefedern aufdrücken.
- Kühlmittelschlauch einhängen.

**Speziell Reihen-6-Zylinder-Motor:**

- Lüfterhaube –1– zu Lüfter –2– entsprechend der folgenden Maßen ausrichten (Abbildung M-1817):
  A = 1 – 22 mm; B = 28 – 31 mm; C = 17 – 23 mm.

# Visco-Lüfterkupplung aus- und einbauen

4-Zylinder-Motor mit Klimaanlage und Klimatisierungsautomatik bis 8/96;
4-Zylinder-Motor mit Heizungsautomatik;
6-/8-Zylinder-Motor.

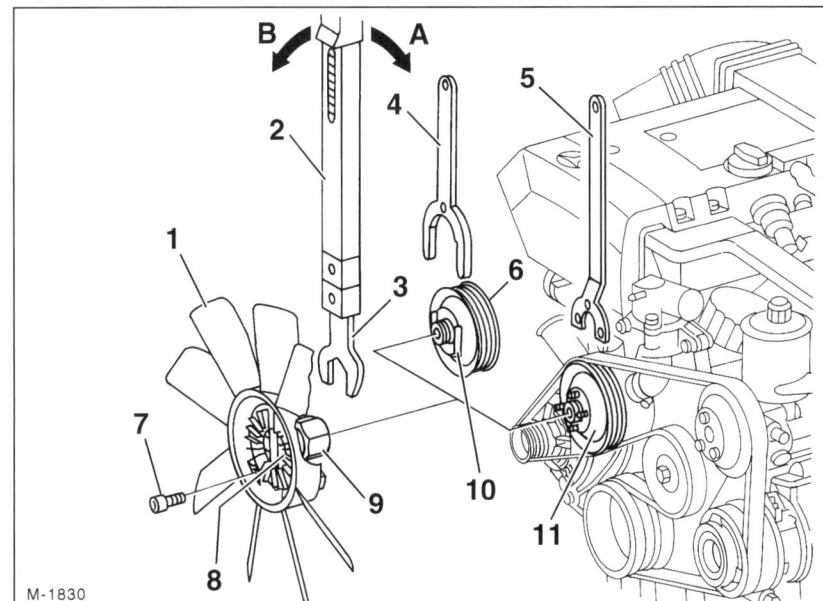

1 – Lüfter
2 – Drehmomentschlüssel
3 – Maulschlüssel-Einsatz
4 – Gegenhalter bei Riemenscheibe mit Halteblech
5 – Gegenhalter bei Riemenscheibe mit Innensechskantschrauben
   Der Gegenhalter wird mit seinen 3 Bohrungen (∅ = 10,5 mm, 8-Zylinder-Motor: ∅ = 11,5 mm) auf die Schraubenköpfe der Riemenscheibe gesetzt.
6 – Riemenscheibe
7 – Schraube M6x14, 10 Nm
8 – Visco-Kupplung
9 – Überwurfmutter
10 – Halteblech
11 – Riemenscheibe
A – Abschrauben
B – Anschrauben

Die Abbildung zeigt den 4-Zylinder-Motor.

Zuschalt-Temperatur für Visco-Lüfterkupplung: 92 – 100° C. Sicherheitsabschaltung der Visco-Lüfterkupplung bei einer Motordrehzahl von 4500/min. Die Lüfterdrehzahl liegt dann bei etwa 3420/min.

## Ausbau 4-/8-Zylinder-Motor

- Überwurfmutter mit Maulschlüssel abschrauben, dabei Riemenscheibe der Kühlmittelpumpe mit Gegenhalter festhalten. **Achtung:** Die Mutter hat **Linksgewinde**. Daher Mutter zum Lösen rechtsherum drehen.
- Visco-Kupplung mit Lüfter herausnehmen.
- 3 Befestigungsschrauben herausdrehen und Lüfter von der Lüfterkupplung trennen.

## Einbau

- Lüfterkupplung in den Lüfter einsetzen. **Achtung:** Durch die angegossene Rippe wird die richtige Einbaulage des Lüfters bestimmt.
- Visco-Kupplung mit **10 Nm** an den Lüfter anschrauben.
- Visco-Kupplung mit Lüfter einsetzen und mit **40 Nm** anschrauben. Dazu wird ein Drehmomentschlüssel mit Maulschlüsseleinsatz benötigt. **Achtung:** Die Mutter hat **Linksgewinde**. Daher Mutter zum Festziehen linksherum drehen.

## Speziell Reihen-6-Zylinder-Motor:

### Ausbau

- Lüfterhaube ausbauen, siehe entsprechendes Kapitel.

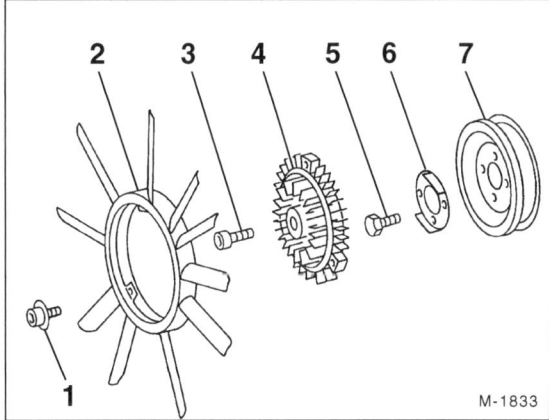

1 – Schraube, 10 Nm
2 – Lüfterrad
3 – Schraube, 45 Nm
4 – Visco-Kupplung
5 – Schraube, 15 Nm
6 – Scheibe
7 – Riemenscheibe

- Visco-Lüfterkupplung –4– mit Schraube –3– abschrauben. Dabei Riemenscheibe –7– mit einem selbstangefertigten Schlüssel (–4– in Abbildung M-1830) an den Abflachungen der Scheibe –6– gegenhalten.
- Lüfter mit Visco-Kupplung herausnehmen.

**Einbau**

- Lüfterkupplung einsetzen und mit **45 Nm** anschrauben, dabei Riemenscheibe gegenhalten. **Hinweis:** Durch eine eingegossene Rippe ist die Montage des Lüfters nur einseitig möglich.
- Lüfterhaube einbauen, siehe entsprechendes Kapitel.

**Speziell V6-Zylinder-Motor:**

**Achtung:** Der Aus- und Einbau erfolgt auf die gleiche Weise wie beim 4-Zylinder-Motor. Allerdings hat die überwurfmutter **Rechtsgewinde.** Zum Lösen Mutter daher linksherum drehen.

Anzugsdrehmoment der Überwurfmutter: **45 Nm.**

## Kühler aus- und einbauen

Nach längerer Laufzeit des Fahrzeuges können sich die dünnen Kanäle im Kühler durch Rückstände im Kühlmittel und Kalkablagerungen zusetzen. Dadurch läßt die Kühlleistung stark nach und der Motor wird zu warm. In diesem Fall hilft nur der Einbau eines neuen Kühlers.

Beschrieben wird der Ausbau beim 2,0-/2,3-l-Motor. Hinweise für die anderen Motoren stehen am Ende des Kapitels.

**Ausbau**

- Batterie-Massekabel (–) bei ausgeschalteter Zündung abklemmen. **Achtung:** Dadurch werden elektronische Speicher gelöscht, wie zum Beispiel der Radiocode. Deshalb Hinweise im Kapitel »Batterie aus- und einbauen« durchlesen.
- Motorraumverkleidung unten ausbauen, siehe Seite 42.
- Kühlmittel ablassen, siehe entsprechendes Kapitel.
- Visco-Lüfterkupplung ausbauen, siehe entsprechendes Kapitel.
- Lüfterhaube ausbauen, siehe entsprechendes Kapitel.
- Falls vorhanden, elektrischen Lüfter mit Luftführungsgehäuse ausbauen.

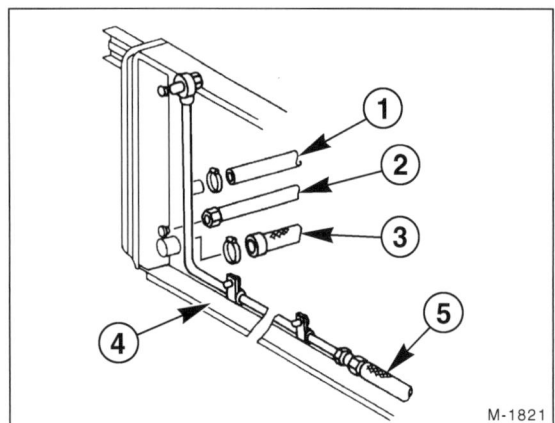

- Kühlmittelschläuche –1– und –3– vom Kühler abziehen. Vorher Schlauchschelle öffnen und ganz zurückschieben.

- **Automatikgetriebe:** Ölleitungen –2/5– vom und zum Getriebe mit geeigneten Klammern abklemmen und am Kühler –4– abschrauben. Dabei auf peinliche Sauberkeit achten, Anschlüsse vor dem Abnehmen äußerlich mit Spiritus reinigen. Anschließend kleine Plastiktüten mit Gummiringen auf die Leitungen schieben, damit kein Schmutz eindringen kann.
- Ansauglufthutze ausbauen.
- **Klimaanlage:** Lüftergitter vorn am vorderen Querträger ausclipsen und herausnehmen. Dazu die beiden Clips mit Kreuzschlitzschraubendreher oder mit den Fingern um 90° nach links drehen.

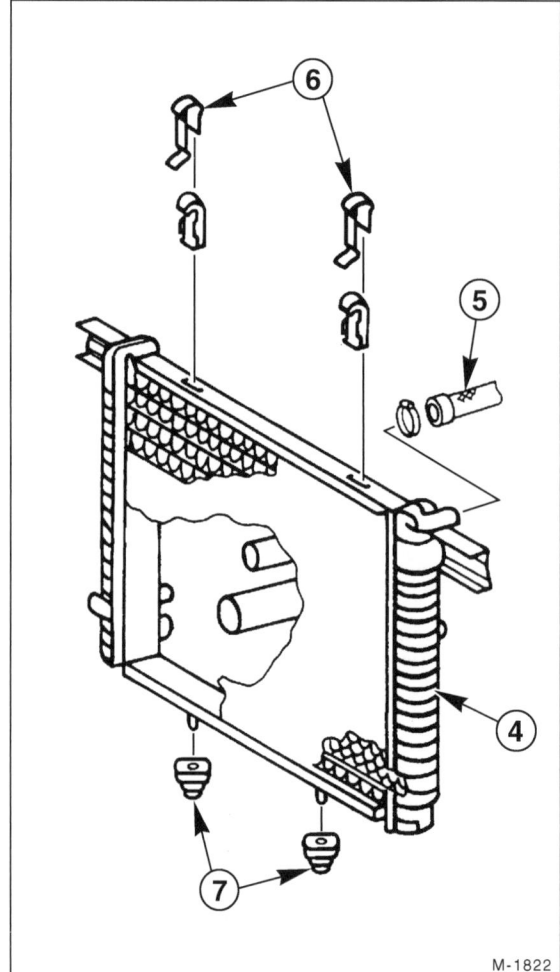

- Kühlmittelschlauch –5– vom Kühler –4– abziehen, vorher Schelle lösen und ganz zurückschieben.
- Haltefedern –6– nach oben herausziehen.
- **Klimaanlage:** Vorderen Querträger mit 5 Schrauben abschrauben. Motorhaubenzug am Querträger aushängen und Querträger herausnehmen.

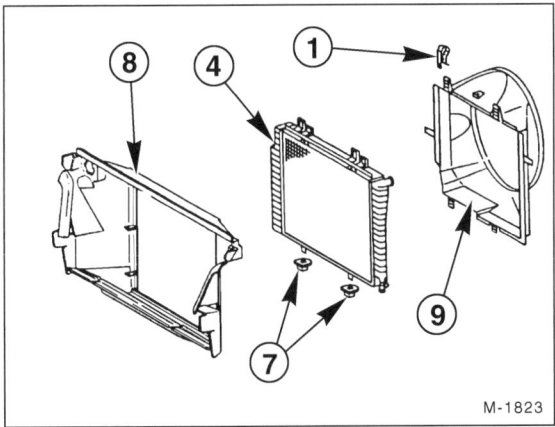

1 – Halteklammer für Lüfterhaube
4 – Kühler
7 – Gummilager für Kühler
8 – Luftführung
9 – Lüfterhaube

- Luftführung aus den Halterungen am Kühler aushängen.

**Sicherheitshinweis:**
**Der Kältemittelkreislauf der Klimaanlage darf nicht geöffnet werden.** Das Kältemittel kann bei Hautberührung zu Erfrierungen führen.

- **Klimaanlage:** Kondensator vom Kühler abschrauben und mit angeschlossenen Leitungen aufhängen.
- Kühler nach oben herausheben.

**Einbau**

- Sämtliche Kühlmittelschläuche auf Einschnitte, Risse und sonstige Beschädigungen überprüfen und, falls erforderlich, auswechseln. Gummitüllen –7– der Kühlerhalterung auf einwandfreien Zustand prüfen.
- Kühler von oben so einsetzen, daß die Befestigungszapfen des Kühlers in die Gummitüllen –7– in der unteren Quertraverse eingreifen.
- Luftführung am Kühler einhängen.

**Klimaanlage:**

- Kondensator am Kühler anschrauben.
- Vorderen Querträger einsetzen.
- Querträger mit 5 Schrauben anschrauben.
- Motorhaubenzug am einhängen.

- Ansauglufthutze einbauen.
- Haltefedern oben für Kühler aufstecken.
- Kühlmittelschläuche am Kühler aufschieben und mit Schellen sichern.
- Falls abgebaut, Ölkühlerschläuche mit Überwurfmuttern und **20 Nm** festschrauben, Klammern entfernen.
- **Klimaanlage:** Lüftergitter ansetzen. Die beiden Clips in die Bohrungen einsetzen und um 90° nach rechts drehen.

- Falls ausgebaut, Lüfterhaube einbauen.
- Falls ausgebaut, Visco-Lüfterkupplung einbauen.
- Falls ausgebaut, elektrischen Lüfter mit Luftführungsgehäuse einbauen.
- Kühlmittel auffüllen, siehe entsprechendes Kapitel.
- Batterie-Massekabel (–) anklemmen.
- Motor warmlaufen lassen und Schlauchanschlüsse auf Dichtheit prüfen.
- Kühlmittelstand kontrollieren, gegebenenfalls Kühlmittel nachfüllen.
- **Automatikgetriebe:** Ölstand im Getriebe prüfen.
- Zeituhr einstellen.
- Falls erforderlich, Diebstahlcode für Radio eingeben.

**Speziell Reihen-6-Zylinder-Motor:**

**Hinweis:** Visco-Lüfterkupplung nur bei Fahrzeugen mit automatischem Getriebe ausbauen.

- Kühlmittelschlauch –1– vom Kühler abziehen. Vorher Schlauchschelle öffnen und ganz zurückschieben, siehe Abbildung M-1821.
- Lüftergitter vorn am vorderen Querträger ausclipsen und herausnehmen. Dazu die beiden Clips mit Kreuzschlitzschraubendreher oder mit den Fingern um 90° nach links drehen.
- Vorderen Querträger mit 5 Schrauben abschrauben.
- Motorhaubenzug am Querträger aushängen und Querträger herausnehmen.

# Kühlmittelpumpe aus- und einbauen

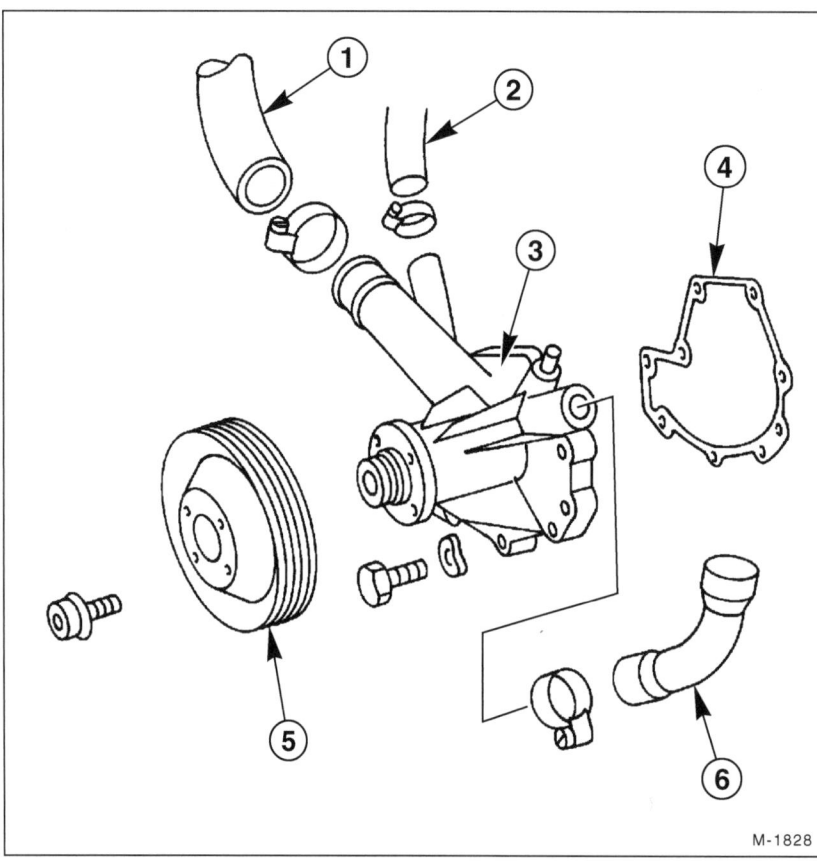

1 – Kühlmittelschlauch
2 – Kühlmittelschlauch
3 – Kühlmittelpumpe
4 – Papierdichtung
5 – Riemenscheibe
6 – Kühlmittelschlauch

M-1828

### Ausbau

- Visco-Lüfterkupplung ausbauen.
- Kühlmittel ablassen und auffangen.
- 3 Kühlmittelschläuche an der Kühlmittelpumpe abziehen. Vorher Schellen ganz öffnen und zurückschieben.
- Schrauben für Kühlmittelpumpen-Riemenscheibe lösen, nicht abschrauben.
- Keilrippenriemen ausbauen, siehe Seite 43.
- Kühlmittelpumpen-Riemenscheibe abschrauben und herausnehmen.

**Achtung:** Die Kühlmittelpumpe ist mit unterschiedlichen Schrauben befestigt. Beim Herausschrauben Schrauben und Bohrungen mit Filzstift markieren, damit die Schrauben wieder an der derselben Stelle eingesetzt werden können.

- Kühlmittelpumpe abschrauben und herausnehmen.
- Dichtflächen an Pumpengehäuse und Steuergehäusedeckel sorgfältig reinigen.

### Einbau

**Achtung:** Werkseitig ist die Kühlmittelpumpe mit Flüssigdichtmittel abgedichtet. Beim Einbau kann eine Papierdichtung oder Flüssigdichtmittel, zum Beispiel »Omnifit FD 3041«, verwendet werden. Dabei Dichtflächen an der Kühlmittelpumpe gleichmäßig und möglichst dünn mit Dichtmittel bestreichen.

- Dichtfläche der Kühlmittelpumpe mit Dichtmittel bestreichen oder Kühlmittelpumpe mit **neuer** Papierdichtung ansetzen und festschrauben. Dabei Schrauben entsprechend der angebrachten Markierungen beim Ausbau einsetzen.
  Anzugsdrehmoment: M6-Schrauben: **10 Nm**;
  M8-Schrauben: **25 Nm**.
- Kühlmittelpumpen-Riemenscheibe anschrauben.
- Keilrippenriemen einbauen, siehe Seite 43.
- Schrauben für Kühlmittelpumpen-Riemenscheibe mit **10 Nm** festziehen.
- Sämtliche Kühlmittelschläuche aufschieben und mit Schellen sichern.
- Visco-Lüfterkupplung einbauen.
- Kühlmittel auffüllen.

**Speziell Reihen-6-Zylinder-Motor:**

- Keilrippenriemen ausbauen, siehe Seite 43.
- Lenkhilfpumpe abschrauben und mit angeschlossenen Leitungen zur Seite schwenken.
- Motorabdeckung vorn oben ausbauen.
- Elektrische Steckverbindungen an der Kühlmittelpumpe abziehen.
- Heizungsrücklaufrohr von der Kühlmittelpumpe und Lagerbock für Visco-Kupplung abschrauben.
- Kühlmittelleitung zum Ölkühler abschrauben.
- Kühlmittelpumpe mit 4 Schrauben vom Motorblock abschrauben und mit Leckwasserschlauch herausnehmen.
- Kühlmittelpumpe mit neuem Dichtring ansetzen, dabei Leckwasserleitung in Kombiträger einführen. **Achtung:** Die Kühlmittelpumpe wird durch 2 Paßhülsen (vorn oben und unten) geführt.
- Kühlmittelpumpe mit **20 Nm** festziehen.

**Hinweis:** Die Bohrungen für die beiden hinteren Schrauben sind schwer zugänglich, daher Schrauben mit einem Stabmagneten einsetzen.

Dichtringe für Kühlmittelleitung zum Ölkühler und Heizungsrücklaufrohr grundsätzlich erneuern.

**Speziell V6-Zylinder-Motor:**

Aus- und Einbau erfolgen prinzipiell gleich wie beim 4-Zylinder-Motor.

- Dichtfläche von Kühlmittelpumpe und Motorblock mit geeignetem Schaber reinigen.
- Kühlmittelpumpe mit **neuer** Papierdichtung ansetzen und festschrauben. Dabei Schrauben entsprechend der angebrachten Markierungen beim Ausbau einsetzen.
  Anzugsdrehmoment: M6-Schrauben: **10 Nm;**
  M8-Schrauben: **20 Nm.**

## Störungsdiagnose Motor-Kühlung

**Störung:** Die Kühlmitteltemperatur ist zu hoch, Anzeige steht im roten Bereich.

| Ursache | Abhilfe |
| --- | --- |
| Zu wenig Kühlmittel im Kreislauf. | ■ Ausgleichbehälter muß bis zur Markierung voll sein, siehe Kapitel »Kühlmittel auffüllen«. Kühlsystem auf Dichtheit prüfen. |
| Kühlmittelregler (Thermostat) öffnet nicht. | ■ Prüfen, ob oberer Kühlmittelschlauch am Kühler warm wird. Wenn nicht, Regler ausbauen und prüfen, ggf. ersetzen. |
| Kühlmittelpumpe defekt. | ■ Kühlmittelpumpe ausbauen und überprüfen, ggf. ersetzen. |
| Geber für Kühlmitteltemperaturanzeige defekt. | ■ Geber überprüfen, gegebenenfalls ersetzen. |
| Kühlmitteltemperaturanzeige defekt. | ■ Anzeigegerät überprüfen lassen, gegebenenfalls ersetzen. |
| Kühler-Verschlußdeckel defekt. | ■ Kühlsystem prüfen, Druckprüfung des Verschlußdeckels durchführen. Gegebenenfalls Deckel ersetzen. |
| Kühlerlamellen verschmutzt. | ■ Kühler ausbauen und von der Motorseite her mit Preßluft durchblasen. |
| Kühler innen durch Kalkablagerungen oder Korrosion zugesetzt. Kühler wird nur im oberen Teil warm, unterer Kühlmittelschlauch vom Kühler wird nicht warm. | ■ Kühler erneuern. |
| Kühler-Lüfter läuft nicht mit erhöhter Drehzahl, Bimetallstreifen der Visco-Kupplung defekt. | ■ Bei einer Kühlmitteltemperatur von ca. +90° bis +95° C Motor mit 4.000 – 5.000/min laufen lassen, dabei muß die Drehzahl des Lüfters deutlich ansteigen. Andernfalls Lüfterkupplung prüfen, gegebenenfalls Bimetallstreifen ersetzen. |

## Störungsdiagnose Kühlmittelstandanzeige

| Störung | Ursache | Abhilfe |
| --- | --- | --- |
| Kontrollampe leuchtet bei laufendem Motor und richtigem Kühlmittelstand. | Geber defekt. | ■ Mit Ohmmeter prüfen, siehe Kapitel »Elektrische Anlage«. Gegebenenfalls Geber ersetzen. |
| | Masseschluß in elektrischer Leitung zum Geber. | ■ Elektrische Leitungen prüfen, siehe Kapitel »Elektrische Anlage«. |
| | Anzeigeinstrument defekt. | ■ Ersetzen. |
| Kontrollampe leuchtet nicht beim Einschalten der Zündung. | Lampe defekt. | ■ Ausbauen und prüfen. |
| | Leitungsunterbrechung. | ■ Elektrische Leitungen prüfen, siehe Kapitel »Elektrische Anlage«. |
| | Anzeigeinstrument defekt. | ■ Ersetzen. |
| Kontrollampe leuchtet bei laufendem Motor und leerem Ausgleichbehälter nicht. | Geber defekt. | ■ Mit Ohmmeter prüfen, siehe Kapitel »Elektrische Anlage«. Gegebenenfalls Geber ersetzen. |
| | Leitungsunterbrechung zum Geber. | ■ Elektrische Leitungen prüfen, siehe Kapitel »Elektrische Anlage«. |

# Kraftstoffanlage

Zur Kraftstoffanlage gehören der Kraftstoffbehälter mit Aktivkohlebehälter, die Kraftstoffpumpe und die Kraftstoffleitungen sowie die Kraftstoff-Einspritzanlage mit Kraftstoff- und Luftfilter.

Der aus Stahlblech bestehende Kraftstoffbehälter ist bei der Limousine am Fahrzeugunterboden hinter der Rücksitzbank angeordnet und beim T-Modell unter dem Gepäckraum. Durch ein geschlossenes Entlüftungssystem wird der Tank entlüftet. Die Benzindämpfe der Tankentlüftung werden in einem Aktivkohlespeicher aufgefangen und dem Motor kontrolliert zur Verbrennung zugeführt.

## Kraftstoff sparen beim Fahren

Wesentlichen Einfluß auf den Kraftstoffverbrauch hat die Fahrweise des Fahrzeuglenkers. Hier einige Tips für den intelligenten Umgang mit dem Gaspedal.

- Nach dem Motorstart gleich losfahren, auch bei Frost.
- Motor bei voraussichtlichen Stops über 40 Sekunden Dauer abschalten.
- Im höchstmöglichen Gang fahren.
- Möglichst gleichmäßige Geschwindigkeiten über längere Strecken fahren, hohe Geschwindigkeiten meiden. Vorausschauend fahren. Nicht unnötig bremsen.
- Keine unnötige Zuladung mitführen, Aufbauten am Fahrzeug, beispielsweise Dachgepäckträger, möglichst abbauen.
- Immer mit richtigem, nie mit zu niedrigem Reifendruck fahren.

## Sicherheits- und Sauberkeitsregeln bei Arbeiten an der Kraftstoffversorgung

Bei Arbeiten an der Kraftstoffversorgung sind die folgenden Regeln zur Sicherheit und Sauberkeit sorgfältig zu beachten:

**Sicherheitshinweise:**

- **Kein offenes Feuer, nicht rauchen, keine glühenden oder sehr heißen Teile in die Nähe des Arbeitsplatzes bringen. Unfallgefahr! Feuerlöscher bereitstellen.**
- **Unbedingt für gute Belüftung des Arbeitsplatzes sorgen. Kraftstoffdämpfe sind giftig.**
- Das Kraftstoffsystem steht unter Druck. Beim Öffnen der Anlage können Benzinspritzer auftreten, daher austretenden Kraftstoff mit einem Lappen auffangen. **Schutzbrille tragen.**

- Verbindungsstellen und deren Umgebung vor dem Lösen gründlich reinigen.
- Ausgebaute Teile auf einer sauberen Unterlage ablegen und abdecken. Folien oder Papier verwenden. Keine fasernden Lappen benutzen!
- Geöffnete Bauteile sorgfältig abdecken bzw. verschließen, wenn die Reparatur nicht umgehend ausgeführt wird.
- Nur saubere Teile einbauen.
- Ersatzteile erst unmittelbar vor dem Einbau aus der Verpackung nehmen.
- Keine Teile verwenden, die unverpackt (z. B. in Werkzeugkästen usw.) aufgehoben wurden.
- Bei geöffneter Kraftstoffanlage möglichst nicht mit Druckluft arbeiten. Das Fahrzeug möglichst nicht bewegen.
- Keine silikonhaltigen Dichtmittel verwenden. Vom Motor angesaugte Spuren von Silikonbestandteilen werden im Motor nicht verbrannt und schädigen die Lambdasonde.

# Tankgeber aus- und einbauen

**Sicherheitshinweise:**

- Kein offenes Feuer, nicht rauchen, keine glühenden oder sehr heißen Teile in die Nähe des Arbeitsplatzes bringen. Unfallgefahr! Feuerlöscher bereitstellen.
- Unbedingt für gute Belüftung des Arbeitsplatzes sorgen. Kraftstoffdämpfe sind giftig.
- Das Kraftstoffsystem steht unter Druck. Beim Öffnen der Anlage können Benzinspritzer auftreten, daher austretenden Kraftstoff mit einem Lappen auffangen. **Schutzbrille tragen.**

**Achtung:** Zum Absaugen des Kraftstoffs wird eine dazu geeignete Pumpe benötigt.

## Ausbau

- Ist der Tank ganz gefüllt, etwa 8 Liter Kraftstoff aus dem Tank abpumpen. Dazu Tankdeckel abschrauben und über den Tankstutzen Kraftstoff mit einer Pumpe absaugen. Anweisungen des Pumpenherstellers befolgen.
- **T-Modell:** Gepäckraum-Bodenbelag ausbauen, siehe Seite 181.

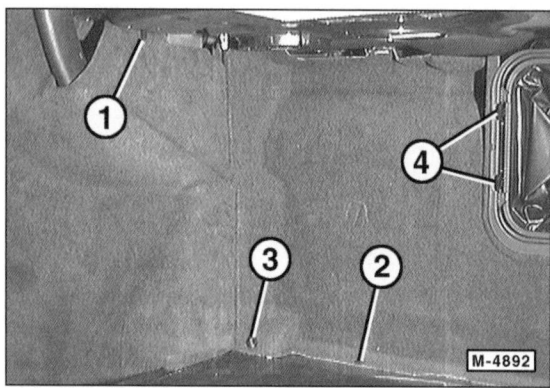

- **Stufenheck-Modell:** Im Kofferraum die Verkleidung an der Trennwand zum Innenraum ausbauen. Dazu Clip –2– ausheben. Schraube –3– abschrauben. Falls vorhanden, Skisack –4– abschrauben und etwas nach oben schieben. Clip/Schrauben auch auf der anderen Fahrzeugseite ausbauen. **Hinweis:** Clip –1– muß nicht gelöst werden.

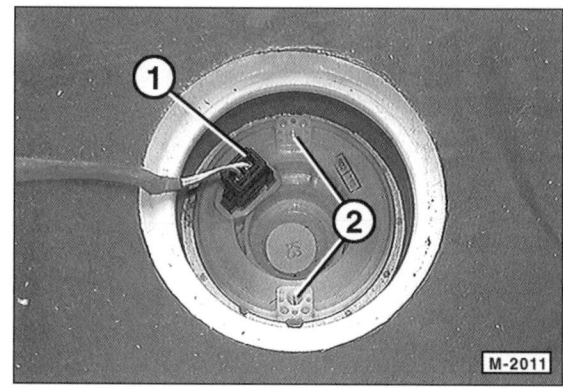

- Stecker –1– am Tankgeber abziehen. Anschlußleitung mit Klebeband an der Karosserie fixieren, damit sie nicht abrutscht.
- Die Werkstatt verwendet zum Lösen des Tankgebers einen speziellen Zapfenschlüssel, der mit beiden Zapfen in die Bohrungen –2– eingesetzt wird.

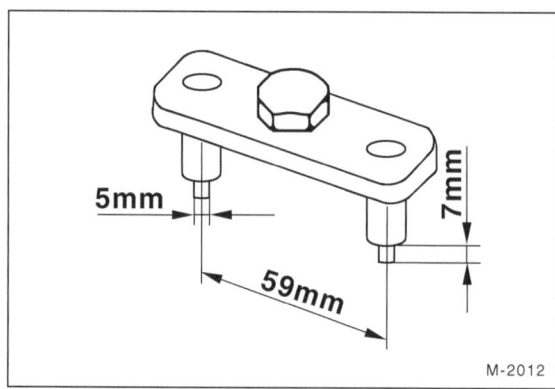

- Gegebenenfalls Werkzeug selbst anfertigen. Die beiden Zapfen werden in die Bohrungen am Bajonettverschluß eingesetzt.
- Bajonettverschluß linksherum lösen.
- Tankgeber und Dichtring herausnehmen.

## Einbau

- Tankgeber mit **neuem** Dichtring einsetzen. Dichtring zur leichteren Montage mit sauberem Motoröl einölen.
- Bajonettverschluß mit Zapfenschlüssel anschrauben.
- Klebeband an der Zuleitung entfernen und Stecker am Tankgeber aufstecken.
- Gepäckraum-Innenverkleidung einbauen, siehe Abbildung unter »Ausbau«.

# Kraftstoffpumpe aus- und einbauen

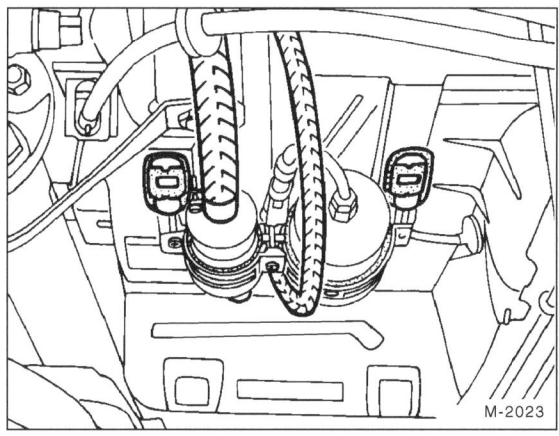

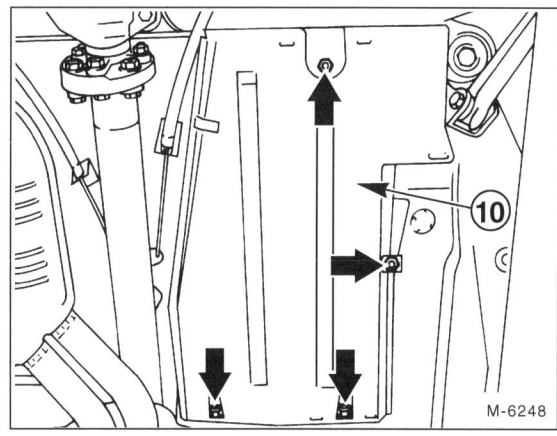

- Einbaulage der Abdeckung –10– für Wiedereinbau markieren, dann Abdeckung ausbauen.

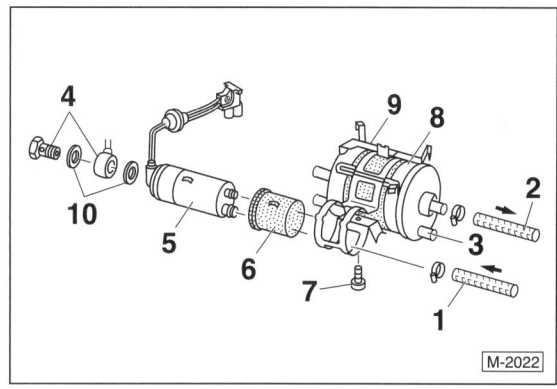

Die Kraftstoffpumpe ist zusammen mit dem Kraftstofffilter am Fahrzeugboden, in Fahrtrichtung gesehen, rechts vor der Hinterachse angeordnet.

**Achtung:** Beim T-Modell sitzt die Kraftstoffpumpe separat hinter dem Hinterachsgetriebe, der Filter sitzt links vor der Hinterachse. Beim Ausbau der Kraftstoffpumpe ist zu beachten, daß die Schlauchklemme nicht an der Krümmung des Saugschlauchs angesetzt werden darf.

**Hinweis:** Je nach Modell können auch 2 elektrische Kraftstoffpumpen eingebaut sein. Die Pumpen sind dann, ähnlich wie hier beschrieben, an einem Halter zusammen mit dem Kraftstofffilter befestigt. Aus- und Einbau der Pumpen erfolgen sinngemäß auf die gleiche Weise, wie bei Modellen mit einer Kraftstoffpumpe.

## Ausbau

**Sicherheitshinweise:**

- **Kein offenes Feuer, nicht rauchen, keine glühenden oder sehr heißen Teile in die Nähe des Arbeitsplatzes bringen. Unfallgefahr! Feuerlöscher bereitstellen.**
- **Unbedingt für gute Belüftung des Arbeitsplatzes sorgen. Kraftstoffdämpfe sind giftig.**
- Das Kraftstoffsystem steht unter Druck. Beim Öffnen der Anlage können Benzinspritzer auftreten, daher austretenden Kraftstoff mit einem Lappen auffangen. **Schutzbrille tragen.**

- Batterie Massekabel (–) bei ausgeschalteter Zündung abklemmen. **Achtung:** Dadurch werden elektronische Speicher gelöscht, wie zum Beispiel der Radiocode. Deshalb die Hinweise im Kapitel »Batterie aus- und einbauen« beachten.

- Fahrzeug aufbocken.

1 – Kraftstoff-Saugleitung
2 – Druckleitung
3 – Stutzen für Entgasungsleitung (V6-Motor)
4 – Druckleitung mit Hohlschraube (V6-Motor)
5 – Kraftstoffpumpe
6 – Kunststoffhülse
7 – Schraube
8 – Kraftstofffilter
9 – Halter
10 – Dichtringe

- Kraftstoff-Saugleitung –1– und Druckleitung –2– mit handelsüblichen Schlauchklemmen abklemmen, zum Beispiel HAZET 4590-1.

- Schlauchschellen lösen und Schläuche abziehen. Restkraftstoff mit Lappen auffangen. Schläuche und zugehörige Anschlußstutzen für den leichteren Einbau mit Tesaband markieren.

- **V6-Motor:** Schlauchschelle lösen und Entgasungsschlauch an Stutzen –3– abziehen. Druckleitung mit Hohlschraube –4– an der Kraftstoffpumpe abschrauben. **Hinweis:** Bei den anderen Modellen sind diese Leitungen nicht vorhanden.

- Elektrische Leitung am Stecker trennen, Leitungsbinder öffnen.

- Schraube –7– am Halter –9– herausdrehen.

- Kraftstoffpumpe –5– mit Kunststoffhülse –6– herausnehmen.

### Einbau

- Kraftstoffpumpe in die Kunststoffhülse –6– schieben und zusammen in die Führung des Halters –9– einsetzen. **Achtung:** Die Kunststoffhülse zwischen Kraftstoffpumpe und Halter muß unbedingt montiert werden. Dabei darauf achten, daß sie auf beiden Seiten des Halters übersteht. Andernfalls kann bei direkter Berührung der Kraftstoffpumpe mit dem Halter Kontaktkorrosion auftreten.
- Kraftstoffpumpe am Halter anschrauben.
- Elektrische Leitung am Stecker verbinden und mit Leitungsbinder befestigen.
- Kraftstoff-Saugleitung –1– und Druckleitung –2– aufschieben und mit Schellen sichern.
- **V6-Motor:** Entgasungsschlauch an Stutzen –3– aufschieben und mit Schelle sichern. Kraftstoffleitung mit Hohlschraube und neuen Kupfer-Dichtringen –10– anschrauben. Hohlschraube mit **25 Nm** festziehen. Bei Undichtigkeiten Schraube mit **30 Nm** nachziehen.
- Schlauchklemmen abnehmen.
- Fahrzeug ablassen.
- Batterie-Massekabel (–) anklemmen. Zeituhr einstellen. Diebstahlcode für Radio eingeben.
- Motor starten und bei laufendem Motor Dichtheit der Anschlußstellen prüfen.
- Abdeckung für Kraftstoffpumpe einsetzen und anschrauben.

## Luftfilter aus- und einbauen

### Ausbau

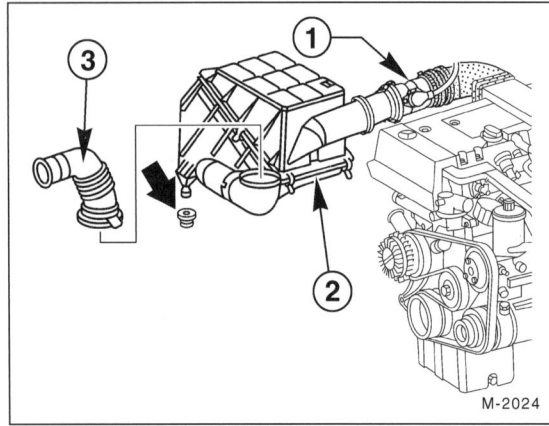

- Luftmassenmesser –1– vom Luftfilter –2– abziehen. Dazu Spannbügel am Luftfilterstutzen öffnen.
- Luftansaugrohr –3– abziehen.
- Luftfilter aus den Gummilagern –Pfeil– herausziehen und abnehmen.

### Einbau

- Luftfilter mit den Haltenasen in die Gummilager –Pfeil– einsetzen.
- Luftansaugrohr aufstecken.
- O-Ring zwischen Luftfilter und Luftmassenmesser auf Beschädigung prüfen, gegebenenfalls erneuern. Luftmassenmesser mit O-Ring am Luftfilterstutzen einsetzen und mit Spannbügel sichern.

## Luftfilter-Querrohr aus- und einbauen

### 4-Zylindermotor, Reihen-6-Zylindermotor

### Ausbau

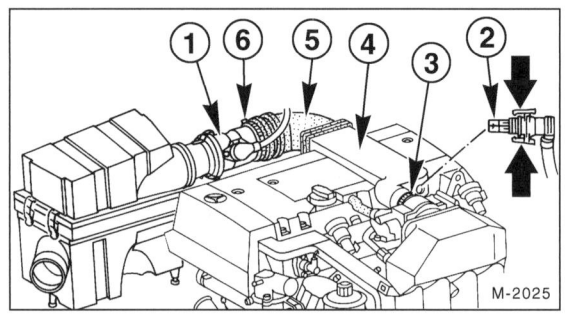

- Temperaturfühler für Ansaugluft –2– aus dem Querrohr herausziehen, dazu Halteklammern –Pfeile– zusammendrücken.
- Schelle –6– am Luftmassenmesser –1– und Schelle –3– aufschrauben. Luftfilter-Querrohr –4– mit Formschlauch –5– abziehen.

### Einbau

- Luftfilter-Querrohr so aufstecken, daß die angegossenen Hohlstifte in die Gummilager des Zylinderkopfdeckels eingreifen. Die Hohlstifte dienen zur Motor-Entlüftung und zur Fixierung des Querrohres.
- Schlauchschellen festziehen.
- Temperaturfühler für Ansaugluft einsetzen und Halteklammern nach außen drücken, bis sie hörbar einrasten.

# Saugrohr aus- und einbauen

**4-Zylinder-Motor**

**Ausbau**

- Batterie-Massekabel (–) bei ausgeschalteter Zündung abklemmen. **Achtung:** Dadurch werden elektronische Speicher gelöscht, wie zum Beispiel der Radiocode. Deshalb die Hinweise im Kapitel »Batterie aus- und einbauen« beachten.
- Luftfilter-Querrohr ausbauen, siehe entsprechendes Kapitel.
- Kraftstoffverteiler mit Einspritzventilen ausbauen, siehe Seite 88.
- Sämtliche Unterdruckleitungen und elektrische Leitungen am Saugrohr abziehen. Leitungen und zugehörige Anschlüsse mit Farbe oder Klebeband markieren, damit sie in gleicher Position wieder eingebaut werden können.

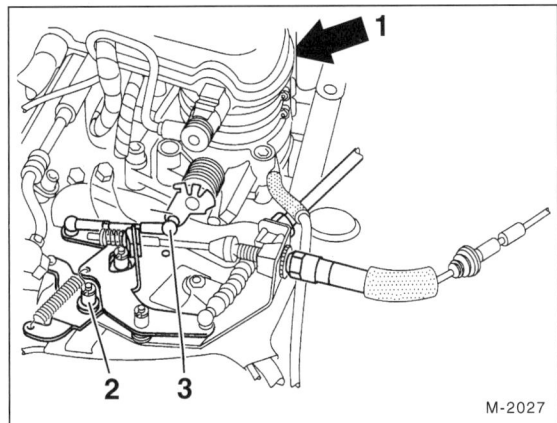

- Stellglied für Leerlaufregelung an Rückseite des Drosselklappenstutzens –1– abschrauben. Steckverbindung trennen.
- Drosselklappenbetätigung am Saugrohr abschrauben –2– und am Kabelschacht ausclipsen.
- Verbindungsstange –3– aushängen.

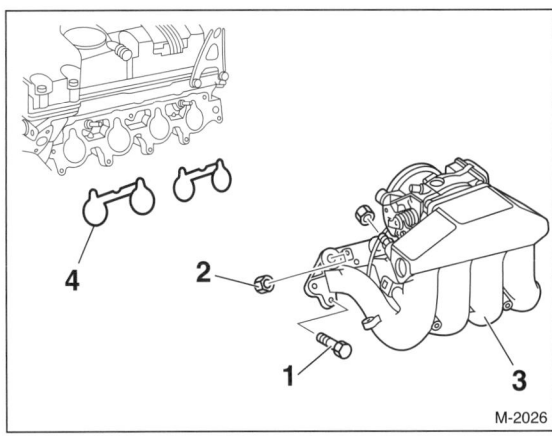

- Schrauben –1– und Muttern –2– am Saugrohr –3– herausdrehen. Hinweis: Die Abbildung zeigt eine ältere Saugrohrausführung, als in der E-KLASSE eingebaut ist.
- Saugrohr herausheben.

**Achtung:** Bei ausgebautem Saugrohr müssen die Ansaugkanäle des Motors mit einem sauberen Tuch abgedeckt werden, damit keine Kleinteile hineinfallen können. Fremdkörper in den Ansaugwegen führen zu Motorschäden.

**Einbau**

- Dichtflächen an Saugrohr und Zylinderkopf reinigen. Dichtungen –4– bei Verformung erneuern.
- Saugrohr anschrauben. Schrauben wechselweise mit **20 Nm** festziehen.
- Drosselklappenbetätigung am Kabelschacht einclipsen und am Saugrohr anschrauben. Verbindungsstange einhängen.
- Sämtliche Unterdruckleitungen entsprechend den angebrachten Markierungen am Saugrohr aufstecken.
- Stellglied für Leerlaufregelung anschrauben. Steckverbindung zusammenfügen.
- Kraftstoffverteiler mit Einspritzventilen einbauen, siehe Seite 88.
- Luftfilter-Querrohr einbauen, siehe entsprechendes Kapitel.
- Gaszug einstellen, siehe entsprechendes Kapitel.
- Batterie-Massekabel (–) anklemmen. Zeituhr einstellen. Diebstahlcode für Radio eingeben.
- Leerlauf von MERCEDES-BENZ-Werkstatt prüfen lassen.

## Gaszug/Drosselklappengestänge einstellen

**2,0-l-Motor bis 5/96, 2,3-l-Motor**

### Einstellen

- Zündung ausschalten.

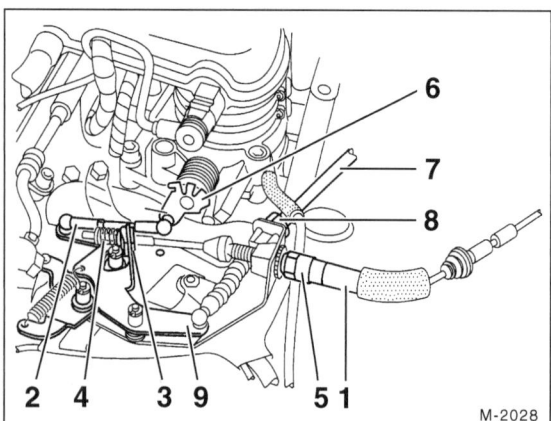

M-2028

- Motorhaube öffnen. Gaszug –1– und Verbindungsstange –2– auf Leichtgängigkeit und Beschädigung prüfen. Beschädigte Teile ersetzen. **Hinweis:** Führungsstück –3– an der Kontaktstelle zum Gaszug mit Korrosionsschutzfett ET-Nr. 001 989 37 51 10 von MERCEDES-BENZ fetten.

- Spiel zwischen Mitnehmerfeder –4– und Führungsstück –3– prüfen. Es muß ein **Spiel von 0,5 bis 1,0 mm** vorhanden sein. Gegebenenfalls mit Einstellschraube –5– einstellen.

- Kugelpfanne der Verbindungsstange –2– am Drosselklappenhebel –6– abdrücken.

- Drosselklappenhebel –6– mit Schraubendreher in Richtung Zylinderkopf drücken, gegen die Federkraft am Leerlaufsteller.

- Die Kugelpfanne muß sich in dieser Stellung spannungsfrei wieder auf den Kugelkopf aufdrücken lassen, andernfalls Verbindungsstange –2– in der Länge entsprechend verstellen. Zum Verstellen Kontermutter lösen und Stange verdrehen, nach den Verstellen Stange einhängen und Kontermutter wieder anziehen. **Achtung:** Die Verbindungsstange muß sehr genau eingestellt werden.

### Automatikgetriebe: Vollgas einstellen

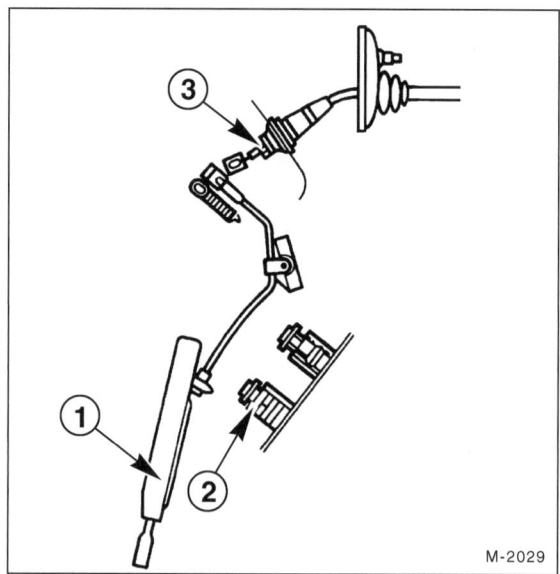

M-2029

- Gaspedal –1– von Helfer bis zum Anschlag durchdrücken lassen, ohne den Kickdown-Schalter –2– zu betätigen. Der Kickdown-Schalter sitzt unter dem Gaspedal. Die Betätigung des Kickdown-Schalters ist als Druckpunkt spürbar.

- Einstellschraube –5– verdrehen, bis der Umlenkhebel an der Drosselklappenbetätigung gerade den Vollgasanschlag erreicht, siehe Abbildung M-2028.

**Achtung:** Beim Getriebe bis ca. 3/96 anschließend Steuerdruckzug einstellen.

### Automatikgetriebe bis ca. 3/96: Steuerdruckzug einstellen

**Hinweis:** Beim V8-Motor beziehungsweise Getriebe 722.6 seit 4/96 ist kein Steuerdruckzug vorhanden. Ob das neue Getriebe eingebaut ist, erkennt man daran, daß am Programmschalter in der Mittelkonsole zwischen den Fahrprogrammen »S« (Standard) und »W« (Winter) gewählt werden kann, das bisherige Getriebe hat dagegen die Programme »S« (Standard) und »E« (Economy).

- Beim **Automatikgetriebe bis ca. 3/96,** nach der Einstellung des Gaszugs den Steuerdruckzug –7– zum Getriebe einstellen, siehe Abbildung M-2028.

- Dazu bei eingehängtem Steuerdruckzug die Einstellschraube –8– drehen, bis die Spitze des Schlepphebels mit der Spitze am Umlenkhebel –9– auf gleicher Höhe steht.

## Schaltgetriebe: Vollgas einstellen

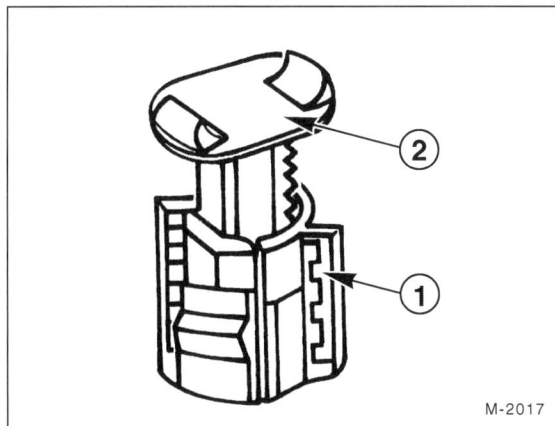

- Vollgasanschlag –1– unter dem Gaspedal durch Linksdrehung ausrasten und den Anschlagbolzen –2– etwas herausziehen.
- Gaspedal langsam durchdrücken, bis der Umlenkhebel an der Drosselklappenbetätigung gerade den Vollgasanschlag erreicht.
- In dieser Stellung Vollgasanschlag durch Rechtsdrehung einrasten.

## Alle Modelle: Gaszug am Gaspedal einstellen

- Bei nicht betätigtem Gaspedal das Spiel zwischen Mitnehmerfeder –4– und Führungsstück –3– prüfen, siehe Abbildung M-2028. Es muß ein **Spiel von 0,5 bis 1,0 mm** vorhanden sein.

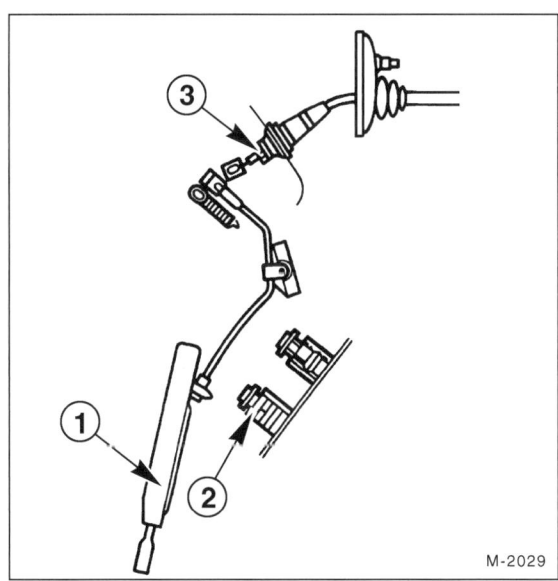

- Gegebenenfalls Spiel mit Einstellschraube –3– für Gaszug oberhalb vom Gaspedal –1– einstellen.

# Gaszug/Drosselklappengestänge einstellen

2,0-l-Motor seit 6/96,
2,8-/3,2-l-Motor bis 2/97 (Reihen-6-Zylinder-Motor)

### Einstellen

- Zündung ausschalten.

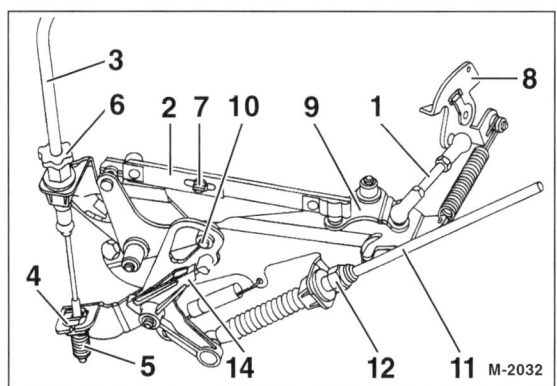

- Motorhaube öffnen. Gaszug –3– und Verbindungsstangen –1– und –2– auf Leichtgängigkeit und Beschädigung prüfen. Beschädigte Teile ersetzen. **Hinweis:** Führungsstück –4– an der Kontaktstelle zum Gaszug mit Korrosionsschutzfett ET-Nr. 001 989 37 51 10 von MERCEDES-BENZ fetten.
- Spiel zwischen Mitnehmerfeder –5– und Führungsstück –4– prüfen. Es muß ein **Spiel von 0,5 bis 1,0 mm** vorhanden sein. Gegebenenfalls mit Einstellschraube –6– einstellen.
- Resonanzklappe mit 2 Schrauben von Saugrohrmitte abschrauben, damit das Gasgestänge besser zugänglich ist.
- Spannschraube –7– an der Verbindungsstange lösen, nicht abschrauben.
- Umlenkhebel –9– mit Schraubendreher nach vorn drücken, gegen die Federkraft am Leerlaufsteller. In dieser Position die Spannschraube –7– an der Verbindungsstange festziehen.
- Kugelpfanne der Verbindungsstange –1– am Drosselklappenhebel –8– abdrücken und Leerlaufanschlag prüfen. Der Drosselklappenhebel muß am Leerlaufanschlag des Leerlaufstellmotors anliegen, der Mikroschalter für Leerlaufregelung ist dabei betätigt.
- Verbindungsstange –1– am Drosselklappenhebel –8– aufdrücken. Die Kugelpfanne muß sich in dieser Stellung spannungsfrei wieder auf den Kugelkopf aufdrücken lassen. **Achtung:** Die Verbindungsstange darf nicht verstellt werden, sie muß von Kugelpfannenmitte zu Kugelpfannenmitte das **Festmaß** von **84 mm** behalten.
- Die Rolle –10– muß spannungsfrei am Rand der Aussparung im Kulissenhebel anliegen. Falls nicht, Verbindungsstange –2– in der Länge entsprechend verstellen.

**Automatikgetriebe bis ca. 3/96: Steuerdruckzug einstellen**

**Hinweis:** Beim V8-Motor beziehungsweise Getriebe 722.6 seit 4/96 ist kein Steuerdruckzug vorhanden. Ob das neue Getriebe eingebaut ist, erkennt man daran, daß am Programmschalter in der Mittelkonsole zwischen den Fahrprogrammen »S« (Standard) und »W« (Winter) gewählt werden kann, das bisherige Getriebe hat dagegen die Programme »S« (Standard) und »E« (Economy).

- Beim **Automatikgetriebe bis ca. 3/96,** nach der Einstellung des Gaszugs den Steuerdruckzug –11– zum Getriebe einstellen, siehe Abbildung M-2030.
- Dazu bei eingehängtem Steuerdruckzug die Einstellschraube –12– drehen, bis die Spitze des Schlepphebels –10– mit der Spitze des Kulissenhebels –14– auf gleicher Höhe steht.

**Schaltgetriebe: Vollgas einstellen**

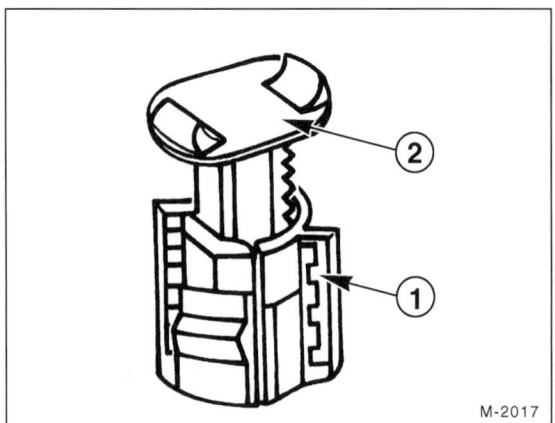

M-2017

- Vollgasanschlag –1– unter dem Gaspedal durch Linksdrehung ausrasten und den Anschlagbolzen –2– etwas herausziehen.
- Gaspedal langsam durchdrücken, bis der Umlenkhebel an der Drosselklappenbetätigung gerade den Vollgasanschlag erreicht.
- In dieser Stellung Vollgasanschlag durch Rechtsdrehung einrasten.

**Automatikgetriebe: Vollgas einstellen**

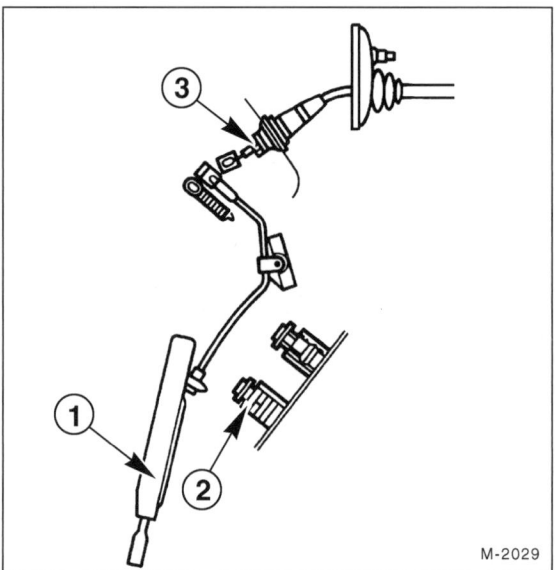

M-2029

- Gaspedal –1– von Helfer bis zum Anschlag durchdrücken lassen, ohne den Kickdown-Schalter –2– zu betätigen. Der Kickdown-Schalter sitzt unter dem Gaspedal. Die Betätigung des Kickdown-Schalters ist als Druckpunkt spürbar.
- Einstellschraube –6– verdrehen, bis der Drosselklappenhebel –8– gerade den Vollgasanschlag erreicht, siehe Abbildung M-2030.

**Alle Modelle: Gaszug am Gaspedal einstellen**

- Bei nicht betätigtem Gaspedal das Spiel zwischen Mitnehmerfeder –5– und Führungsstück –4– prüfen, siehe Abbildung M-2030. Es muß ein **Spiel von 0,5 bis 1,0 mm** vorhanden sein.
- Gegebenenfalls Spiel mit Einstellschraube –3– für Gaszug oberhalb vom Gaspedal –1– einstellen, siehe Abbildung M-2030.

## Gaszug einstellen

### V6-Motor

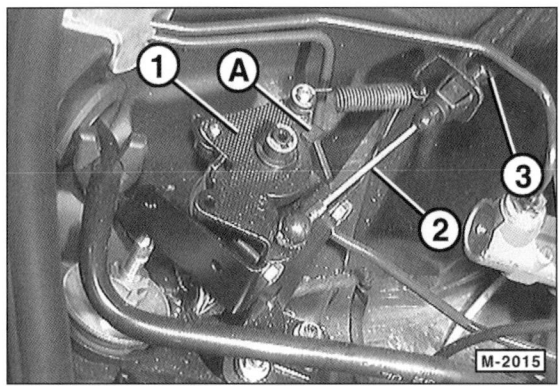

- Motorhaube öffnen. Umlenkhebel –1– und Gaszug –2– auf Leichtgängigkeit und Beschädigung prüfen. Beschädigte Teile ersetzen.
- Der Umlenkhebel muß spannungsfrei am Leerlaufanschlag –A– anliegen. Andererseits darf kein Leerweg am Gaspedal vorhanden sein.
- Gegebenenfalls Einstellschraube –3– verdrehen, bis der Umlenkhebel den Leerlaufanschlag erreicht hat.

### Vollgaseinstellung

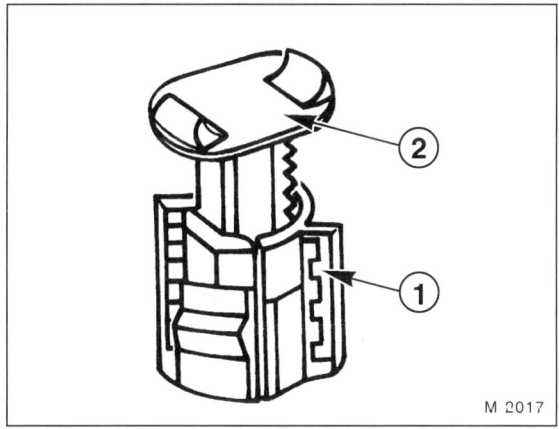

- Vollgasanschlag –1– unter dem Gaspedal durch Linksdrehung ausrasten und den Anschlagbolzen –2– etwas herausziehen.
- Gaspedal langsam durchdrücken, bis der Umlenkhebel gerade den Vollgasanschlag erreicht, siehe Abbildung M-2015.
- In dieser Stellung Vollgasanschlag durch Rechtsdrehung einrasten.

## Gaszug aus- und einbauen

**Achtung:** Der Gaszug ist sehr knickempfindlich und daher beim Einbau besonders sorgfältig zu behandeln. Ein einziger leichter Knick kann zum späteren Bruch im Fahrbetrieb führen. Züge, die geknickt wurden, dürfen deswegen **nicht** eingebaut werden.

### Ausbau

- **V6-Motor:** Gaszug am Kugelkopf des Umlenkhebels im Motorraum abdrücken.

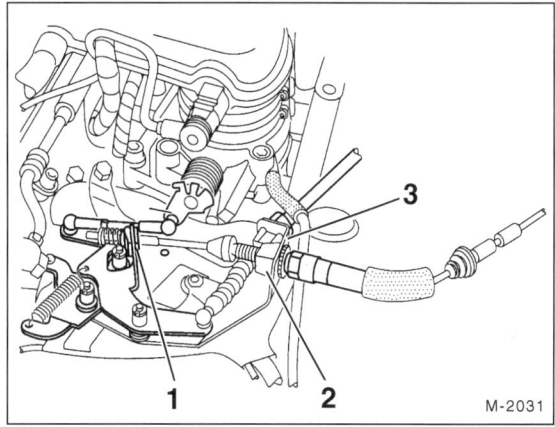

- **Alle außer V6-Motor:** Am Drosselklappengestänge das Kunststoff-Führungsstück –1– herausnehmen. Dazu zuerst den Kunststoffnippel aus dem Führungsstück herausziehen. **Hinweis:** Die Abbildung zeigt die Betätigung am 4-Zylindermotor.
- Kunststoffclip –2– zusammendrücken und Seilzug aus dem Widerlager –3– herausziehen.

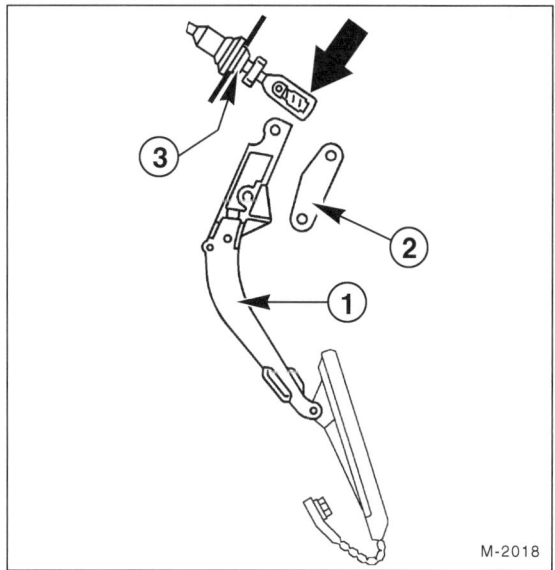

- Seilzugaufnahme –Pfeil– am Gaspedalhebel –1– aushängen. Dazu Halter –2– mit Spreizbolzen herausziehen.

- Gaszug vom Fahrzeuginnenraum nach außen drücken. Dabei Gummitülle –3– nicht herausdrücken.
- Gaszug komplett vom Motorraum aus herausnehmen.

**Einbau**

**Hinweis:** Bei Fahrzeugen mit Automatikgetriebe wird ein Gaszug mit integrierter Feder in der Gaszugaufnahme –Pfeil– eingebaut. Dadurch wird der Pedalhebelweg vergrößert und das Schalten des Kickdown-Schalters ermöglicht.

- Gummitülle –3– in der Stirnwand auf Beschädigungen oder Porosität prüfen, gegebenenfalls ersetzen.
- Gaszug in den Fahrzeuginnenraum durchziehen und am Gaspedalhebel einhängen.
- Gaszug durch die Öffnung im Widerlager führen, Kunststoffclip am Widerlager eindrücken und einrasten.
- **Alle außer V6-Motor:** Gaszug am Drosselklappengestänge einführen und Kunststoff-Führungsstück einclipsen.

**Achtung:** Gaszug zwischen Führungsstück und Endstück fetten. Die Werkstatt verwendet dazu das Korrosionsschutzfett MERCEDES-BENZ 001 989 37 51 10.

- **V6-Motor:** Gaszug am Kugelkopf des Umlenkhebels aufdrücken.
- Gaszug einstellen, siehe entsprechendes Kapitel.

# Motorsteuerung

# Einspritzanlage/Zündung

**Übersicht HFM-Motorsteuerung**

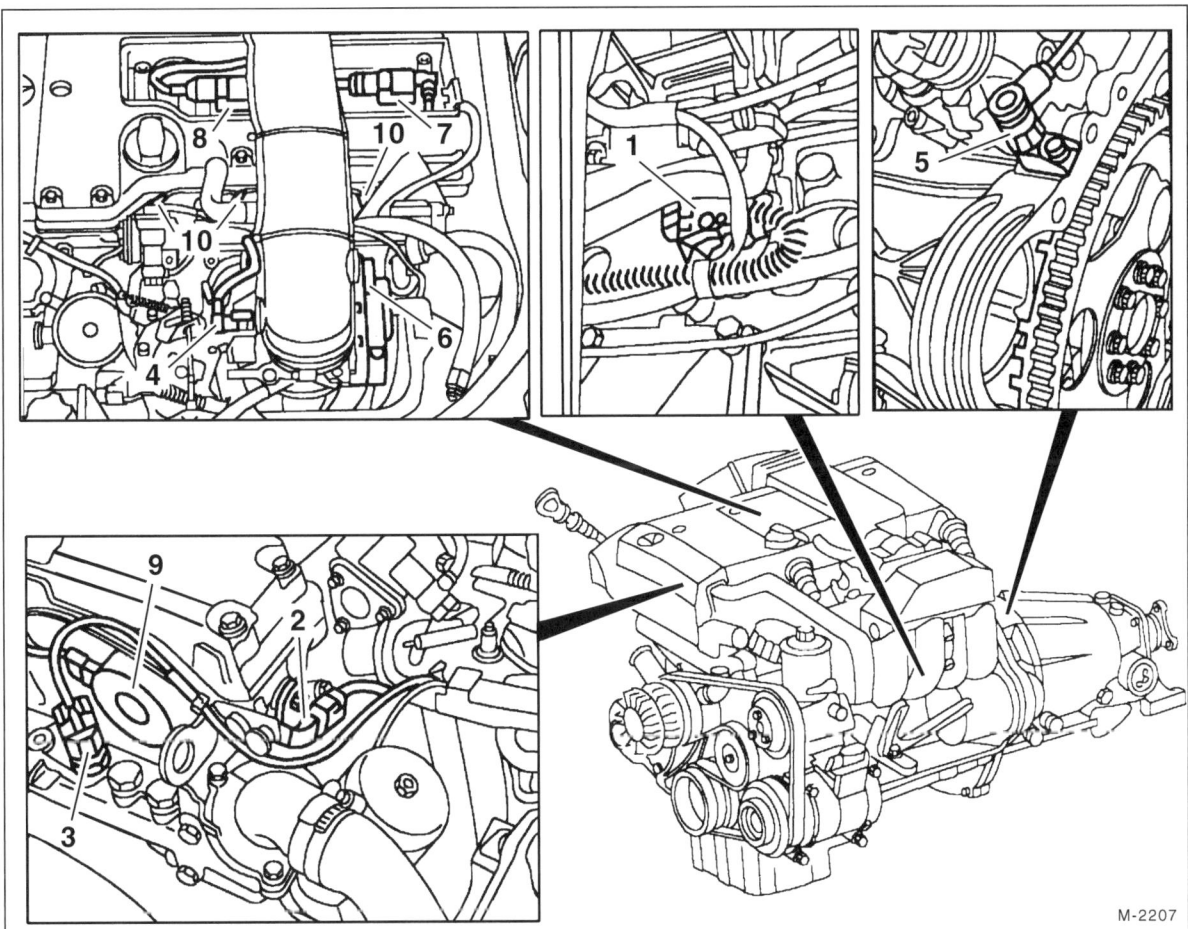

1 – Klopfsensoren*
2 – Hallgeber Nockenwelle*
3 – Temperaturfühler Kühlmittel
4 – Temperaturfühler Ansaugluft
5 – Positionsgeber Kurbelwelle
6 – Stellglied Leerlaufregelung
7 – Zündspule Zylinder 1 und 4
8 – Zündspule Zylinder 2 und 3
9 – Nockenwellenversteller*
10 – Kraftstoff-Einspritzventile

*) Die mit Stern (*) bezeichneten Bauteile sind nicht vorhanden im 2,0-l-Motor.

Bei den in der E-Klasse verwendeten Benzin-Motoren kommen unterschiedliche Motorsteuerungen zum Einsatz.

| Motor | Motorsteuerung |
|---|---|
| 4- und 6-Zylinder-Reihenmotoren | HFM |
| V6-Motoren | Motronic ME 2.0 |
| 4,2-l-V8-Motor | Motronic ME 1.0 |
| 5,0-l-V8-Motor (AMG) | HFM |

Vorteile der Benzineinspritzung:

- Genau dosierte Kraftstoffmenge in jedem Betriebszustand des Motors, dadurch geringer Verbrauch bei guten Fahrleistungen.
- Reduzierung der Abgas-Schadstoffe durch exakte Kraftstoffzumessung und lambdageregelten Katalysator.
- Eigendiagnose der Motorsteuerung, dadurch schnelleres Auffinden von Defekten. Die Motorsteuerung ist mit einem Fehlerspeicher ausgestattet. Treten während des Betriebs Defekte auf, so werden diese im Speicher abgelegt. Sollten die Einspritzanlage beziehungsweise der Motor nicht einwandfrei arbeiten, so kann die Fachwerkstatt gegen Kostenerstattung eine Fehlerliste ausdrucken, um gegebenenfalls den Defekt dann selbst zu beheben.

Das Motor-Steuergerät ist ein kleiner, sehr schnell arbeitender Computer. Es bestimmt den optimalen Zündzeitpunkt, den Einspritzzeitpunkt und die Kraftstoffeinspritzmenge. Dabei erfolgt eine Abstimmung des Steuergeräts mit anderen Fahrzeugsystemen, beispielsweise der Getriebesteuerung oder der Wegfahrsperre.

Die Bauteile der Motorsteuerung sind langzeitstabil und praktisch wartungsfrei. Nur Luft- und Kraftstoffilter sowie die Zündkerzen müssen im Rahmen der Wartung regelmäßig gewechselt werden. Wesentliche Einstell- und Reparaturarbeiten können nur mit Hilfe von teuren Prüfgeräten durchgeführt werden, so daß diese Arbeiten nur noch von entsprechend ausgerüsteten Fachwerkstätten ausgeführt werden können.

Das Einstellen von Leerlaufdrehzahl und CO-Wert ist im Rahmen der Fahrzeugwartung nicht erforderlich.

**Achtung:** Bei Arbeiten an der Einspritzanlage sind die Sauberkeitsregeln für die Kraftstoffanlage zu beachten, siehe Seite 71.

## Sicherheitsmaßnahmen bei Arbeiten an der Motorsteuerung

**Das Kraftstoffsystem steht unter Druck!** Vor dem Lösen der Schlauchverbindungen dicken Putzlappen um die Verbindungsstelle legen. Dann durch vorsichtiges Abziehen des Schlauches den Druck abbauen.

Um Verletzungen von Personen und/oder eine Zerstörung der Einspritz- und Zündanlage zu vermeiden, ist folgendes zu beachten:

- Zündleitungen bei laufendem Motor bzw. bei Anlaßdrehzahl nicht berühren oder abziehen.
- Leitungen der Einspritz- und Zündanlage –auch Meßgeräteleitungen– nur bei ausgeschalteter Zündung ab- und anklemmen.
- Personen mit einem Herzschrittmacher sollen keine Arbeiten an der elektronischen Zündanlage durchführen.
- Die Primäranschlüsse führen Spannungen bis 400 Volt! Um Spannungsüberschläge zu verhindern, müssen die Halter der Zündspulen für einwandfreien Massekontakt immer fest angeschraubt sein.
- Bei der Kompressionsdruckprüfung darf kein Kraftstoff eingespritzt werden, daher Hinweise im Kapitel »Kompressionsdruck prüfen« beachten.

**Hinweise für die Überprüfung der Motorsteuerung:**

- Vor Reparaturen, Einstellarbeiten und zur Fehlersuche Fehlerspeicher abfragen sowie die Unterdruckanschlüsse auf Dichtigkeit beziehungsweise Falschluft prüfen.
- Klemmschellen grundsätzlich durch Schraubschellen ersetzen.
- Zur einwandfreien Funktion der elektrischen Bauteile ist eine Spannung von mindestens 11,5 V erforderlich.
- Springt der Motor nach Fehlersuche, Reparatur oder Prüfungen von Bauteilen nur kurz an und geht dann aus, kann das daran liegen, daß die Wegfahrsicherung das Motor-Steuergerät sperrt. Dann muß der Fehlerspeicher abgefragt werden und gegebenenfalls das Steuergerät angepaßt werden (Werkstattarbeit).

# Funktion der Motorsteuerung

Der Kraftstoff wird aus dem Kraftstoffbehälter von der elektrischen Benzinpumpe angesaugt und über den am Fahrzeugunterboden angebrachten Kraftstoffilter zu den Einspritzventilen gefördert. Ein Druckregler hält den Druck im Kraftstoffsystem konstant.

Über elektrisch angesteuerte Einspritzdüsen wird der Kraftstoff stoßweise in das entsprechende Ansaugrohr direkt vor die Einlaßventile des Motors gespritzt. Das Motor-Steuergerät regelt die Einspritzzeit und dadurch die Einspritzmenge. Bei den 2,0-l-Motoren werden die Einspritzventile **halbsequentiell** angesteuert, das heißt, pro Kurbelwellenumdrehung spritzen jeweils 2 Einspritzventile abwechselnd gleichzeitig ein. Die anderen Motoren haben eine **sequentielle** Einspritzung, die für jeden Zylinder entsprechend der Zündfolge erfolgt.

Die vom Motor über den Luftfilter angesaugte Verbrennungsluft gelangt über das Drosselklappenteil sowie das Ansaugrohr bis zu den Einlaßventilen.

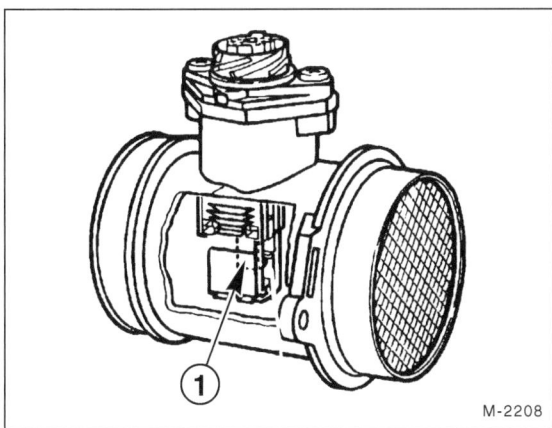

Die angesaugte Luftmenge, die von einem **H**eiß**f**ilm-Luft**m**assenmesser (HFM) erfaßt wird, bestimmt die einzuspritzende Kraftstoffmenge. Im Gehäuse des Luftmassenmessers befindet sich eine elektrisch erwärmte Sensorplatte –1–, die durch die vorbeistreichende Ansaugluft abgekühlt wird. Um die Temperatur der Sensorplatte konstant zu halten, ändert sich der Heizstrom entsprechend der angesaugten Luftmasse. Anhand der Schwankungen des Heizstromes erkennt das Steuergerät den Lastzustand des Motors und regelt dementsprechend die Einspritzmenge.

Informationen von verschiedenen Sensoren (Fühlern) und Befehle an Stellglieder (Aktoren) sorgen in jeder Fahrsituation für einen optimalen Motorbetrieb. Fallen wichtige Sensoren aus, schaltet das Steuergerät auf ein Notlaufprogramm um, damit Motorschäden vermieden werden und weitergefahren werden kann. In diesem Fall ruckelt der Motor und neigt beim Gasgeben zum Absterben.

## Sensoren und Aktoren der Motorsteuerung

■ Der **Kurbelwellen-Positionssensor** ist am Schwungrad in den Motorblock eingeschraubt. Er übermittelt dem Steuergerät die Kurbelwellendrehzahl.

■ Der **Nockenwellenstellungs-Sensor** sitzt am Zylinderkopf. Er übermittelt dem Steuergerät die aktuelle Motorstellung.

■ Das **Drosselklappenpotentiometer** übermittelt dem Steuergerät die Winkelstellung der Drosselklappe.

■ Der **Leerlaufschalter** übermittelt dem Steuergerät die Leerlaufstellung der Drosselklappe, der **Vollastschalter** die Vollaststellung.

■ Beim **Geber für Kühlmitteltemperatur** handelt es sich um einen NTC-Widerstand. Das heißt, der Widerstand wird geringer, wenn die Kühlmitteltemperatur ansteigt. Der **Geber für Ansauglufttemperatur** ist ebenfalls ein NTC-Widerstand.

■ Die Tankentlüftung besteht aus dem **Aktivkohlebehälter** und einem **Magnetventil**. Im Aktivkohlebehälter werden Kraftstoffdämpfe gespeichert, die sich durch Erwärmung des Kraftstoffs im Tank bilden. Bei laufendem Motor werden die Kraftstoffdämpfe aus dem Aktivkohlebehälter abgesaugt und dem Motor zur Verbrennung zugeführt.

■ Die **Lambdasonde** (Sauerstoffsensor) dient zur Regelung des Katalysators. Sie mißt den Sauerstoffgehalt im Abgasstrom und schickt entsprechende Spannungssignale an das Motor-Steuergerät.

■ Das **Leerlaufregelventil** reguliert die Leerlaufluftmenge unter Umgehung der Drosselklappe. Dadurch wird eine gleichbleibende Leerlaufdrehzahl erreicht, unabhängig davon, ob gerade Zusatzverbraucher, wie beispielsweise die Servolenkung oder der Klimakompressor, eingeschaltet sind.

■ Eine **Anti-Klopfregelung** (außer beim 2,0-l-Motor bis 4/96) dient der Ermittlung und Einstellung des optimalen Zündzeitpunkts. Bei einer Zündstörung wird die Kraftstoffzufuhr zum betreffenden Zylinder abgeschaltet.

■ **Nockenwellenverstellung** (außer 2,0-l-Motor bis 4/96 und V6-Motor): Mit Hilfe eines elektrisch/hydraulischen Stellglieds wird die Einlaßnockenwelle gegenüber dem Kettenrad vom Motor-Steuergerät verstellt. Durch Verstellung in Richtung »spät« wird die Laufruhe des Motors im Leerlauf verbessert, beziehungsweise bei hohen Drehzahlen die Leistung gesteigert. Im unteren und mittleren Drehzahlbereich wird bei frühem Schließen der Einlaßventile die Zylinderfüllung und dadurch das Drehmoment verbessert.

■ **Reihen-6-Zylinder-Motor:** Zur Verbesserung des Drehmomentverlaufs bei niedrigen Drehzahlen kommt ein Resonanz-Schaltsaugrohr zum Einsatz, das in Abhängigkeit der Motordrehzahl die Luftstrecke zu den Zylindern variiert. Hierzu ist das Luftsammelrohr hinter der Drosselklappe durch eine pneumatisch betätigte Klappe in zwei Hälften geteilt: Je ein Luftstrom wird zu jeweils 3 Zylindern geleitet. Die Länge der Ansaugwege sorgt bei niedrigen Drehzahlen durch Resonanzeffekte für eine gute Zylinderfüllung und damit für ein hohes Drehmoment. Bei hohen Drehzahlen öffnet die Klappe, um das Leistungspotential des Motors voll nutzen zu können.

### Motronic ME (V6- und V8-Motoren)

Die Motronic ME ist eine Weiterentwicklung der HFM. Die Einspritzventile werden wie bei der HFM sequentiell angesteuert. Hauptunterschied ist die Drosselklappensteuerung durch einen Stellmotor, durch den auch die Leerlaufregelung erfolgt.

- **Elektronisches Gaspedal:** Die Gaspedalstellung wird mit Hilfe eines Sollwertgebers ermittelt, dessen Signale ebenfalls in das elektronische Steuergerät eingelesen, verarbeitet und überwacht werden. Der Sollwertgeber sitzt im Motorraum links hinter der Spritzwand und ist über den Gaszug mit dem Gaspedal verbunden. Die Drosselklappe wird vom Steuergerät über einen Elektromotor im Drosselklappenstutzen betätigt.

- In der Regelung des elektronischen Gaspedals integriert ist der **Tempomat**.

## Das Zündsystem

Die MERCEDES-Motoren verfügen über eine ruhende Hochspannungs-Zündverteilung, die sogenannte Direktzündung. In der Zündanlage sind keine beweglichen Teile vorhanden, der herkömmliche Zündverteiler mit Verteilerläufer entfällt. Es verschleißen dadurch keine Teile mehr und die Betriebssicherheit wird erhöht. Ausgelöst werden die in den Zündspulen induzierten Zündfunken direkt durch das Motor-Steuergerät. Um die Startsicherheit zu verbessern, werden beim Kaltstart mehrere Zündfunken pro Arbeitstakt erzeugt (sogenannte Funkenbandzündung).

Zur Ermittlung des richtigen Zündzeitpunktes stützt sich das Steuergerät auf ein elektronisch gespeichertes Zündkennfeld. Eine Antiklopfregelung (außer beim 2,0-l-Motor bis 4/96) ermöglicht den wirtschaftlichen Betrieb mit hoher Verdichtung und gleicht unterschiedliche Kraftstoffqualitäten aus. Beim 4-Zylinder-Motor sitzt ein und beim 6- und 8-Zylinder sitzen 2 Klopfsensoren am Motorblock. Sie registrieren klopfende Verbrennungen im Motor und beeinflussen durch entsprechende Impulse das Motor-Steuergerät, die Zündung in Richtung »spät« zu verstellen. Dadurch wird das Klopfen des Motors verhindert und Motorschäden werden vermieden.

### Kraftstoffqualität

Die E-KLASSE-Motoren benötigen unverbleiten Superkraftstoff (ROZ 95). Die Research-Oktanzahl (ROZ) gibt die Klopffestigkeit des Kraftstoffes an. Ist die Versorgung mit diesem Kraftstoff nicht gewährleistet, zum Beispiel im Ausland, kann vorübergehend auch unverbleiter Normalkraftstoff (ROZ 91) getankt werden.

Durch die Antiklopfregelung erfolgt eine automatische Anpassung an die jeweilige Kraftstoffqualität.

Beim **2,0-l-Motor bis 4/96** erfolgt die Anpassung an unterschiedliche Kraftstoffqualitäten durch Abziehen des Abgleichsteckers am Steuergerät. Die Zündung wird dadurch auf ein anderes Zündkennfeld umgestellt. Dieses neue Zündkennfeld erlaubt den Betrieb mit unverbleitem Normalkraftstoff (ROZ 91).

**Achtung:** Durch Verwendung von Normalkraftstoff kann sich die Leistung verringern und der Kraftstoffverbrauch erhöhen. Vollgas sollte vermieden werden.

**Hinweis:** Kraftstoff mit höherer Oktanzahl, beispielsweise Super Plus (ROZ 98) kann ohne Umstellungen verwendet werden.

**Bei Arbeiten an der elektronischen Zündanlage sind bestimmte Sicherheitsmaßnahmen zu beachten, um Verletzungen von Personen oder die Zerstörung der Zündanlage zu vermeiden, siehe Seite 82.**

## Zündkerzentechnik

Die Zündkerze besteht aus der Mittel-Elektrode, dem Isolator mit Gehäuse und der Masse-Elektrode. Die Mittel-Elektrode ist gasdicht im Isolator befestigt, der Isolator ist fest mit dem Gehäuse verbunden. Zwischen Mittel- und Masse-Elektrode springt der Zündfunke über, der das Kraftstoffluftgemisch entzünden soll. Von der Zündkerze hängen Startbereitschaft, Leerlaufverhalten, Beschleunigung und Höchstgeschwindigkeit ab. Man sollte deshalb nicht von dem vom Werk vorgeschriebenen Zündkerzentyp abweichen, der unter anderem von der Wärmewert-Kennzahl bestimmt wird.

Die Wärmewert-Kennzahl gibt den Grad der Wärmebelastbarkeit einer Zündkerze an. Je niedriger die Wärmewert-Kennzahl einer Kerze ist, desto höher ist die Wärmebelastbarkeit. Die Kerze kann also die Wärme besser ableiten, wodurch schädliche Glühzündungen (Motorklopfen) verhindert werden. Eine Kerze mit hoher Wärmebelastbarkeit hat allerdings den Nachteil, daß ihre Selbstreinigungstemperatur ebenfalls höher liegt. Sie neigt daher schneller zum Verrußen, insbesondere dann, wenn der Motor häufig seine Betriebstemperatur während der Fahrt nicht erreicht (Stadtverkehr, Kurzstreckenverkehr im Winter). In der Regel werden »kalte« Zündkerzen bei »heißen« Motoren eingesetzt, also bei Triebwerken denen hohe Motorleistung abgefordert wird. Die Wärmewert-Kennzahl ist im Zündkerzencode enthalten.

# Zündspulen aus- und einbauen

Bei den 4- und 6-Zylinder-Reihenmotoren erhalten jeweils 2 Zylinder den Zündfunken von einer gemeinsamen Zündspule. Dabei zündet der eine Zündfunke das Gemisch im Zylinder, während der andere Zündfunke in den Auspufftakt des korrespondierenden Zylinders zündet. Beim V6-Motor sind pro Zylinder 2 Zündkerzen und eine Doppel-Zündspule eingebaut. Im V8-Motor ist für jede Zündkerze eine Zündspule vorhanden.

**Ausbau 4-Zylindermotor, Reihen-6-Zylinder-Motor**

- Zündung ausschalten.
- Luftfilter-Querrohr ausbauen, siehe Seite 74.
- Zündkerzenabdeckung abschrauben.

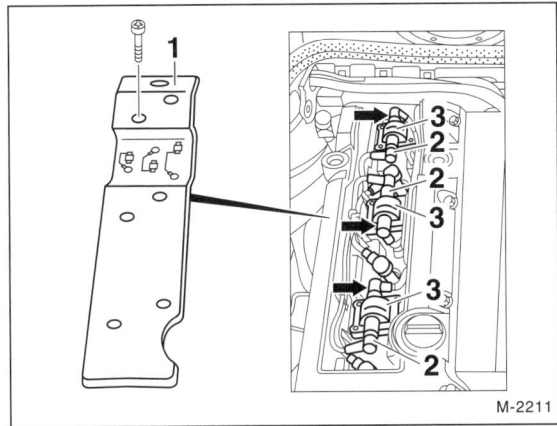

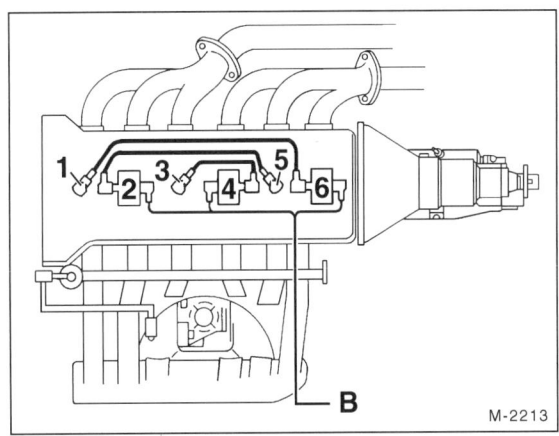

- Zündkerzenabdeckung –1– abschrauben. Die Abbildung zeigt den Reihen-6-Zylindermotor.
- Stecker für Steuerleitungen an den Zündspulen –3– abziehen –Pfeile–. Beim 4-Zylindermotor sind nur 2 Zündspulen vorhanden.
- Stecker der Zündleitungen am Sekundärausgang –2– abziehen.

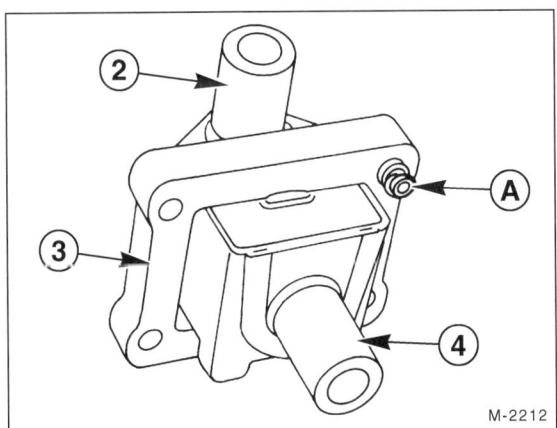

**Hinweis:** Die Zündspulen –3– sind mit einem Zündkerzenstecker –4– direkt auf eine Zündkerze aufgesteckt. –2– führt über eine Zündleitung zur korrespondierenden Zündkerze, siehe folgende Abbildung. Führungsstift –A– ist gleichzeitig der Masseanschluß für die Zündspule.

- Die Abbildung zeigt das Anschlußschema der Zündspulen/Zündkerzen beim 6-Zylindermotor. Die Zahlen geben die Zündkerzenstecker für Zylinder 1 bis 6 an. Beim 4-Zylindermotor sind nur 2 Zündspulen vorhanden. Jeweils eine Zündspule versorgt 2 Zündkerzen mit Hochspannung. B – Steuerleitungen.
- Zündspulen nach oben abziehen.

**Einbau**

- Zündspulen auf die Zündkerzen aufstecken. Steuer- und Zündleitungen aufstecken, siehe Abbildungen unter »Ausbau«.
- Zündkerzenabdeckung anschrauben.
- Luftfilter-Querrohr einbauen, siehe Seite 74.

**Ausbau V6-Motor**

- Zündung ausschalten.
- Heißfilm-Luftmassenmesser mit Ansaugrohr ausbauen, siehe Seite 74.

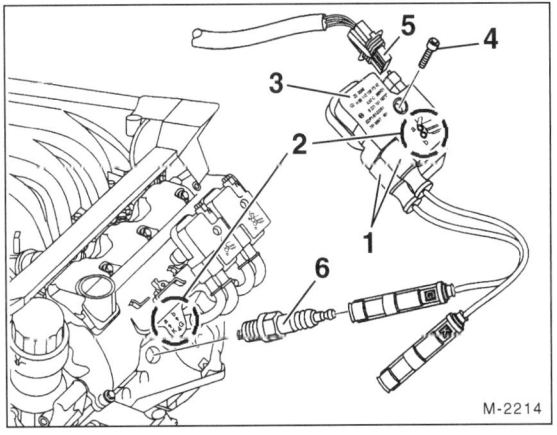

- Beide Zündkabelstecker –1– an der Zündspule –3– abziehen. Dabei Einbaulage für Wiedereinbau beachten. Die Einbaulage ist auf der Zündspule und am Motor gekennzeichnet –2–, die Kerzenstecker sind beschriftet, da für jeden Zylinder 2 Zündkerzen vorhanden sind. Anschluß –a– an der Zündspule führt zu Zündkerzenstecker –K–, –b– zu Kerzenstecker –G–. 6 – Zündkerze.

- Stecker für Steuerleitung –5– an der Zündspule abziehen.
- Schraube –4– abschrauben und Zündspule abnehmen.

**Einbau**

- Zündspulen aufsetzen und mit 8 Nm anschrauben.
- Stecker für Steuerleitung –5– aufstecken.
- Beide Zündkabelstecker –1– an der Zündspule aufstecken. Dabei Stecker nicht vertauschen, Beschriftung beachten. Anschluß –a– an der Zündspule führt zu Zündkerzenstecker –K–, –b– zu Kerzenstecker –G–.
- Heißfilm-Luftmassenmesser mit Ansaugrohr einbauen, siehe Seite 74.

**Ausbau V8-Motor**

- Zündung ausschalten.

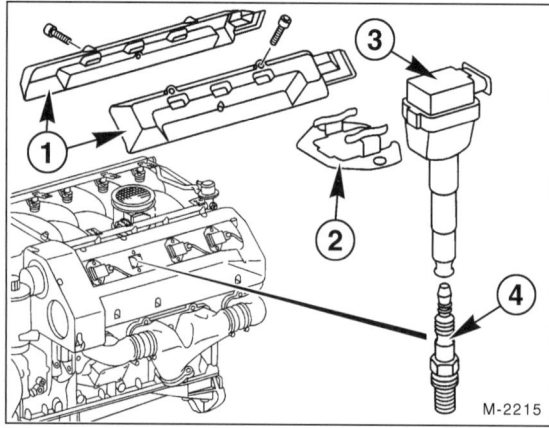

- Motorabdeckungen –1– mit je 2 Schrauben abschrauben.
- Stecker für Steuerleitung seitlich an jeder Zündspule abziehen.
- Befestigungsteil –2– mit 2 Schrauben abschrauben. Zündspulen –3– nach oben von den Zündkerzen –4– abziehen.

**Einbau**

- Zündspulen auf die Zündkerzen aufstecken und mit Befestigungsteil anschrauben.
- Stecker für Steuerleitung seitlich an jeder Zündspule aufstecken.
- Motorabdeckungen anschrauben.

# Luftmassenmesser aus- und einbauen

**Ausbau**

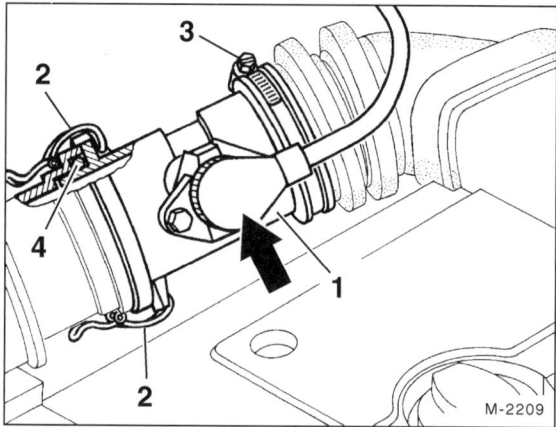

- Stecker –Pfeil– vom Luftmassenmesser –1– abziehen. Vorher Überwurfmutter des Steckers lösen.
- Spannbügel –2– öffnen.
- Schelle –3– lösen und Luftmassenmesser herausnehmen.
- O-Ring –4– auf Beschädigungen oder Porosität prüfen, gegebenenfalls ersetzen.

**Einbau**

- Luftmassenmesser mit O-Ring einsetzen.
- Schlauchschelle festziehen und Spannbügel schließen.
- Stecker aufschieben, Überwurfmutter festdrehen, bis sie hörbar einrastet.

# Unterdruckanschlüsse

## 4-Zylinder-Motor

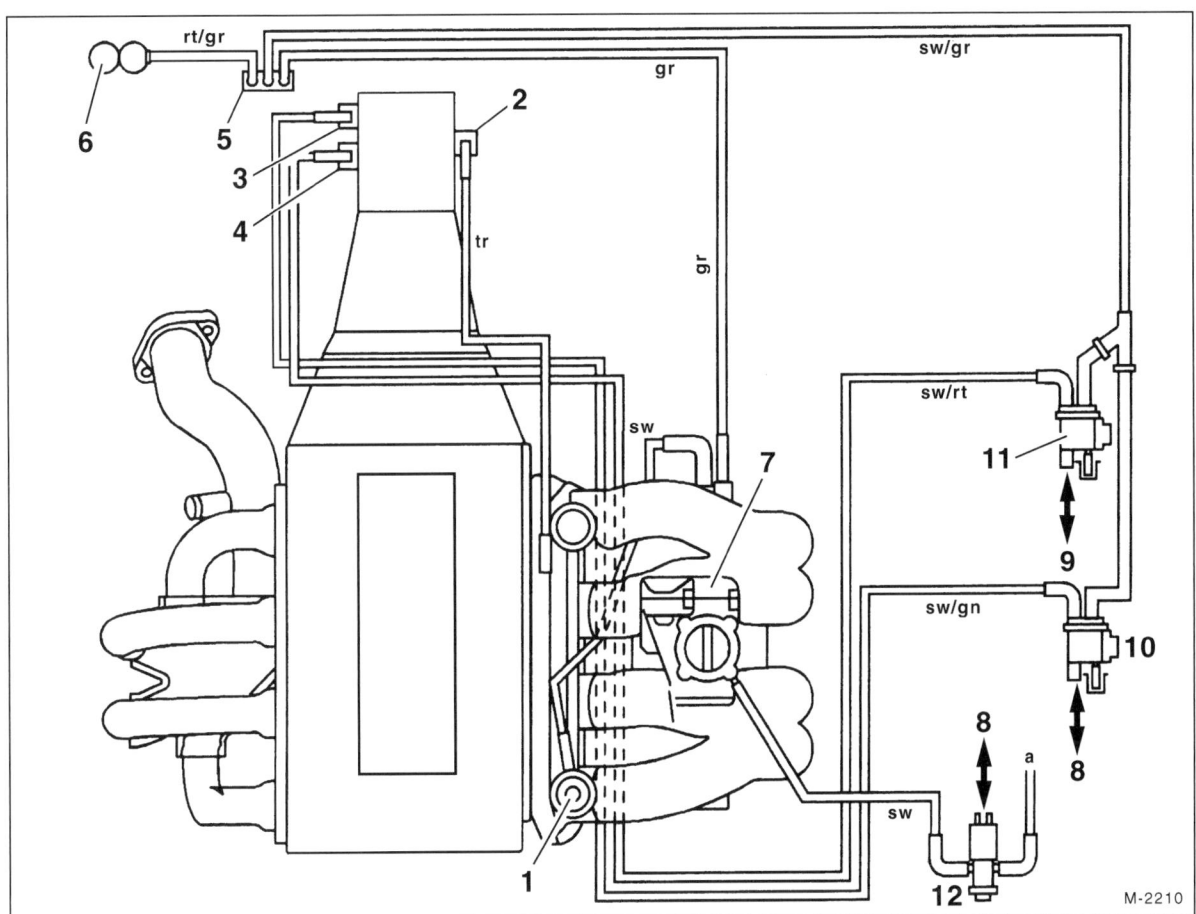

1 – Membrandruckregler Kraftstoffdruck
2 – Unterdruckdose Modulierdruck*
3 – Unterdruckelement für Schaltpunktanhebung*
4 – Unterdruckelement für S- und E-Programm*
5 – Rückschlagventil (Unterdruckversorgung)
6 – Unterdruck-Vorratsbehälter
7 – Stellglied Leerlaufregelung
8 – Steuergerät HFM
9 – Schalter 2. Fahrprogramm*
10 – Umschaltventil Schaltpunktanhebung*
11 – Umschaltventil 2. Fahrprogramm*
12 – Umschaltventil Aktivkohlebehälter
a – zum Aktivkohlebehälter
sw – schwarz
rt – rot
gn – grün
gr – grau

*) Nur Automatikgetriebe

# Kraftstoffverteiler mit Einspritzventilen aus- und einbauen

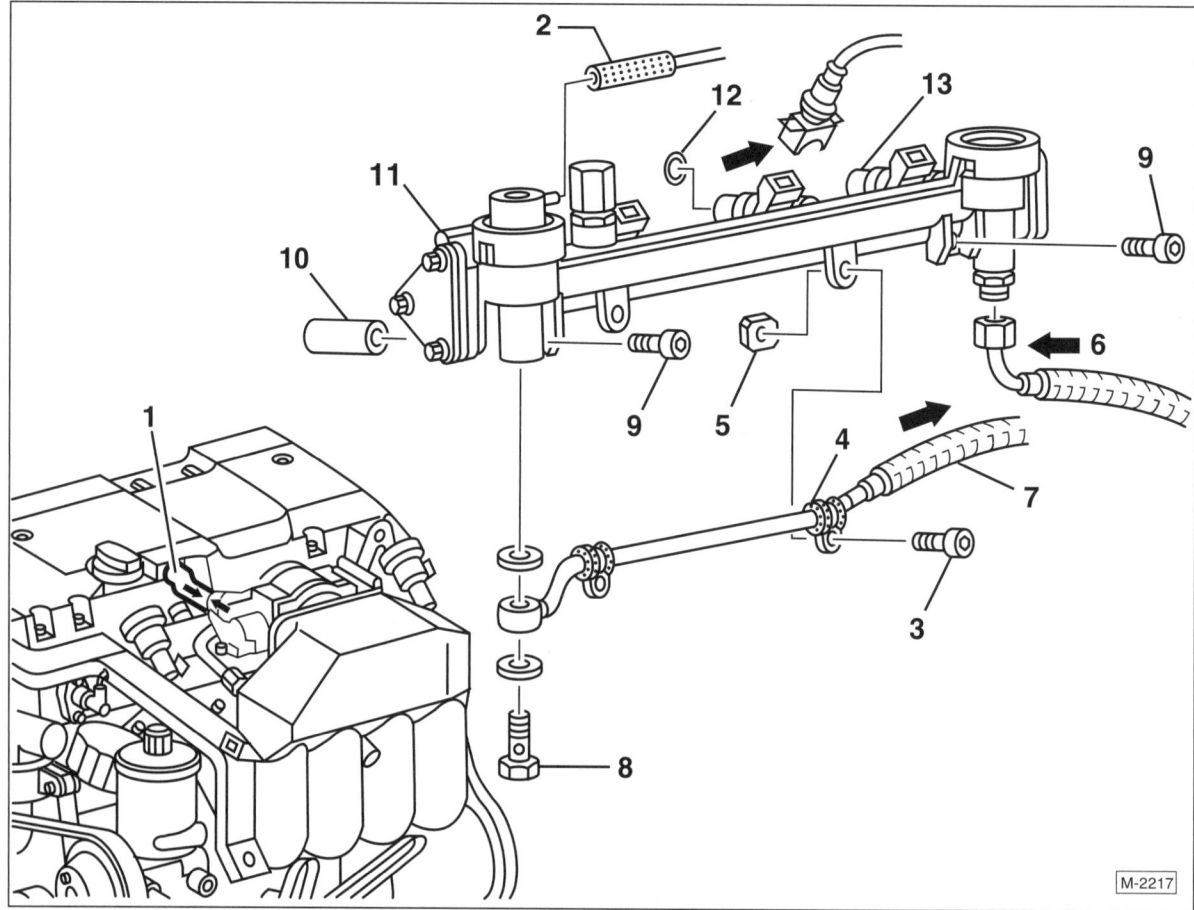

**Ausbau, Reihen 4- und 6-Zylinder-Motoren**

> **Sicherheitshinweise:**
>
> ■ Kein offenes Feuer, nicht rauchen, keine glühenden oder sehr heißen Teile in die Nähe des Arbeitsplatzes bringen. Unfallgefahr! Feuerlöscher bereitstellen.
>
> ■ Unbedingt für gute Belüftung des Arbeitsplatzes sorgen. Kraftstoffdämpfe sind giftig.
>
> ■ Das Kraftstoffsystem steht unter Druck. Beim Öffnen der Anlage können Benzinspritzer auftreten, daher austretenden Kraftstoff mit einem Lappen auffangen. **Schutzbrille tragen.**

- Batterie-Massekabel (–) bei ausgeschalteter Zündung abklemmen. **Achtung:** Dadurch werden elektronische Speicher gelöscht, wie zum Beispiel der Radiocode. Hinweise im Kapitel »Batterie aus- und einbauen« beachten.
- Luftfilter-Querrohr ausbauen, siehe Seite 74.
- Kurbelgehäuse-Entlüftungsschlauch –1– abziehen. Hinweis: Die Abbildung zeigt eine ältere Version des 4-Zylinder-Motors, als in der E-KLASSE eingebaut ist.
- Unterdruckschlauch –2– abziehen.
- Schrauben –3– von den Kraftstoffleitungsschellen –4– herausdrehen. Darauf achten, daß die Muttern –5– nicht herunterfallen.
- Kraftstoffvor- –6– und -rücklaufleitung –7– abschrauben. Dazu Überwurfmutter und Hohlschraube –8– lösen. **Achtung:** Vor dem Lösen der Kraftstoffleitungen dicken Lappen über die Anschlüsse legen, um eventuelle Kraftstoffspritzer aufzufangen.
- Stecker für Einspritzventile –Pfeil oben– abziehen.
- Schrauben –9– herausdrehen und Distanzhülsen –10– abnehmen.
- Kraftstoffverteiler –11– mit Einspritzventilen –13– vorsichtig aus dem Saugrohr herausziehen.

**Einbau**

- Kraftstoffverteiler mit **neuen** O-Ringen –12– einsetzen.
- Distanzhülsen einsetzen und Kraftstoffverteiler anschrauben.
- Stecker für Einspritzventile aufschieben, die Steckersicherungen müssen einrasten.
- Kraftstoffleitungen mit **neuen** Dichtringen anschrauben.
- Rücklaufleitung mit Schellen am Kraftstoffverteiler befestigen.

- Kurbelgehäuse-Entlüftungsschlauch –1– aufstecken.
- Luftfilter-Querrohr einbauen, siehe Seite 74.
- Massekabel (–) an die Batterie abklemmen. Zeituhr einstellen. Diebstahlcode für Radio eingeben.
- Motor starten und Dichtheit der Kraftstoff-Anschlußstellen prüfen.

## Einspritzventile aus- und einbauen

### Ausbau, Reihen-4- und 6-Zylinder-Motor

- Kraftstoffverteiler mit Einspritzventilen ausbauen, siehe entsprechendes Kapitel.

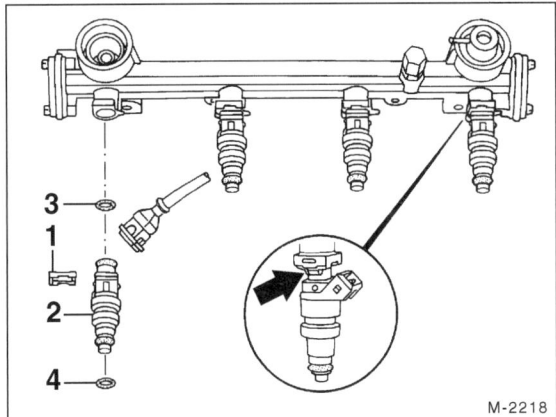

- Verdrehsicherungen –1– an den Einspritzventilen –2– abziehen.
- Einspritzventile aus dem Kraftstoffverteiler herausziehen.

### Einbau

- O-Ringe –3– und –4– immer erneuern und vor dem Einsetzen leicht einölen.
- Einspritzventile in den Kraftstoffverteiler einsetzen.
- Verdrehsicherungen an den Einspritzventilen so aufstecken, daß sie in die Vierkantnase –Pfeil– am Einspritzventil einrasten.
- Kraftstoffverteiler mit Einspritzventilen einbauen, siehe entsprechendes Kapitel.

## Einspritzventile prüfen

Undichte Ventile bewirken Heißstartschwierigkeiten. Defekte Einspritzventile lassen den Motor bisweilen nachdieseln und führen zu Motoraussetzern.

- Motor im Leerlauf laufen lassen.
- Mit einem Stethoskop bei laufendem Motor bei jedem einzelnen Ventil prüfen, ob es klackt. Dieses Klacken erfolgt durch das Öffnen und Schließen der Düse.
- Steht kein Stethoskop zur Verfügung, kann man auch mit einem Schraubendreher oder einem Finger fühlen, ob das Einspritzventil arbeitet.
- Werden keine oder außergewöhnliche Betriebsgeräusche festgestellt, so sind die Spannungsversorgung, der Widerstand und die Dichtheit des Einspritzventils zu prüfen.

### Spannungsversorgung und Widerstand prüfen

- Spannungsversorgung prüfen. Dazu Stecker für die Einspritzventile abziehen und Diodenprüflampe zwischen die beiden Steckkontakte der Zuleitung anschließen. Anlasser betätigen (Helfer). Die Leuchtdiode muß flackern.
- Flackert die Leuchtdiode nicht, kann der Fehler an einer Leitungsunterbrechung oder dem Steuergerät selbst liegen.
- Zündung ausschalten.
- Ohmmeter zwischen die beiden Steckkontakte an jeder Einspritzdüse anschließen und Widerstand messen. Weicht der Widerstand an einem Ventil ab, dieses ersetzen.

### Dichtheit prüfen

- Einspritzventile ausbauen, Ventile und Kraftstoffleitungen bleiben am Verteilerrohr angeschlossen.
- Elektrische Anschlüsse auf die Einspritzventile aufsetzen.
- Einspritzventile in ein geeignetes Meßgefäß halten.
- Anlasser von Hilfsperson einige Sekunden betätigen lassen, dabei Strahlbilder der Einspritzventile miteinander vergleichen. Der Kraftstoffstrahl muß kegelförmig austreten und bei allen Einspritzventilen gleich aussehen.
- Zündung ausschalten.
- Stecker für die Einspritzventile abziehen.
- Zündung ca. 5 Sekunden einschalten, Anlasser nicht betätigen. Dann Dichtheit prüfen: Pro Minute darf nicht mehr als 1 Tropfen Kraftstoff aus den Einspritzventilen austreten.
- Einspritzventile einbauen.

## Lambdasonde aus- und einbauen

### Ausbau

- Steckverbindung für Lambdasonde trennen. Beim 4-Zylinder-Motor befindet sich die Steckverbindung an der Motorraum-Stirnwand rechts, beim Reihen-6-Zylinder-Motor am Fahrzeugunterboden in der Nähe der Lambdasonde. Beim V6- und V8-Motor ist in beide vordere Abgasrohre jeweils eine Lambdasonde eingeschraubt, die Steckverbindungen befinden sich an der Stirnwand oberhalb des Motors.

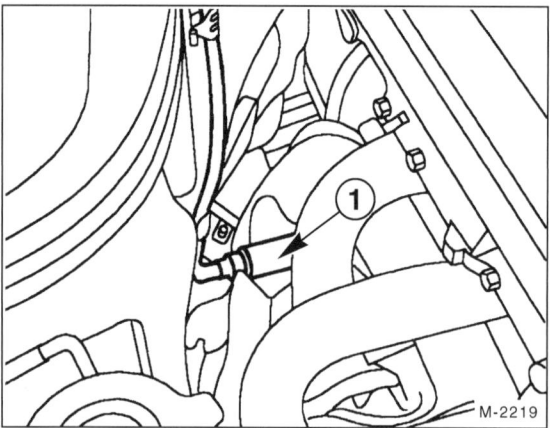

- **4-Zylinder-Motor:** Lambdasonde –1– aus dem Abgaskrümmer herausschrauben.
- **6- und 8-Zylinder-Motoren:** Fahrzeug aufbocken. Lambdasonde(n) am vorderen Abgasrohr vor dem Katalysator ausschrauben. Einbaulage, siehe Seite 92.

### Einbau

- Gewinde der Lambdasonde mit Heißschmierpaste, zum Beispiel Liqui Moly LM-508-ASC, einstreichen und Lambdasonde mit **55 Nm** anschrauben. Darauf achten, daß die Sonde nicht verschmutzt wird.
- Elektrische Leitung(en) verbinden.
- **6- und 8-Zylindermotor:** Fahrzeug ablassen.

# Störungsdiagnose Benzin-Einspritzanlage

Bevor anhand der Störungsdiagnose der Fehler aufgespürt wird, müssen folgende Prüfvoraussetzungen erfüllt sein: Bedienungsfehler beim Starten ausgeschlossen. Sowohl für den kalten wie warmen Motor gilt: Vor und während des Startens kein Gas geben. Bei heißem Motor kann es nach dem Anspringen des Motors erforderlich sein, etwas Gas zu geben.

Kraftstoff im Tank, Motor mechanisch in Ordnung, Batterie geladen, Anlasser dreht mit ausreichender Drehzahl, Zündanlage ist in Ordnung, keine Undichtigkeiten an der Kraftstoffanlage, Verschmutzungen im Kraftstoffsystem ausgeschlossen, Kurbelgehäuse-Entlüftung in Ordnung, elektrische Masseverbindung (Motor-Getriebe-Aufbau) vorhanden. Fehlerspeicher des Steuergerätes abfragen (Werkstattarbeit). **Achtung: Die Kraftstoffanlage steht unter Druck.** Wenn Kraftstoffleitungen gelöst werden, dicken Lappen darüberlegen, um eventuelle Kraftstoffspritzer aufzufangen. Kraftstoffleitungen vorher mit Kaltreiniger säubern.

| Störung | Ursache | Abhilfe |
|---|---|---|
| Motor springt nicht an. | Elektro-Kraftstoffpumpe läuft beim Betätigen des Anlassers nicht an (keine Laufgeräusche hörbar). | ■ Prüfen, ob Spannung an der Pumpe anliegt. Elektrische Kontakte auf gute Leitfähigkeit überprüfen.<br>■ Hängengebliebene Pumpe durch Klopfen gegen das Gehäuse lösen. |
| | Sicherung defekt. | ■ Sicherungen für Kraftstoffpumpe/Einspritzanlage überprüfen. |
| | Kraftstoffpumpenrelais defekt. | ■ Relais überprüfen. |
| | Einspritzventile erhalten keine Spannung. | ■ Stromversorgung prüfen. |
| Der kalte Motor springt schlecht an, läuft unrund. | Temperaturfühler defekt. | ■ Temperaturfühler Kühlmittel/Ansaugluft prüfen. |
| Der Motor setzt aus. | Elektrische Verbindungen zur Kraftstoffpumpe zeitweise unterbrochen. | ■ Steckverbindungen und Anschlüsse von elektrischen Leitungen an der Kraftstoffpumpe und dem Kraftstoffpumpen-Relais auf feste und widerstandslose Verbindung prüfen. Sicherung und Kontaktstellen am Kraftstoffpumpen-Relais prüfen. Kontakte reinigen bzw. erneuern. |
| | Kraftstoff-Fördermenge zu gering. | ■ Kraftstoffpumpen-Fördermenge prüfen. |
| | Kraftstoffilter verstopft. | ■ Kraftstoffilter erneuern. |
| | Kraftstoffpumpe defekt. | ■ Kraftstoffpumpe prüfen. |
| | Einspritzventil defekt. | ■ Einspritzventile prüfen. |
| Der Motor hat Übergangsstörungen. | Luftansaugsystem undicht. | ■ Ansaugsystem prüfen. Dazu Motor im Leerlauf drehen lassen und Dichtstellen sowie Anschlüsse im Ansaugtrakt mit Benzin bestreichen. Wenn sich die Drehzahl kurzfristig erhöht, undichte Stelle beseitigen. **Achtung: Benzindämpfe sind giftig, nicht einatmen!** |
| | Temperaturfühler defekt. | ■ Temperaturfühler Kühlmittel/Ansaugluft prüfen. |
| | Kraftstoffsystem undicht. | ■ Sichtprüfung an allen Verbindungsstellen im Bereich des Motors und der elektrischen Kraftstoffpumpe. Alle Anschlüsse nachziehen. |
| Der heiße Motor springt nicht an. | Druck im Kraftstoffsystem zu hoch. | ■ Kraftstoffdruck prüfen lassen, gegebenenfalls Druckregler ersetzen. |
| | Rücklaufleitung zwischen Druckregler und Tank verstopft oder geknickt. | ■ Leitung reinigen oder ersetzen. |

# Abgasanlage

Die Abgasanlage besteht aus dem vorderen Abgasrohr mit Katalysator sowie dem hinteren Rohr mit Mittelschalldämpfer und Nachschalldämpfer. Beim V6- und V8-Motor münden die vorderen Abgasrohre der beiden Zylinderbänke in das hintere Abgasrohr. Bei einer Reparatur lassen sich die Teile einzeln auswechseln. Muttern und Dichtungen nach dem Ausbau grundsätzlich ersetzen. Halteringe und Gummipuffer auf Porosität und Beschädigung prüfen, gegebenenfalls ersetzen.

**Hinweis:** Die Abbildungen zeigen die Abgasanlage der Stufenheck-Version. Beim T-Modell ist der Nachschalldämpfer quer zur Fahrtrichtung angeordnet.

**4-Zylinder-Motor**

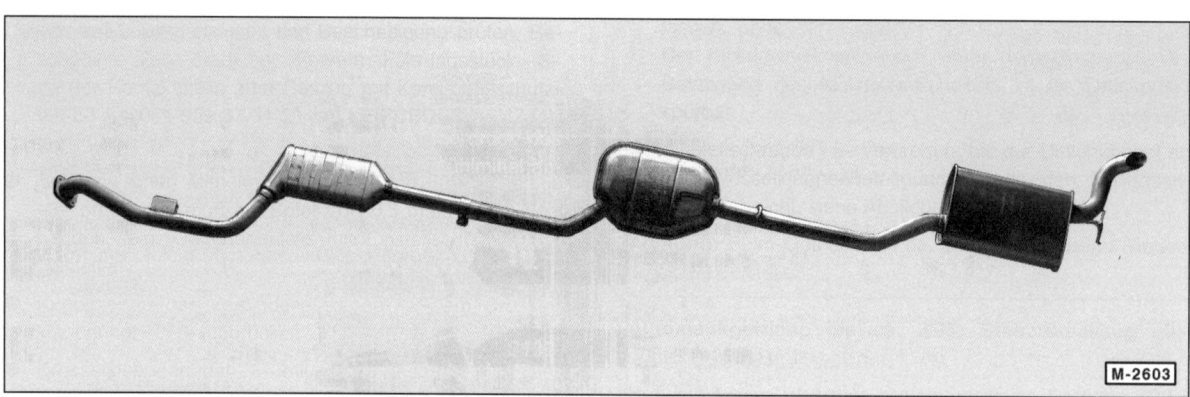

**6-Zylinder-Reihenmotor**

1 – Lambdasonde
2 – Vorderer Abgasrohrhalter
3 – Katalysatoren
4 – Dichtungen
5 – Mittel- und Nachschalldämpfer
6 – Gummistegschlaufen

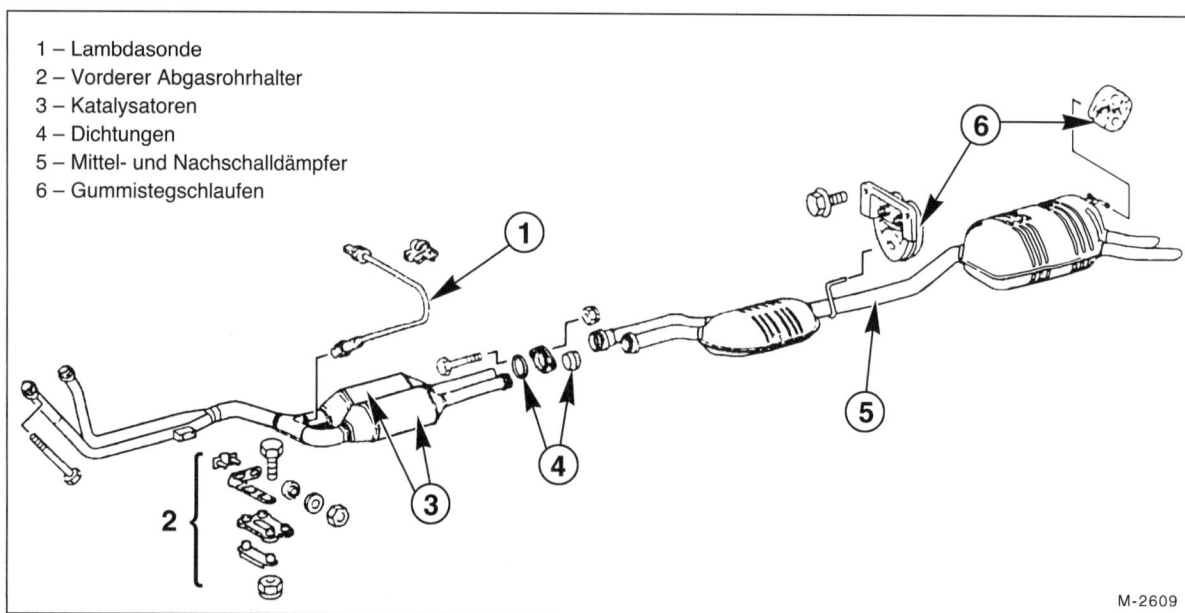

## 6-Zylinder-V-Motor

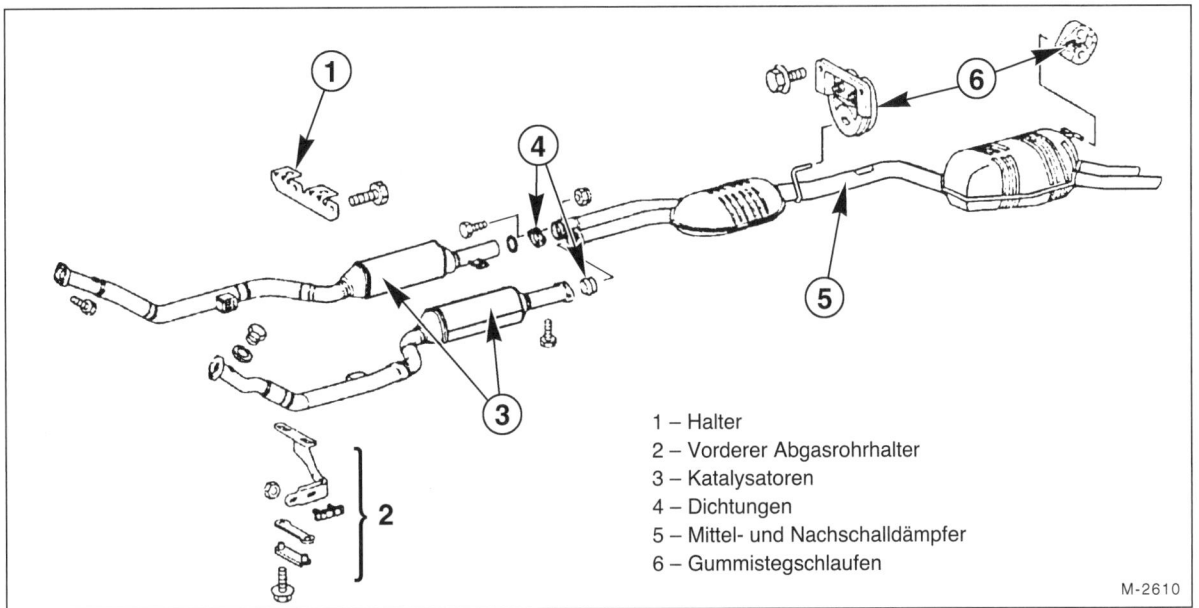

1 – Halter
2 – Vorderer Abgasrohrhalter
3 – Katalysatoren
4 – Dichtungen
5 – Mittel- und Nachschalldämpfer
6 – Gummistegschlaufen

M-2610

## Funktion des Katalysators

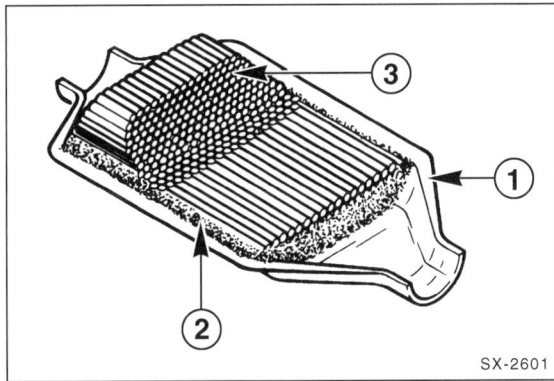

Der Katalysator besteht aus einem Keramik-Wabenkörper –3–, der mit einer Trägerschicht überzogen ist. Auf der Trägerschicht befinden sich Edelmetallsalze, die den Umwandlungsprozeß bewirken. Im Gehäuse –1– wird der Katalysator durch eine Isolations-Stützmatte –2– fixiert, die außerdem Wärmeausdehnungen ausgleicht.

In Verbindung mit der elektronisch gesteuerten Einspritzanlage und der Lambdasonde wird die Kraftstoffmenge für die Verbrennung exakt dosiert, damit der Katalysator die Schadstoffe reduzieren kann. Die Lambdasonde sitzt im Abgasrohr vor dem Katalysator und wird vom Abgasstrom umspült. Bei der Lambdasonde handelt es sich um einen elektrischen Meßfühler, der den Restgehalt an Sauerstoff im Abgas durch elektrische Spannungsschwankungen anzeigt und Rückschlüsse auf die Zusammensetzung des Luft-Benzin-Gemisches ermöglicht. In Bruchteilen von Sekunden kann die Lambdasonde entsprechende Signale an die Steuereinheit der Einspritzanlage weitergeben und dadurch das Kraftstoff-Luftverhältnis ständig verändern. Das ist einerseits erforderlich, da sich ja die Betriebsverhältnisse (Leerlauf, Vollgas) ständig ändern, zum anderen aber auch, weil nur dann eine optimale Nachverbrennung im Katalysator erfolgt, wenn noch genügend Benzinanteile im Motorabgas vorhanden sind.

Damit es also bei einer Temperatur von +300° bis +800° C im Katalysator überhaupt zu einer Nachverbrennung kommen kann, muß das Kraftstoff-Luftgemisch mehr Kraftstoffanteile aufweisen, als für die reine Verbrennung erforderlich wären.

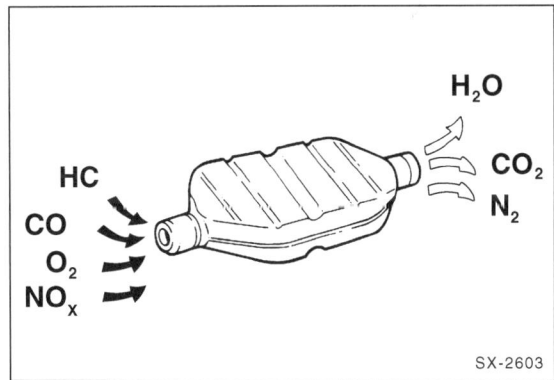

Bei den verwendeten Katalysatoren handelt es sich um sogenannte 3-Wege-Katalysatoren. Das bedeutet, daß aufgrund der Lambdaregelung die Oxidation von Kohlenmonoxid (CO) und Kohlenwasserstoffen (HC) sowie die Reduktion der Stickoxide ($NO_X$) gleichzeitig durchgeführt werden.

## Sicherheitsregeln für Katalysatorfahrzeuge

Um Beschädigungen an der Lambdasonde und am Katalysator zu vermeiden, sind folgende Hinweise unbedingt zu beachten:

- Grundsätzlich nur bleifreies Benzin tanken.

- Beim Ein- oder Nachfüllen von Motoröl besonders darauf achten, daß auf keinen Fall die Maximum-Markierung am Ölpeilstab überschritten wird. Das überschüssige Öl gelangt sonst aufgrund unvollständiger Verbrennung in den Katalysator und kann das Edelmetall beschädigen oder den Katalysator vollständig zerstören.

- Das Anlassen des **betriebswarmen** Motors durch Anschieben oder Anschleppen ist nicht erlaubt. Starthilfekabel verwenden. Unverbrannter Kraftstoff könnte bei einer Zündung zur Überhitzung des Katalysators und zu seiner Zerstörung führen.

- Bei Startschwierigkeiten nicht unnötig lange den Anlasser betätigen. Während des Anlassens wird permanent Kraftstoff eingespritzt. Fehlerursache ermitteln und beseitigen.

- Kraftstofftank nie ganz leerfahren.

- Treten Zündaussetzer auf, hohe Motordrehzahlen vermeiden und Fehler umgehend beheben.

- Nur die vorgeschriebenen Zündkerzen verwenden.

- Nur Funkenprüfung mit abgezogenem Zündkerzenstecker durchführen, wenn gleichzeitig die Kraftstoffeinspritzung durch Abziehen der Kraftstoffpumpen-Sicherung unterbunden wird.

- Es darf kein Zylindervergleich (Balancetest) durch Zündabschaltung eines Zylinders durchgeführt werden. Bei Zündabschaltung der einzelnen Zylinder – auch über Motortester – gelangt unverbrannter Kraftstoff in den Katalysator.

- Fahrzeug nicht über trockenem Laub oder trockenem Gras abstellen. Die Abgasanlage wird im Bereich des Katalysators sehr heiß und strahlt die Wärme auch nach Abstellen des Motors noch ab.

- Keinen Unterbodenschutz an der Abgasanlage aufbringen.

## Abgasanlage auf Dichtigkeit prüfen

Bei Fahrzeugen mit geregeltem Katalysator können Undichtigkeiten der Abgasanlage vor der Lambdasonde zu folgenden Störungen führen:

- Startschwierigkeiten; Motor geht aus, schüttelt im Leerlauf, ruckelt beim Beschleunigen.

**Prüfvoraussetzung:** Motor kalt oder handwarm.

- Motor starten und Abgasanlage auf Dichtheit prüfen, dazu Abgasendrohr mit Lappen zuhalten. Dabei von einer Hilfsperson alle Dichtflansche auf austretende Abgase prüfen lassen (zischendes Geräusch, Austritt mit der Hand spürbar).

- Verbindungsstellen Zylinderkopf/Krümmer und Krümmer/Abgasrohr vorn mit handelsüblichem »Leck-Sucher« einsprühen und auf Blasenbildung untersuchen.

# Abgasanlage aus- und einbauen

**Achtung:** Beim Einbau von Teilen der Abgasanlage darauf achten, daß die Teile dicht zusammengefügt werden. Sonst kann es bei der Abgasuntersuchung (AU) zu Fehlmessungen kommen.

6- und 8-Zylinder-Motoren haben eine zweiflutige Abgasanlage mit Doppelrohren. Bei dieser Anlage sinngemäß wie bei der hier beschriebenen einflutigen Anlage verfahren.

## Ausbau

- Fahrzeug aufbocken.
- Untere Motorraumverkleidung ausbauen, siehe Seite 42.
- Sämtliche Schrauben und Muttern der Abgasanlage mit rostlösendem Mittel einsprühen. Rostlöser einige Zeit einwirken lassen.
- **2,8-/3,2-l-Motor bis 2/97 (6-Zylinder-Reihen-Motor):** Steckverbindung für Lambdasonde am vorderen Abgasrohr trennen.
- Vorderes Abgasrohr vom Abgaskrümmer abschrauben.
- Abgasanlage durch Holzunterlagen abstützen, oder Abgasanlage durch einen Helfer festhalten lassen.

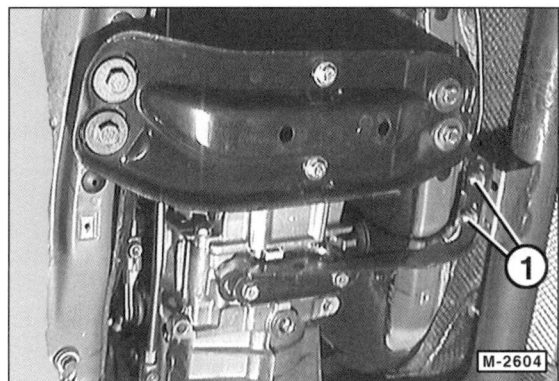

- Muttern –1– am vorderen Abgasrohrhalter abschrauben. Gewindeplatte abnehmen.
- Gummistegschlaufen mit selbstangefertigtem Haken oder HAZET-Werkzeug Nr. 2184-2 aushängen.
- Komplette Abgasanlage ablassen und herausnehmen.
- Gegebenenfalls Katalysator und Nachschalldämpfer trennen, siehe entsprechendes Kapitel.

**Achtung:** Altkatalysatoren enthalten wertvolle Metalle, die recycelt werden können. Von der MERCEDES-BENZ-Werkstatt werden alte Katalysatoren zurückgenommen und der Restwert beim Kauf eines neuen Katalysators vergütet.

## Einbau

- Gummistegschlaufen auf Porosität oder Beschädigungen prüfen, gegebenenfalls ersetzen.
- Werden alte Teile der Abgasanlage wieder eingebaut, Abgasrohrflansche mit Schmirgelleinwand von Verbrennungs- und Korrosionsrückständen säubern. Grundsätzlich **neue** Dichtungen, Schrauben und Muttern verwenden. Um die Muttern und Schrauben der Abgasanlage später leichter lösen zu können, empfiehlt es sich, diese mit einer Hochtemperatur-Kupferpaste, zum Beispiel LIQUI MOLY LM-508-ASC, einzustreichen.

**Achtung:** Es darf keine Hochtemperaturpaste in die Abgasanlage vor dem Katalysator gelangen. Auch darf kein flüssiges Dichtmittel verwendet werden, da sonst der Katalysator verunreinigt werden kann.

- Abgasrohr mit **neuer** Dichtung ansetzen und lose am Abgaskrümmer anschrauben.

- Abgasanlage in die beiden Gummistegschlaufen einhängen, Teile gegeneinander verschieben und dadurch dem Unterboden anpassen. Der Abstand der Abgasanlage muß zu allen Fahrzeugteilen mindestens 25 mm betragen. Darauf achten, daß die Gummihalterungen gleichmäßig belastet und nicht verformt werden. Die Abbildung zeigt die Gummistegschlaufe im Bereich vor dem Nachschalldämpfer; hinter dem Nachschalldämpfer befindet sich eine weitere Gummistegschlaufe.

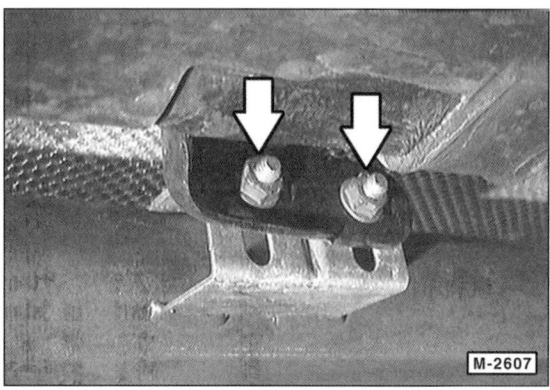

- Gewindeplatte für vorderen Abgasrohrhalter einsetzen. Muttern –Pfeile– am vorderen Abgasrohrhalter immer erneuern und mit 20 Nm (Richtwert) anziehen.

- Verbindungsflansche und Schellen für Abgasrohr mit 20 Nm festziehen.
- **2,8-/3,2-l-Motor bis 2/97:** Steckverbindung für Lambdasonde am vorderen Abgasrohr verbinden.
- Untere Motorraumverkleidung einbauen, siehe Seite 42.
- Motor starten und Abgasanlage auf Dichtigkeit prüfen.

## Mittel- und Nachschalldämpfer aus- und einbauen

### Ausbau

- Fahrzeug aufbocken.

**4-Zylinder-Motor:**

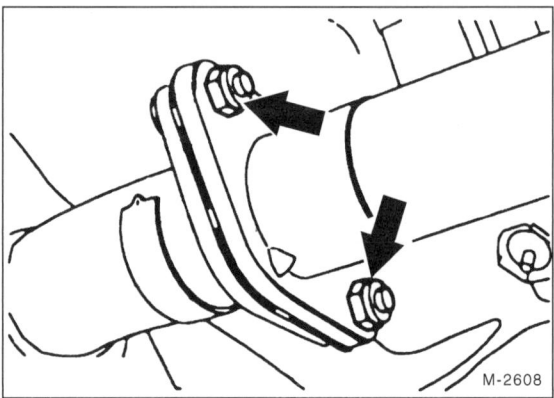

- **6- und 8-Zylinder-Motor:** Die Doppelrohre von vorderem und hinterem Abgasrohr sind durch einen Flansch miteinander verschraubt. Flanschschrauben abschrauben.

### Einbau

- Grundsätzlich **neue** Dichtungen verwenden, beschädigte Schrauben und Muttern erneuern.
- Um die Muttern und Schrauben der Abgasanlage später leichter lösen zu können, empfiehlt es sich, diese mit einer Hochtemperatur-Kupferpaste, zum Beispiel LIQUI MOLY LM-508-ASC, einzustreichen.
- Gummistegschlaufen auf Porosität oder Beschädigungen prüfen, gegebenenfalls ersetzen.
- **4-Zylinder-Motor:** Neuen Nachschalldämpfer aufschieben, ausrichten und Schelle lose befestigen.
- **6- und 8-Zylinder-Motor:** Abgasrohrflansche mit Schmirgelleinwand von Verbrennungs- und Korrosionsrückständen säubern. Nachschalldämpfer mit neuen Dichtungen an vorderes Abgasrohr anschrauben.
- Nachschalldämpfer in die Gummistegschlaufen einhängen.
- Abgasanlage ausrichten, Schrauben an Schelle beziehungsweise Flansch mit **20 Nm** anziehen.
- Fahrzeug ablassen.

- Schelle abschrauben und Nachschalldämpfer aus den Stegschlaufen aushängen.
- Nachschalldämpfer mit drehenden Bewegungen abziehen. Falls das hintere Abgasrohr nicht abgezogen werden kann, Verbindungsstelle mit einer Schweißflamme erwärmen, falls vorhanden.

**Sicherheitshinweis:**
Dabei den Tank mit einer Asbestplatte abschirmen. **Feuergefahr! Feuerlöscher bereitstellen.**

- Steht kein Schweißgerät zur Verfügung, Abgasrohr hinter der Schelle durchtrennen.

**Hinweis:** Zum Trennen eignet sich am besten ein handelsüblicher Ketten-Abgasrohrschneider, zum Beispiel HAZET Nr. 4682. Es geht auch mit einer Eisensäge oder einem Trennschleifer.

- Das auf dem Zwischenrohr verbleibende Stück der Länge nach aufsägen und mit einem Meißel abschlagen.

# Kupplung

Die Kupplung besteht aus der Kupplungsdruckplatte, der Kupplungsscheibe und dem Ausrücklager einschließlich der hydraulischen Kupplungsbetätigung.

Die Kupplungsdruckplatte ist mit dem Schwungrad verschraubt, das wiederum an der Kurbelwelle des Motors angeflanscht ist. Zwischen der Kupplungsdruckplatte und dem Schwungrad befindet sich die Kupplungsscheibe, die von der Kupplungsdruckplatte gegen das Schwungrad gepreßt wird. Die Kupplungsscheibe wird von der mit ihr verzahnten Getriebeantriebswelle zentriert.

Beim Niedertreten des Kupplungspedals (auskuppeln) wird über die hydraulische Betätigung das Ausrücklager gegen die Feder der Kupplungsdruckplatte gedrückt. Dadurch entspannt sich die Kupplungsdruckplatte, und die Kupplungsscheibe wird nicht mehr gegen die Schwungscheibe gepreßt. Der Kraftschluß zwischen Motor und Getriebe ist also aufgehoben.

Die Kupplung wird bei allen E-KLASSE-Modellen hydraulisch betätigt. Das Hydrauliksystem der Kupplung arbeitet mit Bremsflüssigkeit, die über den gemeinsamen Ausgleichbehälter für Bremsflüssigkeit zugeführt wird.

Bei jedem Ein- und Auskuppeln wird durch den leichten Schleifvorgang etwas Reibbelag von der Kupplungsscheibe abgeschliffen. Die Kupplungsscheibe ist also ein Verschleißteil, doch hat sie eine mittlere Lebensdauer von über 100.000 Kilometern. Der Verschleiß hängt im wesentlichen von der Belastung (Anhängerbetrieb) und der Fahrweise ab. Die Kupplung ist wartungsfrei, da sie sich selbst nachstellt.

Die Motoren sind vornehmlich mit einem **Zweimassenschwungrad** ausgerüstet. Das Zweimassenschwungrad besitzt ein Feder- und Dämpfersystem, um die Übertragung der vom Motor erzeugten Drehschwingungen zu reduzieren. Außerdem verringert sich dadurch auch die Geräuschübertragung im unteren Drehzahlbereich. Die Kupplungsscheibe für dieses Schwungrad besteht nur noch aus Nabe, Mitnehmerblech und Kupplungsbelag, Torsionsfedern sind nicht vorhanden.

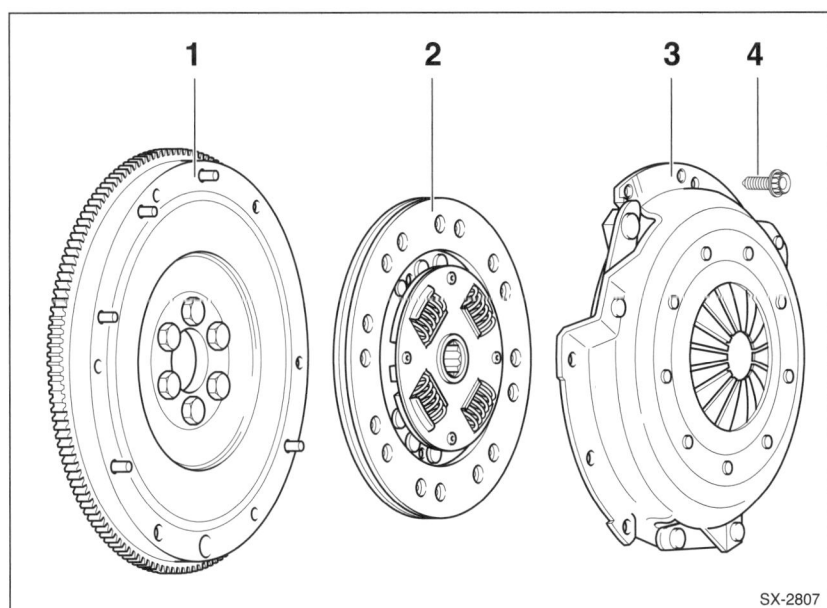

1 – **Schwungrad**
Anlagefläche für Kupplungsbelag muß frei von Rillen, Öl und Fett sein.
Auf festen Sitz der Zentrierstifte achten.

2 – **Kupplungsscheibe**
Einbaulage darf nicht verändert werden.
**Achtung:** Verzahnung der Antriebswelle und, bei gebrauchten Kupplungsscheiben, Verzahnung der Nabe reinigen, Korrosion entfernen.

3 – **Druckplatte**

4 – **Innensechskantschraube, 25 Nm**
Stufenweise über Kreuz lösen bzw. anziehen.

## Dicke der Kupplungsscheibe in eingebautem Zustand prüfen

Die Kupplung ist selbstnachstellend und wartungsfrei, daher ist der Verschleiß der Kupplungsscheibe nicht am Spiel des Kupplungspedals erkennbar. Um die Dicke der Kupplungsscheibe in eingebautem Zustand zu prüfen, wird eine spezielle Kontroll-Lehre benötigt, die selbst angefertigt werden kann.

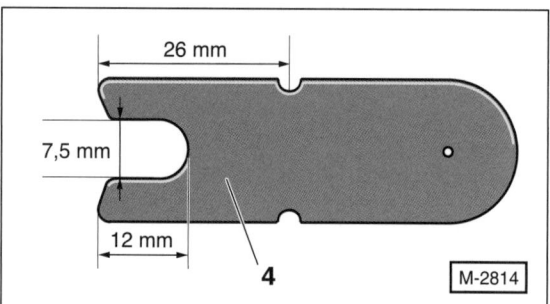

- Kontroll-Lehre –4– im Maßstab 1:1 entsprechend der Abbildung aus 0,8 mm starkem Blech anfertigen.
- Fahrzeug aufbocken. Untere Motorraumverkleidung ausbauen, siehe Seite 42.

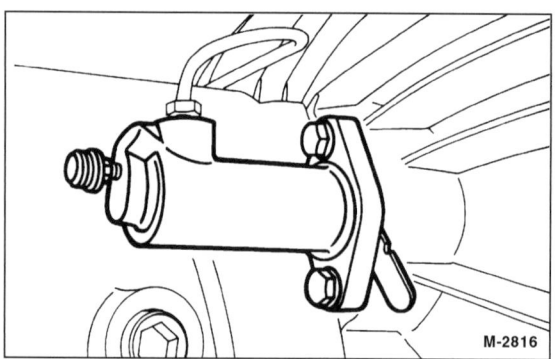

- Lehre am Kupplungs-Nehmerzylinder in die Nut der Kunststoffbeilage bis zum Anschlag einschieben.

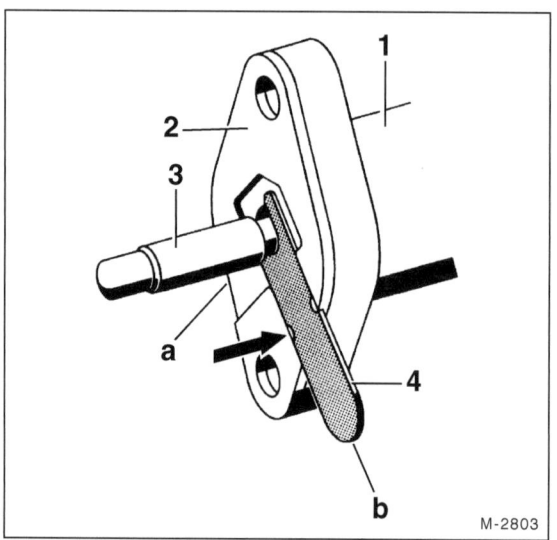

- Wenn die Kerbmarken –Pfeil– der Lehre –4– hinter dem Flansch des Nehmerzylinders verschwinden, ist die Kupplungsscheibe noch ausreichend dick. 1 – Nehmerzylinder; 2 – Kunststoffzwischenlage; 3 – Druckstange; a, b – Nuten für Lehre.

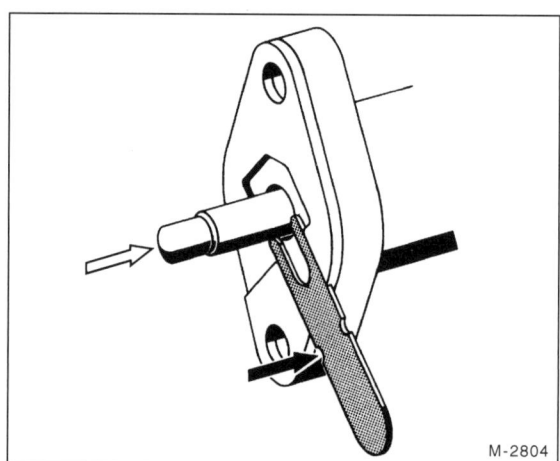

- Wenn die Kerbmarken sichtbar bleiben, obwohl die Lehre bis zum Anschlag eingeschoben ist, dann hat die Kupplungsscheibe ihre Verschleißgrenze erreicht und muß ausgewechselt werden.
- Untere Motorraumverkleidung einbauen, siehe Seite 42.

## Kupplung aus- und einbauen/prüfen

### Ausbau

- Schaltgetriebe ausbauen, siehe Seite 104.

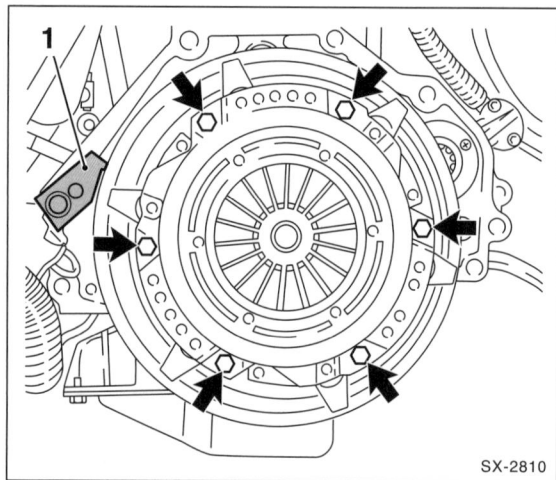

- Befestigungsschrauben –Pfeile– (6 Stück) der Kupplungsdruckplatte nacheinander jeweils um 1 bis 1½ Umdrehungen lösen, bis die Druckplatte entspannt ist. Damit das Schwungrad beim Lösen der Schrauben nicht mitdreht, Schwungrad mit Schraubendreher und Dorn arretieren. Hinweis: Die Fachwerkstatt verwendet dazu ein Spezialwerkzeug –1–.

**Achtung:** Wenn die Schrauben sofort ganz gelöst werden, kann die Membranfeder zwischen Druckplatte und Schwungrad beschädigt werden. **Hinweis:** Die Abbildung zeigt Sechskantschrauben, in der E-KLASSE sind dagegen Innensechskant-Befestigungsschrauben eingebaut.

- Anschließend Schrauben ganz herausdrehen.

**Achtung:** Einbaulage der Kupplungsscheibe merken, damit sie in gleicher Lage wieder eingebaut wird.

- Druckplatte und Kupplungsscheibe herausnehmen. **Achtung:** Druckplatte und Kupplungsscheibe beim Herausnehmen nicht fallen lassen, sonst können nach dem Einbau Rupf- und Trennschwierigkeiten auftreten.
- Schwungrad auswischen.

### Prüfen

- Kupplungsdruckplatte auf Brandrisse und Riefen prüfen, gegebenenfalls ersetzen.

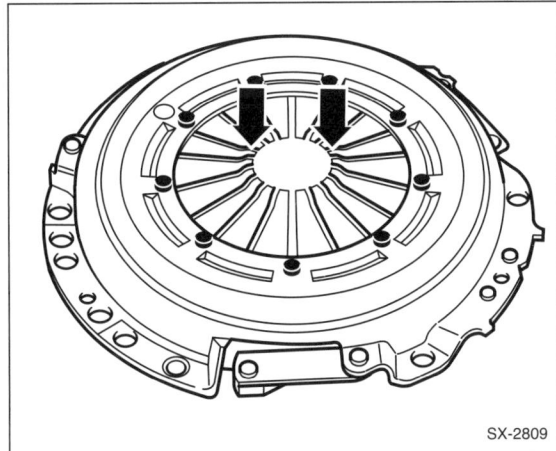

- Zungen der Membranfeder –Pfeile– auf Verschleiß und gleichmäßige Höhe prüfen, gegebenenfalls mit Zange vorsichtig nachrichten. **Achtung:** Der Verschleiß darf maximal 0,3 mm betragen.
- Federverbindungen zwischen Druckplatte und Deckel auf Risse, Nietbefestigungen auf festen Sitz prüfen. Kupplungen mit beschädigten oder losen Nietverbindungen ersetzen.

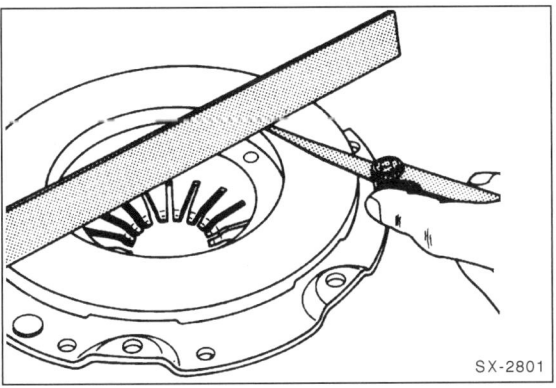

- Auflagefläche der Druckplatte auf Risse, Brandstellen und Verschleiß prüfen. Druckplatten, die bis zu 0,3 mm nach innen durchgebogen sind, dürfen noch eingebaut werden. Die Prüfung erfolgt mit einem Lineal und einer Fühlerblattlehre.
- Schwungrad auf Brandrisse und Riefen prüfen.
- Kupplungsdruckplatte und Schwungrad mit grobem Schmirgelleinen abziehen.
- Verölte, verfettete oder mechanisch beschädigte Kupplungsscheiben austauschen.
- Belagstärke der Kupplungsscheibe messen. Neu: 3,6 – 4,0 mm je Belagseite. Wenn die Verschleißgrenze von 2,6 – 3,0 mm je Belagseite erreicht ist, Kupplungsscheibe auswechseln. Ebenso bei Belagrissen.
- In der Werkstatt kann die Kupplungsscheibe auf Schlag geprüft werden. Der Seitenschlag darf bei der Kupplungsscheibe maximal 0,5 mm betragen. **Achtung:** Diese Prüfung ist nur notwendig, wenn die alte Kupplungsscheibe wieder eingebaut werden soll und die Kupplung vorher nicht richtig ausgekuppelt (getrennt) hat.
- Ausrücklager im Getriebegehäuse prüfen. Das Lager darf keine sichtbaren Druckstellen aufweisen. Lager von Hand drehen. Das Lager darf nicht haken. Entwickelte das Lager beim Auskuppeln Geräusche, ist das Lager ebenfalls zu ersetzen, siehe Seite 102.

### Einbau

**Achtung:** Vor dem Einbau einer neuen Kupplung Korrosionsschutzlack mit Lösungsmittel von den Reibflächen von Druckplatte und gegebenenfalls Schwungrad abwischen.

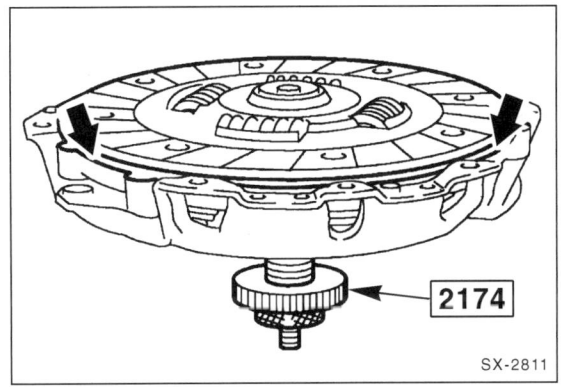

- Kupplungsscheibe nach Augenmaß mittig in der Druckplatte zentrieren. Besser ist es jedoch, die Scheibe mit einem passenden Dorn, zum Beispiel HAZET 2174, oder mit einer alten Getriebe-Antriebswelle zu zentrieren. Sitzt die Kupplungsscheibe nicht zentrisch, kann die Getriebeantriebswelle später nicht eingeführt werden.
- Druckplatte mit zentrierter Kupplungsscheibe in die entsprechenden Paßstifte am Schwungrad einsetzen.

- Befestigungsschrauben für Kupplungsdruckplatte ansetzen und von Hand einschrauben, dann über Kreuz schrittweise mit 1 bis 1 ½ Umdrehungen anziehen, bis die Druckplatte festgezogen ist. **Achtung:** Darauf achten, daß die Druckplatte beim Anziehen der Schrauben gleichmäßig und gratfrei in das Schwungrad eingezogen wird. Anzugsdrehmoment für die Befestigungsschrauben der Druckplatte: **25 Nm**.
- Zentrierdorn herausziehen.
- Falls vorhanden, Arretierwerkzeug am Schwungrad entfernen.

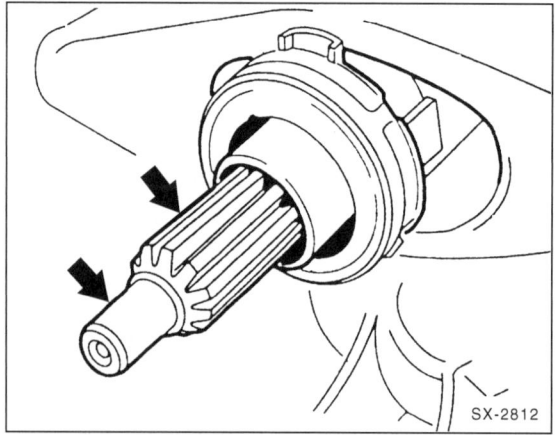

**Achtung:** Bei Motoren mit **Zweimassen-Schwungrad** ist die Verzahnung der Kupplungsscheibe vernickelt, die Getriebeantriebswelle darf somit **nicht** gefettet werden. Die Kupplungsscheibe für das Zweimassen-Schwungrad ist an den fehlenden Torsionsfedern erkennbar.

- Motoren ohne Zweimassen-Schwungrad: Keilverzahnung der Getriebeantriebswelle reinigen und dünn mit $MoS_2$-Fett, zum Beispiel MOLYKOTE BR 2, einfetten. **Achtung:** Nicht zuviel Fett verwenden, sonst kann es auf die Kupplungsreibflächen geschleudert werden, wo es zu Kupplungsstörungen führt. Die benötigte Fettmenge entspricht etwa der Größe eines Maiskorns.
- Getriebe einbauen, siehe Seite 104.

## Ausrücklager aus- und einbauen

Hörbare Lagergeräusche in ausgekuppeltem Zustand, also bei niedergetretenem Kupplungspedal, deuten auf ein defektes Ausrücklager hin.

**Ausbau**

- Schaltgetriebe ausbauen, siehe Seite 104.

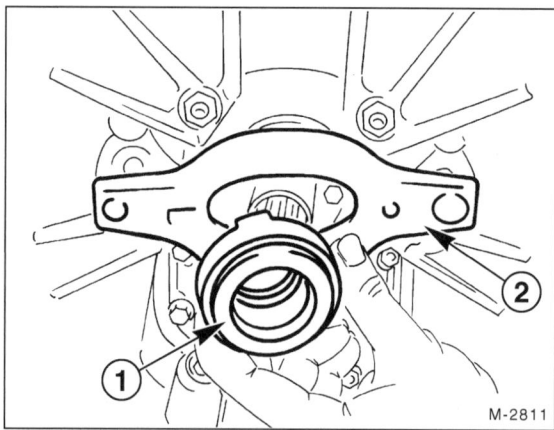

- Ausrücklager –1– vom Lagerrohr am vorderen Getriebedeckel abziehen.

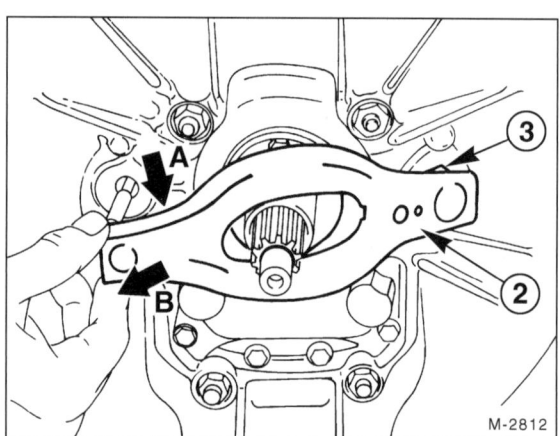

- Ausrückgabel –2– in Pfeilrichtung –A– bewegen und dann in Pfeilrichtung –B– vom Kugelbolzen –3– am Kupplungsgehäuse abziehen und abnehmen.

## Prüfen

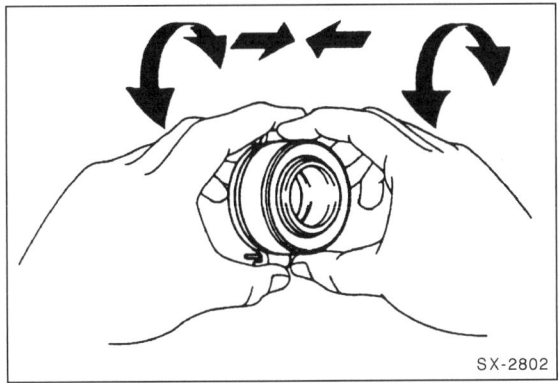

- Ausrücklager zusammendrücken und gleichzeitig drehen. Läuft das Lager rauh, neues Lager einbauen.
- Gleitflächen auf Verschleiß, Korrosion und Beschädigungen prüfen.

## Einbau

- Sämtliche Lager- und Berührungsflächen mit sauberem Lappen abwischen und mit MoS$_2$-Schmierfett einfetten.

**Achtung:** Nicht zuviel Fett auftragen, damit bei eingebauter Kupplung kein Fett auf die Reibflächen der Kupplungsscheibe gelangen kann.

- Ausrückgabel –2– entgegen der Pfeilrichtung –B– auf den Kugelbolzen –3– aufdrücken, bis der Federbügel der Gabel einrastet. Anschließend Gabel entgegen der Pfeilrichtung –A– bewegen, bis die Druckstange des Nehmerzylinders an der Aussparung der Ausrückgabel anliegt.
- Ausrücklager innen und an den beiden seitlichen Anfräsungen am hinteren Hülsenteil einfetten.
- Ausrücklager auf das Lagerrohr aufschieben und so lange drehen, bis es mit den seitlichen Anfräsungen in die Gabel einschnappt.
- Getriebe einbauen, siehe Seite 104.

## Kupplungsbetätigung entlüften/ Hydraulikflüssigkeit erneuern

Die Kupplungsbetätigung muß entlüftet werden, wenn das Kupplungspedal nicht oder nur verzögert zurückkommt, die Kupplung nicht richtig trennt beziehungsweise wenn das Hydrauliksystem geöffnet wurde.

> **Sicherheitshinweis:**
> Da das Hydrauliksystem der Kupplung mit Bremsflüssigkeit arbeitet, sind ebenfalls die entsprechenden Hinweise im Kapitel »Bremsanlage« durchzulesen. Bremsflüssigkeit ist giftig und greift den Autolack an.

**Achtung:** Bei dem hier beschriebenen Entlüftungsvorgang ohne Entlüftergerät kann etwas Luft im System bleiben. Erkennbar ist das am Kratzen und nicht richtigen Trennen der Kupplung. In diesem Fall Kupplungshydraulik umgehend in der Werkstatt mit dem Spezialgerät entlüften lassen.

### Entlüften ohne Entlüftergerät

- Bremsflüssigkeitsstand im Vorratsbehälter prüfen, gegebenenfalls auffüllen, siehe Kapitel »Wartung«.

**Achtung:** Der Flüssigkeitsstand im Vorratsbehälter darf nicht zu weit absinken, immer **neue** Bremsflüssigkeit nachfüllen.

- Fahrzeug aufbocken. Untere Motorraumverkleidung ausbauen, siehe Seite 42.

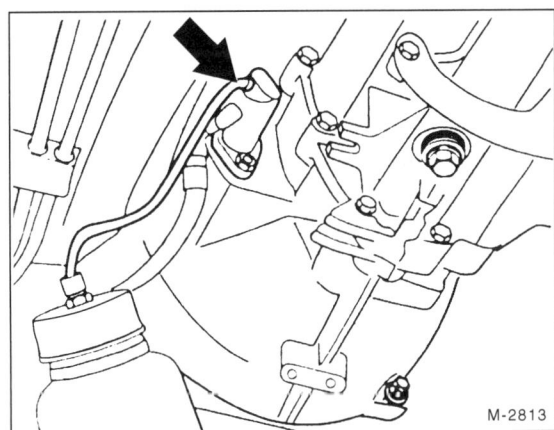

- Staubkappe von Entlüfterschraube –Pfeil– am Nehmerzylinder abziehen. Durchsichtigen Schlauch auf das Entlüfterventil am Nehmerzylinder aufschieben. Hinweis: Die Abbildung zeigt nicht die E-KLASSE.
- Entlüfterventil vorsichtig gangbar machen. Zum Öffnen Ringschlüssel verwenden, damit der Sechskant der Schraube nicht beschädigt wird.
- Freies Schlauchende in ein Gefäß mit Bremsflüssigkeit tauchen, damit beim Entlüftungsvorgang keine Luft angesaugt werden kann.
- Kupplungspedal von Helfer ca. 10mal bis zum Anschlag durchtreten und dann gedrückt festhalten lassen.

- In dieser Stellung Entlüfterschraube öffnen, Bremsflüssigkeit tritt aus. Wenn keine Luftblasen mehr in der austretenden Bremsflüssigkeit sichtbar sind, Entlüfterschraube zudrehen (verschließen).

**Achtung:** Der Flüssigkeitsstand im Vorratsbehälter darf nicht zu weit absinken, immer **neue** Bremsflüssigkeit nachfüllen.

- Kupplungspedal loslassen und erneut 10mal betätigen, in gedrückter Stellung festhalten und Entlüfterschraube öffnen. Diesen Vorgang so oft wiederholen, bis am Schlauch keine Luftblasen mehr herausgedrückt werden. Dabei stets **neue** Bremsflüssigkeit in den Vorratsbehälter nachfüllen.

**Achtung:** Soll die Hydraulikflüssigkeit komplett erneuert werden, so lange entlüften, bis im Schlauch neue Bremsflüssigkeit sichtbar ist. Neue Bremsflüssigkeit ist an der helleren Farbe erkennbar.

- Entlüfterschraube am Nehmerzylinder verschließen. Schlauch abziehen und Staubkappe aufschieben.
- Untere Motorraumverkleidung einbauen, siehe Seite 42.
- Bremsflüssigkeit bis zur Max.-Markierung auffüllen und Behälter verschließen.
- Funktion von Brems- und Kupplungssystem prüfen.

### Entlüften mit Entlüftergerät

In den Werkstätten wird die Kupplungshydraulik in der Regel mit einem Entlüftergerät entlüftet. Das Entlüftergerät gibt Druck auf die Bremsflüssigkeit.

- Fahrzeug aufbocken. Untere Motorraumverkleidung ausbauen, siehe Seite 42.
- Verschlußdeckel am Bremsflüssigkeits-Ausgleichbehälter abschrauben.
- Entlüftergerät nach Bedienungsanleitung des Herstellers anschließen.
- Staubkappe von Entlüfterschraube am Kupplungsnehmerzylinder abziehen. Schlauch auf Entlüfterschraube aufschieben. Schlauchende in eine Flasche für Bremsflüssigkeit stecken.
- Entlüfterschraube so lange geöffnet lassen, bis keine Luftblasen mehr entweichen, dann schließen.

**Achtung:** Soll die Hydraulikflüssigkeit komplett erneuert werden, so lange entlüften, bis im Schlauch neue Bremsflüssigkeit sichtbar ist. Neue Bremsflüssigkeit ist an der helleren Farbe erkennbar.

- Staubkappe auf Entlüfterschraube aufschieben.
- Entlüftergerät abbauen.
- Bremsflüssigkeit bis zur Max.-Markierung auffüllen und Behälter verschließen.
- Untere Motorraumverkleidung einbauen, siehe Seite 42.
- Funktion von Brems- und Kupplungssystem prüfen.

# Kupplungsnehmerzylinder aus- und einbauen

**Sicherheitshinweis:**
Da das Hydrauliksystem der Kupplung mit Bremsflüssigkeit arbeitet, sind ebenfalls die entsprechenden Hinweise im Kapitel »Bremsanlage« durchzulesen. Bremsflüssigkeit ist giftig und greift den Autolack an.

### Ausbau

- Fahrzeug aufbocken. Untere Motorraumverkleidung ausbauen, siehe Seite 42.
- Kupplungsnehmerzylinder mit 2 Schrauben vom Getriebe abschrauben und herausziehen. Dabei Einbaulage der Kunststoff-Zwischenlage beachten, da sie in gleicher Lage wie ausgebaut wieder eingebaut werden muß.

**Achtung:** Soll der Kupplungsnehmerzylinder nicht ausgetauscht werden, bleibt die Hydraulikleitung angeschlossen. Wird die Hydraulikleitung abgeschraubt, läuft Bremsflüssigkeit aus. Anschluß sofort mit geeignetem Stopfen verschließen, damit der Bremsflüssigkeits-Vorratsbehälter nicht ausläuft. Zusätzlich kann auch vorher die Einfüllöffnung des Vorratsbehälters luftdicht verschlossen werden, zum Beispiel mit einem breiten Klebeband.

- Hydraulikleitung am Nehmerzylinder abschrauben, dabei auslaufende Bremsflüssigkeit mit Lappen auffangen.

### Einbau

- Druckstange des Nehmerzylinders reinigen und an der Anlagefläche zum Ausrückhebel mit Langzeit-Schmierfett, zum Beispiel »Molykote Longtherm 2«, leicht fetten.
- Kunststoff-Zwischenlage zwischen Getriebe und Nehmerzylinder einsetzen. Dabei Einbaulage beachten, die Seite mit den Nuten liegt am Kupplungsgehäuse an.
- Nehmerzylinder mit Druckstange so in das Kupplungsgehäuse einfahren, daß die Druckstange in der kugeligen Aussparung des Ausrückhebels liegt. Nehmerzylinder mit **25 Nm** festziehen.
- Stopfen entfernen und Hydraulikleitung am Nehmerzylinder mit **15 Nm** anschrauben.
- Falls vorhanden, Klebeband von der Öffnung des Vorratsbehälters abziehen.
- Bremsflüssigkeit auffüllen und Kupplungshydraulik entlüften, siehe entsprechende Seite.
- Motorraum-Unterschutz anschrauben.

# Störungsdiagnose Kupplung

| Störung | Ursache | Abhilfe |
|---|---|---|
| Kupplung rupft. | Zu niedrige Leerlaufdrehzahl. | ■ Drehzahl einstellen. |
| | Motor- und Getriebelager defekt. | ■ Prüfen, gegebenenfalls auswechseln. |
| | Getriebe liegt in der Aufhängung nicht fest. | ■ Befestigungsschrauben nachziehen. |
| | Druckplatte trägt ungleichmäßig. | ■ Druckplatte auswechseln. |
| | Mitnehmerscheibe kein Original-Teil. | ■ Original-Kupplungsscheibe einbauen. |
| | Kurbelwelle fluchtet nicht zur Getriebe-Antriebswelle. | ■ Zentrierflächen von Motor und Getriebe überprüfen. |
| | Ausrücker drückt einseitig. | ■ Ausrücker überprüfen. |
| Kupplung rutscht. | Kupplungsscheibe verschlissen. | ■ Dicke der Kupplungsscheibe prüfen, gegebenenfalls auswechseln. |
| | Nehmerzylinder klemmt. | ■ Nehmerzylinder ersetzen. |
| | Spannung der Membranfeder zu gering. | ■ Druckplatte auswechseln. |
| | Nehmerzylinder undicht. | ■ Sichtprüfung durchführen. |
| | Belag verhärtet oder verölt. | ■ Kupplungsscheibe austauschen. |
| | Kupplung wurde überhitzt. | ■ Originalteil einbauen. |
| Kupplung trennt nicht richtig. | Belag durch Abrieb verklebt. | ■ Kupplungsscheibe austauschen. |
| | Kupplungsscheibe klemmt auf der Antriebswelle, Kerbverzahnung trocken oder verklebt. | ■ Kerbverzahnung reinigen, entgraten, ggf. Rost entfernen und neu schmieren; z. B. MoS$_2$-Puder einbürsten. |
| | Kupplungsscheibe hat Seitenschlag. | ■ Kupplungsscheibe prüfen lassen, ersetzen. |
| | Geberzylinder undicht. | ■ Bei durchgetretenem Kupplungspedal beobachten, ob Flüssigkeit im Bremsflüssigkeitsvorratsbehälter aufwallt, ggf. Kupplung entlüften oder Geberzylinder austauschen. |
| | Kupplungspedal erreicht den Begrenzungsanschlag nicht. | ■ Prüfen, ob Begrenzungsanschlag erreicht wird, gegebenenfalls Fußmatte ausschneiden. |
| | Ausrücker defekt. | ■ Ausrücker auf Verformung prüfen. |
| | Luft im Hydrauliksystem. | ■ Kupplungshydraulik entlüften. |
| | Führungslager für die Getriebe-Antriebswelle in der Kurbelwelle defekt. | ■ Führungslager in der Kurbelwelle ersetzen. |
| | Mitnehmerscheibe stark verbogen, oder Belag gebrochen. | ■ Mitnehmerscheibe ersetzen. |
| Geräusch bei betätigtem Kupplungspedal. | Ausrücklager defekt. | ■ Ausrücklager prüfen, ersetzen. |
| | Kupplungsscheibe schlägt an die Druckplatte. | ■ Kupplungsscheibe auswechseln. |
| Auf- und abschwellendes Geräusch bei Zug- oder Schubzustand, oder wenn das Fahrzeug in ausgekuppeltem Zustand rollt. | Torsionsdämpfer der Kupplungsscheibe schwergängig. | ■ Kupplungsscheibe erneuern. |
| | Nietverbindungen der Kupplung locker. | ■ Kupplung ersetzen. |
| | Unwucht der Kupplung zu groß. | ■ Kupplung und Mitnehmerscheibe ersetzen. |

# Getriebe/Schaltung/ Automatikgetriebe

Das Schalt- oder Automatikgetriebe kann ohne Ausbau des Motors ausgebaut werden. Ein Ausbau ist dann erforderlich, wenn die Kupplung ausgewechselt werden soll oder wenn das Getriebe erneuert beziehungsweise überholt werden muß. Da es jedoch in keinem Fall anzuraten ist, Reparaturen am Getriebe mit Heimwerkermitteln in Angriff zu nehmen, wird nur der Ausbau des Aggregates beschrieben.

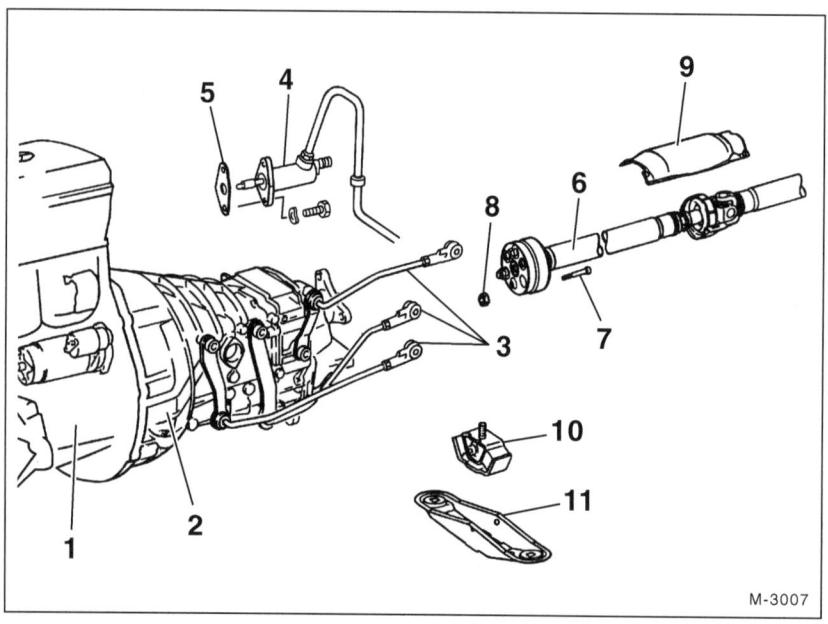

1 – Motor
2 – Getriebe
3 – Schaltstangen
4 – Kupplungsnehmerzylinder
5 – Kunststoff-Zwischenlage
6 – Gelenkwelle
7 – Innensechskantschraube
8 – Selbstsichernde Mutter
  Immer erneuern.
9 – Abschirmblech
10 – Motor-/Getriebelager hinten
11 – Motor-/Getriebeträger

## Getriebe aus- und einbauen

Zum Ausbau muß das Fahrzeug ausreichend hoch aufgebockt werden. Grundsätzlich gilt diese Anweisung für das Schaltgetriebe. Hinweise zum Automatikgetriebe stehen am Ende des Kapitels.

### Ausbau

- Batterie-Massekabel (–) bei ausgeschalteter Zündung abklemmen. **Achtung:** Dadurch werden elektronische Speicher gelöscht, wie zum Beispiel der Radiocode. Deshalb Hinweise im Kapitel »Batterie aus- und einbauen« durchlesen.

- Kabelklemme für Batterie-Massekabel sicherheitshalber mit Isolierband umwickeln, damit ein versehentlicher Kontakt mit den Batteriepolen ausgeschlossen ist.

- Fahrzeug aufbocken und untere Motorraumverkleidung ausbauen, siehe Seite 42.

**Achtung:** Getriebe im Bereich des hinteren Motor-/Getriebelagers mit Werkstattwagenheber und Holzzwischenlage etwas anheben und abstützen. Erst dann hinteren Motor-/Getriebeträger abschrauben.

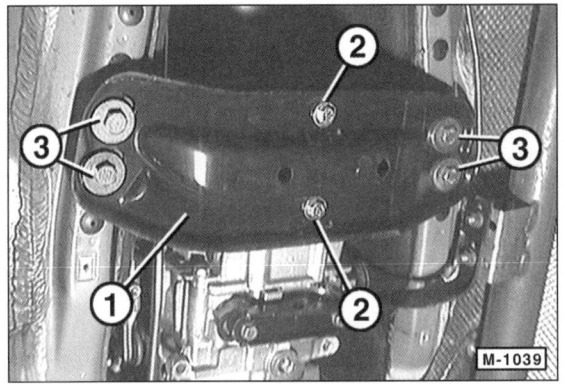

- Hinteren Motor-/Getriebeträger –1– ausbauen, dazu Schrauben –2– und –3– abschrauben.

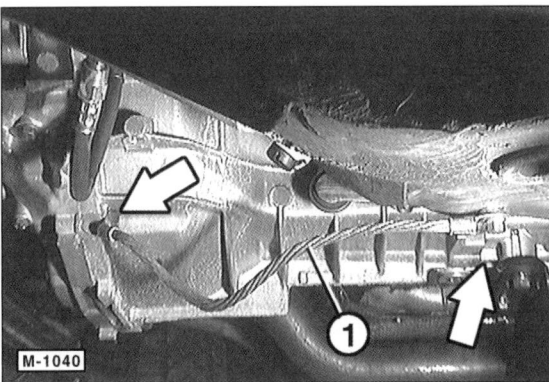

- Von unten Masseband –1– zwischen Getriebe und Aufbau am Getriebe abschrauben.
- Anlasser ausbauen, siehe Seite 208.

**Sicherheitshinweis:**
Da das Hydrauliksystem der Kupplung mit Bremsflüssigkeit arbeitet, sind ebenfalls die entsprechenden Hinweise im Kapitel »Bremsanlage« durchzulesen. Bremsflüssigkeit ist giftig und greift den Autolack an.

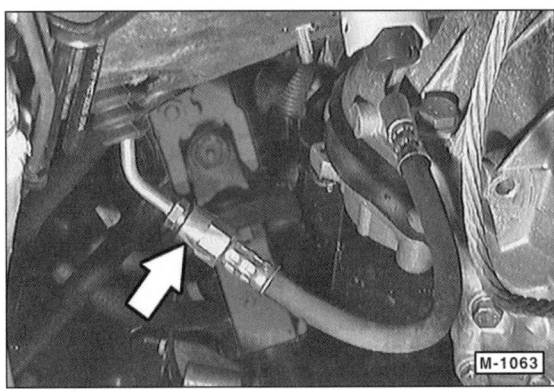

**Achtung:** Beim Abschrauben der Hydraulikleitung für den Kupplungsnehmerzylinder läuft Bremsflüssigkeit aus. Einfüllöffnung des Vorratsbehälters luftdicht verschließen, zum Beispiel mit einem breiten Klebeband, damit nur wenig Bremsflüssigkeit ausläuft.

- Hydraulikleitung für Nehmerzylinder abschrauben, dabei auslaufende Bremsflüssigkeit mit Lappen auffangen. Anschluß mit geeignetem Stopfen verschließen, damit kein Schmutz eindringen kann.
- An der linken Getriebeseite den Stecker vom Induktivgeber für Tachometer abziehen.
- Vorderes Abgasrohr ausbauen, siehe Seite 95.
- Hinteres Abgasrohr an der Aufhängung im Bereich des Nachschalldämpfers aushängen, etwas absenken und in dieser Stellung mit Draht festbinden.
- Halter für vorderes Abgasrohr am Getriebe abschrauben.
- Gelenkwelle ausbauen, siehe Seite 108.

**Achtung:** Die vordere Gelenkscheibe bleibt an der Gelenkwelle, nicht am Getriebe.

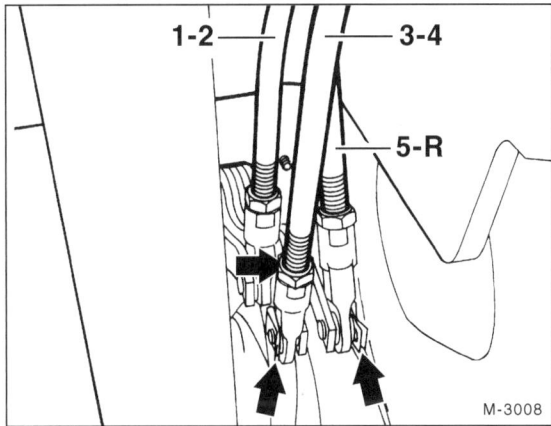

- Schaltstangen von den Zwischenhebeln am Schaltbock abnehmen. Dazu Sicherungsklammern –Pfeile– abdrücken. 1-2 = Zwischenhebel für 1./2. Gang, 3-4 = Zwischenhebel für 3./4. Gang, 5-R = Zwischenhebel für 5. Gang und Rückwärtsgang.

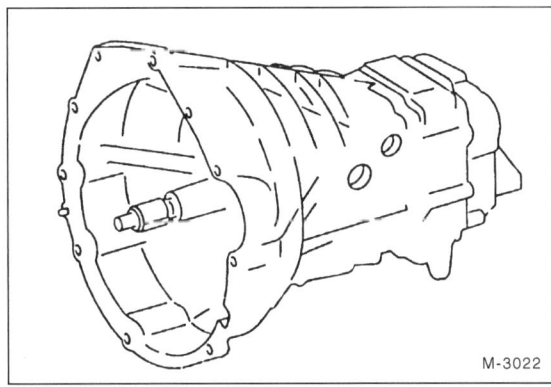

- Getriebe am Motorblock abschrauben. Schrauben geordnet ablegen, da sie unterschiedliche Länge haben und an gleicher Stelle wieder eingebaut werden müssen.

- Werkstattwagenheber langsam absenken, dabei senkt sich das Getriebe etwas ab. Getriebe waagerecht nach hinten von den Paßstiften abziehen und aus der Kupplung herausziehen.
- Getriebe ablassen.

**Achtung:** Getriebe erst ablassen, wenn die Antriebswelle mit Sicherheit aus der Kupplungsscheibe herausgezogen ist, andernfalls kann die Kupplungsscheibe beschädigt werden.

**Einbau**

- Vor dem Einbau Kupplung prüfen, siehe Seite 98.
- Kupplungsausrücklager auf leichten Lauf prüfen. Sind vor dem Ausbau Laufgeräusche des Ausrücklagers beim Auskuppeln aufgetreten, Lager auswechseln, siehe Seite 102.

**Achtung:** Bei Motoren mit **Zweimassen-Schwungrad** ist die Verzahnung der Kupplungsscheibe vernickelt, die Getriebeantriebswelle darf deshalb **nicht** gefettet werden. Die Kupplungsscheibe für Zweimassen-Schwungrad ist an den fehlenden Torsionsfedern erkennbar.

- Motoren **ohne** Zweimassen-Schwungrad: Keilverzahnung der Getriebeantriebswelle reinigen und dünn mit $MoS_2$-Fett, zum Beispiel MOLYKOTE BR 2, einfetten. Nicht zuviel Fett verwenden, sonst kann es auf die Kupplungsreibflächen geschleudert werden, wo es zu Kupplungsstörungen führt. Die benötigte Fettmenge entspricht etwa der Größe eines Maiskorns.
- Getriebe anheben und waagerecht in die Kupplung einfahren. Falls beim Einsetzen die Getriebe-Antriebswelle nicht in die Kupplungsscheibe einrastet, Antriebswelle von hinten am Flansch für die Gelenkwelle mit der Hand entsprechend verdrehen.
- Getriebe an den Motor anschrauben. Flanschschrauben an gleicher Stelle wie ausgebaut einsetzen, vor dem Einsetzen die Gewindelänge messen, weil sich das Anzugsdrehmoment danach richtet.
**Anzugsdrehmoment:** Schraube M10x40: **55 Nm**
  Schraube M10x45: **55 Nm**
  Schraube M10x90: **45 Nm**
- Anlasser einbauen, siehe Seite 208.
- Getriebe mit Werkstattwagenheber und Holzzwischenlage etwas anheben, damit das hintere Motor-/Getriebelager montiert werden kann.

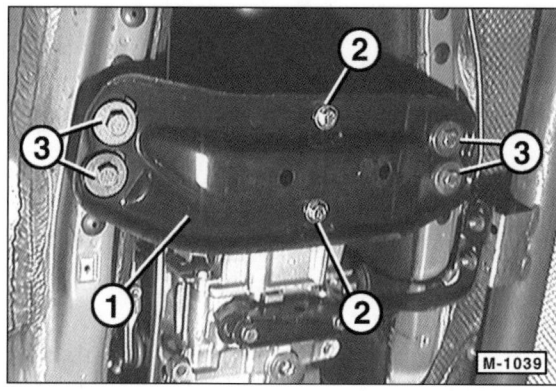

- Hinteres Motor-/Getriebelager mit folgenden Drehmomenten anschrauben:
  Schrauben –2– Motor-/Getriebelager an
  Querträger hinten –1– . . . . . . . . . . . . . . . . . . . . . **25 Nm;**
  Schrauben –3– Querträger
  hinten an Karosserie . . . . . . . . . . . . . . . . . . . . . . **40 Nm;**
  Schrauben beziehungsweise Mutter
  Motor-/Getriebelager an Getriebe . . . . . . . . . . . . **40 Nm.**
- Massekabel an Getriebe und Aufbau anschrauben.
- Schaltstangen an den Zwischenhebeln einhängen und mit Sicherungsklammern sichern. Dabei Federklammer aufdrücken, mit dem Langloch in die Nut der Schaltstange schieben und einrasten.
- Stopfen entfernen und Hydraulikleitung am Kupplungs-Nehmerzylinder mit **15 Nm** anschrauben. Klebeband am Bremsflüssigkeit-Vorratsbehälter abziehen.
- An der linken Getriebeseite den Stecker vom Induktivgeber für Tachometer aufstecken.
- Gelenkwelle einbauen, siehe Seite 108.
- Halter für vorderes Abgasrohr am Getriebe anschrauben.
- Abgasanlage einbauen, siehe Seite 95.
- Getriebeölstand prüfen, gegebenenfalls auffüllen, siehe Kapitel »Wartung«.
- Bremsflüssigkeit auffüllen und Kupplungshydraulik entlüften, siehe Seite 103.
- Einstellung der Schaltung überprüfen, siehe Seite 109.
- Untere Motorraumverkleidung einbauen, siehe Seite 42.
- Fahrzeug ablassen.
- Batterie-Massekabel (–) anklemmen.
- Zeituhr einstellen.
- Diebstahlcode für Radio eingeben.

### Speziell Automatikgetriebe

**Achtung:** Hier wird nur auf die Unterschiede gegenüber dem Schaltgetriebe eingegangen, die beim Ausbau des Automatikgetriebes beachtet werden müssen.

**Ausbau**

- Getriebe-Öleinfüllrohr nur vom Motor abschrauben. Beim V8-Motor Öleinfüllrohr komplett ausbauen.
- Getriebeöl aus Ölwanne und Drehmomentwandlergehäuse ablassen, siehe Kapitel »Wartung«.

**Hinweis:** Der Drehmomentwandler sitzt zwischen Motor und Getriebe und dient als Flüssigkeitskupplung.

- Abschirmblech für Anschlußstecker am Getriebe abschrauben. Elektrischen Anschlußstecker am Getriebe abziehen.
- **Automatisches Getriebe bis ca. 3/96** (seit 4/96 ist Getriebe 722.6 eingebaut): Steuerdruckzug von der Drosselklappenbetätigung am Getriebe aushängen, dazu Sicherung abziehen und Kugelpfanne abdrücken.
- **V8-Motor beziehungsweise Getriebe 722.6 seit 4/96:** Das Getriebe in Stellung »P« schalten. In dieser Stellung den Seilzug für Parksperrenverriegelung hinten am Getriebe aushängen. Ob das neue Getriebe eingebaut ist, erkennt man daran, daß am Programmschalter in der Mittelkonsole zwischen den Fahrprogrammen »S« (Standard) und »W« (Winter) gewählt werden kann, das bisherige Getriebe hat dagegen die Programme »S« (Standard) und »E« (Economy).
- Abdeckung unten an der Öffnung im Wandlergehäuse abschrauben. Durch diese Öffnung die Schrauben für Drehmomentwandler mit einer Sechskantnuß herausdrehen, dabei dürfen die Schrauben nicht in das Gehäuse fallen. Damit die Schrauben durch die Aussparung zugänglich sind, Motor an der Kurbelwellen-Riemenscheibe verdrehen.

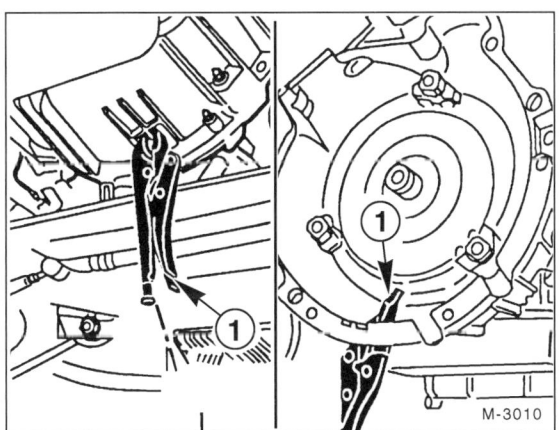

- Wandler vor Herausrutschen sichern, dazu eine Gripzange –1– am Getriebegehäuse ansetzen und festklemmen. Kann keine Gripzange angesetzt werden, beim Abziehen des Getriebes darauf achten, daß der Wandler nicht aus dem Getriebe herausrutscht. Hinweis: Die Abbildung zeigt nicht das Getriebe der E-KLASSE.

- Schaltstange am Getriebe abbauen, dazu seitlich den Befestigungsclip abziehen.
- Linke und rechte Ölleitung zum Ölkühler am Getriebe abschrauben. **Achtung:** Öl läuft aus, Auffanggefäß unterstellen. Es darf kein Schmutz in die Leitungen gelangen, daher Plastiktüten mit Gummiringen überstülpen.
- V8-Motor: Lüfterhaube am Kühler ausbauen, siehe Seite 64.
- Getriebe mit Werkstattwagenheber und Holzzwischenlage von der Fahrzeugunterseite her abstützen. Das Getriebe darf nur am Gehäuse, nicht an der Ölwanne abgestützt werden.
- Hinteres Getriebelager abschrauben, siehe Schaltgetriebe.
- Getriebe vom Motor abschrauben und abziehen.

**Einbau**

- Drehmomentwandler am Getriebe so verdrehen, daß die Bohrungen an den Laschen zur Mitte der Bohrungen am Schwungrad zeigen. Bei der Zusammenführung von Motor und Getriebe müssen die Befestigungslaschen am Drehmomentwandler mit den Ausbuchtungen am Blechschwungrad des Motors fluchten. Ein nachträgliches Ausrichten ist nicht möglich und würde zu Schäden führen.
- Gripzange am Getriebegehäuse entfernen und 3 Schrauben für Drehmomentwandler an der Getriebeöffnung einschrauben. Schrauben mit **45 Nm** anziehen. Bei Ersatz, nur Originalschrauben verwenden.
- Staubschutz entfernen und Ölleitungen am Getriebe mit **neuen** Dichtungen anschrauben.
- Getriebe-Öleinfüllrohr anschrauben.
- Getriebe komplettieren, siehe unter »Ausbau«.
- **Automatisches Getriebe bis ca. 3/96:** Kugelpfanne Steuerdruckzug am Getriebe aufdrücken, Sicherung aufschieben. Anschließend Steuerdruckzug einstellen lassen (Werkstattarbeit).
- **V8-Motor beziehungsweise Getriebe 722.6 seit 4/96:** Seilzug für Parksperrenverriegelung hinten am Getriebe einhängen.
- Schaltstange vom Wählhebel am Getriebe einhängen und mit Sicherungsklammer sichern.
- Schaltstange einstellen, siehe Seite 109.
- ATF-Getriebeöl auffüllen, siehe Kapitel »Wartung«.

# Gelenkwelle aus- und einbauen

## Ausbau

- Fahrzeug aufbocken und vorderes Abgasrohr ausbauen, siehe Seite 95.
- Hinteres Abgasrohr an der Aufhängung im Bereich des Nachschalldämpfers aushängen, etwas absenken und in dieser Stellung mit Draht am Aufbau aufhängen.

- Wärmeschutzblech vom Unterboden abschrauben. In der Abbildung sind nur die beiden hinteren Schrauben sichtbar.

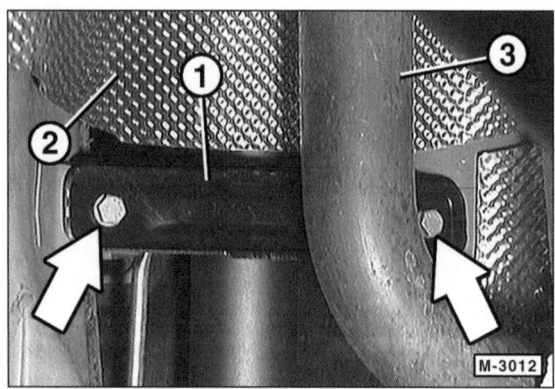

- Versteifungsstrebe –1– vorn unterhalb der Gelenkwelle abschrauben. Hinweis: Die Abbildung zeigt die Versteifungsstrebe bei eingebautem Wärmeschutzblech –2– und Abgasrohr –3–.

- Gelenkwelle vorn vom Getriebe abschrauben –1–. Dabei muß die Gelenkscheibe an der Gelenkwelle bleiben. Gelenkwelle mit handelsüblichem Spannbandschlüssel festhalten, damit sie sich nicht mitdreht.

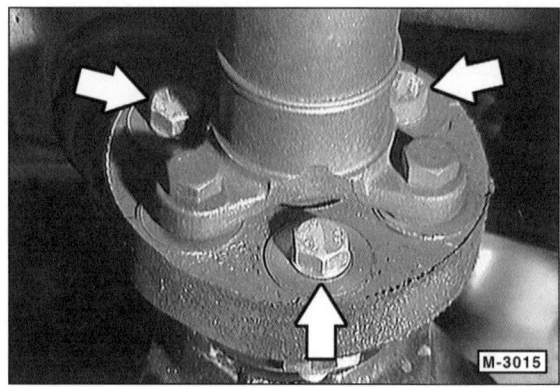

- Gelenkwelle hinten am Hinterachsgetriebe abschrauben. Dabei muß die Gelenkscheibe an der Gelenkwelle bleiben.

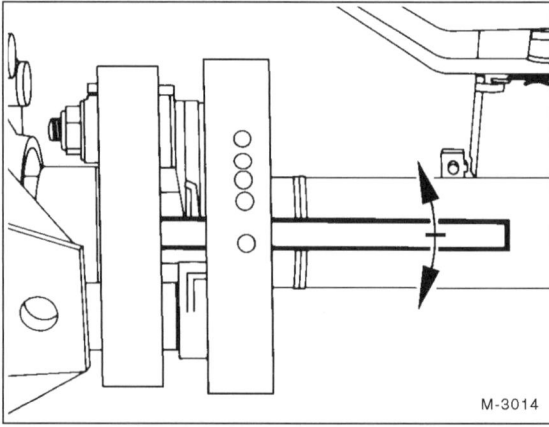

- Paßhülsen in den Gelenkflanschen mit einem zylindrischen Dorn ($\varnothing$ = 10 mm, Länge = ca. 150 mm) lockern.

**Achtung:** Gelenkwelle abstützen, damit sie beim Abziehen nicht zu stark abgewinkelt wird. Insbesondere am Gleichlaufgelenk wird sonst die Gummimanschette gequetscht.

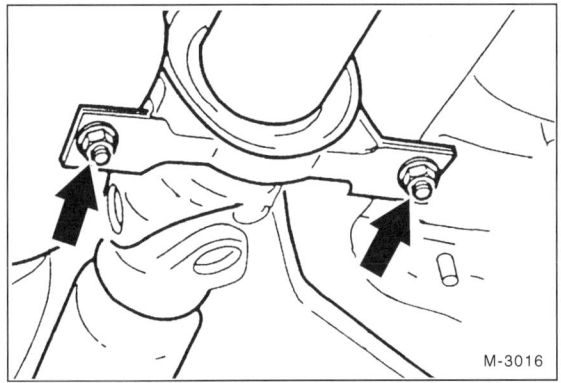

- Mittellager festhalten und Schrauben abschrauben. Gegebenenfalls Unterlegscheiben an den Schrauben abnehmen, sie müssen beim Einbau an gleicher Stelle wieder eingesetzt werden.
- Gelenkwelle am Mittellager nach unten knicken und aus den Zentrierzapfen am Getriebe und an der Hinterachse herausziehen.

**Hinweis:** Gleichlaufgelenk der Gelenkwelle mit Transportkappe oder Plastiksack vor Verschmutzung schützen.

### Einbau

Bei Vibrationen und Geräuschen, die von der Gelenkwelle ausgehen, kann diese in der Werkstatt ausgewuchtet werden. Es gibt Werkstätten, die sich auf das Instandsetzen von Gelenkwellen spezialisiert haben.

**Achtung:** Das vordere und hintere Gelenkwellenstück ist in Höhe vom Mittellager in einem Keilwellenprofil zusammengesteckt. Vor dem Auseinanderziehen Einbaulage markieren, damit die Teile in gleicher Stellung wieder zusammengefügt werden können. Sonst treten Unwuchterscheinungen auf.

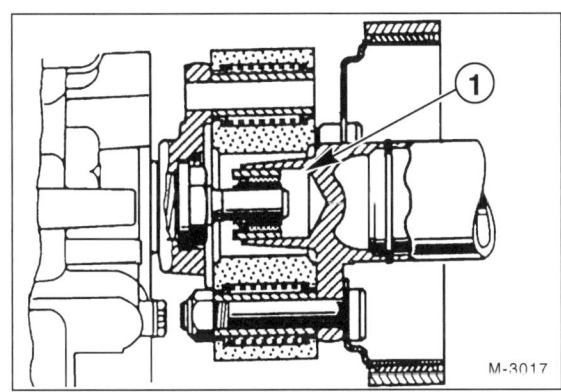

- Vor dem Einbau Gelenkwellen-Zentrierungen –1– an beiden Enden der Gelenkwelle überprüfen, beschädigte Zentrierungen von einer Fachwerkstatt erneuern lassen.
- Hohlräume der beiden Gelenkwellen-Zentrierungen komplett mit Mehrzweckfett auffüllen.
- Gelenkscheiben am vorderen und hinteren Flansch mit **neuen selbstsichernden** Muttern anschrauben.
  **Anzugsdrehmoment** Schraube M10: **40 Nm**
  Schraube M12: **60 Nm**

- Wo vorhanden, Unterlegscheiben am Mittellager in gleicher Stärke wie ausgebaut einsetzen. Mittellager mit 2 Schrauben und **30 Nm** am Unterboden anschrauben.
- Versteifungsstrebe vorn unterhalb der Gelenkwelle mit **neuen selbstsichernden** Schrauben und **25 Nm** anschrauben.
- Wärmeschutzblech am Unterboden anschrauben.
- Abgasanlage einbauen, siehe Seite 95.

## Schaltung einstellen

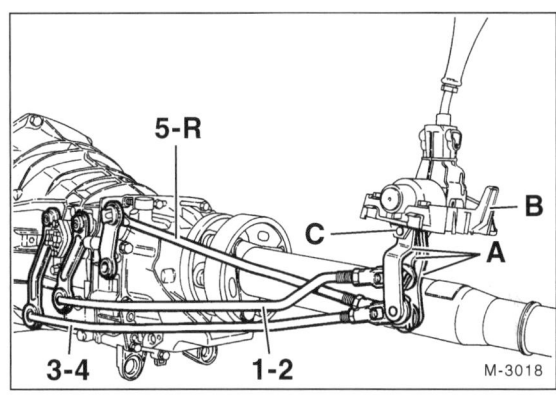

1-2 – Schaltstange für 1./2. Gang
3-4 – Schaltstange für 3./4. Gang
5-R – Schaltstange für 5. Gang und Rückwärtsgang
A – Zwischenhebel
B – Schaltbock
C – Bohrung für Fixierbolzen

### Einstellen

- Schalthebel in Leerlaufstellung bringen.
- Fahrzeug aufbocken und untere Motorraumverkleidung ausbauen, siehe Seite 42.

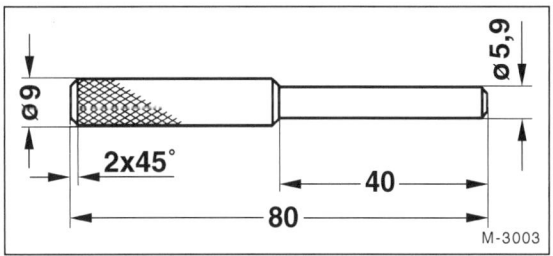

- Zum Einstellen der Schaltung wird ein Fixierbolzen benötigt. Falls nicht vorhanden, Fixierbolzen nach den angegebenen Maßen anfertigen.

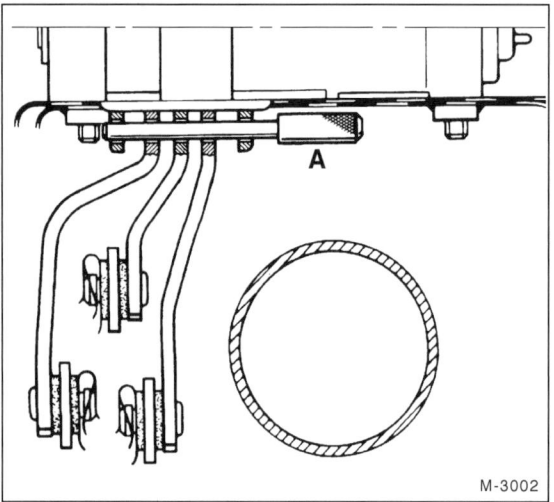

- Fixierbolzen –A– unten am Schaltbock in die Bohrungen einführen und dadurch die 3 Zwischenhebel fixieren.

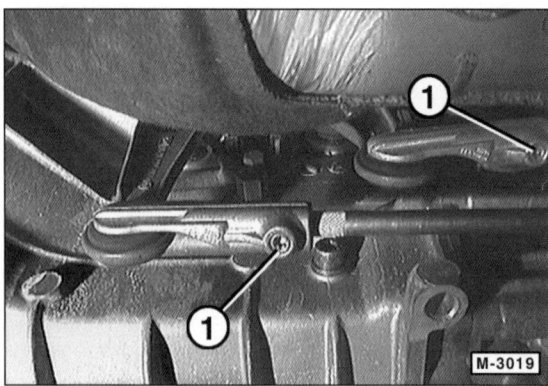

- Schrauben –1– an allen 3 Schaltstangen lösen. Getriebeschalthebel von Hand in Leerlaufstellung bringen, dabei verschiebt sich der Stangenkopf auf der Stange. Hinweis: Die Abbildung zeigt nur 2 der 3 Schaltstangen am Getriebe.
- Getriebeschalthebel in Leerlaufstellung (Mittelstellung) bringen und festhalten. Fixierbolzen einsetzen, siehe Abbildung M-3002.
- Schrauben –1– für Stangenköpfe mit **12 Nm** festziehen.
- Fixierbolzen herausnehmen.
- Gänge von Helfer durchschalten lassen, dabei sicherstellen, daß sich keine Schaltstangen berühren und der Schalthebel am Lagerbock freigängig ist.
- Schaltung bei laufendem Motor auf Funktion prüfen. Die Gänge müssen sich ohne zu haken einlegen lassen.
- Untere Motorraumverkleidung einbauen, siehe Seite 42.
- Fahrzeug ablassen.

## Vollautomatik

Anstelle des Schaltgetriebes kann die E-Klasse mit einer Getriebevollautomatik ausgestattet sein. Das Automatikgetriebe übernimmt beim Anfahren die Aufgaben der herkömmlichen Kupplung und während der Fahrt die Schaltarbeit.

Die wesentlichen Baugruppen eines Automatikgetriebes sind: Drehmomentwandler, Planetengetriebe und hydraulische beziehungsweise elektronische Getriebesteuerung. Zum Schalten der Übersetzungsstufen im Planetengetriebe werden hydraulisch betätigte Lamellen-Bremsen und Lamellen-Kupplungen verwendet.

Der Drehmomentwandler entspricht in seiner Funktion einer hydraulischen Kupplung. Er sorgt dafür, daß ohne mechanische Kupplungsbetätigung angefahren und die einzelnen Gangstufen geschaltet werden können.

### Automatikgetriebe mit elektronischer Steuerung

Modelle mit V8-Motoren und alle Modelle seit etwa 4/96 haben ein Fünfgang-Automatikgetriebe mit elektronischer Steuerung (werksinterne Bezeichnung »722.6«). Ob das neue Getriebe eingebaut ist, erkennt man daran, daß am Programmschalter in der Mittelkonsole zwischen den Fahrprogrammen »S« (Standard) und »W« (Winter) gewählt werden kann, das bisherige Getriebe hat dagegen die Programme »S« (Standard) und »E« (Economy). Das Getriebe »722.6« hat eine Wandlerüberbrückungskupplung, die in den Gangstufen 3, 4 und 5 automatisch aktiviert wird. Mit der Wandlerüberbrückung wird der systembedingte – und im Anfahrbereich willkommene, zugkraftsteigernde – Schlupf im Hauptfahrbereich ausgeschaltet und so der Kraftstoffverbrauch reduziert.

Die Steuerung der Schaltdrücke übernimmt anstelle der bisher eingesetzten Hydraulik ein elektronisches Steuergerät. Damit stehen wesentlich umfassendere Informationen für eine noch bessere Getriebesteuerung zur Verfügung, um für jeden Betriebszustand des Fahrzeugs und für jeden Fahrerwunsch die sinnvollste Getriebeübersetzung auszuwählen und die Qualität der Gangschaltungen zu erhöhen.

Das Getriebe schaltet spontan bei Schaltanforderungen. Der Schaltvorgang ist zügig gleitend und insbesondere in den oberen Gängen kaum mehr spürbar. Dies wird durch exakte Anpassung und Regelung der Schaltungsabläufe und der ständigen Kommunikation mit der Motorsteuerung erreicht. Rückschaltungen über mehrere Gänge werden ineinanderfallend ausgeführt und sind damit schneller und komfortabler als bei der sequentiellen Abarbeitung von Einzelschaltungen.

Mit dem als Wippe ausgebildeten Programmschalter kann zwischen den Programmen »S« (Standard) und »W« (Winterfahrprogramm) gewählt werden. Beim Winterprogramm wird im länger übersetzten 2. Gang angefahren. Außerdem werden die Gänge nicht vollständig ausgedreht. Die Rückschaltungen erfolgen bei niedrigen Geschwindigkeiten. Zur Vermeidung von Fehlbedienungen ab einer Fahrgeschwindigkeit von 8 km/h ist der Wählhebel nach Position »N« in Richtung »R« gesperrt. Das Winterfahrprogramm beinhaltet auch eine deutlich »längere« Rückwärtsgangübersetzung.

Bei Störungen ist ein Notbetrieb möglich. Gespeicherte Fehler können in der Werkstatt über den Diagnosestecker durch den MERCEDES-»Hand-Held-Tester« ausgelesen werden. Das Getriebeöl braucht nicht mehr gewechselt zu werden (Lebensdauerfüllung); der bisherige Getriebeölmeßstab entfällt.

**Hinweis:** MERCEDES-BENZ-Fahrzeuge mit Automatikgetriebe dürfen abgeschleppt werden, und zwar bis zu einer Entfernung von 50 Kilometern bei einer Geschwindigkeit von maximal 50 km/h.

## Ölstand im automatischen Getriebe prüfen

Der Ölstand im Automatikgetriebe muß normalerweise nur nach dem Ölwechsel oder beim Verdacht auf Undichtigkeiten geprüft werden. Der Ölwechsel ist im Kapitel »Wartung« beschrieben.

**Achtung:** Modelle mit V8-Motoren und alle Modelle seit etwa 4/96 haben die 5-Gang-Automatik mit der werksinternen Bezeichnung 722.6. Das Getriebeöl muß bei diesem Getriebe nicht mehr im Rahmen der Wartung gewechselt werden. Die Verschlußkappe des Öleinfüllrohrs ist mit einer Sicherung gegen unbeabsichtigtes Öffnen gesichert.

Der vorgeschriebene Ölstand ist für die einwandfreie Funktion des automatischen Getriebes äußerst wichtig. Darum ist die Prüfung mit großer Sorgfalt durchzuführen.

Das ATF (Automatic Transmission Fluid)-Einfüllrohr befindet sich im Motorraum. Hier wird auch der Ölstand durch einen Peilstab geprüft.

**Achtung:** Zum Reinigen des Ölmeßstabs nur sauberen, nicht fasernden Lappen verwenden und auf peinlichste Sauberkeit bei sämtlichen Arbeitsschritten achten. Nur neues ATF nachfüllen.

Der Ölstand kann bei kaltem (ca. 25° C bis 30° C) und betriebswarmem Getriebe (ca. 80° C) geprüft werden. Das Getriebe erreicht die Betriebstemperatur etwa nach einer halbstündigen Probefahrt.

### Prüfen

- Fahrzeug auf ebener Fläche abstellen.
- Motor im Leerlauf ca. 1 bis 2 Minuten laufen lassen.
- Wählhebel in Stellung »P« legen, Feststellbremse anziehen.
- Motor während der Prüfung im Leerlauf laufen lassen.

**Achtung:** Bei zu niedrigem Ölstand wird von der Ölpumpe deutlich hörbar Luft angesaugt. Das Öl schäumt dadurch auf und kann bei der Ölstandsprüfung zu einem falschen Ergebnis führen. In diesem Fall Motor abstellen, nach ca. 2 Minuten etwas Öl nachfüllen und anschließend Ölstand nochmals bei laufendem Motor prüfen.

- **Getriebe 722.6:** Vom Öleinfüllrohr an der Motor-Stirnwand die Verschlußkappe abnehmen. Dazu Sicherungsplatte an der Verschlußkappe mit einem Schraubendreher abhebeln, die Sicherungsplatte muß abbrechen. Verschlußkappe abnehmen und das in der Verschlußkappe verbleibende Teil der abgebrochenen Sicherungsplatte nach unten herausdrücken. Anstelle der Verschlußkappe einen Ölmeßstab (Ersatzteil) einsetzen.

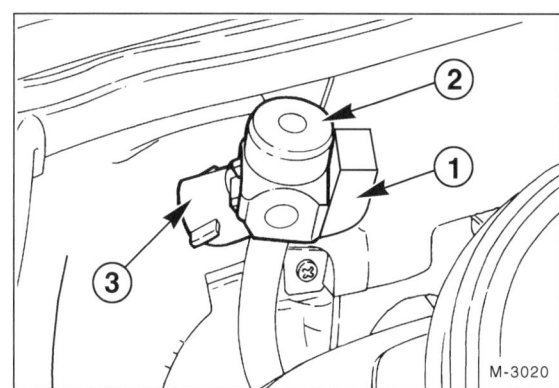

- Sicherungsstift −1− seitlich wegdrücken, beide Teile entfernen und Verschlußhebel −3− öffnen. Ölmeßstab −2− herausziehen.
- Meßstab mit faserfreiem Tuch, am besten Leder, abwischen und mit geöffnetem Verschluß bis zum Anschlag einstecken.
- Meßstab herausziehen und Ölstand ablesen.

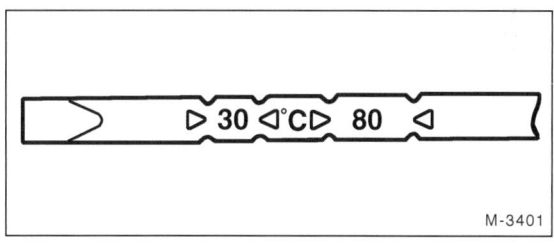

- Der Flüssigkeitsstand muß zwischen der »min« und »max«-Markierung des entsprechenden Temperaturbereiches liegen. Bei kaltem Getriebe (Getriebeöltemperatur ca. +30° C, **Getriebe 722.6:** +25° C) gilt der Temperaturbereich »30«, bei betriebswarmem Getriebe (Getriebeöltemperatur ca. +80° C) gilt der Temperaturbereich »80« auf dem Peilstab.

**Hinweis:** Beim Getriebe 722.6 kann die Werkstatt die Öltemperatur mit einem Diagnosegerät abrufen.

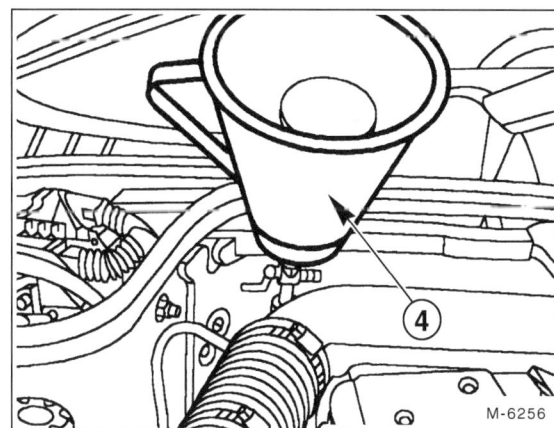

- Gegebenenfalls ATF am Rohr des Ölmeßstabs über ein feinmaschiges Sieb mit einem sauberen Trichter −4− einfüllen.

**Achtung:** Nicht zuviel Öl einfüllen. Zuviel Öl kann Störungen in der Automatik hervorrufen. In jedem Fall muß zuviel eingefülltes Öl wieder abgelassen werden.

**Achtung: Es dürfen nur die vom Werk freigegebenen ATF-Öle verwendet werden.**

Ohne ATF-Füllung im Drehmomentwandler und im automatischen Getriebe darf weder der Motor laufen noch darf der Wagen abgeschleppt werden.

- Bei Leerlaufdrehzahl die Fußbremse betätigen und sämtliche Wählhebelstellungen langsam durchschalten. Anschließend Ölstand nochmals kontrollieren.
- Meßstab bis zum Anschlag einstecken und mit Verschlußhebel verriegeln. Sicherungsstift einrasten.
- **Getriebe 722.6:** Meßstab aus Öleinfüllrohr entfernen, Verschlußkappe aufsetzen. Neuen Sicherungsstift in Verschlußkappe eindrücken, bis er einrastet.

## Schaltstange einstellen

### Automatikgetriebe

**Achtung:** Das Fahrzeug muß während der Einstellung auf einer waagrechten Fläche stehen. Es ist also eine Hebebühne oder Grube erforderlich.

- Untere Motorraumverkleidung ausbauen, siehe Seite 42.

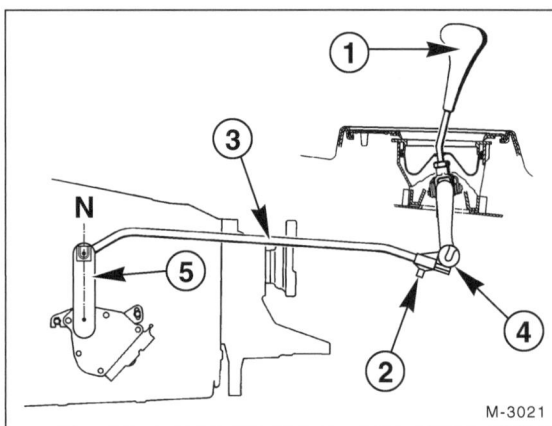

- **Getriebe bis ca. 3/96:** Wählhebel –1– in Position »N« stellen, siehe Abbildung.
- **Getriebe 722.6 seit 4/96, alle V8-Modelle:** Wählhebel –1– in Position »D« stellen.
- Von der Fahrzeugunterseite her Gewindestift –2– am Schaltstangenkopf –4– lösen. Die Schaltstange –3– muß lose und spannungsfrei im Stangenkopf –4– liegen.
- **Getriebe bis ca. 3/96:** Der Hebel –5– am Getriebe steht in senkrechter Stellung, Wählhebel –1– in Position »N«.
- **Getriebe 722.6 seit 4/96, alle V8-Modelle:** Hebel –5– am Getriebe von Hand nach vorn, also in Fahrtrichtung, drücken. Dies entspricht der Stellung »D« des Automatikgetriebes. Der Wählhebel –1– steht in Position »D«.
- In dieser Stellung den Gewindestift –2– mit **12 Nm** festziehen.
- Untere Motorraumverkleidung einbauen, siehe Seite 42.
- Probefahrt durchführen und einwandfreie Funktion der Schaltung überprüfen.

# Vorderachse

Die E-Klasse besitzt eine Doppelquerlenker-Vorderachse. Für die Radführung stehen jeweils zwei Dreieck-Querlenker zur Verfügung. Der obere Lenker ist über Gummilager mit der Karosserie verbunden, der untere Lenker ist an einem Aggregateträger befestigt, an dem auch die Motorlager und das Lenkgetriebe befestigt sind. Über Kugelgelenke führen die beiden Lenker den Radträger (Achsschenkel). Schraubenfeder und Gasdruckstoßdämpfer sitzen nebeneinander zwischen unterem Querlenker und Aufbau. Der Stoßdämpfer übernimmt keine Radführungsfunktion, wodurch sich Vorteile gegenüber herkömmlichen Federbein-Konstruktionen im Hinblick auf Ansprechverhalten und Abrollkomfort ergeben. Ein Querstabilisator sorgt für bessere Bodenhaftung der Vorderräder vor allem bei Kurvenfahrt.

Die Vorderradlager sind als doppelte Kegelrollenlager ausgeführt, das Radlagerspiel ist einstellbar.

**Sicherheitshinweis:**
Schweiß- und Richtarbeiten an tragenden und radführenden Bauteilen der Vorderradaufhängung **sind nicht zulässig. Selbstsichernde Muttern**, sowie korrodierte Schrauben/Muttern im Reparaturfall **immer ersetzen.**

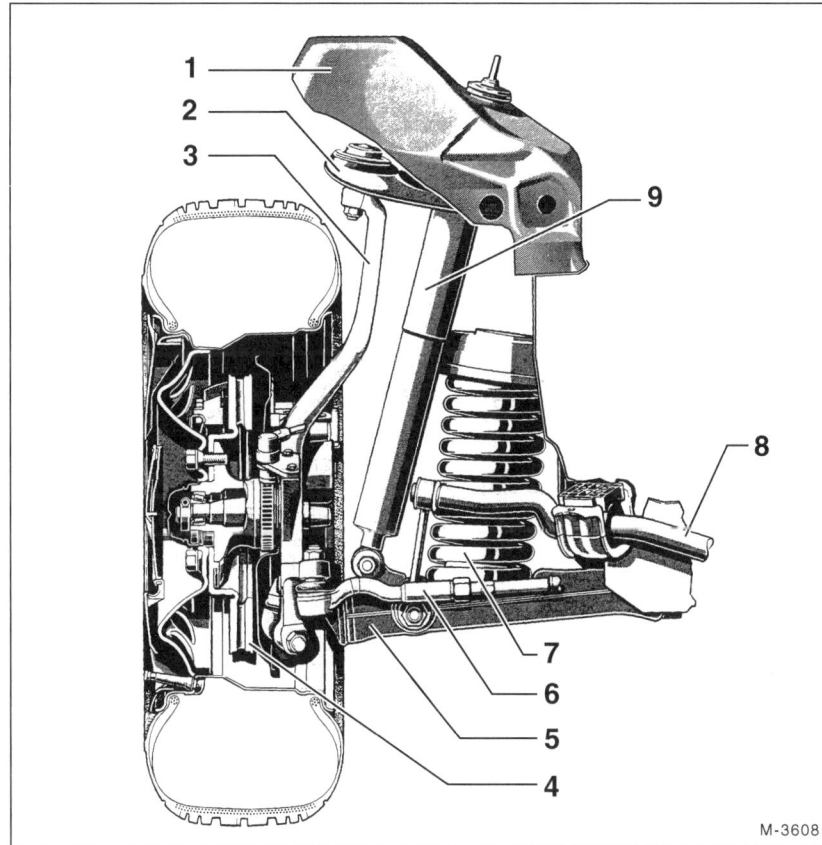

1 – Aufbau (Karosserie)
2 – Oberer Querlenker
3 – Achsschenkel
4 – Bremsscheibe
5 – Unterer Querlenker
6 – Spurstangenkopf
7 – Schraubenfeder
8 – Querstabilisator
9 – Stoßdämpfer

# Stoßdämpfer aus- und einbauen

Stoßdämpfer sind unabhängig vom Fabrikat einzeln austauschbar, lediglich die Ausführung nach Farbkennziffer, zum Beispiel »V1 orange«, muß übereinstimmen.

### Ausbau

**Achtung:** Das Fahrzeug muß beim Lösen der oberen Stoßdämpferbefestigung auf den Rädern stehen.

- Kontermutter –2– und Mutter –1– für Stoßdämpfer mit Gabelschlüssel abschrauben. Dabei Kolbenstange am Zweikant –3– gegenhalten, sie darf nicht verdreht werden. Zum Lösen und gleichzeitigen Gegenhalten benutzt die Werkstatt das Spezialwerkzeug HAZET 2780, das aber nicht unbedingt erforderlich ist. Scheibe und Gummidämpfer abnehmen.

- Stellung der Vorderräder zur Radnabe mit Farbe kennzeichnen. Dadurch kann das ausgewuchtete Rad wieder in derselben Position montiert werden. Radschrauben bei auf dem Boden stehendem Fahrzeug lösen. Fahrzeug vorn aufbocken und Vorderräder abnehmen.

**Achtung:** Der Ausfederungsanschlag ist im Kugelgelenk des oberen Querlenkers integriert. Daher muß die Achse nicht abgestützt werden, wenn das Fahrzeug angehoben wird.

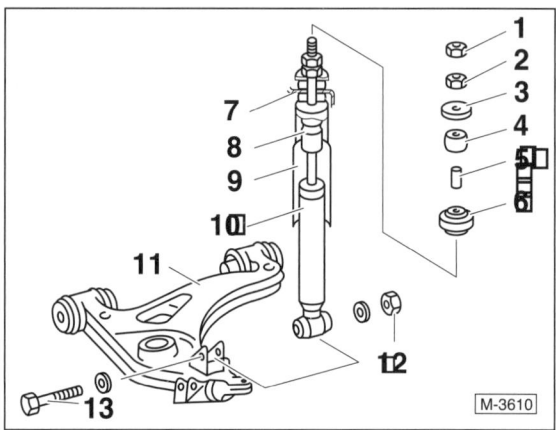

1 – Kontermutter, **30 Nm**
2 – Mutter, **15 Nm**
3 – Scheibe
4 – Gummidämpfer
5 – Abstandhülse
6 – Dämpfer
7 – Aufbau (Karosserie)
8 – Anschlagpuffer
9 – Schutzhülse
10 – Stoßdämpfer
11 – Unterer Querlenker
12 – Mutter, **55 Nm**
13 – Schraube

- Mutter –12– am Querlenker lösen, Schraube –13– mit Unterlegscheiben herausziehen und Stoßdämpfer abnehmen.

### Einbau

- Vorhandensein von Anschlagpuffer –8–, Schutzhülse –9– und Abstandhülse –5– kontrollieren, gegebenenfalls aufsetzen. Bei neuen Stoßdämpfern sind diese Teile bereits montiert. Dämpfer –6– aufsetzen.

- Stoßdämpfer am unteren Querlenker einsetzen. Schraube mit Unterlegscheiben einsetzen. **Neue selbstsichernde** Mutter aufschrauben, mit **55 Nm** festziehen.

- Vorderräder so ansetzen, daß die beim Ausbau angebrachten Markierungen übereinstimmen. Räder anschrauben. Fahrzeug ablassen und Radschrauben über Kreuz mit **110 Nm** festziehen.

- Fahrzeug langsam ablassen, dabei gelangt das obere Stoßdämpferlager in richtige Einbauposition.

- Gummidämpfer –4– und Scheibe –3– vom Motorraum her auf die Stoßdämpferstange aufsetzen. **Neue selbstsichernde** Mutter –2– für Stoßdämpferstange mit **15 Nm** anschrauben, dabei Kolbenstange am Zweikant gegenhalten, sie darf nicht verdreht werden. **Neue selbstsichernde** Kontermutter –1– mit **30 Nm** aufschrauben, dabei untere Mutter gegenhalten.

# Stoßdämpfer prüfen/verschrotten

Folgende Fahreigenschaften weisen auf defekte Stoßdämpfer hin:

- Langes Nachschwingen der Karosserie bei Bodenunebenheiten.
- Aufschaukeln der Karosserie bei aufeinander folgenden Bodenunebenheiten.
- Springen der Räder auch auf normaler Fahrbahn.
- Ausbrechen des Fahrzeuges beim Bremsen (kann auch andere Ursachen haben).
- Kurvenunsicherheit durch mangelnde Spurhaltung, Schleudern des Fahrzeuges.
- Abnorme Reifenabnutzung mit Abflachungen (Auswaschungen) am Reifenprofil.
- Defekte Dämpfer erkennt man auch während der Fahrt an Polter- und Knackgeräuschen. Allerdings haben diese Geräusche häufig auch andere Ursachen, zum Beispiel lockere Fahrwerksschrauben, Muttern, defektes Radlager, Gleichlaufgelenk. Daher Dämpfer vor dem Ersetzen immer prüfen, gegebenenfalls auf Stoßdämpferprüfstand prüfen lassen.

Der Stoßdämpfer kann von Hand geprüft werden. Eine genaue Überprüfung der Stoßdämpferleistung ist jedoch nur mit einem Shock-Tester (Stoßdämpfer eingebaut) oder einer Stoßdämpfer-Prüfmaschine möglich.

## Prüfung von Hand

- Stoßdämpfer ausbauen.

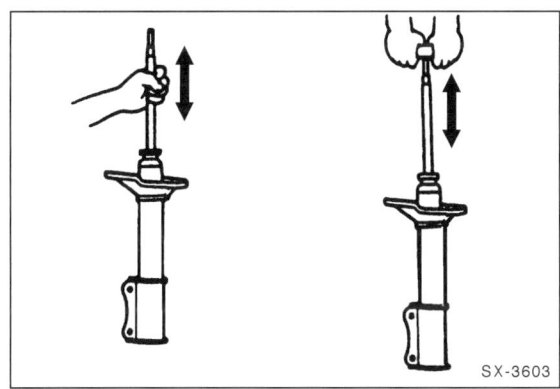

- Stoßdämpfer in Einbaulage halten, Stoßdämpfer auseinanderziehen und zusammendrücken. Der Stoßdämpfer muß sich über den gesamten Hub gleichmäßig schwer und ruckfrei bewegen lassen.
- Bei Gasdruck-Stoßdämpfern geht die Kolbenstange bei ausreichendem Gasfülldruck von selbst wieder in die Ausgangslage zurück. Ist dies nicht der Fall, braucht der Dämpfer nicht unbedingt ersetzt werden. Die Wirkungsweise entspricht, solange kein größerer Ölverlust eingetreten ist, der Wirkungsweise eines konventionellen Dämpfers. Die dämpfende Funktion ist auch ohne Gasdruck vollständig vorhanden. Allerdings kann sich das Geräuschverhalten verschlechtern.
- Bei einwandfreier Funktion sind geringe Spuren von Stoßdämpferöl kein Grund zum Austausch. Als Faustregel gilt: Wenn ein Ölfleck sichtbar ist und sich nicht weiter ausbreitet als vom oberen Stoßdämpferverschluß (Kolbenstangendichtring) bis zum unteren Federteller, gilt der Dämpfer als in Ordnung. Voraussetzung ist, daß der Ölfleck stumpf, matt beziehungsweise durch Staub getrocknet ist. Ein geringfügiger Ölaustritt ist sogar von Vorteil, weil dadurch der Dichtring geschmiert wird und sich somit die Lebensdauer erhöht.
- Bei starkem Ölverlust Stoßdämpfer austauschen.

### Stoßdämpfer verschrotten

Stoßdämpfer sind mit Öl gefüllt. Daher nicht in den Hausmüll geben, sondern bei der Verkaufsstelle der neuen Stoßdämpfer zurückgeben.

- In der Werkstatt werden die Stoßdämpfer vor der Verschrottung wie folgt entleert. Der entleerte Stoßdämpfer kann dann wie normaler Eisenschrott behandelt werden.

**Sicherheitshinweis Gasdruck-Stoßdämpfer:**
Der Gasdruck eines neuen Stoßdämpfers beträgt bis zu 25 bar. Deshalb beim Öffnen des Dämpfers Arbeitsstelle abdecken und **unbedingt Schutzbrille tragen.**

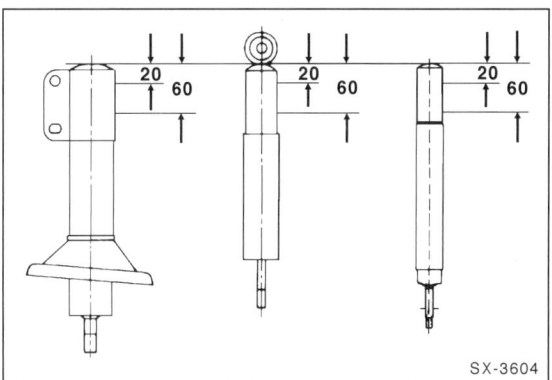

- Stoßdämpfer senkrecht mit der Kolbenstange nach unten in den Schraubstock spannen.
- Etwa 20 mm unterhalb des Bodens das Dämpferrohr mit einem Bohrer, $\varnothing$ 3 mm, anbohren.

**Achtung:** Bei Gasdruckstoßdämpfern entweicht nach dem Durchbohren der ersten Rohrwandung Gas. Öffnung während des Entgasens mit Lappen abdecken. Anschließend weiterbohren bis das innenliegende Rohr (ca. 25 mm) durchbohrt ist. Das entweichende Gas ist farblos, geruchlos und ungiftig.

- Etwa 60 mm unterhalb des Bodens eine weiteres Loch mit $\varnothing$ 5 mm für das Öl bohren.
- Dämpfer über eine Ölauffangwanne halten und Hydrauliköl durch hin- und herbewegen der Kolbenstange über den gesamten Hub herausdrücken.
- Dämpfer vollständig abtropfen lassen.
- Stoßdämpferöl ist Mineralöl und kann laut Abfallgesetz zusammen mit Motoröl entsorgt werden.

# Schraubenfeder vorn aus- und einbauen

**Achtung:** Je nach Ausstattung des Fahrzeuges sind die Schraubenfedern mit Gummilagern unterschiedlicher Höhe eingebaut. Beim Auswechseln nur Gummilager gleicher Höhe wie die ausgebauten einbauen. Die Länge der Federn ist bei allen Modellen gleich, Farbmarkierungen sind ohne Bedeutung.

### Ausbau

- Fahrzeug vorn aufbocken.
- Die Schraubenfeder ist vorgespannt. Zum Herausnehmen der Feder muß sie noch weiter gespannt werden, damit die Federteller entlastet sind. **Dazu wird eine spezielle Spannvorrichtung (Sonderwerkzeug) benötigt.**

> **Sicherheitshinweis:**
> Die Feder nur herausnehmen, wenn sie ordnungsgemäß mit dem Federspanner gespannt ist. Verletzungsgefahr!

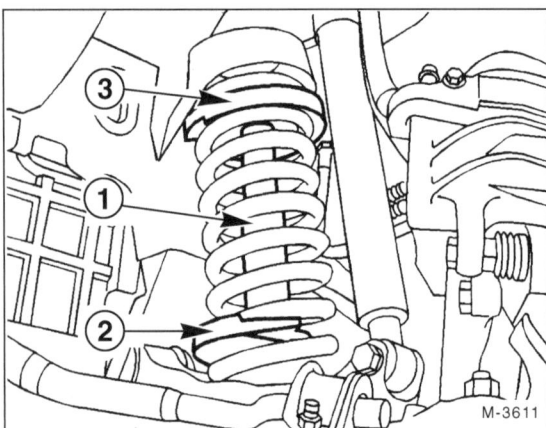

- Feder mit handelsüblichem Federspanner spannen. Die MERCEDES-BENZ-Werkstätten benutzen dazu eine Spezialvorrichtung: Spanngerät –1– (202 589 46 31 00), Spannplatten –2, 3– (202 589 79 63 00). Dabei soll der Federspanner 8 Windungen umfassen. Feder zusammendrücken, bis sie herausgenommen werden kann.

**Achtung:** Darauf achten, daß die Federwindungen sicher umfaßt werden und der Federspanner nicht abrutschen kann. Feder grundsätzlich an 3 gegenüberliegenden Seiten spannen. Die Schraubenfeder steht unter großer Vorspannung, deshalb nur stabiles Werkzeug verwenden. **Keinesfalls Feder mit Draht zusammenbinden. Unfallgefahr!**

- Falls die Feder ausgewechselt werden soll, Feder langsam entspannen. Gummilager abnehmen.

### Einbau

Vor dem Einbau Gummilager der Feder auf Porosität oder Beschädigung prüfen, gegebenenfalls ersetzen. Anlagefläche am Querlenker reinigen. **Achtung:** Zwischen oberem Gummilager und Aufbau (Karosserie) sitzt eine zusätzliche Kunststoffabstützung, die immer vorhanden sein muß.

- Federspanner ansetzen und Feder langsam spannen.

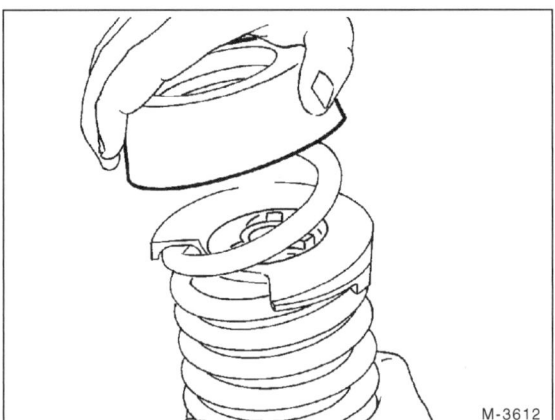

- Gummilager mit einer Rechtsdrehung auf die Feder aufsetzen. Zur leichteren Montage kann das Gummilager mit Geschirrspülmittel oder Glyzerin bestrichen werden.
- Schraubenfeder so einsetzen, daß das Ende der unteren Windung am Anschlag des Federtellers im Querlenker sitzt.

- Schraubenfeder langsam entspannen, dabei auf richtigen Sitz der Gummilager am Aufbau und unten am Querlenker achten.
- Fahrzeug ablassen.
- Wurden Neuteile eingebaut, Scheinwerfer einstellen, siehe Seite 216.

# Radlagerspiel vorn einstellen

- Stellung von Vorderrad zur Radnabe mit Farbe kennzeichnen. Dadurch kann das ausgewuchtete Rad wieder in derselben Position montiert werden. Radschrauben bei auf dem Boden stehendem Fahrzeug lösen. Fahrzeug vorn aufbocken und Vorderrad abnehmen.

- 1 Radschraube in Gewindebohrung –2– gegenüber der Sicherungsschraube –1– einschrauben und handfest anziehen. Dadurch wird die Bremsscheibe an der Radnabe fixiert.
- Scheibenbremsbeläge mit Schraubendreher vorsichtig von der Bremsscheibe wegdrücken.
- Nabenkappe –3– mit Krallenabzieher abziehen, oder mit Gummihammer abschlagen. Dazu Radnabe drehen und mit Gummihammer ständig leicht seitlich gegen die Nabenkappe klopfen, bis sie abfällt.

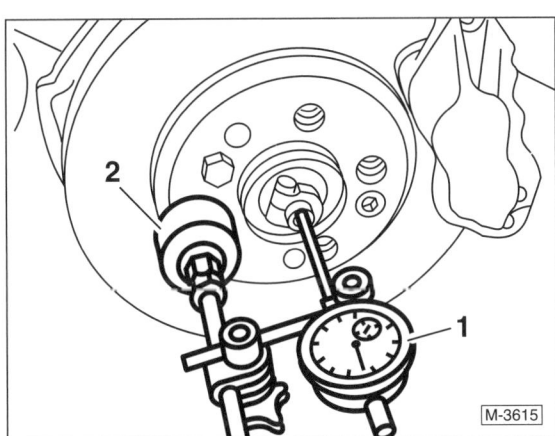

- Spiel durch kräftiges Ziehen und Drücken am Flansch kontrollieren. Vor jedem Messen Radnabe einige Male durchdrehen.
- Die Werkstatt mißt das Axialspiel des Radlagers mit Hilfe einer Meßuhr –1– und des entsprechenden Halters –2–. Meßuhr auf 2 mm Vorspannung einstellen. **Sollwert** bei richtig eingestelltem Spiel: **0,01–0,02 mm**.

**Achtung:** Während der Messung darf sich die Radnabe nicht verdrehen.

## Einstellen

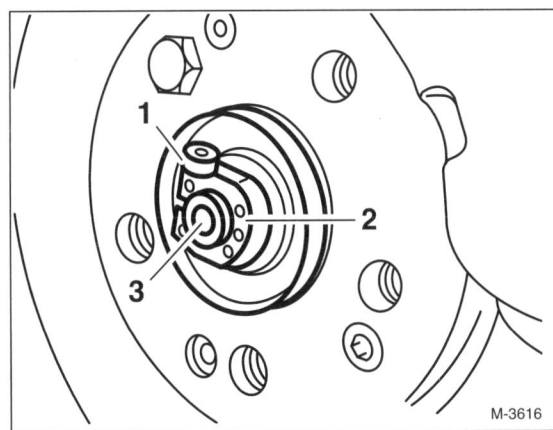

- Innensechskantschraube –1– der Klemm-Mutter –2– lösen.
- Klemm-Mutter unter gleichzeitigem Drehen der Nabe so weit anziehen, daß sich die Nabe kaum noch drehen läßt. Anschließend Klemm-Mutter ca. ⅓ Umdrehung zurückdrehen und durch einen Schlag mit einem Kunststoffhammer auf den Achsschenkelzapfen –3– die Spannung lösen.
- Messung mit Meßuhr wiederholen und Spiel gegebenenfalls nochmals korrigieren.
- MERCEDES-BENZ schreibt die Prüfung des Lagerspiels mit der Meßuhr vor. In der Praxis (oder wenn keine Meßuhr vorhanden ist) ist das Radlagerspiel normalerweise richtig eingestellt, wenn sich die Scheibe hinter der Klemm-Mutter **satt, das heißt mit etwas Kraftaufwand** mit einem Schraubendreher verschieben läßt. Sonst Klemm-Mutter etwas anziehen oder lösen.
- Innensechskantschraube der Klemm-Mutter mit **8 Nm** festziehen und Radlagerspiel nochmals kontrollieren.
- Nabenkappe bis zum Bördelrand mit Hochtemperatur-Wälzlagerfett füllen. Füllmenge ca. 15 Gramm.
- Nabenkappe aufsetzen und mit Gummihammer aufschlagen. Dabei geeignetes Rohr auf Nabenkappe aufsetzen, damit die Nabenkappe gleichmäßig eingetrieben und nicht durch die Hammerschläge verbeult wird. **Achtung:** Verbeulte Nabenkappe unbedingt ersetzen, da durch Undichtigkeiten Feuchtigkeit ins Radlager eindringt und dieses in kurzer Zeit zerstört wird.
- Radschraube an der Bremsscheibe herausdrehen.
- Vorderrad so ansetzen, daß die beim Ausbau angebrachten Markierungen übereinstimmen. Rad anschrauben. Fahrzeug ablassen und Radschrauben über Kreuz mit **110 Nm** festziehen.
- Bremspedal mehrmals betätigen, damit die Bremsbeläge in Betriebsstellung kommen.

# Hinterachse

Die E-KLASSE besitzt eine Raumlenker-Hinterachse mit Einzelradaufhängung. Zur Abfederung dienen Schraubenfedern und Gasdruckstoßdämpfer.

In der Mitte der Hinterachse befindet sich das Hinterachsgetriebe. Es ist mit dem Achsträger über 3 Gummilager verschraubt, der Achsträger ist mit 4 Gummilagern am Rahmenboden befestigt. Einige dieser Gummilager sind hydraulisch gedämpft, wodurch Geräusch- und Schwingungskomfort verbessert werden.

Die Hinterräder werden durch 5 räumlich angeordnete Lenker (Federlenker, Zugstrebe, Schubstrebe, Sturzstrebe und Spurstange) geführt, die am Achsträger elastisch gelagert sind. Bei allen Beladungs- und Fahrzuständen ergibt sich eine optimale Radführung.

Die Schraubenfedern und Stoßdämpfer sind separat voneinander zwischen Federlenker und Rahmenboden angeordnet.

**Sicherheitshinweis:**
Schweiß- und Richtarbeiten an tragenden und radführenden Bauteilen der Hinterradaufhängung **sind nicht zulässig. Selbstsichernde Muttern** im Reparaturfall **immer ersetzen.**

**Sonderausstattung: Niveauregulierung/ADS (Adaptives Dämpfungs-System).** Das T-Modell ist bereits serienmäßig mit der Niveauregulierung ausgestattet. Anstelle der Gasdruckstoßdämpfer sind Federbeine eingebaut, die ab einer bestimmten Fahrzeugbeladung automatisch mit Hydrauliköl »aufgepumpt« werden und so einen Teil des Fahrzeuggewichts mittragen. Dadurch ist sichergestellt, daß der volle Federweg sowie ausreichende Bodenfreiheit bei allen Beladungszuständen an der Hinterachse vorhanden sind.

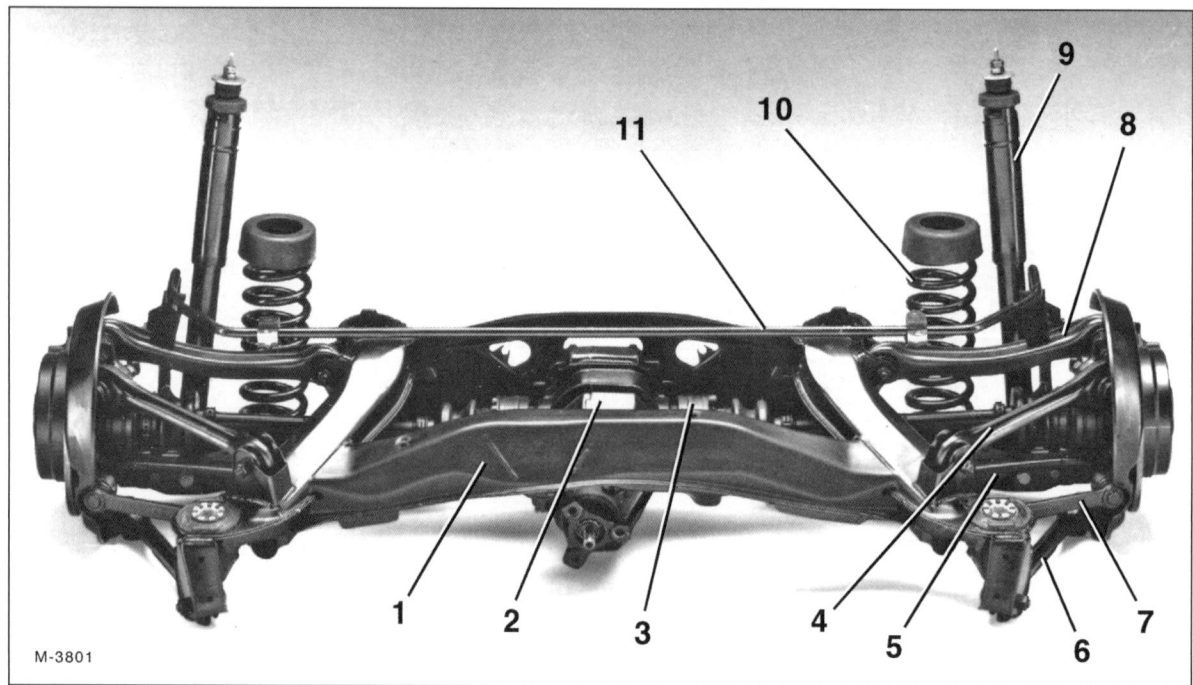

1 – Hinterachsträger
2 – Hinterachsgetriebe
3 – Hinterachswelle
4 – Zugstrebe
5 – Federlenker
6 – Schubstrebe
7 – Spurstange
8 – Sturzstrebe
9 – Stoßdämpfer
10 – Hinterfeder
11 – Stabilisator

Bei zusätzlicher Ausstattung mit ADS (Adaptives Dämpfungs-System) wird durch eine elektronische Steuerung die Dämpferkraft an jedem Hinterrad dem momentanen Bedarf angepaßt, so daß Schaukelbewegungen der Karosserie im Vergleich zu herkömmlichen Dämpfern weiter verringert werden.

Der Ausbau der Federbeine mit Niveauregulierung/ADS sollte von einer MERCEDES-BENZ-Werkstatt vorgenommen werden.

## Stoßdämpfer hinten aus- und einbauen

### Fahrzeuge ohne Niveauregulierung

Stoßdämpfer sind im Reparaturfall, unabhängig vom Fabrikat, einzeln austauschbar. Die Ausführung der Stoßdämpfer nach Farbkennziffer, zum Beispiel »H2 orange«, muß jedoch übereinstimmen.

### Ausbau

- Kofferraum-Seitenverkleidung ausclipsen und herausnehmen, siehe Seite 188.

**Achtung:** Die Stoßdämpfer dienen gleichzeitig als Ausfederungsanschlag für die Hinterräder. Daher oberes Stoßdämpferlager bei auf den Rädern stehendem Fahrzeug lösen, damit die Achse beim Lösen des Stoßdämpfers nicht nach unten fällt. Ist das Fahrzeug angehoben, muß der Federlenker mit einem Werkstattwagenheber abgestützt werden.

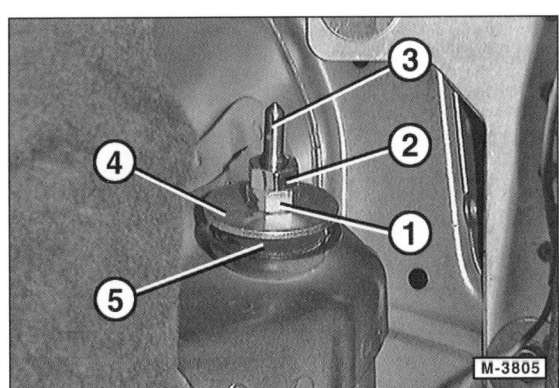

- Kontermutter –2– und Mutter –1– für Stoßdämpfer mit Gabelschlüssel abschrauben. Dabei Kolbenstange am Zweikant –3– gegenhalten, sie darf nicht verdreht werden.

**Achtung:** Beim Lösen der oberen Aufhängung darf sich die Stoßdämpfer-Kolbenstange nicht mitdrehen, sonst könnte sich die Befestigung des Arbeitskolbens lösen. Unfallgefahr!

- Scheibe –4– und Gummidämpfer –5– abnehmen.
- Fahrzeug hinten aufbocken.

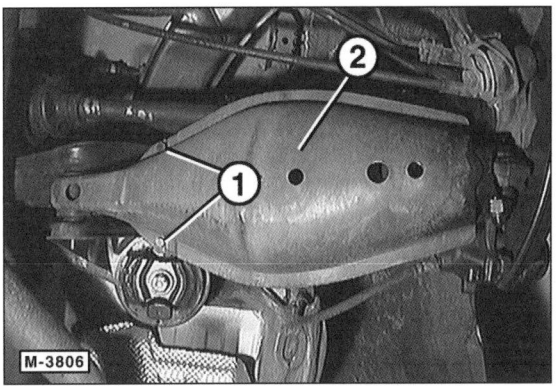

- 2 Schrauben –1– der Federlenker-Abdeckung –2– abschrauben und Abdeckung abnehmen.

- Mutter –1– am Federlenker abschrauben und Sechskantschraube mit Scheibe herausnehmen.
- Stoßdämpfer aus Federlenker und Rahmenbohrung herausnehmen. Zur Erleichterung des Ausbaus Stoßdämpfer mit großem Schraubendreher durch die Bohrung im Federlenker nach oben drücken, siehe Abbildung. Stoßdämpfer nach hinten herausnehmen.

### Einbau

- Vor dem Einbau Stoßdämpfer prüfen, siehe Seite 115.
- Gummiteile auf Porosität und Beschädigung prüfen, gegebenenfalls ersetzen.

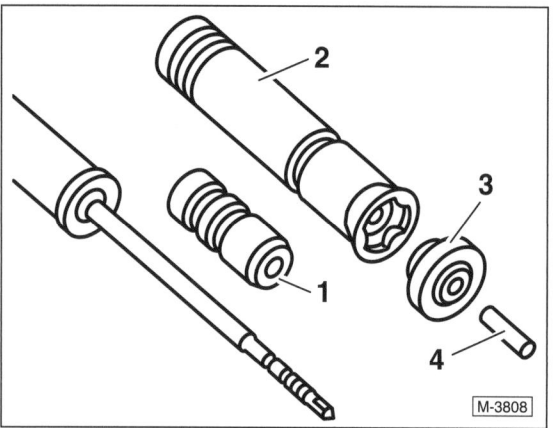

- Neue Stoßdämpfer werden mit montiertem Anschlagpuffer –1–, Schutzhülse –2–, Gummilager –3– und Abstandhülse –4– geliefert.
- Stoßdämpfer mit der Farbkennziffer nach hinten einsetzen.
- Stoßdämpfer am Federlenker einsetzen. Schraube mit Unterlegscheiben einsetzen. **Neue selbstsichernde** Mutter aufschrauben, mit **55 Nm** festziehen.
- Federlenker-Abdeckung anclipsen und mit 2 Schrauben anschrauben.
- Fahrzeug langsam ablassen, dabei Stoßdämpfer in die obere Aufnahmebohrung einführen.
- Gummidämpfer und Scheibe vom Innenraum her auf die Stoßdämpferstange aufsetzen. **Neue selbstsichernde** Mutter für Stoßdämpferstange mit **15 Nm** anschrauben, dabei Kolbenstange am Zweikant gegenhalten, sie darf nicht verdreht werden. **Neue selbstsichernde** Kontermutter mit **30 Nm** aufschrauben, dabei untere Mutter gegenhalten.
- Kofferraum-Verkleidung einbauen, siehe Seite 182.

## Schraubenfeder hinten aus- und einbauen

**Achtung:** Je nach Ausstattung des Fahrzeuges sind die Schraubenfedern mit Gummilagern unterschiedlicher Höhe eingebaut. Beim Auswechseln Höhe der alten Lager messen. Nur Gummilager gleicher Höhe wie ausgebaut einbauen. Die Länge der Federn ist immer gleich, Farbmarkierungen sind ohne Bedeutung.

### Ausbau

- Fahrzeug hinten aufbocken.

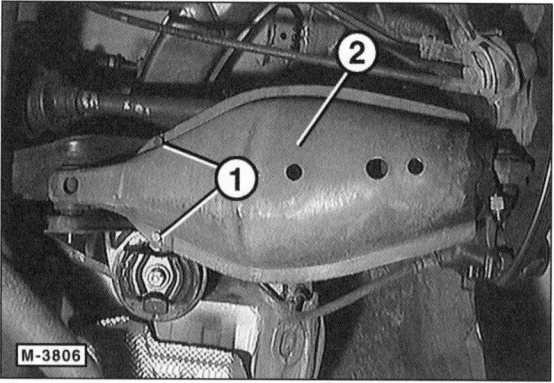

- 2 Schrauben –1– der Federlenker-Abdeckung –2– abschrauben und Abdeckung abnehmen.

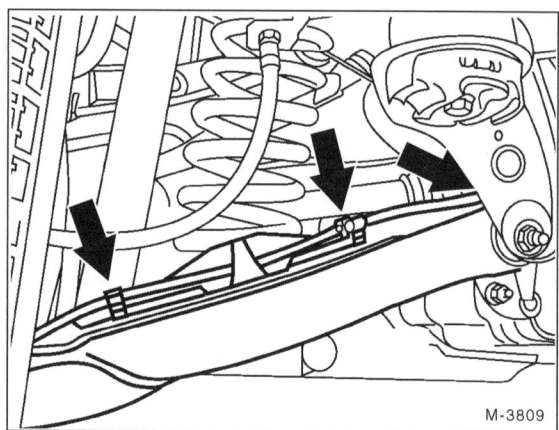

- Kabel für Bremsbelag-Verschleißanzeige am Federlenker ausclipsen.

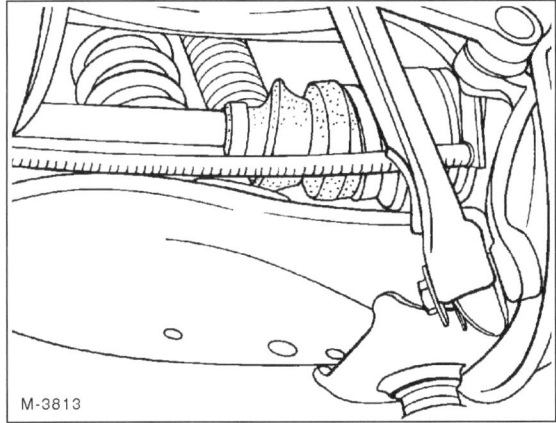

- Werkstattwagenheber außen unter dem Federlenker postieren und Federlenker anheben, bis die Hinterachswelle annähernd waagerecht steht. Holzzwischenlage verwenden. **Achtung:** Beim Anheben des Federlenkers darauf achten, daß das Fahrzeug nicht von den Böcken abhebt. Gegebenenfalls Kofferraum beladen.

- Die Schraubenfeder ist vorgespannt. Zum Herausnehmen der Feder muß sie noch weiter gespannt werden, damit die Federteller entlastet sind. **Dazu wird eine spezielle Spannvorrichtung (Sonderwerkzeug) benötigt.**

**Sicherheitshinweis:**
Die Feder nur herausnehmen, wenn sie ordnungsgemäß mit dem Federspanner gespannt ist. Verletzungsgefahr!

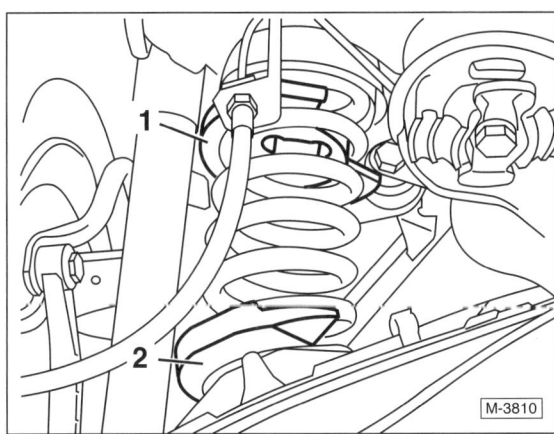

- Feder mit handelsüblichem Federspanner spannen. Die MERCEDES-BENZ-Werkstätten benutzen dazu eine Spezialvorrichtung: Spanngerät (202 589 02 31 00), Spannplatten –1, 2– (202 589 13 63 00). Dabei soll der Federspanner 4 bis 5 Windungen umfassen. Feder mit Federspanner zusammendrücken, bis die Federteller entlastet sind.

**Achtung:** Darauf achten, daß die Federwindungen sicher umfaßt werden und der Federspanner nicht abrutschen kann. Feder grundsätzlich an 3 gegenüberliegenden Seiten spannen. Die Schraubenfeder steht unter großer Vorspannung, deshalb nur stabiles Werkzeug verwenden. **Keinesfalls Feder mit Draht zusammenbinden. Unfallgefahr!**

- Selbstsichernde Mutter –1– für Federlenker abschrauben, mit Scheibe abnehmen. Befestigungsschraube herausziehen.

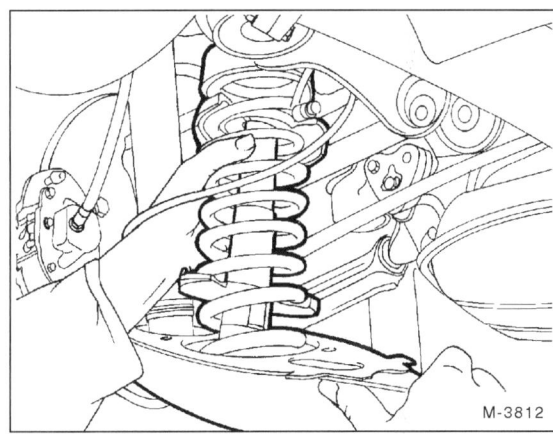

- Federlenker nach unten ziehen und Schraubenfeder mit Gummilager herausnehmen.

- Falls die Feder ausgewechselt werden soll, Feder in Schraubstock einspannen, Gummilager durch Linksdrehung abnehmen und Feder langsam entspannen.

**Einbau**

Vor dem Einbau Gummilager auf Porosität oder Beschädigung prüfen, gegebenenfalls ersetzen. Anlagebereich am Federlenker reinigen.

- Federspanner ansetzen und Feder langsam spannen.

- Gummilager mit Rechtsdrehung aufsetzen, zur leichteren Montage kann das Gummilager mit Geschirrspülmittel oder Glyzerin bestrichen werden.

- Schraubenfeder so einsetzen, daß das Ende der unteren Windung in der Vertiefung am Federlenker sitzt.

- Befestigungsschraube für Federlenker einsetzen und **neue selbstsichernde** Mutter mit Scheibe aufschrauben, noch nicht festziehen.

- Werkstattwagenheber außen unter dem Federlenker postieren und Federlenker anheben, bis die Hinterachswelle annähernd waagerecht steht. Holzzwischenlage verwenden. **Achtung:** Beim Anheben des Federlenkers darauf achten, daß das Fahrzeug nicht von den Böcken abhebt. Gegebenenfalls Kofferraum beladen.
- In dieser Stellung Mutter für Federlenker mit **70 Nm** festziehen.
- Feder entspannen, dabei auf richtigen Sitz im oberen Gummilager und unten im Federlenker achten.
- Federspanner und Wagenheber entfernen.
- Kabel für Bremsbelag-Verschleißanzeige am Federlenker verlegen und einclipsen.
- Federlenker-Abdeckung anclipsen und mit 2 Schrauben anschrauben.
- Fahrzeug ablassen.
- Wurden Neuteile eingebaut, Scheinwerfer einstellen, siehe Seite 216.

## Hinterachswelle aus- und einbauen

**Achtung:** Zum Festziehen der Hinterachs-Bundmutter wird ein Drehmomentschlüssel mit einem Anzugsmoment bis mindestens 220 Nm (Modell E300 Diesel: 320 Nm) benötigt.

**Ausbau**

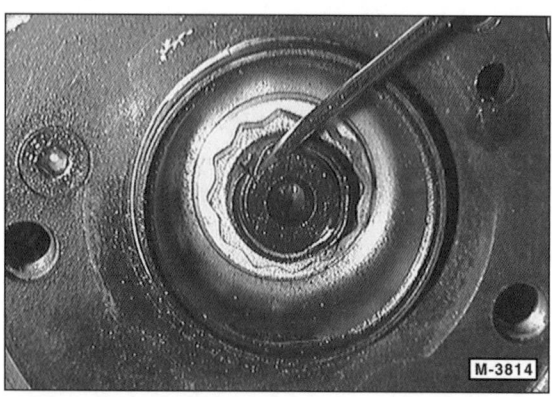

**Sicherheitshinweis:**
Beim Lösen der Achsmutter muß das Fahrzeug auf dem Boden stehen. Gang einlegen, Bremse anziehen. Hohes Lösemoment, Unfallgefahr!

- Bund der Achsmutter mit einem Schraubendreher aus der Nut der Achswelle biegen. Achsmutter mit Zwölfkant-Steckschlüsseleinsatz SW 30 abschrauben.

- Stellung der Hinterräder zur Radnabe mit Farbe kennzeichnen. Dadurch kann das ausgewuchtete Rad wieder in derselben Position montiert werden. Radschrauben bei auf dem Boden stehendem Fahrzeug lösen. Fahrzeug aufbocken und Hinterräder abnehmen.

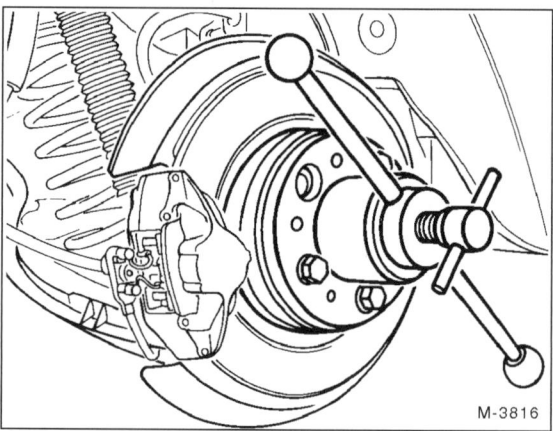

- Hinterachswelle aus dem Achswellenflansch herausdrücken. Falls die Welle im Flansch festsitzt, Welle mit geeignetem handelsüblichen Ausdrückwerkzeug herausdrücken. Die Welle schiebt sich dabei teleskopartig ineinander.

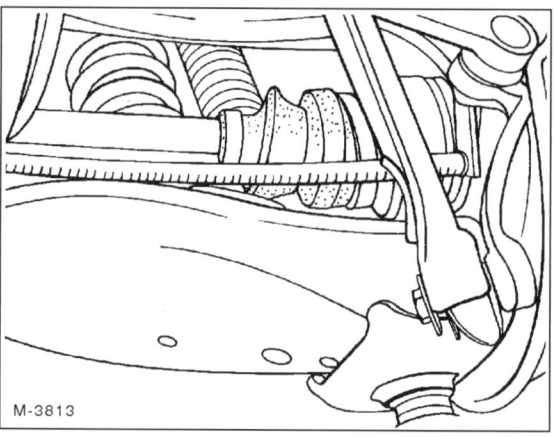

- Werkstattwagenheber unter dem Federlenker postieren und Federlenker anheben, bis die Hinterachswelle annähernd waagerecht steht. Holzzwischenlage verwenden. **Achtung:** Beim Anheben des Federlenkers darauf achten, daß das Fahrzeug nicht von den Böcken abhebt. Gegebenenfalls Kofferraum beladen.

- Hinterachswelle vom Verbindungsflansch abschrauben. Dazu Innenvielzahnschrauben herausdrehen (SW 10, zum Beispiel HAZET 2751 oder 990 SLg 10) und mit Sicherungsblechen abnehmen. **Achtung:** Auf guten Sitz des Steckschlüsseleinsatzes im Vielzahnprofil des Schraubenkopfes achten, eventuell Vielzahnprofil reinigen.

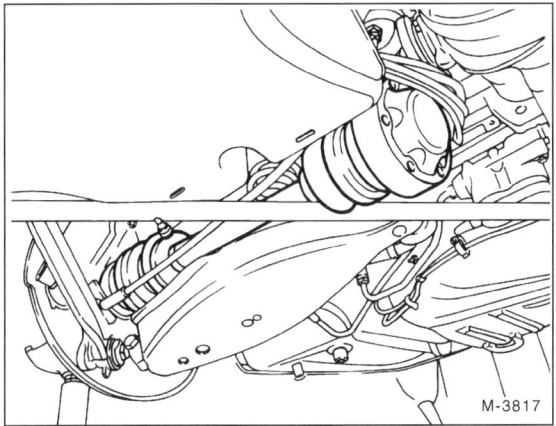

- Hinterachswelle teleskopartig zusammenschieben, dann nach schräg unten schwenken und abnehmen.

**Achtung:** Darauf achten, daß sich beim Abnehmen der Hinterachswelle der Abschlußdeckel der Welle nicht löst.

- Gummimanschetten und Abschlußdeckel auf Dichtheit und Beschädigung prüfen, gegebenenfalls instandsetzen.

**Achtung:** Bei ausgebauter Hinterachswelle darf das Fahrzeug nicht mit vollem Gewicht auf den Rädern stehen und nicht geschoben werden, da bei fehlender axialer Vorspannung die Wälzkörper des Radlagers beschädigt werden.

### Einbau

**Achtung:** Mußte beim Ausbau der Hinterachswelle große Kraft ausgeübt werden, um sie aus der Radnabe herauszudrücken, empfiehlt es sich, ein M8-Innengewinde mit etwa 20 mm Tiefe in das Ende der Welle zu schneiden. An diesem Gewinde kann dann ein Einziehwerkzeug eingeschraubt werden. Je nach Ausführung ist bereits eine Bohrung von 6,8 mm vorhanden, dies entspricht der Kernlochbohrung eines M8-Gewindes.

- Flanschfläche zwischen Verbindungsflansch und Abschlußdeckel reinigen. Eventuell vorhandene Sicherungsmittelreste aus der Verzahnung der Radnabe entfernen.
- Hinterachswelle in Hinterachswellenflansch einschieben, gegebenenfalls mit Einziehwerkzeug einziehen.
- Welle an den Verbindungsflansch ansetzen.
- **Neue** Unterlegbleche und **neue** Innenvielzahnschrauben verwenden. Gewinde und Schraubenkopf-Auflage leicht einölen. Gewindedurchmesser messen, danach richtet sich das Anzugsmoment der Schrauben.
- Innenvielzahnschrauben mit Unterlegblechen einsetzen und einschrauben. Bei Gewindedurchmesser 10 mm über Kreuz mit **70 Nm**, bei Gewindedurchmesser 12 mm mit **100 Nm** festziehen.
- Werkstattwagenheber am Federlenker ablassen und entfernen.
- Hinterräder so ansetzen, daß die beim Ausbau angebrachten Markierungen übereinstimmen. Räder anschrauben. Fahrzeug ablassen und Radschrauben über Kreuz mit **110 Nm** festziehen.
- **Neue** Zwölfkant-Bundmutter anschrauben und bei der Stufenheck-Limousine mit **220 Nm** festziehen, beim T-Modell (Kombi) mit **320 Nm** festziehen. **Achtung:** Vorher Gewinde und Schraubenkopf-Auflage leicht einölen.

**Achtung:** Dabei muß das Fahrzeug auf dem Boden stehen. Mutter grundsätzlich erneuern. Beim Anziehen Gang einlegen und Feststellbremse anziehen.

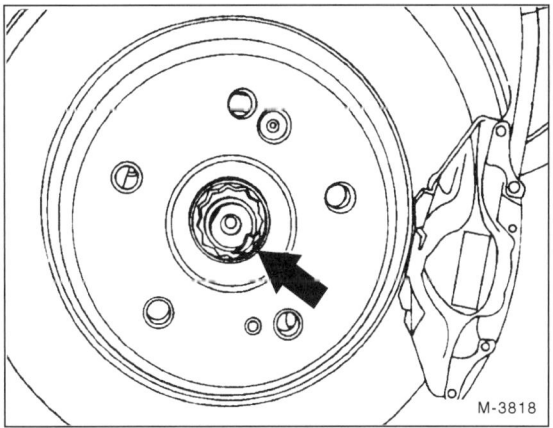

- Bundmutter am Quetschbund sichern –Pfeil–, dazu Bund der Mutter mit einem Meißel in die Nut einschlagen.

# Hinterachswelle zerlegen/ Gummimanschetten ersetzen

### Achswellen-Übersicht

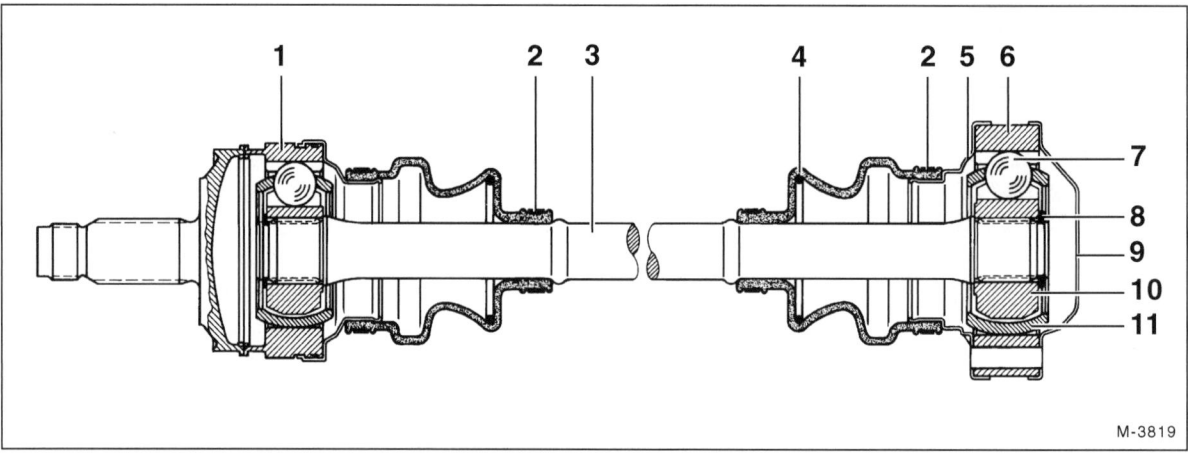

1 – Gelenkring außen
2 – Schlauchschelle
3 – Hinterachswelle
4 – Gummimanschette
5 – Manschettenkappe
6 – Gelenkring innen
7 – Kugel
8 – Sicherungsring
9 – Abschlußdeckel
10 – Gelenknabe
11 – Kugelkäfig

Das äußere Gleichlaufgelenk kann nicht zerlegt werden. Beide Manschetten werden über die innere Seite ausgebaut. Nach längerer Laufzeit empfiehlt es sich, grundsätzlich beide Manschetten zu ersetzen.

### Zerlegen

- Hinterachswelle ausbauen, siehe entsprechendes Kapitel.

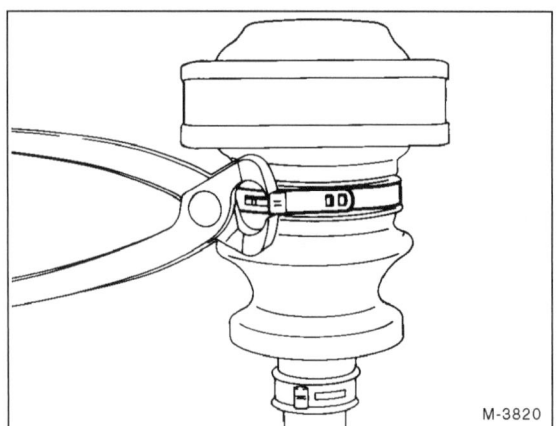

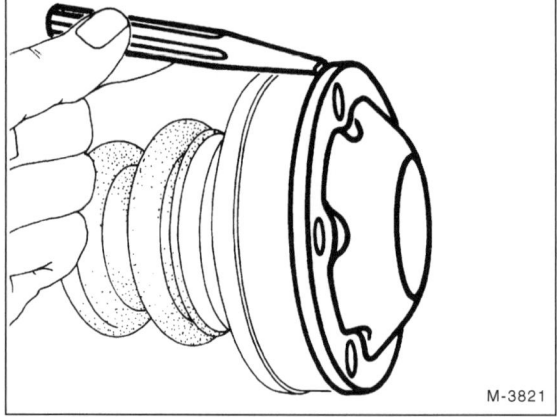

- Schraubschellen abschrauben, Klemmschellen durchkneifen und beim Einbau durch Schraubschellen ersetzen.

- Abschlußdeckel mit Dorn vom Gelenkring abdrücken.
- Gummimanschette am Gelenkring abdrücken und auf der Hinterachswelle zurückschieben.
- Mit Lappen Fett vom Gelenk abwischen.

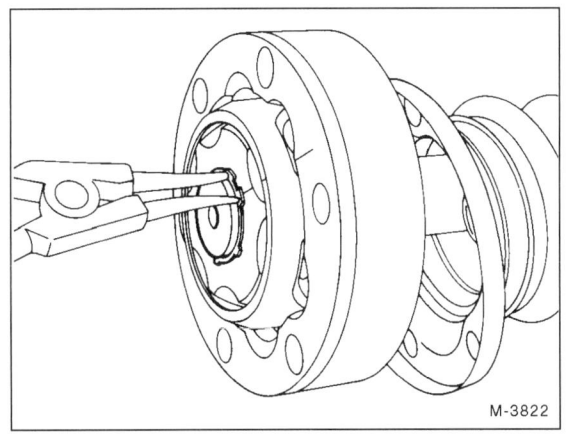

- Sicherungsring mit geeigneter Zange spreizen und abnehmen.

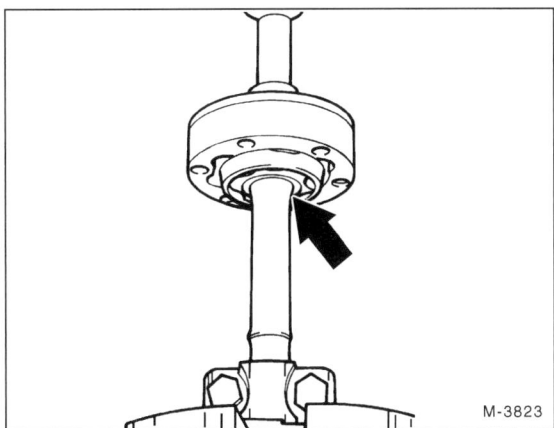

- Hinterachswelle aus innerem Gleichlaufgelenk an einer Standpresse abpressen. Hierzu als Unterlage passende Halbschalen verwenden, die sich am Bund –Pfeil– des Gelenks abstützen.
- Gummimanschette für inneres Gleichlaufgelenk von der Hinterachswelle abziehen.
- Bei Bedarf Schlauchschellen für Gummimanschette am äußeren Gelenk lösen und Manschette über die Hinterachswelle abziehen. Dabei darauf achten, daß kein Schmutz in das Gelenk gelangt. Vor dem Abziehen der Manschette das Fett von der Innenseite der Manschette abstreifen und in das Gleichlaufgelenk einfüllen.
- Gegebenenfalls inneres Gleichlaufgelenk in Benzin auswaschen und Kugellaufbahnen auf Verschleißspuren wie Löcher oder Riefen sichtprüfen. Bei starken Verschleißspuren und Vertiefungen ist das gesamte Gelenk zu erneuern.
- Hinterachswelle reinigen.

### Zusammenbauen

- Für den Manschettenwechsel kompletten Reparatursatz verwenden. Der Reparatursatz besteht aus 1 Sicherungsring, 4 Schlauchschellen, 1 Gummimanschette und 100 Gramm MB-Langzeit-Schmierfett (Menge für ein Gelenk). Bei Fahrzeugen mit längerer Laufzeit empfiehlt es sich, die zweite Gummimanschette ebenfalls auszuwechseln.

- Montagehülse auf das Vielzahnprofil der Hinterachswelle stülpen. Steht die Hülse nicht zur Verfügung, Vielzahnprofil mit Klebstreifen abkleben, damit die Manschette nicht beschädigt wird.
- Äußere Gummimanschette aufschieben.
- Innere Gummimanschette auf Hinterachswelle schieben.
- Montagehülse beziehungsweise Klebstreifen entfernen.
- Inneres Gelenk auf die Hinterachswelle stecken.
- Hinterachswelle am Manschettenbund mit Klemmvorrichtung oder im Schraubstock zwischen Schutzbacken spannen.
- Gleichlaufgelenk mit geeignetem Dorn bis zur Anlagefläche der Hinterachswelle aufpressen.
- Klemmvorrichtung abnehmen.
- **Neuen** Sicherungsring mit geeigneter Zange einsetzen, auf korrekten Sitz in der Nut achten.
- Gleichlaufgelenke und Gummimanschetten an äußerem und innerem Gelenk mit vorgeschriebener Menge MERCEDES-BENZ-Fließfett füllen, siehe Tabelle. Darauf achten, daß kein Schmutz in das Gelenk eindringt.

| Modelle | 4-Zylinder-Motor | 5-/6-/8-Zylinder-Motor |
|---|---|---|
| Fettfüllung innen | 100 g | 120 g |
| Fettfüllung außen | 100 g | 120 g |

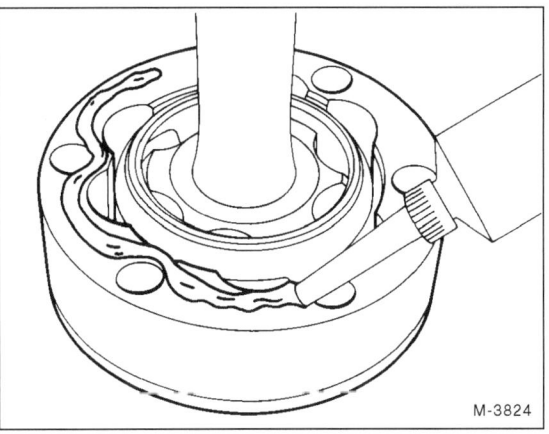

- Dichtflächen am inneren Gleichlaufgelenk zum Abschlußdeckel und zur Gummimanschette mit Dichtungsmasse (zum Beispiel: CURIL, LOCTITE 574 oder HYLOMAR) bestreichen.
- Abschlußdeckel und Gummimanschette aufschieben.
- Gummimanschetten an der Manschettenkappe mit Schraubschellen befestigen.
- Manschetten jeweils über den Wulst an der Hinterachswelle schieben und mit Schellen befestigen.

**Achtung:** Die Schrauben der Schellen sollen jeweils in die gleiche Richtung zeigen. An der zweiten Manschette Schellen so montieren, daß sie um 180° gegenüber der ersten Manschette versetzt sind.

- Hinterachswelle einbauen, siehe entsprechendes Kapitel.

# Lenkung

Die Lenkung besteht aus dem Lenkrad, der Lenkspindel, dem Lenkgetriebe und den Spurstangen. Das Lenkrad ist auf der Lenkspindel aufgeschraubt, die zum Lenkgetriebe führt. Über eine Verzahnung wird im Lenkgetriebe eine Zahnstange hin- und herbewegt.

Die Zahnstange ist an jedem Ende über ein Kugelgelenk mit den Spurstangen verbunden. Diese übertragen die Lenkkräfte über Spurstangengelenke und Achsschenkel auf die Vorderräder.

Als Zusatzausstattung ist eine elektrische Längs- und Höhenverstellung der Lenksäule zum Einrichten des Lenkrads verfügbar.

Eine hydraulische Lenkhilfe (Servolenkung) sorgt dafür, daß der Kraftaufwand beim Einschlagen der Lenkung möglichst gering gehalten wird. Die Lenkhilfe besteht aus der Ölpumpe, dem Vorratsbehälter und den Öldruckleitungen. Angetrieben wird die Ölpumpe vom Motor über den Keilrippenriemen. Die Pumpe saugt das Hydrauliköl aus dem Vorratsbehälter an und fördert es mit hohem Druck zum Lenkgetriebe. Dort sorgt eine Regeleinheit für die erforderliche Lenkunterstützung. Je nach Modell oder Ausstattung wird die Bedienung der Lenkung durch eine geschwindigkeitsabhängige Lenkhilfe (**Parameterlenkung**) erleichtert. Bei stehendem oder langsam fahrendem Fahrzeug wird die Lenkunterstützung durch eine elektronische Regelung verstärkt, der Kraftaufwand beim Einschlagen der Lenkung ist gering. Bis zu einer Geschwindigkeit von 100 km/h nimmt die Unterstützung kontinuierlich ab, oberhalb dieser Geschwindigkeit ist die Lenkkraftunterstützung wie bei der herkömmlichen Servolenkung. Durch die bei hohen Geschwindigkeiten abgesenkte Lenkunterstützung wird ein besserer Fahrbahnkontakt und hohe Lenkpräzision erreicht. Die elektronische Steuerung der Parameterlenkung ist im Steuergerät des jeweiligen Traktionssystems (ETS, ASR, ESP) enthalten, siehe Kapitel »Bremsanlage«.

Die Zahnstangenlenkung sollte leichtgängig und spielfrei von Anschlag zu Anschlag sein. Sie ist wartungsfrei, allerdings müssen regelmäßig die Abdichtmanschetten auf einwandfreien Zustand und außerdem der Füllstand der Servolenkung geprüft werden.

Während der Fahrer-**Airbag** im Lenkrad integriert ist, befindet sich der Beifahrer-Airbag rechts in der Armaturentafel. In den Vordertüren befinden sich sogenannte Sidebags. Im Fall einer stärkeren Kollision werden die Airbags beziehungsweise Sidebags ausgelöst: Über ein Steuergerät wird eine kleine Sprengladung in der Airbag-Einheit gezündet, die Abgase der Explosion blasen den Luftsack innerhalb weniger Millisekunden auf. Diese Zeit reicht aus, den Aufprall des nach vorn schnellenden Körpers zu dämpfen. Der Airbag fällt innerhalb einiger Sekunden wieder in sich zusammen, da die Gase durch Austrittsöffnungen entweichen.

> **Sicherheitshinweis:**
> Selbstsichernde Muttern immer ersetzen. Schweiß- und Richtarbeiten an Lenkungsteilen sind nicht zulässig. Arbeiten am Airbag-System müssen von der Fachwerkstatt durchgeführt werden, Explosionsgefahr!

## Sicherheitsmaßnahmen zum Airbag/Sidebag

- **Vor dem Ausbau der Airbageinheit Zündschlüssel auf »0« stellen. Masseband (–) von der Batterie abklemmen und Minuspol abdecken, damit ein versehentlicher Kontakt ausgeschlossen ist.**

- Die Airbageinheit darf nicht zerlegt werden, bei Defekt ist sie immer komplett zu ersetzen. Da die Airbageinheit Explosivstoffe enthält, ist sie unter Verschluß oder geeigneter Aufsicht aufzubewahren. Die Entsorgung sollte die MERCEDES-BENZ-Werkstatt vornehmen.

- Airbageinheit nach dem Ausbau immer so aufbewahren, daß die gepolsterte Seite nach oben zeigt.

- Die Airbageinheit darf nicht mit Flüssigkeiten wie Fett oder Reinigungsmitteln behandelt werden.

- Die Airbageinheit darf auch kurzzeitig keiner Temperatur über +100° C (Trockenofen) ausgesetzt werden.

- Die Airbageinheit ist schlagempfindlich. Falls sie von einer größeren Höhe als 50 cm auf einen harten Untergrund fällt, darf die Airbageinheit nicht mehr eingebaut werden.

- Wurde aufgrund eines Unfalls der Airbag ausgelöst, müssen sämtliche Airbagbauteile durch Neuteile ersetzt werden (Werkstattarbeit).

- Wird die Airbag- oder Sidebageinheit ausgetauscht, so muß die alte Einheit ausgelöst und sachgerecht entsorgt werden (Werkstattarbeit).
- MERCEDES-BENZ empfiehlt, die Airbags/Sidebags nach einer Fahrzeuglebensdauer von etwa 10 Jahren ersetzen zu lassen, damit die Funktion sichergestellt ist.

## Airbageinheit am Lenkrad aus- und einbauen

**Sicherheitshinweis:**
Unbedingt »Sicherheitsmaßnahmen zum Airbag/Sidebag« durchlesen.

### Ausbau

- **Wichtig:** Batterie-Massekabel (–) bei ausgeschalteter Zündung abklemmen. **Achtung:** Dadurch werden elektronische Speicher gelöscht, wie zum Beispiel der Radiocode. Deshalb Hinweise im Kapitel »Batterie aus- und einbauen« durchlesen.
- Minuspol der Batterie isolieren, um versehentlichen Kontakt zu vermeiden. Der Zündschlüssel muß abgezogen sein.

- 2 Torxschrauben (Größe T30) für Airbageinheit links und rechts an der Lenkradrückseite abschrauben, dabei Airbageinheit festhalten. Aus Platzgründen eignet sich am besten ein Torx-Winkelschlüssel, siehe Abbildung.
- Airbageinheit vom Lenkrad abheben und Kabelstecker an der Rückseite abziehen.

### Einbau

- Kabelstecker für Airbageinheit zusammenfügen, er muß hörbar einrasten.
- Airbageinheit einsetzen, 2 Torxschrauben mit 6 Nm einschrauben.
- Batterie-Massekabel (–) anklemmen.
- Falls vorhanden, Zeituhr einstellen sowie Diebstahlcode für das Radio eingeben.

## Lenkrad aus- und einbauen

### Ausbau

- Bei verstellbarer Lenksäule: Lenkrad ganz einfahren.

**Achtung:** Sicherheitsvorschriften für Airbag beachten.

- Airbageinheit ausbauen, siehe Seite 127.
- Zündschlüssel einstecken und Lenkrad so drehen, daß sich die Räder in Geradeausstellung befinden.
- Zündschlüssel abziehen und Lenkrad etwas hin- und herdrehen bis Lenkschloß in Geradeausstellung einrastet.

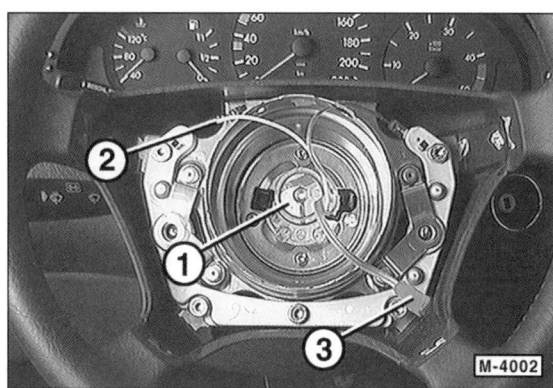

- Senkschraube –1– mit Innensechskantschlüssel herausschrauben. Dabei Lenkrad zum Schutz des Lenkschlosses durch eine Hilfsperson gegenhalten.
- Steckverbindungen –2– und –3– abziehen.
- Lenkrad von der Lenkspindel abziehen, gegebenenfalls mit dem Handballen abschlagen. Die Stellung des Lenkrades zur Lenkspindel ist serienmäßig markiert.

### Einbau

- Steckverbindungen –2– und –3– durch die Aussparung im Lenkrad führen.

- Lenkrad so aufsetzen, daß die serienmäßigen Markierungen von Lenkrad und Lenkspindel –1– übereinstimmen.
- **Neue selbstsichernde** Senkschraube hineindrehen und mit **80 Nm** festziehen. Dabei Lenkrad von Helfer gegenhalten lassen.

- Airbageinheit einbauen, siehe Seite 127.
- Probefahrt durchführen und bei Geradeausfahrt Stellung des Lenkrades überprüfen. Die obere Speiche des Lenkrades muß sich in waagerechter Lage befinden.
- Falls das Lenkrad schräg steht, kann es an der Kerbverzahnung um maximal 1 Zahn versetzt werden.

**Achtung:** Wenn diese Versetzung des Lenkrades nicht ausreicht, Spur der Vorderräder überprüfen, siehe Seite 159.

- Motor starten und im Leerlauf laufenlassen. Lenkrad bis zum Anschlag nach links, dann bis zum Anschlag nach rechts einschlagen.

**Achtung:** Bei Fahrzeugen mit ADS (Adaptives Dämpfungssystem) oder ESP (Elektronisches Stabilitätsprogramm) wird durch das Einschlagen der Lenkung in beide Richtungen der Lenkwinkelsensor aktiviert. ADS/ESP, siehe Seite 116/131.

- Motor abstellen und dann wieder starten. Die Kontrolleuchte für Airbag muß erlöschen. Lenkung ganz nach links und rechts einschlagen, dabei darf die Airbag-Kontrolleuchte nicht aufleuchten.

**Achtung:** Wenn die Airbag-Kontrolleuchte aufleuchtet, ist ein Fehlercode im Airbag-Steuergerät gesetzt worden. Dies geschieht insbesondere dann, wenn bei ausgebautem Airbag der Zündschlüssel auf Stellung »1« gestellt wurde. In diesem Fall muß baldmöglichst die Fachwerkstatt aufgesucht werden, damit der Fehlerspeicher gelöscht wird.

- Bei Probefahrt Hupe und automatische Rückstellung des Blinkerschalters prüfen.

## Spurstangenkopf aus- und einbauen

Der Spurstangenkopf muß beispielsweise zum Erneuern des Faltenbalgs am Lenkgetriebe ausgebaut werden, beziehungsweise wenn die Schutzmanschette vom Spurstangengelenk defekt ist oder das Gelenk ausgeschlagen ist.

### Ausbau

- Stellung der Vorderräder zur Radnabe mit Farbe kennzeichnen. Dadurch kann das ausgewuchtete Rad wieder in derselben Position montiert werden. Radschrauben lösen, dabei muß das Fahrzeug auf dem Boden stehen. Fahrzeug vorn aufbocken und Vorderräder abnehmen.

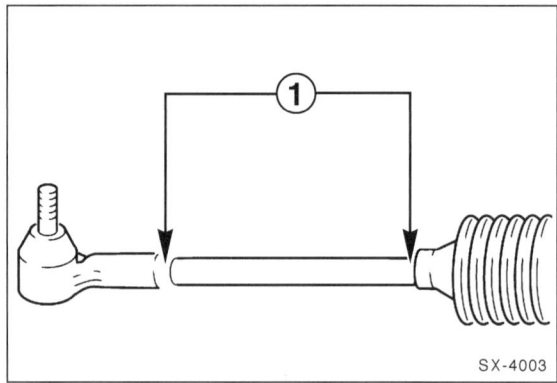

- Aufschraubtiefe –1– des Spurstangenkopfes auf der Spurstange messen und notieren.

- Kontermutter –2– lösen. Dabei mit Gabelschlüssel am Sechskant –3– des Spurstangengelenks gegenhalten.
- Befestigungsmutter –1– für Spurstangenkopf herausdrehen. Dabei Gelenkzapfen mit Innensechskantschlüssel gegenhalten, damit er sich nicht mitdreht.

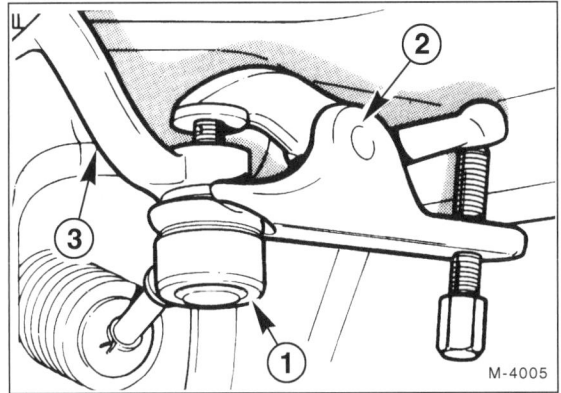

## Gummimanschette für Lenkung aus- und einbauen

### Ausbau

- Spurstangengelenk ausbauen, Kontermutter abschrauben, siehe entsprechendes Kapitel.

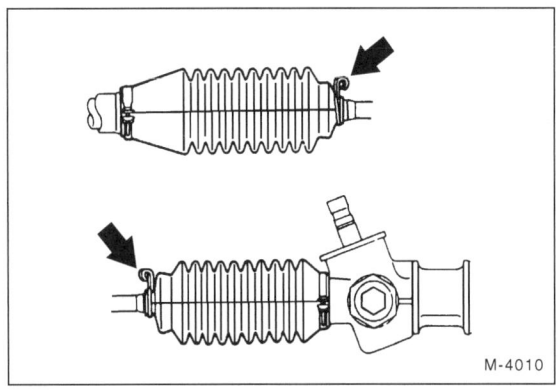

- Zapfen des Spurstangengelenks –1– mit handelsüblichem Abzieher –2–, zum Beispiel HAZET 779-1, vom Lenkspurhebel –3– abdrücken. Hinweis: Die Abbildung zeigt nicht den Ausbau an der E-KLASSE.

- Spurstangenkopf von der Spurstange abschrauben, dabei Umdrehungen zählen und diese für den späteren Einbau notieren. **Achtung:** Der Spurstangenkopf darf nicht auf der anderen Fahrzeugseite eingebaut werden, daher geordnet ablegen, falls auch der andere Spurstangenkopf ausgebaut wird.

- Schellen an beiden Enden der Manschette lösen. Klemmschellen mit Flachzange an den Enden spreizen beziehungsweise Schraubschellen lösen.

- Gummimanschette abziehen.

**Achtung:** War die Manschette schon längere Zeit defekt, kann davon ausgegangen werden, daß Verunreinigungen eingedrungen sind. Diese wirken zusammen mit dem Fett wie Schleifpaste und zerstören das Lenkgetriebe. In diesem Fall, wie auch bei Rostspuren an der Zahnstange, ist das Lenkgetriebe zu überholen (Werkstattarbeit).

### Einbau

- Spurstangenköpfe nicht seitenverkehrt einbauen, die linke und rechte Fahrzeugseite haben unterschiedliche Ausführungen. Spurstangengelenk entsprechend dem notierten Maß und der gezählten Umdrehungen aufschrauben.

- Fett und Verunreinigungen am Zapfen für Spurstangenkopf abwischen. Spurstangenkopf am Lenkspurhebel einsetzen und mit **neuer selbstsichernder** Mutter und **60 Nm** anschrauben.

- Kontermutter für Spurstangengelenk mit **60 Nm** an Spurstangenkopf festziehen. Dabei mit Gabelschlüssel am Sechskant des Spurstangengelenks gegenhalten.

- Vorderräder so ansetzen, daß die beim Ausbau angebrachten Markierungen übereinstimmen. Radschrauben **nicht** fetten oder ölen. Räder anschrauben. Fahrzeug ablassen und Radschrauben über Kreuz mit **110 Nm** festziehen.

- Spur von Fachwerkstatt prüfen lassen, siehe Seite 159.

### Achtung Sicherheitskontrolle:
Vor Fahrtantritt nochmals unbedingt sicherstellen, daß eine **neue selbstsichernde** Mutter am Spurstangenkopf eingebaut und mit dem richtigen Drehmoment angezogen wurde.

### Einbau

**Achtung:** Beide Schellen für Manschette erneuern.

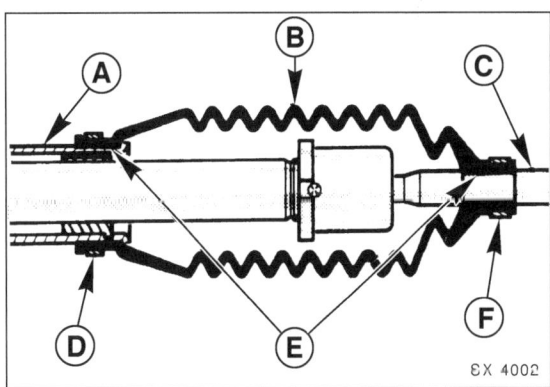

- Spurstange –C– reinigen und leicht einfetten.
- Manschette –B– innen am Bund etwas fetten –E– und über die Spurstange –C– aufziehen.
- Manschette am Zahnstangengehäuse –A– mit Schelle –D– befestigen.
- Manschette auf der Spurstange mit Schelle –F– befestigen, dabei muß der Bund der Manschette fest in der Nut der Spurstange sitzen.

- Prüfen, ob die Gummimanschette nicht verdreht ist. Andernfalls Schelle lösen und Manschette entsprechend verdrehen. Schelle festziehen.
- Kontermutter auf die Spurstange aufschrauben.
- Spurstangengelenk einbauen, siehe entsprechendes Kapitel.
- Fahrzeug ablassen.
- Spur prüfen, gegebenenfalls einstellen.

## Lenkhilfpumpe aus- und einbauen

Bei Fahrzeugen mit Niveauregulierung ist die Lenkhilfpumpe als Tandempumpe ausgeführt, dagegen haben die anderen Modelle eine Einfachpumpe. Der Vorratsbehälter für Hydrauliköl sitzt oberhalb der Pumpe. Beim Arbeiten an der Hydraulikanlage ist peinlichste Sauberkeit erforderlich, da bereits kleinste Verunreinigungen im Öl zu Störungen führen können. Hinweis: Die Abbildungen zeigen die Lenkhilfpumpe der 4-/5- und 6-Zylindermotoren.

### Ausbau

- Falls vorhanden, Luftansaugschlauch für Luftfilter oberhalb der Lenkhilfpumpe ausbauen.
- **Fahrzeuge ohne Niveauregulierung:** Deckel vom Vorratsbehälter der Lenkhilfe abschrauben. Hydrauliköl aus dem Vorratsbehälter mit geeigneter Spritze absaugen.
- **Fahrzeuge mit Niveauregulierung:** Zulaufleitung vom Vorratsbehälter der Lenkhilfe mit geeigneter Klemme abklemmen (zusammendrücken), damit kein Öl ausläuft.

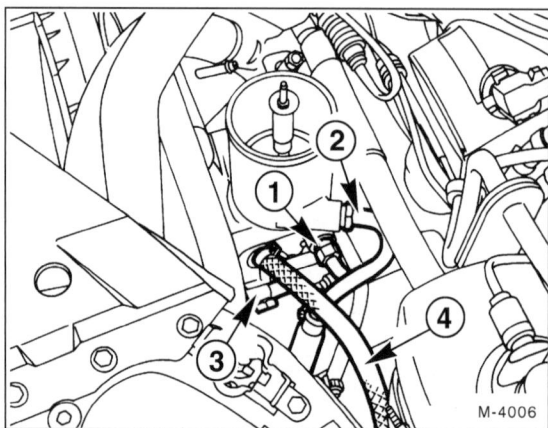

- Hochdruck-Dehnschlauch –1– sowie Rücklaufleitung –2– abschrauben und Anschlüsse mit sauberen Blindstopfen verschließen. Bei Tandempumpe, Hochdruckschlauch –3– ebenfalls abklemmen.
- Rücklaufschlauch –4– mit geeigneter Klemme, zum Beispiel Schraubzwinge, zusammendrücken (abklemmen) und abschrauben. Anschluß mit Blindstopfen schließen.

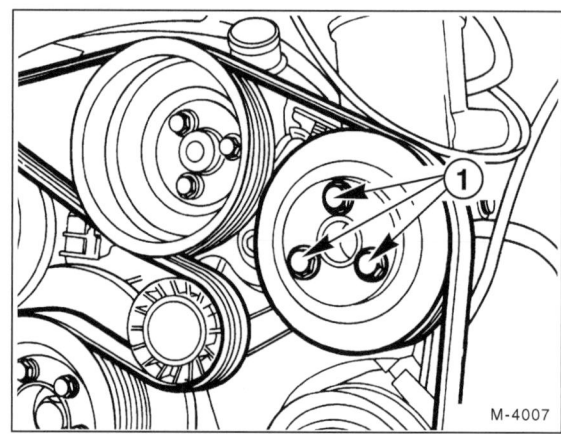

- Schrauben –1– an der Riemenscheibe lösen, noch nicht abschrauben. Achtung: Bei Pumpen der Firma LUK ist die Riemenscheibe aufgepreßt und kann nicht ausgebaut werden.
- Keilrippenriemen ausbauen, siehe Seite 43.
- Schrauben abschrauben und Riemenscheibe abnehmen.

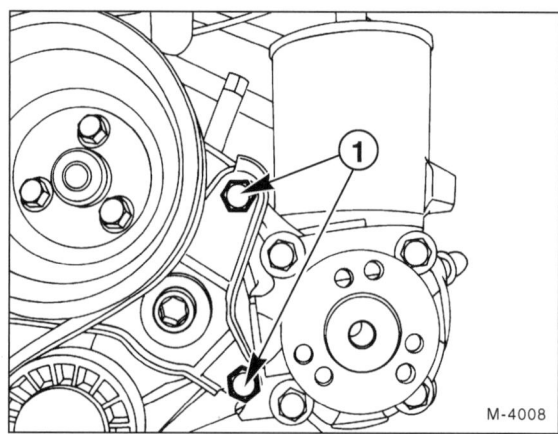

- Schrauben –1– abschrauben, untere Schraube von hinten gegenhalten.

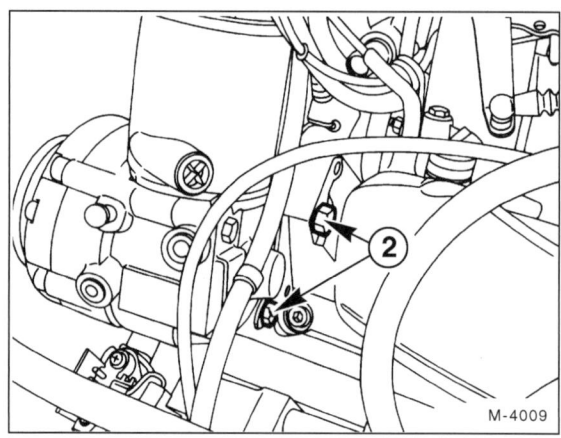

- Schrauben –2– abschrauben und Pumpe abnehmen.

**Einbau**

- Pumpe an den Halterungen mit **25 Nm** anschrauben.
- Falls demontiert, Keilriemenscheibe handfest anschrauben.
- Keilrippenriemen einbauen, siehe Seite 43.
- 3 Schrauben für Keilriemenscheibe mit **30 Nm** festziehen.
- Blindstopfen entfernen und Hochdruckleitung mit **45 Nm** anschrauben, bei Tandempumpe mit **25 Nm** anschrauben. Rücklaufleitung mit **25 Nm** anschrauben.
- **Fahrzeuge mit Niveauregulierung:** Schlauchklemme von Zulaufleitung entfernen.
- Servoöl bis ca. 10 mm unterhalb Behälteroberkante auffüllen. Spezifikation, siehe Seite 254.
- Motor starten, etwa 1 Sekunde laufen lassen, dann abstellen. Abgesaugtes Öl sofort nachfüllen, die Pumpe darf keine Luft ansaugen. Dies 2- bis 3mal wiederholen.
- Lenkrad bei laufendem Motor mehrmals von Anschlag zu Anschlag drehen, dabei entlüftet sich die Anlage. Anschließend Ölstand richtigstellen, siehe Seite 254.
- Luftansaugschlauch für Luftfilter einbauen. Nach Probefahrt Dichtheit der Anschlüsse an der Pumpe sichtprüfen, gegebenenfalls Anschluß etwas nachziehen.

# Bremsanlage

Das hydraulische Bremssystem besteht aus dem Hauptbremszylinder, dem Bremskraftverstärker und den Scheibenbremsen für die Vorder- und Hinterräder. Das Bremssystem ist in zwei Kreise aufgeteilt. Ein Bremskreis wirkt auf die vorderen Räder, der andere auf die hinteren. Bei Ausfall eines Bremskreises, zum Beispiel durch Undichtigkeit, kann das Fahrzeug über den anderen Bremskreis zum Stehen gebracht werden. Der Druck für beide Bremskreise wird im Tandem-Hauptbremszylinder über das Bremspedal aufgebaut.

Der Bremsflüssigkeitsbehälter befindet sich über dem Hauptbremszylinder und versorgt das ganze Bremssystem mit Bremsflüssigkeit.

Der Bremskraftverstärker speichert einen Teil des vom Motor erzeugten Ansaug-Unterdruckes. Da beim Dieselmotor kein nennenswerter Ansaugunterdruck besteht, haben Modelle mit Dieselmotor hierzu eine spezielle Unterdruckpumpe. Über entsprechende Ventile wird dann bei Bedarf die Pedalkraft durch den Unterdruck verstärkt.

Die Fußfeststellbremse wird über Seilzüge betätigt und wirkt auf die Hinterräder. Da sich die Scheibenbremse als Feststellbremse nicht gut eignet, befinden sich an den Hinterrädern zusätzlich 2 Trommelbremsen, die in den Bremsscheiben integriert sind. Die Trommelbremsen werden ausschließlich über den Fußhebel der Feststellbremse betätigt.

> **Sicherheitshinweis:**
> Beim Reinigen der Bremsanlage fällt Bremsstaub an. Dieser Staub kann zu gesundheitlichen Schäden führen. Deshalb beim Reinigen der Bremsanlage darauf achten, daß der Bremsstaub nicht eingeatmet wird.

Die Bremsbeläge sind Bestandteil der Allgemeinen Betriebserlaubnis (ABE), außerdem sind sie vom Werk auf das jeweilige Fahrzeugmodell abgestimmt. Es empfiehlt sich deshalb, nur vom Fahrzeughersteller beziehungsweise vom Kraftfahrtbundesamt freigegebene Bremsbeläge zu verwenden. Diese Bremsbeläge haben eine KBA-Freigabenummer.

> **Sicherheitshinweis:**
> Das Arbeiten an der Bremsanlage erfordert peinliche Sauberkeit und exakte Arbeitsweise. Falls die nötige Arbeitserfahrung fehlt, sollten die Arbeiten an der Bremse von einer Fachwerkstatt durchgeführt werden.

**Hinweis:** Auf stark regennassen Fahrbahnen sollte während des Fahrens die Bremse von Zeit zu Zeit betätigt werden, um die Bremsscheiben von Rückständen zu befreien. Durch die Zentrifugalkraft während der Fahrt wird zwar das Wasser von den Bremsscheiben geschleudert, doch bleibt teilweise ein dünner Film von Silikonen, Gummiabrieb, Fett und Verschmutzungen zurück, der das Ansprechen der Bremse vermindert.

Nach dem Einbau von neuen Bremsbelägen müssen diese eingebremst werden. Während einer Fahrtstrecke von rund 200 km sollten unnötige Vollbremsungen unterbleiben.

Korrodierte Scheibenbremsen erzeugen beim Abbremsen einen Rubbeleffekt, der sich auch durch längeres Abbremsen nicht beseitigen läßt. In diesem Fall müssen die Bremsscheiben erneuert werden.

Eingebrannter Schmutz auf den Bremsbelägen und zugesetzte Regennuten in den Bremsbelägen führen zur Riefenbildung auf den Bremsscheiben. Dadurch kann eine verminderte Bremswirkung eintreten.

## ABS/ASR (Antiblockiersystem/Antriebsschlupfregelung)

**ABS:** Das **A**nti-**B**lockier-**S**ystem verhindert bei scharfem Abbremsen das Blockieren der Räder. Dadurch bleibt das Fahrzeug auch während der Bremsphase lenkbar und fahrstabil. Im ABS-System ist eine ASR integriert.

**ASR:** Mit der elektronischen **A**ntriebs**s**chlupf**r**egelung werden beim Anfahren durchdrehende Räder abgebremst und das Antriebsdrehmoment auf »greifende« Räder umgelenkt.

Das elektronische System kontrolliert den Schlupf der zum Durchdrehen neigenden Räder und baut sofort den richtigen Bremsdruck an den betroffenen Rädern auf. Dadurch wird immer die maximal übertragbare Antriebskraft der greifenden Räder genutzt, im Extremfall sogar nur die eines Rades.

Das selbsttätig arbeitende ASR nutzt viele Bauteile des ABS-Systems. Die elektronische Antriebsschlupfregelung wird beim Anfahren wirksam und schaltet sich bei einer Geschwindigkeit von 40 km/h automatisch ab. Besonders vorteilhaft an dieser Traktionshilfe: Sie beeinflußt weder das Fahrverhalten negativ noch beeinträchtigt sie den Lenkkomfort beim Anfahren.

Die Antriebs-Schlupf-Regelung (ASR) sorgt bei Bedarf zusätzlich für eine Reduzierung der Motorleistung. Dazu ist die Motorregelung um das Elektronische Gaspedal (E-Gas) ergänzt. Beim E-Gas betätigt ein elektronisches Steuergerät elektromotorisch die Drosselklappe.

Führt das Durchdrehen eines Hinterrades zum automatischen Abbremsen und kommt zudem das zweite Rad an die Schlupfgrenze, erkennt das elektronisch geregelte System ein für die momentanen Verhältnisse zu hohes Motor-Antriebsmoment. Über die elektronische Steuerung wird nun innerhalb von wenigen Millisekunden die Drosselklappenstellung verändert, um weniger »Gas« zu geben. Selbst dann, wenn der Fahrer im Extremfall Vollgas gibt. Durch die Gas-Zurücknahme wird das Motor-Antriebsmoment verringert, beide Antriebsräder können wieder Antriebskräfte übertragen. Ist der Motor noch kalt, wird zusätzlich der Zündwinkel verstellt.

Die Funktionsanzeige im Kombiinstrument informiert über den ASR-Regelbetrieb und signalisiert dem Fahrer, daß ein Rad die Schlupfgrenze erreicht hat.

**Achtung:** Bei Fahrbahnen mit Sand, Kies oder im Tiefschnee kann es von Vorteil sein, mit höherem Antriebsschlupf und ohne Motoreingriff zu fahren, die ASR also durch den Schalter auf der Mittelkonsole abzuschalten. Dabei bleibt im unteren Geschwindigkeitsbereich die Traktionskontrolle eines durchdrehenden Hinterrades aktiv.

## ESP (Elektronisches Stabilitätsprogramm)

Je nach Modell und Ausstattung ist das auf dem ABS/ASR-System aufbauende ESP eingebaut. Über die ABS/ASR-Funktionen hinaus verringert ESP das Schleuderrisiko, auch wenn gerade nicht Gas gegeben oder gebremst wird. In schnell durchfahrenen Kurven oder bei abrupten Ausweichmanövern erkennt ESP, ob das Fahrzeug auszubrechen droht. Dazu erfaßt ESP über Sensoren den Lenkwinkel und die anhand der Fahrzeuggeschwindigkeit zugehörige Drehgeschwindigkeit des Fahrzeugs um die Hochachse. Unstabile Fahrzustände werden sofort erkannt. Durch Bremseingriff an einzelnen Rädern und Regulierung der Motorleistung wird dann das Fahrzeug bestmöglichst auf dem gewünschten Kurs gehalten. Droht das Fahrzeug beispielsweise in einer Kurve über die Vorderräder nach außen zu rutschen, bremst das kurveninnere Hinterrad gezielt ab und stabilisiert das Fahrzeug. Droht in einer zu schnell angefahrenen Kurve das Heck auszubrechen, erfolgt ein Bremseingriff am kurvenäußeren Vorderrad.

Der ESP-Regelbetrieb ist am Aufleuchten der Funktionsanzeige im Kombiinstrument erkennbar, die Fahrweise sollte dann den Straßenverhältnissen angepaßt werden, sonst besteht Unfallgefahr.

## BAS (Bremsassistent)

Der Bremsassistent ist seit 6/97 serienmäßig eingebaut. Weil die meisten Fahrer in Notfallsituationen oft zögerlich oder nicht energisch genug bremsen, wird der Bremsweg länger als nötig. Anhand der Art und Weise, wie schnell das Bremspedal betätigt wird, erkennt der Bremsassistent eine Notfallsituation. Binnen Sekundenbruchteilen baut sich die maximale Bremskraftverstärkung auf und verkürzt so den Anhalteweg des Fahrzeugs beispielsweise aus Tempo 100 km/h um bis zu 45 Prozent.

### Hinweise zum ABS/ASR/BAS/ESP

Eine Sicherheitsschaltung im elektronischen Steuergerät sorgt dafür, daß sich die Anlage bei einem Defekt (z. B. Kabelbruch) oder bei zu niedriger Betriebsspannung (Batteriespannung unter 10,5 Volt) selbst abschaltet. Dies wird durch das Leuchten der gelben ABS-Kontrollampe am Armaturenbrett angezeigt. ASR und, wo vorhanden, ESP sind dann ebenfalls deaktiviert. Die herkömmliche Bremsanlage bleibt dabei in Betrieb. Das Fahrzeug verhält sich dann beispielsweise beim Bremsen so, als ob keine ABS-Anlage eingebaut wäre.

Leuchtet die BAS-/ASR- beziehungsweise BAS-/ESP-Kontrolleuchte während der Fahrt dauernd auf, liegt eine Störung an diesen Systemen vor. Die normale Bremsanlage ist weiterhin funktionsfähig.

> **Sicherheitshinweis:**
> Wenn während der Fahrt die rote Warnleuchte (Symbol: Ausrufezeichen) für Bremsanlage aufleuchtet, sofort anhalten und Ursache feststellen. Ursachen können beispielsweise sein: Zu wenig Bremsflüssigkeit, angezogene Handbremse.

Leuchtet die ABS-Kontrollampe während der Fahrt auf, folgende Punkte beachten:

- Fahrzeug anhalten, Motor abstellen und wieder starten.
- Batteriespannung prüfen. Wenn die Spannung unter 10,5 Volt liegt, Batterie laden.

**Achtung:** Wenn die ABS-Kontrolleuchte am Anfang einer Fahrt aufleuchtet und nach einiger Zeit wieder erlöscht, deutet das darauf hin, daß die Batteriespannung zunächst zu gering war, bis sie sich während der Fahrt durch Ladung über den Generator wieder erhöht hat.

- Prüfen, ob die Batterieklemmen richtig festgezogen sind und einwandfreien Kontakt haben.
- Fahrzeug aufbocken, Räder abnehmen, elektrische Leitungen zu den Drehzahlfühlern auf äußere Beschädigungen (Scheuerstellen) prüfen. Weitere Prüfungen sollten der Werkstatt vorbehalten bleiben. Die Elektronik hat eine Selbstdiagnose, auftretende Fehler werden automatisch abgespeichert und können in der Fachwerkstatt abgefragt und behoben werden.

**Achtung:** Vor Schweißarbeiten mit einem elektrischen Schweißgerät muß der Stecker vom ABS-Steuergerät (Einbauort: an Hydraulikeinheit) abgezogen werden. Stecker nur bei ausgeschalteter Zündung abziehen. Bei Lackierarbeiten darf das Steuergerät mit max. +90° C belastet werden.

# Technische Daten Bremsanlage

**Achtung:** Bei den Werten in den Tabellen kann nicht auf alle Varianten und Ausführungen eingegangen werden. Bei Zweifel, ob die angegebenen Werte auf das eigene Fahrzeug zutreffen, die Werte abhand der Fz-Identnummer beim Fachhändler erfragen.

## Vorderradbremse

| Modell | E 200/230/240 | E 200 | E 240 | E 200 K, E 280, E 320 | E 36 AMG mit Festsattel | E 430, E 420 | E 430, E 420 | E 50 AMG, E 55 AMG | E 430-4MATIC |
|---|---|---|---|---|---|---|---|---|---|
| Typ Limousine | 210.035/ 037/06111 | 210.048 | 210.062 | 210.045/063/ 065/081/082 | 210.055 | 210.070/072 | 210.070/072 | 210.072/074 | 210.083 |
| Typ T-Modell | 210.235/237/ 261 | 210.248 | 210.262 | 210.245/263/ 265/281/282 | – | 210.270/272 | 210.270/272 | – | – |
| Bremssattel-Ausführung | – | – | – | – | Festsattel | Faustsattel | Faustsattel | – | – |
| Einsatzzeit | – | – | – | – | – | bis 6/99 | ab 7/99 | – | – |
| Bremsbelag vorn neu mit Rückenplatte | 19,6 | 19,6 | 17,5 | 20,4 | 17,5 | 20,5 | 20,5 | 20,5 | 20,4 |
| Verschleißgrenze ohne Rückenplatte | 2,0 | 2,0 | 2,0 | 2,0 | 2,0 | 2,0 | 2,0 | 2,5 | 2,0 |
| Verschleißgrenze-Wartung mit Rückenplatte | 14,0 | 14,0 | 12,0 | 15,0 | 12,0 | 15,0 | 15,0 | 15,5 | 15,0 |
| Bremsscheibendicke neu | 25,0 | 25,0 | 25,0 | 28,0 | 28,0 | 28,0 | 32,0 | 32,0 | 32,0 |
| Verschleißgrenze der Bremsscheibe | 22,4 | 22,4 | 22,4 | 25,4 | 25,4 | 25,4 | 29,4 | 29,4 | 29,4 |
| Verschleißgrenze-Wartung Bremsscheibe | 23,0 | 23,0 | 23,0 | 26,0 | 26,0 | 26,0 | 30,0 | 30,0 | 30,0 |
| Bremsscheibendurchmesser | 288 | 300 | 300 | 300 | 300 | 330 | 334 | 334 | 330 |

## Hinterradbremse

| Modell | E 200/230/ 280-4MATIC | E 200 K, E 200/240/420/ 320-4MATIC | E 280/320 | E 240/280 | E 320 | E 430 | E 50 AMG/ 55 AMG/ 430-4MATIC |
|---|---|---|---|---|---|---|---|
| Typ Limousine | 210.035/037/081 | 210.045/048/ 062/072/082 | 210.053/055 | 210.062 1)/063 | 210.065 | 210.070 | 210.072/074/083 |
| Typ T-Modell | 210.235/237/281 | 210.245/248/ 262/272/282 | – | 210.262/263 | 210.265 | – | 210.274/283 |
| Ausführung | Ausführung 1 | Limousine | Ausführung 1 | Ausführung 1 | Ausführung 1 | – | – |
| Bremsbelag hinten neu mit Rückenplatte | 14,5 | 14,5 | 14,5 | 14,5 | 14,5 | 15,2 | 15,2 |
| Bremsbelag hinten ohne Rückenplatte | 10,5 | 10,5 | 10,5 | 10,5 | 10,5 | 11,2 | 11,2 |
| Verschleißgrenze ohne Rückenplatte | 2,0 | 2,0 | 2,0 | 2,0 | 2,0 | 2,0 | 2,0 |
| Verschleißgrenze-Wartung mit Rückenplatte | 8,2 | 8,2 | 8,2 | 8,2 | 8,2 | 8,6 | 8,6 |
| Verschleißgrenze-Wartung ohne Rückenplatte | 4,25 | 4,25 | 4,25 | 4,25 | 4,25 | 4,6 | 4,6 |
| Rückenplatte | 4,0 | 4,0 | 4,0 | 4,0 | 4,0 | 4,0 | 4,0 |
| Ausführung | Ausführung 2 | – | Ausführung 2 | Ausführung 2 | Ausführung 2 | – | – |
| Bremsbelag hinten neu mit Rückenplatte | 14,0 | – | 14,0 | 14,0 | 15,2 | – | – |
| Bremsbelag hinten ohne Rückenplatte | 10,5 | – | 10,5 | 10,5 | 11,2 | – | – |
| Verschleißgrenze ohne Rückenplatte | 2,0 | – | 2,0 | 2,0 | 2,0 | – | – |
| Verschleißgrenze-Wartung mit Rückenplatte | 7,7 | – | 7,7 | 7,7 | 8,6 | – | – |
| Verschleißgrenze-Wartung ohne Rückenplatte | 4,2 | – | 4,2 | 4,2 | 4,6 | – | – |
| Rückenplatte | 3,5 | – | 3,5 | 3,5 | 4,0 | – | – |
| Ausführung | – | – | Ausführung 3 | Ausführung 3 | – | – | – |
| Bremsbelag hinten neu mit Rückenplatte | – | – | 15,2 | 15,2 | – | – | – |
| Bremsbelag hinten ohne Rückenplatte | – | – | 11,2 | 11,2 | – | – | – |
| Verschleißgrenze ohne Rückenplatte | – | – | 2,0 | 2,0 | – | – | – |
| Verschleißgrenze-Wartung mit Rückenplatte | – | – | 8,6 | 8,6 | – | – | – |
| Verschleißgrenze-Wartung ohne Rückenplatte | – | – | 4,6 | 4,6 | – | – | – |
| Rückenplatte | – | – | 4,0 | 4,0 | – | – | – |
| Modell | T-Modell | T-Modell | – | T-Modell | T-Modell | – | – |
| Bremsbelag hinten neu mit Rückenplatte | 16,0 | 16,0 | – | 16,0 | 16,0 | – | – |
| Bremsbelag hinten ohne Rückenplatte | 12,0 | 12,0 | – | 12,0 | 12,0 | – | – |
| Verschleißgrenze ohne Rückenplatte | 2,0 | 2,0 | – | 2,0 | 2,0 | – | – |
| Verschleißgrenze-Wartung mit Rückenplatte | 9,0 | 9,0 | – | 9,0 | 9,0 | – | – |
| Verschleißgrenze-Wartung ohne Rückenplatte | 5,0 | 5,0 | – | 5,0 | 5,0 | – | – |
| Rückenplatte | 4,0 | 4,0 | – | 4,0 | 4,0 | – | – |
| Baudatum | – | – | – | – | – | bis 7/99 | – |
| Bremsscheibendicke neu | 9,0 | 10,0 | 10,0 | – | 10,0 | 10,0 | 22,0 |
| Verschleißgrenze der Bremsscheibe | 7,3 | 8,3 | 8,3 | – | 8,3 | 8,3 | 19,4 |
| Verschleißgrenze-Wartung Bremsscheibe | 7,6 | 8,8 | 8,8 | – | 8,8 | 8,8 | 20,0 |
| Bremsscheibendurchmesser | 278 | 290 | 290 | – | 290 | 290 | 300 |
| Typ/Baudatum | 210.235 | 210.245 | – | 210.261 | 210.265 | ab 7/99 | – |
| Bremsscheibendicke neu | 12,0 | 12,0 | – | 12,0 | 12,0 | 22,0 | – |
| Verschleißgrenze der Bremsscheibe | 9,8 | 9,8 | – | 9,8 | 9,8 | 19,4 | – |
| Verschleißgrenze-Wartung Bremsscheibe | 10,5 | 10,5 | – | 10,5 | 10,5 | 20,0 | – |
| Bremsscheibendurchmesser | 290 | 290 | – | 290 | 290 | – | – |

Alle Werte in mm. [1]) Modell 210.061 ohne ESP. Bei Erreichen oder Unterschreiten der **Verschleißgrenze**, Bremsbeläge beziehungsweise Bremsscheiben sofort ersetzen. Wird **im Rahmen der Wartung** das Maß für die **Verschleißgrenze-Wartung** erreicht oder unterschritten, Bremsbeläge beziehungsweise Bremsscheiben ersetzen.
**Hinweis:** Leuchtet die Anzeige für verschlissene Bremsbeläge auf, sind noch etwa 1,0 mm Belag bis zur Verschleißgrenze vorhanden.

# Bremsbeläge vorn aus- und einbauen

## Modelle mit Faustsattel-Bremse

**Achtung:** Bei folgenden Modellen sind vorn Festsattelbremsen anstelle der Faustsattelbremsen eingebaut: Modell E320 mit Sportfahrwerk sowie Modell E420.

Bei einem Faustsattel wird nur ein Kolben benötigt, um beide Bremsbeläge gegen die Bremsscheibe zu drücken, dagegen sind bei einem Festsattel mindestens zwei Kolben erforderlich. Das Modell E50 AMG hat eine geänderte Faustsattel-Bremse, Hinweise am Kapitelende beachten.

### Ausbau

**Achtung:** Sollen die Bremsbeläge wieder verwendet werden, so müssen sie beim Ausbau gekennzeichnet werden. Ein Wechsel der Beläge vom rechten zum linken Rad und umgekehrt ist nicht zulässig. Der Wechsel kann zu ungleichmäßiger Bremswirkung führen. Grundsätzlich sollte man nur Original-Ersatzteil-Bremsbeläge, beziehungsweise vom Hersteller freigegebene Bremsbeläge verwenden. **Grundsätzlich alle Scheibenbremsbeläge vorn gleichzeitig ersetzen, auch wenn nur ein Belag die Verschleißgrenze erreicht hat.**

- Stellung der Vorderräder zur Radnabe mit Farbe kennzeichnen. Dadurch kann das ausgewuchtete Rad wieder in derselben Position montiert werden. Radmuttern lösen, dabei muß das Fahrzeug auf dem Boden stehen. Fahrzeug vorn aufbocken und Vorderräder abnehmen.

- Bremssattel von Hand nach außen ziehen und dadurch den Bremskolben etwas zurückdrücken.

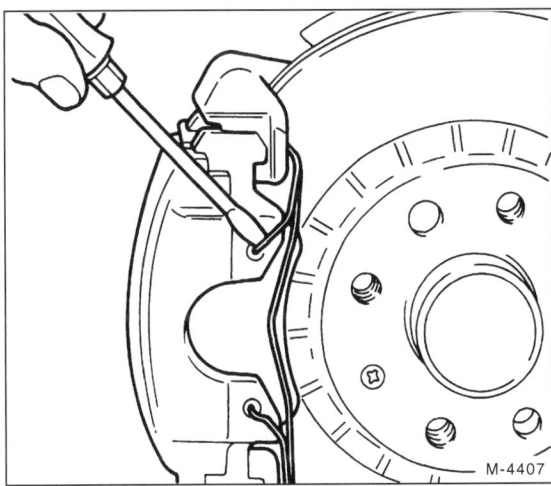

- Halteklammer mit Schraubendreher vom Bremssattel abdrücken.

- Stecker –1– des Verschleißfühlers aus der Steckverbindung in Pfeilrichtung herausziehen. Dabei nicht am Kabel ziehen. Gegebenenfalls Innensechskantschraube –2– abschrauben und Steckverbindung herausschwenken, damit der Stecker leichter abgezogen werden kann.

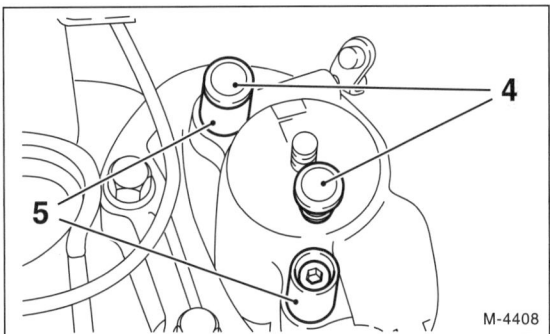

- 2 Abdeckkappen –4– für Führungsbolzen mit Schraubendreher abdrücken.

- Führungsbolzen –5– mit Innensechskantschlüssel abschrauben.

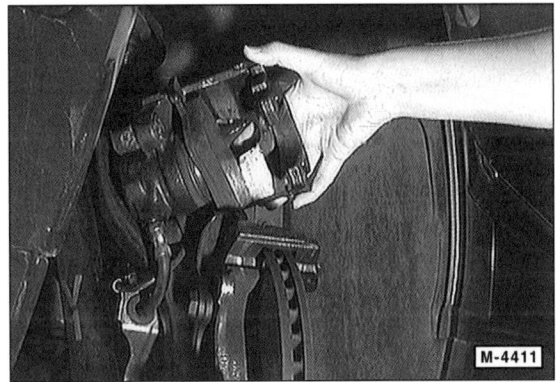

- Bremssattel nach oben abziehen und mit Draht am Aufbau aufhängen. **Achtung:** Der Bremsschlauch bleibt angeschlossen, sonst muß die Anlage nach dem Einbau entlüftet werden. Darauf achten, daß der Bremsschlauch nicht auf Zug beansprucht wird.

- Inneren Bremsbelag vom Bremskolben abhebeln. Der Belag ist mit einer Halteklammer im Kolben befestigt.

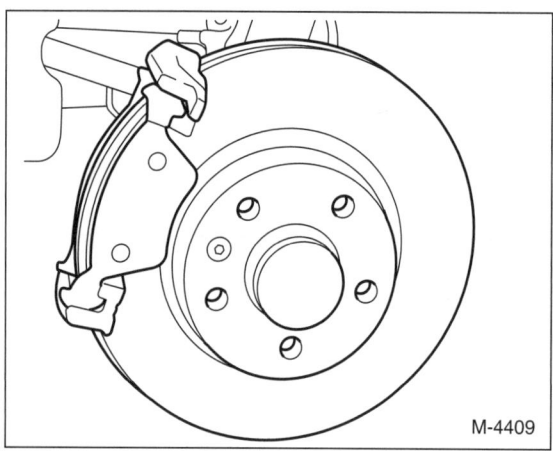

- Äußeren Bremsbelag nach außen aus dem Träger herausnehmen.

### Einbau

**Achtung: Bei ausgebauten Bremsbelägen nicht auf das Bremspedal treten, sonst wird der Kolben aus dem Gehäuse herausgedrückt. Wurde der Kolben versehentlich herausgedrückt, Bremssattel ausbauen und in der Fachwerkstatt zusammensetzen lassen.**

- Vor dem Einbau der Bremsbeläge Gleitführungen mit Weichmetall-Drahtbürste reinigen oder mit einem Lappen und Spiritus abwischen. Keine mineralölhaltigen Lösungsmittel oder scharfkantigen Werkzeuge verwenden. Bremsstaubablagerungen und Korrosion an den Gleitführungen können zu ungleichmäßigem Bremsbelagverschleiß führen.
- Vor Einbau der Beläge ist die Bremsscheibe durch Abtasten mit den Fingern auf Riefen zu untersuchen. Riefige Bremsscheiben sind zu erneuern.
- Bremsscheibendicke messen, gegebenenfalls verschlissene Bremsscheibe erneuern, siehe Seite 143.

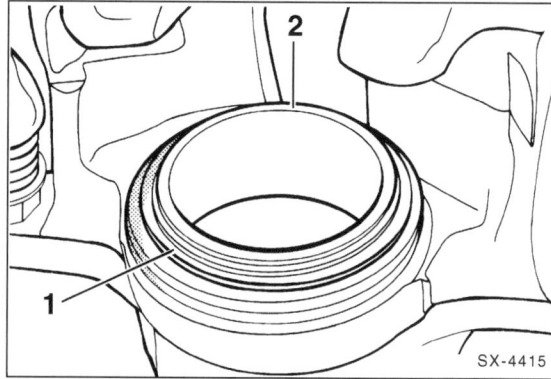

- Staubkappe –1– am Bremskolben –2– auf Anrisse prüfen. Eine beschädigte Staubkappe umgehend ersetzen lassen, da eingedrungener Schmutz schnell zu Undichtigkeiten des Bremssattels führt. Der Faustsattel muß hierzu ausgebaut und zerlegt werden (Werkstattarbeit).

**Achtung:** Wurden die Bremsbeläge über die zulässige Verschleißgrenze hinaus abgefahren, kann der Steg zwischen Dichtungsnut und Staubkappe beschädigt sein, dann muß die Bremsanlage mit einem Druckprüfgerät auf Dichtigkeit geprüft werden (Werkstattarbeit).

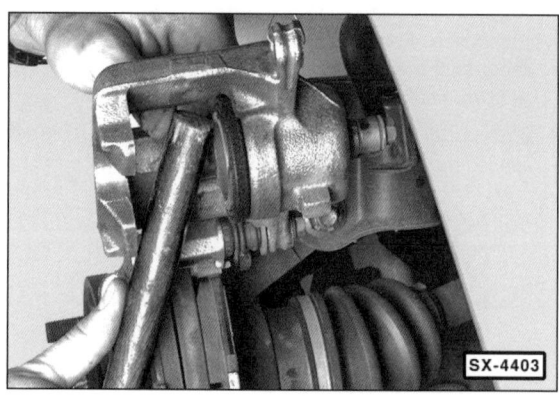

- Bremskolben mit Rücksetzvorrichtung, zum Beispiel HAZET 4971-1, zurückdrücken. Es geht auch mit einem Hartholzstab (Hammerstiel), dabei jedoch besonders darauf achten, daß der Kolben nicht verkantet wird und Kolbenfläche sowie Staubkappe nicht beschädigt werden.

**Achtung:** Beim Zurückdrücken der Kolben wird Bremsflüssigkeit aus den Radbremszylindern in den Ausgleichbehälter gedrückt. Flüssigkeit im Behälter beobachten, eventuell Bremsflüssigkeit mit einem Saugheber absaugen.

**Sicherheitshinweis:**
Zum Absaugen eine Entlüfter- oder Plastikflasche verwenden, die nur mit Bremsflüssigkeit in Berührung kommt. **Keine Trinkflaschen verwenden! Bremsflüssigkeit ist giftig und darf auf gar keinen Fall mit dem Mund über einen Schlauch abgesaugt werden.** Saugheber verwenden. Auch nach dem Belagwechsel darf die MAX.-Marke am Bremsflüssigkeitsbehälter nicht überschritten werden, da sich die Flüssigkeit bei Erwärmung ausdehnt. Ausgelaufene Bremsflüssigkeit läuft am Hauptbremszylinder herunter, zerstört den Lack und führt zur Rostbildung.

**Achtung:** Unterschiedlich abgenutzte Bremsbeläge sind kein Grund zur Beanstandung. Bei mehr als 2 mm Differenz zwischen innerem und äußerem Belag sind jedoch die Bremssattel-Führungsbolzen beziehungsweise der Bremskolben auf Leichtgängigkeit zu prüfen. Dazu Holzklotz in den Bremssattel einsetzen und durch Helfer langsam auf das Bremspedal treten lassen. Der Bremskolben muß sich leicht heraus- und hineindrücken lassen. Zur Prüfung muß der andere Bremssattel eingebaut sein. Darauf achten, daß der Bremskolben nicht ganz herausgedrückt wird. Bei schwergängigem Kolben Bremssattel instandsetzen lassen (Werkstattarbeit).

- Verschleißfühler aus der Belagrückenplatte des alten Bremsbelags heraushebeln. Ist der Verschleißfühler beschädigt, neuen Fühler verwenden. Verschleißfühler grundsätzlich am inneren Bremsbelag aufstecken.

- Gesäuberte, trockene Führungsbolzen am Gewinde mit Sicherungsmasse, zum Beispiel Loctite Typ 262, bestreichen und mit **25 Nm** festziehen.
- Abdeckkappen für Führungsbolzen aufdrücken.

- Haltefeder in Bremssattel einsetzen. **Hinweis:** Nach dem Einsetzen in die beiden Bohrungen muß die Haltefeder unter den Bremsträger gedrückt werden. Bei fehlerhafter Montage kann der Verschleiß des äußeren Belags nicht nachgestellt werden, so daß sich dadurch der Pedalweg vergrößert.
- Kabel für Verschleißfühler in die Steckverbindung am Bremssattel einstecken. Steckverbindung mit selbstsichernder Sechskantschraube mit **30 Nm** festschrauben.
- Vorderräder so ansetzen, daß die beim Ausbau angebrachten Markierungen übereinstimmen. Räder anschrauben, Schrauben nicht ölen. Fahrzeug ablassen und Radschrauben über Kreuz mit **110 Nm** festziehen.

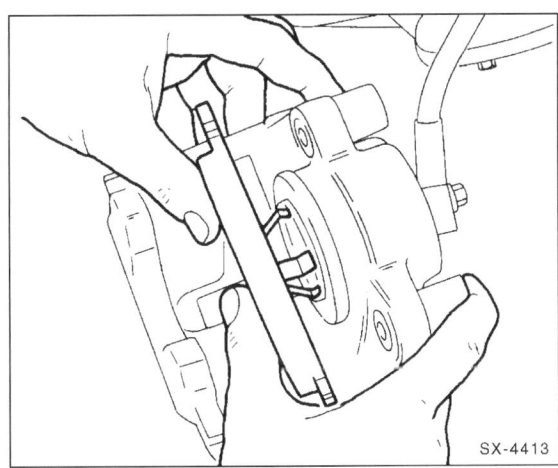

- Inneren Bremsbelag (mit Spreizfeder) in Bremskolben einsetzen. Dabei Kabel für Verschleißfühler nach oben durch die Aussparung im Bremssattel führen.
- Äußeren Bremsbelag in den Bremsträger einsetzen.
- Bremssattelgehäuse über die Bremsscheibe am Bremsträger einsetzen.
- Bremspedal im Stand mehrmals kräftig niedertreten, damit sich die Bremsbeläge an die Bremsscheibe anlegen.
- Bremsflüssigkeit im Ausgleichbehälter prüfen, gegebenenfalls bis zur Max.-Marke auffüllen.

**Achtung, Sicherheitskontrolle durchführen:**
- ◆ Sind die Bremsschläuche festgezogen?
- ◆ Befindet sich der Bremsschlauch in der Halterung?
- ◆ Sind die Entlüftungsschrauben angezogen?
- ◆ Ist genügend Bremsflüssigkeit eingefüllt?

- ◆ Bei laufendem Motor Dichtheitskontrolle durchführen. Hierzu Bremspedal mit 200 bis 300 N (entspricht 20 bis 30 kg) etwa 10 sec. betätigen. Das Bremspedal darf nicht nachgeben. Sämtliche Anschlüsse auf Dichtheit kontrollieren.

- ● Neue Bremsbeläge vorsichtig einbremsen, dazu Fahrzeug auf wenig befahrener Straße mehrmals von ca. 80 km/h auf 40 km/h mit geringem Pedaldruck abbremsen. Dazwischen Bremse etwas abkühlen lassen.

**Hinweis:** Bremsbeläge sind als Sondermüll zu entsorgen. Die örtlichen Behörden geben darüber Auskunft, ob auch eine Entsorgung über den hausmüllähnlichen Gewerbemüll zulässig ist.

### Speziell Modell E50 AMG

**Achtung:** Hier wird nur auf die Unterschiede hingewiesen, die beim Auswechseln der Bremsbeläge beachtet werden müssen. In jedem Fall komplettes Kapitel »Bremsbelag-Ausbau« durchlesen.

### Ausbau

- ● Halteklammer mit Schraubendreher vom Bremssattel abdrücken. (Die Abbildung zeigt einen ähnlichen Bremssattel.)

### Einbau

- ● Gesäuberte Führungsbolzen mit **25 Nm bis 30 Nm** festziehen.

- ● Klammer in Bohrungen einsetzen und von Hand aufdrücken.

## Scheibenbremsbeläge hinten aus- und einbauen

### Festsattel-Bremse

**Achtung:** Beim Modell E320 mit Sportfahrwerk sowie Modell E420 sind an der Vorderachse 4-Kolben-Festsattelbremsen eingebaut. Der Aus- und Einbau der vorderen Bremsbeläge entspricht weitgehend dem der hinteren Festsättel aller Modelle.

### Ausbau

**Achtung:** Sollen die Bremsbeläge wieder verwendet werden, so müssen sie beim Ausbau gekennzeichnet werden. Ein Wechsel der Beläge vom rechten zum linken Rad und umgekehrt ist nicht zulässig. Der Wechsel kann zu ungleichmäßiger Bremswirkung führen. Grundsätzlich sollte man nur Original-Ersatzteil-Bremsbeläge, beziehungsweise vom Hersteller freigegebene Bremsbeläge verwenden. **Grundsätzlich alle Scheibenbremsbeläge einer Achse gleichzeitig ersetzen, auch wenn nur ein Belag die Verschleißgrenze erreicht hat.**

- ● Stellung der Räder zur Radnabe mit Farbe kennzeichnen. Dadurch kann das ausgewuchtete Rad wieder in derselben Position montiert werden. Radschrauben bei auf dem Boden stehendem Fahrzeug lösen. Fahrzeug hinten aufbocken und Räder abnehmen.

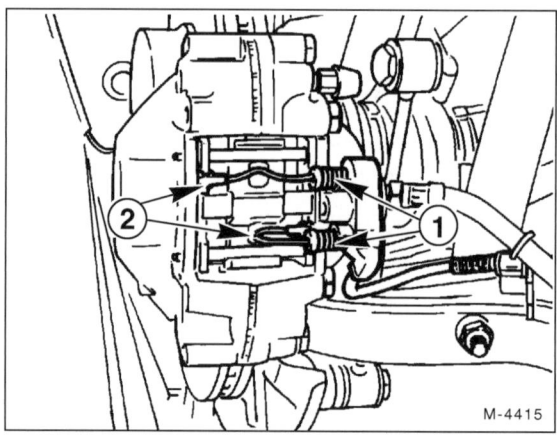

- ● Steckverbindungen –1– der Verschleißfühler –2– trennen. Dabei nicht am Kabel ziehen. **Hinweis:** Beim Wiedereinbau muß die Zuleitung, wie in der Abbildung dargestellt, verlegt werden.

**Achtung:** An der Hinterradbremse ist nicht immer ein Verschleißfühler vorhanden. Außerdem gibt es Ausführungen mit 1 oder 2 Verschleißfühlern pro Bremssattel. Es müssen so viele Fühler wieder eingebaut werden, wie vorhanden waren. Ist nur ein Fühler vorhanden, muß dieser am äußeren Bremsbelag montiert werden. An der Hinterachse dürfen nur Fühler in transparenter (temperaturbeständiger) Ausführung eingebaut werden.

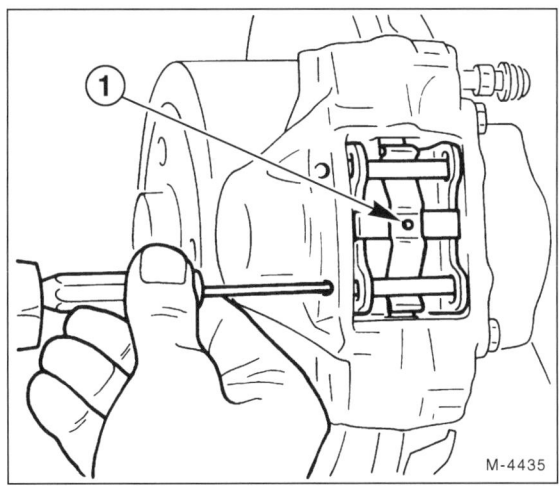

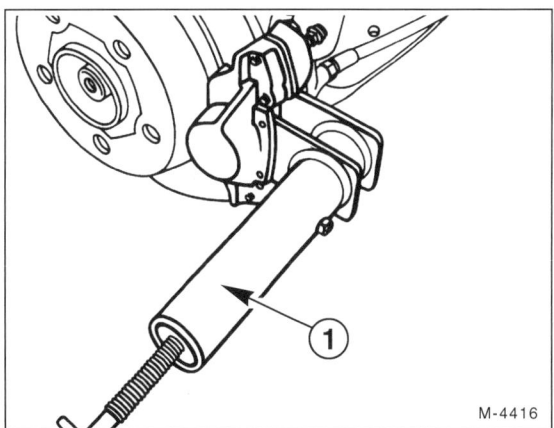

- 2 Haltestifte mit geeignetem Durchschlag oder Nagel (Ø ca. 3 mm) von **außen nach innen** aus dem Festsattel herausschlagen. Kreuzfeder –1– abnehmen. **Hinweis:** Es gibt bei der hinteren Bremse auch Ausführungen mit nur einem Haltestift, diesen in gleicher Weise herausschlagen.
- Bremsbeläge mit Ausdrückhebel, Zange oder Schraubendreher herausziehen. Bei festgerosteten Bremsbelägen wird eine spezielle Ausziehvorrichtung (z. B. HAZET Nr. 1966-2) benötigt.

**Einbau**

**Achtung: Bei ausgebauten Bremsbelägen nicht auf das Bremspedal treten, sonst werden die Kolben aus dem Gehäuse herausgedrückt. Wurde der Kolben versehentlich herausgedrückt, Bremssattel ausbauen und in der Fachwerkstatt zusammensetzen lassen.**

- Führungsfläche bzw. Sitz der Beläge im Gehäuseschacht mit geeigneter Weichmetallbürste und Staubsauger reinigen, oder mit einem Lappen und Spiritus auswischen. Keine mineralölhaltigen Lösungsmittel oder scharfkantigen Werkzeuge verwenden.
- Vor Einbau der Beläge die Bremsscheibe durch Abtasten mit den Fingern auf Riefen untersuchen. Bremsscheibendicke messen, siehe Seite 140.
- Staubkappe an jedem Bremskolben auf Anrisse prüfen. Eine beschädigte Staubkappe umgehend ersetzen lassen, da eingedrungener Schmutz schnell zu Undichtigkeiten des Bremssattels führt. Der Festsattel muß hierzu ausgebaut und zerlegt werden (Werkstattarbeit).

- Mit einer Bremskolben-Rücksetzvorrichtung –1–, zum Beispiel HAZET 4971-1, beide Kolben zurückdrücken. Es geht auch mit einem Hartholzstab (Hammerstiel), dabei jedoch besonders darauf achten, daß die Kolben nicht verkanten und Kolbenflächen und Staubkappen nicht beschädigt werden.

**Achtung:** Beim Zurückdrücken der Kolben wird Bremsflüssigkeit aus den Bremszylindern in den Ausgleichbehälter gedrückt. Flüssigkeit im Behälter beobachten, eventuell Bremsflüssigkeit mit einem Saugheber absaugen. Beim 4-Kolben-Festsattel der Vorderradbremse jeweils ein gegenüberliegendes Kolbenpaar mit Kunststoff- oder Holzkeil gegen Herausrutschen sichern.

> **Sicherheitshinweis:**
> Zum Absaugen eine Entlüfter- oder Plastikflasche verwenden, die nur mit Bremsflüssigkeit in Berührung kommt. **Keine Trinkflaschen verwenden! Bremsflüssigkeit ist giftig und darf auf gar keinen Fall mit dem Mund über einen Schlauch abgesaugt werden.** Saugheber verwenden. Auch nach dem Belagwechsel darf die MAX.-Marke am Bremsflüssigkeitsbehälter nicht überschritten werden, da sich die Flüssigkeit bei Erwärmung ausdehnt. Ausgelaufene Bremsflüssigkeit läuft am Hauptbremszylinder herunter, zerstört den Lack und führt zur Rostbildung.

**Achtung:** Bei hohem Bremsbelagverschleiß Leichtgängigkeit der Kolben prüfen. Dazu Holzklotz in den Bremssattel einsetzen und durch Helfer langsam auf das Bremspedal treten lassen. Der Bremskolben muß sich leicht heraus- und hineindrücken lassen. Zur Prüfung muß der andere Bremsbelag sowie der gegenüberliegende Bremssattel eingebaut sein. Bei schwergängigem Kolben Bremssattel instandsetzen lassen (Werkstattarbeit).

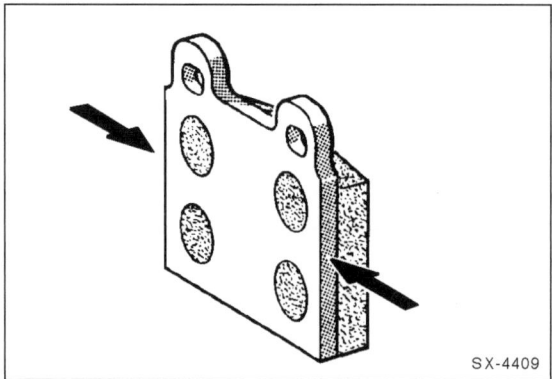

- Um ein Quietschen der Scheibenbremsen zu verhindern, können die Rückseiten der Bremsbeläge sowie Seitenteile der Rückenplatte –Pfeile– mit Bremsklotzpaste (z. B. Hochtemperatur-Kupferpaste, Plastilube, Tunap VC 582/S, Chevron SRJ/2, Liqui Moly LM-36 oder LM-508-ASC) dünn eingestrichen werden. Die Paste darf keinesfalls auf den eigentlichen Bremsbelag oder auf die Bremsscheibe kommen. Gegebenenfalls Paste sofort abwischen und Bremsbelag mit Spiritus reinigen.

**Achtung:** Je nach Ausführung gibt es auch Bremsbeläge mit Zwischenblechen (Umfangsdämpfung). Diese Bremsbeläge müssen **ohne** Bremsklotzpaste eingebaut werden.

- Wo vorhanden, Verschleißfühler aus den alten Bremsbelägen heraushebeln und in die neuen Beläge eindrücken. Ist ein Verschleißfühler beschädigt, neuen Fühler verwenden. Es dürfen nur Verschleißfühler in transparenter, temperaturbeständiger Ausführung eingebaut werden. Hinweise für Verschleißfühler beachten, siehe unter »Ausbau«.
- Bremsbeläge in den Bremssattel einsetzen.
- Kabel für Verschleißfühler in die Steckverbindung am Bremssattel einstecken. Zuleitung korrekt verlegen, siehe Abbildung M-4415 unter »Ausbau«.
- Kreuzfeder auflegen und Haltestifte mit Hilfe eines Dorns bis zum Anschlag einschlagen.

**Achtung:** Kreuzfeder und Haltestifte grundsätzlich erneuern.

- Räder so ansetzen, daß die beim Ausbau angebrachten Markierungen übereinstimmen. Räder anschrauben. Fahrzeug ablassen und Radschrauben über Kreuz mit **110 Nm** festziehen.
- Bremspedal im Stand mehrmals kräftig niedertreten, damit sich die Bremsbeläge an die Bremsscheibe anlegen.
- Bremsflüssigkeit im Ausgleichbehälter prüfen, gegebenenfalls bis zur Max.-Marke auffüllen.

**Achtung, Sicherheitskontrolle durchführen:**
- Sind die Bremsschläuche festgezogen?
- Befindet sich der Bremsschlauch in der Halterung?
- Sind die Entlüftungsschrauben angezogen?
- Ist genügend Bremsflüssigkeit eingefüllt?

- Bei laufendem Motor Dichtheitskontrolle durchführen. Hierzu Bremspedal mit 200 bis 300 N (entspricht 20 bis 30 kg) etwa 10 sec. betätigen. Das Bremspedal darf nicht nachgeben. Sämtliche Anschlüsse auf Dichtheit kontrollieren.
- Neue Bremsbeläge vorsichtig einbremsen, dazu Fahrzeug auf wenig befahrener Straße mehrmals von ca. 80 km/h auf 40 km/h mit geringem Pedaldruck abbremsen. Dazwischen Bremse etwas abkühlen lassen.

**Hinweis:** Bremsbeläge sind als Sondermüll zu entsorgen. Die örtlichen Behörden geben darüber Auskunft, ob auch eine Entsorgung über den hausmüllähnlichen Gewerbemüll zulässig ist.

## Bremsscheibendicke/Seitenschlag prüfen

- Stellung der Räder zur Radnabe mit Farbe kennzeichnen. Dadurch kann das ausgewuchtete Rad wieder in derselben Position montiert werden. Radschrauben bei auf dem Boden stehendem Fahrzeug lösen. Fahrzeug aufbocken und Räder abnehmen.

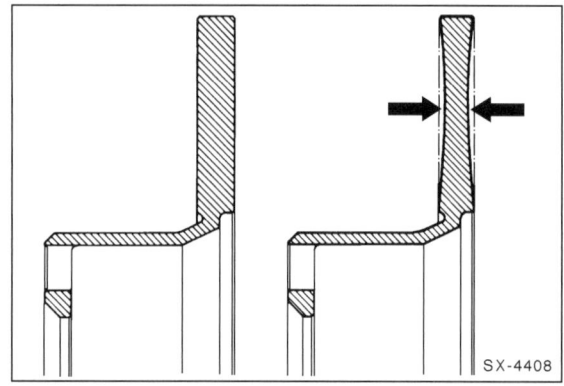

- Bremsscheibendicke immer an der dünnsten Stelle –Pfeile– messen. Die Werkstätten benutzen dazu einen speziellen Meßschieber oder eine Mikrometer-Bügelmeßschraube, da sich durch Abnutzung der Bremsscheibe ein Rand bildet. **Achtung:** Beim genaueren Messen mit Mikrometer Messung an mindestens 8 Punkten der Bremsscheibe vornehmen. Dabei muß die Dicke in einem Toleranzbereich von 0,02 mm bleiben.

- Die Bremsscheibendicke kann auch mit einer normalen Schieblehre messen, allerdings muß dann auf jeder Seite der Bremsscheibe eine entsprechend starke Unterlage zwischengelegt werden (beispielsweise 2 Münzen). Um das exakte Maß der Bremsscheiben zu ermitteln, müssen von dem gemessenen Wert die Dicke der Münzen beziehungsweise der Unterlage abgezogen werden.
- Bei Erreichen der Mindestdicke können noch einmal neue Bremsbeläge eingebaut werden. Wenn die Verschleißgrenze erreicht ist, Bremsscheibe erneuern. **Sollwerte**, siehe Tabelle auf Seite 134.
- Belüftete Bremsscheiben mit Haarrissen bis 25 mm Länge, die durch hohe Beanspruchung entstehen können, müssen nicht erneuert werden. Bei größeren Rissen oder bei Riefen, die tiefer als 0,5 mm sind, Bremsscheibe erneuern.
- Ein Nacharbeiten der Bremsscheiben ist nicht zulässig. Immer beide Bremsscheiben einer Achse ersetzen.

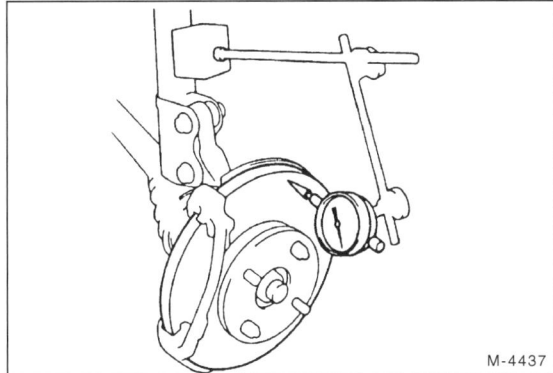

- Steht eine Meßuhr zur Verfügung, Seitenschlag der Bremsscheibe in eingebautem Zustand messen. Meßuhr in der Mitte der Bremsfläche ansetzen. **Sollwerte**, siehe Seite 134.

**Achtung:** Zu großer Seitenschlag kann auch von zu großem Radlagerspiel herrühren, also Radlagerspiel einstellen, siehe Seite 117.

Wird dadurch keine ausreichende Verbesserung erzielt, Bremsscheibe erneuern.

- Räder so ansetzen, daß die beim Ausbau angebrachten Markierungen übereinstimmen. Räder anschrauben. Fahrzeug ablassen und Radschrauben über Kreuz mit **110 Nm** festziehen.

## Bremssattel aus- und einbauen

**Hinweis:** Soll der Bremssattel nur zum Ausbau der Bremsscheibe ausgebaut werden, dann braucht die Bremsleitung vom Bremssattel nicht abgeschraubt zu werden. In diesem Fall Bremssattel mit Drahthaken so am Aufbau aufhängen, daß der Bremsschlauch nicht verdreht oder auf Zug beansprucht wird.

> **Sicherheitshinweis:**
> Werden Bremsleitungen geöffnet, läuft Bremsflüssigkeit aus. Bremsflüssigkeit in einer Flasche auffangen, die ausschließlich für Bremsflüssigkeit vorgesehen ist. Hinweise für Umgang mit Bremsflüssigkeit beachten, siehe Seite 143.

### Ausbau

- Stellung der Räder zur Radnabe mit Farbe kennzeichnen. Dadurch kann das ausgewuchtete Rad wieder in derselben Position montiert werden. Radschrauben bei auf dem Boden stehendem Fahrzeug lösen. Fahrzeug aufbocken und Räder abnehmen.

### Vorderradbremse:

- Bremsbeläge ausbauen, siehe Seite 135.

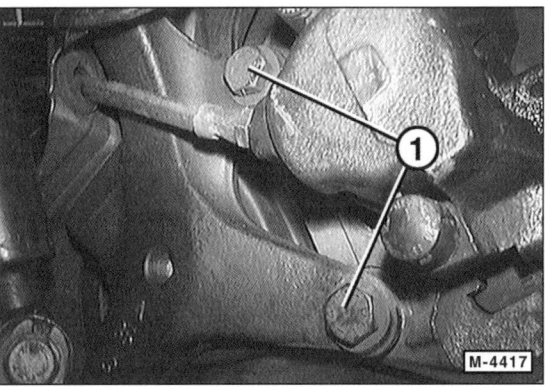

- Bremsträger mit 2 Schrauben –1– vom Radlagergehäuse abschrauben und abziehen.

### Hinterrad-Bremssattel:

- Bremsbelag-Verschleißfühler von der Steckverbindung am Bremssattel abziehen. Steckverbindung am Bremssattel lösen, siehe unter »Scheibenbremsbeläge hinten aus- und einbauen«.

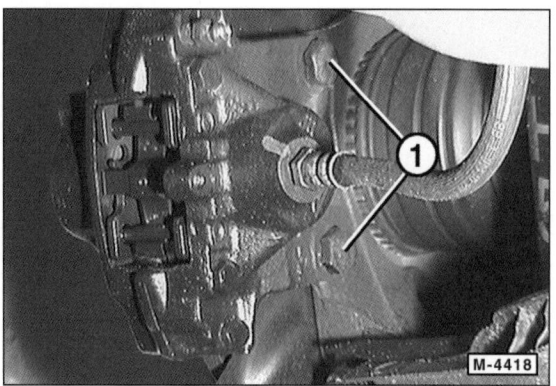

- Bremssattel mit 2 Schrauben –1– vom Radlagergehäuse abschrauben und komplett nach außen abziehen.

- Bremssattel mit selbstangefertigtem Drahthaken so am Aufbau aufhängen, daß der Bremsschlauch sowie das Kabel für die Bremsbelagverschleißanzeige nicht verdreht oder auf Zug beansprucht werden.

- Soll der Bremssattel ganz abgenommen werden, zuerst Bremsleitung –1– am Bremsschlauch –3– abschrauben. Bei Fahrzeugen bis 8/95 Sechskant –2– am Bremsschlauch gegenhalten. Bei neueren Fahrzeugen ist kein Sechskant vorhanden, stattdessen ist die Bremsschlauchkupplung durch zwei Erhebungen im Halter arretiert.

**Achtung:** Bremsflüssigkeit läuft aus. Anschluß sofort mit geeignetem Stopfen verschließen, damit der Bremsflüssigkeits-Vorratsbehälter nicht ganz ausläuft. Nach dem Wiedereinbau muß das Bremssystem entlüftet werden.

- Anschließend Bremsschlauch am Bremssattel abschrauben.

### Einbau

Bei Ersatz beachten: Die Bremssättel auf beiden Rädern einer Achse müssen die gleiche Kolbengröße haben und vom gleichen Hersteller sein.

- **Vorderradbremse:** Bremsträger ansetzen und mit 2 **neuen** Schrauben am Radträger mit **115 Nm** festziehen. Die Schrauben **müssen immer erneuert werden**, sie sind beschichtet (microverkapselt) und daher selbstsichernd.

- **Hinterradbremse:** Bremssattel ansetzen und mit 2 **neuen selbstsichernden** (microverkapselten) Schrauben am Radträger festziehen. Schrauben-Anzugsdrehmoment für Stufenheck-Modell: **50 Nm**; T-Modell: **115 Nm**.

- Bremsbeläge/Verschleißfühler einbauen, siehe Seite 135.

- Falls demontiert, Bremsschlauch mit **20 Nm** zuerst am Bremssattel anschrauben.

- Am Vorderrad den Bremsschlauch im Halter am Radträger verlegen.

- Bremsleitung am Bremsschlauch anschrauben. Bei Fahrzeugen bis 8/95 dabei Sechskant am Bremsschlauch gegenhalten. Bei neueren Fahrzeugen ist kein Sechskant vorhanden, stattdessen ist die Bremsschlauchkupplung durch zwei Erhebungen im Halter arretiert, siehe Seite 145.

- Räder so ansetzen, daß die beim Ausbau angebrachten Markierungen übereinstimmen. Räder anschrauben. Fahrzeug ablassen und Radschrauben über Kreuz mit **110 Nm** festziehen.

- **Vorderradbremse:** Nach dem Einbau bei entlasteten Rädern (Wagen angehoben) Lenkung nach links und rechts einschlagen und sicherstellen, daß der Schlauch allen Radbewegungen folgt, ohne irgendwo anzuscheuern.

- Fahrzeug ablassen.

- Bei auf dem Boden stehendem Fahrzeug prüfen, ob der Bremsschlauch allen Radbewegungen folgt, ohne irgendwo anzuscheuern.

- Bremsanlage entlüften, siehe Seite 144.

- Bremspedal im Stand mehrmals kräftig niedertreten, damit sich die Bremsbeläge an die Bremsscheibe anlegen.

- Bremsflüssigkeit im Ausgleichbehälter prüfen, gegebenenfalls bis zur Max.-Marke auffüllen.

### Achtung, Sicherheitskontrolle durchführen:
- Sind die Bremsschläuche festgezogen?
- Befindet sich der Bremsschlauch in der Halterung?
- Sind die Entlüftungsschrauben angezogen?
- Ist genügend Bremsflüssigkeit eingefüllt?
- Bei laufendem Motor Dichtheitskontrolle durchführen. Hierzu Bremspedal mit 200 bis 300 N (entspricht 20 bis 30 kg) etwa 10 sec. betätigen. Das Bremspedal darf nicht nachgeben. Sämtliche Anschlüsse auf Dichtheit kontrollieren.

## Bremsscheibe aus- und einbauen

### Ausbau

- Bremssattel abschrauben und mit selbstangefertigtem Drahthaken aufhängen, damit der Bremsschlauch nicht auf Zug beansprucht wird, siehe Seite 141.

**Achtung:** Bremsschlauch nicht lösen, sonst muß das Bremssystem entlüftet werden.

- **Hinterradbremse:** Feststellbremse vollkommen lösen.

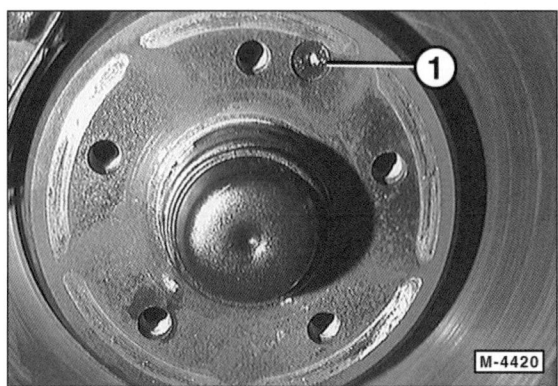

- Befestigungsschraube –1– mit Inbusschlüssel herausdrehen und Bremsscheibe von der Radnabe abnehmen. Festsitzende Bremsscheibe durch leichte Schläge mit einem Kunststoffhammer lösen.

### Einbau

Um ein gleichmäßiges Bremsen beidseitig zu gewährleisten, müssen beide Bremsscheiben die gleiche Oberfläche bezüglich Schliffbild und Rauhtiefe aufweisen. Bremsscheibendicke/Seitenschlag prüfen, siehe Seite 140.

- Festsitz des Brems-Abdeckblechs am Radträger prüfen, gegebenenfalls Schrauben nachziehen.

- Falls vorhanden, Rost am Flansch der Bremsscheibe und der Vorderradnabe mit Drahtbürste oder Schmirgelpapier entfernen. Paßsitz der Radnabe **dünn** mit Hochtemperaturpaste, zum Beispiel Molykote-Paste »D«, Molykote-Paste G Rapid, Liqui-Moly-Paste 36, bestreichen, damit sich die Bremsscheibe beim späteren Ausbau leichter abnehmen läßt.

- Neue Bremsscheiben mit Nitro-Verdünnung vom Schutzlack reinigen. Die Bremsscheiben können auch mit einem Hochdruck-Dampfstrahler gereinigt und entfettet werden.

**Achtung:** Beim Modell E50 AMG sind die Bremsscheiben für linke und rechte Fahrzeugseite unterschiedlich. Die vorgesehene Fahrzeugseite ist durch Aufschrift »L« für links, »R« für rechts auf der Bremsscheibe gekennzeichnet.

- **Hinterradbremse:** Wird die alte Bremsscheibe eingebaut, Bremsbelagfläche für Feststellbremse auswischen und sichtprüfen. Spreizschloß für Bremsbacken der Feststellbremse auf Gängigkeit prüfen, siehe Seite 148.

- Bremsscheibe auf Radnabe aufsetzen, dabei auf festen Sitz der Spannhülsen achten. **Neue** Befestigungsschraube mit **10 Nm** einschrauben.

- Bremssattel einbauen, siehe Seite 141.

- **Hinterradbremse:** Seillängenausgleich entspannen, siehe Seite 147/148.

## Die Bremsflüssigkeit

Beim Umgang mit Bremsflüssigkeit ist zu beachten:

> **Sicherheitshinweis:**
> Bremsflüssigkeit ist giftig. Keinesfalls Bremsflüssigkeit mit dem Mund über einen Schlauch absaugen. Bremsflüssigkeit nur in Behälter füllen, bei denen ein versehentlicher Genuß ausgeschlossen ist.

- Die Bremsflüssigkeit muß in regelmäßigen Abständen gewechselt werden, da sie durch feine Poren in den Bremsschläuchen aus der Luft Feuchtigkeit aufnimmt. Da beim Bremsen die Bremssättel sehr heiß werden können, beginnt die Bremsflüssigkeit bei zu hohem Wasseranteil zu kochen. Es bilden sich Dampfblasen in den Leitungen. Der Dampf läßt sich im Gegensatz zur Flüssigkeit zusammendrücken, und deshalb wird der Druck aufs Bremspedal nicht mehr an die Radbremsen weitergegeben, sondern führt ins Leere. Dampfblasen bleiben, sind sie einmal entstanden, im System; auch nach anschließender Abkühlung der Bremsen. **Hinweis:** Streusalz im Winter beziehungsweise salzhaltige Luft am Meer fördern die Wasseraufnahme der Bremsflüssigkeit. Gegebenenfalls Bremsflüssigkeit in kürzeren Abständen wechseln.

- Bremsflüssigkeit **alle 2 Jahre wechseln,** möglichst nach der kalten Jahreszeit.

- Bremsflüssigkeit ist ätzend und darf deshalb nicht mit dem Autolack in Berührung kommen, gegebenenfalls sofort abwischen und mit viel Wasser abwaschen.

- Bremsflüssigkeit deshalb nur in geschlossenen Behältern aufbewahren. Länger gelagerte Bremsflüssigkeit, die einmal geöffnet war, nicht mehr verwenden.

- **Bremsflüssigkeit darf nicht mit Mineralöl in Berührung kommen.** Schon geringe Spuren Mineralöl machen die Bremsflüssigkeit unbrauchbar, beziehungsweise führen zum Ausfall des Bremssystems. Stopfen und Manschetten der Bremsanlage werden beschädigt, wenn sie mit mineralölhaltigen Mitteln zusammenkommen. Zum Reinigen keine mineralölhaltigen Putzlappen verwenden.

- **Bremsflüssigkeit, die schon einmal im Bremssystem verwendet wurde, darf nicht wieder verwendet werden. Auch beim Entlüften der Bremsanlage nur neue Bremsflüssigkeit verwenden.**

- Bremsflüssigkeits-Spezifikation: **DOT 4**.

**Hinweis:** Nur Bremsflüssigkeit der angegebenen Spezifikation verwenden, da Gummi- und Kunststoffmaterialien des Bremssystems auf die Bremsflüssigkeit abgestimmt sind.

- Alte Bremsflüssigkeit bei der örtlichen Deponie für Sondermüll abgeben, nicht in die Kanalisation schütten. Bremsflüssigkeit nicht mit Motoröl vermischen.

# Bremsanlage entlüften

**Außer Fahrzeuge mit 8-Zylindermotor bis 2/97**

**Hinweis:** Bei Fahrzeugen mit 8-Zylindermotor bis Baudatum 2/97 muß zur Entlüftung der gesamten Anlage zusätzlich ein elektronisches Testgerät von MERCEDES BENZ angeschlossen werden, daher Werkstatt aufsuchen. Das Gerät wird am Diagnosestecker im Motorraum rechts angeschlossen. Die Arbeitsschritte werden vom Gerät angezeigt, durch Drücken einer Taste entlüftet sich das Bremssystem mit ESP (Elektronisches Stabilitätsprogramm) selbsttätig. ESP, siehe Seite 132.

Nach jeder Reparatur an der Bremse, bei der die Anlage geöffnet wurde, kann Luft in die Druckleitungen eingedrungen sein. Dann ist das Bremssystem zu entlüften. Luft ist auch dann in den Leitungen, wenn sich beim Treten auf das Bremspedal der Bremsdruck schwammig anfühlt. In diesem Fall muß die Undichtigkeit beseitigt und die Bremsanlage entlüftet werden.

In der Werkstatt wird die Bremse in der Regel mit einem Bremsenfüll- und Entlüftungsgerät entlüftet. Es muß dann darauf geachtet werden, daß der Befülldruck bei 2 bar liegt.

Es geht aber auch ohne das Entlüftungsgerät. Die Bremsanlage wird dann durch Pumpen mit dem Bremspedal entlüftet, dazu ist eine zweite Person notwendig.

Muß die ganze Anlage entlüftet werden, jeden Radbremszylinder einzeln entlüften. Auch beim regelmäßigen Bremsflüssigkeitswechsel im Rahmen der Wartung muß wie beim Entlüften an allen vier Radbremszylindern Bremsflüssigkeit herausgepumpt werden, ohne daß Luft in das Bremssystem gelangt.

Die Reihenfolge der Entlüftung: 1. Bremssattel hinten rechts, 2. Bremssattel hinten links, 3. Bremssattel vorn rechts, 4. Bremssattel vorn links.

Falls nur ein Bremssattel erneuert oder überholt wurde, genügt in der Regel das Entlüften des betreffenden Zylinders. Ist bei der Reparatur jedoch der Bremsflüssigkeits-Vorratsbehälter ganz leergelaufen, muß die gesamte Anlage entlüftet werden.

- Vor dem Entlüften Deckel für Ausgleichbehälter abschrauben und Bremsflüssigkeit bis zur Max.-Markierung auffüllen. **Achtung:** Während des Entlüftens ab und zu den Ausgleichbehälter beobachten. Der Flüssigkeitsspiegel darf nicht zu weit sinken, sonst wird über den Ausgleichbehälter Luft angesaugt. **Immer nur neue Bremsflüssigkeit nachgießen!**

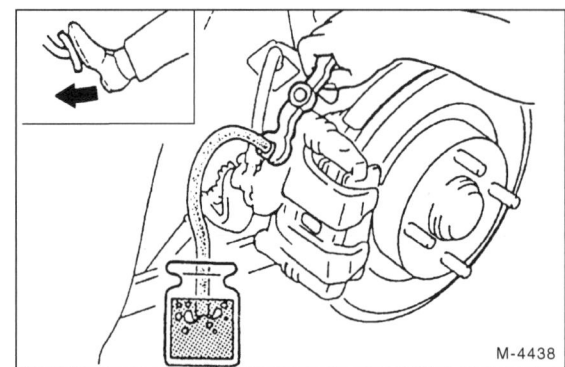

- Staubkappe vom Entlüfterventil des Bremssattels abnehmen. Entlüfterventil reinigen, sauberen Schlauch aufstecken, anderes Schlauchende in eine mit Bremsflüssigkeit halbvoll gefüllte Flasche stecken.
- Von einer Hilfsperson Bremspedal so oft niedertreten lassen („pumpen"), bis sich im Bremssystem Druck aufgebaut hat, zu spüren am wachsenden Widerstand beim Betätigen des Pedals.
- Ist genügend Druck vorhanden, Bremspedal ganz durchtreten, Fuß auf dem Bremspedal halten.
- Entlüfterventil am Bremssattel etwa eine halbe Umdrehung mit Ringschlüssel öffnen. Ausfließende Bremsflüssigkeit in der Flasche sammeln. Darauf achten, daß sich das Schlauchende in der Flasche ständig unterhalb des Flüssigkeitsspiegels befindet.
- Sobald der Flüssigkeitsdruck nachläßt, sofort Entlüfterventil schließen.
- Pumpvorgang wiederholen, bis sich Druck aufgebaut hat. Bremspedal niedertreten, Fuß auf dem Bremspedal lassen, Entlüfterschraube öffnen, bis der Druck nachläßt, Entlüfterschraube schließen.
- Entlüftungsvorgang an einem Bremszylinder so lange wiederholen, bis sich in der Bremsflüssigkeit, die in die Entlüfterflasche strömt, keine Luftblasen mehr zeigen. Mindestens jedoch **100 cm³ Bremsflüssigkeit pro Bremssattel** ausströmen lassen.
- Nach dem Entlüften Schlauch von Entlüfterschraube abziehen, Staubkappe aufstecken. Entlüfterschraube mit **7 Nm** (E50 AMG: **4 Nm**), also nur leicht, festziehen.
- Die anderen Bremszylinder auf gleiche Weise entlüften.

**Achtung:** Während des Entlüftens ab und zu den Ausgleichbehälter beobachten. Der Flüssigkeitsspiegel darf nicht zu weit sinken, sonst wird über den Ausgleichbehälter Luft angesaugt. **Immer nur neue Bremsflüssigkeit nachgießen!**

- Bremsflüssigkeit im Ausgleichbehälter prüfen, gegebenenfalls bis zur Max.-Marke auffüllen.

**Achtung, Sicherheitskontrolle durchführen:**
- Sind die Bremsschläuche festgezogen?
- Befindet sich der Bremsschlauch in der Halterung?
- Sind die Entlüftungsschrauben angezogen?
- Ist genügend Bremsflüssigkeit eingefüllt?
- Bei laufendem Motor Dichtheitskontrolle durchführen. Hierzu Bremspedal mit 200 bis 300 N (entspricht 20 bis

30 kg) etwa 10 sec. betätigen. Das Bremspedal darf nicht nachgeben. Sämtliche Anschlüsse auf Dichtheit kontrollieren.

- Nach dem Entlüften darf sich beim Treten auf das Bremspedal der Druck nicht schwammig anfühlen. Falls doch, Anlage nochmals entlüften.

- Anschließend einige Bremsungen auf einer Straße ohne Verkehr durchführen. Dabei sollte mindestens einmal die Bremsregelung des ABS-Systems geprüft werden, beispielsweise auf losem Untergrund. Dazu Bremse stark betätigen, bis am spürbaren Pulsieren des Bremspedals der Beginn der Bremsregelung erkennbar ist.

**Achtung:** Falls der Bremspedalweg nach der Probefahrt zu groß ist, obwohl er direkt nach dem Entlüften in Ordnung war, dann ist möglicherweise Luft in der ABS-Hydraulikeinheit. In diesem Fall Bremsanlage umgehend in der Fachwerkstatt entlüften lassen.

## Bremsschlauch aus- und einbauen

Das Bremsleitungssystem stellt die Verbindung vom Hauptbremszylinder zu den vier Radbremsen her.

**Achtung:** Die starren Bremsleitungen aus Metall sollen von einer Fachwerkstatt verlegt werden, da zur fachgerechten Montage einige Erfahrung nötig ist.

Als flexible Verbindungen zwischen den starren und beweglichen Fahrzeugteilen, beispielsweise den Bremssätteln, werden druckfeste Bremsschläuche verwendet. Diese müssen bei erkennbaren Schäden ausgewechselt werden.

**Achtung:** Bremsschläuche nicht mit Öl oder Petroleum in Berührung bringen, nicht lackieren oder mit Unterbodenschutz besprühen. Bremsschläuche beim Anschrauben auf keinen Fall verdrillen.

### Ausbau

**Achtung:** Regeln im Umgang mit Bremsflüssigkeit beachten, siehe Seite 143.

- Stellung der Räder zur Radnabe mit Farbe kennzeichnen. Dadurch kann das ausgewuchtete Rad wieder in derselben Position montiert werden. Radschrauben bei auf dem Boden stehendem Fahrzeug lösen. Fahrzeug aufbocken und Räder abnehmen.

### Bremsschlauch Vorderachse:

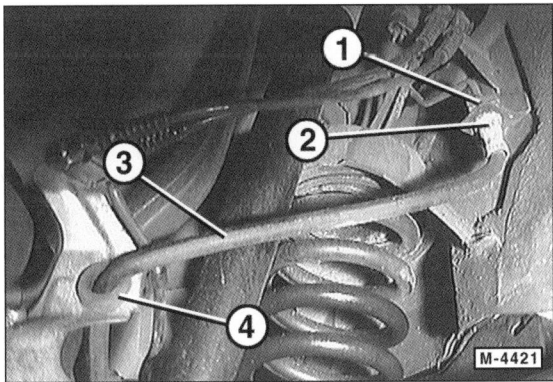

### Bremsschlauch Hinterachse:

- Bremsleitung –1– am Bremsschlauch –3– abschrauben. Bei Fahrzeugen bis 8/95 Sechskant –2– am Bremsschlauch gegenhalten. Bei neueren Fahrzeugen ist kein Sechskant vorhanden, stattdessen ist die Bremsschlauchkupplung durch zwei Erhebungen im Halter arretiert.

**Achtung:** Bremsflüssigkeit läuft aus. Anschluß sofort mit geeignetem Stopfen verschließen, damit der Bremsflüssigkeits-Vorratsbehälter nicht ganz ausläuft. Zusätzlich kann auch die Einfüllöffnung des Vorratsbehälters luftdicht verschlossen werden, zum Beispiel mit einem breiten Klebeband. Nach dem Wiedereinbau muß das Bremssystem entlüftet werden.

- Bei Vorderradbremse, Bremsschlauchhalter –4– ausclipsen. Am Bremsschlauchhalter sind auch die elektrischen Kabel für Bremsbelag-Verschleißanzeige befestigt.

- Bremsschlauch aus dem Bremssattel herausdrehen.

### Einbau

- Nur vom Werk freigegebene Bremsschläuche einbauen.

- Bremsschlauch mit **20 Nm** zuerst am Bremssattel festziehen.

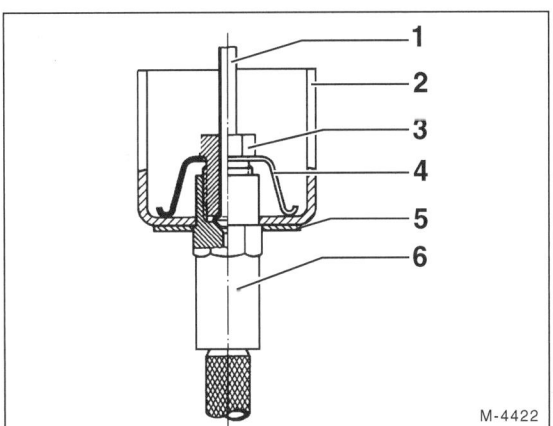

1 – Bremsleitung
2 – Halter Aufbau
3 – Überwurfmutter
4 – Haltefeder
5 – Sicherungsplatte
6 – Bremsschlauch

- Bremsleitung mit **20 Nm** an Bremsschlauch anschrauben. **Achtung:** Der Bremsschlauch darf beim Einbau nicht verdreht werden. Am Halter ist eine Sicherungsplatte mit einem Zwölfkant befestigt. Bremsschlauch so in die Sicherungsplatte einsetzen, daß er bei vollem Lenk-einschlag links und rechts nirgendwo anstößt, weder bei ein- noch bei ausgefedertem Rad.

**Achtung:** Geänderter Bremsschlauch seit 9/95:

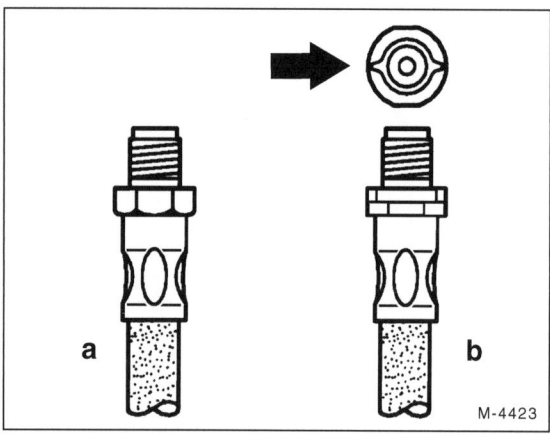

a – bisherige Ausführung mit Sechskant,
b – neue Ausführung.

Der Sechskant am Anschluß ist entfallen. Im Anschlußstück befinden sich jetzt nur noch 2 Erhebungen –Pfeil–, die in der Vielzahnöffnung des Bremsschlauchhalters arretieren. Beim Anziehen wird der Schlauch durch den Bremsschlauchhalter gegen Verdrehen gesichert.

- Bei Vorderradbremse, Bremsschlauch am Radträger einclipsen. Am Bremsschlauchhalter sind auch die elektrischen Kabel für Bremsbelag-Verschleißanzeige befestigt.
- Bremsanlage entlüften, siehe Seite 144.
- Räder so ansetzen, daß die beim Ausbau angebrachten Markierungen übereinstimmen. Räder anschrauben. Fahrzeug ablassen und Radschrauben über Kreuz mit **110 Nm** festziehen.
- **Vorderradbremse:** Nach dem Einbau bei entlasteten Rädern (Wagen angehoben) Lenkung nach links und rechts einschlagen und sicherstellen, daß der Schlauch allen Radbewegungen folgt, ohne irgendwo anzuscheuern.
- Fahrzeug ablassen.
- Bei auf dem Boden stehendem Fahrzeug prüfen, ob der Bremsschlauch allen Radbewegungen folgt, ohne irgendwo anzuscheuern.

**Achtung, Sicherheitskontrolle durchführen:**
- Sind die Bremsschläuche festgezogen?
- Befindet sich der Bremsschlauch in der Halterung?
- Sind die Entlüftungsschrauben angezogen?
- Ist genügend Bremsflüssigkeit eingefüllt?

- Bei laufendem Motor Dichtheitskontrolle durchführen. Hierzu Bremspedal mit 200 bis 300 N (entspricht 20 bis 30 kg) etwa 10 sec. betätigen. Das Bremspedal darf nicht nachgeben. Sämtliche Anschlüsse auf Dichtheit kontrollieren.

- Anschließend einige Bremsungen auf Straße mit geringem Verkehr durchführen.

# Die Feststellbremse

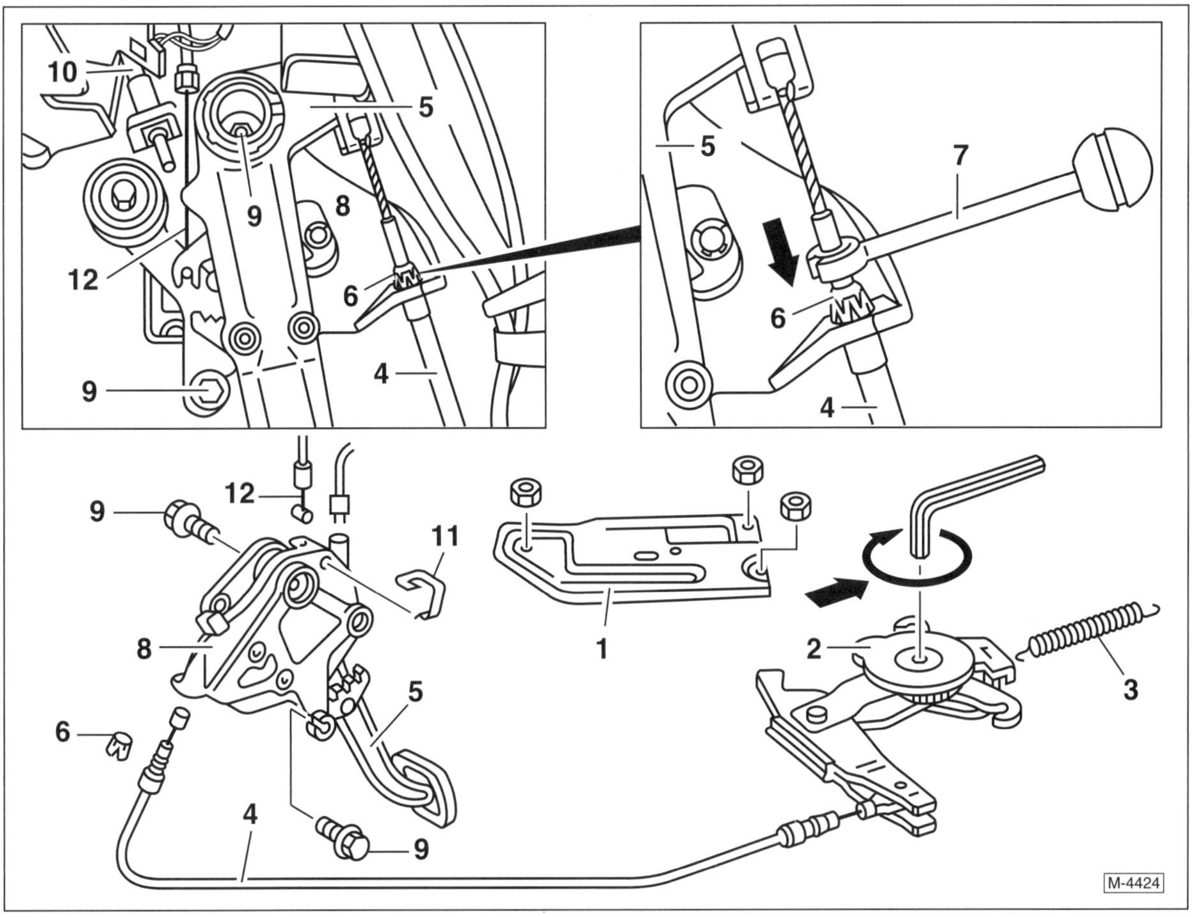

1 – Abdeckblech
2 – Automatischer Seillängenausgleich
3 – Rückzugfeder
4 – Vorderer Bremsseilzug
5 – Zuglasche
6 – Klemmring
7 – Ausclipser
8 – Abdeckhaube
9 – Sechskantschrauben
10 – Stecker für Schalter Feststellbremse
11 – Federklammer
12 – Seilzug

## Pedal für Feststellbremse/vorderen Seilzug aus- und einbauen

### Ausbau Bremsseil

- Rücksitzbank ausbauen, siehe Seite 184.
- Abdeckblech –1– ausbauen, siehe Abbildung M-4424.

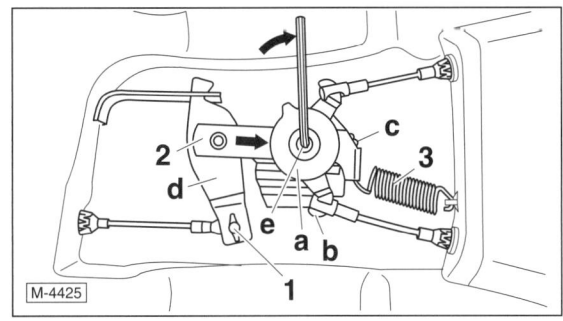

- Automatischen Seillängenausgleich –2– vorspannen. Dazu Rastenexzenterbolzen –e– mit Innensechskantschlüssel 1 Umdrehung rechtsherum drehen und gleichzeitig im Längsschlitz nach hinten schieben, bis der Rastenexzenter im Federgehäuse –a– in die Federklammer –c– einrastet. b – Ausgleichhebel, d – Zwischenhebel, 1 – Sicherungsstift.

- Rückzugfeder –3– aushängen.

- Bremsseilzug –4– aus der Zuglasche am Pedal aushängen, Klemmring –6– mit dem Ausclipser –7– zusammendrücken und Seilzug herausziehen. Ist der Ausclipser (Sonderwerkzeug) nicht vorhanden, kann der Seilzug auch durch Zerstören des Klemmrings ausgebaut werden. Beim Einbau neuen Klemmring in die Nut des Seilzugs einsetzen.

### Ausbau Pedalanlage

- Abdeckung unter Instrumententafel ausbauen, siehe Seite 183.

- Bodenbelag herausnehmen.
- 2 Sechskantschrauben –9– für Pedalanlage abschrauben.
- Stecker für Schalter Feststellbremskontrolle –10– abziehen, dazu Pedalanlage etwas anheben.
- Federklammer –11– ausbauen.

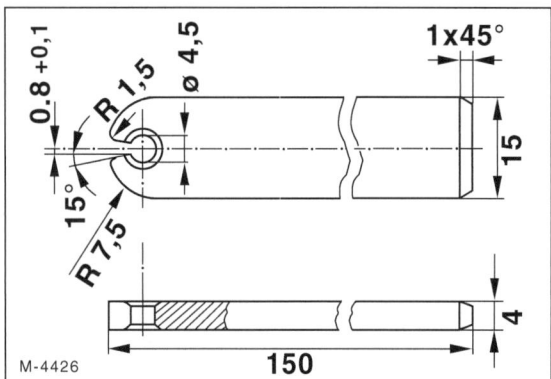

- Seilzug für Handentriegelung –12– aushängen. Dazu aus Flacheisen ein Werkzeug anfertigen, Maße siehe Abbildung. Clip für Seilzug an Pedalanlage mit dem Werkzeug entriegeln.
- Pedalanlage abnehmen.

**Einbau**

- Der Einbau erfolgt in umgekehrter Reihenfolge.

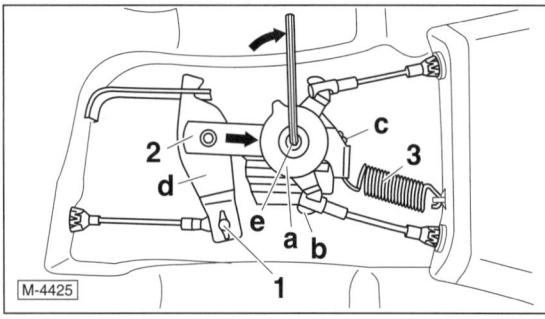

- Vor Einbau des Abdeckblechs –1– den automatischen Seillängenausgleich –2– entspannen. Dazu Federklammer –c– mit Schraubendreher anheben, der Seillängenausgleich stellt sich dann automatisch ein.
- Feststellbremse mehrmals kräftig betätigen und lösen, dabei stellt sie sich ein.

# Bremsbacken für Feststellbremse aus- und einbauen

### Ausbau

- Bremsscheibe hinten ausbauen, siehe Seite 143.
- Rücksitzbank ausbauen, siehe Seite 184.
- Abdeckblech für Seillängenausgleich unterhalb der Rücksitzbank ausbauen.

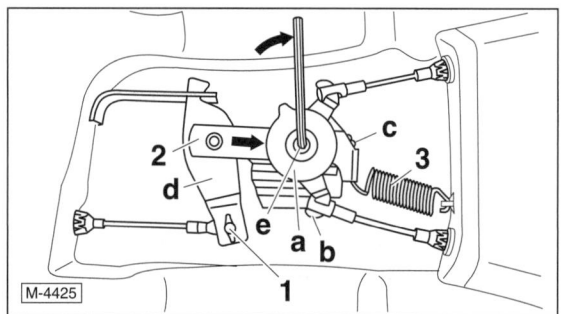

- Automatischen Seillängenausgleich –2– vorspannen. Dazu Rastenexzenterbolzen –e– mit Innensechskantschlüssel 1 Umdrehung rechtsherum drehen und gleichzeitig im Längsschlitz nach hinten schieben, bis der Rastenexzenter im Federgehäuse –a– in die Federklammer –c– einrastet. b – Ausgleichhebel, d – Zwischenhebel, 1 – Sicherungsstift, 3 – Rückzugfeder.

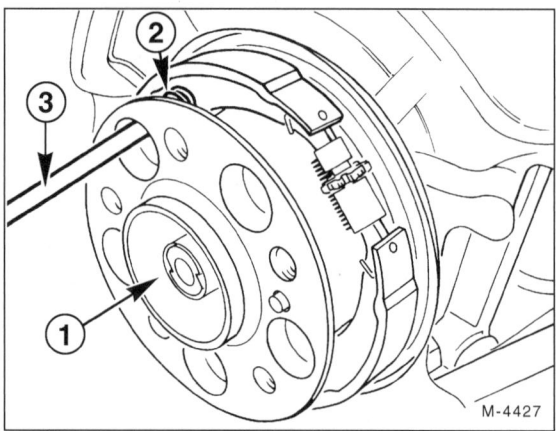

- Hinterachswellenflansch –1– so drehen, daß ein Gewindeloch sich über der Feder –2– befindet.
- Andrückfeder –2– mit HAZET 2730 –3– etwas zusammendrücken, um ca. 90° (¼ Umdrehung) drehen und aushängen. Das Hilfswerkzeug kann auch selbst angefertigt werden: An eine Stange mit entsprechendem Durchmesser auf der einen Seite einen T-Griff anschweißen und auf der anderen Seite einen Schlitz, ca. 4 mm tief und ca. 2,5 mm breit, einfeilen.
- Andrückfeder für die andere Bremsbacke auf dieselbe Weise ausbauen.

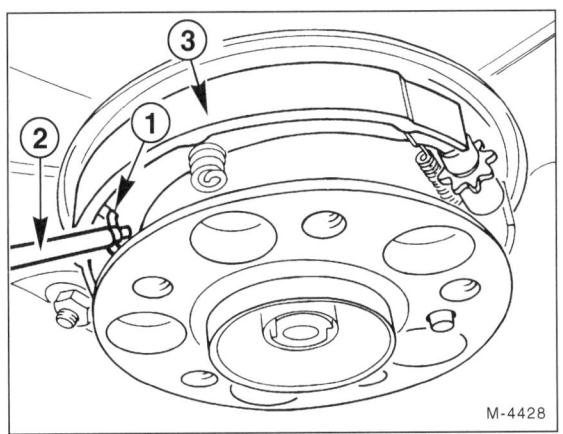

- Rückzugfeder –1– mit HAZET 4964-1 –2– oder Schraubendreher aus den Bremsbacken –3– aushängen.

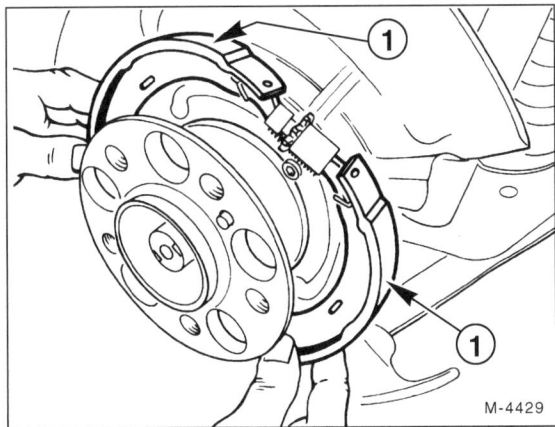

- Beide Bremsbacken –1– auseinanderziehen und über Hinterachswellenflansch abnehmen. Einbaulage der Nachstellvorrichtung für Wiedereinbau beachten. Das Stellrad zeigt nach vorne.

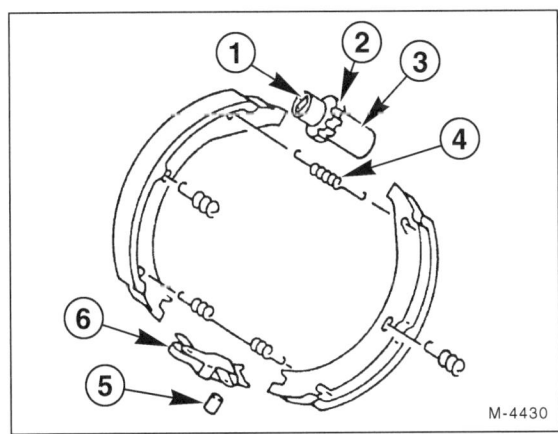

- Rückzugfeder –4– aus den Bremsbacken aushängen und Nachstellvorrichtung –1– bis –3– herausnehmen.
- Bolzen –5– am Spreizschloß –6– herausdrücken und Spreizschloß vom Bremsseilzug abnehmen.

### Einbau

- Waren die Beläge der alten Bremsbacken verbrannt, auf jeden Fall auch die Bremsbacken-Rückzugfedern erneuern. Bei innenbelüfteter Hinterrad-Bremsscheibe (AMG-Modell) ist dann auch die Bremsscheibe zu erneuern.
- Sämtliche Lager- und Gleitflächen am Spreizschloß mit Hochtemperaturpaste (z. B. LIQUI MOLY LM-36, MOLY-KOTE-PASTE-U oder G-RAPID) dünn einreiben.
- Bremsseilzug mit Bolzen am Spreizschloß befestigen. Danach Spreizschloß in Richtung Bremsträger drücken.
- Nachstellvorrichtung auseinanderschrauben. Gewinde des Druckstückes sowie zylindrischen Teil des Stellrades mit Hochtemperaturpaste schmieren.
- Druckstück –1– in das Stellrad –2– einschrauben und in die Druckhülse –3– einsetzen, siehe Abbildung M-4430. Dabei Druckstück ganz einschrauben.
- Nachstellvorrichtung so zwischen die beiden Bremsbacken einsetzen, daß das Druckstück nach vorn, in Fahrtrichtung, zeigt.
- Obere Rückzugfeder in die Bremsbacken einhängen.
- Bremsbacken auseinanderziehen, über den Hinterachswellenflansch einsetzen und in Spreizschloß einhängen.
- Andrückfeder mit Hilfswerkzeug durch ein Gewindeloch in die Bremsbacke einsetzen, etwas zusammendrücken, um 90° drehen und dadurch in den Abdeckring einhängen. Anschließend Feder auf richtigen Sitz prüfen.
- Andrückfeder für die andere Bremsbacke einhängen.

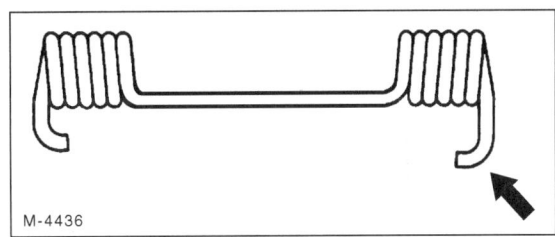

- Untere Rückzugfeder mit der kleinen Öse in die vordere Bremsbacke einhängen. Große Öse –Pfeil– mit Schraubendreher in die hintere Bremsbacke einhängen.
- Hintere Bremsscheibe einbauen, siehe Seite 143.

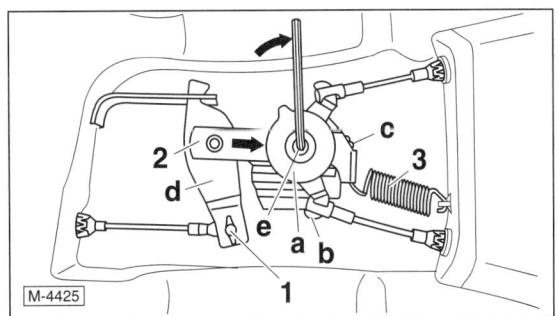

- Automatischen Seillängenausgleich –2– entspannen. Dazu Federklammer –c– mit Schraubendreher anheben, der Seillängenausgleich stellt sich später automatisch ein.

- Abdeckblech für Seillängenausgleich einsetzen und anschrauben.
- Rücksitzbank einbauen.
- Feststellbremse einstellen, siehe entsprechendes Kapitel.

## Bremskraftverstärker prüfen

Der Bremskraftverstärker ist auf Funktion zu überprüfen, wenn zur Erzielung ausreichender Bremswirkung die Pedalkraft außergewöhnlich hoch ist.

- Bremspedal bei stehendem Motor mindestens 5mal kräftig durchtreten, dann bei belastetem Bremspedal Motor starten. Das Bremspedal muß jetzt unter dem Fuß spürbar nachgeben.
- Andernfalls Unterdruckschlauch am Bremskraftverstärker abschrauben, Motor starten. Durch Fingerauflegen am Ende des Unterdruckschlauches prüfen, ob Unterdruck vorhanden ist.
- Ist kein Unterdruck vorhanden: Unterdruckschlauch auf Undichtigkeiten und Beschädigungen prüfen, gegebenenfalls ersetzen. Sämtliche Schellen fest anziehen.
- Dieselmotor: Unterdruckschlauch von der Vakuumpumpe abziehen und mit dem Finger prüfen, ob Unterdruck am Schlauchanschluß anliegt.
- Ist Unterdruck vorhanden: Unterdruck messen, gegebenenfalls Bremsservo ersetzen (Werkstattarbeit).

## Feststellbremse einstellen

Die Feststellbremse muß eingestellt werden, wenn sich das Pedal mehr als 10 Rasten hineintreten läßt und keine Bremswirkung spürbar wird.

- An den beiden Hinterrädern je eine Radschraube herausschrauben. **Achtung:** Leichtmetallräder müssen abmontiert werden. Stellung der Räder zur Radnabe mit Farbe kennzeichnen. Dadurch kann das ausgewuchtete Rad wieder in derselben Position montiert werden. Radschrauben bei auf dem Boden stehendem Fahrzeug lösen. Fahrzeug hinten aufbocken und Räder abnehmen.
- Fahrzeug hinten aufbocken, Handbremse lösen.

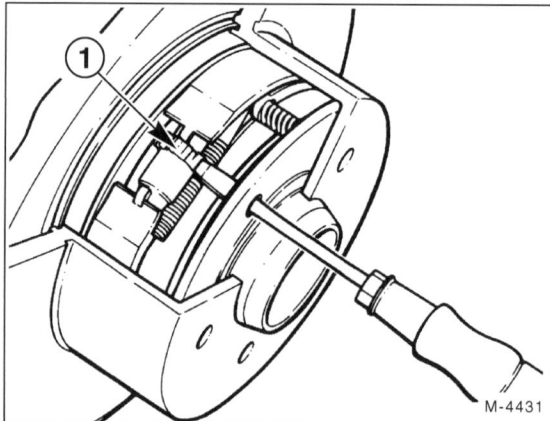

- Rad so drehen, daß das Schraubenloch ca. 45° nach hinten oben zeigt, siehe Abbildung.
- Mit Schraubendreher, Breite 4,5 mm, durch das Gewindeloch das Stellrad –1– der Nachstellvorrichtung verdrehen, bis sich das Rad von Hand gerade nicht mehr drehen läßt (bei gelöster Feststellbremse). Während des Nachstellens also immer das Rad von Hand drehen.

  **Verstellrichtung:** linkes Rad – Bewegung mit dem Schraubendreher von unten nach oben; rechtes Rad – von oben nach unten.

- Anschließend Stellrad wieder 12 bis 15 Zähne zurückdrehen, bis sich das Rad drehen läßt, ohne daß die Bremsbacken schleifen.
- Jetzt das Stellrad –1– genauso am anderen Rad einstellen.
- Fußfeststellbremse mehrmals kräftig mit dem Fuß betätigen und lösen.
- Danach prüfen, ob sich bei gelöstem Pedal das Hinterrad vollkommen frei drehen läßt. Andernfalls Einstellung wiederholen.
- Räder so ansetzen, daß die beim Ausbau angebrachten Markierungen übereinstimmen. Räder anschrauben. Fahrzeug ablassen und Radschrauben über Kreuz mit **110 Nm** festziehen.

# Bremslichtschalter aus- und einbauen

**Achtung:** Bremslichtschalter prüfen, siehe Seite 194.

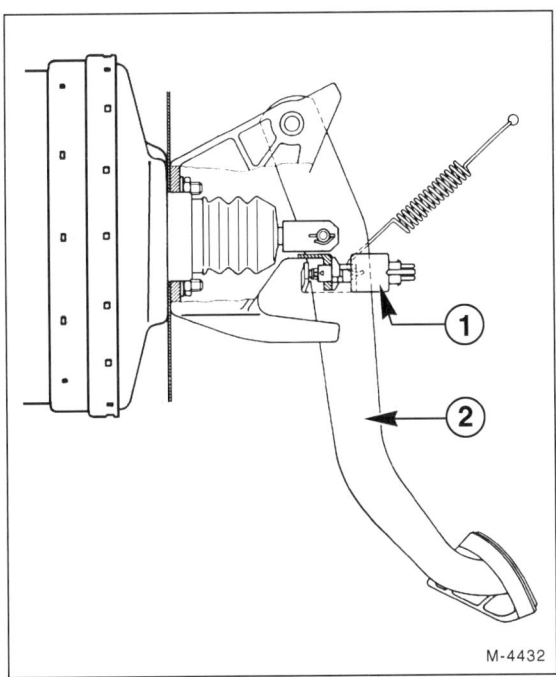

1 – Bremslichtschalter
2 – Bremspedal

Der Bremslichtschalter sitzt oberhalb vom Bremspedal am Pedalbock.

## Ausbau

- Zündung ausschalten.
- Linke Abdeckung unter Instrumententafel ausbauen, siehe Seite 183.
- Kabelstecker am Bremslichtschalter abziehen.

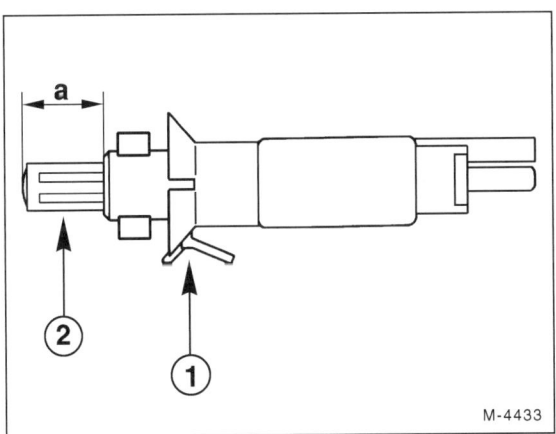

- Arretierung –1– eindrücken, Schalter drehen und herausziehen.

## Einbau

- Betätigungsstift –2– am neuen Bremslichtschalter bis zum Anschlag herausziehen. Dadurch ergibt sich der maximale Weg –a–.
- Bremspedal ganz eindrücken. Schalter einsetzen und so weit drehen, bis die Arretierung –1– einrastet.
- Bremspedal loslassen, dabei stellt sich der Betätigungsweg selbst ein.
- Elektrische Leitung auf Bremslichtschalter aufschieben.
- Abdeckung unter Armaturentafel einbauen.
- Sicherstellen, daß die Bremsleuchten bei geringem Pedaldruck aufleuchten.

# Störungsdiagnose Bremse

| Störung | Ursache | Abhilfe |
|---|---|---|
| Leerweg des Bremspedals zu groß. | Ein Bremskreis ausgefallen. | ■ Bremskreise auf Flüssigkeitsverlust prüfen. |
| Bremspedal läßt sich weit und federnd durchtreten. | Luft im Bremssystem. | ■ Bremse entlüften. |
| | Zu wenig Bremsflüssigkeit im Ausgleichbehälter. | ■ Neue Bremsflüssigkeit nachfüllen. Bremse entlüften. |
| | Dampfblasenbildung. Tritt meist nach starker Beanspruchung auf, z. B. Paßabfahrt. | ■ Bremsflüssigkeit wechseln. Bremse entlüften. |
| Bremswirkung läßt nach, und Bremspedal läßt sich durchtreten. | Undichte Leitung. | ■ Leitungsanschlüsse nachziehen oder Leitung erneuern. |
| | Beschädigte Manschette im Haupt- oder Radbremszylinder. | ■ Manschette erneuern. Beim Hauptbremszylinder Innenteile ersetzen, ggf. Hauptbremszylinder ersetzen. |
| Schlechte Bremswirkung trotz hohen Fußdrucks. | Bremsbeläge verölt. | ■ Bremsbeläge erneuern. |
| | Ungeeigneter oder verhärteter Bremsbelag. | ■ Beläge erneuern. Nur Original-Bremsbeläge vom Automobilhersteller verwenden. |
| | Bremskraftverstärker defekt, Unterdruckleitung porös, defekt. | ■ Bremsservo, Unterdruckleitung prüfen. |
| | Bremsbeläge abgenutzt. | ■ Bremsbeläge erneuern. |
| Bremse zieht einseitig. | Unvorschriftsmäßiger Reifendruck. | ■ Reifendruck prüfen und berichtigen. |
| | Bereifung ungleichmäßig abgefahren. | ■ Abgefahrene Reifen ersetzen. |
| | Bremsbeläge verölt. | ■ Bremsbeläge erneuern. |
| | Verschiedene Bremsbelagsorten auf einer Achse. | ■ Beläge erneuern. Nur Original-Bremsbeläge vom Automobilhersteller verwenden. |
| | Schlechtes Tragbild der Bremsbeläge. | ■ Bremsbeläge austauschen. |
| | Verschmutzte Bremssattelschächte. | ■ Sitz- und Führungsflächen der Bremsbeläge im Bremssattel reinigen. |
| | Korrosion in den Bremssattelzylindern. | ■ Bremssattel erneuern. |
| | Bremsbelag ungleichmäßig verschlissen. | ■ Bremsbeläge erneuern (beide Räder), Bremssättel auf Leichtgängigkeit prüfen. |
| Bremse zieht von selbst an. | Ausgleichsbohrung im Hauptbremszylinder verstopft. | ■ Hauptbremszylinder reinigen und Innenteile erneuern lassen. |
| | Spiel zwischen Betätigungsstange und Hauptbremszylinderkolben zu gering. | ■ Spiel prüfen (Werkstattarbeit). |
| Bremsen erhitzen sich während der Fahrt. | Ausgleichsbohrung im Hauptbremszylinder verstopft. | ■ Hauptbremszylinder reinigen und Innenteile erneuern lassen. |
| | Spiel zwischen Betätigungsstange und Hauptbremszylinder zu gering. | ■ Spiel prüfen. |
| | Bremse schwergängig. | ■ Bewegliche Teile der Scheibenbremse schmieren. Bremssattel überholen lassen (Werkstattarbeit). |
| | **Speziell bei Fußfeststellbremse:** | |
| | Bremsbacken-Rückzugfedern erlahmt. | ■ Rückzugfedern erneuern. |
| | Feststellbremse nicht gelöst. | ■ Feststellbremse einstellen, ggf. Seil erneuern. |

| Störung | Ursache | Abhilfe |
|---|---|---|
| Bremsen rattern. | Ungeeigneter Bremsbelag. | ■ Beläge erneuern. Nur Original-Bremsbeläge vom Automobilhersteller verwenden. |
| | Bremsscheibe stellenweise korrodiert. | ■ Scheibe mit Schleifklötzen sorgfältig glätten. |
| | Bremsscheibe hat Seitenschlag. | ■ Scheibe nacharbeiten oder ersetzen. |
| Bremsbeläge lösen sich nicht von der Bremsscheibe, Räder lassen sich schwer von Hand drehen. | Korrosion im Bremssattelzylinder. | ■ Bremssattel überholen, eventuell austauschen. |
| Ungleichmäßiger Belag-Verschleiß. | Ungeeigneter Bremsbelag. | ■ Beläge erneuern. Nur Original-Bremsbeläge vom Automobilhersteller verwenden. |
| | Bremssattel verschmutzt. | ■ Bremssattelschächte reinigen. |
| | Kolben nicht leichtgängig. | ■ Kolben gangbar machen. |
| | Bremssystem undicht. | ■ Bremssystem auf Dichtigkeit prüfen. |
| Keilförmiger Bremsbelag-verschleiß. | Bremsscheibe läuft nicht parallel zum Bremssattel. | ■ Anlagefläche des Bremssattels prüfen. |
| | Korrosion in den Bremssätteln. | ■ Verschmutzung beseitigen. |
| Bremse quietscht. | Oft auf atmosphärische Einflüsse (Luftfeuchtigkeit) zurückzuführen. | ■ Keine Abhilfe erforderlich, und zwar dann, wenn Quietschen nach längerem Stillstand des Wagens bei hoher Luftfeuchtigkeit auftrat, aber nach den ersten Bremsungen sich nicht wiederholt. |
| | Ungeeigneter Bremsbelag. | ■ Beläge erneuern. Nur Original-Bremsbeläge vom Automobilhersteller verwenden Anlageflächen von Bremskolben/Bremssattel und Bremsbelagträger mit Anti-Quietsch-Paste bestreichen. |
| | Bremsscheibe läuft nicht parallel zum Bremssattel. | ■ Anlagefläche des Bremssattels prüfen. |
| | Verschmutzte Schächte im Bremssattel. | ■ Bremssattelschächte reinigen. |
| Bremse pulsiert. | **ABS** in Funktion. | ■ Normal, keine Abhilfe. |
| | Seitenschlag oder Dickentoleranz der Bremsscheibe zu groß. | ■ Schlag und Toleranz prüfen. Scheibe nacharbeiten oder ersetzen. |
| | Bremsscheibe läuft nicht parallel zum Bremssattel. | ■ Anlagefläche des Bremssattels prüfen. |
| Wirkung der Feststellbremse nicht ausreichend. | Leerweg des Pedals zu groß (läßt sich mehr als 10 Zähne hineintreten). | ■ Feststellbremse einstellen. |
| | Bremsbacken verölt. | ■ Bremsbeläge erneuern, Ursache der Verschmutzung feststellen und beheben. |
| | Spreizschloß oder Bowdenzüge korrodiert. | ■ Neuteile einbauen. |

# Räder und Reifen

Die MERCEDES E-KLASSE ist je nach Modell und Ausstattung mit schlauchlosen Gürtelreifen sowie Felgen unterschiedlicher Abmessungen ausgerüstet. Sofern Reifen und/oder Felgen montiert werden, die nicht in den Fahrzeugpapieren vermerkt sind, ist eine Eintragung in die Fahrzeugpapiere erforderlich. Seit ca. 2000 müssen montierte Reifen, die nicht in den Fahrzeugpapieren stehen, in der EU-Übereinstimmungsbescheinigung (CoC = Certificate of Conformity) zum Fahrzeug aufgeführt sein. Diese Bescheinigung oder eine Kopie davon ist dann grundsätzlich im Fahrzeug mitzuführen.

Neben der Felgenbreite und dem Felgendurchmesser ist bei einem Wechsel der Felge auch die Einpreßtiefe zu beachten. Die Einpreßtiefe ist das Maß von der Felgenmitte bis zur Anlagefläche der Radschüssel an Bremsscheibe beziehungsweise Bremstrommel.

Alle Scheibenräder sind als Hump-Felgen ausgelegt. Der Hump ist ein in die Felgenschulter eingepreßter Wulst, der auch bei extrem scharfer Kurvenfahrt nicht zuläßt, daß der schlauchlose Reifen von der Felge gedrückt wird. **Achtung:** In schlauchlose Reifen darf kein Schlauch eingezogen werden.

**Profiltiefe messen**

Reifen dürfen aufgrund gesetzlicher Vorschriften bis zu einer Profiltiefe von 1,6 mm abgefahren werden, und zwar an der gesamten Reifenlauffläche gemessen. Aus Sicherheitsgründen empfiehlt es sich, die Sommerreifen bereits bei einer Profiltiefe von 2 mm und die Winterreifen bei einer Tiefe von 4 mm auszutauschen.

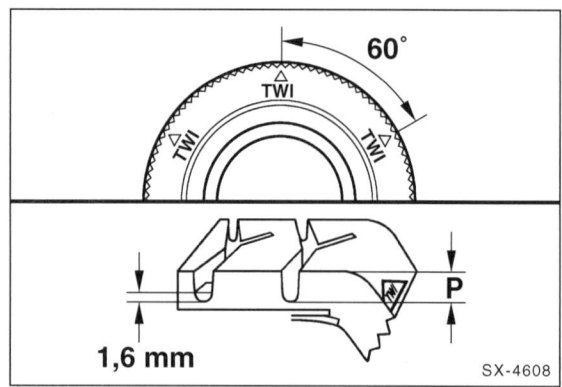

Die Tiefe des Reifenprofils ist in den Hauptprofilrillen an den am stärksten verschlissenen Stellen des Reifens zu messen. Im Profilgrund der Originalbereifung sind Abnutzungsindikatoren zu erkennen. Markierungen an den Reifenflanken durch die Buchstaben TWI (TWI = **T**read **W**ear **I**ndicator) oder Dreiecksymbole kennzeichnen die Lage der Verschleißanzeiger. Die Flächen der Abnutzungsindikatoren haben eine Höhe von 1,6 mm. Sie dürfen nicht in die Messung

## Räder- und Reifenmaße

| Modell | Reifengröße Sommerreifen | Reifengröße Winterreifen M+S | Scheibenrad (Felge) |
|---|---|---|---|
| E200 | 195/65 R15 91H<br>205/65 R15 94H<br>215/55 R16 93H | 195/65 R15 91T<br>205/65 R15 94H<br>215/55 R16 93H | 6½J x 15 H2 ET37<br>7J x 15 H2 ET37<br>7½J x 16 H2 ET41 |
| E220 Diesel,<br>E290 Turbodiesel | 195/65 R15 91T<br>205/65 R15 94H<br>215/55 R16 93H | 195/65 R15 91T<br>205/65 R15 94H<br>215/55 R16 93H | 6½J x 15 H2 ET37<br>7J x 15 H2 ET37<br>7½J x 16 H2 ET41 |
| E230, E240 | 195/65 R15 91V<br>205/65 R15 94V<br>215/55 R16 93W | 195/65 R15 91T<br>205/65 R15 94H<br>215/55 R16 93H | 6½J x 15 H2 ET37<br>7J x 15 H2 ET37<br>7½J x 16 H2 ET41 |
| E280, E280 4MATIC, E320, E420, E430 | 215/55 R16 93W | 215/55 R16 93H | 7½J x 16 H2 ET41 |
| E300 Diesel, Turbodiesel | 215/55 R16 93H | 215/55 R16 93H | 7½J x 16 H2 ET41 |
| Modelle mit Sportfahrwerk, 17- und 18 Zoll-Räder* | 235/45 R17 93W<br>235/40 ZR18 | 235/45 R17 93H | 8J x 17 H2 ET37<br>8J x 18 H2 ET31 |

*) Reserverad: Reifen 215/55 R16 93W auf Felge 7½J x 16 H2 ET41.

mit einbezogen werden. Für die Messwerte entscheidend ist das Maß an der Stelle mit der geringsten Profiltiefe –P–.

## Reifenfülldruck

Der Reifenfülldruck wird vom Automobilhersteller in Abhängigkeit verschiedener Parameter festgelegt. Dazu zählen unter anderem die Fahrzeugbeladung und die Fahrzeug-Höchstgeschwindigkeit. Für die MERCEDES E-KLASSE sind unterschiedliche Reifendimensionen und Felgengrößen vom Werk zugelassen.

Es ist wichtig, daß der für den jeweiligen Reifen festgelegte Reifenfülldruck eingehalten wird. Die Reifenfülldruckwerte stehen auf einem Aufkleber an der Innenseite der Tankklappe. Für die Lebensdauer der Reifen und die Fahrzeugsicherheit ist das Einhalten des Reifenfülldrucks von großer Wichtigkeit. Reifenfülldruck deshalb alle 4 Wochen und vor jeder längeren Fahrt prüfen (auch Reserverad).

- Anhaltswert für den Reifenfülldruck bei halber Zuladung: Vorn 2,0 bar, hinten 2,2 bar.
- Reifenfülldruckangaben beziehen sich auf **kalte** Reifen. Der sich bei längerer Fahrt einstellende und um ca. 0,2 bis 0,4 bar höhere Überdruck darf nicht reduziert werden. **Winterreifen** können mit einem um **0,2 bar höheren Überdruck** als Sommerreifen gefahren werden. Auf jeden Fall müssen die Reifenfülldrücke bei Winterreifen entsprechend den Vorgaben des Reifenherstellers eingehalten werden. Unterliegen die Winterreifen einer Geschwindigkeitsbeschränkung, muß ein Hinweis im Blickfeld des Fahrers angebracht werden (§ 36, Absatz 1 StVZO).
- Bei **Anhängerbetrieb** Reifenfülldruck auf den unter »volle Zuladung« angegebenen Wert erhöhen. Reifenfülldruck der Anhängerbereifung ebenfalls kontrollieren.
- Der Reifenfülldruck für das **Reserverad** entspricht dem höchsten für das Fahrzeug vorgesehenen Fülldruck.

## Reifen- und Scheibenrad-Bezeichnungen

### Beispiel Reifen-Bezeichnungen:

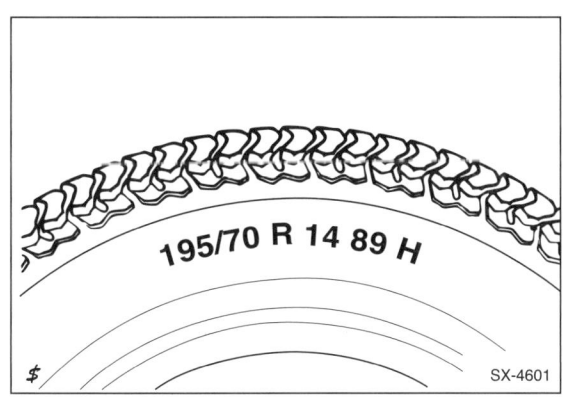

SX-4601

**195** = Reifenbreite in mm

**/70** = Verhältnis Höhe zu Breite (die Höhe des Reifenquerschnitts beträgt 70 % von der Breite)

Fehlt eine besondere Angabe des Querschnittverhältnisses (z. B. 155 R 13), so handelt es sich um das »normale« Höhen-Breiten-Verhältnis. Es beträgt bei Gürtelreifen 82 %.

**R** = Radial-Bauart (= Gürtelreifen).

**14** = Felgendurchmesser in Zoll.

**89** = Tragfähigkeits-Kennzahl.

**Achtung:** Steht zwischen den Angaben 14 und 89 die Bezeichnung M+S, dann handelt es sich um einen Reifen mit Winterprofil.

**H** = Kennbuchstabe für zulässige Höchstgeschwindigkeit, H: bis 210 km/h.

Der Geschwindigkeitsbuchstabe steht hinter der Reifengröße. Die Geschwindigkeitssymbole gelten sowohl für Sommer- als auch für Winterreifen.

### Geschwindigkeits-Kennbuchstabe

| Kennbuchstabe | Zulässige Höchstgeschwindigkeit |
|---|---|
| S | 180 km/h |
| T | 190 km/h |
| H | 210 km/h |
| V | 240 km/h |
| W | 270 km/h |
| ZR | über 270 km/h |

### Reifen-Herstellungsdatum

Das Herstellungsdatum steht auf dem Reifen im Hersteller-Code.

**Beispiel:** DOT CUL2 UM8 3607 TUBELESS

DOT = Department of Transportation (US-Verkehrsministerium)
CU = Kürzel für Reifenhersteller
L2 = Reifengröße
UM8 = Reifenausführung
3607 = Herstellungsdatum = 36. Produktionswoche 2007
**Hinweis:** Falls anstelle der 4-stelligen Ziffer eine 3-stellige Ziffer gefolgt von einem ◁-Symbol aufgeführt ist, dann wurde der Reifen im vergangenen Jahrzehnt produziert. Die Bezeichnung 509◁ bedeutet beispielsweise: 50. Produktionswoche 1999.
TUBELESS = schlauchlos (TUBETYPE = Schlauchreifen)

**Achtung:** Neureifen müssen seit 10/98 zusätzlich mit einer ECE-Prüfnummer an der Reifenflanke versehen sein. Diese Prüfnummer weist nach, daß der Reifen dem ECE-Standard entspricht. Werden Reifen seit 10/98 **ohne** ECE-Prüfnummer montiert, erlischt die Allgemeine Betriebserlaubnis (ABE) des Fahrzeuges.

### Beispiel Scheibenrad-Bezeichnungen: 6 J x 15 H2 ET37:

6 = Maulweite der Felge in Zoll
J = Kennbuchstabe für Höhe und Kontur des Felgenhorns
x = Kennzeichen für einteilige Tiefbettfelge
15 = Felgen-Durchmesser in Zoll
H2 = Felgenprofil außen und innen mit Hump-Schulter
ET37 = Einpreßtiefe 37 mm

# Austauschen und auswuchten der Räder

Es ist nicht zweckmäßig, bei einem Austausch der Räder die Drehrichtung der Reifen zu ändern, da sich die Reifen nur unter vorübergehend stärkerem Verschleiß der veränderten Drehrichtung anpassen.

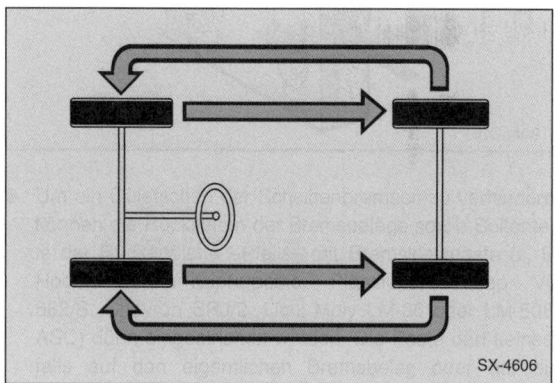

Bei deutlich stärkerer Abnutzung der vorderen Reifen empfiehlt es sich, die Vorderräder gegen die Hinterräder zu tauschen. Dadurch haben alle 4 Reifen etwa die gleiche Lebensdauer. **Achtung:** Dies ist nur möglich, wenn die Reifengröße an Vorder- und Hinterachse gleich ist. Bei AMG-Modellen ist dies nicht immer der Fall.

### Sicherheitshinweise
Reifen nicht einzeln, sondern mindestens achsweise ersetzen. Reifen mit der größeren Profiltiefe **vorn** montieren. Am Fahrzeug dürfen nur Reifen gleicher Bauart verwendet werden. An einer Achse dürfen nur Reifen desselben Herstellers und mit derselben Profilausführung eingebaut werden. Reifen, die älter als 6 Jahre sind, nur im Notfall und bei vorsichtiger Fahrweise verwenden. Keine gebrauchten Reifen verwenden, deren Ursprung nicht bekannt ist. Beim Erneuern von Felge oder Reifen grundsätzlich das Gummiventil ersetzen.

- Bei Reifen **mit laufrichtungsgebundenem Profil**, erkennbar an Pfeilen auf der Reifenflanke in Laufrichtung, **muß** die Laufrichtung des Reifens **unbedingt** eingehalten werden. Dadurch werden optimale Laufeigenschaften bezüglich Aquaplaning, Geräusch und Abrieb sichergestellt.

- Falls ein laufrichtungsgebundenes Reserverad bei einer Reifenpanne einmal entgegen der Laufrichtung montiert werden muß, sollte dieser Einsatz nur vorübergehend sein. Insbesondere bei Nässe empfiehlt es sich, die Geschwindigkeit den Fahrbahnverhältnissen anzupassen.

### Rad ausbauen

- Radkappen bei Stahlfelgen je nach Ausführung mit einem Schraubendreher abhebeln beziehungsweise von Hand abziehen.

- Laufrichtung des Rades mit Kreide kennzeichnen. Radschrauben lösen, dabei muß das Fahrzeug auf dem Boden stehen. Fahrzeug aufbocken und Rad abnehmen.

- Leichtmetallfelgen sind durch einen Klarlacküberzug gegen Korrosion geschützt. Beim Radwechsel darauf achten, daß die Schutzschicht nicht beschädigt wird, andernfalls mit Klarlack ausbessern.

### Einbau

**Achtung:** Radschrauben für Leichtmetallfelgen dürfen **nicht** für Stahlfelgen verwendet werden und umgekehrt. Werden Leichtmetallfelgen nachträglich montiert und als Ersatzrad ein Stahl-Scheibenrad mitgeführt, empfiehlt es sich, für das Ersatzrad die entsprechenden Schrauben zum Bordwerkzeug zu legen. Für Stahlfelgen nur Original Radschrauben von MERCEDES BENZ verwenden, diese sind mit einem MERCEDES-Stern gekennzeichnet.

**Achtung:** Der Einbau von Zubehör wie beispielsweise Bremsstaubscheiben oder Distanzscheiben zwischen Rad und Flansch ist nicht erlaubt.

- Eventuell vorhandene Rostspuren an der Felgen-Anlagefläche mit einer Drahtbürste entfernen. Zum Schutz gegen Festrosten des Rades ist der Zentriersitz des Rades an den Radnaben vorn und hinten bei jeder Demontage des jeweiligen Rades mit Wälzlagerfett leicht einzufetten.

- Verschmutzte Gewinde mit Drahtbürste reinigen. Schrauben nicht ölen oder fetten.

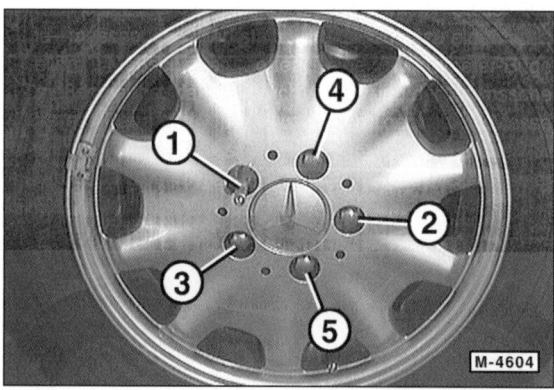

- Montagebolzen –1– in ein oberes Gewindeloch einschrauben. Der Montagebolzen liegt dem Reserverad bei.

- Rad ansetzen, dabei Drehrichtungsmarkierung auf dem Reifen beachten. Rad handfest mit den Schrauben –2– bis –5– anschrauben und Fahrzeug ablassen.

- Montagebolzen –1– ausschrauben, Radschraube einschrauben und alle Schrauben über Kreuz in mehreren Durchgängen von –1– bis –5– festziehen. **Achtung:** Durch einseitiges oder unterschiedlich starkes Anziehen der Radschrauben können das Rad und/oder die Radnabe verspannt werden.

**Anzugsdrehmoment:** Bis 8/00 verwendete Sechskantschrauben mit **Edelstahlkappe** mit **150 Nm** festziehen. Ab 9/00 Radschrauben mit **110 Nm** festziehen.

- Bei Stahlfelgen die Radabdeckung wieder aufdrücken. Blende beim Einbau so ansetzen, daß sich das Reifenventil im vorgesehenen Ausschnitt befindet. Stahlfelgen sollen nur mit montierter Radabdeckung gefahren werden, damit Schäden an den Reifenventilen vermieden werden.
- Bei **neuen** Rädern die Radschrauben nach einer Fahrstrecke von 100 bis 500 km auf **110 Nm** nachziehen.

## Auswuchten der Räder

Die serienmäßigen Räder werden im Werk ausgewuchtet. Das Auswuchten ist notwendig, um unterschiedliche Gewichtsverteilung und Materialungenauigkeiten auszugleichen.

Im Fahrbetrieb macht sich die Unwucht durch Trampel- und Flattererscheinungen bemerkbar. Das Lenkrad beginnt dann bei höherem Tempo zu zittern.

In der Regel tritt dieses Zittern nur in einem bestimmten Geschwindigkeitsbereich auf und verschwindet wieder bei niedrigerer und höherer Geschwindigkeit.

Solche Unwuchterscheinungen können mit der Zeit zu Schäden an Achsgelenken, Lenkgetriebe und Stoßdämpfern führen.

Räder nach jeder Reifenreparatur auswuchten lassen, da sich durch Abnutzung und Reparatur die Gewichts- und Materialverteilung am Reifen ändert.

## Reifenpflegetips

Generell gilt, daß Reifen sozusagen ein »Gedächtnis« haben und unsachgemäße Behandlung – dazu zählt beispielsweise auch schnelles oder häufiges Überfahren von Bordstein- oder Schienenkanten – oft erst viel später zu Reifenpannen führt.

### Reifen reinigen

- Reifen möglichst nicht mit einem Dampfstrahlgerät reinigen. Wird die Düse des Dampfstrahlers zu nahe an den Reifen gehalten, dann wird dessen Gummischicht innerhalb weniger Sekunden irreparabel zerstört, selbst bei Verwendung von kaltem Wasser. Ein auf diese Weise gereinigter Reifen sollte sicherheitshalber ersetzt werden.
- Ersetzt werden sollte auch ein Reifen, der über längere Zeit mit Öl oder Fett in Berührung kam. Der Reifen quillt an den betreffenden Stellen zunächst auf, nimmt jedoch später wieder seine normale Form an und sieht äußerlich unbeschädigt aus. Die Belastungsfähigkeit des Reifens nimmt aber ab.

### Reifen lagern

- Reifen sollten kühl, dunkel und trocken aufbewahrt werden. Sie dürfen nicht mit Fett und Öl in Berührung kommen.
- Räder liegend oder an den Felgen aufgehängt in der Garage oder im Keller lagern.
- Bevor die Räder abmontiert werden, Reifenfülldruck etwas erhöhen (ca. 0,3–0,5 bar).
- Für Winterreifen eigene Felgen verwenden, denn das Ummontieren der Reifen auf dieselben Felgen lohnt sich aus Kostengründen nicht.

### Reifen einfahren

Neue Reifen haben vom Produktionsprozeß her eine besonders glatte Oberfläche. Deshalb müssen neue Reifen – das gilt auch für das neue Ersatzrad – eingefahren werden. Bei diesem Einfahren rauht sich durch die beginnende Abnutzung die glatte Oberfläche auf.

Während der ersten 300 km sollte man mit neuen Reifen speziell auf Nässe besonders vorsichtig fahren.

## Gleitschutzketten (Schneeketten)

Die Verwendung von Schneeketten ist nur an der Hinterachse erlaubt. Vor der Montage Radblenden abnehmen. Es sollten nur von MERCEDES BENZ freigegebene Ketten verwendet werden.

Bei Fahrzeugen mit ASR (Antischlupfregelung) oder ESP (Elektronisches Stabilitäts-Programm) dieses System bei eingebauten Ketten ausschalten. Bei Niveauregulierung, Fahrzeug auf höchste Bodenfreiheit einstellen. Mit Gleitschutzketten darf nicht schneller als 50 km/h gefahren werden. Auf schnee- und eisfreien Straßen sind die Ketten abzunehmen.

## Fehlerhafte Reifenabnutzung

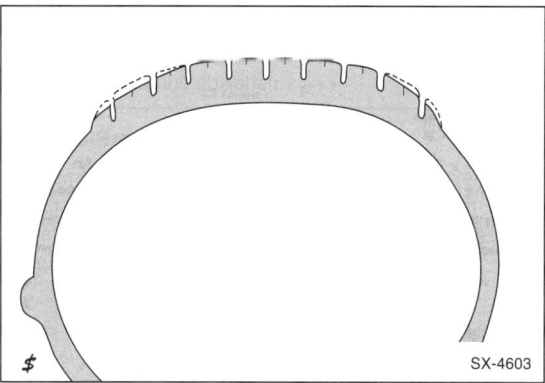

SX-4603

- An den Vorderrädern ist eine etwas größere Abnutzung der Reifenschultern gegenüber der Laufflächenmitte normal, wobei aufgrund der Straßenneigung die Abnutzung der zur Straßenmitte zeigenden Reifenschulter (linkes Rad: außen, rechtes Rad: innen) deutlicher ausgeprägt sein kann.

- Ungleichmäßiger Reifenverschleiß ist zumeist die Folge zu geringen oder zu hohen Reifenfülldrucks und kann auf Fehler in der Radeinstellung oder Radauswuchtung sowie auf mangelhafte Stoßdämpfer oder Felgen zurückzuführen sein.

- In erster Linie ist auf vorschriftsmäßigen Reifenfülldruck zu achten, wobei spätestens alle vier Wochen eine Prüfung vorgenommen werden sollte.

- Reifenfülldruck nur bei kühlen Reifen prüfen. Der Reifenfülldruck steigt nämlich mit zunehmender Erhitzung bei schneller Fahrt an. Dennoch ist es völlig falsch, aus erhitzten Reifen Luft abzulassen.

- Bei zu hohem Reifenfülldruck wird die Laufflächenmitte mehr abgenutzt, da der Reifen an der Lauffläche durch den hohen Innendruck mehr gewölbt ist.

- Bei zu niedrigem Reifenfülldruck liegt die Lauffläche an den Reifenschultern stärker auf, und die Laufflächenmitte wölbt sich nach innen durch. Dadurch ergibt sich ein stärkerer Reifenverschleiß der Reifenschultern.

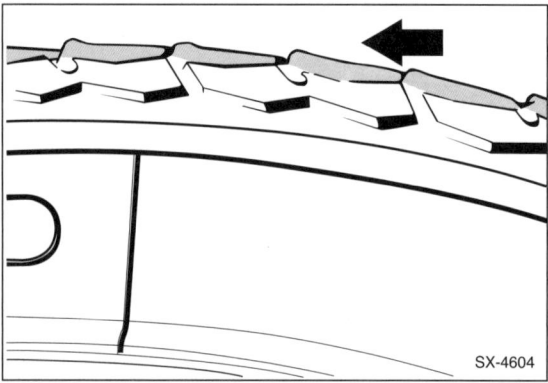

- Sägezahnförmige Abnutzung des Profils ist in der Regel auf eine Überbelastung des Fahrzeuges zurückzuführen.

- Falsche Radeinstellung und Unwucht ergeben jeweils typische Reifenverschleißbilder, auf die in der Störungsdiagnose hingewiesen wird.

## Vorderwagenunruhe beseitigen

Das Lenkradflattern bei bestimmten Geschwindigkeiten ist in der Regel auf eine Unwucht der Räder zurückzuführen.

### Prüfen

- Reifenfülldruck prüfen, gegebenenfalls korrigieren.
- Probefahrt durchführen. Störung möglichst genau eingrenzen, Geschwindigkeitsbereich, Fahrbahnbeschaffenheit, Kurven- oder Geradeausfahrt.
- Fahrzeug aufbocken.
- Mittenzentrierung der Felgen prüfen. Dabei müssen die Radnabe oder Bremstrommel über den Kragen der Scheibenräder hinausragen oder zumindest bündig damit abschließen. Andernfalls Felge austauschen.
- Radaufhängung prüfen. Dazu Gummi-Metallager, Gelenke, Stoßdämpfer und Felgen auf einwandfreien Zustand prüfen.
- Räder ausbauen und reinigen. Dabei beispielsweise auch Steine aus dem Profil entfernen.
- Profiltiefe der einzelnen Reifen prüfen und miteinander vergleichen. Bei abnormalem Reifenverschleiß vorn und/oder hinten muß das Fahrzeug vorn und hinten vermessen und gegebenenfalls eingestellt werden. Dabei ist die Einstellung der Vorspur an die obere Toleranzgrenze zu legen. **Achtung:** Für die Vermessung ist eine entsprechende Meßanlage erforderlich, die in der Regel nur in einer Fachwerkstatt vorhanden ist.
- Probefahrt durchführen und prüfen, ob die Störungen noch vorhanden sind.

### Höhen- und Seitenschlag der Räder prüfen

- Bei aufgebocktem Fahrzeug geeignete Meßuhr an der Lauffläche und danach an der Reifenflanke ansetzen. Rad von Hand langsam drehen, Zeigerausschlag der Meßuhr ablesen und Stelle des maximalen Höhenschlags am Reifen mit Kreide kennzeichnen.

**Sollwerte:** Maximaler Höhenschlag = 0,8 mm; maximaler Seitenschlag = 1,2 mm.

- Falls diese Werte nicht eingehalten werden, Räder auf stationärer Auswuchtmaschine auswuchten. Dabei müssen die Räder in gleicher Weise wie am Fahrzeug mittenzentriert werden. Konische Spannvorrichtungen, die das Rad in der Mittenbohrung zentrieren, sind nicht zulässig. Die zulässige Restunwucht in beiden Wuchtebenen beträgt 5 Gramm.

### Höhenschlag beseitigen (matchen):

- Luft aus dem Reifen lassen und Reifenwülste in das Felgenbett drücken.
- Reifen auf der Felge um 120° verdrehen.
- Reifen aufpumpen und Höhenschlag erneut prüfen.
- Falls der Maximalwert überschritten wird, Reifen auf der Felge um weitere 120° verdrehen und Höhenschlag prüfen.
- Falls der Maximalwert eingehalten wird, Räder auswuchten.

### Höhen- und Seitenschlag der Felge prüfen

- Felge ohne Reifen mittenzentriert auf die Auswuchtmaschine oder am Fahrzeug montieren. Meßuhr anbringen.

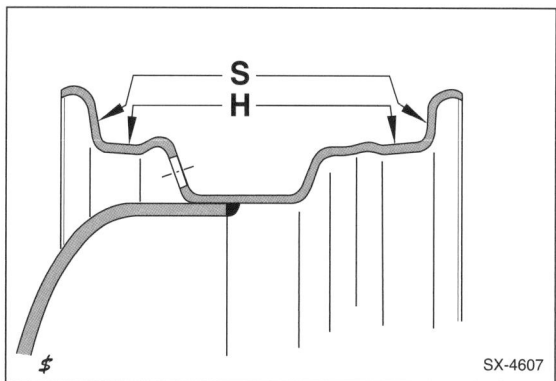

- Höhen- und Seitenschlag der Felge prüfen. Der Höhenschlag (Rundlaufabweichung) wird an der Felgenschulter, der Seitenschlag an der seitlichen Fläche des Felgenhornes gemessen. Dabei sind punktuelle Ausschläge der Meßuhr, die durch Materialerhöhungen oder -vertiefungen entstehen, nicht zu berücksichtigen.

**Sollwerte:** Maximaler Höhenschlag = 0,5 mm; maximaler Seitenschlag = 0,8 mm.

- Falls die Sollwerte überschritten werden, Felge ersetzen.

### Montage der Räder am Fahrzeug

- Bei aufgebocktem Fahrzeug Räder so ansetzen, daß sich die Stelle des maximalen Höhenschlages oben befindet. Radschrauben in diesem Zustand über Kreuz mit einem Drehmomentschlüssel und **110 Nm** festziehen.

**Achtung:** Wenn die Verschleißunterschiede der einzelnen Reifen klein sind, Räder mit dem geringsten Höhenschlag und den kleinsten Auswuchtgewichten an der Vorderachse montieren.

- Probefahrt durchführen. Falls immer noch Vorderwagenunruhe oder Lenkradschütteln festgestellt wird, kann es sich um Restunwuchten handeln, die durch Nachwuchten am Fahrzeug beseitigt werden.

### Räder am Fahrzeug nach- oder auswuchten

- Beim Auswuchten der Antriebsräder unbedingt beide Reifen einer Achse auf Rollen (Geberböcke) setzen.

- **Wichtig:** Der Antrieb der **Hinterräder** muß durch den Fahrzeugmotor erfolgen, da sonst das Hinterachs-Mittelstück beschädigt wird. Bei Fahrzeugen mit ASR (Antischlupfregelung) oder ESP (Elektronisches Stabilitätsprogramm) muß dieses System ausgeschaltet werden, daher Fachwerkstatt aufsuchen.

- Probefahrt durchführen.

Falls immer noch Störungen auftreten, so sind die Radial- oder Taumelbewegungen eines oder mehrerer Reifen zu hoch. Mit Werkstattmitteln kann das nicht gemessen werden. In diesem Fall bleibt nur der Austausch der vorderen und/oder hinteren Reifen. Dabei sollten die Reifen grundsätzlich paarweise ersetzt werden.

## Fahrzeugvermessung

Optimale Fahreigenschaften und geringster Reifenverschleiß sind nur dann zu erzielen, wenn die Stellung der Räder einwandfrei ist. Die Fahrzeugvermessung ist erforderlich:

- nach größeren Karosseriereparaturen
- nach Reparaturen an Vorder- oder Hinterachse
- nach einer Unfallreparatur
- bei erhöhter und ungleichmäßiger Reifenabnutzung
- bei mangelhafter Straßenlage, insbesondere schlechter Richtungsstabilität in Geradeausfahrt

Die Fahrzeugvermessung kann ohne eine entsprechende optische Meßanlage nicht durchgeführt werden, daher Fachwerkstatt aufsuchen. Dort liegen auch die Einstellwerte vor.

### Prüfvoraussetzungen

- Lenkung richtig eingestellt.
- Kein unzulässiges Spiel in den Spurstangen- und Führungsgelenken, Felgen und Reifen einwandfrei.
- Reifenfülldruck richtig eingestellt.
- Fahrzeug in Leergewichtszustand: mit vollem Kraftstoffbehälter, Reserverad und Wagenheber befinden sich an den dafür vorgesehenen Stellen. Sonst muß das Fahrzeug leer sein.
- Fahrzeug vorher kräftig durchgefedert.

## Störungsdiagnose Reifen

| Abnutzung | Ursache |
|---|---|
| Stärkerer Reifenverschleiß auf beiden Seiten der Lauffläche. | ■ Zu niedriger Reifenfülldruck. |
| Stärkerer Reifenverschleiß in der Mitte der Lauffläche, über den gesamten Umfang. | ■ Zu hoher Reifenfülldruck. |
| Auswaschungen der Profilseite. | ■ Statische und dynamische Unwucht des Rades. Eventuell zu großer Seitenschlag der Felge, zu großes Spiel in den Traggelenken. |
| Auswaschungen in der Mitte des Reifenprofils. | ■ Statische Unwucht des Rades. Eventuell Folge von zu großem Höhenschlag. |
| Schuppenförmige oder sägezahnähnliche Abnutzung des Profils. In krassen Fällen mit Gewebebrüchen verbunden, die nach einiger Zeit außen sichtbar werden. | ■ Überbelastung des Wagens. Innenseite der Reifen auf Gewebebrüche untersuchen! |
| Gummizungen an den seitlichen Profilkanten. | ■ Fehlerhafte Radeinstellung. Reifen radiert. Bei Hinterrädern auch Zustand der Stoßdämpfer prüfen! |
| Gratbildung an einer Profilseite des Vorderrades. | ■ Falsche Spureinstellung. Reifen radiert. Häufiges Fahren auf stark gewölbter Fahrbahn. Schnelle Kurvenfahrt. |
| Stoßbrüche im Reifenunterbau. Anfangs nur im Innern des Reifens sichtbar. | ■ Überfahren von kantigen Steinen, Schienenstößen und ähnlichem bei hohen Geschwindigkeiten. |
| Einseitig abgefahrene Laufflächen. | ■ Sturzeinstellung überprüfen. |

# Karosserie

Die E-KLASSE hat eine selbsttragende Karosserie. Bodengruppe, Seitenteile, Dach und die hinteren Kotflügel sind miteinander verschweißt. Front- und Heckscheibe sind eingeklebt, beim T-Modell sind auch die hinteren Seitenscheiben eingeklebt. Die Reparatur größerer Karosserieschäden sowie das Auswechseln der geklebten Scheiben sollten der Fachwerkstatt vorbehalten bleiben.

Neben der Demontage von Karosserie-Anbauteilen wird in diesem Kapitel auch die Demontage von Teilen der Innenausstattung, wie Sitze und Verkleidungen, beschrieben.

Da an der Karosserie oft Torx-Befestigungsschrauben vorhanden sind, wird ein Torx-Schraubendrehersatz benötigt.

## Fugenmaße

Motorhaube, Kofferraumdeckel, Türen und die vorderen Kotflügel sind angeschraubt und lassen sich leicht auswechseln. Beim Einbau ist dann unbedingt das richtige Luftspaltmaß (= Breite der Fugen zwischen jeweiliger Klappe und umliegender Karosserie) einzuhalten, sonst klappert beispielsweise die Tür, oder es können erhöhte Windgeräusche während der Fahrt auftreten. Der Luftspalt muß auf jeden Fall parallel verlaufen, das heißt, der Abstand zwischen den Karosserieteilen muß auf der gesamten Länge des Spaltes gleich groß sein. Abweichungen bis zu 0,5 mm sind zulässig.

### Wichtige Fugenmaße (Richtwerte):

| | |
|---|---|
| Motorhaube zu Kotflügel, Stufenheck | 5,0 ± 0,5 mm |
| Motorhaube zu Kotflügel, T-Modell | 4,0 ± 0,5 mm |
| Vordertür zu A-Säule | 6,5 ± 0,5 mm |
| Vordertür zu Kotflügel | 4,5 ± 0,5 mm |
| Vordertür zu Fondtür | 5,5 ± 0,5 mm |
| Fondtür zu Dach | 6,5 ± 0,5 mm |
| Fondtür zu Seitenteil unten, Stufenheck | 5,0 ± 0,5 mm |
| Fondtür zu Seitenteil unten, T-Modell | 4,0 ± 0,5 mm |
| Kofferraumklappe zu Hinterkotflügel oben | 4,5 ± 0,5 mm |
| Kofferraumklappe zu Hinterkotflügel unten | 5,0 ± 0,5 mm |
| Rückwandklappe zu Dach, T-Modell | 5,0 ± 0,5 mm |
| Rückwandklappe zu Hinterkotflügel, T-Modell | 4,5 ± 0,5 mm |
| Tankklappe Vorderkante | 4,5 mm |
| Tankklappe Hinterkante | 4,0 mm |

## Sicherheitshinweise bei Karosseriearbeiten

- Soweit Schweißarbeiten oder andere funkenerzeugende Arbeiten durchgeführt werden, grundsätzlich die Batterie komplett abklemmen (Plus- und Minuskabel) und beide Klemmen (+) und (−) sorgfältig isolieren. Bei Arbeiten in Batterienähe muß die Batterie ausgebaut werden. **Achtung:** Beim Batterieausbau Hinweise beachten, siehe Seite 199.

- An besonders korrosionsgefährdeten Karosserieteilen sind verzinkte Bleche verwendet worden. Zinkschicht vor dem Schweißen nicht abschleifen (nur bei Hartlötung abschleifen). Schweißstrom um 10 % bis 30 % erhöhen, Hartkupferelektroden verwenden.

> **Sicherheitshinweis:**
> Beim Schweißen von verzinkten Stahlblechen entsteht giftiges Zinkoxid, daher für eine gute Arbeitsplatzbelüftung sorgen.

- An Teilen der gefüllten Klimaanlage darf weder geschweißt, noch hart- oder weichgelötet werden. Das gilt auch für Schweiß- und Lötarbeiten am Fahrzeug, wenn die Gefahr besteht, daß sich Teile der Klimaanlage erwärmen.

> **Sicherheitshinweis:**
> Der Kältemittelkreislauf der Klimaanlage darf nicht geöffnet werden. Gelangt Kältemittel auf die Haut, kann dies zu Erfrierungen führen.

- Im Rahmen einer Reparatur-Lackierung darf im Trockenofen oder in seiner Vorwärmzone das Fahrzeug bis maximal **+80° C** aufgeheizt werden. Sonst können elektronische Steuergeräte im Fahrzeug beschädigt werden.

- PVC-Unterbodenschutz an der Reparaturstelle mit rotierender Drahtbürste entfernen, oder mit Heißluftgebläse auf max. +180° C erwärmen und mit Spachtel ablösen. Durch Abbrennen bzw. Erwärmen von PVC-Material über +180° C entsteht stark korrosionsfördernde Salzsäure, außerdem werden gesundheitsschädliche Dämpfe frei.

# Stoßfänger vorn aus- und einbauen

**Bis 5/99**

### Ausbau

- Motorhaube öffnen. Bei Klimaanlage, Schutzgitter für Zusatzlüfter hinter Kühlergrill ausclipsen. Dazu die beiden Clips mit Kreuzschlitzschraubendreher oder mit den Fingern um 90° nach links drehen.

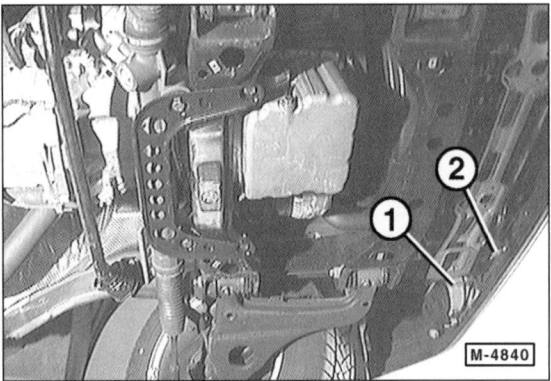

- Fahrzeug vorn aufbocken. Klappe im Motoraum-Unterschutz unterhalb der beiden Nebelscheinwerfer –1– öffnen, dazu müssen die beiden Verschlüsse gedreht werden. Der Unterschutz muß, im Gegensatz zur Abbildung, nicht ausgebaut werden.
- Elektrischen Anschlußstecker von beiden Nebelscheinwerfern abziehen, siehe Seite 213.
- Bei Ausstattung mit Außentemperaturanzeige, Halter für Außentemperaturfühler –2– auf linker Fahrzeugseite nach außen herausdrücken. Fühler aus Halter ausclipsen und durch die Öffnung nach innen ziehen.
- Schrauben für Innenkotflügel am Stoßfänger abschrauben.

- Schraube –1– aus Halter auf der rechten und linken Seite herausdrehen.

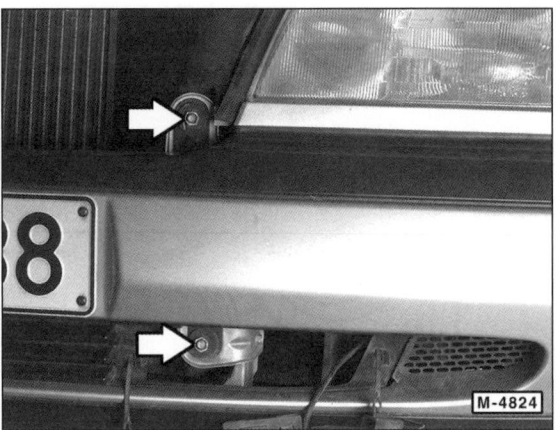

- Muttern für Querträger links und rechts in Höhe Scheinwerferinnenkante herausdrehen, mit Unterlegscheiben abnehmen. Hinweis: Die Abbildung zeigt nicht die E-KLASSE.
- Stoßfänger nach vorn abnehmen.

### Einbau

**Hinweis:** Die Halterungen sind am Stoßfänger angenietet. Bei Ersatz des Stoßfängers, Nieten für Halterungen mit 6 mm-Bohrer ausbohren. Halterungen auf neuen Stoßfänger mit neuen Nieten aufnieten.

- Stoßfänger mit Helfer waagerecht einsetzen und ausrichten, so daß sich ein gleichmäßiges Fugenmaß von **5 mm** zu den Scheinwerfer-Verkleidungen ergibt. Muttern am Querträger mit **20 Nm** festschrauben.
- Seitliche Schrauben an Halter anschrauben.
- Wo vorhanden, Fühler für Außentemperatur am Halter einclipsen, Halter von außen in Stoßfängeraussparung einclipsen.
- Anschlußstecker an beiden Nebelscheinwerfern aufstecken.
- Klappen im Motoraum-Unterschutz unterhalb der Nebelscheinwerfer schließen und Verschlüsse verriegeln.
- Bei Klimaanlage, Schutzgitter für Zusatzlüfter einclipsen und Befestigungsclips nach rechts drehen. Motorhaube schließen.
- Innenkotflügel am Stoßfänger anschrauben.

### Spezielle Hinweise für Modelle ab 6/99:

- Falls eingebaut, Steckverbindung für Parktronic-System trennen. Dazu die Laschen vorsichtig anheben und gleichzeitig Stecker abziehen.
- Der Stoßfänger ist an 8 Stellen befestigt: 2-mal am vorderen Querträger; 4-mal an den Lampenhaltern (Abbildung M-4844); 2-mal außen am Kotflügel.
- Nach Entfernen der äußeren Schrauben, Schiebeleiste in Fahrtrichtung nach vorn schieben.
- Stoßfänger mit Helfer nach vorn abnehmen. Dabei Stoßfänger seitlich nach unten ziehen, bis der Bolzen im Bereich der Schiebeleiste den Stoßfänger freigibt.

- Vor dem Einbau des Stoßfängers prüfen, ob die Schiebeleiste nach vorn geschoben ist.
- Stoßfänger mit Helfer an der Karosserie ansetzen, dabei den Bolzen am Stoßfänger seitlich einführen.
- Stoßfänger im Kotflügelbereich nach oben drücken und Schiebeleiste zurückziehen.
- Schrauben eindrehen und Muttern auf den Gewindebolzen ansetzen.
- Zwischenlage bis zum Anschlag nach außen schieben. Dadurch wir der Spalt zwischen dem Stoßfänger und dem Querträger geschlossen. **Achtung:** Zwischenlage mit wenig Kraftaufwand verschieben, da sonst der Stoßfänger nach vorn gedrückt wird.
- Stoßfänger in der Höhe ausrichten und Muttern mit **20 Nm** festziehen.
- Einstellmuttern links und rechts so weit verdrehen, bis der Stoßfänger seitlich bündig mit dem Kotflügel ist.
- Schrauben mit **20 Nm** festziehen.
- Falls abgezogen, Stecker für Parktronic-System aufstecken und einrasten.

## Stoßfänger hinten aus- und einbauen

### Ausbau

- Schrauben für Innenkotflügel am Stoßfänger abschrauben.

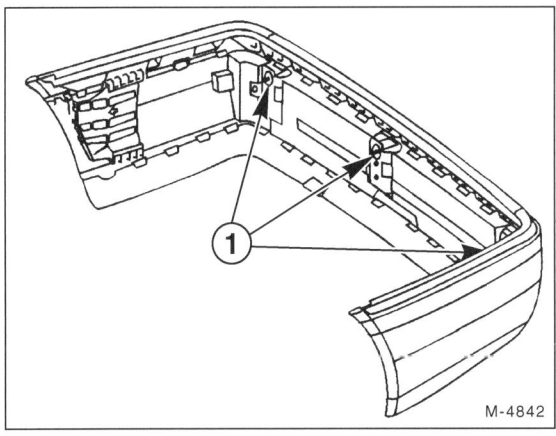

- Ausschnitte oberhalb der Schrauben –1– in der Kofferraumverkleidung aufklappen.
- 2 Muttern links und rechts sowie mittlere Mutter –1– an der hinteren Kofferraumwand herausdrehen.
- Unterlegscheiben abnehmen. Bei der Unterlegscheibe der mittleren Schraube ist es zweckmäßig, einen Magneten zu benutzen, da die Scheibe schwer zu fassen ist.
- Stoßfänger nach hinten aus den seitlichen Haltern herausziehen.

### Einbau

**Hinweis:** Die Halterungen sind am Stoßfänger angenietet. Bei Ersatz des Stoßfängers, Nieten für Halterungen mit 6 mm-Bohrer ausbohren. Halterungen auf neuen Stoßfänger mit neuen Nieten aufnieten.

- Stoßfänger mit Helfer von hinten waagerecht in die seitlichen Führungen einschieben und ausrichten, so daß sich ein gleichmäßiges Fugenmaß von **6 mm** zum darüberliegenden Falz ergibt. Muttern mit Unterlegscheiben am Querträger mit **20 Nm** festschrauben.
- Innenkotflügel am Stoßfänger anschrauben.

## Innenkotflügel aus- und einbauen

### Ausbau

- Stellung des Vorderrads zur Radnabe mit Farbe kennzeichnen. Dadurch kann das ausgewuchtete Rad wieder in derselben Position montiert werden. Radschrauben bei auf dem Boden stehendem Fahrzeug lösen. Fahrzeug vorn aufbocken und Vorderrad abnehmen.

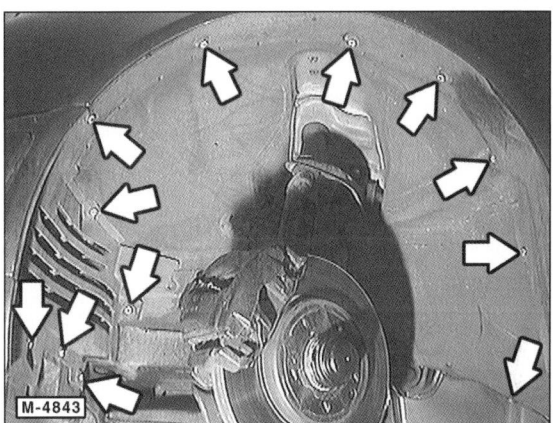

- Kunststoffmuttern und Schrauben an den mit –Pfeilen– markierten Stellen lösen und Innenkotflügel herausnehmen.

### Einbau

- Abdichtgummi am Innenkotflügel auf festen Sitz und Beschädigungen prüfen, gegebenenfalls erneuern.
- Teile einsetzen und anschrauben.
- Vorderrad so ansetzen, daß die beim Ausbau angebrachten Markierungen übereinstimmen. Rad anschrauben. Fahrzeug ablassen und Radschrauben über Kreuz mit **110 Nm** festziehen.

# Kotflügel aus- und einbauen

### Ausbau

- Vorderen Stoßfänger ausbauen.
- Seitliche Blinkleuchte ausbauen, siehe Seite 214.

- Schrauben –1– ausschrauben, dabei Scheinwerfer-Dichtgummi abheben.
- Bei Ausstattung mit Scheinwerfer-Reinigungsanlage, Abdeckung –4– mit Plastikkeil abdrücken.
- Blende –2– abnehmen, dabei an Stelle –3– am Kotflügel ausclipsen.

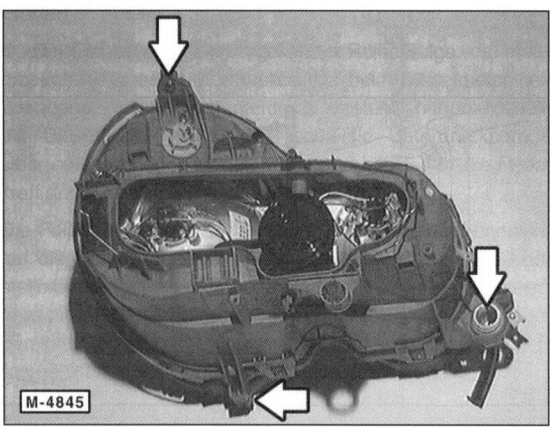

- Scheinwerfereinsatz am Halter abschrauben –Pfeile–. Die Abbildung zeigt den linken Scheinwerfer, von hinten gesehen. Beim rechten Scheinwerfer sind die Schrauben spiegelbildlich angeordnet.

**Achtung:** Der Scheinwerfer muß nicht ganz ausgebaut werden. Scheinwerfer mit Schnur gegen Herabfallen sichern.

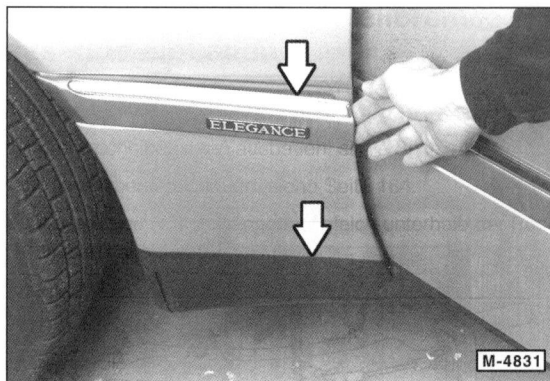

- 2 Zierleisten mit den Fingern abziehen, oder mit breitem Kunststoffspachtel abdrücken. Hinweis: Die Abbildung zeigt nicht die E-KLASSE.
- 2 Schrauben im Stoßfängerbereich sowie Schrauben an Kotflügel-Oberkante ausschrauben.

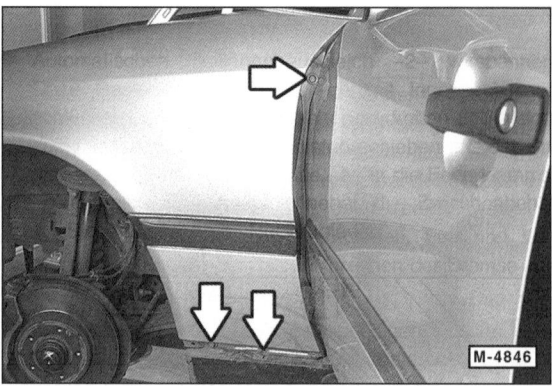

- Tür öffnen und hintere Schraube für Kotflügel herausdrehen –oberer Pfeil–. **Achtung:** Dabei Tür im Arbeitsbereich mit Klebeband abkleben, damit der Lack nicht beschädigt wird.
- 2 untere Schrauben für Kotflügel abschrauben, siehe Abbildung. Kotflügel nach vorn ziehen und abnehmen.

### Einbau

**Hinweis:** Bei Ersatz des Kotflügels, Halterung für Scheinwerfer vom alten auf den neuen Kotflügel umbauen.

- Kotflügel innen ausreichend mit Unterbodenschutz bestreichen.
- Kotflügel ansetzen und ausrichten. Der Kotflügel muß, von oben betrachtet, in einer Linie mit der Vordertür stehen, er darf maximal 1 mm weiter außen stehen. Luftspalt zwischen Kotflügel und geschlossener Motorhaube sowie Vordertür überprüfen, Maße siehe Seite 161.
- Sämtliche Befestigungsschrauben reindrehen und zugweise festziehen. Lage des Kotflügels nochmals prüfen.
- Stoßfänger einbauen, siehe Seite 162.
- Scheinwerfer einbauen und einstellen, siehe Seite 216.
- Seitliche Blinkleuchte einbauen, siehe Seite 214.
- Zierleisten einclipsen.

# Kühlergrill/MERCEDES-Stern aus- und einbauen

Der Kühlergrill ist von vorn in die Umrahmung der Motorhaube gesteckt und angeschraubt. Der MERCEDES-Stern ist weiter hinten im lackierten Bereich der Motorhaube befestigt.

**Ausbau**

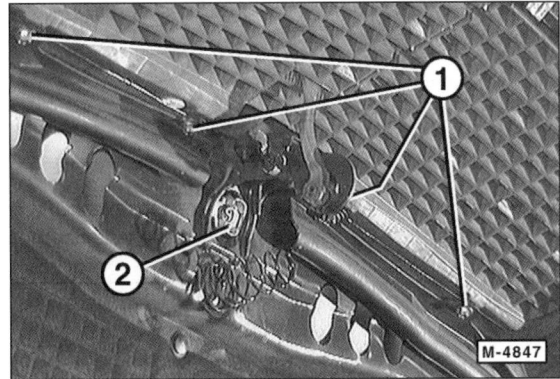

- Motorhaube öffnen. Von Innenseite 4 Schrauben –1– an Oberkante, 2 Schrauben an Unterkante Kühlergrill herausdrehen und Grill nach vorn abnehmen.

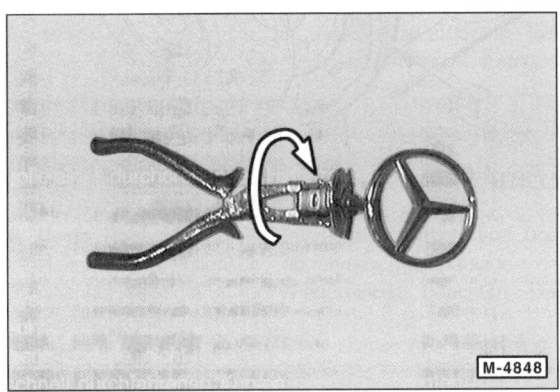

- MERCEDES-Stern ausbauen. Dazu Kombizange in den Federbügel (–2–, siehe Abbildung M-4817) einführen, auseinanderdrücken und ca. 90° (¼ Umdrehung) nach links drehen. MERCEDES-Stern nach oben aus der Motorhaube herausziehen.

**Einbau**

- Kühlergrill einsetzen und anschrauben.
- MERCEDES-Stern von oben einsetzen und Federbügel mit Kombizange um 90° nach rechts drehen.

# Motorhaubenschloß aus- und einbauen

Die Motorhaube hat 2 Schlösser, die auf dem vorderen Querträger (Kühlerbrücke) sitzen. Die Schlösser werden vom Innenraum über einen gemeinsamen Bowdenzug entriegelt, der durch das linke zum rechten Schloß verläuft.

**Ausbau**

- Jeweils 2 Schrauben an beiden Haubenschlössern herausdrehen. Mit der inneren Schraube ist gleichzeitig der Querträger (Kühlerbrücke) angeschraubt.
- 2 verbleibende Schrauben für Querträger ausschrauben.

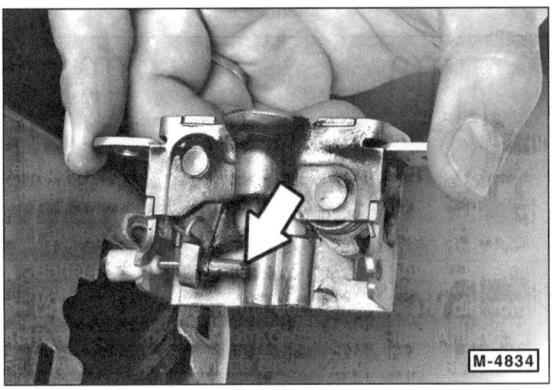

- Haubenzug an Schloß und Halter aushängen. Bei Ausstattung mit Einbruch- und Diebstahl-Warnanlage (EDW), außerdem Anschlußstecker vom Schloß abziehen.

**Einbau**

- Beim Einhängen darauf achten, daß die Schloß-Rückstellfeder den Seilzugnippel arretiert.
- Bowdenzughülle mit Kunststoffteil im Widerlager des Haubenschloßes verlegen.
- Bei Ausstattung mit Einbruch- und Diebstahl-Warnanlage (EDW), Anschlußstecker am Schloß aufstecken.
- Schloß einsetzen und anschrauben.
- 2 verbleibende Schrauben für Querträger einschrauben.

## Außenspiegel aus- und einbauen

### Ausbau

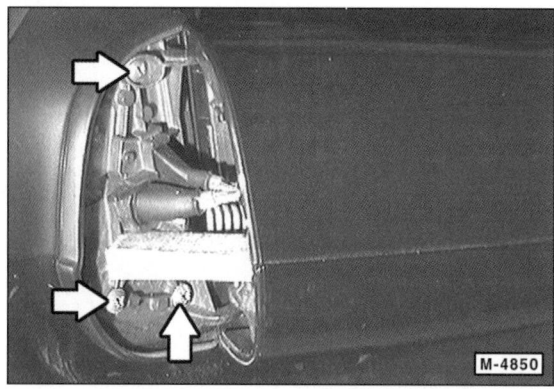

- Außenspiegel nach hinten klappen. Damit der Spiegel in dieser Position bleibt, sollte ein geeignetes Holzstück mit einer Länge von 35 mm eingesetzt werden. Dadurch wird der Aus- und Einbau des Spiegels wesentlich erleichtert.
- 3 Befestigungsschrauben für Spiegelfuß herausdrehen. Dabei Spiegel festhalten, damit er nicht herunterfallen kann.
- Spiegel abnehmen, Kabel für Spiegelverstellung trennen.

### Einbau

- Elektrische Leitung für Spiegel anschließen, Spiegel ansetzen und festschrauben. Holzstück entfernen.

## Spiegelglas aus- und einbauen

### Ausbau

- Außenspiegel nach hinten klappen und mit Holzstück fixieren, siehe Abbildung M-4850.

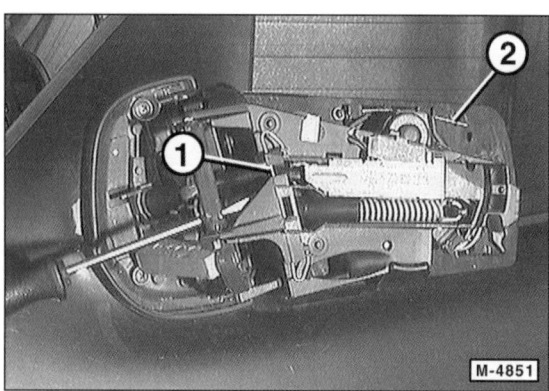

- Schraubendreher in Spiegelgehäuse einführen. Die Abbildung zeigt den Spiegel bei bereits ausgebautem Spiegelgehäuse. Feder –1– entriegeln und Spiegelgehäuse nach außen abziehen.

- Sicherungsfeder –2– am Spiegelglas aushängen, nach oben schwenken und Spiegelglas abnehmen. Falls vorhanden, elektrischen Anschluß für Spiegelheizung am Spiegelglas abziehen. **Achtung:** Spiegelglas nicht nach vorn aus dem Spiegelgehäuse herausheben.

### Einbau

- Wo vorhanden, elektrischen Anschluß für Spiegelheizung am Spiegelglas aufstecken.
- Spiegelglas einsetzen, zuerst an Unterseite, dann Sicherungsfeder einhängen.
- Spiegelgehäuse aufdrücken, die Haltefeder muß einrasten.
- Holzstück entfernen und Spiegel zurückklappen.

## Vordertür aus- und einbauen

### Ausbau

- Türeinstiegsleiste mit Montagekeil nach oben abhebeln.

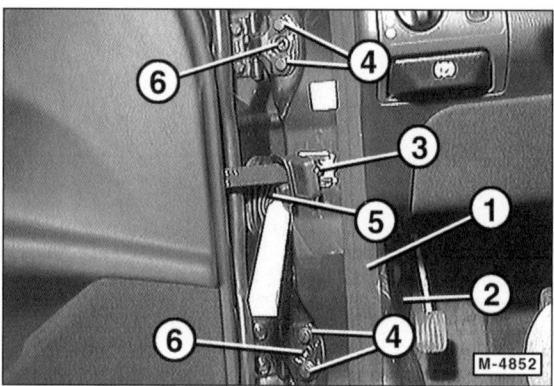

- Türdichtung –1– im Bereich der Abdeckung –2– von Hand vom Türausschnitt abziehen. Unterhalb der Abdeckung liegt der Kabelkanal mit Zuleitungen zur Tür.
- Schraubenabdeckung an Abdeckung –2– mit kleinem Schraubendreher heraushebeln. Darunterliegende Kreuzschlitzschraube abschrauben, Abdeckung –2– abnehmen.
- Unterdruckleitung für Zentralverriegelung und elektrische Zuleitungen zur Tür an den Steckkupplungen trennen.
- Gummidichtung an der Türbremse abziehen und Schraube –3– herausdrehen.
- Lage der Türscharniere an den Anlageflächen markieren, zum Beispiel oben und unten ankörnen oder mit Reißnadel umfahren. Dadurch braucht die alte Tür beim Einbau nicht eingestellt zu werden.

**Achtung:** Für den folgenden Arbeitsgang ist eine Hilfsperson erforderlich. Weiche, saubere Unterlage vorbereiten, auf welche die Tür abgesetzt werden kann.

- 4 Scharnierschrauben –4– herausdrehen und Tür mit Hilfsperson etwas von der Türsäule wegziehen.

- Schutzschlauch –5– an der Türsäule ausknöpfen und Kabelstrang herausziehen.
- Tür abnehmen und abstellen, dabei Lackbeschädigungen vermeiden.

**Einbau**

- Tür mit Helfer ansetzen, dabei Kabelstrang in A-Säule einführen. Befestigungsschrauben leicht anziehen.
- Wird die bisherige Tür wieder eingebaut, Tür so ausrichten, daß die Scharniere mit den angebrachten Markierungen übereinstimmen.
- Schutzschlauch –5– einclipsen.
- Türbremse mit Schraube –3– an Türsäule mit **35 Nm** anschrauben. Gummidichtung anbringen.
- Tür einstellen, dann Zentrierschrauben –6– und Scharnierschrauben –4– mit **35 Nm** festziehen, siehe Kapitel »Tür einstellen«.
- Steckkupplungen für Unterdruckleitung Zentralverriegelung und elektrische Zuleitungen zusammenstecken.
- Abdeckung im Fahrerfußraum anschrauben. Schraubenabdeckung aufdrücken.
- Türdichtung und Türeinstiegsleiste aufdrücken.

## Tür einstellen

Die Tür muß eingestellt werden, wenn die Tür nicht korrekt eingepaßt ist, bzw. wenn die Tür ausgebaut war. Richtwerte für Fugenmaße, siehe Seite 161.

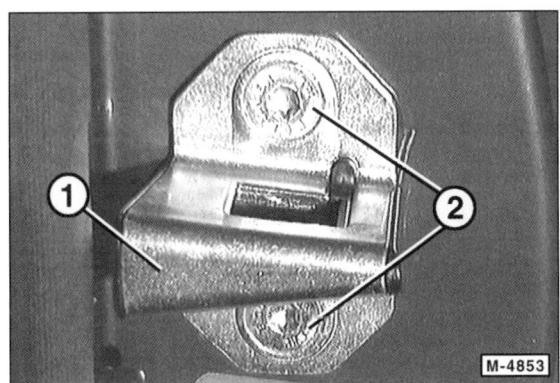

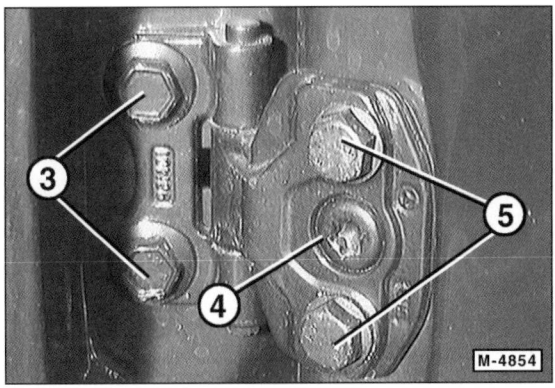

- Schließplatte –1– für Türschloß abschrauben –2–.
- Die Einstellung erfolgt durch Lösen der Scharnierschrauben und Verschieben der Tür. Die Scharniere haben größere Bohrungen als der Durchmesser der Schrauben, das Scharnier kann also verschoben werden.

- Zum Einstellen der Fugenmaße Scharnierschrauben –3– **am Türblech** lösen, nicht herausdrehen. Fugenmaß durch Verschieben der Tür einstellen. Tür so einstellen, daß sich zu den umliegenden Karosserieteilen ein paralleler und jeweils gleich großer Spalt ergibt. Die Abbildung zeigt das Scharnier der Vordertüren.
- Tür an die Karosserie-Kontur anpassen: Schließt die Tür in geschlossenem Zustand vorn nicht bündig mit der umliegenden Karosserie ab, Scharnierschrauben –4– und –5– **an der Karosserie** lösen. Nur Zentrierschraube –4– leicht anziehen und Tür entsprechend verschieben. Die vordere Tür darf vorn maximal 1 mm weiter innen stehen als der Kotflügel, die hintere Tür darf vorn maximal 1 mm weiter innen stehen als die vordere Tür.
- Schließplatte –1– soweit festschrauben, daß sie mit leichten Schlägen mit dem Gummihammer verschoben werden kann.
- Im hinteren Bereich der Tür ist die Einstellung an der Schließplatte vorzunehmen. Um das Verschieben besser kontrollieren zu können, Schließplatte mit Filzstift umranden. Tür schließen und ausrichten, dadurch wird auch die Schließplatte ausgerichtet. Anschließend Tür vorsichtig öffnen und Schrauben für Schließplatte festziehen. Schließplatte mit **30 Nm** festziehen.
- Korrekte Anlage der Türdichtungen am Dachrand prüfen. Sitzt die Tür in geschlossenem Zustand einwandfrei, Scharnierschrauben mit **35 Nm** festziehen.

# Hintertür aus- und einbauen

## Ausbau

- Fondsitzkissen ausbauen, beim T-Modell nach oben klappen.
- Schraube für Türeinstiegsleiste unterhalb Fondsitzkissen ausschrauben. Türeinstiegsleiste mit Montagekeil nach oben abhebeln.

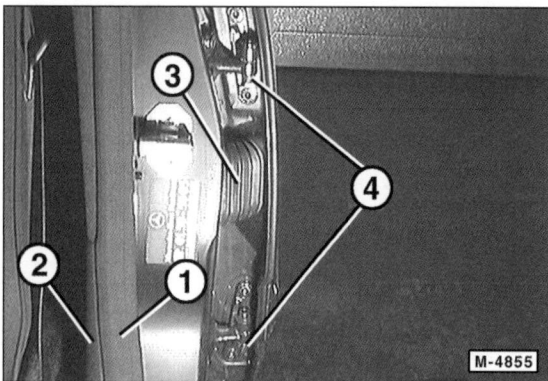

- Vordertür und Hintertür öffnen. Türdichtung –1– im Bereich der Abdeckung –2– an Vorder- und Hintertür von Hand vom Türausschnitt abziehen. Unterhalb der Abdeckung liegt der Kabelkanal mit Zuleitungen zur Hintertür.
- Abdeckung –2– ausclipsen.
- Unterdruckleitung für Zentralverriegelung und elektrische Zuleitungen zur Tür an den Steckkupplungen trennen.
- Schutzschlauch –3– mit einem Kunststoffkeil an der Türsäule abhebeln (ausclipsen).
- Gummidichtung an der Türbremse abziehen und Schraube herausdrehen, siehe auch Kapitel »Vordertür aus- und einbauen«.
- Vordertür öffnen und Schrauben –4– von den **Scharnierbolzen** bei geschlossener Hintertür abschrauben.

**Achtung:** Für den folgenden Arbeitsgang ist eine Hilfsperson erforderlich. Weiche, saubere Unterlage vorbereiten, auf welche die Tür abgesetzt werden kann.

- Hintertür öffnen und mit Hilfsperson aus den Scharnieren nach oben herausheben, dabei Kabelstrang aus Türsäule herausziehen. Tür abstellen, dabei Lackbeschädigungen vermeiden.

## Einbau

- Tür von oben in die Scharniere einsetzen, dabei Kabelstrang in die Türsäule einführen.
- Scharnierbolzen –4– mit **35 Nm** festziehen.
- Steckkupplungen für Unterdruckleitung Zentralverriegelung und elektrische Zuleitungen im Fahrzeuginnern zusammenstecken.
- Schutzschlauch –3– einclipsen.
- Abdeckung –2– einclipsen.

- Türdichtung und Türeinstiegsleiste aufdrücken. Türeinstiegsleiste mit 1 Schraube unterhalb Fondsitzbank befestigen.
- Fondsitzkissen einbauen, beim T-Modell herunterklappen.
- Türbremse mit Schraube an Türsäule mit **35 Nm** anschrauben. Gummidichtung aufdrücken.
- Tür gegebenenfalls einstellen, siehe Seite 167.

# Türgriff vorn aus- und einbauen

## Ausbau

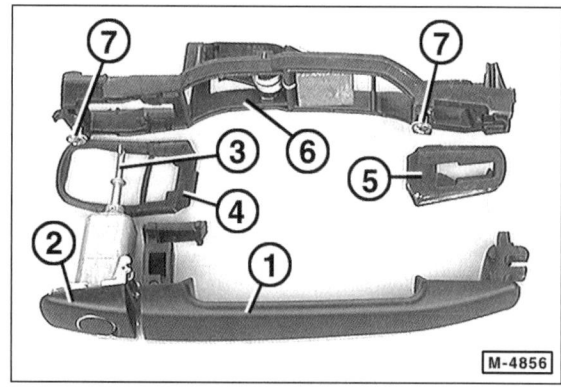

1 – Griff; 2 – Führung Schließzylinder; 3 – Drehstange; 4 – Unterlage; 5 – Unterlage; 6 – Lagerbügel; 7 – Schrauben.

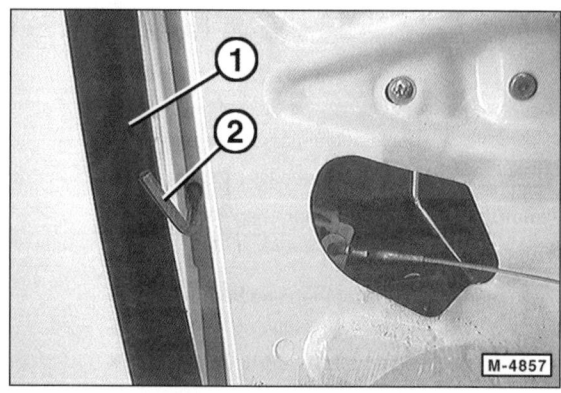

- Vordertür öffnen. Türdichtung –1– in Höhe vom Türschloß vom Türfalz abziehen.
- Innensechskantschraube –2– mit 4 mm-Inbusschlüssel durch die Öffnung in der Tür ca. 4 Umdrehungen herausdrehen. Die Innensechskantschraube wird durch einen Halter gegen Herabfallen gesichert.

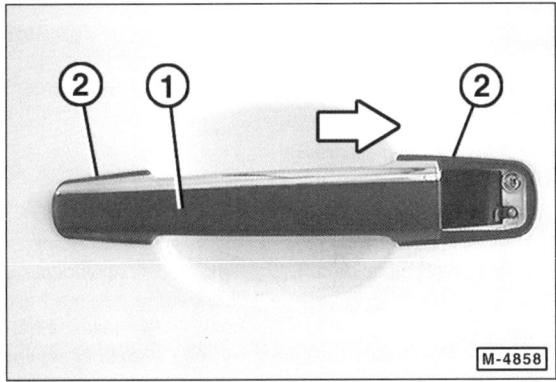

**Einbau**

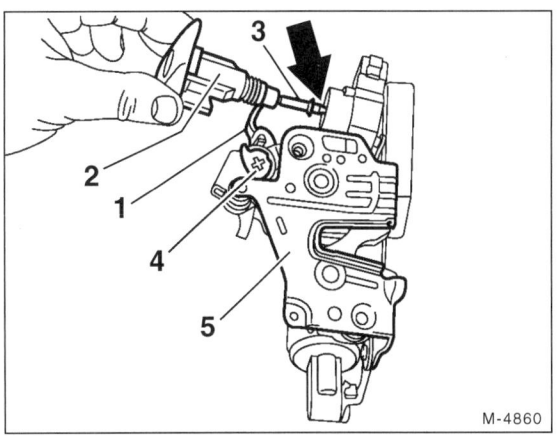

- Schließzylindergehäuse herausnehmen.
- Türgriff –1– zuerst nach hinten ziehen und dann herausnehmen. Dichtungen –2– abnehmen.
- Falls vorhanden, Stecker für Funktionsanzeige der Zentralverriegelung am Türgriff seitlich abschieben.

Türschloß-Übersicht: 1 – Betätigungshebel, 2 – Schließzylinder, 3 – Drehstange, 4 – Exzentereinstellschraube, 5 – Türschloß.

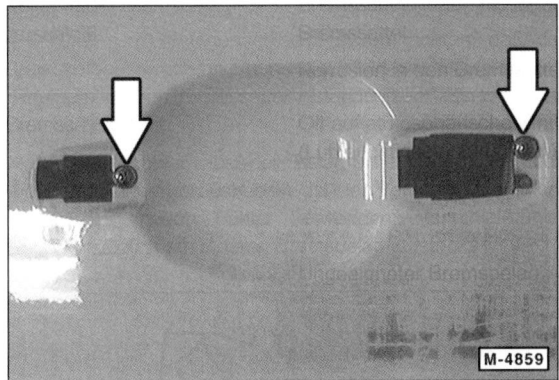

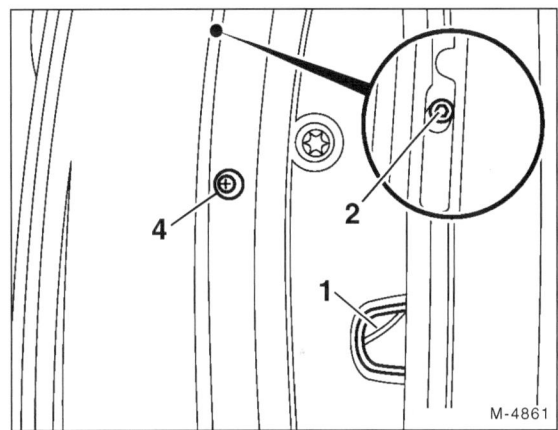

- Der Lagerbügel (–6–, siehe Abbildung M-4856) kann, falls notwendig, von der Türinnenseite her abgenommen werden, dazu muß allerdings die Türverkleidung ausgebaut werden. Schrauben –Pfeile– abschrauben, Lagerbügel abnehmen.

1 – Türschloß, 2 – Öffnung Innensechskantschraube, 4 – Öffnung Exzentereinstellschraube.

- Exzentereinstellschraube –4– nach außen stellen, dadurch kann der Türgriff leichter montiert werden.
- Falls vorhanden, Stecker für Funktionsanzeige der Zentralverriegelung am Türgriff aufstecken.
- Türgriff mit Unterlage einsetzen und dabei in den Betätigungshebel vom Türschloß einsetzen.
- Schließzylindergehäuse einsetzen, dabei Drehstange –3– in die Türschloßbetätigung einführen.
- Türschloß mit Innensechskantschraube befestigen.
- Spiel zwischen Griff und Betätigungshebel durch Öffnung an der Türstirnseite einstellen. Dazu Exzentereinstellschraube –4– mit Kreuzschlitzschraubendreher verdrehen. Das Spiel soll **1 bis 3 mm** betragen. Das heißt, der Griff muß sich um 1 bis 3 mm nach außen ziehen lassen, bis ein spürbarer Widerstand einsetzt.
- Türdichtung einsetzen und Funktionskontrolle vom Schloß durchführen.

## Türgriff hinten aus- und einbauen

Der hintere Türgriff ist ähnlich dem vorderen Türgriff aufgebaut, hier wird nur auf die Unterschiede eingegangen.

### Ausbau

- Türdichtung in Höhe vom Türschloß am Türfalz abziehen.

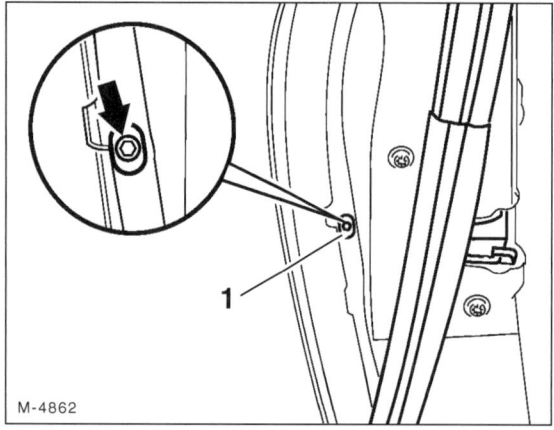

- Innensechskantschraube –Pfeil– mit 3 mm-Inbusschlüssel durch die Öffnung in der Tür ca. 5 Umdrehungen herausdrehen. Die Innensechskantschraube ist durch Öffnung –1– an der Türstirnseite zugänglich.
- Hintere Türgriffführung zuerst nach hinten und dann nach außen herausziehen, siehe auch Kapitel »Türgriff Vordertür aus- und einbauen«.
- Türgriff mit Unterlage nach hinten aus dem Lagerbügel ziehen und abnehmen. Der Lagerbügel kann, falls notwendig, von der Türinnenseite her abgenommen werden, dazu muß allerdings die Türverkleidung ausgebaut werden.
- Gummi-Unterlagen für Türgriff abnehmen.

### Einbau

- Türgriff mit Unterlage einsetzen und dabei in den Betätigungshebel vom Türschloß einführen.
- Hintere Führung einsetzen.
- Türgriff mit Innensechskantschraube befestigen.
- Türdichtung einsetzen und Funktionskontrolle vom Schloß durchführen.

## Türschloß aus- und einbauen

### Ausbau

- Türinnenverkleidung ausbauen, siehe entsprechendes Kapitel.
- Tür-Abdichtfolie vorsichtig abziehen.
- Türgriff mit Lagerbügel ausbauen, siehe entsprechendes Kapitel.
- Zug für Türinnenbetätigung am Halteclip abdrücken und am Türschloß aushängen.
- Zugstange für Türsicherung am Halteclip abdrücken und am Türschloß aushängen.
- Leitung für Zentralverriegelung am Türschloß abziehen.

### Nur Vordertür:

- Türfenster am Fensterheber abbauen, siehe entsprechendes Kapitel.
- Fenster von Hand nach oben schieben und mit Keilen zwischen Scheibe und Rahmen gegen Herunterrutschen sichern.
- Sidebag ausbauen, siehe Seite 172.

**Sicherheitshinweis:**
Gefahrenhinweise für Sidebag beachten, Unfallgefahr.

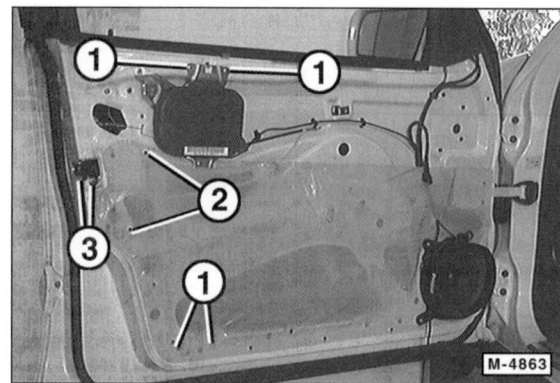

- 4 Nietköpfe –1– für Fensterführungsschiene mit 4,8 mm-Bohrer ausbohren. Fensterführungsschiene aus der Tür herausnehmen. Nietreste entfernen.
- Schrauben –2– herausdrehen. Schloßabdeckung am Schloß und Türblech abclipsen und herausnehmen.
- 2 Schrauben –3– für Türschloß herausdrehen.
- Türschloß durch die Öffnung im Türinnenblech herausnehmen.
- Falls vorhanden, Stecker für Funktionsanzeige der Zentralverriegelung am Türschloß abziehen.

### Einbau

- Falls vorhanden, Stecker für Funktionsanzeige der Zentralverriegelung am Türschloß aufstecken.
- Türschloß einsetzen und mit 8 Nm anschrauben. **Achtung:** Zuerst die Schraube an der Tür-Stirnseite festziehen.
- Zugstangen für Türinnenbetätigung und Türsicherung einhängen und einclipsen.
- Schloßabdeckung am Türschloß und Türblech einsetzen und mit 2 Schrauben anschrauben, siehe unter »Ausbau«.
- Leitung für Zentralverriegelung am Türschloß aufstecken.
- Zug für Türinnenbetätigung am Türschloß einhängen, Halter am Türblech einclipsen.
- **Vordertür:** Fensterführungsschiene einsetzen und mit Blindnieten 4,8 mm am Türinnenblech befestigen. Dazu wird eine handelsübliche Zange für Blindnieten benötigt. Mit den oberen Nieten ist gleichzeitig der Sidebag befestigt. **Achtung:** Sidebag einbauen, siehe Seite 172.
- Türfenster nach unten schieben und am Fensterheber befestigen. Fenster einstellen, siehe entsprechendes Kapitel.
- Bei Vordertür, Spiel zwischen Griffbügel und Betätigungshebel des Türschlosses prüfen. Türgriff einbauen, siehe Seite 168.
- Abdichtfolie faltenfrei ankleben und Türinnenverkleidung einbauen, siehe entsprechendes Kapitel.

## Türinnenverkleidung aus- und einbauen

### Vordertüren

**Hinweis:** An den Fondtüren sind die Arbeitsgänge in entsprechender Weise durchzuführen.

### Ausbau

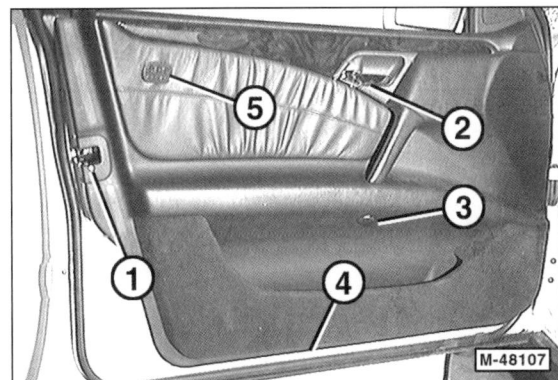

- Schloßverkleidung mit Schraube –1– abschrauben und abnehmen.
- SRS-Plakette –5– entfernen und darunterliegende Schraube herausdrehen.
- Griffmulde –2– für Türinnenbetätigung sowie Schraubenabdeckung –3– mit Kunststoffkeil oder einem Schraubendreher von der Türinnenverkleidung abhebeln und abnehmen. Darunterliegende Schrauben abschrauben.
- Einstiegsleuchte –4– vorsichtig heraushebeln und darunterliegende Schraube abschrauben.
- Türinnenverkleidung ringsum etwas vom Türblech wegziehen und dadurch leichte Klebungen am Rand lösen.
- Türverkleidung an der Unterseite und seitlich mit einem breiten Spachtel oder Schraubendreher vom Türblech abhebeln, dabei rasten die Befestigungsclips aus. An der Unterseite der Verkleidung beginnen. **Achtung:** Lappen zwischenlegen, damit der Lack nicht zerkratzt wird.
- Kabelstecker an Türverkleidung abziehen.
- Bowdenzug an der Türinnenbetätigung aushängen.
- Türinnenverkleidung nach oben über den Türverriegelungsknopf ziehen und aus dem Türblech herausnehmen.

### Einbau

- Vor dem Einbau auf richtigen Sitz der Abdichtfolie achten, sonst kann es im Fahrzeug ziehen. Kleinere Beschädigungen der Folie mit Tesaband ausbessern, bei größeren Rissen Folie erneuern.
- Kabelstecker an Türverkleidung aufstecken.

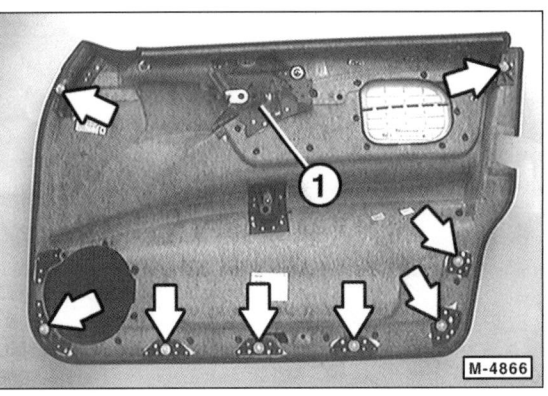

- Bowdenzug an der Türinnenbetätigung –1– einhängen.
- Beschädigte Clips erneuern. Türinnenverkleidung von oben über den Türverriegelungsknopf ansetzen, in die Abdichtschiene und gleichzeitig mit den Clips in die Öffnungen am Türblech einführen.
- Türinnenverkleidung im Bereich der Clips mit dem Handballen andrücken.
- Türinnenbetätigung anschrauben. Griffschale aufdrücken.
- Schraube unter SRS-Plakette hineindrehen und Plakette anbringen.
- Verkleidung für Türschloß oben einhängen und unten mit 1 Schraube festschrauben.
- Schraube im Bereich Einstiegsleuchte und Türablageschale einschrauben.
- Einstiegsleuchte einclipsen. Abdeckung für Schraube an Türablageschale einsetzen.

## Sidebag aus- und einbauen

In den Vordertüren befinden sich seitliche Airbags, sogenannte Sidebags. Im Fall einer stärkeren Seitenkollision werden die Sidebags folgendermaßen ausgelöst: Über ein Steuergerät wird eine kleine Sprengladung in der Sidebag-Einheit gezündet, die Abgase der Explosion blasen den Luftsack innerhalb weniger Millisekunden auf. Diese Zeit reicht aus, den Aufprall des zur Tür schnellenden Körpers zu dämpfen. Der Sidebag fällt innerhalb einiger Sekunden wieder in sich zusammen, da die Gase durch Austrittsöffnungen entweichen.

> **Sicherheitshinweis:**
> Unbedingt »Sicherheitsmaßnahmen zum Airbag/Sidebag« durchlesen, siehe Seite 126.

### Ausbau

- **Wichtig:** Batterie-Massekabel (–) bei ausgeschalteter Zündung abklemmen. **Achtung:** Dadurch werden elektronische Speicher gelöscht, wie zum Beispiel der Radiocode. Deshalb Hinweise im Kapitel »Batterie aus- und einbauen« durchlesen.
- Minuspol der Batterie isolieren, um versehentlichen Kontakt zu vermeiden. Der Zündschlüssel muß abgezogen sein.
- Türinnenverkleidung ausbauen, siehe entsprechendes Kapitel.
- Tür-Abdichtfolie vorsichtig abziehen.

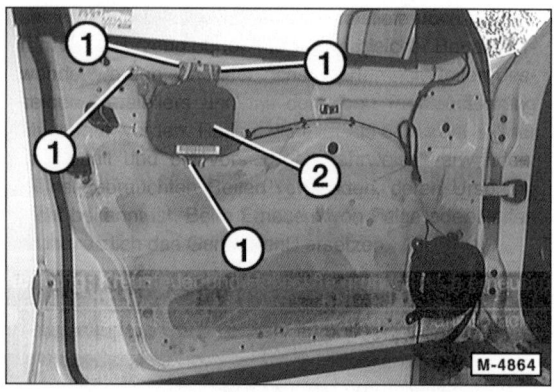

- 4 Nietköpfe –1– für Sidebag –2– mit 4,8 mm-Bohrer ausbohren. Sidebag herausnehmen. Nietreste entfernen.
- Steckverbindung für Zuleitung Sidebag trennen.

### Einbau

- Steckverbindung für Zuleitung Sidebag zusammenstecken, er muß hörbar einrasten.
- Sidebag einsetzen und mit Blindnieten 4,8 mm am Türinnenblech befestigen. Dazu wird eine handelsübliche Zange für Blindnieten benötigt. **Achtung:** Nur Spezialnieten, Ersatzteil-Nr. 003 990 0097 verwenden.
- Türinnenverkleidung einbauen, siehe entsprechendes Kapitel.
- Batterie-Massekabel (–) anklemmen.
- Falls vorhanden, Zeituhr einstellen sowie Diebstahlcode für das Radio eingeben.
- Motor starten und im Leerlauf laufenlassen. Die Kontrolleuchte für Airbag/Sidebag muß aufleuchten und nach einigen Sekunden erlöschen. **Achtung:** Wenn die Kontrolleuchte ständig leuchtet, ist ein Fehlercode im Airbag/Sidebag-Steuergerät gesetzt worden. In diesem Fall muß baldmöglichst die Fachwerkstatt aufgesucht werden, damit der Fehlerspeicher gelöscht wird.

## Fensterheber vorn aus- und einbauen

### Ausbau

- Türinnenverkleidung ausbauen.
- Abdichtfolie vorsichtig abziehen. **Achtung:** Die Folie reißt leicht ein.

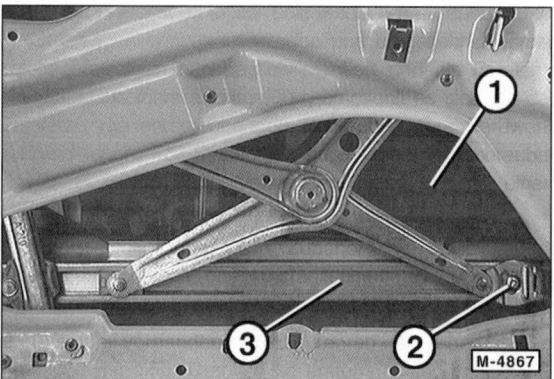

- Fenster soweit herunterfahren, bis sich Schraube –2– in der Montageöffnung befindet. 1 – Fenster, 3 – Fensterhebeschiene.
- Schraube –2– an der Fensterhebeschiene vorn herausdrehen.
- Fenster vorn nach unten aus der vorderen Fensterlaufschiene herausziehen, außen an Fensterlaufschiene vorbei und gleichzeitig mit Gleitbacken aus der Fensterhebeschiene herausfahren.
- Fenster nach oben drücken und mit einem Kunststoff- oder Holzkeil zwischen Fenster und Türschacht gegen Herabfallen sichern.

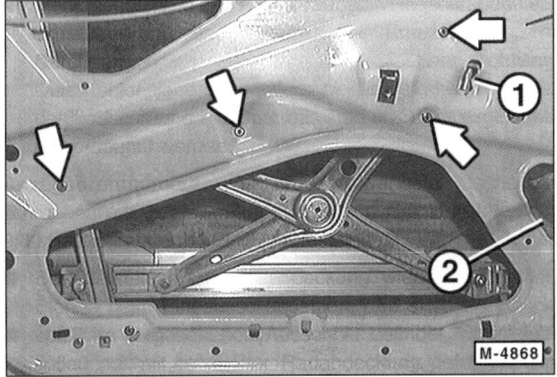

- Der Fensterheber ist angenietet. 4 Nieten –Pfeile– mit einem Bohrer mit 4,8 mm ⌀ abbohren. Dabei darauf achten, daß die Bohrungen im Türinnenblech nicht aufgebohrt werden. Zum Annieten wird eine handelsübliche Blindnietzange benötigt.

- Kabel –2– am elektrischen Fensterheber abklemmen. Fensterheber mit Haken –1– am Türblech aushängen und nach unten herausnehmen. Der elektrische Fensterheber wird komplett mit Motor herausgenommen.

**Einbau**

- Fensterheber in die Tür einsetzen und mit Haken –1– am Türblech einhängen.

- Elektrische Leitung an Fensterhebermotor aufstecken.

- Fensterheber mit Blindnietzange annieten. Steht keine Blindnietzange zur Verfügung, kann der Fensterheber auch mit Schrauben und Muttern befestigt werden. Schrauben vor dem Einschrauben mit Sicherungsmittel bestreichen, zum Beispiel mit Loctite 270 oder Omnifit.

- Fensterscheibe vorsichtig ablassen und mit dem Gleitbacken vom hinteren Fensterhebearm am Ausschnitt der Fensterhebeschiene einführen.

- Vorderen Fensterhebearm in die Hebeschiene einsetzen und anschrauben, nicht festziehen. Die vordere Schraube wird erst angezogen, nachdem das Türfenster eingestellt ist.

- Türfenster einstellen, siehe entsprechendes Kapitel.

- Abdichtfolie faltenfrei ankleben.

**Achtung:** Die Folie darf nicht beschädigt sein und muß einwandfrei abdichten, sonst kann es im Fahrzeug ziehen.

- Türinnenverkleidung einbauen.

## Türfenster vorn einstellen

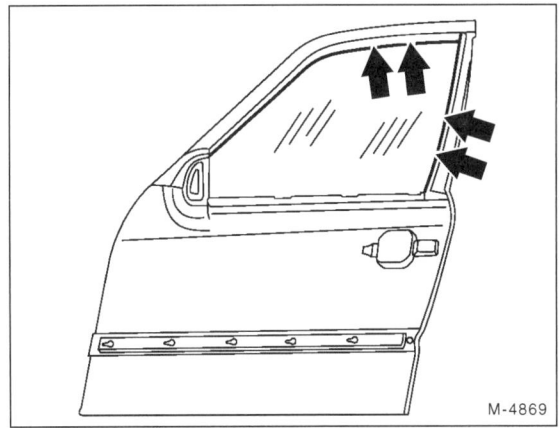

- Einbaulage des Fensters bei leicht geöffnetem Fenster prüfen. Der Spalt oben muß parallel verlaufen, hinten muß das Fenster in der Führungsschiene sitzen, sonst Fenster einstellen:

- Türinnenverkleidung ausbauen.

- Abdichtfolie im unteren Bereich vorsichtig abziehen. **Achtung:** Die Folie reißt leicht ein.

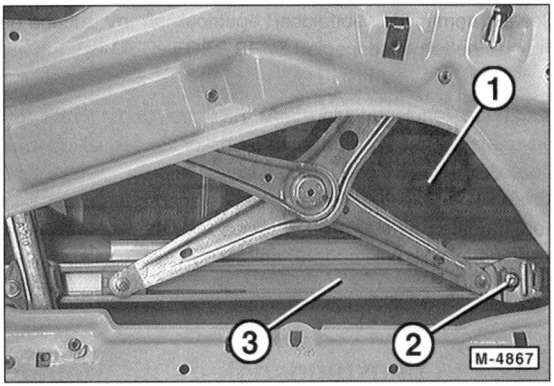

- Fenster soweit herunterfahren, bis sich Schraube –2– in der Montageöffnung befindet. 1 – Fenster, 3 – Fensterhebeschiene.

- Schraube –2– lösen, nicht abschrauben.

- Fenster oben in die hintere Fensterlaufschiene drücken, gleichzeitig Fenster nach unten oder oben korrigieren. Schraube festziehen.

- Fenster rauf- und runterfahren und dabei Leichtgängigkeit (gleichmäßiges Motorengeräusch des Fensterhebers) prüfen.

- Abdichtfolie faltenfrei ankleben.

**Achtung:** Die Folie darf nicht beschädigt sein und muß einwandfrei abdichten, sonst kann es im Fahrzeug ziehen.

- Türinnenverkleidung einbauen.

## Fensterheber hinten aus- und einbauen

### Ausbau

- Türinnenverkleidung ausbauen.
- Abdichtfolie vorsichtig abziehen. **Achtung:** Die Folie reißt leicht ein.

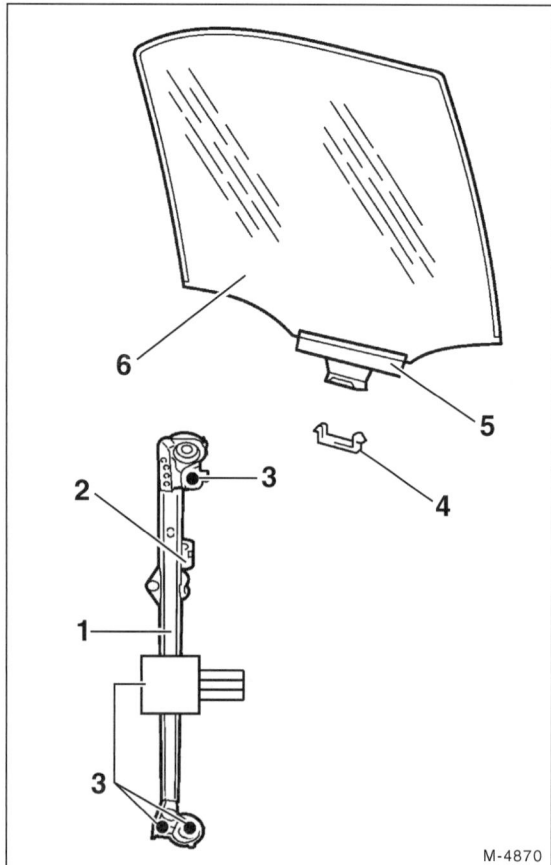

1 – Fensterheber; 2 – Gleitstück; 3 – Befestigungslöcher für Blindnieten; 4 – Sicherungsbügel; 5 – Fensterhebeschiene; 6 – Kurbelfenster.

- Sicherungsbügel aus Fensterhebeschiene ausclipsen.
- Kurbelfenster mit Fensterhebeschiene aus Gleitstück nach hinten ausfahren und in der Fensterlaufschiene nach oben schieben. Fenster mit einem Kunststoff- oder Holzkeil gegen Herabfallen sichern.
- Der Fensterheber ist angenietet. 4 Nieten mit einem Bohrer mit 4,8 mm ⌀ abbohren. Dabei darauf achten, daß die Bohrungen im Türinnenblech nicht aufgebohrt werden. Zum Annieten wird eine handelsübliche Blindnietzange benötigt.
- Fensterheber herausziehen und nach unten herausnehmen. Der elektrische Fensterheber wird komplett mit Motor herausgenommen. Kabel für elektrischen Fensterheber abklemmen.

### Einbau

- Fensterheber in die Tür einsetzen und mit Blindnietzange annieten. Steht keine Blindnietzange zur Verfügung, kann der Fensterheber auch mit Schrauben und Muttern befestigt werden. Schrauben vor dem Einschrauben mit Sicherungsmittel bestreichen, zum Beispiel mit Loctite 270 oder Omnifit.
- Fensterscheibe vorsichtig ablassen und Sicherungsbügel einsetzen.
- Elektrische Leitungen anklemmen.
- Abdichtfolie faltenfrei ankleben.

**Achtung:** Die Folie darf nicht beschädigt sein und muß einwandfrei abdichten, sonst kann es im Fahrzeug ziehen.

- Türinnenverkleidung einbauen.

## Türfenster vorn aus- und einbauen

**Achtung:** Einige Arbeitsanweisungen sind im Kapitel »Fensterheberausbau« näher erläutert, es empfiehlt sich deshalb, dieses Kapitel ebenfalls durchzulesen. Bei dem hinteren Türfenster in entsprechender Weise vorgehen.

### Ausbau

- Türinnenverkleidung ausbauen.
- Abdichtfolie im unteren Bereich vorsichtig abziehen. **Achtung:** Die Folie reißt leicht ein.
- Fenster ganz nach unten stellen.

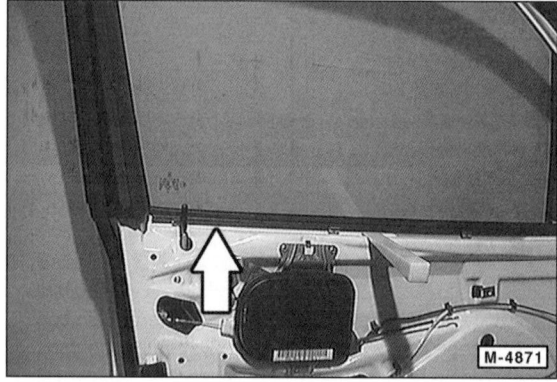

- Innere Fenster-Abdichtschiene mit breitem Kunststoffkeil am Türrahmen nach oben abhebeln. Dabei Montagekeil möglichst nah an den Halteklammern ansetzen. Die Klammern verbleiben am Türkörper.
- Äußere Fenster-Abdichtschiene in gleicher Weise abhebeln.

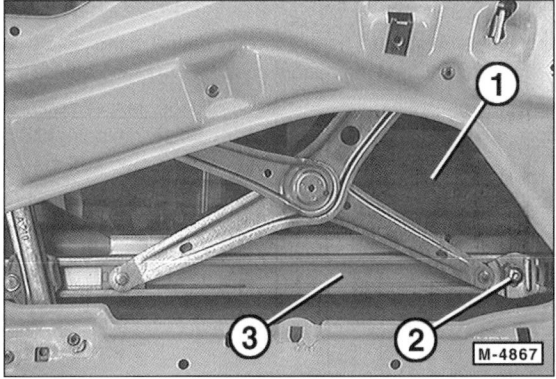

- Fenster etwas nach oben fahren, bis sich Schraube –2– in der Montageöffnung befindet. 1 – Fenster, 3 – Fensterhebeschiene.

- Schraube –2– an der Fensterhebeschiene vorn herausdrehen.

- Fenster vorn nach unten aus der vorderen Fensterlaufschiene herausziehen, außen an Fensterlaufschiene vorbei und gleichzeitig mit Gleitbacken aus der Fensterhebeschiene herausfahren.

- Fensterscheibe nach oben aus dem Türschacht herausnehmen, dabei Fenster nach vorne kippen.

### Einbau

- Fensterscheibe von oben in den Türschacht einsetzen und vorsichtig nach unten absenken.

- Fenster hinten nach oben drehen und in die Führungsschiene sowie in die Gleitbacken einsetzen. Gleitbacken und Führungsschiene mit etwas Mehrzweckfett schmieren.

- Vorderen Fensterhebearm in die Hebeschiene einsetzen und anschrauben, nicht festziehen. Die Mutter wird erst angezogen, nachdem das Türfenster eingestellt ist.

- Abdichtschienen vorn bündig ansetzen und in den Türrahmen eindrücken. Verbogene Halteklammern erneuern.

- Türfenster einstellen, siehe entsprechendes Kapitel.

- Abdichtfolie faltenfrei ankleben.

**Achtung:** Die Folie darf nicht beschädigt sein und muß einwandfrei abdichten, sonst kann es im Fahrzeug ziehen.

- Türinnenverkleidung einbauen.

## Fensterhebermotor aus- und einbauen

### Ausbau

- Türinnenverkleidung ausbauen.

- Abdichtfolie im unteren Bereich vorsichtig abziehen. **Achtung:** Die Folie reißt leicht ein.

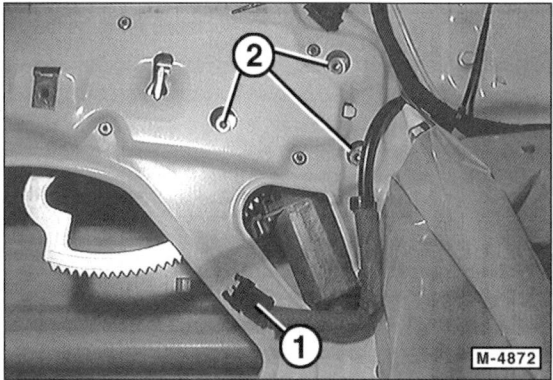

- **Vordertür:** Stecker –1– am Fensterhebermotor abziehen. Fensterhebermotor mit Innentorxschrauben –2– abschrauben und abnehmen.

- **Hintertür:** Nur wenn die obere Motor-Befestigungsschraube vom Türblech verdeckt ist, Fensterheber ausbauen, siehe entsprechendes Kapitel. Fensterhebermotor am Fensterheber abschrauben und abnehmen.

### Einbau

- Vor dem Einbau das Zahnrad am Motor leicht mit Mehrzweckfett einfetten.

- Motor einsetzen und mit **15 Nm** anschrauben.

- **Hintertür:** Fensterheber einbauen, siehe entsprechendes Kapitel.

- Kabelstecker am Motor aufschieben.

- Abdichtfolie faltenfrei ankleben.

**Achtung:** Die Folie darf nicht beschädigt sein und muß einwandfrei abdichten, sonst kann es im Fahrzeug ziehen.

- Fensterheber auf einwandfreie Funktion prüfen.

- Türinnenverkleidung einbauen.

# Motorhaube aus- und einbauen

### Ausbau

**Hinweis:** Zum Ausbau der Motorhaube ist ein Helfer erforderlich.

- Motorhaube öffnen und abstützen.

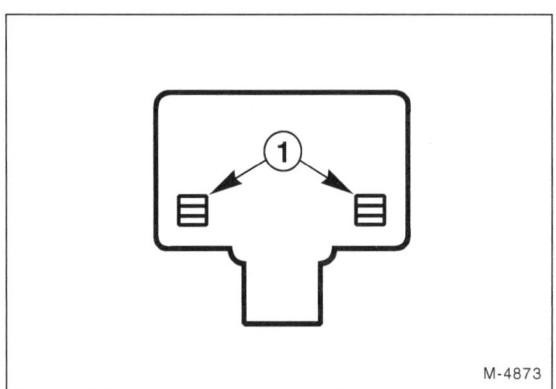

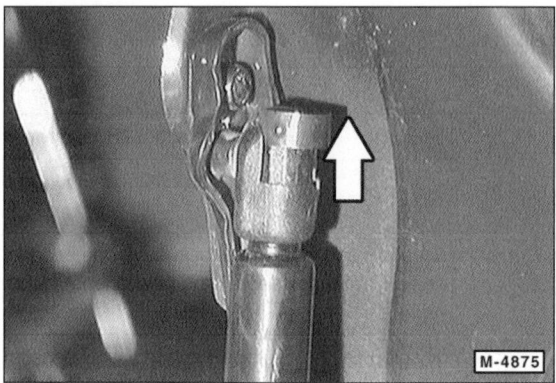

- Clips –1– an beiden Scheibenwaschdüsen mit schmalem Schraubendreher heraushebeln, Scheibenwaschdüsen herausheben. Zuleitungsschlauch und Anschlußstecker abziehen.
- Plastikdeckel neben linkem Haubenscharnier (in Fahrtrichtung gesehen) von der Motorhaube abhebeln. An der Deckel-Innenseite die Steckverbindung trennen.
- Scheibenwaschdüsen und Zuleitungsschlauch aus der Motorhaube herausziehen.
- Einbaulage der Scharniere an der Motorhaube mit Filzstift markieren. Dazu Scharniere mit Filzstift umkreisen.
- Befestigungsschrauben herausdrehen und Motorhaube mit Helfer abnehmen. Vor dem Lösen der Scharnierschrauben Lappen als Lackschutz zwischen Haube und Karosserie legen.

### Einbau

- Alte Motorhaube mit Helfer einsetzen, entsprechend den Markierungen ausrichten und anschrauben.

**Einbau einer neuen Haube/Motorhaube einstellen:**

- Gasdruckfeder ausbauen. **Achtung:** Dabei muß die Motorhaube senkrecht stehen, siehe Seite 13.

**Sicherheitshinweis:**
Motorhaube unbedingt sicher abstützen, bevor eine Gasdruckfeder gelöst wird. Sonst fällt die Motorhaube herunter, da sie durch einen Dämpfer allein nicht gehalten werden kann.

- Gasdruckfeder vom Kugelkopf an der Motorhaube abziehen. Dazu Clip des Gasdruckdämpfers mit Schraubendreher etwas anheben.
- Zweite Gasdruckfeder auf die gleiche Weise abbauen.

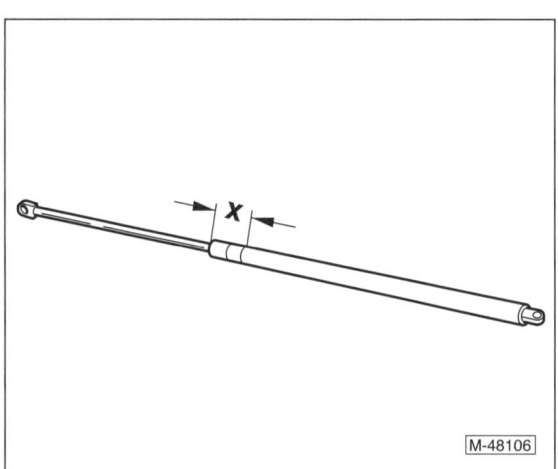

**Achtung:** Falls die Gasdruckfeder ersetzt wird, muß die alte Feder entgast und entleert werden, bevor sie verschrottet wird. Dazu Gasdruckfeder **im Bereich x = 50 mm** in den Schraubstock einspannen. Feder unbedingt nur in diesem Bereich einspannen, sonst besteht **Unfallgefahr!** Anschließend Zylinder im ersten Drittel der Zylindergesamtlänge – ausgehend von der Bezugskante auf der Kolbenstangenseite – aufsägen.

**Sicherheitshinweis:**
Um herausspritzendes Öl aufzufangen, Bereich des Sägetrennschnittes mit einem Lappen abdecken. Außerdem ist während des Sägevorganges eine Schutzbrille zu tragen.

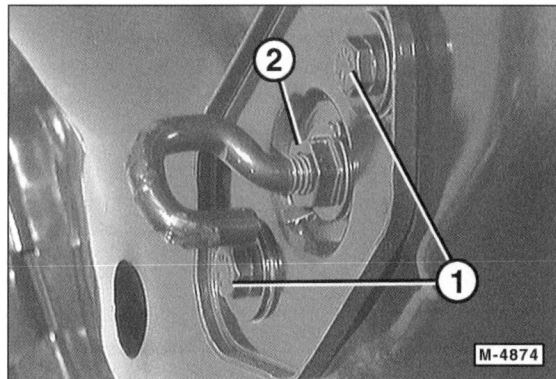

- Schrauben –1– an beiden Haubenschlössern lockern, nicht abschrauben.

**Achtung:** Bügel für Haubenschloß nicht verdrehen, er kann nur mit Einstellschraube –2– in der Höhe eingestellt werden.

- Scharnierschrauben lösen und Motorhaube in Längs- und Querrichtung verschieben, bis die Klappe gleichmäßig und parallel zu den Kotflügeln steht. Fugenmaße (Richtwerte) für Motorhaube, siehe Seite 161.

**Hinweis:** Um die Scharnierschrauben an der Karosserie zu lösen, muß der Innenkotflügel ausgebaut werden, siehe Seite 163.

- Motorhaube vorsichtig öffnen und Schrauben festziehen.
- Gasdruckfedern einbauen, dazu Clips an den Kugelköpfen einrasten.

- Soll die Motorhaube vorn in der Höhe verstellt werden: Einstellpuffer auf beiden Fahrzeugseiten sowie in der Fahrzeugmitte etwa 2 Umdrehungen weit in das Abschlußblech einschrauben.
- Bügel für Haubenschloß mit Einstellschraube –2– (siehe Abbildung M-4874) in der Höhe so einstellen, daß die Motorhaube in geschlossenem Zustand mit den Kotflügeln fluchtet.
- Anschließend Einstellpuffer einstellen: Plastilin oder Knetgummi auf beide Puffer aufkleben und Motorhaube schließen. Haube öffnen und Dicke des zusammengedrückten Knetgummis messen. Einstellpuffer entsprechend weit herausschrauben. Die Klappe muß in geschlossenem Zustand spannungsfrei auf beiden Einstellpuffern aufliegen.

- Verriegelung vom Motorhaubenschloß prüfen, dazu Motorhaube schließen und ruckartig an der Motorhaube ziehen, sie darf sich nicht öffnen lassen.
- Motorhaube entriegeln und prüfen, ob der Sicherungshaken einrastet. Erst nach Entriegelung des Sicherungshakens darf sich die Haube ganz öffnen lassen. Andernfalls Sicherungshaken lösen und entsprechend verschieben.
- Schrauben am Schloß sowie Scharniermuttern mit **10 Nm** festziehen.

## Heckklappenverkleidung aus- und einbauen

**T-Modell**

**Ausbau**

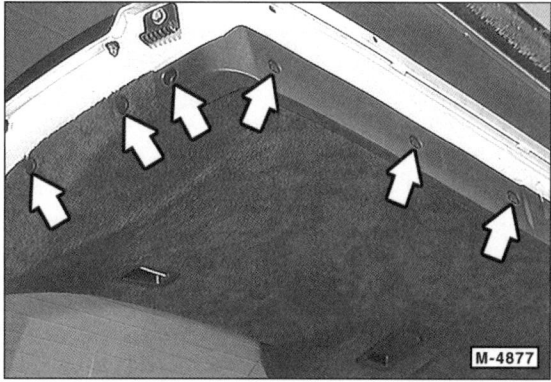

- Clips an Verkleidung mit schmalem Schraubendreher abhebeln. Dazu zuerst Spreizstift, dann ganzen Clip heraushebeln.

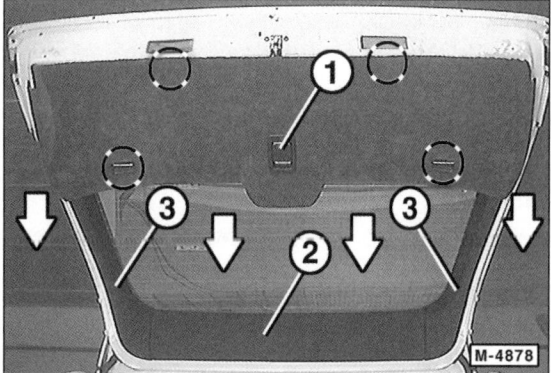

- Blende abnehmen. Dazu Hebel für Innenentriegelung 1 etwas anheben und darunterliegende Schraube lösen.
- Verkleidung kräftig nach oben aus den Halterungen schieben. Die Lage der Halterungen unterhalb der Verkleidung ist mit Kreisen gekennzeichnet, siehe Abbildung.
- Verkleidung –2– mit Kunststoffkeil abhebeln.
- Verkleidungen –3– mit Kunststoffkeil abhebeln.

**Einbau**

- Der Einbau erfolgt in umgekehrter Reihenfolge, wie ausgebaut. Beschädigte Clips erneuern.

## Heckklappe aus- und einbauen

### T-Modell

**Ausbau**

- Verkleidung für Heckklappe abbauen, siehe entsprechendes Kapitel.
- Kabel an Heckscheibe abklemmen, Wasserschlauch für Scheibenwaschdüse abziehen, Unterdruckleitung am Schloß abziehen.

**Achtung:** Damit die elektrischen Leitungen und auch der Wasserschlauch leichter wieder eingebaut werden können, vor dem Ausbau an das Ende der Leitungen eine Paketschnur anbinden. Die Schnur verbleibt anschließend in der ausgebauten Heckklappe. Beim Einbau können mit Hilfe der Schnur die Leitungen leichter eingezogen werden.

- Leitungen aus der Klappe herausziehen.

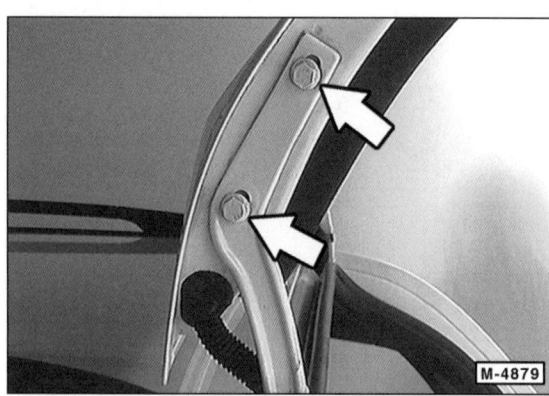

- Einbaulage der Scharniere an der Heckklappe mit Filzstift markieren. Dazu Scharniere mit Filzstift umkreisen.

**Achtung:** Für den folgenden Arbeitsgang ist ein Helfer erforderlich. Weiche, saubere Unterlage vorbereiten, auf welche die Tür abgesetzt werden kann.

- Heckklappe mit 4 Schrauben abschrauben und mit Helfer abnehmen.

**Einbau**

- Heckklappe an Scharnieren ausrichten und mit **30 Nm** anschrauben.
- Wasserschlauch und elektrische Leitung mit Hilfe der eingezogenen Schnüre einziehen.
- Wasserschlauch auf die Waschdüse aufschieben.
- Mehrfachstecker verbinden.
- Gummitülle für Zuleitungen in die Heckklappe einsetzen.
- Heckklappe schließen und Einstellung prüfen. **Achtung:** Richtwerte für Fugenmaße, siehe Seite 161.

**Achtung:** Minimale Abweichungen der Fugenmaße können durch Nachstellen der seitlichen Anschläge (in Höhe der Rücklichter) korrigiert werden. Sind größere Abweichungen vorhanden, Anschläge lösen und ganz nach innen schieben.

- Dazu 2 Befestigungsschrauben an der Schließöse vom Schloß sowie Scharnierschrauben lockern und Klappe so ausrichten, daß zu den umliegenden Teilen ein gleich großer und paralleler Spalt vorhanden ist.
- Scharniere und Schließöse mit **30 Nm** anschrauben.
- Anschließend seitliche Anschläge einstellen: Plastilin oder Knetgummi auf beide Anschläge aufkleben und Heckklappe schließen. Klappe öffnen und Dicke des zusammengedrückten Knetgummis messen. Einstellpuffer entsprechend weit herausdrehen. Die Klappe muß in geschlossenem Zustand spannungsfrei auf beiden Einstellpuffern aufliegen.
- Verkleidung für Heckklappe einbauen, siehe entsprechendes Kapitel.

## Schloß für Heckklappe aus- und einbauen

### T-Modell

**Ausbau**

- Verkleidung für Heckklappe abbauen, siehe entsprechendes Kapitel.
- Außengriffleiste abbauen, dazu 2 Muttern an der Innenseite der Heckklappe abschrauben.
- Innenentriegelung abnehmen, Verbindungsstange zum Schloß aushängen.
- Unterdruckleitung für Zentralverriegelung und elektrischen Anschlußstecker am Schloß abziehen.

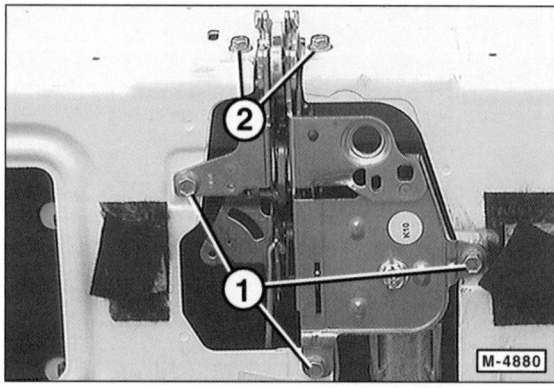

- Einbaulage der Schrauben –2– der Schließplatte mit Filzstift markieren. Dazu Schrauben mit Filzstift umkreisen.
- Schrauben –1– für Schloß, Schrauben –2– für Schließplatte abschrauben.
- Außengriff an Klappeninnenseite abschrauben.

**Einbau**

- Der Einbau erfolgt in umgekehrter Reihenfolge. Anschließend Heckklappe einstellen, siehe entsprechendes Kapitel.

## Handschuhkasten aus- und einbauen

### Ausbau

- Handschuhkastendeckel öffnen.

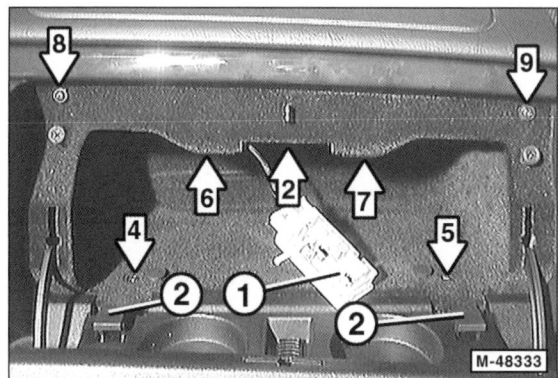

- Leuchte –1– für Handschuhkasten mit Schraubendreher aus der Öffnung –2– nach unten aushebeln und Kabelstecker abziehen.

- Schrauben –4– bis –9– am Handschuhkasten ausschrauben. Bei den beiden unteren Schrauben –4– und –5– zuvor die Schraubenabdeckung mit schmalem Schraubendreher abhebeln.

- Handschuhkasten komplett mit Deckel aus der Armaturentafel herausziehen.

**Hinweis:** Je nach Modelljahr muß der Handschuhkasten vor dem Herausnehmen ausgeclipst werden. Dazu mit einem kleinen Schraubendreher links und rechts durch das Schraubenloch je eine Raste lösen. Dabei Schraubendreher ziemlich weit nach hinten in die Raste schieben, Schraubendrehergriff nach unten drücken und dadurch mit der Schraubendreherklinge die Raste nach oben anheben.

### Einbau

- Handschuhkasten einsetzen seitlich ausrichten beziehungsweise hinten einrasten und anschrauben.
- Abdeckungen für die 2 untere Schrauben einsetzen.
- Leuchte anschließen und einclipsen.

**Hinweis:** Zum Einstellen des Handschuhkastendeckels Dubel –3– mit schmalem Schraubendreher aushebeln. Deckel schließen und in den Scharnieren ausrichten. Dann Deckel vorsichtig etwas öffnen und Dübel wieder eindrücken.

## Abdeckung für Schalthebel aus- und einbauen

### Ausbau

- Kunststoffrahmen –1– vom Schalthebelbalg mit den Fingern seitlich zusammendrücken und nach oben abziehen. Gegebenenfalls einen breiten Kunststoffkeil zum Abhebeln verwenden. Abbildung zeigt den Schalthebel für das Schaltgetriebe, beim Automatikgetriebe Rahmen für Wählhebelblende in gleicher Weise abziehen.

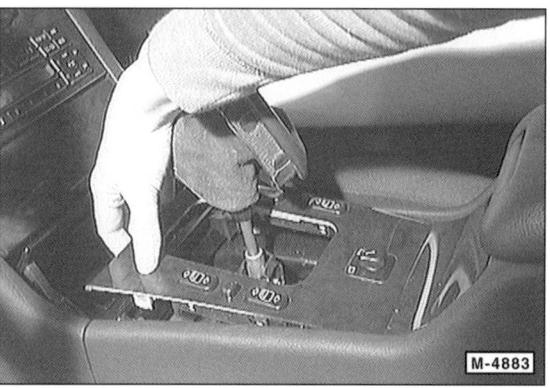

- Abdeckung ausheben. Kabelstecker an der Rückseite abziehen, Abdeckung abnehmen.

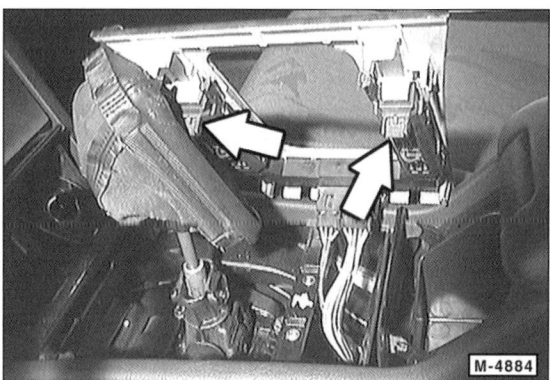

- Gegebenenfalls Schalter aus Abdeckung ausbauen, dazu Sicherungsbügel entriegeln.

### Einbau

- Der Einbau erfolgt in umgekehrter Ausbaureihenfolge.

## Aschenbecher vorn aus- und einbauen

### Ausbau

- Aschenbechereinsatz herausnehmen, dazu Hebel unterhalb vom Zigarettenanzünder nach rechts schieben.
- Abdeckung für Schalthebel ausbauen, siehe entsprechendes Kapitel.

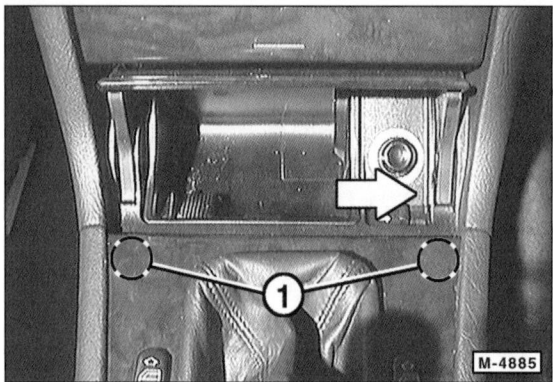

- Schrauben unterhalb Abdeckung an Stellen –1– herausdrehen. Aschergehäuse nach hinten herausnehmen.
- Kabelstecker am Aschergehäuse abziehen.

### Einbau

- Kabelstecker am Aschergehäuse aufstecken.
- Aschergehäuse in die vorderen Aufnahmen einschieben und hinten mit 2 Schrauben festschrauben.
- Abdeckung für Schalthebel einbauen, siehe entsprechendes Kapitel.
- Aschenbechereinsatz einsetzen.

## Brillen-/Cassettenfach aus- und einbauen

### Ausbau

- Aschenbecher ausbauen.
- Brillen-/Cassettenfach (Fach oberhalb vom Aschenbecher) an der Oberkante etwas runterdrücken und herausziehen.

### Einbau

- Brillen-/Cassettenfach in die seitlichen Führungen einsetzen und eindrücken, bis die obere Nase hörbar einrastet.

## Mittelkonsole aus- und einbauen

### Ausbau

- Abdeckung für Schalthebel ausbauen, siehe entsprechendes Kapitel.
- Aschenbecher vorn ausbauen, siehe entsprechendes Kapitel.
- Teppicheinlage aus der Mittelkonsole herausnehmen.

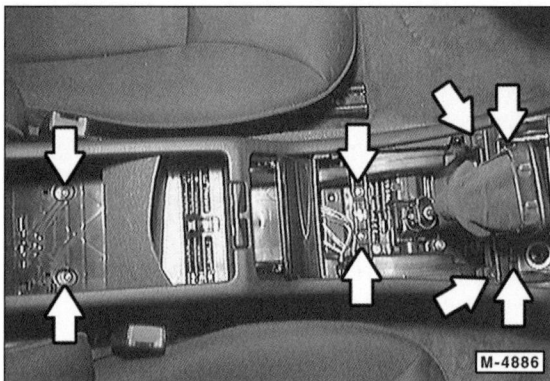

- Schrauben abschrauben.
- Mittelkonsole soweit anheben, bis sich die Schiebe-Steckverbindung zur Instrumententafel löst. Mittelkonsole abnehmen.

### Einbau

- Lage und Vorhandensein der Blechhaltemuttern für die Befestigungsschrauben überprüfen. Darauf achten, daß keine Kabel der Bedienschalter eingeklemmt werden.
- Mittelkonsole in die Schiebe-Steckverbindung zur Armaturentafel einsetzen und anschrauben.
- Aschenbecher und Schalthebel-Abdeckung einbauen. Teppich einlegen.

## Bedienblende für Heizung aus- und einbauen

**Ausbau**

- Radio ausbauen, siehe Seite 223.

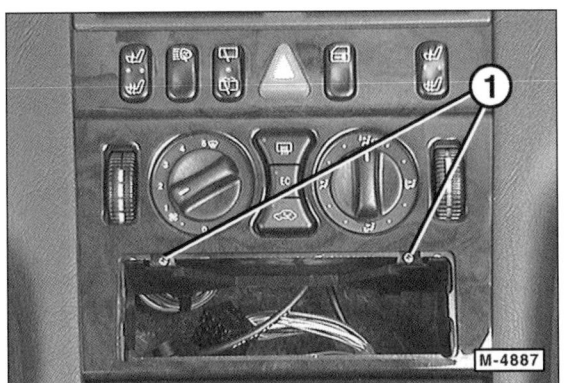

- Schrauben –1– herausdrehen. Abdeckung unten herausziehen, bis in waagrechte Position anheben und abnehmen.
- Bei Klimatisierungsautomatik, Bedienelement aus der Radiohalterung aushängen.

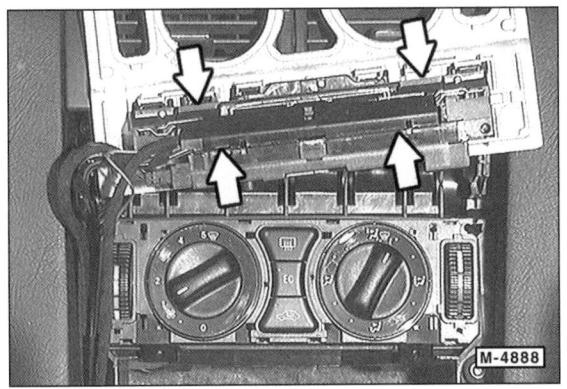

- Schalterleiste an der Abdeckung ausclipsen.

**Einbau**

- Der Einbau erfolgt in umgekehrter Ausbaureihenfolge.

## Gepäckraum-Bodenbelag aus- und einbauen

### T-Modell

**Ausbau**

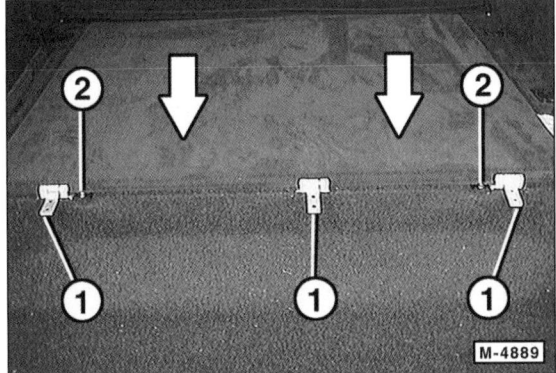

- Bodenklappe hochklappen, an den Scharnieren –1– abschrauben und herausnehmen.
- Schrauben –2– abschrauben und festes Bodenteil herausnehmen.

**Einbau**

- Boden einsetzen und mit Schrauben –2– anschrauben.
- Bodenklappe an den Scharnieren –1– anschrauben.

## Verkleidung C-Säule aus- und einbauen

Die Verkleidung der C-Säule (3. Dachsäule, von vorn gezählt) muß beispielsweise ausgebaut werden, wenn beim T-Modell die seitliche Gepäckraumverkleidung demontiert werden soll.

**Ausbau**

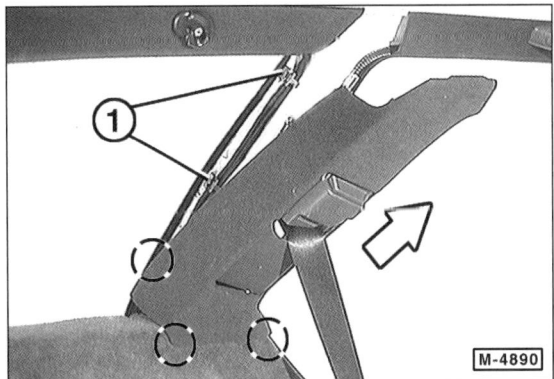

- Verkleidung kräftig aus den Clips –1– herausziehen. Die Lage der Clips unterhalb der Abdeckung sind mit Kreisen gekennzeichnet, siehe Abbildung.

**Hinweis:** Die Abbildung zeigt das T-Modell. Beim Stufenheck-Modell in gleicher Weise vorgehen.

- Verkleidung aus der Türdichtung lösen. **Hinweis:** Um die Verkleidung ganz auszubauen, muß der Sicherheitsgurt demontiert werden. Sicherheitsgurt aus der Verkleidung ausfädeln.

### Einbau

- Verkleidung in Türdichtung einsetzen und in die Clips einrasten.
- Falls demontiert, Gurtbeschläge anschrauben, mit **35 Nm** festziehen.

## Gepäckraum-Seitenverkleidung aus- und einbauen

### T-Modell

### Ausbau

- Linke Fahrzeugseite: Reserveradabdeckung aufklappen und herausnehmen.
- Rechte Fahrzeugseite: Verbandkasten (erste Hilfe) herausnehmen.
- Seitliche Verzurrösen im Laderaum abschrauben.
- Fondsitzlehne nach vorn klappen.
- Verkleidung der C-Säule ausbauen, siehe entsprechendes Kapitel.

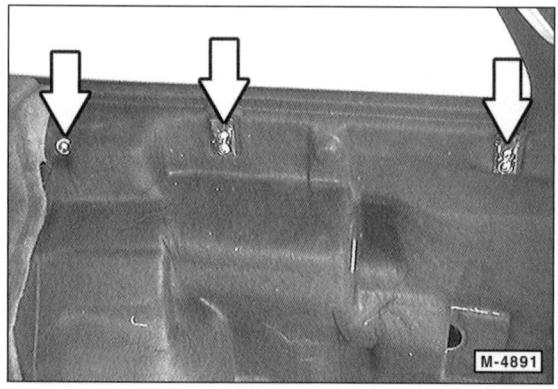

- Schrauben der Seitenverkleidung herausdrehen.
- Linke Fahrzeugseite: Stecker von Laderaum-Steckdose an der Rückseite der Verkleidung abziehen.
- Türdichtung im Bereich der Verkleidung von Karosserieausschnitt abziehen. Verkleidung abnehmen.

### Einbau

- Der Einbau erfolgt in umgekehrter Ausbaureihenfolge.

### Stufenheck-Modell

### Ausbau

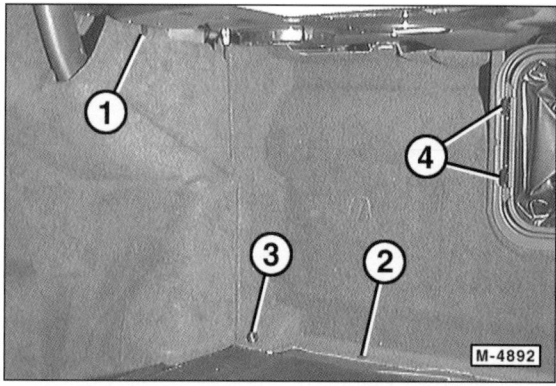

- Clips –1– und –2– aushebeln. Schraube –3– abschrauben. **Hinweis:** Soll auch die stirnseitige Verkleidung demontiert werden, Skisack –4– abschrauben und etwas nach oben schieben. Clips/Schrauben auch auf der anderen Fahrzeugseite ausbauen.

- Verkleidung herausziehen.

### Einbau

- Der Einbau erfolgt in umgekehrter Ausbaureihenfolge.

## Linke Abdeckung unter Armaturentafel aus- und einbauen

### Ausbau

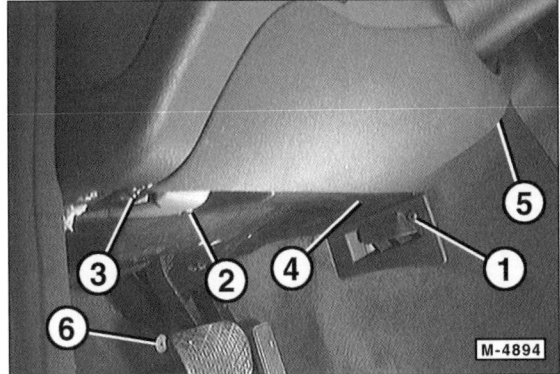

- Kunststoffschraube –1– am Fußraumausströmer um 90° drehen. Ausströmer abnehmen.
- Schraube –2– am Griff für Motorhaubenöffnung herausdrehen.
- Schrauben –3–, –4– und –5– herausdrehen.
- Kunststoffschraube –6– zwischen den Pedalen herausdrehen.
- Abdeckung in Richtung der Pedale schieben, dabei rasten die Befestigungshaken an der Mittelkonsole aus.
- Abdeckung abnehmen, dabei Griff für Motorhaubenöffnung an der Abdeckung durchführen.

### Einbau

- Der Einbau erfolgt in umgekehrter Ausbaureihenfolge.

## Vordere Sicherheitsgurte/Gurtstraffer/Gurtkraftbegrenzer

Für einen besseren Komfort ist je nach Fahrzeugausstattung eine Tragekomfort-Automatik in den Gurtautomaten integriert: Bei geschlossenem Gurtschloß und Zündschlüssel in Stellung »1«, also während der Fahrt, wirkt eine geringere Federkraft. Wird das Gurtschloß gelöst oder der Zündschlüssel in »0«-Stellung gebracht, wird eine stärkere Feder für das Aufwickeln des Gurtes zugeschaltet.

Der Gurtstraffer ist an beiden Vordersitzen eingebaut und fest in den Gurtautomaten integriert. Er sorgt bei einem Frontalaufprall oder einem starken Heckaufprall für einen eng am Körper liegenden Sicherheitsgurt und verhindert, daß der Insasse unter dem Gurt wegrutscht.

Beim Auslösen des Gurtstraffers wird über ein Steuergerät eine kleine Sprengladung im Gurtautomaten gezündet. Die bei der Explosion freiwerdenden Gase werden genutzt, um das Gurtband innerhalb weniger Millisekunden um einige Zentimeter aufzurollen.

Zusätzlich enthalten beide Gurtaufrollautomaten einen mechanischen Gurtkraftbegrenzer, der dafür sorgt, daß der Gurt gezielt nachgibt, sobald eine bestimmte Gurtkraft überschritten wird. Dadurch werden beim Unfall Kopf- beziehungsweise Brustbelastungen reduziert.

Der Gurtstraffer ist wartungsfrei. Nach Auslösen muß der Gurtautomat komplett ersetzt werden. Erkennbar ist ein ausgelöster Gurtstraffer am Blockieren des Sicherheitsgurtes, der Gurt rollt sich dann nicht mehr auf.

> **Sicherheitshinweis:**
> Montagearbeiten an den vorderen Sicherheitsgurten sollten nur von der Fachwerkstatt durchgeführt werden. Vor der Entsorgung eines nicht ausgelösten Gurtstraffers muß dieser zwangsausgelöst werden (Werkstattarbeit).

## Vordersitz aus- und einbauen

### Ausbau

- Sitz ganz nach vorn fahren.

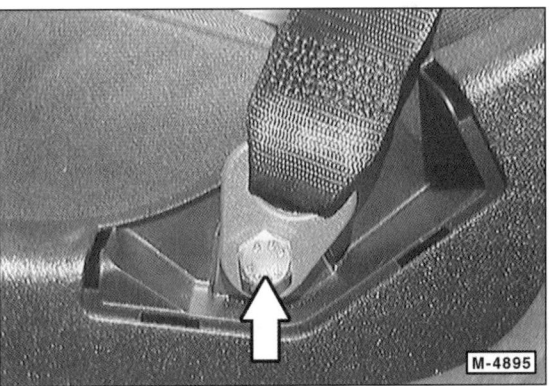

- Abdeckung über Gurtendbeschlag am Sitz abziehen. Schraube am Gurtendbeschlag herausdrehen.

- Wo vorhanden, Abdeckung an den Sitzschienen hinten abziehen. 2 Schrauben an den beiden Sitzschienen mit Torxschraubennuß Größe E12 herausdrehen.
- Sitz ganz nach hinten fahren. Falls vorhanden, Feuerlöscher aus der Halterung nehmen.

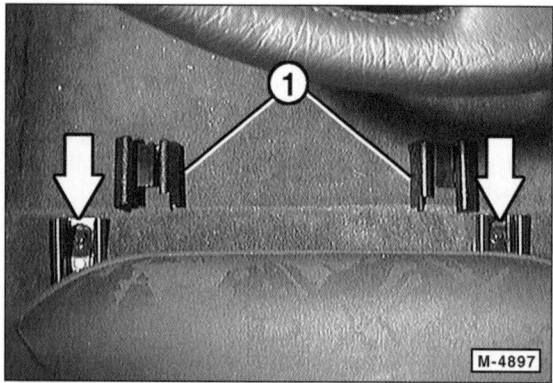

- Abdeckungen –1– an beiden Seiten nach vorn abziehen, dazu Lasche mit einem Schraubendreher anheben.
- 2 Schrauben an den beiden Sitzschienen vorn herausdrehen.
- Wo vorhanden, Anschlußstecker für Sitzheizung und Pneumatikleitung für Multikontursitz am Sitzkissenrahmen vorn abziehen.
- Sitz herausnehmen.

**Einbau**

- Sitz einsetzen. Dabei muß der Arretierungsbolzen an den Sitzschienen in die Aufnahmebohrung der hinteren Konsole eingreifen.
- Anschlußstecker und Pneumatikleitung aufschieben.
- Sitzschienen vorn und hinten mit **50 Nm** festziehen.
- Schraube für Gurtbeschlag mit **35 Nm** anziehen.
- Abdeckungen anbringen.
- Feuerlöscher in Halter einsetzen.

## Rücksitz aus- und einbauen

**Stufenheck-Modell**

**Ausbau**

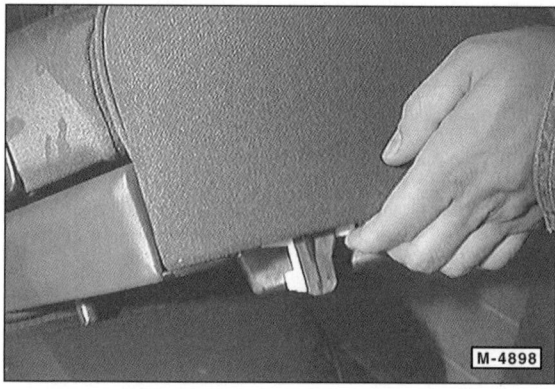

- Beide Entriegelungshebel drücken und Rücksitzbank anheben.
- Rücksitzbank herausnehmen, dabei Verlegung der Gurtschlösser beachten.

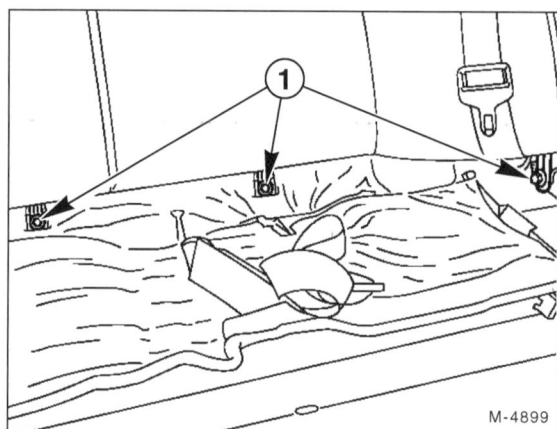

- Schrauben –1– an Lehnenunterkante herausdrehen.
- Rücksitzlehne nach oben anheben und herausnehmen.

**Einbau**

- Dämmatte muß eingelegt sein. Blechlaschen für Rücksitzbank freilegen.
- Rücksitzlehne in die Steckbügel an der Rückwand einsetzen. Sicherheitsgurte freilegen.
- Rücksitzlehne anschrauben.
- Rücksitzbank hinten in die beiden Blechlaschen einführen und vorn einrasten. Dabei Beckengurt und Gurtschlösser freilegen.

# Zentralverriegelung/ Diebstahlwarnanlage

Die Zentralverriegelung kann von außen nur mittels Infrarot-Fernbedienung betätigt werden. Die Empfängereinheit befindet sich im Innenspiegel. Beim Verriegeln blinkt die rote Kontrolleuchte, beim Entriegeln die grüne Leuchte am Innenspiegel. Blinken beim Betätigen beide Kontrolleuchten gleichzeitig, zeigt dies an, daß die Batterien in der Fernbedienung erneuert werden müssen. In der Steuerung der Zentralverriegelung ist eine Komfortschließung integriert, welche beim Verriegeln auch geöffnete Fenster und das Schiebedach schließt.

Die Zentralverriegelung besteht aus der pneumatischen Steuereinheit, den Versorgungsleitungen sowie den Arbeits- und Schaltelementen an den einzelnen Schlössern. Gesteuert wird die Zentralverriegelung von einem Steuergerät für Kombifunktionen, das je nach Fahrzeugausstattung zusätzlich folgende Funktionen steuert: Kopfstützen hinten abklappen, Heckdeckel öffnen.

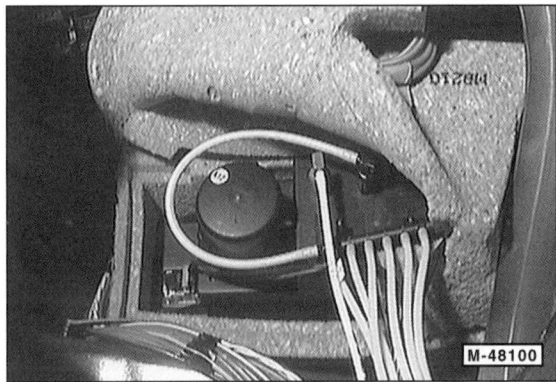

Die pneumatische Steuereinheit sitzt unter dem Rücksitz. Sie versorgt die Unter-/Überdrucksysteme, wie Zentralverriegelung, Kopfstützenabklappung, je nach Fahrzeugausstattung auch Multikontursitz, Heckdeckel-Fernöffnung und Diesel-Saugrohr mit Unter- beziehungsweise Überdruck.

Beim Betätigen der Zentralverriegelung läuft eine Versorgungspumpe in der pneumatischen Steuereinheit an. Die Pumpe erzeugt dabei je nach Bedarf Über- oder Unterdruck. Über Schlauchleitungen gelangt der Druck an die einzelnen Arbeitselemente, wodurch die einzelnen Schlösser geöffnet oder verriegelt werden.

Durch die Zentralverriegelung wird auch die Wegfahrsperre ergänzt: Das Steuergerät der Fernbedienung greift in die Motor-Steuerung ein und erlaubt einen Motorstart nur dann, wenn das Fahrzeug ordnungsgemäß entriegelt wurde.

An der pneumatischen Steuereinheit sitzt auch das Relais der heizbaren Heckscheibe sowie das Steuergerät der Einbruch- und Diebstahl-Warnanlage. Die Diebstahl-Warnanlage gibt Alarm über Sirene und Blinkleuchten, außerdem wird das Innenlicht eingeschaltet, wenn bei verriegelter Zentralverriegelung die Motorhaube oder eine Tür geöffnet wird. Die Innenraumüberwachung erfolgt durch 2 Infrarotsensoren, die oben in den B-Säulen (Säulen, wo sich die vorderen Sicherheitsgurte befinden) eingebaut sind. Sie lösen bei Bewegungen Alarm aus. Weitere Veränderungen, die von Sensoren erfaßt werden und zur Alarmauslösung führen: Betätigung der Zündung, der Bremse, des Radios oder Lageveränderung des Fahrzeugs (Abschleppschutz).

Auftretende Fehler an diesen Systemen werden vom Steuergerät erkannt und abgespeichert. Nach Beseitigung des Fehlers muß der Fehlerspeicher gelöscht werden. Diese Arbeiten können nur mit Hilfe eines Auslesegeräts in der Fachwerkstatt durchgeführt werden. Stellelemente zur Betätigung der Schlösser können jedoch leicht selbst erneuert werden.

## Fernbedienung für Zentralverriegelung synchronisieren

Läßt sich das Fahrzeug nicht ver- oder entriegeln, muß das Sendesignal der Fernbedienung synchronisiert werden. Zuerst sicherstellen, daß die Batterien im Sender nicht verbraucht sind, gegebenenfalls erneuern. **Achtung:** Wenn der Batteriewechsel länger als 1 Minute dauert, muß die Fernbedienung neu synchronisiert werden.

- Fernbedienung in Richtung Innenspiegel halten und Betätigungstaste 2mal drücken.
- Innerhalb der nächsten 30 Sekunden Schlüssel im Lenkschloß auf Stellung »2« drehen.

## Zentralverriegelungselemente aus- und einbauen

### Türelement

Die Zentralverriegelungselemente der Vorder- und Hintertüren sind direkt an den Türschlössern eingehängt und angeschraubt. Eine Einstellung der Schaltstangen ist nicht notwendig.

### Ausbau

- Türschloß ausbauen, siehe entsprechendes Kapitel.

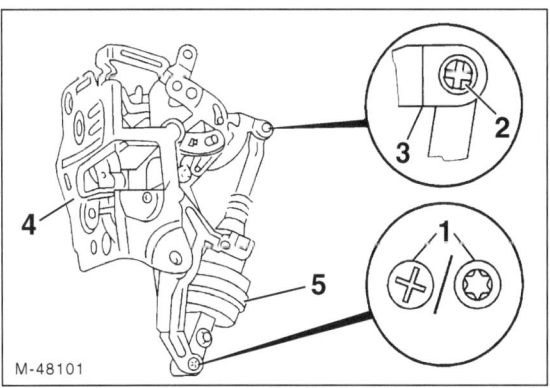

1 – **Schraube**
   Kreuzschlitz- oder Innentorxkopf.
2 – **Schaltstange**
3 – **Sicherungshebel**
4 – **Türschloß**
5 – **Zentralverriegelungs-Element**

185

- Schraube –1– herausdrehen.
- Schaltstange –2– aus Sicherungshebel –3– ausclipsen.
- Zentralverriegelungselement –5– am Türschloß –4– aushängen. Gegebenenfalls Element auf Funktion prüfen (Werkstattarbeit).

**Einbau**

- Der Einbau erfolgt in umgekehrter Ausbaureihenfolge.

**Tankklappen-Element**

**Ausbau**

- Rechte Gepäckraum-Seitenverkleidung ausbauen, siehe entsprechendes Kapitel.

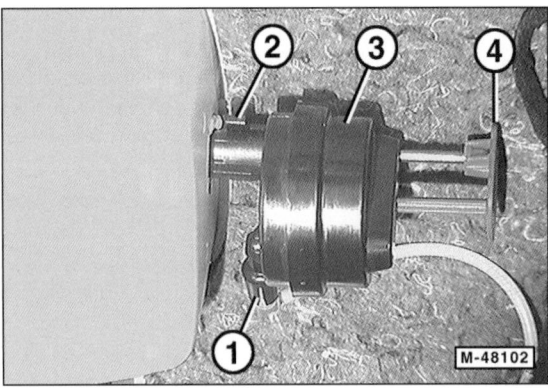

**Hinweis:** Bei defektem Element läßt sich die Tankklappe durch Verschieben des Hebels –4– von Hand öffnen/verriegeln.

- Pneumatikleitung am Anschluß –1– mit 7 mm-Gabelschlüssel abhebeln.
- Befestigungslasche –2– drücken und Tankklappen-Element –3– abziehen. Gegebenenfalls Element auf Funktion prüfen (Werkstattarbeit).

**Einbau**

- Tankklappen-Element einsetzen und einrasten.
- Pneumatikleitung einrasten.
- Kofferraumverkleidung einbauen.

# Lufteintritt unterhalb Windschutzscheibe aus- und einbauen

Die Gitterabdeckung muß zum Beispiel vor Montagearbeiten an der Heizung demontiert werden.

### Ausbau, linker Lufteintritt

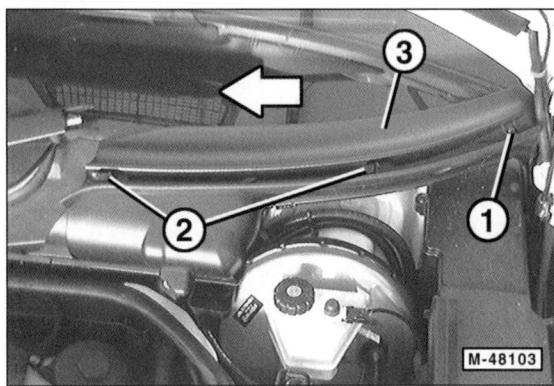

- Motorhaube öffnen. Schraube –1– abschrauben.
- Clips –2– aus der Halterung lösen. Dabei Abdeckung –3– zur Fahrzeugmitte hin herausziehen.

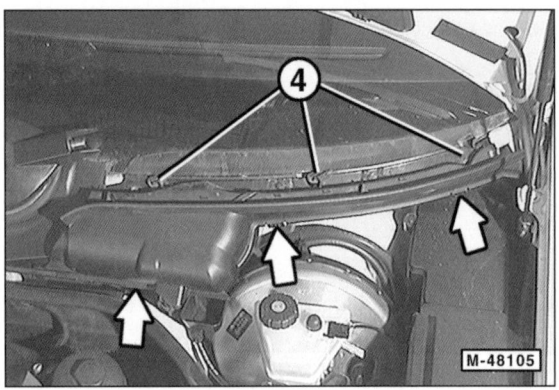

- Schrauben –4– abschrauben. Rasthalterungen –Pfeile– ausclipsen und Lufteintritt herausnehmen.

**Einbau**

- Lufteintritt einclipsen und anschrauben.
- Abdeckung einsetzen und einclipsen. Schraube –1– einschrauben.

**Ausbau, rechter Lufteintritt**

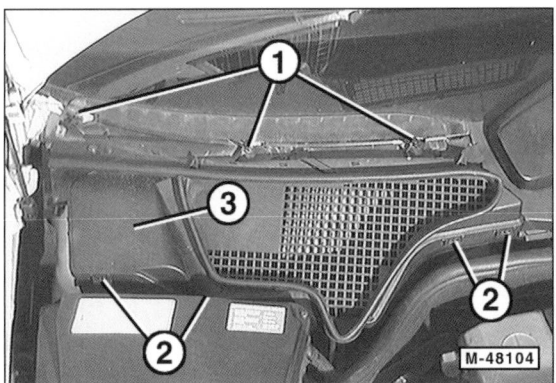

- Motorhaube öffnen. Schrauben –1– abschrauben.
- Clips –2– aus der Halterung lösen. Dabei Abdeckung –3– zur Fahrzeugmitte hin herausziehen.

**Einbau**

- Abdeckung einsetzen und einclipsen. Schrauben –1– einschrauben.

# Heizung

Die Frischluft für die Heizung gelangt über den Lufteinlaß unterhalb der Windschutzscheibe in den Fahrzeuginnenraum. Dabei durchströmt die Luft den Heizungskasten und wird durch verschiedene Klappen auf die einzelnen Lufteintrittsdüsen verteilt. Wird die Heizung auf »warm« gestellt, öffnen die Heizungsventile im Motorraum den Zulauf zum Wärmetauscher. Der Wärmetauscher befindet sich im Heizungskasten und wird durch das heiße Kühlmittel erwärmt. Die vorbeistreichende Frischluft erwärmt sich nun an den heißen Lamellen des Wärmetauschers und gelangt dann in den Fahrzeuginnenraum. Bei Diesel-Modellen, Benziner mit 6- und 8-Zylindermotor sowie allen mit Klimaanlage ist zur Verbesserung des Heizwasser-Kreislaufs eine elektrisch betriebene Kühlmittel-Zusatzpumpe eingebaut.

Beim E290 Turbodiesel (Direkteinspritzer) ist die Kühlmitteltemperatur an sehr kalten Tagen nicht ausreichend für den Betrieb der Heizung. Deshalb ist zusätzlich ein dieselbetriebener Kühlmittelheizer eingebaut, der sich bei niedrigen Temperaturen automatisch zuschaltet und das Kühlmittel mit erwärmt.

Die E-Klasse kann mit drei unterschiedlichen Klimatisierungssystemen ausgestattet sein. Alle Anlagen sind mit einer Eigendiagnose ausgestattet, das heißt, auftretende Fehler werden abgespeichert und können in der Werkstatt mit Hilfe eines Auslesegerätes abgefragt werden.

### Heizungsautomatik (HAU)

Die Innenraumtemperatur kann mit je einem Drehregler für die linke und rechte Wagenhälfte vorgewählt werden. Ein elektronisches Steuergerät im Bedienteil der Heizungsanlage regelt dementsprechend die Öffnungszeiten der Heizungsventile in Abhängigkeit von der Innenraumtemperatur. Der Innenraum-Temperaturfühler befindet sich in der Dach-Bedieneinheit, im Gehäuse der Innenleuchte. Auf diese Weise wird die Temperatur im Fahrzeug nahezu konstant auf der vorgewählten Temperatur gehalten, und zwar unabhängig von der Fahrzeuggeschwindigkeit und von der Außentemperatur. Das Ablagefach zwischen den Vordersitzen kann ebenfalls gekühlt beziehungsweise beheizt werden.

Zur Verstärkung der Heizleistung dient ein Heizgebläse. Die Gebläsegeschwindigkeit wird vom Steuergerät elektronisch geregelt.

Durch einen Reinluftfilter im Luftfangkasten werden Luftverunreinigungen, Pollen, Staub oder andere Micropartikel aus der Innenraumluft herausgefiltert. Durch eine Umluftschaltung kann der Frischlufteintritt ganz verschlossen werden. In dieser Stellung wird dann die Innenraumluft umgewälzt. Dann kann es allerdings vorkommen, daß die Innenscheiben stark beschlagen.

## Klimaanlage

Als zusätzliche Ausstattung sind unterschiedlich geregelte Klimaanlagen erhältlich.

> **Sicherheitshinweis:**
> Arbeiten an der Klimaanlage sollten von einer Fachwerkstatt durchgeführt werden. Insbesondere darf der **Kältemittelkreislauf nicht geöffnet** werden, da das Kältemittel bei Hautberührung Erfrierungen hervorrufen kann.

### Vorteile der Klimaanlage

Mit Hilfe der Klimaanlage kann die Innenraumtemperatur auch unter die momentan herrschende Außentemperatur abgesenkt werden. Kühlt die Klimaanlage, wird außerdem die Luftfeuchtigkeit im Fahrzeuginnern vermindert. Die Klimaanlage arbeitet im »Reheat«-Betrieb, das heißt, die eintretende Frischluft wird zunächst durch die eingeschaltete Klimaanlage gekühlt und getrocknet, dann auf die gewünschte Temperatur gebracht. Beschlagene Scheiben werden durch diesen kombinierten Klima-Heizungsbetrieb in kürzester Zeit frei. Erst unterhalb einer Außentemperatur von 1°C wird die Luft nicht mehr gekühlt.

### Funktionsweise der Klimaanlage

Die Klimaanlage besteht aus Kältekompressor, Kondensator, Drossel, Verdampfer, Auffangbehälter und den Druckleitungen. In diesem System zirkuliert ein Kältemittel (Typ R134a), das je nach Temperatur und Druck flüssig beziehungsweise gasförmig ist.

Der **Kältekompressor** wird über einen Keilrippenriemen durch den Motor angetrieben. Er erhöht den Druck im Kältemittelkreislauf auf etwa 30 bar, wodurch sich das Kältemittelgas erhitzt. Im **Kondensator** nimmt die vorbeiströmende Luft die Wärme auf (Kühlluft, bleibt im Außenbereich), dadurch kühlt das heiße Kältemittelgas ab und kondensiert. Das Kältemittel wird flüssig. Es durchfließt unter weiterhin hohem Druck eine **Drossel**, die den Druck reduziert. Daraufhin verdunstet das Kältemittel im Kreislauf und gleichzeitig kühlt es nochmals stark ab. Im **Verdampfer** nimmt das Kältemittel von der vorbeiströmenden Luft Wärme auf. Dadurch wird die Luft abgekühlt. Der Verdampfer sitzt vor dem normalen Wärmetauscher der Heizung im Heizungskasten. Die durchströmende Luft wird nun in den Innenraum des Fahrzeuges geleitet. Durch die aufgenommene Wärme im Verdampfer wird das Kältemittel gasförmig und wird mit niedrigem Druck zum Kompressor geleitet. Dort beginnt der Kreislauf von vorn.

## Temperaturautomatik (TAU)

Die Temperaturautomatik stellt eine um die Kühlfunktion erweiterte Heizungsautomatik (HAU) dar. Die Bedienungselemente und die Lage der Belüftungsöffnungen sind gleich wie bei der Grundausführung. **Achtung:** Durch Betätigen der zusätzlichen Taste »EC« wird der Klimakompressor ausgeschaltet, eine rote Diode leuchtet auf. Dadurch verbraucht das Fahrzeug weniger Kraftstoff. In dieser Betriebsart bleibt die vollautomatische Regelung der Gebläsedrehzahl und der Klappensteuerung erhalten. Es kann jedoch keine Innenraumtemperatur erreicht werden, die unterhalb der Außentemperatur liegt, und es findet keine Luftentfeuchtung mehr statt.

## Klimatisierungsautomatik (KLA)

Der Unterschied zur Temperaturautomatik liegt in der Steuerung und im Bedienungskomfort.

Vorteil der Klimatisierungsautomatik gegenüber der Klimaanlage ist die zusätzliche Automatikschaltung »AUTO«, die für beide Fahrzeugseiten getrennt eingestellt werden kann. Ist sie aktiviert, erfolgt die Regelung der Luftmenge und -verteilung vollautomatisch. Ist sie nicht aktiviert, kann der Fahrer Luftmenge und -verteilung selbst bestimmen — wie bei der normalen Heizung und Belüftung getrennt, aber natürlich auch für beide Seiten gemeinsam.

Zum Ausstattungsumfang der KLA gehört ein Aktivkohle-Geruchsfilter, der zusätzlich zum Reinluftfilter der anderen Ausstattungen zugeschaltet werden kann. Es werden dann auch kleinste Geruchspartikel ausgefiltert.

Ein CO-Sensor erkennt hohen Schadstoffanteil in der Außenluft und schaltet dann auf Umluft um, im Display erscheint die Anzeige »SMOG«.

Es werden auch Daten von einem Sonnensensor (sitzt mittig an der Unterkante der Windschutzscheibe) berücksichtigt. Beispielsweise wird bei starker Sonneneinstrahlung und über +19°C Außentemperatur die vorgewählte Temperatur geringfügig zurückgenommen.

Durch Restwärmeausnutzung des Motors kann bei abgestelltem Motor noch etwa 30 Minuten lang gewärmt werden. Eine elektrische Kühlmittelpumpe läßt das Kühlmittel zirkulieren, dadurch kann die Motorwärme genutzt werden.

## Heizgebläse aus- und einbauen

Der Gebläsemotor sitzt rechts unter der Instrumententafel, unterhalb vom Handschuhkasten. Dort ist auch der Reinluftfilter erreichbar.

### Ausbau

- Gebläseschalter ausschalten.

- Abdeckung unterhalb Handschuhkasten im Beifahrer-Fußraum ausbauen. Hierzu vordere Kreuzschlitzschraube lösen. Seitlichen Kunststoffclip am Fußraumausströmer um 90° (¼ Umdrehung) drehen und herausziehen. Mit den Fingern in die Löcher der Abdeckung greifen und Abdeckung in Richtung Beifahrersitz abziehen.

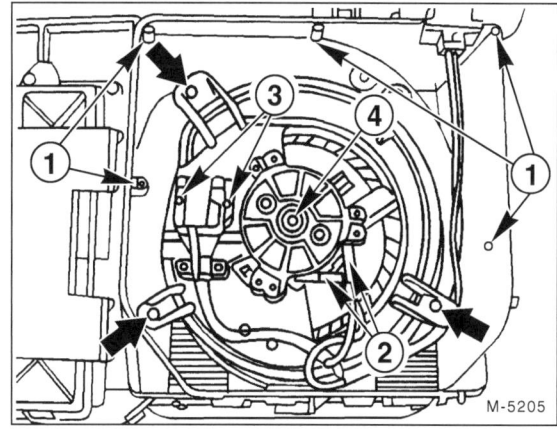

- Kabelstecker am Gebläsekasten trennen. Abdeckung für Gebläsemotor an Stellen –1– abschrauben.

- Kabelstecker –2– am Gebläsemotor –4– abziehen.

- Schrauben –3– abschrauben und elektronischen Gebläseregler herausnehmen. Hinweis: Die Gebläsegeschwindigkeit wird vom Potentiometer am Bediengerät geregelt, das den Gebläseregler ansteuert. In der Abbildung dargestellt ist der Regler bei Fahrzeugen mit Klimatisierungsautomatik. Der Regler der Fahrzeuge mit Heizungs- oder Temperaturautomatik ist etwas anders ausgeführt.

- Gebläsemotor abschrauben –Pfeile–.

### Einbau

- Lüfterrad in eingebautem Zustand auf Leichtgängigkeit prüfen. Eventuell vorhandene Fremdkörper aus dem Luftführungskanal herausnehmen.

- Motor einsetzen und anschrauben.

- Elektronischen Gebläseregler einsetzen und anschrauben.

- Kabelstecker am Gebläsemotor aufschieben.

- Abdeckung für Gebläsemotor einsetzen und anschrauben.

- Kabelstecker am Gebläsekasten aufstecken.

- Abdeckung unterhalb Handschuhkasten im Beifahrer-Fußraum einsetzen und mit Clips und Kreuzschlitzschraube befestigen.

## Bediengerät für Heizung aus- und einbauen

**Heizung mit Temperaturautomatik**

**Ausbau**

- Bedienblende für Heizung ausbauen, siehe Seite 181.

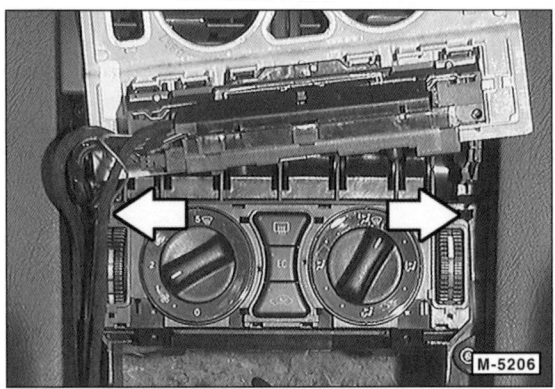

- Bediengerät aus der Halterung herausziehen, dazu Nasen zurückdrücken.

- Kabelstecker an der Rückseite abziehen.

**Einbau**

- Kabelstecker an der Rückseite des Bediengerätes aufstecken. Bediengerät in die Halterung einschieben, bis es einrastet.
- Bedienblende für Heizung einbauen, siehe Seite 181.

## Störungsdiagnose Heizung

| Störung | Ursache | Abhilfe |
|---|---|---|
| Heizgebläse läuft nicht. | Sicherung für Gebläsemotor defekt. | ■ Sicherung für Gebläse prüfen, gegebenenfalls ersetzen. |
| | Gebläseschalter defekt. | ■ Prüfen, ob am Gebläsemotor Spannung anliegt. Wenn nicht, Gebläseschalter ausbauen und prüfen. |
| | Elektromotor defekt. | ■ Gebläsemotor ausbauen und prüfen. |
| Heizleistung zu gering. | Kühlmittelstand zu niedrig. | ■ Kühlmittelstand prüfen, gegebenenfalls Kühlmittel auffüllen. |
| | Wärmetauscher undicht oder verstopft. | ■ Wärmetauscher ersetzen (Werkstattarbeit). |
| | 2,9-l-Turbodiesel: Dieselbetriebene Kühlmittelheizung defekt. | ■ Kühlmittelheizung instandsetzen (Werkstattarbeit). |
| Geräusche im Bereich des Heizgebläses. | Eingedrungener Schmutz, Laub. | ■ Gebläse ausbauen, reinigen, Luftkanal säubern. |
| | Lüfterrad hat Unwucht, Lager defekt. | ■ Gebläsemotor erneuern. |

# Elektrische Anlage

Bei der Überprüfung der elektrischen Anlage stößt der Heimwerker in den technischen Unterlagen immer wieder auf die Begriffe Spannung, Stromstärke und Widerstand.

Die Spannung wird in Volt (V) gemessen, die Stromstärke in Ampere (A) und der Widerstand in Ohm ($\Omega$). Mit dem Begriff Spannung ist beim Auto in der Regel die Batteriespannung gemeint. Es handelt sich dabei um eine Gleichspannung von ca. 12 Volt. Die Höhe der Batteriespannung hängt vom Ladezustand der Batterie und von der Außentemperatur ab. Sie kann zwischen 10 und 13 Volt betragen. Demgegenüber wird die Bordspannung vom Generator (Lichtmaschine) erzeugt, die bei mittleren Drehzahlen ca. 14 Volt beträgt.

Der Begriff Stromstärke taucht im Bereich der Automobil-Elektrik relativ selten auf. Die Stromstärke ist beispielsweise auf der Rückseite von Sicherungen angegeben und weist auf den maximalen Strom hin, der fließen kann, ohne daß die Sicherung durchbrennt und damit den Stromkreis unterbricht.

Überall wo Strom fließt, muß er einen Widerstand überbrücken. Der Widerstand ist unter anderem von folgenden Faktoren abhängig: Leitungsquerschnitt, Leitungsmaterial, Stromaufnahme usw. Ist der Widerstand zu groß, treten Funktionsstörungen auf. Beispielsweise darf der Widerstand in den Zündleitungen nicht zu hoch sein, sonst fehlt ein ausreichend starker Zündfunke an den Zündkerzen, der das Kraftstoff-Luftgemisch entzündet und damit den Motor zum Laufen bringt.

> **Schaltpläne**
> Für manche Arbeiten an der elektrischen Anlage sind Schaltpläne erforderlich. Aus rechtlichen Gründen können diese nicht abgedruckt werden, da DaimlerChrysler einer Veröffentlichung nicht zustimmt. Wir empfehlen Ihnen daher, sich direkt an den Fahrzeughersteller zu wenden. Wir gehen davon aus, daß Ihnen als Mercedes-Besitzer auf diesem Weg geholfen wird. Schließlich muß DaimlerChrysler in den USA auf Wunsch jedem Mercedes-Besitzer die entsprechenden Unterlagen zur Verfügung stellen. Und warum sollte man einen deutschen Mercedes-Fahrer schlechter behandeln als einen amerikanischen.

## Meßgeräte

Zum Messen der Bord-Elektrik gibt es im Handel sogenannte Mehrfach-Meßgeräte. Sie vereinen in einem Gerät das Voltmeter, um Spannungen zu messen, das Amperemeter, um die Stromstärke zu messen und das Ohmmeter, um den Widerstand zu messen. Die im Handel befindlichen Meßgeräte unterscheiden sich hauptsächlich im Meßbereich und in der Meßgenauigkeit. Durch den Meßbereich wird festgelegt, in welchem Bereich Spannungen oder Widerstände liegen müssen, damit sie überhaupt vom Gerät erfaßt werden können.

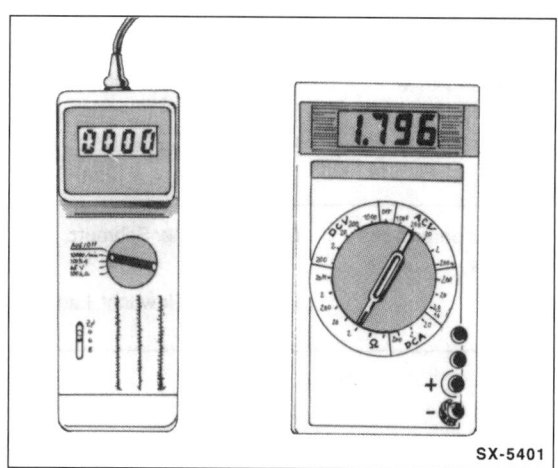

SX-5401

Für den Heimwerker gibt es Vielfach-Meßgeräte, die speziell für Prüfarbeiten am Auto abgestimmt sind. Mit solch einem Gerät können Motordrehzahl, Zünd-Schließwinkel und Spannungen bis zu 20 Volt gemessen werden. Bei Widerstandsmessungen beschränkt sich das Gerät in der Regel auf den Kilo-Ohm-Bereich, also etwa 1 – 1000 k$\Omega$.

Darüber hinaus werden Meßgeräte zur Überprüfung von elektrischen und elektronischen Bauteilen angeboten. Sie erlauben eine umfassende Messung von kleinen Widerständen in Ohm ($\Omega$) bis zu großen Widerständen im Mega-Ohm-Bereich (M$\Omega$). Spannungen (in Volt) können sehr exakt gemessen werden, was vor allem bei elektronischen Bauteilen erforderlich ist.

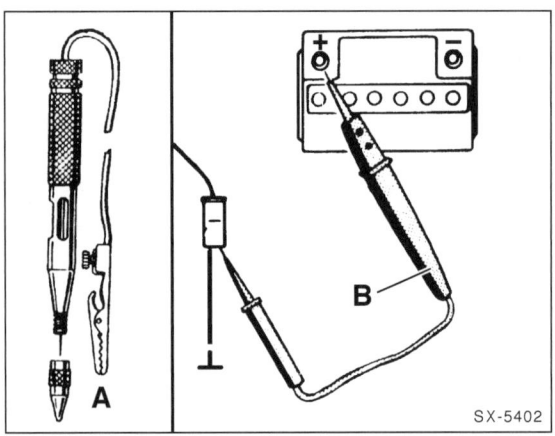 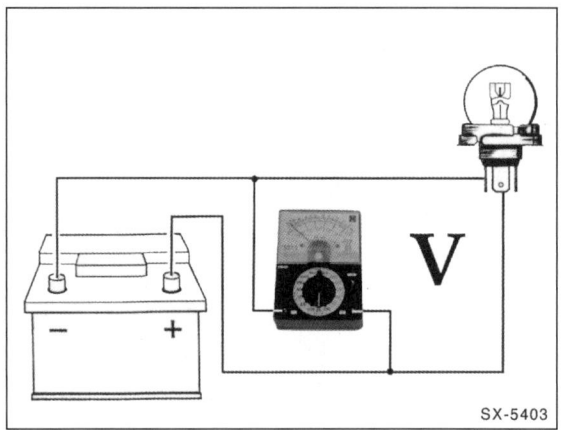

Wenn nur geprüft werden soll, ob überhaupt Spannung (V) anliegt, eignet sich hierzu eine einfache Prüflampe –A–. Dies gilt allerdings nur für Stromkreise, in denen sich keine elektronischen Bauteile befinden. Denn Elektronikteile reagieren äußerst empfindlich auf zu hohe Ströme. Unter Umständen können sie bereits durch Anschließen einer Prüflampe zerstört werden. Achtung: Bei der Prüfung elektronischer Bauteile (Transistoren, Dioden, und Steuergeräte) ist ein hochohmiger Spannungsprüfer –B– erforderlich. Er arbeitet wie eine Prüflampe, jedoch ohne daß elektronische Bauteile geschädigt werden, und eignet sich für sämtliche Prüfarbeiten.

## Meßtechnik

### Spannung messen

Spannung kann schon mit einer einfachen Prüflampe oder einem Spannungsprüfer nachgewiesen werden. Allerdings erkennt man dann nur, ob überhaupt Spannung anliegt. Um die Höhe der anliegenden Spannung zu prüfen, muß ein Voltmeter (Spannungs-Meßgerät) angeschlossen werden.

Zunächst ist beim Voltmeter der Meßbereich einzustellen, in dem sich die zu messende Spannung voraussichtlich befindet. Spannungen am Fahrzeug sind in der Regel nicht höher als ca. 14 Volt. Eine Ausnahme bildet die Zündanlage; hier kann die Zündspannung bis zu 30.000 Volt betragen. Diese hohe Spannung ist nur mit einem speziellen Meßgerät oder einem Oszilloskop meßbar.

Während man bei Meßgeräten, die speziell auf das Auto abgestimmt sind, am Wählschalter nur das Voltmeter einschalten muß, sind bei einem allgemeinen Vielfachmeßgerät erst eine Reihe von Entscheidungen zu fällen. Zunächst wird mit dem Wählschalter der Bereich Gleichspannung (DCV im Gegensatz zu ACV = Wechselspannung) eingestellt. Dann wird der Meßbereich gewählt. Da beim Auto außer an der Zündanlage keine höheren Spannungen als ca. 14 Volt auftreten, sollte die Obergrenze des einzustellenden Meßbereiches etwas höher liegen (ca. 15 bis 20 Volt). Falls sicher ist, daß die gemessene Spannung wesentlich niedriger ist, zum Beispiel im Bereich von 2 Volt, kann der Meßbereich heruntergeschaltet werden, um eine größere Anzeigegenauigkeit zu erreichen. Liegen höhere Spannungen an, als sie vom Meßbereich des Gerätes erfaßt werden, kann das Meßgerät zerstört werden.

Die Kabel des Meßgerätes entsprechend der Zeichnung parallel zum Verbraucher anschließen. Dabei wird das rote Meßkabel an die vom Batterie-Pluspol kommende Leitung angelegt, das schwarze Meßkabel an die Masse-Leitung oder an Fahrzeugmasse, wie zum Beispiel den Motorblock.

**Prüfbeispiel:** Wenn der Motor nicht richtig anspringt, weil der Anlasser zu langsam dreht, ist es zweckmäßig, die Batteriespannung zu prüfen, während der Anlasser betätigt wird. Dazu das Voltmeter mit dem roten Kabel (+) an den Batterie-Pluspol und mit dem schwarzen Kabel an Fahrzeugmasse (–) anklemmen. Anschließend durch einen Helfer den Anlasser betätigen lassen und den Spannungswert ablesen. Liegt die Spannung unter ca. 10 Volt (bei einer Batterie-Temperatur von +20°C), muß die Batterie überprüft und eventuell vor den nächsten Startversuchen geladen werden.

### Stromstärke messen

Am Auto ist es relativ selten erforderlich, die Stromstärke zu messen. Beispiel, siehe Kapitel »Batterie entlädt sich selbständig«. Benötigt wird hierzu ein Amperemeter, welches ebenfalls in einem Vielfachmeßgerät integriert ist.

Vor der Strommessung wird das Meßgerät auf den Meßbereich eingestellt, in dem sich die zu messende Stromstärke voraussichtlich befindet. Falls das nicht bekannt ist, höchsten Meßbereich einstellen und, falls keine Anzeige erfolgt, nacheinander in die nächstniedrigeren Meßbereiche schalten.

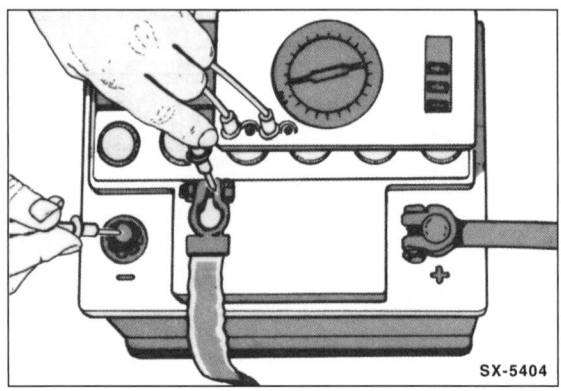

Für die Messung der Stromstärke muß der Stromkreis aufgetrennt werden, das Meßgerät (Amperemeter) wird dazwischengeschaltet. Dazu wird beispielsweise der Stecker abgezogen und das rote Kabel (+) des Amperemeters an die stromführende Leitung angeschlossen. Das schwarze Kabel (–) wird an den Kontakt angelegt, an dem normalerweise die unterbrochene Leitung angeschlossen ist. Die Massekontakte zwischen Verbraucher und Stecker müssen dann mit einem Hilfskabel verbunden werden.

**Achtung:** Keinesfalls sollte mit einem normalen Amperemeter die Stromstärke in der Leitung zum Anlasser (ca. 150 A) oder zu den Glühkerzen beim Dieselmotor (bis 60 A) gemessen werden. Durch die hierbei auftretenden hohen Ströme kann das Meßgerät zerstört werden. Die Werkstatt benutzt für diese Messungen ein Amperemeter mit Gleichstromzange. Dabei wird eine Stromzange über das isolierte Stromkabel geklemmt und der Stromwert durch Induktion gemessen.

### Widerstand messen

Vor der Prüfung des Widerstandes ist grundsätzlich sicherzustellen, daß am Bauteil, an welches das Ohmmeter angeschlossen wird, keine Spannung anliegt. Also immer vorher Stecker abziehen, Zündung ausschalten, Leitung beziehungsweise Aggregat ausbauen oder Batterie abklemmen. Andernfalls kann das Meßgerät beschädigt werden.

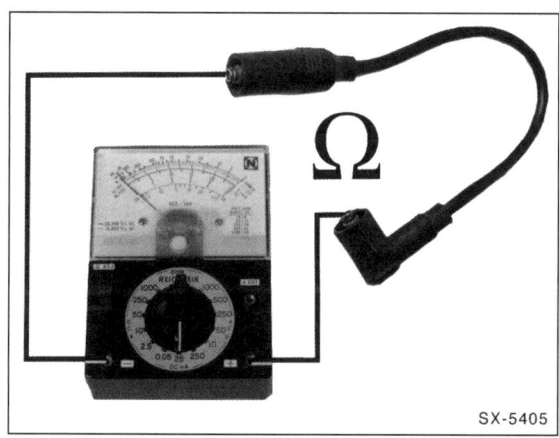

Das Ohmmeter wird an die 2 Anschlüsse eines Verbrauchers oder an die 2 Enden einer elektrischen Leitung angeschlossen. Dabei spielt es keine Rolle, welches Kabel (+/–) des Meßgerätes an welchen Kontakt angeklemmt wird. Ausnahme: Widerstandsmessungen an Bauteilen die Dioden enthalten. Um eine Diode auf Durchgang zu prüfen, muß sie in Durchlaßrichtung an das Meßgerät angeschlossen werden.

Die Widerstandsmessung am Auto erstreckt sich weitgehend auf 2 Bereiche:

1. Kontrolle eines in den Stromkreis integrierten Widerstandes oder Bauteils.

2. »Durchgangsprüfung« einer elektrischen Leitung, eines Schalters oder einer Heizwendel. Dabei wird geprüft, ob eine elektrische Leitung im Fahrzeug unterbrochen ist und deshalb das angeschlossene elektrische Gerät nicht funktionieren kann. Zur Messung wird das Ohmmeter an die beiden Enden der betreffenden elektrischen Leitung angeschlossen. Beträgt der Widerstand 0 Ω, dann ist »Durchgang« vorhanden. Das heißt, die elektrische Leitung ist in Ordnung. Bei unterbrochener Leitung zeigt das Meßgerät ∞ (unendlich) Ω an.

## Elektrisches Zubehör nachträglich einbauen

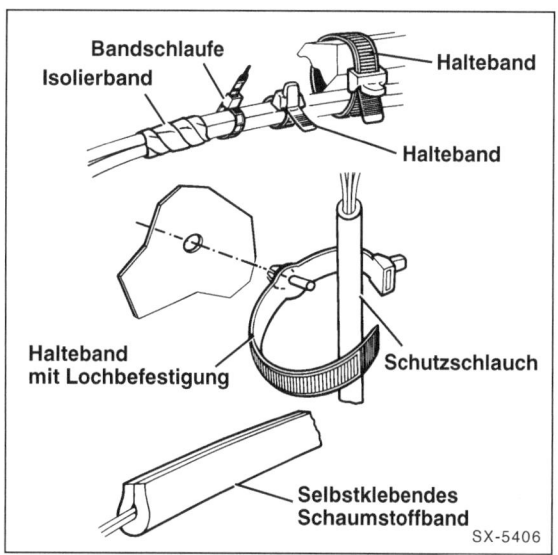

Kabel, die beim Einbau von Zubehör zusätzlich zu dem serienmäßig eingebauten Kabelsatz im Fahrzeug verlegt werden müssen, sind nach Möglichkeit immer entlang der einzelnen Kabelstränge unter Verwendung der vorhandenen Kabelschellen und Gummitüllen zu verlegen.

Falls erforderlich, sind die neu verlegten Kabel, um Geräuschen während der Fahrt vorzubeugen und das Scheuern von Kabeln zu vermeiden, mit Isolierband, plastischer Masse, Kabelbändern und dergleichen zusätzlich festzulegen. Hierbei ist besonders darauf zu achten, daß zwischen den Bremsleitungen und den festverlegten Kabeln ein Mindestabstand von 10 mm sowie zwischen den Bremsleitungen und den Kabeln, die mit dem Motor oder anderen Teilen des Fahrzeuges schwingen, ein Mindestabstand von 25 mm vorliegt.

Beim Bohren von Karosserie-Löchern müssen die Lochränder anschließend entgratet, grundiert und lackiert werden. Die beim Bohren zwangsläufig anfallenden Späne sind restlos aus der Karosserie zu entfernen.

Bei allen Einbauarbeiten, die das elektrische Leitungssystem berühren, ist, um der Gefahr von Kurzschlüssen im elektrischen Leitungssystem vorzubeugen, grundsätzlich das Massekabel (–) von der Fahrzeugbatterie abzuklemmen und zur Seite zu hängen.

**Achtung:** Wird die Batterie abgeklemmt, werden unter Umständen der Fehlerspeicher für Motor- und Getriebesteuerung, Antiblockiersystem sowie andere elektrische Geräte wie zum Beispiel das Radio und die Zeituhr stillgelegt, beziehungsweise Speicherwerte gelöscht. Spezielle Hinweise zu diesem Thema stehen im Kapitel »Batterie-Ausbau«.

Sofern zusätzliche elektrische Verbraucher eingebaut werden, ist in jedem Fall zu überprüfen, ob die erhöhte Belastung noch von dem vorhandenen Drehstromgenerator mit übernommen werden kann. Falls erforderlich, sollte ein Generator mit größerer Leistung vorgesehen werden.

# Fehlersuche in der elektrischen Anlage

Beim Aufspüren eines Defekts in der elektrischen Anlage ist es wichtig, systematisch vorzugehen. Dies gilt sowohl beim Überprüfen von ausgefallenen Glühlampen wie auch bei nicht laufenden Elektromotoren.

Der **erste Schritt** ist immer die Überprüfung der Sicherung, sofern das elektrische Bauteil abgesichert ist. Die aktuelle Sicherungsbelegung ergibt sich aus dem Aufdruck auf dem Sicherungskastendeckel, siehe auch unter Kapitel »Sicherungen auswechseln«.

Defekte Sicherung gegebenenfalls auswechseln und nach Einschalten des elektrischen Verbrauchers kontrollieren, ob diese nicht unmittelbar wieder durchbrennt. In diesem Fall muß zuerst der Fehler aufgespürt und behoben werden, in der Regel handelt es sich um einen Kurzschluß. Das bedeutet, an irgend einer Stelle, mitunter auch intern im elektrischen Gerät, sind Masse- und Plusanschluß miteinander verbunden.

**Zweiter Prüfschritt:** Wenn bei intakter Sicherung die Glühlampe nicht leuchtet beziehungsweise der Elektromotor nicht anläuft, ist die Stromversorgung zu überprüfen.

## Glühlampe prüfen

- Lampe ausbauen und sichtprüfen. Ist der Glühfaden durchgebrannt oder sitzt der Glaskolben locker im Sockel, Lampe erneuern.
- Um einwandfrei festzustellen, ob die Glühlampe intakt ist, geht man folgendermaßen vor: Eine Plusleitung (+) und eine Masseleitung (–) direkt an die Pole der Batterie anschließen und mit der Lampe verbinden. Dabei ist es unwichtig, wie die Kabel an die Lampe angeschlossen werden. Ein Kabel an den Stromanschluß, das andere an das Glühlampengehäuse. Wenn jetzt die Lampe nicht leuchtet, Lampe erneuern. Hinweis: Es muß sichergestellt sein, daß die Kontakte an der Lampe und in der Lampenfassung nicht korrodiert sind. Gegebenenfalls korrodierte oder verbogene Anschlüsse abschmirgeln und einwandfreien Kontakt herstellen.
- Ist die Lampe intakt, Lampe einsetzen und einschalten. Leuchtet die Lampe nicht, mit Prüflampe Stromzuführung überprüfen. Dazu Prüflampe an Masse anlegen. Das bedeutet: Das eine Kabel der Prüflampe muß an eine gute Massestelle am Motor (blankes Metall) oder direkt am Batterie-Minuspol angeschlossen werden. Die andere Prüflampen-Prüfspitze (+) entweder an den stromführenden Stecker halten oder mit der Prüfspitze in das stromführende Kabel einstechen. Wenn die Prüflampe jetzt aufleuchtet und die Lampe dennoch nicht brennt, ist die Massezuführung zur Lampe unterbrochen. Um dies zu überprüfen, Massehilfsleitung an die Lampenfassung anlegen. Die Lampe muß jetzt leuchten.
- Wenn das stromführende Kabel zur Lampe keine Spannung aufweist, die Prüflampe also nicht aufleuchtet, ist sehr wahrscheinlich der Schalter defekt. Schalter auf Durchgang prüfen.

## Elektromotoren prüfen

Im Auto werden immer mehr Komfortfunktionen von kleinen Elektromotoren übernommen. Dazu gehören beispielsweise die Antriebsmotoren für die elektrischen Fensterheber oder das elektrisch betätigte Schiebedach.

Jeder Motor wird bei Bedarf über einen Schalter zugeschaltet, meist von Hand.

- Sicherung des betreffenden Elektromotors prüfen, gegebenenfalls ersetzen.
- Brennt die Sicherung gleich wieder durch, liegt ein Kurzschluß vor.
- Um eindeutig zu klären, ob der Defekt im Motor liegt, 2 Hilfskabel (∅ ca. 2 mm) direkt von der Fahrzeugbatterie an den Motor anlegen. Pluskabel an den Pluspol, Massekabel an Massepol des Motors. Die Pol-Belegung im Zweifelsfall bei der Fachwerkstatt erfragen. Dazu muß der Elektromotor gegebenenfalls ausgebaut werden. Alle elektrischen Motoren im Fahrzeug werden mit Bordspannung (12 bis 14 Volt) versorgt. Funktioniert der Motor jetzt ordnungsgemäß, war die Stromversorgung defekt. Hinweis: Ein zu langsam laufender oder aussetzender Elektromotor kann auf abgenützte Schleifkohlen hinweisen. In diesem Fall Schleifkohlen (Bürsten) ersetzen.
- Funktioniert der Motor, feststellen, welche Zuleitung am Elektromotor Spannung führt, wenn der Schalter betätigt wird und zuvor die Zündung eingeschaltet wurde.
- Spannungsführendes Kabel am Elektromotor mit Prüflampe prüfen. Da bei Elektromotoren ein großer Strom fließt, kann eine herkömmliche Prüflampe mit Glühlampe genommen werden. Diese haben spitze Prüfnadeln, mit denen das Anschlußkabel durchstochen werden kann. So läßt sich auf einfache Weise die Spannung prüfen. Motoren, die links/rechtsherum drehen, zum Beispiel Fensterhebermotoren, haben zwei Plus-Anschlüsse. **Achtung:** Scheibenwischermotor prüfen, siehe entsprechendes Kapitel.
- Liegt keine Spannung am Elektromotor an, ist die Stromversorgung defekt. Fehler in der Zuleitung suchen und beheben. Elektromotoren haben in der Regel aufgrund des hohen Strombedarfs zusätzliche Schaltrelais. Prüfung, siehe entsprechendes Kapitel.
- Wurde kein Fehler gefunden, Schalter prüfen.
- Ist ein Kabel defekt, ist es oft sinnvoller, man legt ein neues Kabel, da es schwierig ist, einen Defekt im Kabel zu lokalisieren.

# Schalter auf Durchgang prüfen

Die meisten elektrischen Verbraucher werden über einen von Hand betätigten Schalter ein- und ausgeschaltet. Darüber hinaus gibt es auch Schalter, die automatisch betätigt werden. Zu diesen Schaltern zählen zum Beispiel der Öldruckschalter und der Geber für Bremsflüssigkeitsstand.

Grundsätzlich hat ein Schalter die Aufgabe, den Stromkreis zu schließen und zu unterbrechen. Es gibt Schalter, die die Masseleitung unterbrechen, und Schalter, die den Plusstrom unterbrechen.

### Schalter für Lampen und Elektromotoren prüfen

- Betreffenden Schalter ausbauen.
- Einfache Schalter haben nur 2 Anschlüsse für die Kabel. In diesem Fall muß an einem Anschluß immer Spannung (+) anliegen und nach dem Einschalten an der anderen Klemme auch. Es gibt auch Schalter mit mehreren Klemmen. Bei diesen Schaltern klären, an welcher Klemme Spannung anliegen muß, gegebenenfalls vorher Zündung einschalten.
- Mit Prüflampe prüfen, ob am Schalter Spannung anliegt. Leuchtet die Prüflampe auf, Schalter betätigen und an der Ausgangsklemme prüfen, ob dort auch Spannung anliegt. Ist das der Fall, ist sichergestellt, daß der Schalter funktioniert.
- Wenn an der Eingangsklemme keine Spannung anliegt, liegt eine Unterbrechung in der Leitungs-Zuführung vor. Die Spannungszuführung muß in diesem Fall kontrolliert und gegebenenfalls eine neue Leitung gelegt werden.

### Geberschalter prüfen

Geberschalter sind beispielsweise: Öldruckschalter, Geber für Bremsflüssigkeits- und Kühlmittelstand.

- Durchgangsprüfer (Prüflampe oder Ohmmeter) an der Zu- und Ableitung des Schalters anschließen, dazu Kabel am Schalter abziehen. **Achtung:** Schalter, die im Motorblock eingeschraubt sind, haben in der Regel kein Massekabel, da das Schaltergehäuse über den Motorblock als Massepol dient.
- Bei geschlossenem Schalter muß der Durchgangsprüfer Durchgang anzeigen. Am besten ist ein Ohmmeter als Durchgangsprüfer: Bei geschlossenem Schalter muß es 0Ω, bei geöffnetem Schalter ∞Ω (unendlich) anzeigen.
- Die Funktionsfähigkeit etwa der Kühlmittel- oder Bremsflüssigkeitsstand-Warnschalter läßt sich am schnellsten prüfen, indem bei eingeschalteter Zündung die Zuleitung am Schalter abgezogen wird und an eine gute Massestelle, zum Beispiel gegen den Motorblock, gehalten wird. Spricht die Warnlampe im Schalttafeleinsatz jetzt an, liegt der Fehler am Schalter.
- Ein Sonderfall ist der Öldruckschalter: Bei stehendem Motor ist der Kontakt geschlossen (Warnlampe brennt), erst bei einem bestimmten Öldruck öffnet der Schalter.

# Relais prüfen

In vielen Stromkreisen ist ein Relais integriert. Ein Schaltrelais arbeitet wie ein Schalter. Beispiel: Wenn das Fernlicht über den Handschalter eingeschaltet wird, bekommt das Relais den Befehl, den Strom zum Fernlicht durchzuschalten. Man könnte natürlich den Strom auch direkt über den Lichtschalter von der Batterie zum Fernlicht legen. Bei allen Verbrauchern mit hoher Stromaufnahme (Fernscheinwerfer, Scheibenwischer, Nebelscheinwerfer) schaltet man jedoch ein Relais dazwischen, um den Schalter nicht zu überlasten beziehungsweise um kurze Stromwege sicherzustellen. Neben diesen Schaltrelais gibt es auch Funktionsrelais, zum Beispiel für die Wisch-Wasch-Anlage oder das Warntonrelais für eingeschaltete Außenbeleuchtung.

### Schaltrelais prüfen

Beim Einschalten des betreffenden Verbrauchers wird das Relais angesteuert, das heißt durch den Schaltstrom zieht eine Magnetspule im Relaisinnern einen Kontakt an und schließt so den Stromkreis für den »Arbeitsstrom«. Der Arbeitsstrom läuft über das Relais zum Stromverbraucher weiter.

Am einfachsten läßt sich die Funktionsfähigkeit eines Relais prüfen, wenn man es gegen ein intaktes auswechselt. So macht man es auch in der Werkstatt. Da dem Heimwerker jedoch in den seltensten Fällen ein neues Relais sofort zur Verfügung steht, empfiehlt sich folgender Arbeitsschritt bei den sogenannten Schaltrelais, wie sie unter anderem zum Schalten von Nebel- und Hauptscheinwerfern verwendet werden. Die hier angegebenen Klemmenbezeichnungen können vor allem bei den serienmäßig eingebauten Relais auch anders lauten.

- Relais aus der Halterung herausziehen.
- Zündung und entsprechenden Schalter einschalten.
- Zuerst mit Spannungsprüfer feststellen, ob an Klemme 30 (+) im Relaishalter Spannung anliegt. Dazu Spannungsprüfer an Masse (−) anschließen und die andere Kontaktspitze vorsichtig in Klemme 30 einführen. Wenn die Leuchtdiode des Spannungsprüfers aufleuchtet, ist Spannung vorhanden. Zeigt der Spannungsprüfer keine Spannung an, Unterbrechung vom Batterie-Pluspol (1) zu Klemme 30 aufspüren lassen.
- Leitungsbrücke aus einem Stück isoliertem Draht herstellen, die Enden müssen blank sein.
- Mit dieser Brücke im Relaishalter die Klemme 30 (Batterie +, führt immer Spannung) mit dem Ausgang des Relais-Schließers Klemme 87 verbinden. Mit diesem Arbeitsschritt wird praktisch genau das getan, was ein intaktes Relais auch vornimmt. Wo sich die Klemmen im Relaishalter befinden, ist auf dem Relais beziehungsweise am Steckkontakt aufgeführt.
- Wenn bei eingesetzter Brücke zum Beispiel das Fernlicht aufleuchtet, kann man davon ausgehen, daß das Relais defekt ist.

- Wenn das Fernlicht nicht aufleuchtet, klären, ob die Masseverbindung zum Scheinwerfer intakt ist. Dann Unterbrechung in der Leitungsführung von Klemme 87 zum Hauptscheinwerfer aufspüren und beheben lassen.
- Falls erforderlich, neues Relais einsetzen.

**Achtung:** Falls ein Fehler nur zeitweise in einem Stromkreis auftritt, der mit einem Relais bestückt ist, dann liegt der Defekt in der Regel im Relais. Und zwar bleibt dann ein Kontakt im Relais ab und zu kleben, während das Relais in der übrigen Zeit einwandfrei funktioniert. Bei Auftreten des Fehlers leicht gegen das Relaisgehäuse klopfen. Wenn das Relais daraufhin durchschaltet, Relais ersetzen.

## Elektrische Anlage in der E-Klasse

### Systemintegration

Die vielfältigen Aufgaben der Bordelektronik zwingen die Konstrukteure dazu, die unterschiedlichsten Steuerungssysteme ineinander zu integrieren. Es wird dabei zwischen unterschiedlichen Qualitäten der Integration unterschieden:

### Räumliche Anordnung

Die elektronischen Steuergeräte sind zum Großteil in einer **Steuergerätebox** angeordnet, und zwar in Fahrtrichtung gesehen rechts an der Motorraum-Stirnwand. Zur Kühlung und als Staubschutz wird durch einen Lüfter Luft im Handschuhfachbereich angesaugt und in die Steuergerätebox gefördert. Von dort gelangt die Luft wieder in den Fahrzeug-Innenraum.

In der Box befinden sich folgende Steuergeräte: Das Zentralsteuergerät, die Steuergeräte für Motorelektronik, Automatikgetriebe, Kombifunktionen, je nach Ausstattung für Antriebssteuerungen wie ASR/ESP (Antriebsschlupfregelung/Elektronisches Stabilitätsprogramm), Parameterlenkung sowie ein Relaismodul. Funktionsbeschreibungen ASR/ESP/Parameterlenkung, siehe Seiten 126/132.

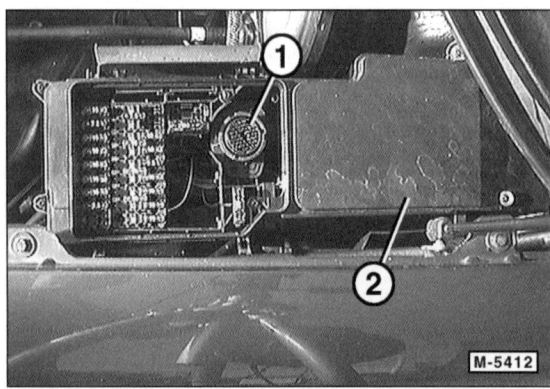

Links im Motorraum sitzt eine **Sicherungs- und Relaisbox**, in der sich auch der Diagnoseanschluß –1– befindet. An diesem kann in der Werkstatt über einen Computer der Fehlerspeicher abgefragt und gelöscht werden, außerdem können auch Einstellungen an den elektrischen Systemen vorgenommen werden. Eine Takteinheit sitzt seitlich an Stelle –2– in der Sicherungs- und Relaisbox, bei entsprechender Fahrzeugausstattung auch das ADS-Steuergerät (ADS: Adaptives Dämpfungssystem).

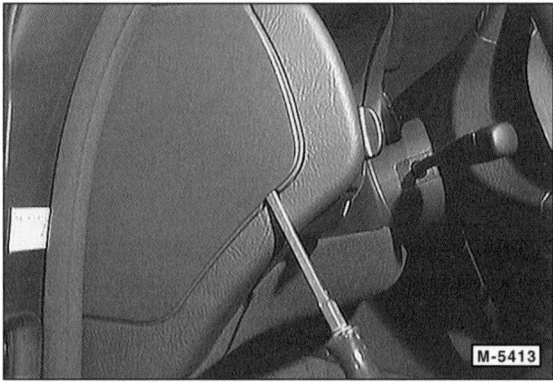

Die Sicherungen vom **Lichtschaltermodul** befinden sich unter einer Abdeckung links an der Armaturentafel, dazu Abdeckung ausheben. Eine weitere Sicherungsstation befindet sich unter der Rücksitzbank, hinter der Fahrzeugbatterie.

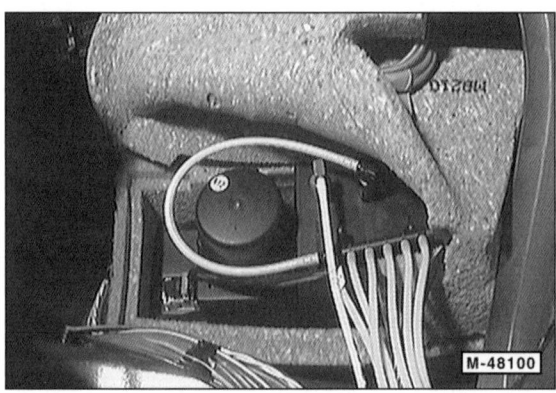

Unter der Rücksitzbank befindet sich auch die **pneumatische Steuereinheit**. An der pneumatischen Steuereinheit sitzen unter anderem das Relais der heizbaren Heckscheibe sowie das Steuergerät der Einbruch- und Diebstahl-Warnanlage.

Empfangs- und Steuergeräte für die Infrarot-Fernbedienung befinden sich im Innenspiegel-Gehäuse und hinter dem Schalttafeleinsatz.

### Funktionen und Vernetzung

Die **Pneumatische Steuereinheit** versorgt die Unter-/Überdrucksysteme wie Zentralverriegelung, Kopfstützenabklappung, je nach Fahrzeugausstattung auch Multikontursitz, Heckdeckel-Fernöffnung und Diesel-Saugrohr mit Unter- beziehungsweise Überdruck.

Das **Steuergerät für Kombifunktionen** ist nach Fahrzeugausstattung und Einsatzland programmierbar und enthält einen Speicher für auftretende Fehler. Es steuert in Vernetzung mit der Pneumatischen Steuereinheit folgende Funktionen: Zentralverriegelung, Kopfstützen hinten abklappen, Heckdeckel öffnen.

Außerdem sind im Steuergerät für Kombifunktionen folgende Funktionen integriert: Komfortschließung und Komfortrelais der Zentralverriegelung, Blinklicht, Wischersteuerung, Wischerrelais, Zeitfunktionsrelais, Steuerungen von: Fensterheber, Außenspiegelverstellung und Lenkradverstellung-Memory, Schiebe-Hebe-Dach, Innenbeleuchtung, Ausstiegsleuchten, Schaltersignale Heckscheibenheizung, Restwärmeausnutzung, Innenschalter Zentralverriegelung.

Im **Lichtschaltermodul** sind die elektronische Überwachung der Außenbeleuchtung, der Lichtdrehschalter und die Sicherungen für die Beleuchtung zusammengefaßt.

Die Steuergeräte kommunizieren über einen sogenannten CAN-Datenbus miteinander CAN ist die Abkürzung für **Co**ntrolled **A**rea **N**etwork und bedeutet, daß die Steuergeräte in einem Netzwerk miteinander kommunizieren. Datenübertragungen zwischen den einzelnen Steuergeräten finden über einen einzigen Kanal statt, wodurch weniger Kabel im Fahrzeug eingebaut werden können. Außerdem können beispielsweise Informationen von Sensoren mehrfach genutzt werden. Zum Beispiel kann die Information »geöffnete Tür« zur Innenlichtsteuerung und auch zur Alarmauslösung bei unbefugter Öffnung benutzt werden.

## Scheibenwischermotor prüfen

Der Scheibenwischermotor sitzt im Wasserkasten unterhalb der Windschutzscheibe. Zum Prüfen muß die jeweilige Abdeckung demontiert werden.

**Klemmenbezeichnungen**

Die Klemmen am Motor sind genormt:

■ Klemme **31** ist der Masseanschluß (allgemein in der Fahrzeugelektrik).

■ Klemme **53** erhält Spannung für die erste Wischergeschwindigkeit.

■ Klemme **53 a** liefert Plusstrom (+) für die Wischer-Endabstellung: Der Motor erhält über einen Schleifkontakt so lange Spannung, bis die Wischer in Ruhestellung gelaufen sind, wenn der Fahrer den Scheibenwischer ausschaltet.

■ Klemme **53 b** führt die Spannung für die zweite Wischergeschwindigkeit (Nebenschlußwicklung).

■ Über Klemme **53 e** wird der Wischermotor beim Zurücklaufen nach dem Abschalten abgebremst, damit der Wischer nicht über seine Parkstellung hinausläuft.

■ Nicht überall vorhanden: Klemme **53 c** führt zur elektrischen Scheibenwaschpumpe.

**Wischermotor prüfen**

Zunächst klären, ob der Wischermotor oder die Stromversorgung defekt ist. Dazu folgendermaßen vorgehen:

● Mehrfachstecker am Wischermotor abziehen.

**Hinweis:** Da sich die Batterie unter dem Rücksitz befindet, ist im Motorraum ein Plus-Stützpunkt vorhanden, der beispielsweise auch zur Starthilfe benutzt werden kann. Zur Prüfung des Scheibenwischermotors das Pluskabel (+) an den Plus-Stützpunkt anschließen, Massekabel (–) an eine gute Massestelle, beispielsweise Motorblock, anschließen.

● Mit 2 Hilfskabeln Spannung und Masse an den Wischermotor anlegen:
  ◆ Pluskabel (+) zu Klemme **53** oder **53 b** verlegen.
  ◆ Massekabel (–) vom Batterie-Minuspol zu Motor-Klemme **31** führen.

● Der Scheibenwischermotor muß jetzt je nach benutzter Klemme auf Stufe I oder II laufen. Wenn nicht, ist der Motor oder die entsprechende Stufe defekt. Wischermotor ausbauen, siehe Seite 227.

## Heizbare Heckscheibe prüfen

Bei eingeschalteter Heckscheibenheizung muß das Feld mit den sichtbaren Leiterbahnen nach einiger Zeit frei von Beschlag oder Eis sein.

● Bei Störungen zuerst Sicherung im Sicherungskasten überprüfen.

● Ist die Sicherung in Ordnung, Heckklappenverkleidung ausbauen und festen Sitz der Kabelstecker links und rechts an der Heckscheibe überprüfen, gegebenenfalls von Korrosion reinigen.

● Funktioniert die Heckscheibenheizung immer noch nicht, Zuleitungen und Schalter sowie Schaltrelais prüfen, siehe Seite 195.

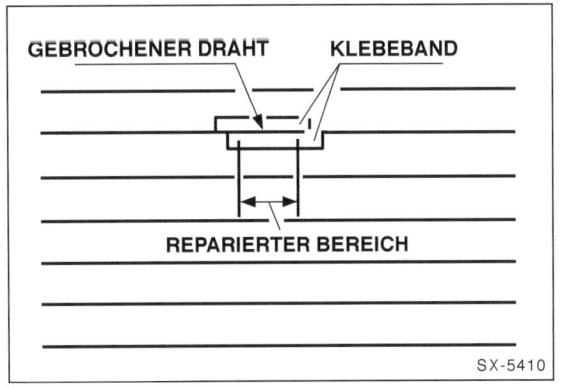

- Sind Heizfäden unterbrochen, hilft handelsüblicher Leitsilberlack zur Wiederherstellung der Verbindung. Dazu beschädigten Bereich mit Verdünner oder Ethylen reinigen.
- Unterbrochene Stelle von beiden Seiten mit Klebeband abkleben und mit einem kleinen Pinsel Silberfarbe auftragen.
- Farbe bei ca. +25° C ca. 24 Stunden trocknen lassen. Es kann auch ein Heißluftfön verwendet werden. Bei +150° C trocknet die Farbe in ca. 30 Minuten.

**Achtung:** Heckscheibenheizung nicht einschalten, bevor die Farbe ganz trocken ist. Kein Benzin oder andere Lösungsmittel zum Reinigen des beschädigten Teils verwenden.

## Hupe aus- und einbauen

In der Mitte des vorderen Stoßfängers und auf der rechten Seite hinter dem Stoßfänger ist je eine Fanfare montiert. Zur Schonung der Hupkontakte ist zwischen Betätigungsknopf und Hupe ein Relais zwischengeschaltet. Beim Betätigen der Hupe wird der Steuerstromkreis des Relais geschlossen.

### Ausbau

- **Fanfare in Stoßfängermitte:** Motorhaube öffnen. Bei Klimaanlage, Schutzgitter für Zusatzlüfter hinter Kühlergrill ausclipsen. Dazu die beiden Clips mit Kreuzschlitzschraubendreher oder mit den Fingern um 90° nach links drehen.
- **Fanfare rechts hinter Stoßfänger:** Fahrzeug aufbocken und Motorraum-Unterschutz ausbauen, siehe Seite 42.

- Anschlußstecker abziehen. Haltemutter –1– lösen und Fanfare herausnehmen.

### Einbau

- Signalhorn einsetzen und anschrauben.
- Stecker aufschieben.
- Bei linker Fanfare das Schutzgitter für Zusatzlüfter einsetzen und Befestigungsclips nach rechts drehen. Bei rechter Fanfare Motorraum-Unterschutz einbauen, siehe Seite 42.

## Sicherungen auswechseln

Um Kurzschluß- und Überlastungsschäden an den Leitungen und Verbrauchern der elektrischen Anlage zu verhindern, sind die einzelnen Stromkreise durch Schmelzsicherungen geschützt. Es werden Sicherungen verwendet, die mit Messerkontakten ausgestattet sind.

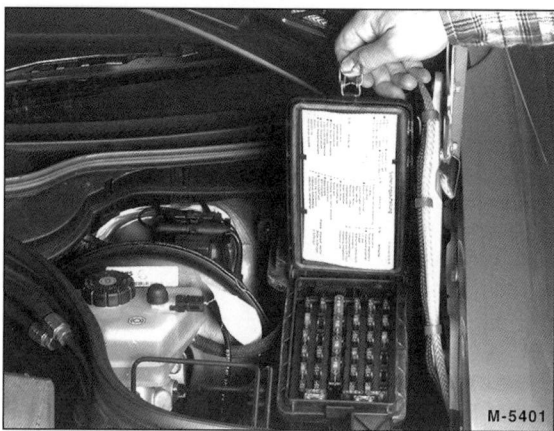

Die wichtigsten Sicherungen sind in einem Sicherungs- und Relaiskasten untergebracht, der sich links hinten im Motorraum befindet.

Weitere Sicherungen befinden sich im Zusatz-Sicherungskasten unter der Rücksitzbank.

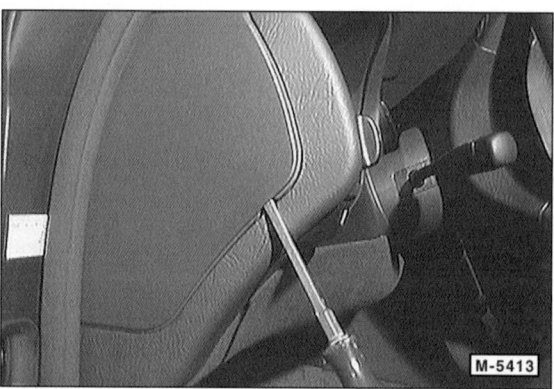

Die Sicherungen für Beleuchtung sitzen seitlich am Armaturenbrett unter einer Abdeckung.

- Vor dem Auswechseln einer Sicherung immer zuerst den betroffenen Verbraucher ausschalten.
- Deckel für Sicherungskasten abnehmen.

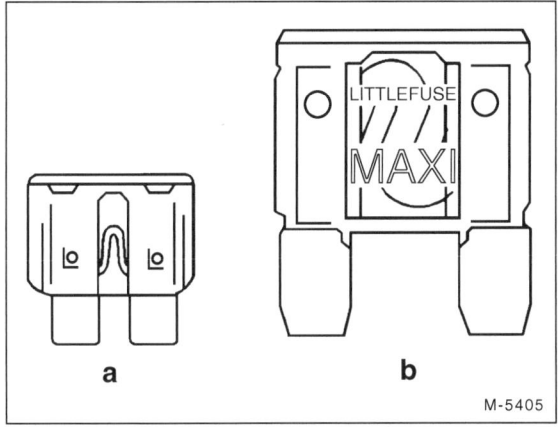

- Eine durchgebrannte Sicherung erkennt man am durchgeschmolzenen Metallstreifen. Es sind Sicherungen in 2 verschiedenen Ausführungen eingebaut. a – 7,5 bis 30 Ampere, b – 30 und 40 Ampere.

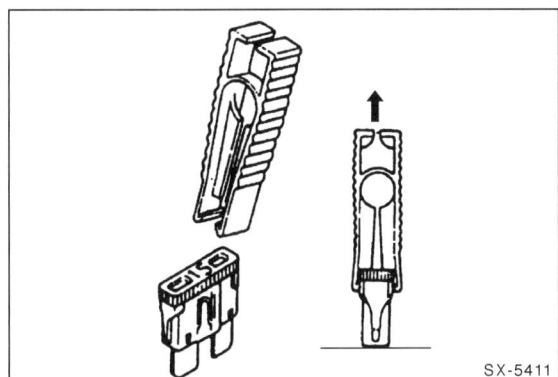

- Defekte Sicherung herausziehen. Zum Ausziehen der Sicherungen befindet sich im Bordwerkzeug eine Kunststoffpinzette.
- Neue Sicherung **gleicher Sicherungsstärke** einsetzen. Die Nennstromstärke der Sicherung ist auf der Rückseite des Griffes aufgedruckt. Außerdem hat der Griff bei den Sicherungen –a– eine Kennfarbe, an der ebenfalls die Nennstromstärke zu erkennen ist.

| Nennstromstärke Ampere | Kennfarbe Standardsicherung |
|---|---|
| 7,5 | braun |
| 10 | rot |
| 15 | blau |
| 20 | gelb |
| 30 | grün |

- Sicherungskasten-Abdeckung wieder aufsetzen.
- Brennt eine neu eingesetzte Sicherung nach kurzer Zeit wieder durch, muß der entsprechende Stromkreis überprüft werden.
- Auf keinen Fall Sicherung durch Draht oder ähnliche Hilfsmittel ersetzen, weil dadurch ernste Schäden an der elektrischen Anlage auftreten können.

- Es ist empfehlenswert, stets einige Ersatzsicherungen im Wagen mitzuführen. Zur Aufbewahrung befinden sich im Hauptsicherungskasten entsprechende Halterungen.

**Hinweis:** Die Sicherungsbelegung ist abhängig von der Ausstattung und vom Baujahr des Fahrzeuges. Die aktuelle Belegung der Sicherungen befindet sich im Deckel vom jeweiligen Sicherungskasten.

## Batterie aus- und einbauen

Die Batterie befindet auf der rechten Fahrzeugseite unter der Rücksitzbank.

> **Hinweis:** Wird die Autobatterie ersetzt, unbedingt die Altbatterie zum Händler mitnehmen und zurückgeben. Sonst muß Pfand für die neue Batterie bezahlt werden.

**Achtung:** Die Batterie darf **nur bei ausgeschalteter Zündung abgeklemmt werden**, da sonst das Steuergerät der Einspritzanlage beschädigt wird.

Durch das Abklemmen der Batterie werden im Fahrzeug folgende elektronische Speicher gelöscht:

- Fehlerspeicher von elektronischen Systemen, beispielsweise Motor- und Getriebesteuerung oder Antiblockiersystem, werden gelöscht. Vor dem Abklemmen gegebenenfalls Fehlerspeicher von einer Fachwerkstatt abrufen lassen. Wurde die Batterie jedoch abgeklemmt und die gleichen Fehler treten während einer anschließenden Fahrt wieder auf, werden sie wieder im Speicher abgelegt. Auch andere ständig im Eingriff befindliche Geräte (zum Beispiel Radio und Zeituhr) werden beim Abklemmen der Batterie stillgelegt.

- Bei Autoradios mit Anti-Diebstahl-Codierung werden der Keycode für die Diebstahlsicherung, bei allen Radios auch die eingestellten Sender gelöscht. Ist der Code nicht bekannt, kann nur der Radiohersteller oder beim serienmäßig eingebauten Radio eine MERCEDES-BENZ-Werkstatt das Autoradio wieder in Betrieb nehmen, siehe auch Seite 223.

Damit diese Speicher nicht gelöscht werden, verwendet die Werkstatt ein sogenanntes Ruhestromerhaltungsgerät, zum Beispiel von der Firma HANS ZEHETER, München, Modell »CMP 12.2«. Dieses Gerät wird vor dem Abklemmen der Batterie nach Herstelleranweisung angeschlossen.

- Steht das »Ruhestromerhaltungsgerät« nicht zur Verfügung, sollte vor dem Abklemmen der Batterie ein eventuell vorhandener Keycode für die Radio-Diebstahlsicherung in Erfahrung gebracht werden.

> **Sicherheitshinweis:**
> Batterien enthalten Säure und giftige Substanzen, diese dürfen nicht in den Hausmüll gelangen. Altbatterien beim Kauf einer Batterie abgeben oder auf die Sondermülldeponie bringen. Gemeinde- und Stadtverwaltungen informieren darüber, wo sich die nächste Annahmestelle befindet.

**Ausbau**

- Der Zündschlüssel darf nicht eingesteckt sein.
- **Stufenheck-Modell:** Rücksitzbank ausbauen, siehe Seite 184.
- **T-Modell:** Rücksitzbank nach vorn klappen.

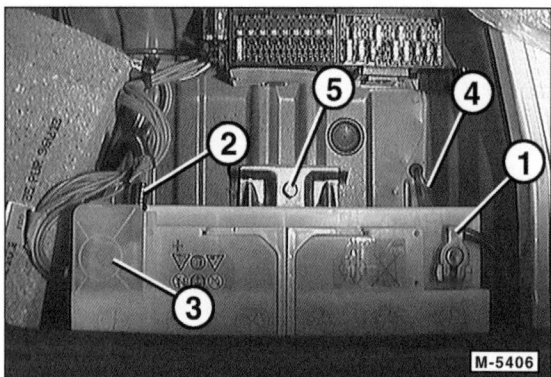

- Batteriekabel abklemmen, zuerst Massekabel –1– (–), dann Pluskabel –2– (+), dazu Abdeckung –3– hochklappen.
- Kabelklemme für Massekabel sicherheitshalber mit Isolierband umwickeln, damit ein versehentlicher Kontakt mit der Batterie ausgeschlossen ist.
- Gasungsleitung –4– an der Batterie abziehen.
- Schraube –5– für Halteplatte am Batteriefuß abschrauben. Halteplatte herausnehmen. Batterie herausheben.

**Einbau**

- Vor dem Einbau Batteriepole blank kratzen, geeignet ist dazu eine Messingdrahtbürste. Zur Verhinderung von Korrosion beide Pole mit Vaseline oder speziellem Säureschutzfett bestreichen.
- Batterie einsetzen. Halteplatte ansetzen und festschrauben.
- **Wichtig:** Gasungsleitung an der Batterie aufschieben.

**Sicherheitshinweis:**
Wird die Gasungsleitung nicht aufgeschoben, kann sich im Betrieb durch Laden/Entladen der Batterie Knallgas unter der Rücksitzbank ansammeln. Explosionsgefahr!

- Pluskabel am Pluspol (+), dann Massekabel am Minuspol (–) anklemmen. **Achtung:** Batterie nur bei **ausgeschalteter Zündung** anklemmen, sonst kann das Steuergerät der Einspritzanlage beschädigt werden. Durch eine falsch angeschlossene Batterie können erhebliche Schäden am Generator und an der elektrischen Anlage entstehen.

**Achtung:** Auf einwandfreie Masseanschlüsse und saubere Kontakte achten. Hohe Übergangswiderstände führen, insbesondere beim Starten, zu einer Überlastung der elektronischen Steuergeräte und können im Extremfall sogar deren Zerstörung bewirken.

- Abdeckung für Pluspol zuklappen und einrasten.

- Rücksitzbank zurückklappen beziehungsweise einbauen, siehe Seite 184.
- Zeituhr einstellen. Falls eine Standheizung eingebaut ist, auch Uhrzeit an der Standheizung einstellen.
- Diebstahlcode für Radio eingeben, siehe Radio-Bedienungsanleitung.
- Generatorspannung prüfen, siehe Seite 205.

**Hinweis:** Eine zu hohe Ladespannung des Generators kann die Ursache für den Ausfall der bisherigen Batterie gewesen sein und, falls der Fehler weiter besteht, die neue Batterie schädigen.

- **Fahrzeuge mit ADS (Adaptives Dämpfungssystem) oder ESP (Elektronisches Stabilitätsprogramm):** Motor starten und im Leerlauf laufenlassen. Lenkrad bis zum Anschlag nach links, dann bis zum Anschlag nach rechts einschlagen. ADS/ESP, siehe Seite 116/131.

**Hinweis:** Beim Abklemmen der Batterie schaltet das Steuergerät für ADS oder ESP auf Störung, die Kontrolleuchte im Schalttafeleinsatz leuchtet auf. Durch das Einschlagen der Lenkung in beide Richtungen wird der Lenkwinkelsensor aktiviert, die Kontrolleuchte erlischt.

## Hinweise zur wartungsarmen Batterie

Serienmäßig ist das Fahrzeug mit einer wartungsarmen Batterie ausgestattet. Bei dieser Batterie muß nur selten im Rahmen der Wartung destilliertes Wasser nachgefüllt werden, dennoch sind einige Wartungspunkte zu beachten.

- Zum Laden können die normalen Ladegeräte verwendet werden. Die Batterie darf auch mit einem Schnellladegerät geladen werden. Der Ladestrom soll zwischen 3 und 25 Ampere liegen; die Ladespannung zwischen 14 und 15,5 Volt.
- Batterie nur im Freien oder in gut belüfteten Räumen laden.
- Bei zu niedrigem Säurestand, zum Beispiel durch längeren Aufenthalt in heißen Regionen, destilliertes Wasser nachfüllen, siehe Kapitel »Wartung«.
- Wird das Fahrzeug länger als 6 Wochen stillgelegt, Batterie ausgebaut und geladen lagern. Die günstigste Lagertemperatur liegt zwischen 0° C und +27° C. Bei diesen Temperaturen hat die Batterie die günstigste Selbstentladungsrate. Spätestens nach 3 Monaten Batterie erneut aufladen, da sie sonst unbrauchbar wird.
- Batteriepole regelmäßig reinigen und mit Vaseline oder Bosch-Polfett einreiben.
- Starthilfegeräte dürfen nur ausnahmsweise verwendet werden, da die Batterie hierdurch kurzfristig einer sehr hohen Stromstärke ausgesetzt wird. Länger gelagerte Batterien sollten nicht mit einem Schnellladegerät aufgeladen werden.

**Achtung:** Starthilfegerät nicht einschalten, ohne gleichzeitig den Anlasser zu betätigen.

# Batterie laden

Die mit ■ gekennzeichneten Positionen entfallen bei der serienmäßig eingebauten wartungsarmen Batterie. Hinweise zur wartungsarmen Batterie beachten.

**Achtung: Der Motor darf nicht bei abgeklemmter Batterie laufen, da sonst die elektrische Anlage beschädigt wird.**

> **Sicherheitshinweis:**
> Batterie niemals kurzschließen, das heißt Plus- (+) und Minuspol (–) dürfen nicht verbunden werden. Bei Kurzschluß erhitzt sich die Batterie und kann platzen. Nicht mit offener Flamme in Batterie leuchten. Batteriesäure ist ätzend und darf nicht in die Augen, auf die Haut oder die Kleidung gelangen, gegebenenfalls mit viel Wasser abspülen.

- Die Batterie kann auch in eingebautem Zustand geladen werden, vorher jedoch Masse- (–) und Pluskabel (+) abklemmen. **Achtung:** Dadurch werden aus dem Speicher des elektronischen Einspritz-Steuergerätes »Betriebswerte« und aus dem Speicher des Radios der Keycode für die Diebstahlsicherung sowie die eingestellten Sender gelöscht. Vor dem Abklemmen daher unbedingt Hinweise im Kapitel »Batterie aus- und einbauen« durchlesen.

- Vor dem Laden Säurestand prüfen, gegebenenfalls destilliertes Wasser nachfüllen.

- Gefrorene Batterie vor dem Laden auftauen. Eine geladene Batterie friert bei ca. –65° C, eine halbentladene bei ca. –30° C und eine entladene bei ca. –12° C.

- ■ Stopfen aus der Batterie herausschrauben oder mit kleinem Schraubendreher herausheben und leicht auf die Öffnungen legen. Dadurch werden Säurespritzer auf dem Lack vermieden, während die beim Laden entstehenden Gase entweichen können.

> **Sicherheitshinweis:**
> Batterie nur in gut belüftetem Raum laden. Beim Laden der eingebauten Batterie die Rücksitzbank hochgeklappt lassen. Die Gasungsleitung muß ordnungsgemäß angeschlossen sein.

- Pluspol (+) der Batterie mit Pluspol, Minuspol (–) der Batterie mit Minuspol des Ladegerätes verbinden.

- Die Säuretemperatur darf während des Ladens +55° C nicht überschreiten, gegebenenfalls Ladung unterbrechen oder Ladestrom herabsetzen.

- Wenn die Batterie zu lange Zeit entladen war, kann sie nicht mehr vollständig beziehungsweise gar nicht mehr aufgeladen werden. In diesem Fall Batterie mit ganz geringem Ladestrom über einen längeren Zeitraum laden und anschließend Säuredichte prüfen.

- ■ Bei der Normalladung beträgt der Ladestrom ca. 10 % der Kapazität. (Bei einer 50-Ah-Batterie also etwa 5,0 A.) Als Richtwert für die Ladezeit können dann 10 Stunden genommen werden.

- ■ So lange laden, bis alle Zellen lebhaft gasen und bei drei im Abstand von je einer Stunde aufeinanderfolgenden Messungen das spezifische Gewicht der Säure und die Spannung nicht mehr angestiegen sind.

- ■ Nach der Ladung Säurestand prüfen, gegebenenfalls destilliertes Wasser nachfüllen.

- ■ Säuredichte prüfen. Liegt der Wert in einer Zelle deutlich unterhalb der anderen Werte (z. B. 5 Zellen zeigen 1,26 g/ml und 1 Zelle 1,18 g/ml), so ist die Batterie defekt und sollte erneuert werden.

- ■ Batterie ca. 20 Minuten ausgasen lassen, dann Verschlußstopfen einschrauben oder hineindrücken.

# Batterie prüfen

### Säurestand prüfen

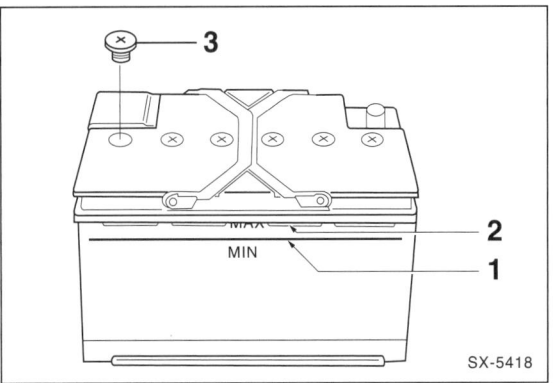

- Der Säurestand muß in den einzelnen Zellen zwischen der MIN- –1– und der MAX-Marke –2– liegen. Gegebenenfalls Batteriestopfen –3– herausschrauben und destilliertes Wasser nachfüllen.

### Spannung prüfen

Der Batterie-Zustand wird durch Messen der Spannung mit einem Voltmeter zwischen den Batteriepolen überprüft.

- Batterie äußerlich säubern.

- Für die Prüfung darf die Batterie seit mindestens 6 Stunden nicht geladen worden sein, auch nicht durch den laufenden Fahrzeugmotor. Andernfalls vor der Prüfung die Hauptscheinwerfer 30 Sekunden lang einschalten.

- Scheinwerfer sowie alle anderen Stromverbraucher ausschalten und 5 Minuten warten.

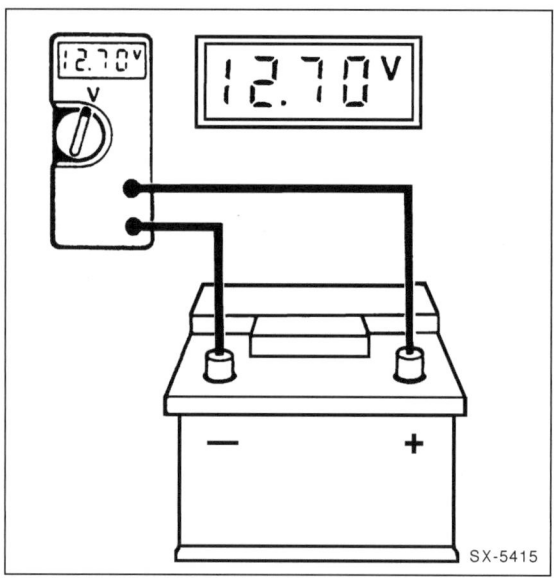

- Voltmeter an die Batteriepole anschließen und Spannung messen.

   **Beurteilung:**
   12,7 Volt oder darüber = Batterie in gutem Zustand
   12,6 Volt = normal
   12,4 Volt oder darunter = Batterie in schlechtem Zustand, Batterie laden oder ersetzen

**Batterie unter Belastung prüfen**

- Voltmeter an den Polen der Batterie anschließen.
- Motor starten und Spannung ablesen.
- Während des Startvorganges darf bei einer voll geladenen Batterie die Spannung nicht unter 10 Volt (bei einer Säuretemperatur von ca. +20° C) abfallen.
- Bricht die Spannung sofort zusammen und wurde in den Zellen eine unterschiedliche Säuredichte festgestellt, so ist auf eine defekte Batterie zu schließen.

**Säuredichte prüfen**

Die Säuredichte ergibt in Verbindung mit einer Spannungsmessung genauen Aufschluß über den Ladezustand der Batterie. Zur Prüfung der Säuredichte dient ein Säureheber, zum Beispiel HAZET 4650-1. Die Temperatur der Batteriesäure muß für die Prüfung mindestens +10° C betragen.

- Zündung ausschalten.
- Verschluß-Stopfen herausdrehen beziehungsweise Verschluß-Leiste mit Schraubendreher vorsichtig aufhebeln.

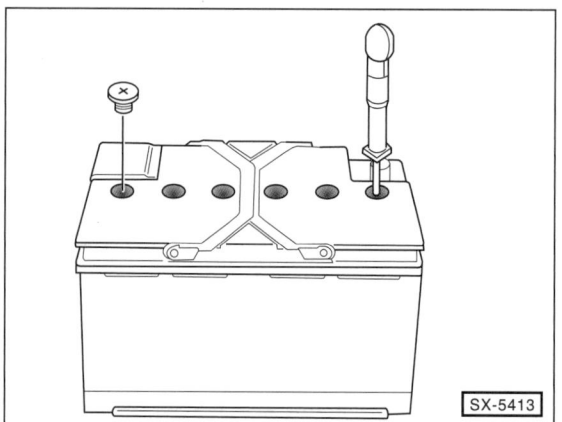

- Säureheber in eine der Batteriezellen eintauchen und soviel Säure ansaugen, bis der Schwimmer frei in der Säure schwimmt.
- Je größer das spezifische Gewicht (Säuredichte) der angesaugten Batteriesäure ist, desto mehr taucht der Schwimmer auf.

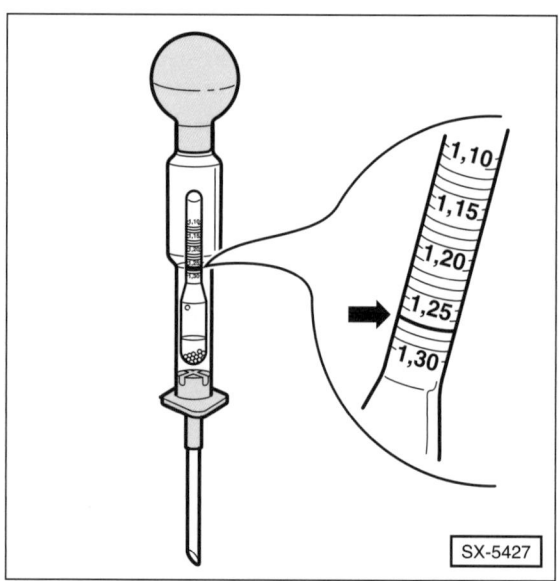

- An der Skala kann man die Säuredichte in spezifischem Gewicht (g/ml) oder Baumégrad (+°Bé) ablesen. Die Säuredichte muß mindestens 1,24 g/ml betragen. Ist die Säuredichte zu gering, Batterie laden.

| Ladezustand | +°Bé | g/ml |
|---|---|---|
| entladen | 16 | 1,12 |
| halb entladen | 24 | 1,20 |
| gut geladen | 30 | 1,28 |

- Nacheinander jede Batteriezelle prüfen, alle Zellen müssen die gleiche Säuredichte (maximale Differenz 0,04 g/ml) haben. Bei größeren Differenzen ist die Batterie wahrscheinlich defekt.
- Verschluß-Stopfen wieder eindrehen beziehungsweise Verschluß-Leiste aufdrücken.

## Batterie lagern

- Um die Alterung der Batterie zu vermeiden, gelagerte Batterie etwa alle 2 Monate nachladen.

Batterien, die längere Zeit unbenutzt waren (zum Beispiel Fahrzeug stillgelegt), entladen sich selbst und können darüber hinaus sulfatiert sein. Wenn diese Batterien mit einem Schnelladegerät geladen werden, nehmen sie keinen Ladestrom auf oder werden durch sogenannte Oberflächenladung zu früh als »voll« ausgewiesen. Sie sind anscheinend defekt.

Bevor diese Batterien als defekt angesehen werden, sind sie zu prüfen:

- Säuredichte prüfen. Weicht die Säuredichte in allen Zellen nicht mehr als 0,04 g/ml voneinander ab, so ist die Batterie mit einem Normalladegerät zu laden.
- Batterie nach der Ladung durch eine Belastungsprüfung testen. Wenn sie die Sollwerte nicht erreicht, ist sie defekt.
- Weicht die Säuredichte in einer oder in zwei benachbarten Zellen merklich nach unten ab (zum Beispiel 5 Zellen zeigen 1,16 g/ml und eine Zelle 1,08), hat die Batterie einen Kurzschluß und ist defekt.

## Batterie entlädt sich selbständig

Je nach Fahrzeugausstattung addiert sich zur natürlichen Selbstentladung der Batterie auch die Stromaufnahme der verschiedenen Steuergeräte im Ruhezustand. Daher sollte die Batterie in einem abgestellten Fahrzeug spätestens alle 6 Wochen nachgeladen werden. Wenn der Verdacht auf Kriechströme besteht, Bordnetz nach folgender Anleitung prüfen:

- Zur Prüfung geladene Batterie verwenden.

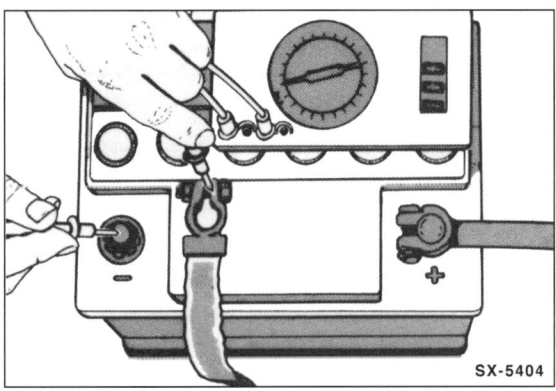

- Am Amperemeter (Meßbereich von 0–5 mA und 0–5 A) den höchsten Meßbereich einstellen. Massekabel (–) von der Batterie abklemmen. **Achtung:** Dadurch werden Fehlerspeicher von elektronischen Systemen und aus dem Speicher des Radios der Keycode für die Diebstahlsicherung sowie die eingestellten Sender gelöscht. Vor dem Abklemmen daher unbedingt Hinweise im Kapitel »Batterie aus- und einbauen« durchlesen.

- Amperemeter zwischen Batterie-Minuspol (–) und Massekabel (–) schalten. Amperemeter-Plus- (+) Anschluß an Massekabel (–) und Amperemeter-Minus-Anschluß an Batterie-Minuspol (–).

**Achtung:** Die Prüfung kann auch mit einer Prüflampe durchgeführt werden. Leuchtet die Lampe zwischen Masseband und Minuspol der Batterie jedoch nicht auf, ist auf jeden Fall ein Amperemeter zu verwenden.

- Alle Verbraucher ausschalten, vorhandene Zeituhr (und andere Dauerverbraucher) abklemmen, Türen schließen.
- Vom Amperebereich solange auf den Milliamperebereich zurückschalten, bis eine ablesbare Anzeige erfolgt (1–3 mA sind zulässig).
- Durch Herausnehmen der Sicherungen nacheinander die verschiedenen Stromkreise unterbrechen. Wenn bei einem der unterbrochenen Stromkreise die Anzeige auf Null zurückgeht, ist hier die Fehlerquelle zu suchen. Fehler können sein: korrodierte und verschmutzte Kontakte, durchgescheuerte Leitungen, interner Schluß in Aggregaten.
- Wird in den abgesicherten Stromkreisen kein Fehler gefunden, so sind die Leitungen an den nicht abgesicherten Aggregaten, wie Generator und Anlasser, abzuziehen.
- Geht beim Abklemmen von einem der ungesicherten Aggregate die Anzeige auf Null zurück, betreffendes Bauteil überholen oder austauschen. Bei Stromverlust in Anlasser- oder Zündanlage immer auch den Zünd-Anlaßschalter prüfen (Werkstattarbeit).
- Batterie-Massekabel (–) anklemmen.
- Zeituhr einstellen.
- Diebstahlcode für Radio eingeben.

## Störungsdiagnose Batterie

| Störung | Ursache | Abhilfe |
|---|---|---|
| Abgegebene Leistung ist zu gering, Spannung fällt stark ab. | Batterie entladen. | ■ Batterie nachladen. |
| | Ladespannung zu niedrig. | ■ Spannungsregler prüfen, ggf. austauschen. |
| | Anschlußklemmen lose oder oxydiert. | ■ Anschlußklemmen reinigen und besonders Unterseite mit Säureschutzfett oder Vaseline leicht einfetten, Befestigungsschrauben anziehen. |
| | Masseverbindungen Batterie-Motor-Karosserie sind schlecht. | ■ Masseverbindung überprüfen, ggf. metallische Verbindungen herstellen oder Schraubverbindungen festziehen. Korrodierte durch verzinnte Schrauben ersetzen. |
| | Zu große Selbstentladung der Batterie durch Verunreinigung der Batteriesäure. | ■ Batterie austauschen. |
| | Evtl. Batterie sulfatiert (grauweißer Belag auf den Plus- und Minusplatten). | ■ Batterie mit kleinem Strom laden, damit sich der Belag langsam zurückbildet. Falls nach wiederholter Ladung und Entladung die abgegebene Leistung immer noch zu gering ist, Batterie austauschen. |
| | Batterie verbraucht, aktive Masse der Platten ausgefallen. | ■ Batterie austauschen. |
| Nicht ausreichende Ladung der Batterie. | Fehler an Generator, Spannungsregler oder Leitungsanschlüssen. | ■ Generator und Spannungsregler überprüfen, instand setzen bzw. austauschen. |
| | Keilrippenriemen locker, Spannvorrichtung defekt. | ■ Spannvorrichtung prüfen, ggf. Keilrippenriemen ersetzen. |
| | Zu viele Verbraucher angeschlossen. | ■ Stärkere Batterie einbauen; evtl. auch leistungsstärkeren Generator verwenden. |
| Geruch nach faulen Eiern. | Spannungsregler am Generator defekt. Batterie wird zu stark geladen und beginnt zu gasen. Dabei bildet sich Schwefelwasserstoff ($H_2S$). | ■ Ladespannung bzw. Spannungsregler des Generators prüfen, ggf. Spannungsregler ersetzen. |
| Säurestand zu niedrig. | Überladung, Verdunstung (besonders im Sommer). | ■ Destilliertes Wasser bis zur vorgeschriebenen Höhe nachfüllen (bei geladener Batterie). |
| Säuredichte zu niedrig. | Batterie entladen. | ■ Batterie laden. |
| | Säuredichte in einer Zelle deutlich niedriger als in den übrigen Zellen. | ■ Kurzschluß in einer Zelle. Batterie erneuern. |
| | Säuredichte in zwei benachbarten Zellen deutlich niedriger als in den übrigen Zellen. | ■ Trennwand undicht, dadurch entsteht eine leitende Verbindung zwischen den Zellen, wodurch die Zellen entladen werden. Batterie erneuern. |
| | Kurzschluß im Leitungsnetz. | ■ Elektrische Anlage überprüfen. |

# Sicherheitshinweise bei Arbeiten am Drehstromgenerator

Je nach Modell und Ausstattung können Drehstromgeneratoren mit unterschiedlichen Leistungen eingebaut sein. Die Leistung steht auf dem Typschild am Generator. **Achtung:** Wenn nachträglich elektrisches Zubehör eingebaut wird, sollte überprüft werden, ob die bisherige Generatorleistung noch ausreicht, gegebenenfalls stärkeren Generator einbauen.

Der Drehstromgenerator wird vom Motor über den Keilrippenriemen angetrieben. Da die Batterie nur mit Gleichstrom geladen werden kann, wird der Drehstrom durch Gleichrichter in der Diodenplatte in Gleichstrom umgewandelt. Der Spannungsregler verändert den Ladestrom durch Ein- und Ausschalten des Erregerstromes, entsprechend dem Ladezustand der Batterie. Gleichzeitig hält der Regler die Betriebsspannung konstant bei ca. 14 Volt, unabhängig von der Drehzahl.

Bei Arbeiten am Drehstromgenerator sind verschiedene Punkte zu beachten, um Schäden an der Anlage zu vermeiden. Das komplette Zerlegen und Überholen des Drehstromgenerators sollte von einer Fachwerkstatt durchgeführt werden.

- Wenn eine zusätzliche Batterie (z. B. als Starthilfe) angeschlossen wird, unbedingt darauf achten, daß die Pole nicht falsch herum angeschlossen werden. Reihenfolge beachten, siehe Kapitel »Starthilfe«.
- Beim Anschließen eines Ladegerätes die Klemmen des Ladegeräts nicht vertauschen: Batterie-Plus mit Plusklemme und Minuspol beziehungsweise Fahrzeugmasse mit Minusklemme verbinden.
- Batterie nicht bei laufendem Motor abklemmen.
- Klemmen am Drehstromgenerator und am Regler niemals kurzschließen.
- Drehstromgenerator nicht umpolen.
- Beim Elektroschweißen Batterie grundsätzlich abklemmen, siehe entsprechendes Kapitel.

## Generator-Ladespannung prüfen

- Voltmeter zwischen Plus- und Minuspol der Batterie anschließen. **Achtung:** Darauf achten, daß keine Teile in den Bereich von sich drehenden Motorteilen kommen können.
- Feststellbremse betätigen, damit das Fahrzeug beim Starten des Motors nicht wegrollt. Beim Automatikgetriebe, Parksperre einlegen.
- Motor starten. Die Spannung darf beim Startvorgang bis 8 Volt (bei +20° C Außentemperatur) absinken.
- Die Ladekontrollampe muß nach dem Starten erlöschen und darf im Leerlauf und bei steigender Motordrehzahl nicht aufleuchten.
- Motordrehzahl auf 3000/min erhöhen. Die Spannung soll dann 13,0 bis 14,5 Volt betragen. Dies ist ein Beweis, daß Generator und Regler arbeiten. Die Generatorspannung (Bordspannung) muß höher als die Batteriespannung sein, damit die Batterie im Fahrbetrieb wiederaufgeladen wird.
- Regelstabilität prüfen. Dazu Fernlicht einschalten und Spannung bei 3000/min messen. Die Spannung darf nicht mehr als 0,4 Volt über dem im vorhergehenden Arbeitsgang gemessenen Wert liegen.
- Ist die Spannung zu hoch, kann davon ausgegangen werden, daß der Regler defekt ist.

**Falls die Ladespannung des Generators zu gering ist:**

- Elektrische Anschlüsse am Generator auf festen Sitz und guten Kontakt prüfen. Dazu elektrische Leitungen abschrauben und Kontaktflächen sichtprüfen. Kabelschuhe mit Unterlegscheiben anschrauben.
- Sämtliche Anschlüsse der dicken Leitung B+ vom Generator zum Pluspol der Batterie auf festen Sitz und guten Kontakt prüfen.
- Anschluß des Batterie-Massekabels an der Karosserie auf festen Sitz und guten Kontakt prüfen. Gegebenenfalls Korrosion entfernen.
- Anschlußkabel an der Batterie auf festen Sitz und guten Kontakt prüfen.
- Wurde kein Fehler gefunden, Schleifkohlen prüfen beziehungsweise Generator überholen (Werkstattarbeit).

## Generator aus- und einbauen

**Achtung:** Den Generator gibt es auch als Austauschteil. Das bedeutet, daß ein defekter Generator unter Umständen bei Kauf eines überholten oder neuen Generators vom Hersteller in Zahlung genommen wird, daher Altteil zum Händler mitnehmen.

**Ausbau**

- **Wichtig:** Batterie-Massekabel (–) bei ausgeschalteter Zündung abklemmen. **Achtung:** Dadurch werden elektronische Speicher gelöscht, wie zum Beispiel der Radiocode. Hinweise im Kapitel »Batterie aus- und einbauen« beachten.
- Kabelklemme für Batterie-Massekabel **sicherheitshalber** mit Isolierband umwickeln, damit ein versehentlicher Kontakt mit den Batteriepolen ausgeschlossen ist.
- Fahrzeug vorn aufbocken und untere Motorraumverkleidung ausbauen, siehe Seite 42.
- **Modell E290 Turbodiesel:** Ladeluftleitung zwischen Luftfilter und Turbolader ausbauen, damit der Generator erreicht werden kann. Dazu Schlauchschellen lösen, Ladeluftleitung abziehen.
- Keilrippenriemen entspannen und diesen nur vom Riemenrad des Generators abnehmen, siehe Seite 43.

### V8-Motor bis 8/97, V6-Motor (Motoren 112, 119)

- Visco-Lüfterkupplung ausbauen, siehe Seite 65.
- Generatorhalter vom Motorblock abschrauben, dabei Schraube oben links neben dem Riemenrad für Keilrippenriemen zuletzt herausdrehen.

### Alle Motoren

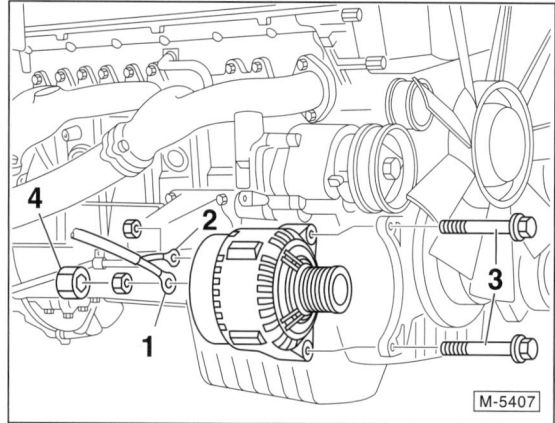

1 – Leitung Klemme 30 (B+)
2 – Leitung Klemme 61 (D+)
3 – Schrauben
4 – Berührungsschutz

- Berührungsschutz –4– am Generatoranschluß abziehen.
- Elektrische Leitungen –1– und –2– am Generator abschrauben.
- Generator mit Schrauben –3– am Halter abschrauben und herausnehmen.

### Einbau

- Generator einsetzen, Befestigungsschrauben mit **40 Nm** anziehen.
- Kabel an Klemme 30 mit **15 Nm**, an Klemme 61 mit **5 Nm** anschrauben. Berührungsschutz aufdrücken.

### V8-Motor bis 8/97, V6-Motor (Motoren 112, 119)

- Gewindebohrungen für Generatorhalter im Motorblock mit einem Gewindebohrer reinigen. Halter mit **neuen Schrauben** anschrauben. Die Schrauben sind beschichtet (microverkapselt) und selbstsichernd, daher müssen sie erneuert werden.
- Visco-Lüfterkupplung einbauen, siehe Seite 65.

### Alle Motoren

- Keilrippenriemen auflegen und spannen, siehe Seite 43.
- **Modell E290 Turbodiesel:** Ladeluftleitung an den Stutzen von Luftfilter und Turbolader aufstecken, mit Schlauchschellen befestigen.
- Motorraumverkleidung einbauen, siehe Seite 42.
- Batterie-Massekabel (–) anklemmen. Zeituhr einstellen sowie Diebstahlcode für Radio eingeben.

## Schleifkohlen für Generator/Spannungsregler ersetzen/prüfen

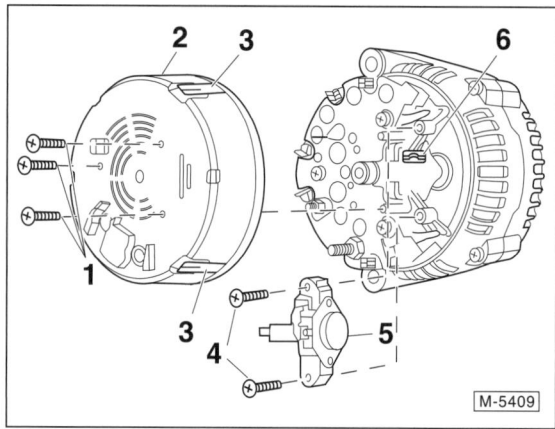

1 – Schrauben
2 – Deckel
3 – Haltenasen
4 – Schrauben
5 – Regler
6 – Massenase

Der Spannungsregler ist im Kohlebürstenhalter integriert. Die Kohlebürsten können einzeln ersetzt werden.

### Ausbau

- Generator ausbauen, siehe entsprechendes Kapitel.
- Schrauben –1– herausdrehen, Abdeckung –2– ausclipsen, dabei Haltenasen –3– auseinanderdrücken.
- Schrauben –4– herausdrehen und Regler –5– zur Seite herausnehmen.
- Kohlebürsten ersetzen, dazu Anschlußlitze auslöten.
- Schleifringe auf Verschleiß prüfen, gegebenenfalls feinstüberdrehen und polieren (Werkstattarbeit).

### Einbau

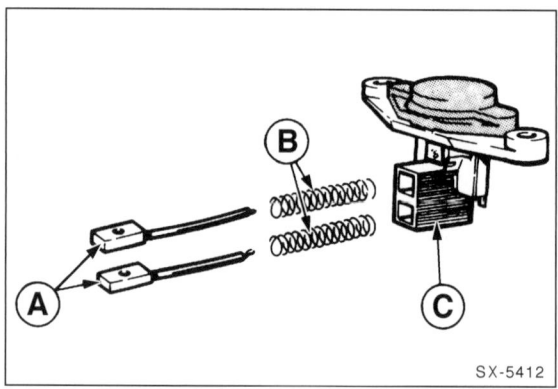

- Neue Kohlebürsten –A– und Federn –B– in den Bürstenhalter –C– einsetzen und Anschlüsse verlöten.

- Damit beim Anlöten der neuen Bürsten kein Lötzinn in der Litze hochsteigen kann, Anschlußlitze der Bürsten mit einer Flachzange fassen. **Achtung:** Durch hochsteigendes Lötzinn würden die Litzen steif und die Kohlebürsten unbrauchbar werden.
- Spannungsregler einsetzen und festschrauben. Beim Einsetzen des Reglers darauf achten, daß die Massenase –6– am Regler anliegt, siehe Abbildung M-5409.
- Nach dem Einbau neue Kohlebürsten auf leichten Lauf in den Bürstenhaltern prüfen.
- Abdeckung am Generator aufstecken und anschrauben.
- Generator einbauen, siehe Seite 205.

## Störungsdiagnose Generator

| Störung | Ursache | Abhilfe |
|---|---|---|
| Ladekontrollampe brennt nicht bei eingeschalteter Zündung. | Batterie leer. | ■ Laden. |
| | Kabel an Generator locker oder korrodiert. | ■ Kabel auf einwandfreien Kontakt prüfen, Schraube festziehen. |
| | Ladekontrollampe durchgebrannt. | ■ Ersetzen. |
| | Regler defekt. | ■ Regler prüfen, gegebenenfalls austauschen. |
| | Unterbrechung in der Leitungsführung zwischen Generator, Zündschloß und Kontrollampe. | ■ Mit Ohmmeter Spannungsversorgung prüfen (Werkstattarbeit). |
| | Steckverbindungen zwischen Gleichrichterplatte und Spannungsregler nicht gesteckt. | ■ Generator demontieren, gegebenenfalls Stecker ersetzen. |
| | Kohlebürsten liegen nicht auf dem Schleifring auf. | ■ Freigängigkeit der Kohlebürsten und Mindestlänge (5 mm) prüfen. |
| | Erregerwicklung im Generator durchgebrannt. | ■ Läufer austauschen. |
| Ladekontrollampe erlischt nicht bei Drehzahlsteigerung. | Keilrippenriemen locker. | ■ Spannvorrichtung für Keilrippenriemen prüfen. |
| | Kohlebürsten abgenutzt. | ■ Kohlebürsten sichtprüfen, gegebenenfalls austauschen. |
| | Regler defekt. | ■ Regler prüfen, gegebenenfalls austauschen. |
| | Leitung zwischen Drehstromgenerator und Regler defekt. | ■ Leitung und Kontakte prüfen, gegebenenfalls Leitungsstrang ersetzen. |
| Ladekontrollampe brennt bei ausgeschalteter Zündung. | Plusdiode hat Kurzschluß. | ■ Dioden prüfen, gegebenenfalls Diodenplatte austauschen. |
| Geruch nach faulen Eiern im Innenraum. | Spannungsregler am Generator defekt. Batterie wird zu stark geladen und beginnt zu gasen. Dabei bildet sich Schwefelwasserstoff ($H_2S$). | ■ Ladespannung bzw. Spannungsregler des Generators prüfen, ggf. Spannungsregler ersetzen. |

# Anlasser aus- und einbauen

Zum Starten des Verbrennungsmotors ist ein kleiner elektrischer Motor, der Anlasser, erforderlich. Damit der Motor überhaupt anspringen kann, muß der Anlasser den Verbrennungsmotor auf eine Drehzahl von mindestens 300 Umdrehungen in der Minute beschleunigen. Das funktioniert aber nur, wenn der Anlasser einwandfrei arbeitet und die Batterie hinreichend geladen ist.

Der Anlasser besteht aus einem Antriebs-, Pol- und Kollektorgehäuse. In dem Pol- und Kollektorgehäuse sind Anker und Kollektor gelagert sowie der Bürstenhalter. Im Bürstenhalter befinden sich Kohlebürsten, die sich zwar langsam, aber stetig abnutzen. Bei hoher Abnutzung der Kohlebürsten kann der Anlasser nicht mehr einwandfrei arbeiten.

In dem vorderen Antriebsgehäuse ist der Ritzelantrieb untergebracht. Wenn der Anlasser über den Zündanlaßschalter Spannung erhält, wird über den Magnetschalter, der auf dem Anlassergehäuse sitzt, das Ritzel auf einem Steilgewinde gegen den Zahnkranz des Motor-Schwungrades geschoben. Sobald das Ritzel bis zum Anschlag auf der Spindel vorgelaufen ist, ist es formschlüssig mit dem Schwungrad verbunden. Nun kann der Anlasser den Motor auf die erforderliche Anlaßdrehzahl bringen. Wenn der Verbrennungsmotor anläuft, wird das Ritzel vom Motor her beschleunigt, es läuft also kurzzeitig schneller als der Anlassermotor und spurt aus, wodurch die Verbindung zum Verbrennungsmotor aufgehoben ist.

Da zum Starten eine hohe Stromaufnahme erforderlich ist, ist im Rahmen der Wartung auf eine einwandfreie Kabelverbindung zu achten. Korrodierte Anschlüsse säubern und mit Polschutzfett einstreichen.

**Achtung:** Den Anlasser gibt es je nach Typ auch als Austauschteil. Das bedeutet, daß ein defekter Anlasser unter Umständen bei Kauf eines überholten oder neuen Anlassers vom Hersteller in Zahlung genommen wird, daher Altteil zum Händler mitnehmen.

## Ausbau

- **Wichtig:** Batterie-Massekabel (–) bei ausgeschalteter Zündung abklemmen. **Achtung:** Dadurch werden elektronische Speicher gelöscht, wie zum Beispiel der Radiocode. Hinweise im Kapitel »Batterie aus- und einbauen« beachten.

- Kabelklemme am Batterie-Massekabel **sicherheitshalber** mit Isolierband umwickeln, damit ein versehentlicher Kontakt mit den Batteriepolen ausgeschlossen ist.

- Fahrzeug vorn aufbocken und untere Motorraumverkleidung ausbauen, siehe Seite 42.

**V8-Motor bis 8/97, V6-Motor (Motoren 112, 119)**

- **V6-Motor:** Abschirmblech der Gelenkwelle im Bereich des Anlassers abschrauben.

- **V8-Motor:** Abschirmblech direkt am Anlasser mit 2 Schrauben abschrauben.

- Vordere Abgasrohre mit Katalysator ausbauen. Beim V6-Motor nur rechtes vorderes Abgasrohr mit Katalysator ausbauen, siehe Seite 95.

- **V8-Motor:** Rechtes vorderes Motorlager von unten abschrauben und Motor mit Kran etwas anheben, siehe auch Kapitel »Motor aus- und einbauen«.

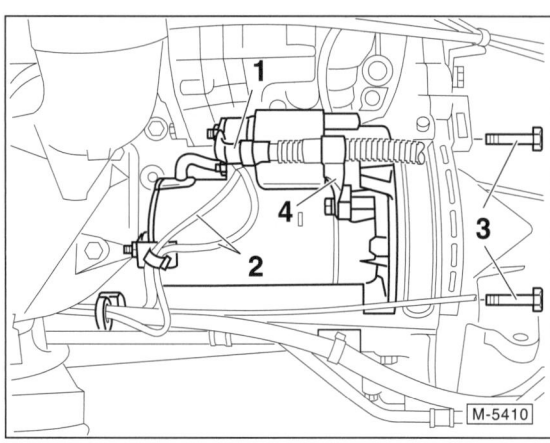

1 – Leitung Klemme 30
2 – Leitung Klemme 50
3 – Schrauben
4 – Halter

**Hinweis:** Die Abbildung zeigt den Anlasser der Reihenmotoren. V6- und V8-Motoren haben einen ähnlichen Anlasser.

- Kabel von Klemme 30 –1– und Klemme 50 –2– abklemmen.

- Kabelhalter –4– abschrauben.

- Schrauben –3– am Anlasserflansch herausschrauben.

**Achtung:** Beim V6- und V8-Motor sind zwischen Anlasser und Motorblock eine oder mehrere Distanzscheiben, außerdem ein Spritzwasserschutz zwischengelegt. Lage und Anzahl der Zwischenlagen für Wiedereinbau notieren, oder Teile geordnet ablegen.

- Anlasser nach unten herausnehmen.

## Einbau

- Anlasser einsetzen. Beim V6- und V8-Motor Distanzscheiben und Spritzwasserschutz (Lage, wie beim Ausbau notiert) zwischenlegen.

- Schrauben mit **40 Nm** festziehen.

- Kabel an Klemme 30 mit **15 Nm**, an Klemme 50 mit **5 Nm** anschrauben.

- Kabelhalter –4– einbauen.

**V8-Motor bis 8/97, V6-Motor (Motoren 112, 119)**

- **V8-Motor:** Motor ablassen und rechtes vorderes Motorlager mit richtigem Drehmoment anschrauben, siehe Seite 13.

- Abgasanlage einbauen, siehe Seite 95.

- **V6-Motor:** Abschirmblech der Gelenkwelle im Bereich des Anlassers anschrauben.

- **V8-Motor:** Abschirmblech an Anlasser anschrauben.

- Motorraumverkleidung einbauen, siehe Seite 42.

- Batterie-Massekabel (–) anklemmen. Zeituhr einstellen sowie Diebstahlcode für Radio eingeben.

# Magnetschalter prüfen/ aus- und einbauen

Bei einem Defekt des Magnetschalters wird das Ritzel im Anlasser nicht gegen den Zahnkranz des Schwungrades gezogen. Dadurch kann der Anlasser den Motor nicht durchdrehen. Dieser Defekt tritt häufiger auf, als daß der Anlassermotor selbst schadhaft ist.

### Prüfen in eingebautem Zustand

- Gang herausnehmen, Schalthebel in Leerlaufstellung.
- Prüfvoraussetzung: Batterie voll geladen.
- Fahrzeug vorn aufbocken und untere Motorraumverkleidung ausbauen, siehe Seite 42.
- Mit Hilfskabel Klemme 30 (= dickes Pluskabel) und 50 (dünnes Kabel, zum Zündschloß) am Anlasser kurz überbrücken, das Anlasserritzel muß nach vorne schnellen (klicken) und der Anlasser anlaufen. Wenn nicht, Anlasser abschrauben und im ausgebauten Zustand prüfen.

### Ausbau

- Anlasser ausbauen und Prüfung bei ausgebautem Anlasser mit einer Autobatterie wiederholen. Als Zuleitung zu Klemme 50 des Anlassers eignet sich ein Starthilfekabel. Schnellt das Ritzel nach vorne, ohne daß der Anlasser anläuft, Anlassermotor von einer Werkstatt überholen lassen.
- Schnellt das Ritzel nicht nach vorn, Magnetschalter abschrauben und ersetzen.

### Einbau

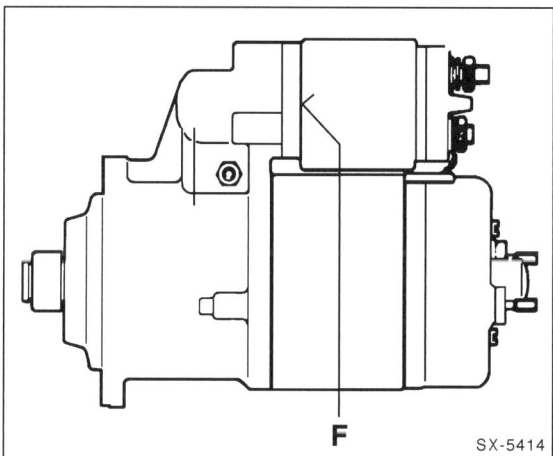

- Trennfuge –F– zum Anlasser mit geeignetem Dichtmittel abdichten.
- Magnetschalter an Gabelhebel im Anlasser einhängen, dann anschrauben.
- Leitung für Magnetschalter anschrauben.
- Anlasser erneut prüfen, wie oben beschrieben.
- Anlasser einbauen, siehe entsprechendes Kapitel.

## Störungsdiagnose Anlasser

Wenn ein Anlasser nicht durchdreht, ist zunächst zu prüfen, ob beim Starten des Motors an der Klemme 50 des Magnetschalters die zum Einziehen benötigte Spannung von mindestens 10 Volt vorhanden ist. Liegt die Spannung unter dem genannten Wert, dann müssen die Leitungen, die zum Anlasserstromkreis gehören, überprüft werden. Ob der Anlasser bei voller Batteriespannung einzieht, kann folgendermaßen geprüft werden:

- Fahrzeug vorn aufbocken und untere Motorraumverkleidung ausbauen, siehe Seite 42.
- **Achtung:** Keinen Gang einlegen, Zündung einschalten. Mit einer Leitung (Querschnitt mindestens 4 mm$^2$) die Klemmen 30 und 50 am Anlasser überbrücken.

Spurt der Anlasser dabei einwandfrei ein, so liegt der Fehler in der Leitungsführung zum Anlasser. Anderenfalls Anlasser in ausgebautem Zustand überprüfen.

**Prüfvoraussetzung:** Leitungsanschlüsse müssen festsitzen und dürfen nicht oxydiert sein.

| Störung | Ursache | Abhilfe |
|---|---|---|
| Anlasser dreht sich nicht beim Betätigen des Zündanlaßschalters. | Batterie entladen. | ■ Batterie laden. |
| | Klemmen 30 und 50 am Anlasser mit dickem Kabel überbrücken: Anlasser läuft an. | ■ Leitung 50 zum Zündanlaßschalter unterbrochen, Anlaßschalter defekt. Unterbrechung beseitigen, defekte Teile ersetzen. |
| | Kabel oder Masseanschluß ist unterbrochen. Batterie entladen. | ■ Batteriekabel und Anschlüsse prüfen. Spannung der Batterie messen, ggf. laden. |
| | Ungenügender Stromdurchgang infolge lockerer oder oxydierter Anschlüsse. | ■ Batteriepole und -klemmen reinigen. Stromsichere Verbindungen zwischen Batterie, Anlasser und Masse herstellen. |
| | Keine Spannung an Klemme 50 (Magnetschalter, mindestens 10 Volt). | ■ Leitung unterbrochen, Zündanlaßschalter defekt. |
| Anlasser dreht sich zu langsam und zieht den Motor nicht durch. | Batterie entladen. | ■ Batterie laden. |
| | Ungenügender Stromdurchgang infolge lockerer oder oxydierter Anschlüsse. | ■ Batteriepole und -klemmen reinigen. Stromsichere Verbindungen zwischen Batterie, Anlasser und Masse herstellen. |
| | Kohlebürsten liegen nicht auf dem Kollektor auf, klemmen in ihren Führungen, sind abgenutzt, gebrochen, verölt oder verschmutzt. | ■ Kohlebürsten überprüfen, reinigen bzw. auswechseln. Führungen prüfen. |
| | Ungenügender Abstand zwischen Kohlebürsten und Kollektor. | ■ Kohlebürsten ersetzen und Führungen für Kohlebürsten reinigen. |
| | Kollektor riefig oder verbrannt und verschmutzt. | ■ Kollektor abdrehen oder Anker ersetzen. |
| | Spannung an Klemme 50 fehlt (mind. 10 Volt). | ■ Zündanlaßschalter oder Magnetschalter überprüfen. |
| | Magnetschalter defekt. | ■ Schalter auswechseln. |
| Anlasser spurt ein und zieht an, Motor dreht nicht oder nur ruckweise. | Ritzelgetriebe defekt. | ■ Ritzelgetriebe ersetzen. |
| | Ritzel verschmutzt. | ■ Ritzel reinigen. |
| | Zahnkranz am Schwungrad defekt. | ■ Zahnkranz nacharbeiten, falls erforderlich, Schwungrad erneuern. |
| Ritzelgetriebe spurt nicht aus. | Ritzelgetriebe oder Steilgewinde verschmutzt bzw. beschädigt. | ■ Ritzelgetriebe reinigen, gegebenenfalls ersetzen. |
| | Magnetschalter defekt. | ■ Magnetschalter ersetzen. |
| | Rückzugfeder schwach oder gebrochen. | ■ Rückzugfeder erneuern. |
| Anlasser läuft weiter, nachdem der Zündschlüssel losgelassen wurde. | Magnetschalter hängt, schaltet nicht ab. | ■ Zündung sofort ausschalten, Magnetschalter ersetzen. |
| | Zündschloß schaltet nicht ab. | ■ Sofort Batterie abklemmen, Zündschloß ersetzen. |

# Beleuchtungsanlage

Zur Beleuchtungsanlage zählen: Hauptscheinwerfer und Nebelscheinwerfer, Heck- und Bremsleuchten, Rückfahrscheinwerfer, Blink- und Nebelschlußleuchten, Kennzeichenleuchten sowie Innenleuchten. Die Instrumentenbeleuchtung wird im Kapitel »Armaturen« abgehandelt.

Glühlampen verschleißen mit der Zeit. Etwa alle 2 Jahre sollten sie deshalb ausgewechselt werden, auch wenn sie noch intakt sind. Dies gilt nicht für Halogenlampen, wie sie beispielsweise in den Hauptscheinwerfern verwendet werden. Sie halten normalerweise wesentlich länger und müssen erst bei einem Defekt gewechselt werden. Eine Glühlampe mit verminderter Leuchtkraft erkennt man auch an schwarzen Ablagerungen auf dem Glaskolben.

Vor dem Auswechseln einer Glühlampe Schalter des betreffenden Verbrauchers ausschalten. **Achtung: Glaskolben nicht mit bloßen Fingern anfassen.** Der Fingerabdruck würde verdunsten und sich – aufgrund der Wärme – auf dem Reflektor niederschlagen und diesen erblinden lassen. Grundsätzlich Glühlampe nur durch eine gleiche Ausführung ersetzen. Versehentlich entstandene Berührungsflecken mit sauberem, nicht faserndem Tuch und Spiritus entfernen.

## Lampentabelle

Um jederzeit eine Lampe auswechseln zu können, sollte stets ein Kasten mit Ersatzlampen im Fahrzeug mitgeführt werden. Der MERCEDES-BENZ-Kundendienst führt solche Ersatzlampenboxen.

| 12-V-Glühlampe für: | Typ | Leistung |
|---|---|---|
| Fernlicht | H 7 | 55 W |
| Abblendlicht (Grundausführung)* | H 7 | 55 W |
| Nebelscheinwerfer | H 1 | 55 W |
| Stand- und Parklicht vorn | H | 6 W |
| Blinkleuchten vorn, gelbes Glas | PY | 21 W |
| Blinkleuchten seitlich, gelbes Glas | WY | 5 W |
| Blinkleuchten hinten, weißes Glas | P | 21 W |
| Blinkleuchten hinten, gelbes Glas (T-Modell) | PY | 21 W |
| Brems-, Schluß- und Parkleuchte | P | 21/4 W |
| Hochgesetzte Bremsleuchte | P | 21 W |
| Rückfahrleuchte | P | 21 W |
| 2. Schluß- und Parklicht hinten | R | 5 W |
| Nebelschlußlicht Fahrerseite | P | 21 W |
| Kennzeichenleuchten | Soffitte C | 5 W |

*) Bei Mehrausstattung mit Xenonlicht, Lampenwechsel nur von Fachwerkstatt durchführen lassen.
Xenon-Lampe: D2R, Leistung: 35 W.

# Beleuchtungsanlage der E-Klasse

Alle Glühlampen und Sicherungen der Außenbeleuchtung werden vom **Lichtschaltermodul** überwacht, außer Blinklicht und 3. Bremsleuchte. Ein Ausfall wird von einer Kontrolleuchte beziehungsweise in Klarschrift im Schalttafeleinsatz angezeigt. Das Lichtschaltermodul befindet sich hinter dem Drehschalter am Armaturenbrett. Die Sicherungen der Außenbeleuchtung befinden sich unter einer Abdeckung links an der Armaturentafel.

Der **Scheinwerfer** hat eine Streuscheibe aus Kunststoff und als Oberflächenschutz eine Hartbeschichtung. Die vordere Blinkleuchte ist im Scheinwerfer des Abblendlichts integriert.

**Achtung:** Um Beschädigungen der Scheinwerfer durch hohe Wärmebelastung zu vermeiden, dürfen nur freigegebene Glühlampen eingebaut werden. Die Streuscheiben dürfen nicht mit aggressiven Reinigungsmitteln oder durch trockenes Reiben gereinigt werden, dies führt zu Beschädigungen der Oberfläche.

### Mehrausstattung: Scheinwerfer-Reinigungsanlage

Die Scheinwerfer-Reinigungsanlage wird auch ohne eingeschaltete Beleuchtung aktiviert. Beim Einschalten wird über das Taktmodul in der Relaiseinheit die Waschwasserpumpe am Vorratstank der Scheinwerfer-Reinigungsanlage angesteuert. Erreicht der Wasserdruck ca. 1,3 bar, fahren die Düsen entgegen einer Federkraft aus den Scheinwerferblenden aus. Der Druck steigt weiter an, bei 3 bar spritzt das Waschwasser auf die Streuscheiben der Scheinwerfer. Nach etwa 1 Sekunde wird die Pumpe vom Taktmodul ausgeschaltet, und die Düsen werden von den Federn zurückgezogen. Da die Streuscheiben gegen Kratzer empfindlich sind, werden keine Scheinwerferwischer verwendet.

### Mehrausstattung: Xenon-Scheinwerfer für Abblendlicht

Vorteile des Xenon-Lichts liegen in der helleren Fahrbahnausleuchtung, außerdem in der wesentlich verlängerten Haltbarkeit der Lampe, die in der Regel so lang ist wie die Nutzungsdauer des Fahrzeugs. Die Farbe des Lichts hat tageslichtähnlichen Charakter. Die Lampe funktioniert nach dem Lichtbogenprinzip: Beim Einschalten des Abblendlichts aktiviert ein kleines Steuergerät unterhalb der beiden Scheinwerfer das Zündgerät, das direkt hinter der jeweiligen Xenon-Lampe sitzt. Durch einen Hochspannungsstoß von etwa 20 kV wird die Xenon-Lampe gezündet, dabei bildet sich ein Lichtbogen zwischen den Elektroden, und das Xenon-/Metallhalogenidsalze-Gemisch im Glaskolben der Lampe wird zum Leuchten angeregt. Nach der Zündung wird die Spannung auf ca. 85 V Wechselstrom geregelt, wobei die elektrische Leistung 35 W beträgt. Technisch bedingt erreicht die Lampe erst nach ca. 30 Sekunden die volle Helligkeit.

### Elektrische Leuchtweitenregulierung bei Xenon-Scheinwerfern

Da die Blendgefahr für den Gegenverkehr durch das helle Xenon-Licht groß ist, werden die Scheinwerfer je nach Fahrzeugbeladung automatisch in der Höhe verstellt.

Von Sensoren an Vorder- und Hinterachse wird jede Fahrzeug-Niveauänderung erfaßt und an ein Steuergerät für Leuchtweitenregulierung gemeldet, welches sich unter der Rücksitzbank befindet. Die aktuelle Scheinwerferstellung wird vom Steuergerät durch Potentiometer in den Scheinwerfer-Verstellmotoren erfaßt. Das Steuergerät verstellt die Scheinwerfer, wenn sich das Fahrzeugniveau über eine bestimmte Zeitspanne ändert.

# Glühlampen für Beleuchtung vorn auswechseln

Vor dem Auswechseln einer Glühlampe Schalter des betreffenden Verbrauchers ausschalten. **Achtung: Glaskolben einer neuen Glühlampe nicht mit bloßen Fingern anfassen.** Versehentlich entstandene Berührungsflecken mit sauberem, nicht faserndem Tuch und Spiritus entfernen.

> **Sicherheitshinweis:**
> Bei Scheinwerfern mit Xenon-Abblendlicht den Lampenwechsel nur von einer Fachwerkstatt durchführen lassen. Verletzungsgefahr durch Hochspannung!

**Hinweis:** Die Xenonlampe ist an der klaren Scheinwerferscheibe und verchromten innenliegenden Blenden erkennbar. Dagegen hat die Grundausführung verrippte Scheinwerfer-Streuscheiben.

- Motorhaube öffnen.

### Blinklicht vorn

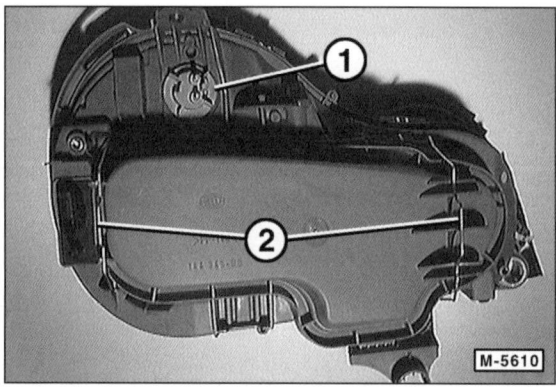

- Stecker von der Fassung –1– abziehen. Lampenfassung ca. 90° (1/4 Umdrehung) nach links drehen und herausnehmen.
- Glühlampe etwas eindrücken, nach links drehen und aus der Fassung herausnehmen.

- Neue Glühlampe in die Fassung eindrücken, nach rechts drehen und einrasten. **Achtung:** Nur Blinklampen mit gelben Glaskolben einsetzen, damit das Blinklicht gelb leuchtet.

- Fassung in die Leuchteinheit einsetzen und bis zum Anschlag nach rechts drehen. Stecker aufschieben.

**Abblendlicht/Fernlicht/Standlicht**

- Linker Scheinwerfer: Bei Ausstattung mit Scheinwerfer-Reinigungsanlage, Zusatzbehälter vom Scheibenwaschbehälter nach oben abziehen. Dadurch kann die Scheinwerfer-Rückseite besser erreicht werden.

- Beide Drahtbügel –2– nach außen klappen und Gehäusedeckel abnehmen, siehe Abbildung M-5610.

- Stecker von der jeweiligen Lampe abziehen.

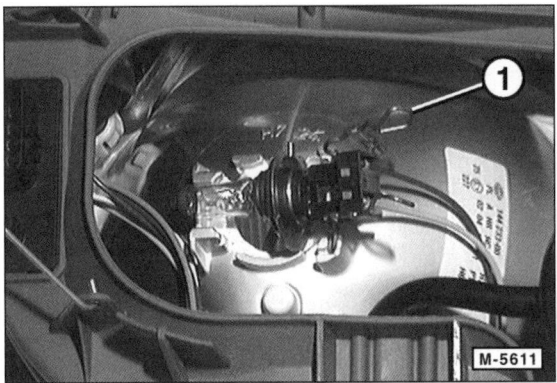

- Abblend- und Fernlicht: Halteklammer –1– aushängen und Glühlampe herausnehmen. Neue Glühlampe so einsetzen, daß die Nasen in die entsprechenden Aussparungen am Gehäuse passen.

- Stand- und Parklicht: Lampenhalter mit Glühlampe um 90° nach links verdrehen und herausziehen. Glühlampe aus dem Halter herausziehen und ersetzen. Lampenhalter einsetzen.

- Halteklammer –1– einhängen. Stecker für Lampe aufstecken.

- Abdeckung aufsetzen und Haltebügel einrasten.

- Linker Scheinwerfer: Bei Ausstattung mit Scheinwerfer-Reinigungsanlage, Zusatzbehälter an Scheibenwaschbehälter von oben aufschieben.

## Glühlampe für Nebelscheinwerfer auswechseln

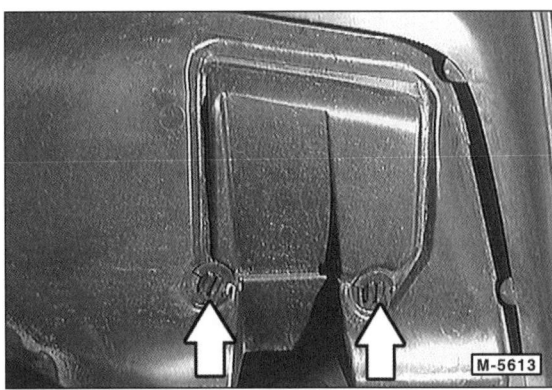

- Fahrzeug aufbocken. 2 Verschlüsse um 90° (¼ Umdrehung) drehen und Klappe in der Verkleidung unterhalb vom Nebellicht öffnen.

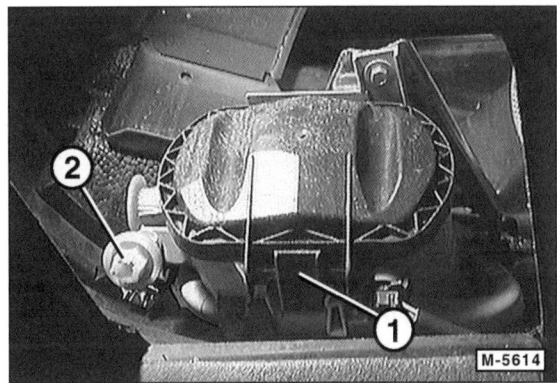

- Klammer –1– herunterdrücken und Deckel an Leuchtenrückseite abnehmen. 2 – Höhenverstellschraube.

- Stecker von der Lampe abziehen. Halteklammer aus den Haken aushängen und Glühlampe herausnehmen. Neue Glühlampe so einsetzen, daß die Nasen in die entsprechenden Aussparungen am Gehäuse passen.

- Halteklammer einhängen. Stecker für Lampe aufstecken.

- Abdeckung aufsetzen und einrasten.

- Verkleidung unterhalb vom Nebellicht schließen und mit 2 Verschlüssen verriegeln.

## Glühlampe für seitliche Blinkleuchte auswechseln

- Blinkleuchte mit den Fingern nach vorn schieben, in Fahrtrichtung gesehen, und hinten herausziehen.
- Lampenfassung um 90° (¼ Umdrehung) nach links drehen und vom Gehäuse abnehmen.
- Lampe herausziehen.
- Neue Glühlampe in die Fassung eindrücken, Fassung nach rechts drehen und einrasten. **Achtung:** Nur Blinklampen mit gelben Glaskolben einsetzen, damit das Blinklicht gelb leuchtet.
- Blinkleuchte in den Kotflügel einrasten.

## Glühlampe für Heckleuchte auswechseln

- Heckklappe öffnen, Verkleidung an der Leuchte wegklappen.

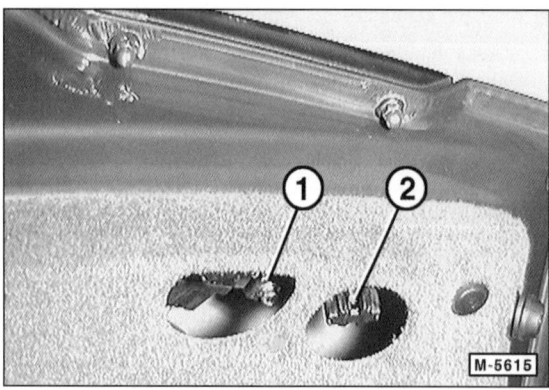

- **Lampen in der Heckklappe:** 1 – Nebelschlußlicht (Fahrerseite), 2 – Rückfahrlicht.

- **Lampen im Seitenteil:** 1 – Blinklicht, 2 – Brems-/Schluß-/Parklicht, 3 – Schluß-/Parklicht. Hinweis: Beim T-Modell sind diese Leuchten in einer Reihe übereinander angeordnet.

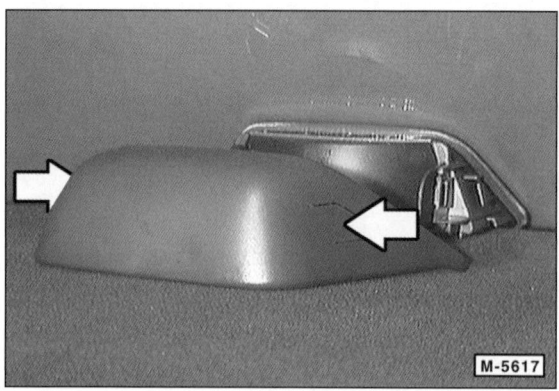

- **Hochgesetzte Bremsleuchte (Stufenheck-Modell):** Laschen links und rechts eindrücken und Abdeckung abnehmen. Lasche am Reflektor eindrücken und Reflektor abnehmen.
- **Hochgesetzte Bremsleuchte (T-Modell):** Heckklappenverkleidung ausbauen, siehe Seite 177.
- Lampenfassung um 90° (¼ Umdrehung) nach links drehen und vom Gehäuse, bei hochgesetzter Bremsleuchte vom Reflektor, abnehmen.
- Glühlampe etwas eindrücken, nach links drehen und aus der Fassung herausnehmen.
- Neue Glühlampe in die Fassung eindrücken, nach rechts drehen und einrasten. **Achtung:** Beim T-Modell nur Blinklampen mit gelben Glaskolben einsetzen, damit das Blinklicht gelb leuchtet.
- Fassung in die Leuchteinheit einsetzen und bis zum Anschlag nach rechts drehen.
- Bei hochgesetzter Bremsleuchte, Reflektor zuerst rechts in Leuchte setzen und einrasten lassen. **T-Modell:** Heckklappenverkleidung einbauen, siehe Seite 177.
- Innenverkleidung einrasten.

## Glühlampe für Kennzeichenleuchte auswechseln

- **T-Modell:** Kennzeichenleuchte mit 2 Schrauben abschrauben und Kabel abziehen.

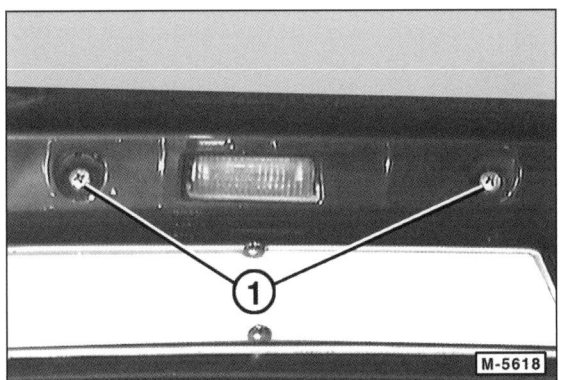

- **Stufenheck-Modell:** 4 Schrauben –1– abschrauben und Griffleiste des Kofferraumdeckels abnehmen. Anschließend Leuchtenglas mit Kunststoffkeil heraushebeln. In der Abbildung sind nur 2 Schrauben sichtbar.
- Soffittenlampe aus den Kontaktfedern abziehen. Saß die Lampe locker, Kontaktfedern vorsichtig nachbiegen.
- Neue Lampe einsetzen.
- Dichtung auf Porosität oder Beschädigung prüfen, gegebenenfalls ersetzen.
- Kennzeichenleuchte einsetzen, dabei auf richtigen Sitz der Dichtung achten.
- **T-Modell:** Kennzeichenleuchte mit 2 Schrauben befestigen.
- **Stufenheck-Modell:** Griffleiste des Kofferraumdeckels anschrauben.

## Innenraumleuchten aus- und einbauen/Glühlampe wechseln

**Ausbau, vordere Deckenleuchte**

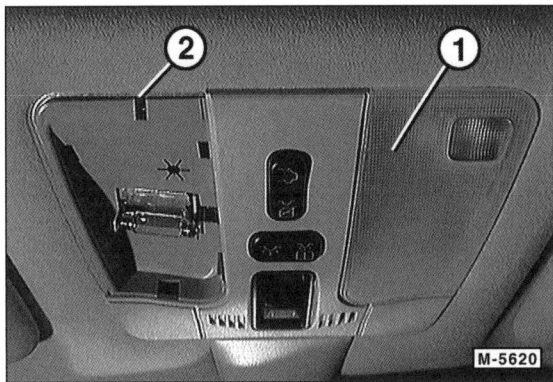

- Lichtscheibe –1– mit Schraubendreher ausheben.
- Soffittenlampe aus den Kontaktfedern abziehen. Saß die Lampe locker, gegebenenfalls Kontaktfedern vorsichtig nachbiegen. Neue Lampe einsetzen.
- Soll die Deckenleuchte ausgebaut werden, bei ausgebauten Lichtscheiben die Klammern an Stelle –2– beidseitig zurückdrücken und Deckenleuchte ausheben. Kabel an der Rückseite abziehen.

**Einbau**

- Der Einbau erfolgt in umgekehrter Ausbaureihenfolge.

**Ausbau der hinteren Innenleuchte/Gepäckraumleuchte/Türeinstiegsleuchte**

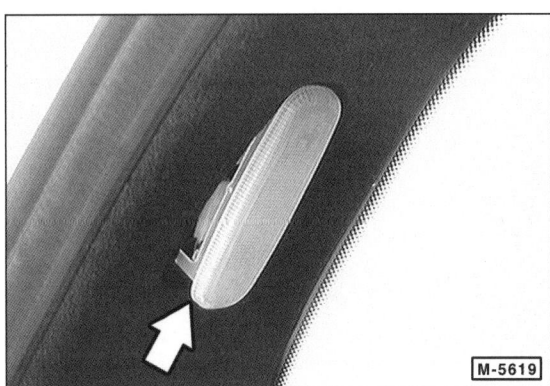

- Leuchte mit Schraubendreher vorsichtig heraushebeln.
- Soffittenlampe aus den Kontaktfedern abziehen. Saß die Lampe locker, Kontaktfedern vorsichtig nachbiegen. Neue Lampe einsetzen.

**Einbau**

- Der Einbau erfolgt in umgekehrter Ausbaureihenfolge.

# Scheinwerfer einstellen

Für die Verkehrssicherheit ist die richtige Einstellung der Scheinwerfer von großer Bedeutung. Die exakte Einstellung der Scheinwerfer ist nur mit einem Spezialeinstellgerät möglich. Es wird deshalb nur gezeigt, wo der Scheinwerfer eingestellt werden kann und welche Bedingungen zum richtigen Einstellen der Scheinwerfer erfüllt sein müssen.

- Reifen mit vorgeschriebenem Reifenfülldruck befüllen.
- Kraftstofftank ganz auffüllen.
- Das unbeladene Fahrzeug mit 75 kg (einer Person) auf dem Fahrersitz belasten.
- Fahrzeug auf ebene Fläche stellen.
- Vorderwagen mehrmals kräftig nach unten drücken, damit die Federung der Vorderradaufhängung sich setzt.
- **Fahrzeuge mit Niveauregulierung:** Motor starten und etwa 30 Sekunden laufen lassen. Dabei mehrmals Gas geben, damit sich die Niveauregulierung einstellt. Motor abstellen.
- Leuchtweitenregulierung an Instrumententafel auf »0« stellen.

**Achtung:** Bei Fahrzeugen mit Xenon-Scheinwerfern wird die Leuchtweite automatisch eingestellt, ein Leuchtweitenregler ist nicht vorhanden. Die Xenonlampe ist an der klaren Scheinwerferscheibe und verchromten innenliegenden Blenden erkennbar. Dagegen hat die Grundausführung verrippte Scheinwerfer-Streuscheiben.

- Das korrekte Neigungsmaß der oberen Hell-/Dunkelgrenze beträgt beim **Abblendlicht 10 cm auf 10 m Entfernung**, bei **Nebelscheinwerfern 20 cm auf 10 m Entfernung**.

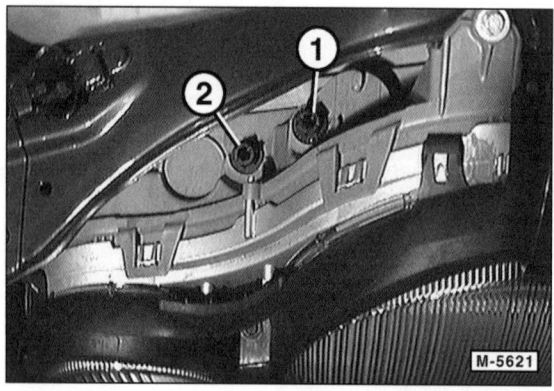

- Die Einstellschrauben sind vom Motorraum her zu erreichen. Die Abbildung zeigt den linken Scheinwerfer, rechts ist die Anordnung spiegelbildlich. 1 – Seiteneinstellung; 2 – Höheneinstellung.

### Einstellung Nebelscheinwerfer

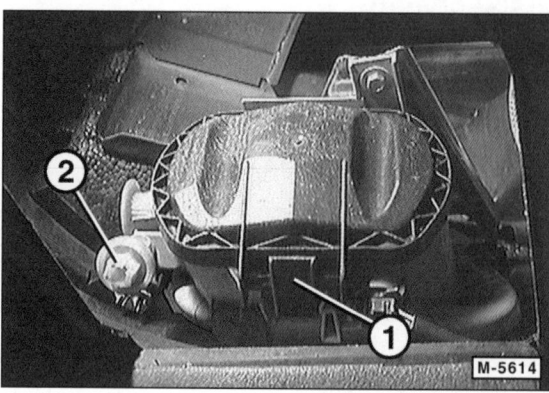

- An den Nebelscheinwerfern ist nur die Höheneinstellung an Schraube –2– möglich. 1 – Klammer.

## Scheinwerfer aus- und einbauen

**Sicherheitshinweis:**
Bei Scheinwerfern mit Xenon-Abblendlicht besteht Verletzungsgefahr durch Hochspannung! Es muß sichergestellt sein, daß der Scheinwerfer nicht unter Spannung steht, daher Lichtschalter ausschalten.

### Ausbau

- Schrauben –1– ausschrauben, dabei Scheinwerfer-Dichtgummi abheben.
- Bei Ausstattung mit Scheinwerfer-Reinigungsanlage, Abdeckung –4– mit Plastikkeil abdrücken.
- Blende –2– abnehmen, dabei an Stelle –3– am Kotflügel ausclipsen.

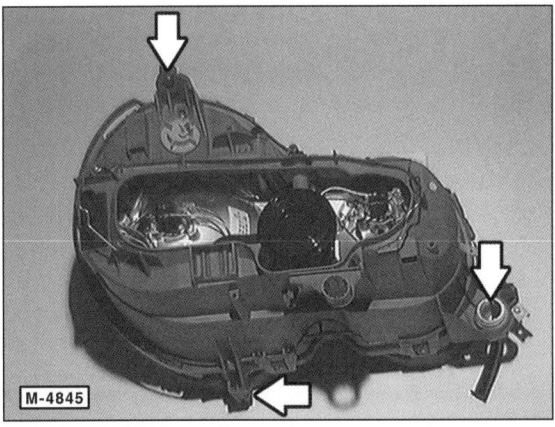

- Scheinwerfereinsatz am Halter abschrauben –Pfeile–. Die Abbildung zeigt den linken Scheinwerfer, von hinten gesehen. Beim rechten Scheinwerfer sind die Schrauben spiegelbildlich angeordnet.
- Elektrische Leitungen und Pneumatikleitung für Höhenverstellung hinten am Scheinwerfer abziehen. Hinweis: Bei Ausstattung mit Xenon-Abblendlicht wird die Scheinwerferneigung durch einen Verstellmotor verstellt. Stecker am Verstellmotor abziehen.

### Einbau

- Der Einbau erfolgt in umgekehrter Ausbaureihenfolge. Nach dem Einbau Funktionskontrolle für Scheinwerferreinigungsanlage durchführen.

**Achtung:** Baldmöglichst Scheinwerfereinstellung von Fachwerkstatt überprüfen lassen.

## Scheinwerfer-Streuscheibe aus- und einbauen

Die Kunstoff-Streuscheibe kann einzeln erneuert werden, dazu muß der Scheinwerfer ausgebaut werden. Nach Ausbau der Streuscheibe kann der Scheinwerfer noch weiter zerlegt werden, zum Beispiel können Reflektoren oder das pneumatische Stellelement der Höhenverstellung erneuert werden.

### Ausbau

- Scheinwerfer ausbauen, siehe entsprechendes Kapitel.

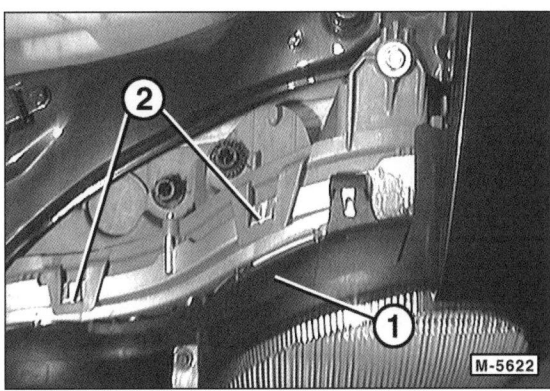

- Gummidichtung –1– vom Scheinwerfer abziehen. Hinweis: Die Abbildung zeigt den eingebauten Scheinwerfer.
- Haltelaschen –2– für Streuscheibe ringsum ausclipsen. Streuscheibe abnehmen, sie bildet mit dem Rahmen eine Einheit.

### Einbau

- Streuscheibe auf Scheinwerfer aufsetzen, Haltelaschen am Scheinwerfer einclipsen, sie müssen hörbar einrasten.
- Gummidichtung auf Scheinwerfer aufstecken.
- Scheinwerfer einbauen, siehe entsprechendes Kapitel.

## Heckleuchten in der Heckklappe aus- und einbauen

### Ausbau

- Heckklappe öffnen.

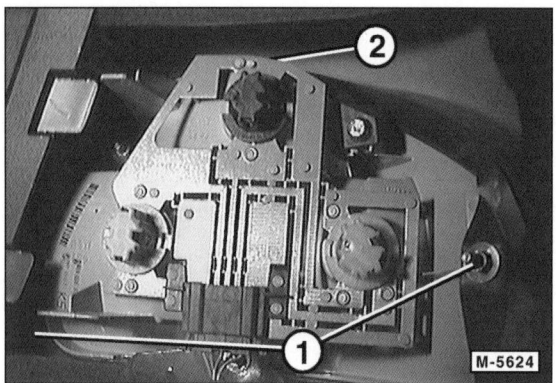

- Befestigungsmuttern –1– abschrauben.
- Schraube –2– des Spannhalters nur so weit lösen, bis sich der Spannhalter und somit die Heckleuchte von der Heckklappe löst. Dies gilt für Stufenheck- und T-Modell.
- Rückleuchte abnehmen. Anschußstecker vom Lampenträger abziehen.
- Gummidichtung zwischen Leuchte und Karosserie abnehmen.

### Einbau

- Poröse oder beschädigte Gummidichtung sowie gesprungene Leuchtengläser umgehend ersetzen, sonst dringt Wasser in den Innenraum.
- Anschußstecker aufstecken und Leuchte mit Dichtung ansetzen. Auf richtigen Sitz der Dichtung achten.
- Zuerst Spannhalter –2– am Blechfalz der Einbauöffnung ansetzen und leicht vorspannen. Danach Muttern –1– und Spannhalter gleichmäßig festziehen.

## Heckleuchte im Seitenteil aus- und einbauen

### Ausbau

- Heckklappe öffnen.
- **T-Modell:** Bei linker Leuchte, Ersatzrad herausnehmen. Bei rechter Leuchte, Verbandkastenabdeckung aufklappen und seitlich herausnehmen.
- Innenverkleidung an der Leuchte wegklappen.
- **T-Modell:** 3 Muttern vom Kofferraum her abschrauben und Leuchte nach außen abnehmen.

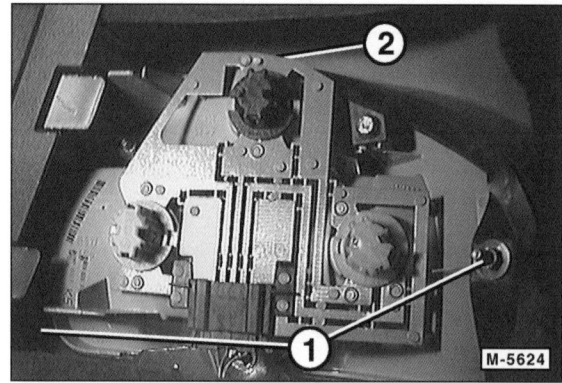

- **Stufenheck-Modell:** Befestigungsmuttern –1– abschrauben. Schraube –2– des Spannhalters nur soweit lösen, bis sich der Spannhalter und somit die Heckleuchte von der Karosserie löst.
- Rückleuchte abnehmen. Anschußstecker vom Lampenträger abziehen.
- Gummidichtung zwischen Leuchte und Karosserie abnehmen.

### Einbau

- Poröse oder beschädigte Gummidichtung sowie gesprungene Leuchtengläser umgehend ersetzen, sonst dringt Wasser in den Innenraum.
- Anschußstecker aufstecken und Leuchte mit Dichtung ansetzen. Auf richtigen Sitz der Dichtung achten.
- **Stufenheck-Modell:** Zuerst Spannhalter –2– am Blechfalz der Einbauöffnung ansetzen und leicht vorspannen. Danach Muttern –1– und Spannhalter gleichmäßig festziehen.
- **T-Modell:** Leuchte von innen her anschrauben. Ersatzrad beziehungsweise Verbandkastenabdeckung einsetzen.
- Gepäckraumverkleidung hinter der Leuchte einsetzen.

# Armaturen

Die Instrumente sind in einem Schalttafeleinsatz (Kombiinstrument) zusammengefaßt. Der Schalttafeleinsatz muß beispielsweise ausgebaut werden, wenn Glühlampen der Instrumentenbeleuchtung ersetzt werden sollen. **Achtung:** Sind einzelne Instrumente defekt, muß der gesamte Schalttafeleinsatz ersetzt werden, da er nicht zerlegbar ist. Nur die seitlichen Symbolleisten oder das Gehäuse können einzeln erneuert werden.

Der Schalttafeleinsatz hat einen Mikroprozessor und verfügt über eine Eigendiagnose. Treten Störungen an Systembauteilen auf, werden Fehlercodes im Fehlerspeicher des Steuergerätes abgelegt. Die Fehlercodes können in der Fachwerkstatt mit einem Diagnosegerät ausgelesen werden. Mit diesem Diagnosegerät kann auch zusätzlich der Wegstreckenzähler sowie die Service-Intervallanzeige korrigiert werden. **Achtung:** Wird der Schalttafeleinsatz erneuert, muß er von der Fachwerkstatt außerdem auf das jeweilige Fahrzeug und Einsatzland programmiert werden.

Je nach Modell und Ausstattung ist der Schalttafeleinsatz mit einem Multifunktionsdisplay ausgerüstet, dann erfolgen verschiedene Warnanzeigen durch Texteinblendungen. Zusätzlich ertönt ein Warnton, um auf die Störung aufmerksam zu machen.

In diesem Kapitel werden auch der Lenkstockschalter, der Lichtschalter und das Radio behandelt. Bedienschalter an der Mittelkonsole ausbauen, siehe Kapitel »Karosserie«.

## Schalttafeleinsatz (Kombiinstrument) aus- und einbauen

### Ausbau

**Achtung:** Falls der Schalttafeleinsatz erneuert werden soll, vor dem Ausbau Fehlerspeicher abfragen lassen. Außerdem die Werte der Service-Intervallanzeige und den Stand des Wegstreckenzählers über das Diagnosegerät auslesen lassen und notieren (Werkstattarbeit).

- **Wichtig:** Batterie-Massekabel (−) bei ausgeschalteter Zündung abklemmen. **Achtung:** Dadurch werden elektronische Speicher gelöscht, wie zum Beispiel der Radiocode. Hinweise im Kapitel »Batterie aus- und einbauen« beachten.

- Kabelklemme für Massekabel sicherheitshalber mit Isolierband umwickeln, damit ein versehentlicher Kontakt mit den Batteriepolen ausgeschlossen ist.

- Fahrzeuge ohne Lenkradverstellung: Lenkrad ausbauen, siehe Seite 127.

> **Sicherheitshinweis:**
> Beim Lenkradausbau besteht Unfallgefahr. Hinweise für Airbagausbau beachten.

- Fahrzeuge mit Lenkradverstellung: Lenkrad ganz in Richtung Fahrer herausziehen.

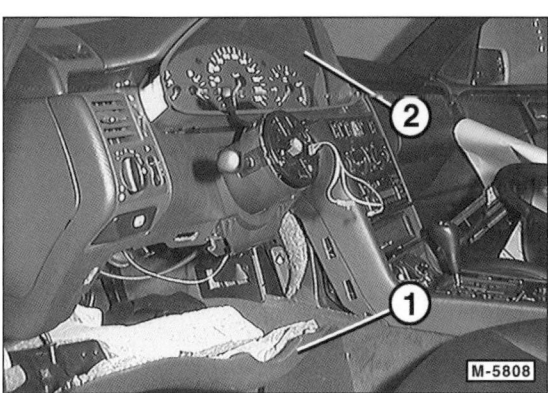

- Untere Abdeckung –1– ausbauen, siehe Seite 183.
- Von unten hinter den Schalttafeleinsatz –2– greifen und Einsatz gleichmäßig, ohne zu verkanten, herausdrücken.
- Schalttafeleinsatz etwas herausziehen.

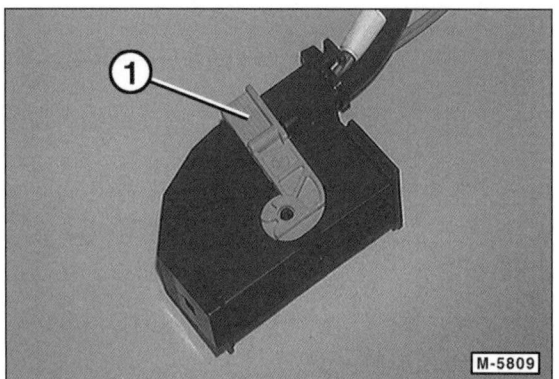

- Bügel –1– an den elektrischen Anschlußsteckern entriegeln und Stecker abziehen. Schalttafeleinsatz herausnehmen.

**Einbau**

- Beide Stecker aufschieben und durch Eindrücken der Bügel sichern.
- Schalttafeleinsatz an der Öffnung ansetzen und gleichmäßig hineindrücken. Einsatz nicht verkanten.
- Abdeckung unter Instrumententafel einbauen, siehe Seite 183.
- Gegebenenfalls Lenkrad einbauen, dabei Hinweise für Airbageinheit beachten, siehe Seite 126.
- Batterie-Massekabel (–) anklemmen. Zeituhr einstellen, Diebstahlcode für Radio eingeben.
- Wurde der Schalttafeleinsatz erneuert, Einsatz programmieren, Service-Intervallanzeige und Wegstreckenzähler anpassen lassen (Werkstattarbeit).

## Schalttafeleinsatz-Kontrollampen ersetzen/Gehäuse zerlegen

### Ausbau

- Schalttafeleinsatz ausbauen, siehe entsprechendes Kapitel, und auf eine saubere, weiche Unterlage ablegen.

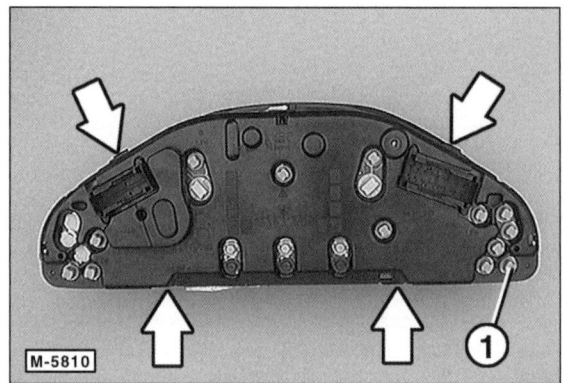

- Kontrolleuchten-Fassungen –1– an der Schalttafeleinsatz-Rückseite durch Linksdrehen ausbauen und Lampe erneuern. Hinweis: In der Abbildung ist nur eine Fassung bezeichnet, alle Fassungen in gleicher Weise ausbauen. Die MERCEDES-BENZ-Werkstätten haben zum Drehen der Fassung ein Sonderwerkzeug, es geht jedoch auch mit den Fingern oder einer Flachzange.
- Soll der Schalttafeleinsatz zerlegt werden, Haltelaschen –Pfeile– ausclipsen und Gehäuse abnehmen. Die seitlichen Symbolleisten können dann nach unten abgenommen werden. Ein weiteres Zerlegen des Schalttafeleinsatzes ist nicht vorgesehen.

### Einbau

- Beim Lampenwechsel nur Lampe gleicher Leistung und Bauart einsetzen. Fassung einsetzen und nach rechts drehen.
- Falls demontiert, Kombiinstrument in das Gehäuse einsetzen, seitliche Laschen einrasten.
- Schalttafeleinsatz einbauen, siehe entsprechendes Kapitel.

# Blinker-/Wischerschalter aus- und einbauen

Blink-/Fernlichtschalter und Wischerschalter sowie der Schalter für Tempomat sind sogenannte Lenkstockschalter und werden zusammen ausgebaut.

### Ausbau

- Batterie-Massekabel (–) bei ausgeschalteter Zündung abklemmen. **Achtung:** Dadurch werden elektronische Speicher gelöscht, wie zum Beispiel der Radiocode. Hinweise im Kapitel »Batterie aus- und einbauen« beachten.
- Lenkrad ausbauen, siehe Seite 127.

> **Sicherheitshinweis:**
> Beim Lenkradausbau besteht Unfallgefahr. Hinweise für Airbagausbau beachten.

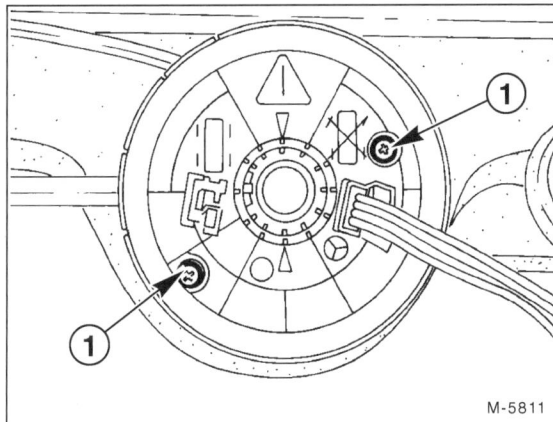

- Schrauben –1– für Kontaktspirale bei geradeaus stehenden Vorderrädern nur soweit herausdrehen, daß die Kontaktspirale abgenommen werden kann. **Achtung:** Schrauben nicht ganz lösen, sonst wird die Kontaktspirale zerlegt und muß in Mittelstellung wieder zusammengebaut werden (Werkstattarbeit).
- Kontaktspirale herausnehmen. 2 Steckverbindungen für Kontaktspirale aus der Halterung herausziehen und trennen. Kontaktspirale abnehmen.

- Befestigungsschrauben für Lenkstockschalter herausschrauben und Schalter herausnehmen.
- Steckverbindung herausnehmen und durch Verschieben des Bügels entriegeln. Bei Ausstattung mit Tempomat, zweite Steckverbindung trennen.
- Lenkstockschalter mit Mantelrohr-Verkleidung und gegebenenfalls Tempomatschalter herausnehmen.

### Einbau

- Kabelstecker verriegeln und Anschlußleitungen verlegen.
- Kombischalter/Tempomatschalter mit Mantelrohr-Verkleidung auf die Lenkspindel aufsetzen und anschrauben.

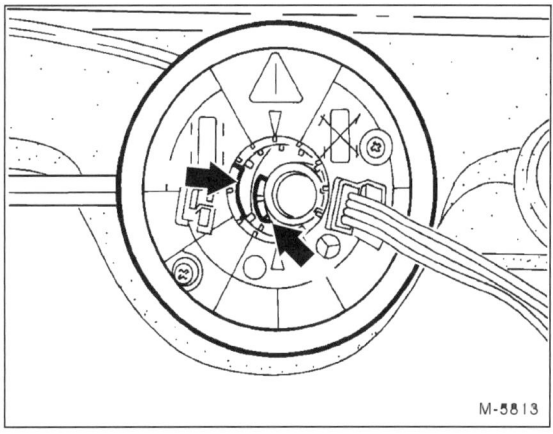

- Kontaktspirale auf die Lenkspindel aufsetzen, dabei Anschlußkabel verlegen. Darauf achten, daß die Kontaktspirale bis zum Anschlag aufgeschoben wird und die Aussparung –Pfeil– an der Kontaktspirale mit der Fixiernase –Pfeil– an der Lenkspindel übereinstimmt, siehe Abbildung. Befestigungsschrauben festziehen, Kabelstecker zusammenfügen und fixieren.
- Lenkrad einbauen, dabei Hinweise für Airbageinheit beachten, siehe Seite 127.
- Batterie-Massekabel (–) anklemmen. Zeituhr einstellen, Diebstahlcode für Radio eingeben.

# Lichtschalter aus- und einbauen

Im **Lichtschaltermodul** sind die elektronische Überwachung der Außenbeleuchtung, der Lichtdrehschalter und die Sicherungen für die Beleuchtung zusammengefaßt.

### Ausbau

- **Wichtig:** Batterie-Massekabel (–) bei ausgeschalteter Zündung abklemmen. **Achtung:** Dadurch werden elektronische Speicher gelöscht, wie zum Beispiel der Radiocode. Hinweise im Kapitel »Batterie aus- und einbauen« beachten.

- Kabelklemme für Massekabel sicherheitshalber mit Isolierband umwickeln, damit ein versehentlicher Kontakt mit den Batteriepolen ausgeschlossen ist.

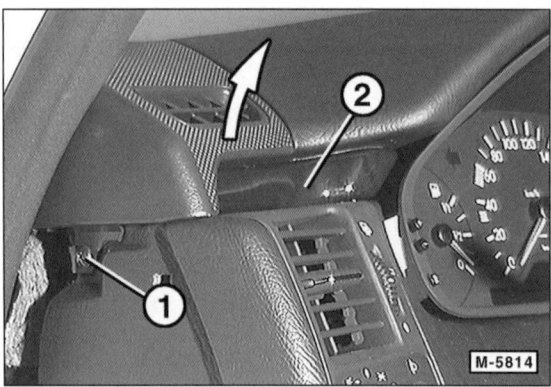

- Deckel für Sicherungskasten seitlich am Armaturenbrett abhebeln. Schraube –1– für Ziergitter abschrauben, Ziergitter ausclipsen.

- Zierleiste –2– nach vorn ausclipsen.

- Abdeckung unter Instrumententafel ausbauen, siehe Seite 183.

- Seilzug an Betätigungsgriff der Feststellbremse aushängen. Führung des Betätigungsgriffs abnehmen.

- Lichtschalter-Drehknopf mit Kraft abziehen.

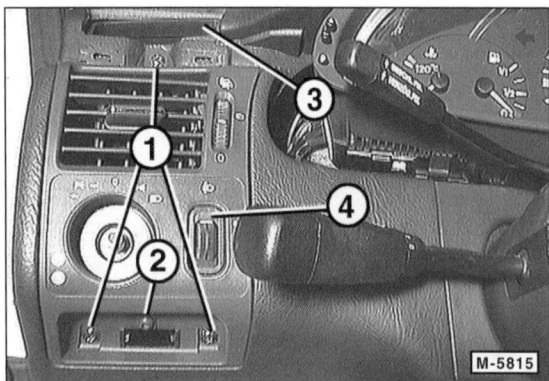

- Schrauben –1– und –2– abschrauben. Schraube –2– ist von unten her zugänglich.

- Lüftungskanal –3– nach oben herausziehen.

- Blende etwas herausziehen, dabei Höhenverstellung –4– ausclipsen.

- Blende abnehmen.

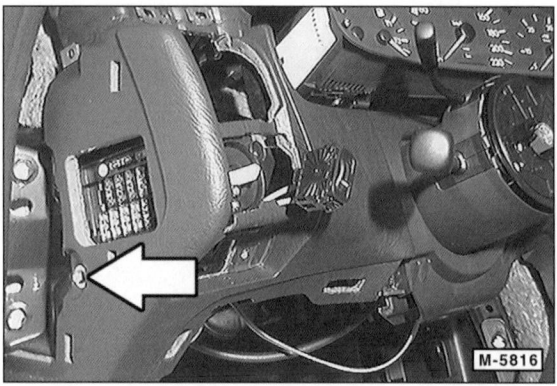

- Seitliche Schraube abschrauben und Lichtschaltermodul herausnehmen. Stecker an der Rückseite des Lichtschaltermoduls abziehen. Hinweis: Lenkrad und Schalttafeleinsatz müssen nicht, wie in der Abbildung gezeigt, ausgebaut werden.

### Einbau

- Der Einbau erfolgt in umgekehrter Reihenfolge, wie unter »Ausbau« beschrieben.

- Batterie-Massekabel (–) anklemmen. Zeituhr einstellen, Diebstahlcode für Radio eingeben.

- Funktionskontrolle der Lichtschalterfunktionen durchführen.

# Radio aus- und einbauen

Das vom Werk eingebaute Radiogerät ist mit einer Einschubhalterung ausgestattet, die den schnellen Ein- und Ausbau des Radios ermöglicht. Allerdings gelingt das nur mit 2 Demontageblechen, die beim Kauf des Radios beigelegt oder im Fachhandel erhältlich sind.

**Ausbau**

- Zündung ausschalten.
- Batterie-Massekabel (–) abklemmen. **Achtung:** Beim Abklemmen der Batterie werden Speicher im Radio und in elektronischen Steuergeräten gelöscht. Serienmäßig werden Radios mit Anti-Diebstahl-Codierung eingebaut. Diese verhindert die unbefugte Inbetriebnahme des Gerätes, wenn die Stromversorgung unterbrochen wurde. Die Stromversorgung ist beispielsweise unterbrochen beim Abklemmen der Batterie, beim Ausbau des Radios oder wenn die Radiosicherung durchgebrannt ist.

Falls das Radio codiert ist, Radiocode vor Abklemmen der Batterie oder Ausbau des Radios feststellen. Ist der Code nicht bekannt, kann nur eine Fachwerkstatt des Autoherstellers das Autoradio wieder in Betrieb nehmen.

Die individuelle Code-Nummer ist in der Radio-Bedienungsanleitung angegeben. Sie sollte nicht im Fahrzeug aufbewahrt werden.

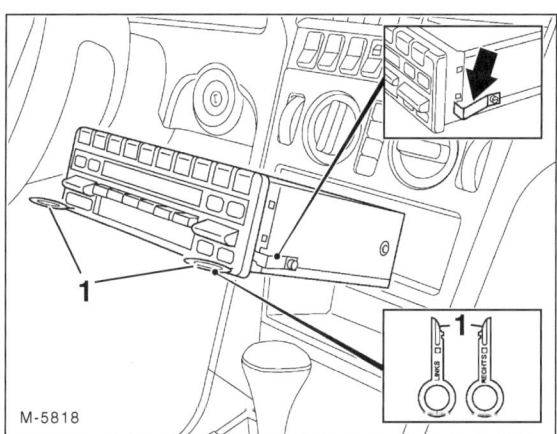

- 2 Demontagebleche –1– einschieben und mit Radio herausziehen. Hinweis: Die Abbildung zeigt nicht das Radio in der E-KLASSE.
- Haltefedern Pfeil– zurückdrücken und Demontagebleche herausziehen.

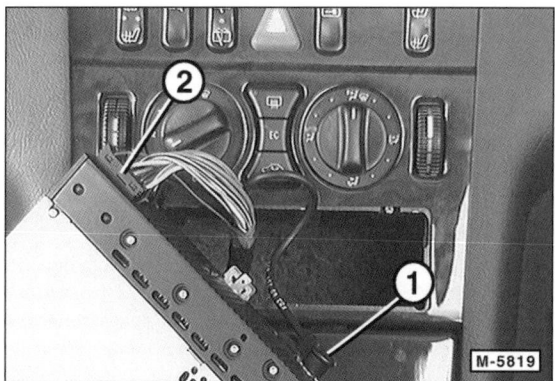

- An der Rückseite des Radios Antennenkabel –1– und Mehrfachstecker –2– abziehen.

**Einbau**

- Antennenkabel und Mehrfachstecker hinten am Radio anschließen.
- Radio in die Öffnung der Konsole drücken, es muß einrasten.
- Batterie-Massekabel (–) anklemmen. Zeituhr einstellen und Radio-Diebstahlcode programmieren.

**Hinweise für den nachträglichen Radioeinbau**

Wird ab Werk kein Radio bestellt, sind dennoch die Scheibenantenne und die Radioentstörung vorhanden. Die Lautsprecher- und Radiokabel und 8 Lautsprechergitter (T-Modell: 6 Lautsprechergitter) sind ebenfalls eingebaut.

> **Sicherheitshinweis:**
> Wird kein passendes Adapterkabel verwendet, unbedingt darauf achten, daß keine unisolierten Kabel frei herumliegen. Ein sonst möglicher Kurzschluß kann zu einem Kabelbrand führen.

## Antennenanlage

Serienmäßig vorhanden ist eine Scheibenantenne, die sich beim T-Modell in der Seitenscheibe hinten links und beim Stufenheck-Modell in der Heckscheibe befindet. Die Empfangsleistung der Scheibenantenne wird durch einen elektronischen Antennenverstärker erhöht. Je nach Modell befindet sich der Antennenverstärker an unterschiedlichen Einbauorten:

**Limousine:** Unter der Abdeckung der linken C-Säule.

**T-Modell:** Unter der Abdeckung des Dachrahmens, zwischen der linken C- und D-Säule.

Um den Antennenverstärker auszubauen, sind die jeweiligen Abdeckungen auszuclipsen. Bei der Limousine muß zuvor noch der Fondsitz ausgebaut werden.

# Radio-Codierung eingeben

**Gilt nur für serienmäßiges Radio mit Codierung**

Die Anti-Diebstahl-Codierung verhindert die unbefugte Inbetriebnahme des Gerätes, wenn die Stromversorgung unterbrochen wurde. Die Stromversorgung wird beispielsweise unterbrochen beim Abklemmen der Batterie, beim Ausbau des Radios oder wenn die Radiosicherung durchgebrannt ist.

Falls das Radio codiert ist, Radiocode vor Abklemmen der Batterie oder Ausbau des Radios feststellen. Ist der Code nicht bekannt, kann nur eine Fachwerkstatt des Autoherstellers das Autoradio wieder in Betrieb nehmen.

Die individuelle Code-Nummer ist in der Radio Code Card angegeben, die zusammen mit dem Radio geliefert wird. Sie sollte nicht im Fahrzeug aufbewahrt werden.

**Elektronische Radiosperre aufheben**

- Stromversorgung herstellen, Radio einschalten. In der Radioanzeige erscheint »CODE«.
- Stationstaste –1– für die erste Ziffer des geheimen Zahlencodes drücken. In der Radioanzeige erscheint die erste Ziffer und » _ _ _ _ « für die verbleibenden 4 Ziffern.
- Die weiteren Ziffern entsprechend der Codenummer mit den Stationstasten eingeben.
- Wenn die Codenummer vollständig angezeigt wird, nochmals die Richtigkeit vergleichen. Wurde eine falsche Ziffer eingegeben, nochmals den ganzen Zahlencode neu eingeben.
- Die Eingabe des korrekten Zahlencodes mit Taste »TUNE«, »SC« oder »AUTO« bestätigen. Das Radio ist nun betriebsbereit.

**Achtung:** Wird versehentlich eine falsche Code-Nummer eingegeben, kann der gesamte Vorgang noch **zweimal** wiederholt werden. Wird erneut eine falsche Code-Nummer eingegeben, ist das Radio für ca. 10 Minuten gesperrt, es kann nicht in Betrieb genommen werden. In der Anzeige erscheint dann »WAIT«. Nach Ablauf von 10 Minuten – das Gerät muß dabei eingeschaltet bleiben – kann die Codenummer wieder eingegeben werden. Nach erneuter dreimalig falscher Codeeingabe ist das Gerät für 60 Minuten gesperrt.

# Lautsprecher aus- und einbauen

### Ausbau

- Radio ausschalten.
- **Große Türlautsprecher vorn/hinten:** Türverkleidung ausbauen, siehe Seite 171.

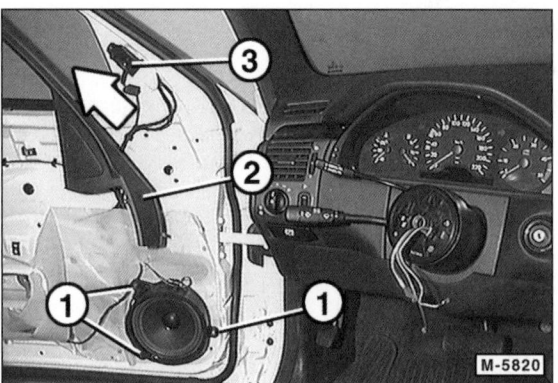

- Schrauben –1– am Lautsprecher herausschrauben. Steckverbindung abziehen.
- **Hochtöner im Spiegeldreieck:** Verkleidung –2– des Fensterrahmens abziehen. Steckverbindung abziehen und Hochtöner –3– in Pfeilrichtung abziehen.

**Hinweis:** Zum Ausbau der **hinteren** Lautsprecher beim Stufenheck-Modell muß die Hutablage ausgebaut und zerlegt werden. Dazu folgende Teile ausbauen: hintere Kopfstützen, Verkleidung C-Säule, Rücksitzbank und -lehne. Vom Kofferraum her Hutablage mit 2 Muttern abschrauben. Rücksitzbank ausbauen, siehe Seite 184.

### Einbau

- Kabelstecker am Lautsprecher aufstecken. Wo vorhanden, Schaumstoffhülse über die Steckverbindung schieben.
- Lautsprecher einsetzen. Großen Türlautsprecher anschrauben.
- Türverkleidung einbauen, siehe Seite 171.

# Scheibenwischeranlage

Für die Frontscheibe wird ein Einarm-Hubwischer verwendet. Das Intervallwischen erfolgt mit 2 unterschiedlichen Pausenlängen, die sich je nach Fahrzeuggeschwindigkeit automatisch einstellen. Bei Fahrzeuggeschwindigkeiten unter 5 km/h schaltet sich der Wischer auf die nächstniedrigere Geschwindigkeitsstufe.

### Mehrausstattung: Regensensor

Der Regensensor sitzt oben in der Mitte der Windschutzscheibe. Er mißt die Benetzung der Frontscheibe über ein elektronisches Element, das mit Infrarotlicht arbeitet. Ist die Scheibe trocken, wird das Licht vollständig reflektiert. Bei benetzter Scheibe wird Licht abgeleitet, und die Reflektion nimmt ab. Dies wird registriert und dient als Steuergröße für die Intervallzeit.

Die vorderen Scheibenwaschdüsen sind elektrisch beheizt.

### Heckwischer beim T-Modell

Im Schalter für Heckwischer ist ebenfalls die Elektronik für die Intervallfunktion des Heckwischers integriert. Ist der vordere Scheibenwischer eingeschaltet und wird der Rückwärtsgang eingelegt, schaltet sich der Heckscheibenwischer automatisch zu. Für den Heckscheibenwischer ist kein separater Waschwasserbehälter vorhanden, es wird der vorhandene Behälter im Motorraum genutzt. Front- und Heckscheibenreinigungsanlage haben eine gemeinsame Scheibenwaschpumpe mit 2 Schlauchanschlüssen. Je nach Drehrichtung der Pumpe wird Wasser an die Front- beziehungsweise Heckscheibe befördert. Die hintere Waschdüse befindet sich auf der Achse des Wischermotors.

## Scheibenwischergummi ersetzen

Die Scheibenwischergummis sind im Rahmen der Wartung beziehungsweise bei schlechtem Wischbild zu ersetzen. Im Handel werden sowohl komplette Scheibenwischerblätter (Wischergummi mit Träger) als auch einzelne Wischgummis angeboten. Wird nur das Wischgummi ersetzt, darauf achten, daß der Träger nicht verbogen wird.

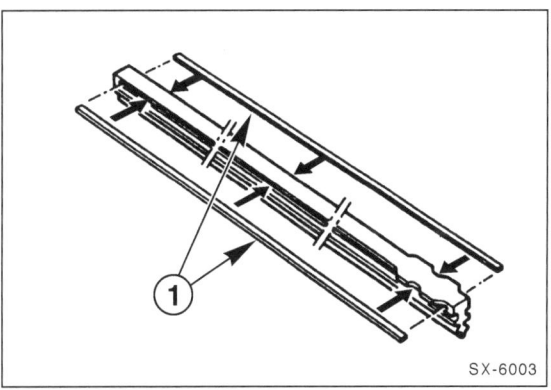

Das Wischgummi ist in 2 Metall-Halteschienen –1– geführt, die zum Ausbau einzeln demontiert werden müssen.

### Ausbau

> **Sicherheitshinweis:**
> Bei Arbeiten an der Wischeranlage den Zündschlüssel abziehen. Durch Bewegungen am Wischerarm oder Wischergestänge kann ab Zündschlüsselstellung »1« die Parkstellungsautomatik angeregt werden. Das heißt, der Wischer läuft los, bis er sich in Endabstellung befindet. Verletzungsgefahr!

● Wischerarm abheben, nicht einrasten.

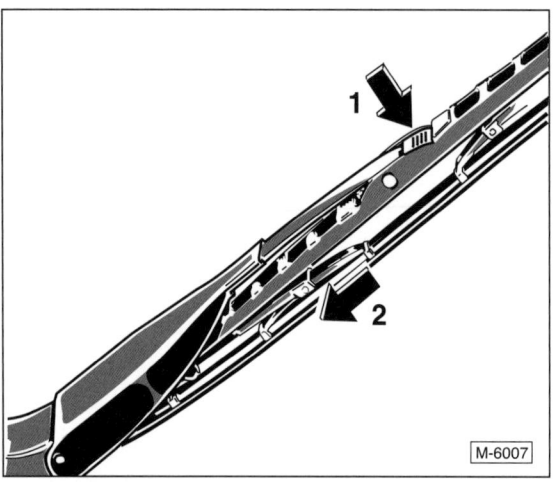

- **Frontscheibenwischer:** Kunststoffklammer am geriffelten Teil –1– niederdrücken und Wischerblatt nach unten –2– aus dem Haken am Wischerarm schieben.

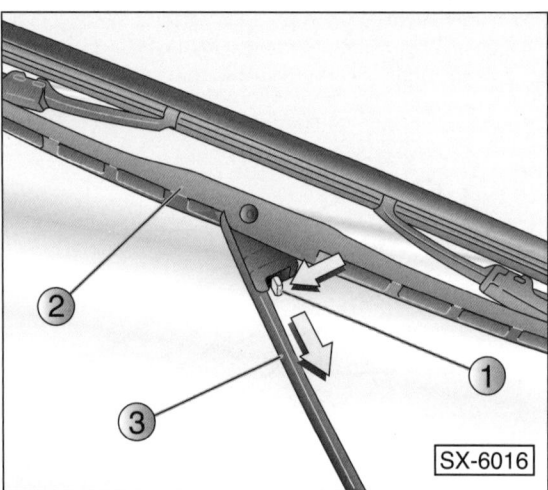

- **Heckscheibenwischer (T-Modell):** Wischerarm –3– hochklappen, Wischerblatt –2– waagerecht stellen. Rastzunge –1– eindrücken und Wischerblatt nach unten aushängen –Pfeile–.

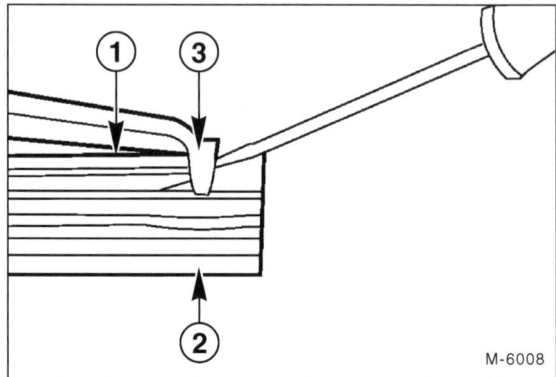

- Von der geschlossenen Seite des Wischgummis aus beide Stahlschienen –1– mit schmalem Schraubendreher zurückschieben und vollständig aus dem Gummi herausziehen.

- Wischgummi –2– an den Haltebügeln –3– des Wischerblattes aushängen.

### Einbau

- Neues Wischgummi ohne Halteschienen in die Klammern des Wischerblattes lose einlegen.

- Beide Schienen von der offenen Profilseite aus so in den Wischgummi einführen, daß die Aussparungen der Schienen zum Gummi zeigen und in die Gumminasen der Rille einrasten. Die Wölbung der Schienen soll zur Scheibe zeigen.

- Wischgummi an der geschlossenen Seite mit Seifenwasser einstreichen, damit es besser in die Haltebügel gleitet.

- Beide Stahlschienen sowie das Gummi mit Kombizange zusammendrücken und in die Haltebügel des Wischerblattes einhängen.

- Wischerblatt so ansetzen, daß es sich zwischen den beiden Führungsstiften am Wischerarm befindet. **Achtung:** Falls vorn ein neues Wischerblatt eingebaut wird, Kunststoffklammer am geriffelten Teil nach unten drücken.

- Wischerblatt in den Haken des Wischerarms schieben, Kunststoffklammer zurückklappen und dadurch Wischerblatt arretieren.

- Wischerarm zurückklappen. Darauf achten, daß das Wischgummi überall an der Scheibe anliegt.

- Scheibenwischer betätigen. Das Wischfeld muß freigewischt werden. **Achtung:** Die Gummilippe des Wischerblatts muß sich bei Änderung der Bewegungsrichtung umlegen (kippen). Geschieht dies nicht, Wischerarm vorsichtig so verbiegen, daß das Wischerarmende parallel zur Scheibe liegt.

## Scheibenwaschdüse einstellen

Die beiden zweistrahligen Scheibenwaschdüsen sind mit einem Heizwiderstand ausgestattet. Der Heizdraht erwärmt nach Einschalten der Zündung die Spritzdüse und verhindert so ein Einfrieren im Winter.

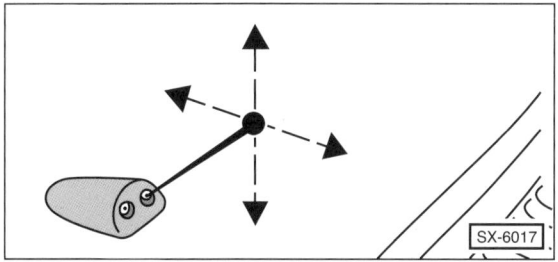

- Die Spritzrichtungen der vorderen Scheibenwaschdüsen können mit einem feinen Dorn eingestellt werden. Dorn in die Düse einsetzen und Zielpunkt auf der Scheibe anpeilen. Dazu gibt es von HAZET das Teleskop-Einstellwerkzeug 4850-1, mit dem die Zielpunkte genauer angepeilt werden können.

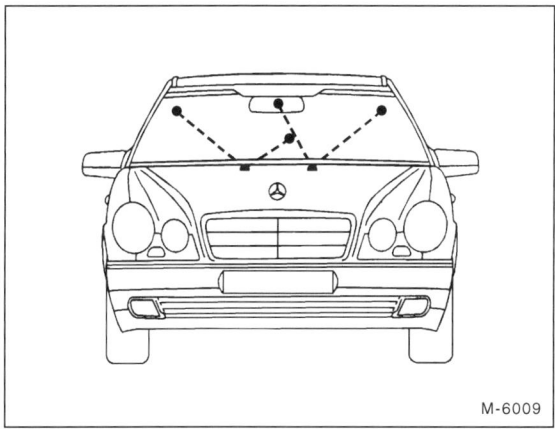

- Die Spritzstrahlen müssen im gekennzeichneten Bereich auftreffen, siehe Abbildung.
- Düse bei Verstopfung mit Nadel reinigen.

## Wischeranlage/Wischermotor aus- und einbauen

### Ausbau

- Wisch-/Waschanlage betätigen und Scheibenwischer in Ablagestellung laufen lassen. Zündung ausschalten.

**Sicherheitshinweis:**
Bei Arbeiten an der Wischeranlage den Zündschlüssel abziehen. Durch Bewegungen am Wischerarm oder Wischergestänge kann ab Zündschlüsselstellung »1« die Parkstellungsautomatik angeregt werden. Das heißt, der Wischer läuft los, bis er sich in Endabstellung befindet. Verletzungsgefahr!

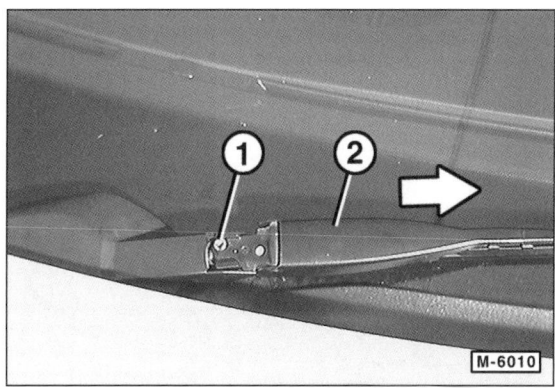

- Kunststoffabdeckung am Wischerfuß abziehen. Innensechskantschraube –1– herausdrehen.
- Wischerarm –2– nach oben abziehen –Pfeilrichtung–. Dabei Wischerarm am Befestigungsteil halten, dadurch wird ein Aufschlagen auf der Windschutzscheibe vermieden.
- Lufteintritt für Heizung links und rechts ausbauen, siehe Seite 186.

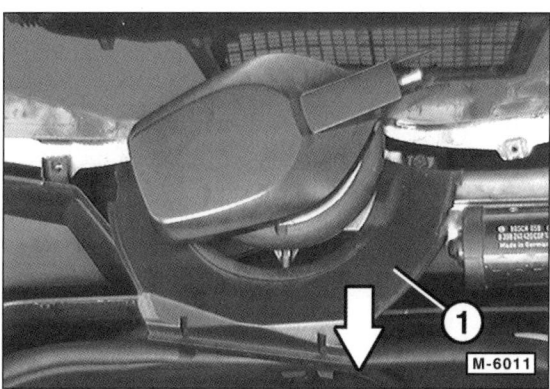

- Abdeckung –1– der Wischeranlage abnehmen.

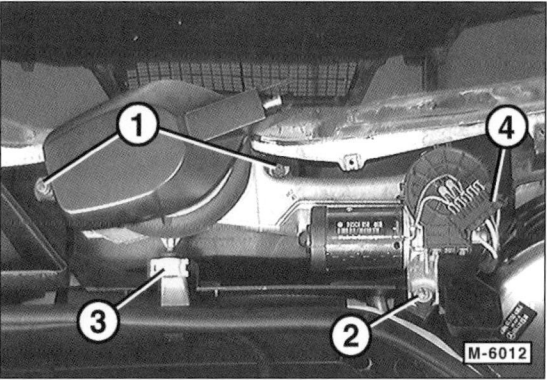

- Muttern –1– und Schraube –2– herausdrehen. Halteklammer –3– für Gummilager mit Schraubendreher öffnen.
- Mehrfachstecker –4– vom Wischermotor abziehen.

- Wischeranlage von den Lagerstellen abheben und herausnehmen.

- Bevor der Wischermotor ausgebaut wird, Stellung von Wischerarm und Gestänge zueinander mit Bleistift markieren. Zum Teil sind die Teile schon serienmäßig markiert.

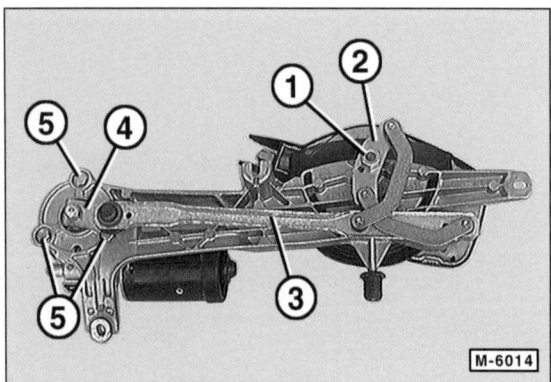

- Mutter –1– abschrauben. Kurbelarm –2– vom Wischergetriebekopf abdrücken.
- Mutter von der Achse des Wischermotors abschrauben. Wischergestänge –3– vom Kurbelarm des Wischermotors –4– abdrücken.
- Wischermotor mit Schrauben –5– abschrauben.

### Einbau

**Achtung:** Sicherstellen, daß sich der Wischermotor in Parkstellung befindet. Gegebenenfalls Mehrfachstecker anschließen, Wischermotor kurz laufen lassen und mit Wischerschalter abstellen. Dazu kurzfristig Zündung einschalten. Anschließend elektrische Verbindung wieder trennen.

- Wischermotor mit Schrauben –5– und **5 Nm** anschrauben.
- Wischergestänge –3– auf Kurbelarm vom Motor aufsetzen.
- Wischerarm mit Gestänge nach der beim Ausbau angebrachten Markierung ausrichten und mit Mutter an die Achse des Wischermotors aufschrauben.
- Kurbelarm auf die Motorachse stecken und so ausrichten, daß der Kurbelarm –3– mit dem Wischergestänge –4– eine Linie bildet, siehe Abbildung M-6014. Befestigungsmutter –1– mit **20 Nm** festziehen.
- Wischeranlage in das Fahrzeug einsetzen und Mehrfachstecker aufschieben.
- Gummilager aufstecken und Schraube für Gummilager eindrehen.
- Wischeranlage anschrauben.
- Wischerarm aufschieben, Innensechskantschraube eindrehen und Abdeckplatte zuklappen.
- Abdeckung –1– der Wischeranlage einsetzen, siehe Abbildung M-6011 unter »Ausbau«.
- Abdeckungen für Lufteintritt Heizung einbauen, siehe Seite 186.
- Motorhaube schließen und Wischeranlage auf korrekte Funktion prüfen.

## Heckwischermotor aus- und einbauen

### T-Modell

**Hinweis:** Das Relais für den Heckwischer steckt seitlich am Wischermotor.

### Ausbau

- Heckscheibe mit Wasser benetzen.
- Heckscheiben-Wischeranlage laufen lassen und mit dem Scheibenwischerschalter abschalten. Dadurch läuft der Wischer in die Endstellung.

---

**Sicherheitshinweis:**
Bei Arbeiten an der Wischeranlage den Zündschlüssel abziehen. Durch Bewegungen am Wischerarm kann ab Zündschlüsselstellung »1« die Parkstellungsautomatik angeregt werden. Das heißt, der Wischer läuft los, bis er sich in Endabstellung befindet. Verletzungsgefahr!

- Ruhestellung des Wischerblattes auf der Heckscheibe mit Abdeck-Klebeband markieren. Dazu einen Streifen Klebeband direkt neben das Wischerblatt auf die Heckscheibe kleben. Beim Einbau wird der Wischerarm wieder so auf die Verzahnung der Antriebswelle gesetzt, daß sich das Wischerblatt direkt neben dem Klebestreifen befindet.

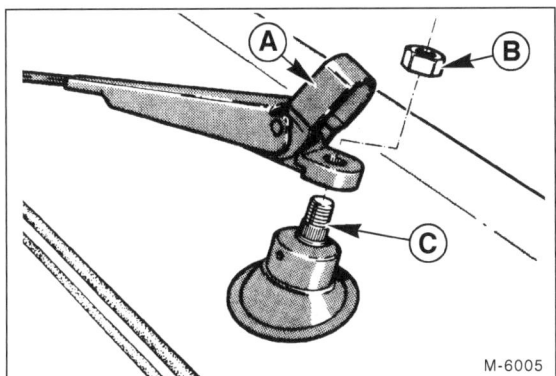

- Kunststoffkappe –A– hochschwenken.
- Mutter –B– ca. 2 Umdrehungen lösen.
- Wischerarm hochklappen und durch seitliche Bewegungen vom Konus –C– abziehen.
- Mutter –B– abschrauben und abnehmen.
- Wischerarm von der Welle abziehen. **Achtung:** Darauf achten, daß die Waschdüse nicht beschädigt wird.
- Heckklappe öffnen und Innenverkleidung ausbauen, siehe Seite 177.
- Elektrische Steckverbindung trennen.

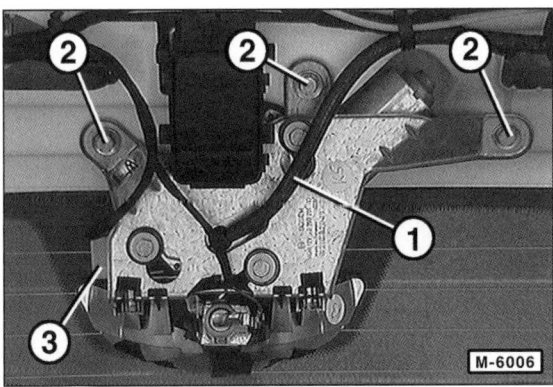

- Waschwasserleitung –1– abziehen.
- Wischermotor mit 3 Schrauben –2– von der Heckklappe abschrauben und abnehmen. 3 = Wischerrelais.
- Gummitülle für Wischerachse in der Heckklappe auf Porosität oder Beschädigung prüfen, gegebenenfalls ersetzen.

### Einbau

- Bei Beschädigung, Durchführungsgummi der Heckscheibe erneuern, sonst kann Wasser eindringen.
- Wischermotor mit Halter an der Heckklappe anschrauben.
- Waschwasserleitung aufstecken.
- Elektrischen Anschluß verbinden.
- Wischermotor kurz laufen lassen und mit Wischerschalter abschalten, damit der Motor in Endstellung stehenbleibt.
- Wischerarm ensprechend den angebrachten Markierungen auf der Scheibe aufsetzen. Dabei darauf achten, daß die Waschdüse in der Wischerachse nicht beschädigt wird.
- Wischerarm mit Befestigungsmutter anschrauben. Abdeckung für Befestigungsmutter herunterklappen.
- Heckwischer laufen lassen und Wischbereich überprüfen, gegebenenfalls Wischerarm auf der Achse umsetzen.
- Innenverkleidung für Heckklappe einbauen, siehe Seite 177.

## Scheibenwaschpumpe prüfen/ersetzen

**Achtung:** Elektromotor der Scheibenwaschpumpe prüfen, siehe Seite 194.

### Ausbau

- Stecker abziehen, dabei Drahtsicherungen zusammendrücken.
- Scheibenwaschbehälter entleeren. Die Pumpe sitzt seitlich unten am Scheibenwaschbehälter, wird sie herausgezogen, läuft der Behälter aus. Mit einem Schraubendreher zwischen Vorratsbehälter und Pumpe fassen und durch Drehen des Schraubendrehers Pumpe aus der Gummitülle drücken.
- Pumpe aus dem Vorratsbehälter herausziehen.
- Wasserschlauch abziehen.

### Einbau

- Wasserschlauch auf neue Pumpe schieben.
- Neue Pumpe einsetzen.
- Stecker aufschieben.
- Funktion der Scheibenwaschpumpe prüfen.

## Störungsdiagnose Scheibenwischergummi

| Wischbild | Ursache | Abhilfe |
|---|---|---|
| Schlieren. | Wischgummi verschmutzt. | ■ Wischgummi mit harter Nylonbürste und einer Waschmittellösung oder Spiritus reinigen. |
| | Ausgefranste Wischlippe, Gummi ausgerissen oder abgenutzt. | ■ Wischgummi erneuern. |
| | Wischgummi gealtert, rissige Oberfläche. | ■ Wischgummi erneuern. |
| Im Wischfeld verbleibende Wasserreste ziehen sich sofort zu Perlen zusammen. | Windschutzscheibe durch Lackpolitur oder Öl verschmutzt. | ■ Windschutzscheibe mit sauberem Putzlappen und einem Fett-Öl-Silikonentferner reinigen. |
| Wischerblatt wischt einseitig gut - einseitig schlecht, rattert. | Wischgummi einseitig verformt, »kippt nicht mehr«. | ■ Neues Wischgummi einbauen. |
| | Wischerarm verdreht, Blatt steht schief auf der Scheibe. | ■ Wischerarm vorsichtig verdrehen, bis senkrechte Stellung erreicht ist. |
| Nicht gewischte Flächen. | Wischgummi aus der Fassung herausgerissen. | ■ Wischgummi vorsichtig in die Fassung einsetzen. |
| | Wischerblatt liegt nicht mehr gleichmäßig an der Scheibe an, da Federschienen oder Bleche verbogen. | ■ Wischerblatt ersetzen. Dieser Fehler tritt vor allem bei unsachgemäßem Montieren eines Ersatzblattes auf. |
| | Anpreßdruck durch Wischerarm zu gering. | ■ Wischerarmgelenk und Feder leicht einölen oder neuen Arm einbauen. |

# Wagenpflege
# Werkzeug

## Fahrzeug waschen

Aus Umweltschutzgründen ist in den meisten Gemeinden die Wagenwäsche auf öffentlichen Plätzen verboten. Inzwischen gibt es an vielen Tankstellen die Möglichkeit, dort seinen Wagen auch von Hand zu waschen. Da an diesen Tankstellen garantiert ist, daß das Schmutzwasser nicht in der Erde versickert, sollte die Wagenwäsche dort durchgeführt werden.

- Verschmutzten Wagen möglichst umgehend waschen.
- Tote Insekten **vor** der Wagenwäsche einweichen und abwaschen.
- Reichlich Wasser verwenden.
- Weichen Schwamm oder sehr weiche Waschbürste mit Schlauchanschluß benutzen.
- Lackierung nicht scharf abspritzen, sondern nur abbrausen und Schmutz aufweichen lassen.
- Aufgeweichten Schmutz von oben nach unten mit reichlich Wasser abwaschen.
- Schwamm oft ausspülen.
- Zum Abtrocknen sauberes Leder verwenden.
- Nur gute, rückfettende Markenwaschmittel verwenden (falls überhaupt). Mit klarem Wasser gründlich nachspülen, um die Reste des Waschmittels zu entfernen.
- Zum Schutz der Lackierung kann dem Waschwasser ein Waschkonservierer beigegeben werden.
- Bei regelmäßiger Benutzung von Waschmitteln muß öfter konserviert werden.
- Wagen niemals in der Sonne waschen oder trocknen. Wasserflecken auf der Lackierung sind sonst unvermeidlich.
- Durch Streusalze besonders gefährdet sind alle innenliegenden Falze, Flansche und Fugen an Türen und Hauben. Diese Stellen müssen deshalb bei jedem Wagenwaschen – auch nach der Wäsche in automatischen Waschstraßen – mit einem Schwamm gründlich gereinigt und anschließend abgespült und abgeledert werden.

**Achtung:** Die Scheinwerfer-Streuscheiben sind aus Kunststoff. Diese dürfen nur mit einem weichen Schwamm und leichtem Handdruck gereinigt werden, nicht kratzen, nicht scheuern.

- Im Schleuderbereich des Unterbaues können sich Staub, Lehm und Sand ablagern. Das Entfernen des angesammelten Schmutzes, der während der Winterzeit auch oft mit Salz angereichert ist, ist besonders wichtig.

**Achtung:** Nach der Wagenwäsche ergibt sich eine verringerte Bremswirkung durch Nässe. Deshalb Bremsscheiben kurz trockenbremsen.

## Fahrzeug reinigen/konservieren

**Lackierung konservieren:** So oft wie nötig soll die sauber gewaschene und getrocknete Lackierung mit einem Konservierungsmittel behandelt werden, um die Oberfläche durch eine porenschließende und wasserabweisende Wachsschicht gegen Witterungseinflüsse zu schützen.

Übergelaufenen Kraftstoff, übergelaufenes Öl oder Fett, beziehungsweise übergelaufene Bremsflüssigkeit **sofort entfernen,** sonst kommt es zu Lackverfärbungen.

Das Konservieren muß wiederholt werden, wenn Wasser nicht mehr vom Lack abperlt, sondern großflächig verläuft. Regelmäßiges Konservieren bewirkt, daß der ursprüngliche Glanz der Lackierung sehr lange erhalten bleibt.

**Polieren:** Das Polieren der Lackierung ist nur dann erforderlich, wenn der Lack infolge mangelhafter Pflege unter der Einwirkung von Straßenstaub, industriellen Abgasen, Sonne und Regen unansehnlich geworden ist und sich durch eine Behandlung mit Konservierungsmitteln kein Glanz mehr erzielen läßt. Zu warnen ist vor stark schleifenden oder chemisch stark angreifenden Poliermitteln, auch wenn der erste Versuch damit noch so sehr zu überzeugen scheint.

Vor jedem Polieren muß der Wagen sauber gewaschen und sorgfältig abgetrocknet werden. Im übrigen ist nach der Gebrauchsanweisung für das Poliermittel zu verfahren.

Die Bearbeitung soll in nicht zu großen Flächen erfolgen, um ein vorzeitiges Eintrocknen der Politur zu vermeiden. Bei manchen Poliermitteln muß anschließend noch konserviert werden. Nicht in der prallen Sonne polieren! Matt lackierte Teile dürfen nicht mit Konservierungs- oder Poliermitteln behandelt werden.

**Teerflecke entfernen:** Teerflecke fressen sich innerhalb kurzer Zeit in den Lack ein und können dann nicht mehr vollkommen entfernt werden. Frische Teerflecke können mit einem in Waschbenzin getränkten weichen Lappen entfernt werden. Notfalls kann auch Tankstellenbenzin, Petroleum oder Terpentinöl verwendet werden. Sehr gut gegen Teerflecke eignet sich auch ein Lackkonservierer. Bei Verwendung dieses Mittels kann auf ein Nachwaschen verzichtet werden.

**Insekten entfernen:** Die Reste von Insektenleichen tragen Stoffe in sich, die den Lackfilm beschädigen können, wenn sie nicht innerhalb kurzer Zeit entfernt werden. Einmal festgeklebt, lassen sie sich durch Wasser und Schwamm allein nicht entfernen, sondern müssen mit schwacher, lauwarmer Seifen- oder Waschmittel-Lösung abgewaschen werden. Es gibt auch spezielle Insekten-Entferner.

**Kunststoffteile pflegen:** Kunststoffteile sowie mattschwarz gespritzte Teile mit Wasser und eventuell einem Shampoo-Zusatz säubern, gegebenenfalls mit Kunststoffreiniger behandeln. Keinesfalls Lösungsmittel wie Nitroverdünner, Kaltreiniger oder Kraftstoff verwenden.

**Gummidichtungen pflegen:** Von Zeit zu Zeit Gummidichtungen durch Einpudern der Dicht- und Gleitflächen mit Talkum oder Besprühen mit Silikonspray geschmeidig halten. So werden auch quietschende oder knarrende Geräusche beim Türenschließen vermieden. Auch das Einreiben der betreffenden Flächen mit Schmierseife beseitigt die Geräusche.

**Sicherheitsgurte** nur mit milder Seifenlauge in eingebautem Zustand säubern, nicht chemisch reinigen, da dadurch das Gewebe zerstört werden kann. Automatikgurte nur in trockenem Zustand aufrollen. Gurtband nicht bei einer Temperatur von über +80° C oder direkter Sonneneinstrahlung trocknen.

**Motorraum konservieren:** Zur Verhinderung von Korrosion am Vorderwagen (z. B. Seitenteile, Längsträger oder Abschlußblech) und des Antriebaggregates muß der Motorraum einschließlich der im Motorraum befindlichen Teile der Bremsanlage sowie der Vorderachselemente und der Lenkung mit einem hochwertigen Konservierungswachs eingesprüht werden. Vor allen Dingen natürlich nach einer Motorwäsche. **Achtung:** Vor der Motorwäsche, die zum Beispiel mit Kaltreiniger und einem Dampfstrahlgerät durchgeführt werden kann, sind Generator, Sicherungskasten und Bremsflüssigkeitsbehälter mit Plastikhüllen abzudecken. Nach jeder Motorwäsche sind die Gelenkbereiche aller Teile der Motorregulierung zu schmieren.

## Lackierung ausbessern

Zum Nachlackieren wird unbedingt dieselbe Lackfarbe benötigt, denn selbst kleinste Farbunterschiede fallen nach Abschluß der Arbeiten sofort ins Auge. Der jeweilige Fahrzeug-Farbton wird vom Hersteller durch die Lacknummer auf dem Typschild vermerkt, das sich vorn im Motorraum befindet.

Treten dennoch Differenzen zwischen dem Originallack und dem Reparaturlack auf, dann liegt das daran, daß Fahrzeug-Lackierungen sich durch Alterung, ultraviolette Sonnenbestrahlung, extreme Temperaturdifferenzen, Witterungsbedingungen und chemische Einflüsse wie beispielsweise Industrieabgase mit der Zeit verändern. Außerdem können Oberflächenschäden, Farbveränderungen und Ausbleichen des Lackes eintreten, wenn Reinigung und Lackpflege mit ungeeigneten Mitteln durchgeführt wurden.

Die Metallic-Lackierung besteht aus 2 Schichten, dem Metallic-Grundlack und der farblosen Decklackierung. Beim Lackieren wird der Klarlack über den feuchten Grundlack gespritzt. Die Gefahr von Farbdifferenzen bei der nachträglichen Metallic-Lackierung ist besonders groß, da hier schon unterschiedliche Viskosität des Reparaturlackes gegenüber dem Originallack zu Farbverschiebungen führt.

**Steinschlagschäden ausbessern**

Es lohnt sich, regelmäßig auch kleinste Lackschäden zu beseitigen, da auf diese Weise Rostschäden und größere Reparaturen vermieden werden.

Für kleine Kratzer und Steinschläge, die lediglich den Decklack abgesplittert haben, also nicht bis aufs blanke Blech vorgedrungen sind, genügt im allgemeinen der Lackstift.

- Tiefere Steinschlagschäden, die schon kleine Rostpickel gebildet haben, mit einem »Rostradierer« beziehungsweise einem Messer oder einem kleinen Schraubendreher auskratzen, bis das blanke Blech erscheint. Wichtig ist, daß keine auch noch so kleine Roststelle mehr sichtbar ist. Bei »Rostradierern« handelt es sich um kleine Kunststoffhülsen, die zum Auskratzen des Rostes kurze Drahtborsten besitzen.

- Die blanken Blechstellen müssen einwandfrei trocken und fettfrei sein. Dazu Reparaturstelle sowie umgebenden Lack mit Silikonentferner reinigen.

- Auf die blanke Metallfläche mit einem dünnen Pinsel etwas Lackgrundierung (»Primer«) auftragen. Da das Grundiermittel meist in Sprühdosen erhältlich ist, etwas Grundiermittel in den Deckel der Dose sprühen und Pinsel dort eintauchen.

- Nachdem die Grundierung trocken ist, Stelle mit Tupflack ausbessern. Bei den Tupflackdosen ist der Pinsel bereits im Deckel integriert. Falls nur eine Spraydose mit der entsprechenden Farbe zur Verfügung steht, etwas Farbe in den Deckel der Dose sprühen und anschließend Lack mit einem dünnen Pinsel auftragen. Dabei in einem Arbeitsgang immer nur eine dünne Lackschicht anbringen, damit der Lack nicht herunterlaufen kann. Anschließend Farbe gut trocknen lassen. Vorgang so oft wiederholen, bis der Krater ausgefüllt ist und die ausgebesserte Stelle gegenüber der umgebenden Lackfläche keine Vertiefung mehr bildet.

# Werkzeugausrüstung

Langfristig zahlt es sich immer aus, wenn man qualitativ hochwertiges Werkzeug kauft. Neben einer Grundausstattung mit Maul- und Ringschlüsseln in den gängigen Größen und verschiedenen Torxschraubendrehern sowie einem Satz Steckschlüssel empfiehlt sich auch der Kauf eines Drehmomentschlüssels. Darüber hinaus ist bei manchen Arbeitsgängen der Einsatz von Spezialwerkzeug zwingend erforderlich.

Gutes und stabiles Werkzeug wird von der Firma HAZET (42804 Remscheid, Postfach 100461) angeboten. In den Tabellen sind die Werkzeuge mit der HAZET-Bestellnummer aufgeführt. Vertrieben wird das Werkzeug über den Autozubehör-Fachhandel.

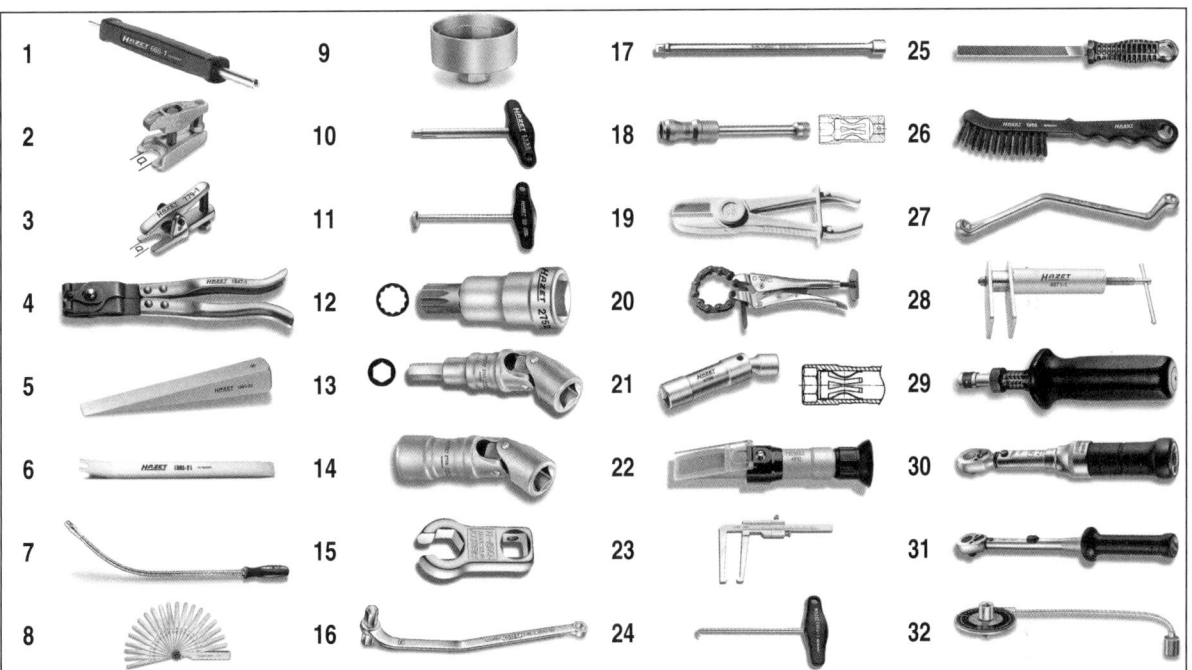

| Abb. | Werkzeug | Hazet-Nr. |
|---|---|---|
| 1 | Ventildreher für Reifenventile | 666-1 |
| 2 | Kugelgelenk-Abzieher, Maulweite 18 – 22 mm | 1779-1 |
| 3 | Kugelgelenk-Abzieher, Maulweite 20 – 22 mm, 2-stufig | 1790-7 |
| 4 | Spannzange für Schellen an den Hinterachsmanschetten | 1847-1 |
| 5 | Montagekeil | 1965-20 |
| 6 | Montagekeil | 1965-21 |
| 7 | Magnet-Sucher | 1976 |
| 8 | Fühlerblattlehre 0,05 - 1,0 mm | 2147 |
| 9 | Schlüssel für Ölfilterdeckel beim Motor 111/112 (SW-72 mm) | 2169 |
| 10 | Hebel für Bremsbacken-Haltefedern | 2730 |
| 11 | Ausbauhebel für MERCEDES-Stern | 2735 |
| 12 | Innenvielzahn-Steckschlüsseleinsatz für Zylinderkopfschrauben Motor 104 | 2752 |
| 13 | Schraubendreher-Gelenkeinsatz für Anlasserschraube | 2755 |
| 14 | Sechskant-Gelenkeinsatz für Getriebeschrauben | 2756 |
| 15 | Ringschlüsseleinsatz für Ölleitung am Kupplungsnehmerzylinder | 2757-12 |

| Abb. | Werkzeug | Hazet-Nr. |
|---|---|---|
| 16 | Stift-Ringschlüssel für Ölablaßschraube beim Motor 112 | 2760-2 |
| 17 | Verlängerung für 2755/2756 | 2762 |
| 18 | Zündkerzenschlüssel SW-16 für 4-Zylinder-Benzinmotor 111 | 2776 |
| 19 | Abklemmzangen-Satz | 4590/3 |
| 20 | Ketten-Abgasrohrschneider | 4682 |
| 21 | Zündkerzenschlüssel SW-16 für 6-Zylinder-Benzinmotor 112 | 4766 |
| 22 | Meßgerät für Säuredichte und Frostschutzanteil | 4810 C |
| 23 | Bremsscheiben-Meßschieber | 4956-1 |
| 24 | Hebel für Rückzugfedern | 4964-1 |
| 25 | Bremssattelfeile | 4968-1 |
| 26 | Bremssatteldrahtbürste | 4968-2 |
| 27 | Entlüftungsschlüssel Bremse | 4968-9/-11 |
| 28 | Bremskolben-Rücksetzvorrichtung | 4971-1 |
| 29 | Drehmomentschlüssel 1 – 6 Nm | 6003 CT |
| 30 | Drehmomentschlüssel 4 – 40 Nm | 6109-2 CT |
| 31 | Drehmomentschlüssel 40 – 200 Nm | 6122–1CT |
| 32 | Winkelscheibe für drehwinkelgesteuerten Schraubenanzug | 6690 |

# Starthilfe

# Fahrzeug abschleppen

## Motor-Starthilfe

Ist die Batterie entladen, kann der Motor mit Starthilfekabeln und der Batterie eines anderen Fahrzeugs gestartet werden. Keinen Anlaßversuch mit Hilfe eines Schnelladegerätes durchführen.

**Achtung:** Beim Benziner darf nur bei kaltem Motor und nur einmal versucht werden, Starthilfe zu geben, da sonst die Gefahr von Katalysatorschäden besteht.

> **Sicherheitshinweis:**
> Werden die vorgeschriebenen Anschlußhinweise nicht genau eingehalten, besteht die Gefahr der Verätzung durch austretende Batteriesäure. Außerdem können Verletzungen oder Schäden durch eine Batterieexplosion entstehen oder Defekte an der Fahrzeugelektrik auftreten.
> ■ Nicht über die Batterien beugen – Verätzungsgefahr!
> ■ Während des Starthilfevorganges offene Flammen oder brennende Zigaretten in der Nähe der Batterie vermeiden, da aus der Batterie brennbare Gase austreten können.
> ■ Darauf achten, daß die Starthilfekabel nicht durch drehende Teile wie z. B. Kühlerventilator beschädigt werden.

- Die Starthilfekabel sollten einen Leitungsquerschnitt von 25 mm² aufweisen und mit isolierten Kabelzangen ausgestattet sein. In der Regel ist der Leitungsquerschnitt auf der Packung der Starthilfekabel angegeben.
- Bei beiden Batterien muss die Spannung 12 Volt betragen. Die Kapazität der stromgebenden Batterie darf nicht wesentlich unter der der entladenen Batterie liegen.
- Eine entladene Batterie kann bereits bei −10° C gefrieren. Vor Anschluß der Starthilfekabel muß eine gefrorene Batterie unbedingt aufgetaut werden.
- Die entladene Batterie muß ordnungsgemäß am Bordnetz angeklemmt sein.
- Wenn möglich, Säurestand der entladenen Batterie prüfen, gegebenenfalls destilliertes Wasser auffüllen und Batterie verschließen.
- Fahrzeuge so weit auseinanderstellen, daß kein metallischer Kontakt besteht. Andernfalls könnte bereits beim Verbinden der Pluspole ein Strom fließen.
- Bei beiden Fahrzeugen Feststellbremse anziehen. Schaltgetriebe in Leerlaufstellung, automatisches Getriebe in Parkstellung »P« schalten.
- Alle Stromverbraucher ausschalten.
- Grundsätzlich Motor des Spenderfahrzeuges ca. 1 Minute vor dem Startvorgang und während des Startvorganges mit Leerlaufdrehzahl drehen lassen. Dadurch wird eine Beschädigung des Generators durch Spannungsspitzen beim Startvorgang vermieden.
- Während des Starthilfevorganges offene Flammen oder brennende Zigaretten in der Nähe der Batterie vermeiden, weil aus der Batterie brennbare Gase austreten können.
- Darauf achten, daß die Starthilfekabel nicht durch drehende Teile wie z. B. Kühlerventilator beschädigt werden.

**Hinweis:** Da sich die Batterie unter dem Rücksitz befindet, ist im Motorraum ein Plus-Stützpunkt vorhanden, der zur Starthilfe benutzt werden kann. Vorher Abdeckkappe zurückklappen.

- Starthilfekabel in folgender Reihenfolge anschließen:
  **1.** Rotes Kabel an den Plusabgriff (+) im Motorraum des Empfängerfahrzeuges anklemmen. Falls das Empfängerfahrzeug kein Fahrzeug der E-KLASSE ist, Kabel an den Pluspol (+) der Batterie im Motorraum anklemmen.

**2.** Das andere Ende des roten Kabels an den Plusabgriff (bzw. Pluspol) der stromgebenden Batterie anklemmen.

**3.** Schwarzes Kabel an eine gute Massestelle des stromgebenden Fahrzeugs anschließen. Am besten eignet sich ein mit dem Motorblock verschraubtes Metallteil. Falls das stromgebende Fahrzeug kein Fahrzeug der E-KLASSE ist, Kabel an den Minuspol (–) der Batterie anklemmen.

**4.** Das andere Ende des schwarzen Kabels an eine gute Massestelle des Empfängerfahrzeuges anschließen. Am besten eignet sich ein mit dem Motorblock verschraubtes Metallteil. Unter ungünstigen Umständen könnte sonst beim Anschließen des Kabels an den Minuspol der leeren Batterie, durch Funkenbildung und Knallgasentwicklung, die Batterie explodieren.

**Sicherheitshinweis:**
Die Klemmen der Starthilfekabel dürfen bei angeschlossenen Kabeln nicht in Kontakt miteinander kommen, beziehungsweise die Plusklemmen dürfen keine Massestellen (Karosserie oder Rahmen) berühren.

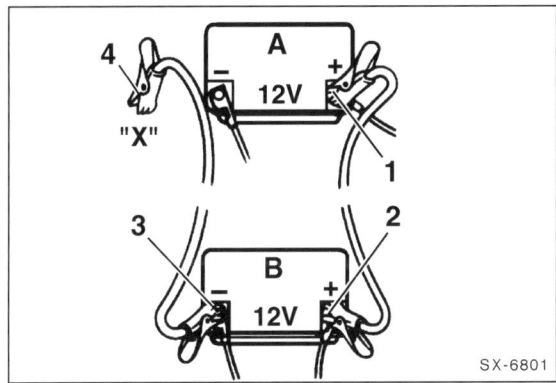

Anschlußpunkte für Fahrzeuge mit Batterie im Motorraum:
 1 – Pluspol (+) Empfängerbatterie –A–
 2 – Pluspol (+) Spenderbatterie –B–
 3 – Minuspol (–) Spenderbatterie –B–
 4 – Massestelle –X– am Empfängerfahrzeug

- Motor des Empfängerfahrzeuges (leere Batterie) starten und laufen lassen. Beim Starten Anlasser nicht länger als 10 Sekunden ununterbrochen betätigen, da sich durch die hohe Stromaufnahme Polzangen und Kabel erwärmen. Deshalb zwischendurch eine »Abkühlpause« von mindestens ½ Minute einlegen.

- Nicht über die Batterie beugen – Verätzungsgefahr!

**Achtung:** Wenn der Motor des Empfängerfahrzeugs gestartet ist, vor Abklemmen der Starthilfekabel heizbare Heckscheibe und höchste Gebläsestufe einschalten, um schädliche Spannungsspitzen vom Spannungsregler zum Verbraucher zu vermeiden. Bei der E-KLASSE soll jedoch zu diesem Zweck **nicht das Licht** eingeschaltet werden.

- **Nach der Starthilfe** Kabel in **umgekehrter** Reihenfolge abklemmen: Zuerst schwarzes Kabel (–) abklemmen, dann rotes Kabel abklemmen.

# Fahrzeug abschleppen

Zum Abschleppen dürfen nur die vordere und die hintere Abschleppöse verwendet werden. Abschleppseil auf keinen Fall am Stoßfänger oder an Teilen der Vorder- oder Hinterachse befestigen.

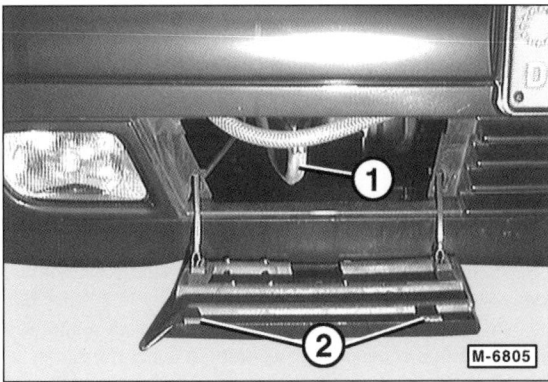

- Um an die vordere Abschleppöse –1– zu gelangen, Abdeckung im Stoßfänger nach vorn ziehen, dabei rasten die Klammern –2– aus. Abdeckung an den Bändern hängen lassen.

- Die hintere Abschleppöse befindet sich rechts unterhalb des Stoßfängers.

### Regeln beim Abschleppen

**Achtung:** Bei manchen Fahrzeugen läßt sich bei abgeklemmter Batterie beziehungsweise bei bestimmten Defekten an der elektrischen Anlage das Lenkradschloß weder ver- noch entriegeln und bei Fahrzeugen mit Automatikgetriebe kann der Wahlhebel in der »P«-Stellung blockiert werden. In diesem Fall ist das Fahrzeug zum Transport auf einen Abschleppwagen aufzuladen.

- Zündung einschalten (Schlüssel steht auf Stellung 2), damit das Lenkrad nicht blockiert ist, die Bremsleuchten funktionieren und das Signalhorn und die Scheibenwischer betätigt werden können.

- Getriebe in Leerlaufstellung, bei Fahrzeugen mit Automatikgetriebe den Wahlhebel in Stellung »N« bringen.

- Warnblinkanlage bei ziehendem und gezogenem Fahrzeug einschalten.

- Da der Bremskraftverstärker und die Servolenkung nur bei laufendem Motor arbeiten, müssen bei nicht laufendem Motor das Bremspedal und das Lenkrad entsprechend kräftiger betätigt werden!

- **Empfehlenswert ist die Verwendung einer Abschleppstange.** Die Gefahr des Auffahrens ist bei Verwendung eines Abschleppseils groß. Ein Abschleppseil soll elastisch sein, damit das schleppende und das gezogene Fahrzeug geschont werden. Nur Kunstfaserseile oder Seile mit elastischen Zwischengliedern verwenden.

### Abschleppen mit einem Abschleppwagen

- Über große Entfernungen das Fahrzeug mit einem Abschleppwagen hinten anheben oder aufladen. Ohne Getriebeöl darf das Fahrzeug nur mit angehobenen Antriebsrädern abgeschleppt werden.

**Speziell Fahrzeuge mit Automatikgetriebe und/oder 4Matic**

Wählhebelstellung: »N«
Maximale Schleppgeschwindigkeit: **50 km/h!**
Maximale Schleppentfernung: **50 Kilometer!**

**Speziell Fahrzeuge mit ASR, 4MATIC oder ESP**

- Bei der serienmäßig eingebauten Antriebs-Schlupf-Regelung ASR (außer 8-Zylinder- und Allradmodelle), oder Sonderausstattungen 4MATIC und elektronischem Stabilitäts-Programm ESP **darf der Motor nicht laufen, wenn mit einer angehobenen Achse abgeschleppt wird.**

**Fahrzeug anschleppen (Notstart)**

**Achtung:** Das Anschleppen (Starten des Motors durch das rollende Fahrzeug) ist bei Fahrzeugen mit Getriebeautomatik oder 4MATIC nicht möglich. Fahrzeuge mit Katalysator dürfen nur bei kaltem Motor angeschleppt werden. Außerdem darf nur einmal angeschleppt werden da sonst der Katalysator geschädigt werden kann.

- Zündung einschalten (Schlüssel steht auf Stellung 2).
- Auskuppeln und 3. Gang einlegen.
- Fahrzeug anschleppen oder anschieben lassen.
- Langsam einkuppeln und etwas Gas geben.

# Fahrzeug aufbocken

Bei Arbeiten unter dem Fahrzeug muß dieses, falls es nicht auf einer Hebebühne steht, auf zwei oder vier stabilen Unterstellböcken stehen.

**Sicherheitshinweis:**
Wenn unter dem Fahrzeug gearbeitet werden soll, muß es mit geeigneten Unterstellböcken sicher abgestützt werden. Abstützen nur mit dem Wagenheber ist unzureichend. **Lebensgefahr!**

- Das Fahrzeug nur in unbeladenem Zustand auf ebener, fester Fläche aufbocken.
- Die Räder, die beim Anheben auf dem Boden stehen bleiben, mit Keilen gegen Vor- oder Zurückrollen sichern. Nicht auf die Feststellbremse verlassen, diese muß bei einigen Reparaturen gelöst werden.
- Fahrzeug mit Unterstellböcken so abstützen, daß jeweils ein Bein seitlich nach außen zeigt.

**Achtung:** Um Beschädigungen am Unterbau zu vermeiden, geeignete Gummi- oder Holzzwischenlage verwenden.

**Anheb- und Aufbockpunkte: Bordwagenheber**

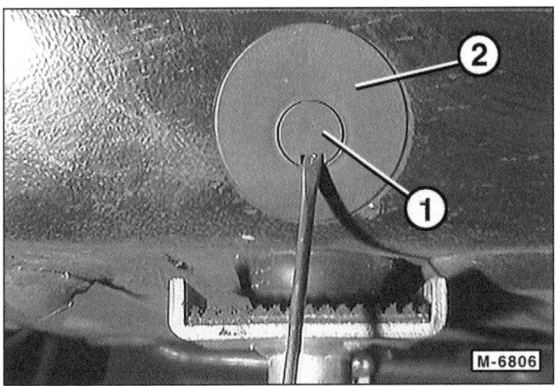

- Abdeckung –1– an der jeweiligen Aufnahmebohrung für den Wagenheber mit Schraubendreher heraushebeln und zusammen mit Stopfen –2– abnehmen. Aufnahmebolzen des Wagenhebers vollständig in das Einsteckrohr des Längsträgers schieben.
- Die Einsteckrohre befinden sich vorn und hinten am Seitenträger in Radnähe. Wagenheber lotrecht ansetzen – auch im Gefälle.

**Hebebühne, Unterstellböcke und Werkstattwagenheber**

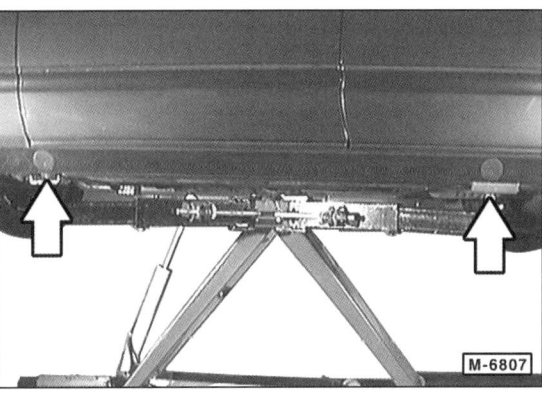

- Die Aufnahmepunkte vorn und hinten befinden sich unterhalb der Einsteckrohre für den Bordwagenheber und sind mit Hartgummipuffern versehen.

**Nur Werkstattwagenheber**

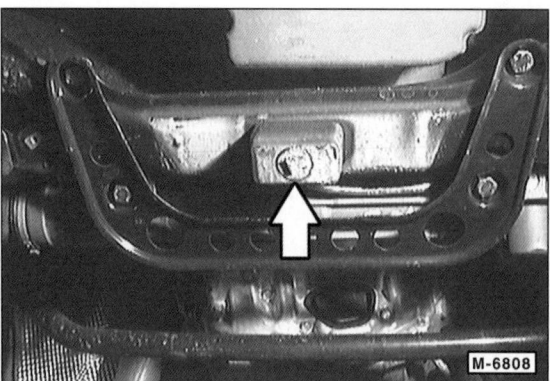

- Vorn am Rahmenquerträger der Vorderachse anheben. Die Abbildung zeigt den Aufnahmepuffer bei abgenommener unterer Motorraumverkleidung. Die Verkleidung muß nicht ausgebaut werden.

- Hinten kann der Werkstattwagenheber am Hinterachsgetriebe angesetzt werden.

# Wartung

## Wartungsplan ab 3/97

Bei Fahrzeugen ab 3/97 gilt für die Wartung das **A**ktive **S**ervice **Syst**em »ASSYST«. Dabei werden die Wartungsintervalle per Digitalanzeige im Schalttafeleinsatz angezeigt. Der erste Hinweis auf die fällige Wartung erscheint etwa 3.000 km vor dem nächsten Wartungstermin.

Der Wartungsumfang ist abhängig von den gefahrenen Kilometern nach der letzten »großen« Wartung. Wurden weniger als 22.000 km gefahren, dann ist die »kleine« Wartung fällig beziehungsweise alle im Wartungsplan mit ● gekennzeichneten Positionen. Bei mehr als 22.000 km ist die »große« Wartung durchzuführen beziehungsweise alle mit ● und ■ gekennzeichneten Positionen.

Im Rahmen der Wartung sind ebenfalls die zusätzlichen, mit ◆ gekennzeichneten Wartungspunkte durchzuführen. Und zwar immer dann, wenn seit der letzten Durchführung des Wartungspunktes (◆) die angegebenen Kilometer gefahren wurden beziehungsweise die angegebene Zeit verstrichen ist. Zeit- und Kilometerintervalle sind im folgenden Wartungsplan aufgeführt.

Nach erfolgter Wartung sollte die Serviceanzeige im Schalttafeleinsatz zurückgesetzt werden, siehe Seite 266.

### Motor

- ● Motor: Öl- und Filterwechsel.
- ● Kühl- und Heizsystem: Flüssigkeitsstand prüfen, Konzentration des Frostschutzmittels prüfen. Sichtprüfung auf Undichtigkeiten und äußere Verschmutzung des Kühlers.
- ■ Keilrippenriemen: Zustand prüfen.
- ■ Gasbetätigung: Schmieren, auf Leichtgängigkeit und Verschleiß prüfen.
- ■ Motor: Sichtprüfung auf Ölundichtigkeiten.
- ■ Abgasanlage: Sichtprüfung auf Beschädigungen.

### Getriebe, Achsantrieb

- ■ Gelenkschutzhüllen: Auf Undichtigkeiten und Beschädigungen prüfen.
- ■ Schalt- und Ausgleichgetriebe: Sichtprüfung auf Undichtigkeiten.

### Vorderachse und Lenkung

- ■ Servolenkung: Flüssigkeitsstand prüfen, gegebenenfalls Hydrauliköl auffüllen.
- ■ Vorderachsgelenke: Spiel und Befestigung prüfen, Staubkappen prüfen.
- ■ Lenkung: Faltenbälge auf Undichtigkeiten und Beschädigungen, Spurstangen auf Spiel prüfen.
- ■ Niveauregulierung/ADS: Flüssigkeitsstand prüfen, gegebenenfalls Hydrauliköl auffüllen.

### Bremsen, Reifen, Räder

- ● Bremsanlage: Leitungen, Schläuche und Anschlüsse auf Undichtigkeiten und Beschädigungen prüfen.
- ● Bereifung: Profiltiefe und Reifenfülldruck prüfen; Reifen auf Verschleiß und Beschädigungen (einschließlich Reserverad) prüfen.
- ■ Scheibenbremse: Belagstärke der vorderen und hinteren Bremsbeläge prüfen. Zustand der Bremsscheibe prüfen.
- ■ Bremsflüssigkeits-Vorratsbehälter: Flüssigkeitsstand prüfen.
- ■ Räder: Abschrauben, Zustand der Felgen (auch innen) prüfen, Räder reinigen und mit vorgeschriebenem Drehmoment anschrauben.

### Karosserie/Innenausstattung

- ● Motorhaube: Verschluß und Scharniere schmieren.
- ■ Staubfiltereinsatz: Erneuern.
- ■ Sicherheitsgurte und Gurtschlösser: Auf äußere Beschädigung und Funktion prüfen.

**Elektrische Anlage**

- Kontrolleuchten, Symbolbeleuchtung und Innenbeleuchtung: Funktion prüfen.
- Außenbeleuchtung: Funktion prüfen.
- Signalhorn: Prüfen.
- Scheibenwaschanlage/Scheinwerfer-Waschanlage: Flüssigkeitsstand und Funktion prüfen, Düsenstellung kontrollieren.
- Serviceanzeige im Schaltafeleinsatz zurücksetzen.
- Alle Stromverbraucher: Funktion prüfen.
- Scheinwerfereinstellung: Prüfen.
- Leuchtweitenregulierung der Scheinwerfer prüfen (nicht bei Xenon-Licht).
- Wischergummi für Windschutzscheibe: Erneuern.
- Wischergummi für Heckscheibe: Zustand prüfen.
- Heckscheibenwaschanlage: Flüssigkeitsstand und Funktion prüfen.
- Batterie: Flüssigkeitsstand prüfen.

**30.000 km oder 2 Jahre nach letzter Prüfung**

- Anhängevorrichtung mit abnehmbarem Kugelhals und automatischer Verriegelung: Schmieren und auf Funktion prüfen, gegebenenfalls reinigen.

**50.000 km nach letzter Prüfung**

- Klimaanlage: Aktivkohlefilter ersetzen.

**2 Jahre nach letzter Prüfung (möglichst im Frühjahr)**

- Bremsflüssigkeit: Erneuern.
- Karosserie auf Lackschäden prüfen.
- Fahrgestell- und Karosserieteile auf Beschädigung und Korrosion prüfen.

**3 Jahre nach letzter Prüfung bzw. Wechsel**

- 4-Zylinder-Motor bis Fg-End-Nr. A956412, X027838: Kühlmittel erneuern.

**80.000 km oder 4 Jahre nach letztem Wechsel**

- Kraftstoffilter ersetzen.
- Luftfilter: Filtereinsatz ersetzen.
- Gelenkwelle: Gelenkscheiben prüfen.

**Ab 50.000 bis 70.000 km oder 4 Jahre nach letztem Wechsel**

- 4-Zylinder-Benzinmotor: Zündkerzen wechseln.

**Ab 90.000 bis 110.000 km oder 4 Jahre nach letztem Wechsel**

- 6-/8-Zylinder-Benzinmotor: Zündkerzen wechseln.

**Alle 5 Jahre**

- Schiebe-Hebe-Dach: Gleitschienen und Gleitbacken reinigen.

**250.000 km oder 15 Jahre nach letztem Wechsel**

- 4-Zylinder-Motor ab Fg-End-Nr. A956412, X027838 sowie 6- und 8-Zylinder-Motoren: Kühlmittel erneuern.

# Wartungsplan 6/95 – 2/97

Die Wartung ist alle 12 Monate durchzuführen. Werden innerhalb dieser Zeit mehr als 15.000 km gefahren, ist die Wartung bereits nach 15.000 km fällig. Die mit ● gekennzeichneten Positionen sind bei jeder Wartung, die mit ■ gekennzeichneten Positionen bei jeder 2. Wartung zusätzlich auszuführen. Im Rahmen der Wartung sind ebenfalls die zusätzlichen, mit ♦ gekennzeichneten Wartungspunkte entsprechend den angegebenen Intervallen durchzuführen.

Bei erschwerten Betriebsbedingungen, wie überwiegend Stadt- und Kurzstreckenverkehr, häufigen Gebirgsfahrten, Anhängerbetrieb und staubige Straßenverhältnisse, Motorölwechsel alle 7.500 km durchführen.

## Motor

- ● Motor: Öl- und Filterwechsel.
- ● Kühl- und Heizsystem: Flüssigkeitsstand prüfen, Konzentration des Frostschutzmittels prüfen. Sichtprüfung auf Undichtigkeiten und äußere Verschmutzung des Kühlers.
- ■ Motor: Sichtprüfung auf Ölundichtigkeiten.
- ■ Zündkerzen: Erneuern.
- ■ Keilrippenriemen: Zustand prüfen.
- ■ Gasbetätigung: Schmieren, auf Leichtgängigkeit und Verschleiß prüfen.
- ■ Abgasanlage: Sichtprüfung auf Beschädigungen.

## Getriebe, Achsantrieb

- ■ Gelenkschutzhüllen: Auf Undichtigkeiten und Beschädigungen prüfen.
- ■ Schalt- und Ausgleichgetriebe: Sichtprüfung auf Undichtigkeiten.

## Vorderachse und Lenkung

- ■ Vorderachsgelenke: Spiel und Befestigung prüfen, Staubkappen prüfen.
- ■ Lenkung: Faltenbälge auf Undichtigkeiten und Beschädigungen, Spurstangen auf Spiel prüfen.
- ■ Servolenkung: Flüssigkeitsstand prüfen, gegebenenfalls Hydrauliköl auffüllen.
- ■ Niveauregulierung/4-MATIC/ASD/ADS: Flüssigkeitsstand prüfen, gegebenenfalls Hydrauliköl auffüllen.

## Bremsen, Reifen, Räder

- ● Bremsanlage: Leitungen, Schläuche und Anschlüsse auf Undichtigkeiten und Beschädigungen prüfen.
- ● Bereifung: Profiltiefe und Reifenfülldruck prüfen; Reifen auf Verschleiß und Beschädigungen (einschließlich Reserverad) prüfen.
- ■ Scheibenbremse: Belagstärke der vorderen und hinteren Bremsbeläge prüfen. Zustand der Bremsscheiben prüfen.
- ■ Bremsflüssigkeitsstand: Prüfen.
- ■ Feststellbremse: Einbremsen.
- ■ Räder: Abschrauben, Zustand der Felgen (auch innen) prüfen, Räder reinigen und mit vorgeschriebenem Drehmoment anschrauben.

## Karosserie/Innenausstattung

- ■ Staubfiltereinsatz: Erneuern.
- ■ Motorhaube: Verschluß und Scharniere schmieren.
- ■ Sicherheitsgurte: Auf Beschädigungen prüfen.
- ■ Anhängevorrichtung mit abnehmbarem Kugelhals und automatischer Verriegelung: Schmieren und auf Funktion prüfen, gegebenenfalls reinigen.

## Elektrische Anlage

- ● Kontrolleuchten, Symbolbeleuchtung und Innenbeleuchtung: Funktion prüfen.
- ● Außenbeleuchtung: Prüfen, gegebenenfalls Scheinwerfer einstellen.
- ● Signalhorn: Prüfen.
- ● Scheibenwischer: Wischergummi auf Verschleiß prüfen.
- ● Scheibenwaschanlage/Scheinwerfer-Waschanlage: Flüssigkeitsstand und Funktion prüfen, Düsenstellung kontrollieren.
- ■ Alle Stromverbraucher: Funktion prüfen.
- ■ Leuchtweitenregulierung der Scheinwerfer prüfen (nicht bei Xenon-Licht).
- ■ Scheinwerfereinstellung: Prüfen.
- ■ Wischergummi für Windschutzscheibe: Erneuern.
- ■ Wischergummi für Heckscheibe: Zustand prüfen.
- ■ Batterie: Flüssigkeitsstand prüfen.
- ■ Teleskopstab der Antenne: Reinigen.

## Zusätzlich alle 60.000 km

- ♦ Automatisches Getriebe (6/95 – ca. 3/96 beziehungsweise nicht bei Getriebe 722.6): Öl und Filter wechseln.
- ♦ Gelenkwelle: Gelenkscheiben prüfen.

## Alle 2 Jahre (möglichst im Frühjahr)

- ♦ Bremsflüssigkeit: Erneuern.
- ♦ Karosserie auf Lackschäden prüfen.
- ♦ Fahrgestell- und Karosserieteile auf Beschädigung und Korrosion prüfen.

## Alle 3 Jahre

- ♦ Kühlmittel erneuern.

## Zusätzlich alle 90.000 km oder 4 Jahre

- ♦ Kraftstofffilter ersetzen.
- ♦ Luftfilter: Filtereinsatz ersetzen.

# Wartungsarbeiten

Hier werden, nach den verschiedenen Baugruppen des Fahrzeugs aufgeteilt, alle Wartungsarbeiten beschrieben, die gemäß dem Wartungsplan durchgeführt werden müssen. Auf die erforderlichen Verschleißteile sowie das möglicherweise benötigte Sonderwerkzeug wird jeweils hingewiesen.

Es empfiehlt sich, Reifendruck, Motorölstand und Flüssigkeitsstände für Kühlung, Wisch-/Wasch-Anlage etc. mindestens alle 4 bis 6 Wochen zu prüfen und gegebenenfalls zu ergänzen.

**Achtung:** Beim **Einkauf von Ersatzteilen** ist zur Identifizierung des Fahrzeuges unbedingt der **KFZ-Schein** mitzunehmen, denn nur durch die Fahrzeug-Identnummer ist eine eindeutige Zuordnung von Ersatzteil und Fahrzeugmodell möglich. Sinnvoll ist es auch, das Altteil zum Ersatzteilhändler mitzunehmen, um es dort mit dem Neuteil vergleichen zu können.

# Motor und Abgasanlage

Folgende Wartungspunkte müssen nach dem Wartungsplan durchgeführt werden:

- Motor: Öl- und Filterwechsel.
- Motor: Sichtprüfung auf Ölundichtigkeiten.
- Motor: Ölstand prüfen.
- Keilrippenriemen: Zustand prüfen.
- Gasbetätigung: Alle Kugelköpfe und Bowdenzüge schmieren und Leichtgängigkeit prüfen.
- Kühl- und Heizsystem: Flüssigkeitsstand prüfen, Konzentration des Frostschutzmittels prüfen. Sichtprüfung auf Undichtigkeiten und äußere Verschmutzung des Kühlers.
- Kühlmittel erneuern, siehe Seite 57/58.
- Kraftstoffilter ersetzen.
- Trockenluftfilter: Filtereinsatz erneuern.
- Abgasanlage: Sichtprüfung auf Beschädigungen.
- Zündkerzen erneuern.

## Motorölwechsel

**Das Motoröl darf auch mittels einer Sonde (an der Tankstelle) über das Ölmeßrohr abgesaugt werden.** Allerdings muß das neue Öl dann meistens bei der betreffenden Tankstelle gekauft werden.

**Achtung:** Die Öl-Verkaufsstellen nehmen die entsprechende Menge Altöl kostenlos entgegen, daher beim Ölkauf Quittung und Ölkanister für spätere Altölrückgabe aufbewahren! Altöl kann unter Umständen auch bei den Altöl-Sammelstellen abgegeben werden. Gemeinde- und Stadtverwaltungen informieren darüber, wo sich die nächste Altöl-Sammelstelle befindet. **Um Umweldschäden zu vermeiden keinesfalls Altöl einfach wegschütten oder dem Hausmüll mitgeben.**

Um die Betriebsverhältnisse des Motors besser überwachen zu können, soll beim Ölwechsel immer ein Öl gleichen Typs und möglichst auch gleicher Marke verwendet werden. Daher ist es zweckmäßig, bei jedem Ölwechsel ein Hinweisschild am Motor zu befestigen, auf dem Marke und Viskosität des Öles vermerkt sind.

Wahllos abwechselnder Gebrauch verschiedener Öltypen ist ungünstig. Motorenöle gleichen Typs, aber verschiedener Marken sollen möglichst nicht gemischt werden. Motorenöle gleichen Typs und gleicher Marke, aber verschiedener Viskosität, können im Bedarfsfall ohne weiteres nachgefüllt werden.

Zum Motorölwechsel ist folgendes Werkzeug erforderlich:

- Eine Grube oder ein hydraulischer Wagenheber mit Unterstellböcken (wenn Öl nicht abgesaugt wird).
- Steckschlüsseleinsatz SW 74 beziehungsweise HAZET 2169 zum Lösen der Ölfilterdeckels und Stecknuß für Ölablaßschraube.
- Ölauffangschale (wenn Öl nicht abgesaugt wird), die mindestens 10 Liter Öl faßt.

Folgende Verschleißteile werden benötigt:

- Nur wenn Öl nicht abgesaugt wird: Aluminium- oder Kupfer-Dichtring für die Ölablaßschraube.
- Ölfilter-Einsatz.
- Gummidichtring für Ölfilterdeckel.
- Je nach Motor 5,5 bis 9,5 Liter Motoröl. Nur von MERCEDES freigegebenes Motoröl verwenden, siehe Seite 47.

## Ölwechselmenge:

| Motor | mit Filterwechsel |
|---|---|
| 2,0-/2,3-l | 5,5 l |
| 2,4-/2,6-/4,2-/4,3-l | 8,0 l |
| 2,8-l-R6 (12/95 – 3/97) | 7,5 l |
| 2,8-l-V6 (2/97 – 3/02) | 8,0 l |
| 3,2-l-R6 (6/96 – 6/97) | 7,3 l |
| 3,2-l-V6 (7/97 – 3/02) | 9,5 l |
| 5,0-/5,5-l | 9,4 l |

## Motoröl ablassen

- Motor auf Betriebstemperatur bringen. Dazu Motor warmfahren, bis die Kühlmittel-Temperaturanzeige normale Betriebstemperatur des Kühlmittels signalisiert. Anschließend noch mindestens 5 km weiterfahren, damit auch eine ausreichende Motoröltemperatur sichergestellt ist.

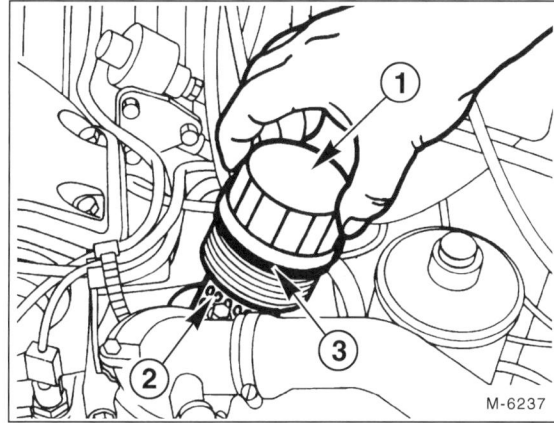

- Ölfilterdeckel –1– mit Steckschlüsseleinsatz SW 74 beziehungsweise HAZET 2169 abschrauben.
- Ölfilterdeckel mit Filtereinsatz –2– herausziehen. 3 – Dichtring.
- Motoröl mit einem Ölabsauggerät über das Ölmeßstab-Führungsrohr absaugen.
- Steht das Ölabsauggerät nicht zur Verfügung, Motoröl ablassen. Dazu Fahrzeug waagerecht aufbocken.
- Untere Motorraumabdeckung ausbauen, siehe Seite 42.
- Gefäß zum Auffangen des Altöls unter die Ölwanne stellen.

- Ölablaßschraube aus der Ölwanne herausdrehen und Altöl ganz ablassen.

**Achtung:** Werden im Motoröl Metallspäne und Abrieb in größeren Mengen festgestellt, deutet dies auf Freßschäden hin, zum Beispiel Kurbelwellen- oder Pleuellagerschäden. Um Folgeschäden nach erfolgter Reparatur zu vermeiden, ist die sorgfältige Reinigung von Ölkanälen und Ölschläuchen unerläßlich. Zusätzlich soll der Ölkühler, falls vorhanden, erneuert werden.

- Anschließend Ölablaßschraube mit neuem Dichtring einschrauben.
  Anzugsdrehmoment 4-/6-Zylinder-Motor: **25 Nm**,
  8-Zylinder-Motor: **40 Nm.**
- Fahrzeug ablassen.

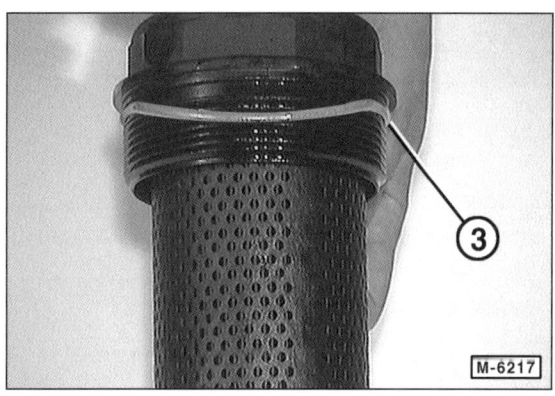

- Dichtring –3– erneuern.
- Neuen Filtereinsatz in den Deckel einsetzen.
- Schraubdeckel mit **neuem** Dichtring einschrauben und mit **25 Nm** festziehen.

## Motoröl auffüllen

- Verschlußdeckel –1– öffnen und neues Öl am Einfüllstutzen des Zylinderkopfdeckels einfüllen.

**Achtung:** Grundsätzlich empfiehlt es sich zunächst, ½ Liter Motoröl weniger einzufüllen, den Motor warmlaufen zu lassen und nach einigen Minuten den Ölstand mit dem Meßstab –2– zu kontrollieren und gegebenenfalls zu ergänzen. Zuviel eingefülltes Motoröl muß wieder abgesaugt werden, da sonst die Motordichtungen beziehungsweise der Katalysator beschädigt werden können.

- Nach Probefahrt Dichtigkeit der Ablaßschraube und des Ölfilters überprüfen, gegebenenfalls vorsichtig nachziehen.

- Bei betriebswarmem Motor Ölstand ca. 3 Minuten nach Abstellen des Motors nochmals prüfen, gegebenenfalls korrigieren.

- Motorraumabdeckung unten einbauen, siehe Seite 42.

### Speziell V8-Motor 1/96 – 8/97

- Luftfiltergehäuse ausbauen. Dazu Filtergehäuse am Ansaugverbindungsrohr ausclipsen, 2 Muttern herausdrehen, Temperaturfühler und Regenerierventil abziehen.

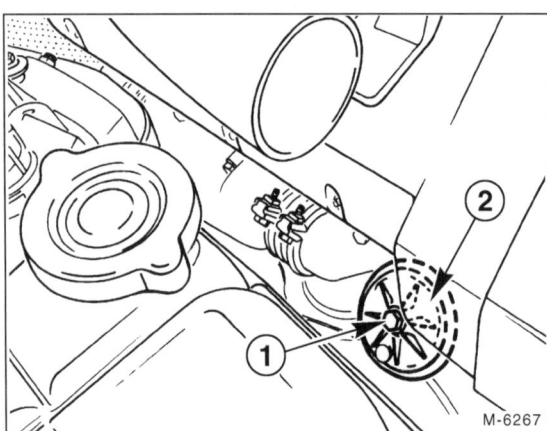

- Zentralschraube –1– vom Ölfilterdeckel –2– lösen.
- Filterdeckel zusammen mit Zentralschraube abnehmen.
- Ölfiltereinsatz erneuern. Filtereinsatz so einsetzen, daß die große Gummiabdichtung nach unten zeigt.

- Filterdeckel mit neuen Dichtringen und Zentralschraube einsetzen und mit **20 Nm** anschrauben.
- Luftfiltergehäuse einbauen.

## Sichtprüfung auf Ölverlust

Bei ölverschmiertem Motor und hohem Ölverbrauch überprüfen, wo das Öl austritt. Dazu folgende Stellen überprüfen:

- Öleinfülldeckel öffnen und Dichtung auf Porosität oder Beschädigung prüfen.
- Kurbelgehäuse-Entlüftung: Zum Beispiel Belüftungsschlauch vom Zylinderkopfdeckel zum Luftansaugschlauch.
- Zylinderkopfdeckel-Dichtung
- Zylinderkopf-Dichtung.
- Ölfilterdichtung: Ölfilterdeckel an Ölfilter.
- Ölablaßschraube (Dichtring).
- Ölwannendichtung.
- Wellendichtringe vorn und hinten für Nockenwelle und Kurbelwelle

Da sich bei Undichtigkeiten das Öl meistens über eine größere Motorfläche verteilt, ist der Austritt des Öls nicht auf den ersten Blick zu erkennen. Bei der Suche geht man zweckmäßigerweise wie folgt vor:

- Motorwäsche folgendermaßen durchführen: Generator mit Plastiktüte abdecken. Motor mit handelsüblichem Kaltreiniger einsprühen und nach einer kurzen Einwirkungszeit an einer Autowaschanlage mit Wasser abspritzen.

- Trennstellen und Dichtungen am Motor von außen mit Kalk oder Talkumpuder bestäuben.

- Ölstand kontrollieren, gegebenenfalls auffüllen.

- Probefahrt durchführen. Da das Öl bei heißem Motor dünnflüssig wird und dadurch schneller an den Leckstellen austreten kann, sollte die Probefahrt über eine Strecke von ca. 30 km auf einer Schnellstraße durchgeführt werden.

- Anschließend Motor mit Lampe absuchen, undichte Stelle lokalisieren und Fehler beheben.

## Motorölstand prüfen

**Hinweis:** Der eingefahrene Motor soll auf einer Fahrstrecke von ca. 1.000 km nicht mehr als 1,0 Liter Öl verbrauchen. Mehrverbrauch ist ein Anzeichen für verschlissene Ventilschaftabdichtungen und/oder Kolbenringe beziehungsweise Öldichtungen.

- Motor warmfahren und auf einer ebenen, waagerechten Fläche abstellen.
- Nach Abstellen des Motors mindestens 5 Minuten lang warten, damit sich das Öl in der Ölwanne sammelt.

- Ölmeßstab –2– herausziehen und mit sauberem Lappen abwischen.

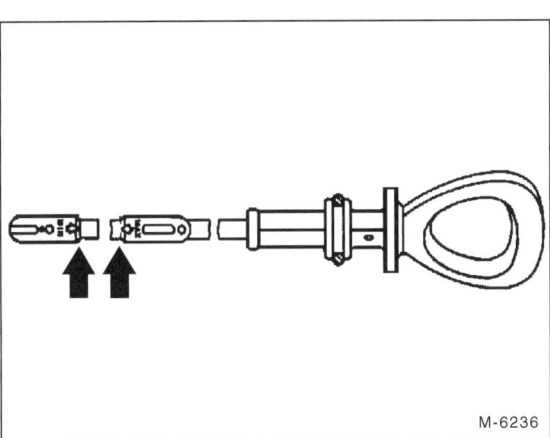

- Anschließend Meßstab bis zum Anschlag in das Führungsrohr einführen, etwas warten, und wieder herausziehen. Der Ölstand muß zwischen den beiden Markierungen liegen.
- Neues Öl erst nachfüllen, wenn sich der Ölstand der »min«-Marke nähert. Die Ölmenge von der »min«- bis zur »max«-Markierung beträgt ca. **2,0 l**.
- Nachgefüllt wird am Verschluß –1– (Abbildung M-6218) des Zylinderkopfdeckels. Beim Nachfüllen richtige Ölsorte verwenden, keine Ölzusätze verwenden. **Achtung:** Es darf auf **gar keinen** Fall zuviel Öl eingefüllt werden, sonst kann der Katalysator beschädigt werden. Zuviel eingefülltes Öl umgehend absaugen.

## Keilrippenriemen: Zustand prüfen

Der Keilrippenriemen muß nicht nachgespannt werden. Im Rahmen der Wartung ist er auf Beschädigungen zu prüfen.

- Zündung ausschalten.

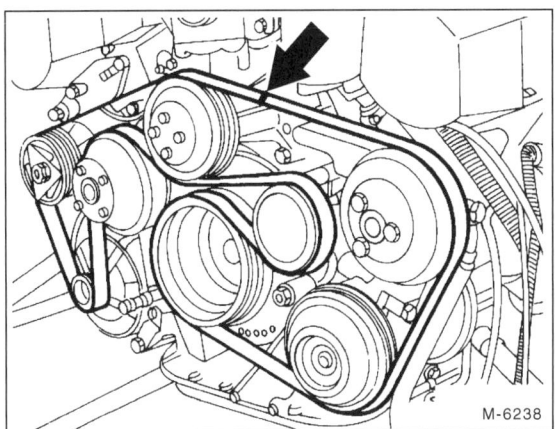

- Riemen an gut sichtbarer Stelle mit einem Kreidestrich markieren.
- Motor mit Stecknuß SW 27 an der Kurbelwellen-Riemenscheibe in Motordrehrichtung jeweils ein Stück weiterdrehen, bis die Kreidemarkierung wieder sichtbar wird. Dabei Getriebe in Leerlaufstellung bringen, Handbremse anziehen.

**Achtung:** Motor nicht rückwärts drehen.

- Keilrippenriemen auf folgende Beschädigungen prüfen:

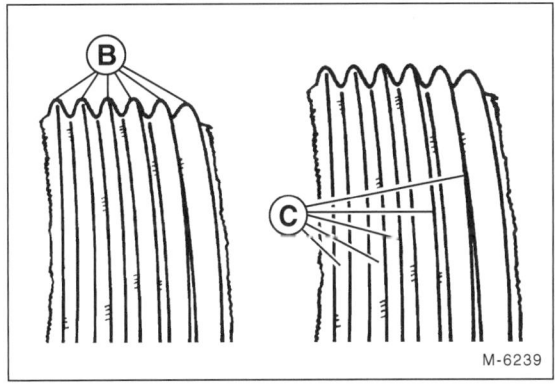

- Flankenverschleiß: Rippen laufen spitz zu –B–, neu sind sie trapezförmig.
- Der Zugstrang ist im Rippengrund sichtbar, erkenntlich an den helleren Stellen –C–.

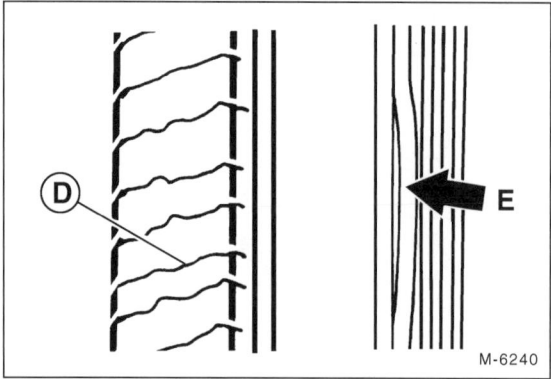

- Querrisse –D– auf der Rückseite des Riemens.
- Einzelne Rippen lösen sich ab –E–.

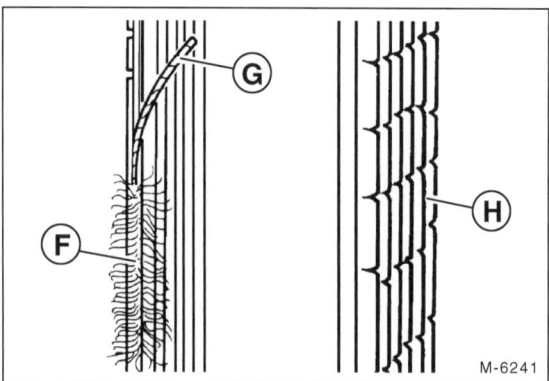

- Ausfransungen der äußeren Zugstränge –F–.
- Zugstrang seitlich herausgerissen –G–.
- Querrisse –H– in mehreren Rippen.

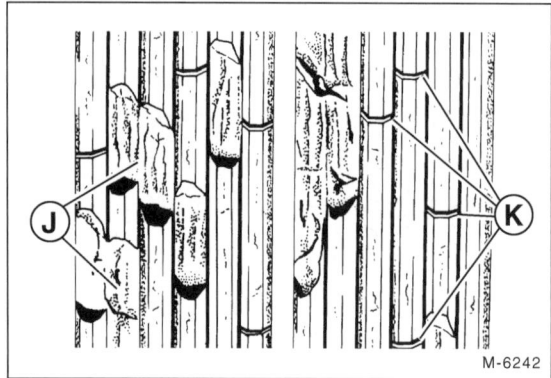

- Rippenbrüche –J–.
- Einzelne Rippenquerrisse –K–.
- Einlagerung von Schmutz und Steinen zwischen den Rippen.
- Gummiknollen im Rippengrund.
- Wenn eine oder mehrere dieser Beschädigungen vorhanden sind, Keilrippenriemen ersetzen.

## Gasbetätigung schmieren

### 4-Zylinder-Motor und V6-Motor

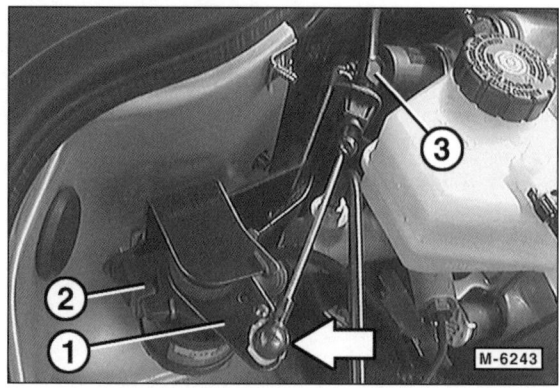

### Reihen-6-Zylinder-Motor

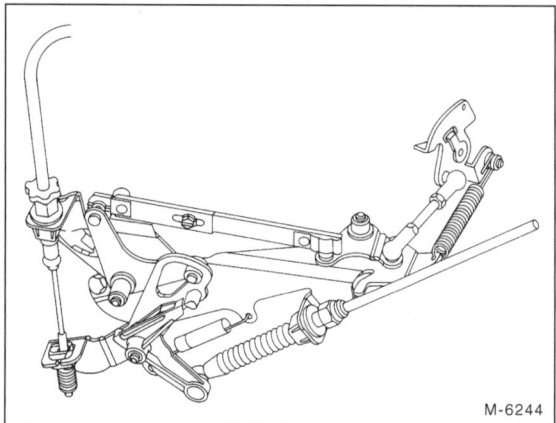

- Alle Lagerstellen der Regulierhebel, Kugelköpfe, Seilzüge mit sauberem Motoröl schmieren.
- Gasbetätigung auf Leichtgängigkeit und Verschleiß prüfen.
- Prüfen, ob der Umlenkhebel –1– am Leerlaufanschlag –2– anliegt. Andernfalls Gaszug mit Einstellmutter –3– einstellen, siehe Abbildung M-6243.

## Kühlmittelstand prüfen

Der Kühlmittelstand sollte außerhalb der Wartung auch vor jeder größeren Fahrt geprüft werden.

Zum Nachfüllen – auch in der warmen Jahreszeit – nur eine Mischung aus Kühlerfrostschutzmittel und kalkarmem, sauberem Wasser verwenden.

**Achtung:** Um die Weiterfahrt zu ermöglichen, kann auch, insbesondere im Sommer, reines Wasser nachgefüllt werden. Der Kühlerfrostschutz muß dann jedoch baldmöglichst korrigiert werden.

> **Sicherheitshinweis:**
> Verschlußdeckel bei heißem Motor vorsichtig öffnen. **Verbrühungsgefahr!** Beim Öffnen Lappen über den Verschlußdeckel legen. Verschlußdeckel möglichst bei einer Kühlmittel-Temperatur unter +90° C öffnen.

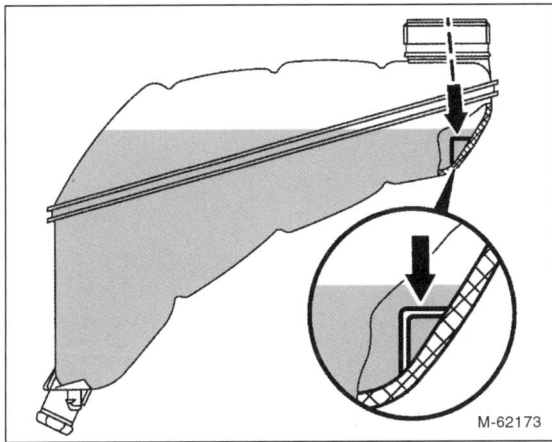

- Der Kühlmittelstand soll bis zu der eingegossenen Nase –Pfeil– am Boden des Ausgleichbehälters reichen (sichtbar bei geöffnetem Verschlußdeckel). Das sind ca. 8 cm unter Oberkante Einfüllstutzen.
- Bei warmem Kühlmittel soll der Kühlmittelstand etwa 1 cm über der Markierung liegen.
- Wenn der Kühlmittelstand zu niedrig ist, Kühlmittel nachfüllen.
- **Kaltes** Kühlmittel nur bei **kaltem Motor** nachfüllen, um Motorschäden zu vermeiden.
- Verschlußdeckel beim Öffnen zuerst etwas aufdrehen und Überdruck entweichen lassen. Danach Deckel weiterdrehen und abnehmen.
- Sichtprüfung auf Dichtheit durchführen, wenn der Kühlmittelstand in kurzer Zeit absinkt.

## Frostschutz prüfen

Regelmäßig vor Winterbeginn sollte sicherheitshalber die Konzentration des Frostschutzmittels geprüft werden, insbesondere wenn zwischendurch reines Wasser nachgefüllt wurde.

Folgendes Prüfwerkzeug wird benötigt:

- Prüfspindel oder ein optisches Prüfgerät (Refraktometer, zum Beispiel HAZET-4810-C) zum Messen des Frostschutzanteils.

**Hinweis:** Eventuell ist es erforderlich, die **Prüfspindel zu eichen**. Dabei ist folgendermaßen vorzugehen: 50 ml Kühlkonzentrat mit 50 ml destilliertem Wasser mischen. Diese Mischung hat einen Frostschutz von –37° C. Frostschutz mit der Prüfspindel messen und eventuelle Abweichung zum Sollwert von –37° C notieren. **Beispiel:** Die Prüfspindel zeigt –31° C an. Die Abweichung beträgt also –6° C. Wird dann am Fahrzeug ein Wert von –16° C gemessen, dann beträgt der tatsächliche Frostschutz (–16°) + (–6°) = –22° C.

### Prüfen

- Motor warmfahren, bis der obere Kühlmittelschlauch zum Kühler ca. handwarm ist.

> **Sicherheitshinweis:**
> Verschlußdeckel bei heißem Motor vorsichtig öffnen. **Verbrühungsgefahr!** Beim Öffnen Lappen über den Verschlußdeckel legen. Verschlußdeckel möglichst bei einer Kühlmittel-Temperatur unter +90° C öffnen.

- Verschlußdeckel am Ausgleichbehälter vorsichtig öffnen.

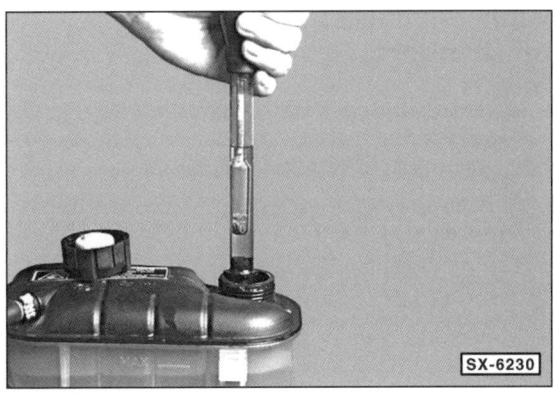

- Mit Meßspindel Kühlflüssigkeit ansaugen und am Schwimmer Kühlmitteldichte ablesen.
- Der Frostschutz soll in unseren Breiten bis –37° C reichen, bei extrem kaltem Klima bis –45° C.

### Kühlkonzentrat ergänzen

**Achtung:** Da einige Teile des Kühlsystems aus Aluminium gefertigt sind, darf nur ein dafür geeignetes und von MERCEDES-BENZ freigegebenes Frost- und Korrosionsschutzmittel verwendet werden.

**Beispiel:** Die Frostschutz-Messung mit der Spindel ergibt beim 2,0-l-Motor einen Frostschutz bis –10° C. In diesem

Fall aus dem Kühlsystem 3,1 l Kühlflüssigkeit ablassen und dafür 3,1 l reines Frostschutzkonzentrat auffüllen. Dadurch wird ein Frostschutz bis −37° C erreicht. Soll ein Frostschutz von −45° C erreicht werden: 3,4 l Flüssigkeit wechseln. Für weitere Werte siehe folgende Tabelle.

| Gemess. Wert in °C | | 0 | −5 | −10 | −15 | −20 | −30 | Füll- |
|---|---|---|---|---|---|---|---|---|
| Motor | Sollwert | Differenzmenge in Liter | | | | | | menge |
| 2,0-l | −37° | 4,3 | 3,7 | 3,1 | 2,5 | 2,0 | 0,8 | 8,5 l |
|  | −45° | 4,7 | 4,0 | 3,4 | 2,8 | 2,2 | 0,9 |  |
| 2,4-l | −37° | 4,8 | 4,1 | 3,5 | 2,8 | 2,2 | 0,9 | 9,6 l |
|  | −45° | 5,3 | 4,5 | 3,9 | 3,1 | 2,4 | 1,0 |  |
| 2,6-l | −37° | 5,0 | 4,3 | 3,7 | 3,0 | 2,3 | 1,0 | 10,0 l |
|  | −45° | 5,5 | 4,7 | 4,0 | 3,2 | 2,5 | 1,0 |  |
| 2,8-/3,2-l (104) | −37° | 4,5 | 3,9 | 3,3 | 2,7 | 2,1 | 0,9 | 9,0 l |
|  | −45° | 5,0 | 4,3 | 3,6 | 2,9 | 2,3 | 0,9 |  |
| 2,8-l (112) | −37° | 5,5 | 4,7 | 4,0 | 3,2 | 2,5 | 1,0 | 11,0 l |
|  | −45° | 6,1 | 5,2 | 4,4 | 3,6 | 2,8 | 1,1 |  |
| 3,2-l (112), 4,3-l | −37° | 5,3 | 4,5 | 3,8 | 3,1 | 2,4 | 1,0 | 10,5 l |
|  | −45° | 5,8 | 5,0 | 4,2 | 3,4 | 2,7 | 1,1 |  |
| 4,2-l | −37° | 6,3 | 5,4 | 4,6 | 3,7 | 2,9 | 1,2 | 12,5 l |
|  | −45° | 6,9 | 5,9 | 5,0 | 4,1 | 3,2 | 1,3 |  |
| 5,0-/5,5-l | −37° | 4,5 | 3,9 | 3,3 | 2,7 | 2,1 | 0,9 | 9,0 l |
|  | −45° | 5,0 | 4,3 | 3,6 | 2,9 | 2,3 | 0,9 |  |

**Achtung:** Die in der Tabelle angegebenen Werte gelten bei einer Kühlflüssigkeitstemperatur von ca. +20° C.

- Verschlußdeckel am Kühler verschließen und nach Probefahrt Frostschutz erneut überprüfen.

## Kühlsystem-Sichtprüfung auf Dichtheit

- Kühlmittelschläuche durch Zusammendrücken und Verbiegen auf poröse Stellen untersuchen, hartgewordene und aufgequollene Schläuche ersetzen.
- Die Schläuche dürfen nicht zu kurz auf den Anschlußstutzen sitzen.
- Festen Sitz der Schlauchschellen kontrollieren, gegebenenfalls Schellen erneuern.
- Dichtung des Verschlußdeckels für den Kühler beziehungsweise Ausgleichbehälter auf Beschädigungen überprüfen.

**Achtung:** Ein zu niedriger Kühlmittelstand kann auch von einem nicht richtig aufgeschraubten Verschlußdeckel herrühren.

- Deutlicher Kühlmittelverlust und/oder Öl in der Kühlflüssigkeit sowie weiße Abgaswolken bei warmem Motor deuten auf eine defekte Zylinderkopfdichtung hin.

**Achtung:** Mitunter ist es schwierig, die Leckstelle ausfindig zu machen. Dann empfiehlt sich eine Druckprüfung durch die Werkstatt (Spezialgerät erforderlich). Hierbei kann ebenfalls das Überdruckventil des Verschlußdeckels geprüft werden.

# Kraftstoffilter ersetzen

### Ausbau

Die Kraftstoffilter ist am Fahrzeugboden, in Fahrtrichtung gesehen, rechts vor der Hinterachse angeordnet.

> **Sicherheitshinweis:**
> Kein offenes Feuer, nicht rauchen. Unfallgefahr! Feuerlöscher bereitstellen. Unbedingt für gute Belüftung des Arbeitsplatzes sorgen. Kraftstoffdämpfe sind giftig. Schutzbrille tragen.

- Batterie-Massekabel (−) bei ausgeschalteter Zündung abklemmen. **Achtung:** Dadurch werden elektronische Speicher gelöscht, wie zum Beispiel der Radiocode. Hinweise im Kapitel »Batterie aus- und einbauen« beachten.
- Kraftstoffdruck abbauen, dazu Tankdeckel kurzzeitig öffnen.

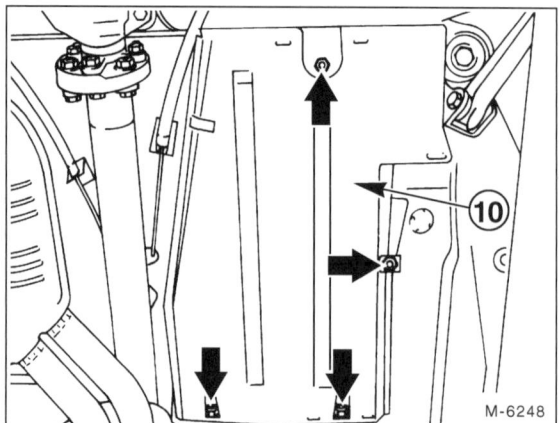

- Abdeckung −10− ausbauen. Vorher Einbaulage der Abdeckung markieren.

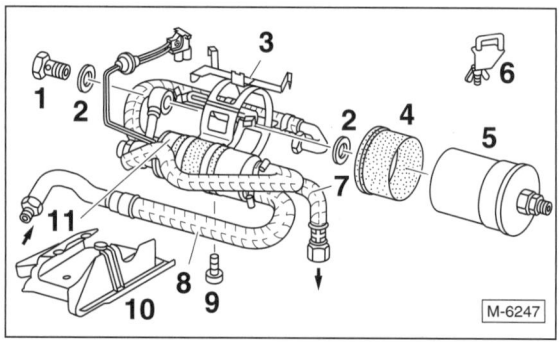

1 – Hohlschraube
2 – Unterlegscheibe
3 – Halter
4 – Kunststoffhülse
5 – Kraftstoffilter
6 – Schlauchklemme
7 – Druckleitung
8 – Saugleitung
9 – Schraube
10 – Abdeckung
11 – Kraftstoffpumpe

**Hinweis:** Manche Fahrzeuge verfügen über 2 Kraftstoffpumpen. Der Aus- und Einbau des Kraftstoffilters erfolgt prinzipiell auf die gleiche Weise.

- Kraftstoffschläuche –7– (Druckleitung) und –8– (Saugleitung) mit handelsüblicher Schlauchklemme –6– abklemmen. Schläuche für den leichteren Einbau mit Tesaband markieren.

- Hohlschraube –1– am Kraftstoffilter –5– abschrauben. Restkraftstoff mit Lappen auffangen.

- Kraftstoffdruckschlauch am Filter abschrauben.

- Falls vorhanden, Entgasungsleitung (neben Saugleitung) und Rücklaufleitung (neben Druckleitung) vom Filter abziehen. Hinweis: Diese Leitungen sind in der Abbildung nicht dargestellt.

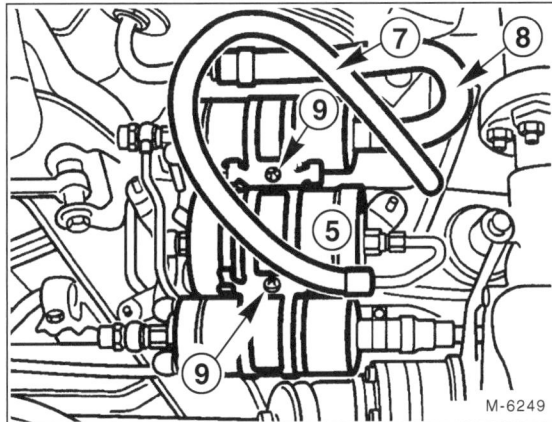

- Schrauben –9– am Halter lösen und Kraftstoffilter –5– aus dem Halter herausnehmen.

**Einbau**

- Kunststoffhülse –4– beziehungsweise Kunststoffolie auf Beschädigungen prüfen, gegebenenfalls ersetzen, siehe Abbildung M-6247.

- Kraftstoffilter mit Kunststoffhülse/-folie montieren. **Achtung:** Die Kunststoffhülse zwischen Kraftstoffpumpe und Halter muß unbedingt montiert werden. Dabei darauf achten, daß sie auf beiden Seiten des Halters übersteht. Andernfalls kann, bei direkter Berührung des Kraftstoffilters mit dem Halter, Kontaktkorrosion auftreten.

- Kraftstoffilter mit Schrauben –9– am Halter befestigen.

- Kraftstoffschläuche anschrauben. Hohlschraube mit **neuen** Kupfer-Dichtringen ansetzen und mit 25 Nm festziehen. Bei Undichtigkeiten Schraube mit 30 Nm nachziehen.

- Schlauchklemmen abnehmen.

- Massekabel (–) an die Batterie anschließen.

- Motor starten und bei laufendem Motor Dichtheit der Anschlußstellen prüfen.

- Abdeckung –10– einbauen, siehe Abbildung M-6247.

- Zeituhr einstellen.

- Diebstahlcode für Radio eingeben.

# Luftfiltereinsatz wechseln

Es wird kein Sonderwerkzeug benötigt.

Folgendes Verschleißteil muß gekauft werden:

- Luftfiltereinsatz. Beim Ersatzteilkauf beachten, daß ein Luftfiltereinsatz für den betreffenden Motor benötigt wird.

**Ausbau**

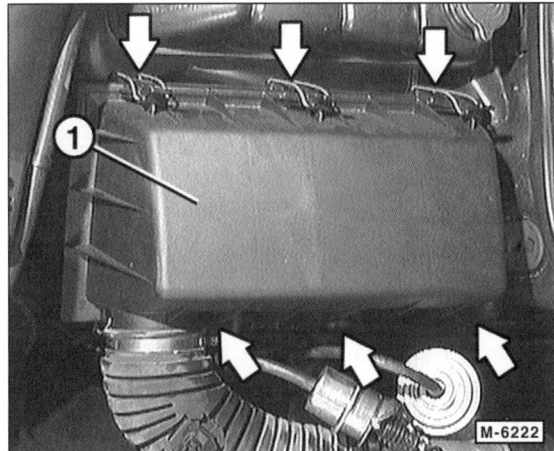

- Luftfilterdeckel –1– abnehmen. Dazu 6 Schnellverschlüsse –Pfeile– öffnen.

- Filtereinsatz herausnehmen.

- Filtergehäuse mit einem Lappen auswischen.

**Einbau**

- Neuen Filtereinsatz in das Luftfiltergehäuse einlegen. Darauf achten, daß das Abdichtgummi ringsum bündig anliegt.

- Dichtung am Luftfilterdeckel auf Beschädigung prüfen, gegebenenfalls erneuern.

- Deckel ansetzen und Schnellverschlüsse zuschnappen lassen.

## Sichtprüfung der Abgasanlage

- Fahrzeug aufbocken.
- Befestigungsschellen auf festen Sitz prüfen.
- Abgasanlage mit Lampe auf Löcher, durchgerostete Teile sowie Scheuerstellen absuchen.
- Stark gequetschte Abgasrohre ersetzen.

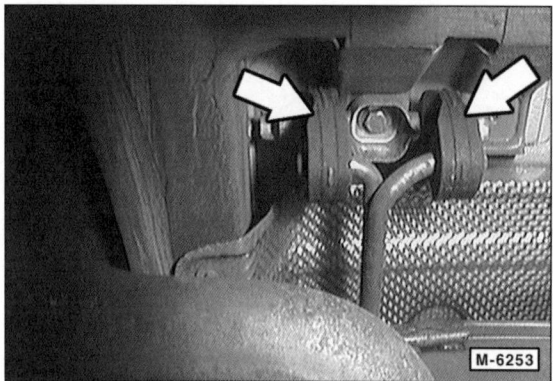

- Gummihalterungen durch Drehen und Dehnen auf Porosität überprüfen und gegebenenfalls austauschen.
- Elektrischen Anschluß und festen Sitz der Lambdasonde prüfen.
- Alle Schrauben und Muttern an den Flanschverbindungen mit **20 Nm** nachziehen.
- Fahrzeug ablassen.

## Zündkerzen aus- und einbauen/prüfen

Die Zündkerzen sind regelmäßig nach dem Wartungsplan zu ersetzen.

### Ausbau

**Achtung:** Zündkerzen nur bei kaltem oder handwarmem Motor wechseln. Wenn die Kerzen bei heißem Motor herausgedreht werden, kann das Kerzengewinde des Leichtmetall-Zylinderkopfes ausreißen.

- Zündspulen ausbauen, siehe Seite 85.
- Kerzenstecker an den Zündkerzen abziehen, dabei nur an den Steckern und nicht an den Kabeln ziehen. Zur Erleichterung gibt es eine spezielle Zange zum Abziehen der Kerzenstecker, zum Beispiel HAZET 1849-1.
- Zündkerzen mit Zündkerzenschlüssel herausdrehen. Kerzenschlüssel nicht verkanten, sonst kann der Keramikisolator der Zündkerze brechen. Es empfiehlt sich, den speziell auf die MERCEDES-BENZ-Motoren abgestimmten Kerzenschlüssel HAZET 2776 zu verwenden.

### Prüfen

- Sieht die Kerze verölt aus, deutet das auf Aussetzen der betreffenden Zündkerze oder schlecht abdichtende Kolbenringe hin (Kompression prüfen).
- Isolatoren der Zündkerzen auf Kriechströme untersuchen. Kriechströme zeigen sich als dünne, unregelmäßige Spuren auf der Oberfläche. Eventuell undichten Zündkerzenstecker austauschen.

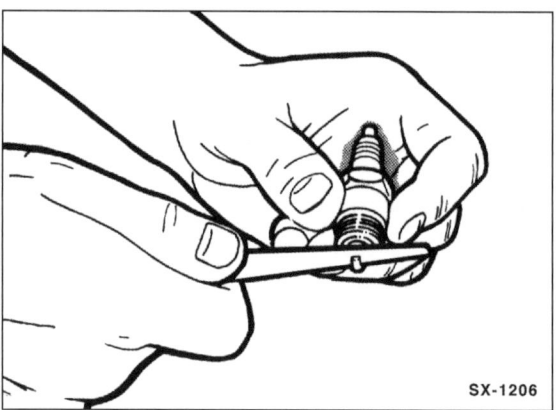

- Elektrodenabstand mit Fühlerblattlehre prüfen. **Sollwert**, siehe Tabelle auf Seite 251.

**Hinweis:** Bei neuen Zündkerzen ist der Elektrodenabstand in der Regel richtig eingestellt.

- Zum Einstellen des Kontaktabstandes Masse-Elektrode nachbiegen. Dazu seitlich gegen die Masse-Elektrode klopfen. Beim Aufbiegen kleinen Schraubendreher am Gewinderand der Kerze abstützen, keinesfalls jedoch an der Mittel-Elektrode, da diese sonst beschädigt wird.

**Einbau**

- Zündkerzen von Hand bis zur Anlage am Zylinderkopf einschrauben. **Achtung:** Dabei Kerzen nicht verkantet ansetzen. Darauf ist besonders zu achten, weil die Kerzen tief in den Zündkerzenschächten sitzen. Es empfiehlt sich daher, den speziell auf die MERCEDES-BENZ-Motoren abgestimmten Kerzenschlüssel HAZET 2776 zu verwenden.

- Zündkerzen mit **28 Nm** festziehen. **Achtung:** Steht kein Drehmomentschlüssel zur Verfügung, neue Zündkerzen mit Kerzenschlüssel um ca. 90° (¼ Umdrehung) anziehen. Gebrauchte Zündkerzen nur ca. 15° anziehen. Zu fest angezogene Zündkerzen können beim Herausschrauben abreißen oder das Gewinde im Zylinderkopf beschädigen. In diesem Fall Kerzengewinde mit UTC- oder Heli-Coil-Einsätzen reparieren.

- Zündspulen einbauen, siehe Seite 85.

- Kerzenstecker aufstecken. Durch Hin- und Herbewegen festen Sitz der Kerzenstecker und Zündkabel prüfen.

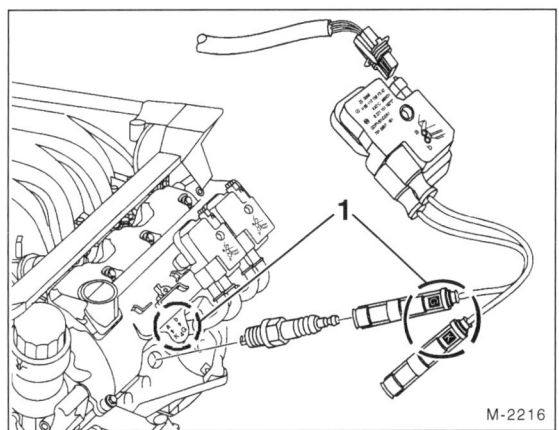

- **V6-Motor:** Für jeden Zylinder sind 2 Zündkerzen vorhanden. Damit die Kerzenstecker nicht vertauscht aufgesteckt werden, sind sie beschriftet, ebenso die Abdeckung am Motor –1–.

## Die richtigen Zündkerzen für die E-KLASSE-Motoren

**Achtung:** Die technische Entwicklung geht ständig weiter. Es kann sein, daß inzwischen für einzelne Motoren andere Zündkerzenwerte gelten. Daher empfiehlt es sich, vor einem Neukauf die aktuellen Zündkerzenwerte bei der Fachwerkstatt zu erfragen.

| Motor | Zündkerzen | | | | | | | | Wechselintervall[2] |
|---|---|---|---|---|---|---|---|---|---|
| | **BERU** | EA | **BOSCH** | EA | **NGK** | EA | **CHAMPION** | EA | |
| 2,0 l bis 6/97 | 14F-8DU4 | 0,8 | F8DC4 | 0,8 | BCP-5ES | 0,8 | C11YCC | 0,8 | 30.000 km |
| 2,0 l seit 7/97 | 14FGH-8DTURX0 | 1,0 | F8KTCR | 1,0 | BKUR5ET | – | RC8VTYC4 | 1,0 | 60.000 km |
| 2,0 l Kompressor | 14FGH-7DTURX0 | 1,0 | F7KTCR | 1,0 | BKR-6ES | 0,8 | – | – | – |
| 2,3 l | 14F-8DU4 | 0,8 | F8DC4 | 0,8 | BCP-5ES | 0,8 | C11YCC | 0,8 | 30.000 km |
| 2,4 l | 14FGH-8DPURX2 | 1,0 | F8DPER | 1,0 | PFR5G-11 | 1,1 | RC10PYP4 | 1,0 | 60.000 km |
| 2,6 l (E240) | – | – | – | – | IFR5D10 | 1,0 | – | – | 100.000[3] |
| 2,8 l bis 6/97 (Reihen-6-Zylinder) | 14F-8DU4 | 0,8 | F8DC4 | 0,8 | BCP-5ES | 0,8 | C11YCC[1] | 0,8 | 30.000 km |
| 2,8 l seit 3/97 (V6-Motor) | 14FGH-8DPURX2 | 1,0 | F8DPER | 1,0 | PFR5G-11 | 1,1 | C11YCC[1] | 0,8 | 30.000 km |
| 3,2 l bis 2/97 (Reihen-6-Zylinder) | 14F-8DU4 | 0,8 | F8DC4 | 0,8 | BCP-5ES | 0,8 | C11YCC[1] | 0,8 | 30.000 km |
| 3,2 l seit 3/97 (V6-Motor) | 14FGH-8DPURX2 | 1,0 | F8DPER | 1,0 | PFR5G-11 | 1,1 | RC10PYP | 1,0 | 60.000 km |
| 3,6 l | – | – | – | – | BKR5EKU | – | – | – | – |
| 4,2 l | 14FGH-8DPURX2 | 1,0 | F8DC4 | 0,8 | BCP-5ES | 0,8 | C11YCC[1] | 0,8 | 30.000 km |
| 4,3 l | 14FGH-8DPURX2 | 1,0 | F8DPER | 1,0 | PFR5G-11 | 1,1 | RC10PYP4 | 1,0 | 60.000 km |
| 5,0 l | – | – | – | – | BKR5EKU | – | C11YCC | 0,8 | 30.000 km |
| 5,5 l | 14FGH-8DPURX2 | 1,0 | F8DPER | 1,0 | PFR5G-11 | 1,1 | RC10PYP4 | 1,0 | 60.000 km |

EA = Elektrodenabstand in mm.
[1] = Zündkerze für Fahrzeuge bis 4/97. Ab 4/97: Champion-Zündkerze RC10PYP4; EA = 1,0, Wechselintervall = 60.000 km.
[2] = Zündkerzen-Wechselintervall gilt für Champion-Zündkerzen, außer [3]).
[3] = Zündkerzen-Wechselintervall in km, gilt für NGK-Iridium-Zündkerze.

# Getriebe/Achsantrieb

- Schalt- und Ausgleichgetriebe: Sichtprüfung auf Undichtigkeiten.
- Achswellen: Gelenkschutzhüllen auf Undichtigkeiten und Beschädigungen prüfen.
- Gelenkwelle: Gelenkscheiben prüfen.
- Automatisches Getriebe (6/95 – ca. 3/96 beziehungsweise nicht bei Getriebe 722.6): Öl und Filter wechseln.

## Schaltgetriebe: Sichtprüfung auf Dichtheit

Folgende Leckstellen sind möglich:

- Trennstelle zwischen Motorblock und Getriebe (Schwungraddichtung/Wellendichtung-Getriebe).
- Gelenkwelle an Getriebe.
- Öleinfüllschraube.
- Ablaßschraube.

Bei der Suche nach der Leckstelle folgendermaßen vorgehen:

- Getriebegehäuse mit Kaltreiniger reinigen.

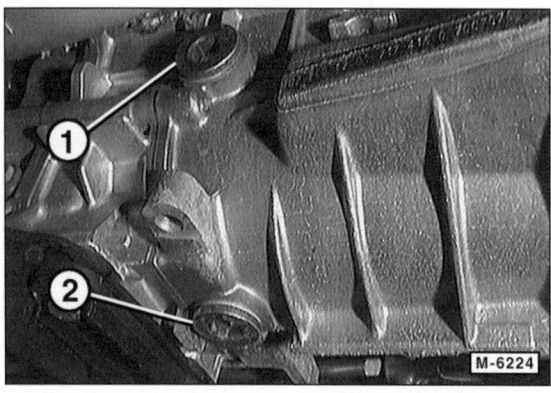

- Ölstand kontrollieren. Dazu Öleinfüllschraube –1– herausdrehen. Der Ölstand muß bis zur Unterkante der Einfüllbohrung reichen. Gegebenenfalls ATF-Getriebeöl auffüllen. Einfüllschraube mit max. 60 Nm festziehen. 2 – Ablaßschraube.
- Mögliche Leckstellen mit Kalk oder Talkumpuder bestäuben.
- Probefahrt durchführen. Damit das Öl besonders dünnflüssig wird, sollte die Probefahrt auf einer Schnellstraße über eine Entfernung von ca. 30 km durchgeführt werden.
- Anschließend Fahrzeug aufbocken und Getriebe mit einer Lampe nach der Leckstelle absuchen.
- Leckstellen umgehend beseitigen.

## Ölstand im Ausgleichgetriebe prüfen

Der Ölstand im Ausgleichgetriebe muß nur geprüft werden, wenn sich bei der Sichtprüfung Undichtigkeiten in diesem Bereich gezeigt haben.

Das Öl im Ausgleichgetriebe der Hinterachse muß nicht gewechselt werden.

- Kurze Probefahrt durchführen, damit das Öl im Ausgleichgetriebe Betriebstemperatur erreicht.
- Fahrzeug waagerecht aufbocken.

- Öleinfüllschraube –1– mit Innensechskantschlüssel SW 14, zum Beispiel HAZET 2760, herausdrehen. Ablaßschraube –2–.
- Wenn geringfügige Mengen Öl austreten, ist der Ölstand in Ordnung. Andernfalls mit Finger prüfen, ob der Ölstand bis zur Unterkante der Öffnung reicht.
- Falls nicht, mit Spritzkanne Öl nachfüllen.

**Achtung:** Bei größerem Ölverlust Ursache ermitteln und beseitigen.

**Öl-Spezifikation: Hypoid-Getriebeöl SAE 90.** Dabei nur ein von MERCEDES freigegebenes Öl verwenden (steht auf der Öldose). **Achtung:** Bei Fahrzeugen mit ASD (Hinweisschild am Hinterachsabschlußdeckel) nur Spezial-Getriebeöl SAE 90 für Sperrdifferential verwenden.

**Achtung:** Getriebeöl ist zähflüssig, deshalb nicht zuviel Öl auf einmal einfüllen. Jeweils Wartepausen einlegen und Gefäß unterstellen, um überlaufendes Öl aufzufangen.

- Öleinfüllschraube mit 50 Nm anschrauben.

## Gummimanschetten der Achswellen prüfen

- Fahrzeug aufbocken.

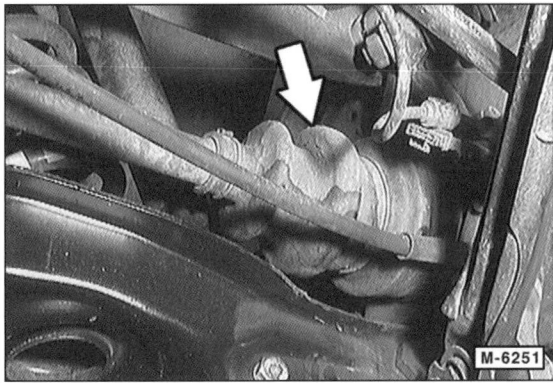

- Gummi der Manschette mit Lampe anstrahlen und auf Porosität und Risse untersuchen. Eingerissene Manschetten umgehend erneuern.
- Sollte die Manschette durch Unterdruck im Gelenk nach innen gezogen oder defekt sein, so ist sie umgehend auszutauschen.
- Auf sichtbare Fettspuren an den Manschetten und in deren Umgebung achten.
- Festen Sitz der Klemmschellen prüfen.
- Fahrzeug ablassen.

## Gelenkscheiben der Gelenkwelle prüfen

- Fahrzeug aufbocken.
- Falls erforderlich, untere Motorraumabdeckung ausbauen, siehe Seite 42.

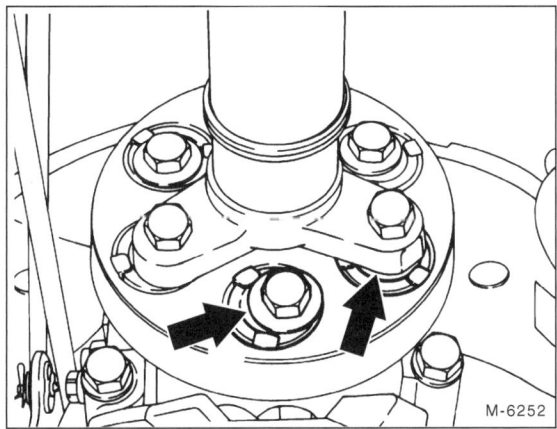

- Gelenkscheiben vorn und hinten mit Lampe auf Verschleiß, Beschädigungen und auf Verformungen sichtprüfen.

- Zwischenstege im Bereich der Paßhülsen –Pfeile– auf Risse prüfen.
- Gegebenenfalls Gelenkscheibe erneuern. Bei Verformungen Gelenkwelle entspannen; wenn die Verformung bestehen bleibt, Gelenkscheibe ebenfalls ersetzen.
- Zwischenstege des Schwingungstilgers auf Risse prüfen. Gegebenenfalls Schwingungstilger erneuern.
- Fahrzeug ablassen.

## Automatikgetriebe: Getriebeöl und Filter wechseln

Betrifft nur Fahrzeuge von 6/95 – ca. 3/96, nicht erforderlich bei Getriebe 722.6. Beim Getriebe 722.6 muß das Öl nur nach dem Getriebeaus- und einbau gewechselt werden.

**Achtung:** Getriebeöl bei der Altölsammelstelle abgeben, keinesfalls einfach wegschütten oder dem Hausmüll mitgeben.

### Ablassen

- Motor warmfahren. Ölwechsel nur bei betriebswarmem Getriebe (80° C) vornehmen.
- Wählhebel in Stellung »P« bringen und Feststellbremse betätigen.
- Fahrzeug waagerecht aufbocken.
- Gegebenenfalls untere Motorraumverkleidung ausbauen.
- Öl-Auffangwanne unter Getriebe stellen.

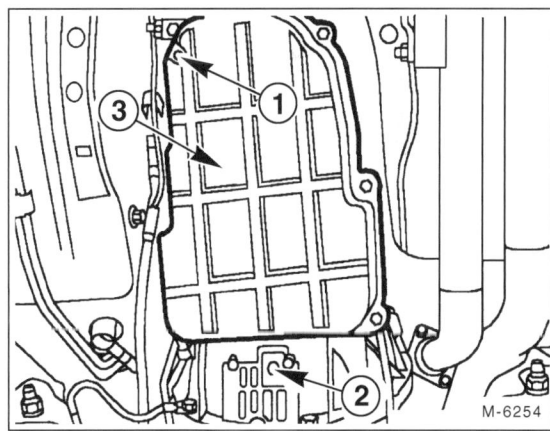

- Ablaßschraube –1– an der Ölwanne –3– herausdrehen und Öl ablaufen lassen.
- Motor an der Kurbelwelle-Riemenscheibe in Motordrehrichtung durchdrehen (Helfer), bis die Ablaßschraube –2– am Drehmomentwandler über der Öffnung im Lüftungsgitter steht. Motor durchdrehen, siehe Seite 19.
- Ablaßschraube –2– herausdrehen und Öl ablaufen lassen.
- Ölwanne –3– abschrauben.

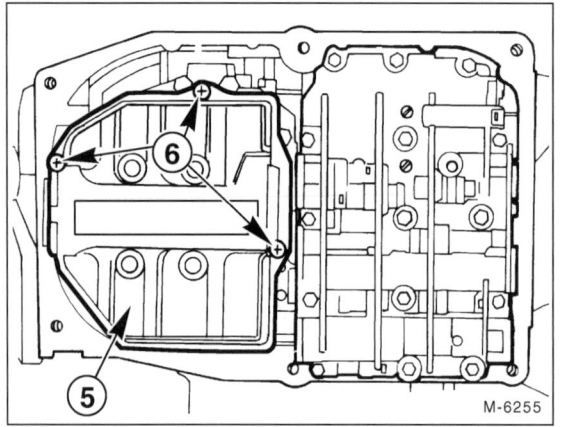

- Ölfilter –5– abschrauben –6– und nach unten abnehmen.
- Neuen Ölfilter mit ca. **4 Nm** anschrauben.
- Ölwanne sorgfältig reinigen und mit neuer Dichtung ansetzen.

**Achtung:** Zum Reinigen nur sauberen, nicht fasernden Lappen verwenden und auf peinlichste Sauberkeit bei sämtlichen Arbeitsschritten achten.

- Befestigungsschrauben für Ölwanne gleichmäßig mit **8 Nm** festziehen.
- Ablaßschrauben mit **neuen** Alu-Dichtringen einschrauben und mit **14 Nm** festziehen.
- Fahrzeug ablassen.

**Auffüllen**

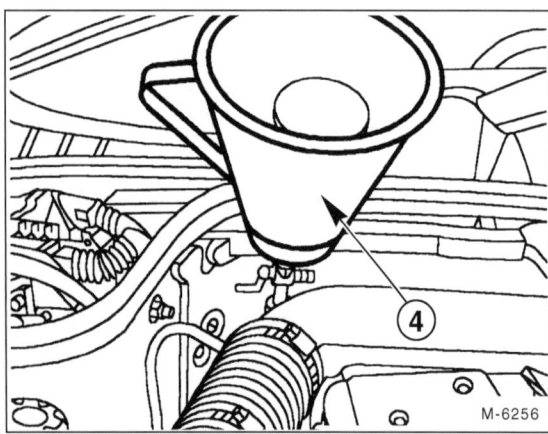

- Verschlußhebel am Ölmeßstab öffnen, Peilstab herausziehen und bei stehendem Motor ca. 4 l ATF mit einem sauberen Trichter –4– und einem feinmaschigen Sieb einfüllen.
- Prüfen, ob Wählhebel in Stellung »P« steht und die Feststellbremse angezogen ist.
- Motor starten und im Leerlauf drehen lassen.

- Restliches ATF-Öl auffüllen. Ölstand mit Peilstab kontrollieren.
  Füllmenge  4-Zylinder-Motor: ca. 5,5 Liter;
  5-Zylinder-Motor: ca. 5,5 Liter;
  6-Zylinder-Motor: ca. 6,0 Liter;
  Neubefüllung bei Getriebe 722.6: ca. 9,3 Liter.
- Bei stehendem Fahrzeug sämtliche Wählhebelstellungen durchschalten, dabei Wählhebel jeweils einige Sekunden in den einzelnen Stellungen belassen. Anschließend Wählhebel wieder in Stellung »P« bringen.

**Achtung:** Beim Durchschalten der Fahrstufen zusätzlich Fußbremse betätigen.

- Meßstab bis zum Anschlag einstecken und mit Verschlußhebel verriegeln, siehe auch »Ölstand prüfen« auf Seite 111.
- Kurze Probefahrt durchführen und dadurch ATF auf die Betriebstemperatur von 80° C bringen.
- Fahrzeug waagerecht abstellen.
- Bei Leerlaufdrehzahl ATF-Stand prüfen, gegebenenfalls auffüllen.
- Ablaßschrauben und Ölwanne auf Dichtheit sichtprüfen.
- Untere Motorraumverkleidung einbauen.

# Vorderachse/Lenkung

- Vorderachsgelenke: Spiel und Befestigung prüfen, Staubkappen prüfen.
- Lenkung: Faltenbälge auf Undichtigkeiten und Beschädigungen, Spurstangen auf Spiel prüfen.
- Servolenkung: Flüssigkeitsstand prüfen, gegebenenfalls Hydrauliköl auffüllen.
- Niveauregulierung/4-MATIC/ASD/ADS: Flüssigkeitsstand prüfen, gegebenenfalls Hydrauliköl auffüllen.

## Vorderachsgelenke prüfen

- Fahrzeug vorn aufbocken, damit die Achs- und Führungsgelenke entlastet sind.

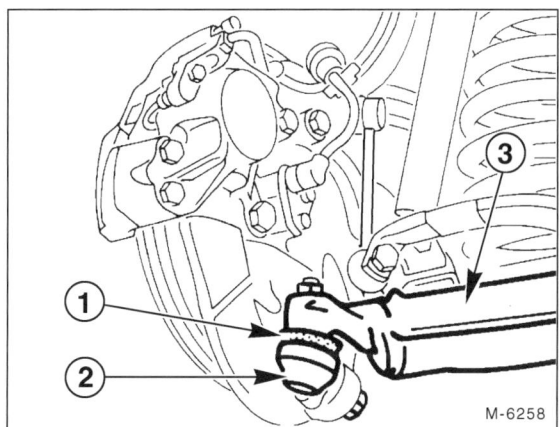

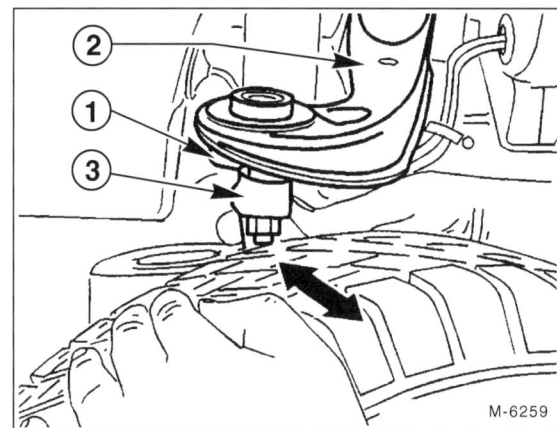

- Staubkappen –1– für Achsgelenk –2– links und rechts mit Lampe anstrahlen und auf Beschädigungen überprüfen, dabei auf Fettspuren an den Manschetten und in deren Umgebung achten.
- Bei beschädigter Staubkappe sicherheitshalber entsprechendes Gelenk mit Schutzkappe auswechseln. Eingedrungener Schmutz zerstört mit Sicherheit das Gelenk. 3– Querlenker.

- Staubkappen –1– für Führungsgelenk links und rechts mit Lampe anstrahlen und auf Beschädigungen überprüfen, dabei auf Fettspuren an den Manschetten und in deren Umgebung achten.
- Bei beschädigter Staubkappe oberen Querlenker –2– ersetzen. 3 – Achsschenkel.

Führungsgelenk des oberen Querlenkers –2– auf Spiel prüfen:

- Spiel prüfen. Dazu am Vorderrad kräftig ziehen und drücken und gleichzeitig mit den Fingern das Kugelgelenk abtasten. Falls Spiel vorhanden ist, oberen Querlenker ersetzen.
- Befestigungsmutter für die Achs- und Führungsgelenke auf festen Sitz prüfen, dabei Mutter jedoch nicht verdrehen.

## Lenkung: Faltenbälge prüfen/ Spurstangen auf Spiel prüfen

- Fahrzeug vorn aufbocken.

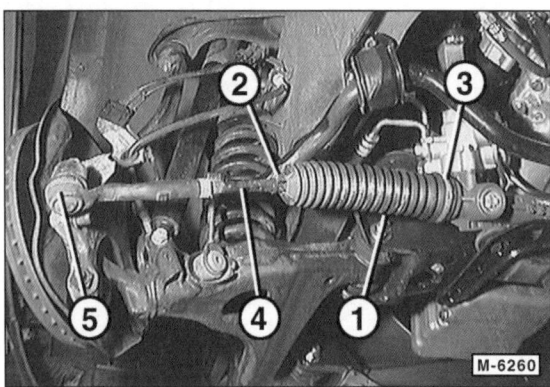

- Lenkrad bis zum Anschlag einschlagen und dadurch Faltenbälge –1– strecken. Faltenbälge auf Beschädigungen wie Risse, Scheuerstellen und Eindrückungen sichtprüfen.

**Achtung:** Bei der Prüfung Wülste der Faltenbälge auf keinen Fall ein- oder umdrücken, da hierdurch der Kunststoff beschädigt werden kann, was später zu Undichtigkeiten führt.

- Spannringe außen –2– und innen –3– auf festen Sitz prüfen.
- Spurstangen –4– links und rechts kräftig von Hand hin- und herbewegen. Das jeweilige Kugelgelenk –5– darf kein Spiel aufweisen, andernfalls Spurstangengelenk ersetzen.

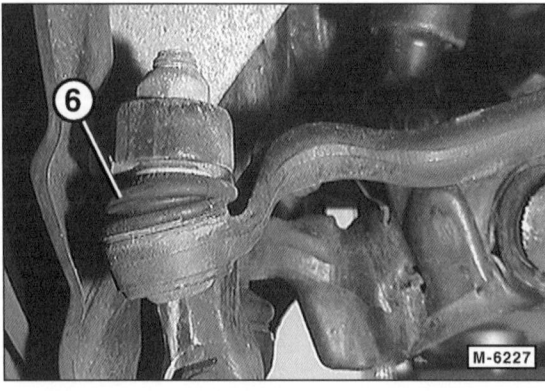

- Staubkappen –6– für Spurstangengelenke mit Lampe anstrahlen und auf Beschädigungen überprüfen, dabei auf Fettspuren an den Manschetten und in deren Umgebung achten.
- Bei beschädigter Staubkappe, sicherheitshalber entsprechendes Gelenk mit Schutzkappe auswechseln. Eingedrungener Schmutz zerstört mit Sicherheit das Gelenk.

## Ölstand für Servolenkung prüfen

**Fahrzeuge ohne Niveauregulierung:**

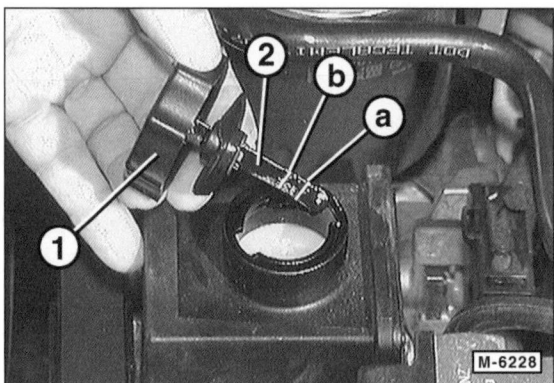

- Verschlußdeckel –1– öffnen und mit Peilstab –2– herausziehen.
- Der Ölstand soll bei kaltem Öl (Umgebungstemperatur, ca. +20° C) zwischen der »MIN«- und der »MAX«-Markierung –a/b– am Peilstab liegen.
- Falls erforderlich, MERCEDES-BENZ-**Lenkgetriebeöl** nachfüllen. Grundsätzlich nur neues Öl nachfüllen, da bereits kleinste Verunreinigungen zu Störungen an der hydraulischen Anlage führen können.

**Fahrzeuge mit Niveauregulierung:**

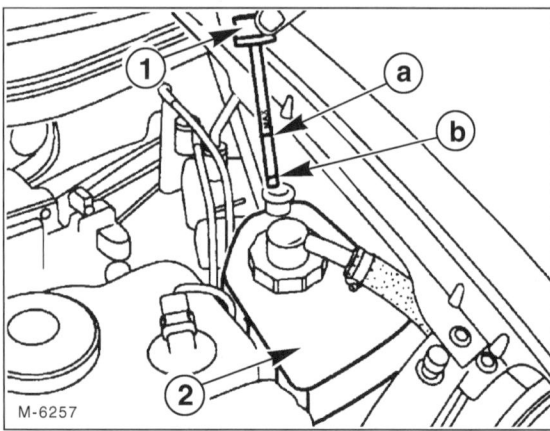

- Verschlußdeckel am Tandem-Vorratsbehälter –2– für Servolenkung und Niveauregulierung mit Meßstab –1– herausziehen.
- Der Ölstand soll bei kaltem Öl (Umgebungstemperatur, ca. +20° C) zwischen –a– und –b– liegen.
- Falls erforderlich, MERCEDES-BENZ-**Zentralhydrauliköl** nachfüllen. Grundsätzlich nur neues Öl nachfüllen, da bereits kleinste Verunreinigungen zu Störungen an der hydraulischen Anlage führen können.
- Deckel mit Peilstab einsetzen und anschrauben.
- Anschließend bei laufendem Motor das Lenkrad mehrmals von Anschlag zu Anschlag bewegen, dadurch entlüftet sich die Anlage.

# Ölstand Niveauregulierung/ 4-MATIC/ASD/ADS prüfen

**Prüfen**

- Zündung ausschalten.

**Achtung:** Das Fahrzeug muß unbeladen sein.

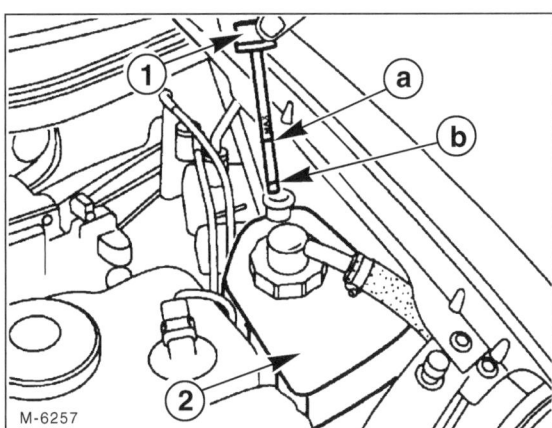

- Verschlußdeckel am Tandem-Vorratsbehälter –2– für Servolenkung und Niveauregulierung/4-MATIC/ASD/ADS mit Meßstab –1– herausziehen.

- Meßstab mit fusselfreiem Tuch abwischen und wieder bis zum Anschlag einstecken.

- Meßstab herausziehen und Ölstand ablesen. Der Ölstand soll bei kaltem Öl (Umgebungstemperatur, ca. +20° C) zwischen den Markierungen »MIN« –b– und »MAX« –a– liegen.

- Falls erforderlich, MERCEDES-BENZ-Zentralhydrauliköl nachfüllen. Grundsätzlich nur neues Öl nachfüllen, da bereits kleinste Verunreinigungen zu Störungen an der hydraulischen Anlage führen können.

- Muß Hydrauliköl nachgefüllt werden, sauberen Trichter und feinmaschiges Sieb verwenden.

**Achtung:** Es dürfen nur von MERCEDES freigegebene Hydrauliköle verwendet werden.

# Bremsen/Reifen/Räder

- Scheibenbremse: Belagstärke der vorderen und hinteren Bremsbeläge prüfen. Zustand der Bremsscheibe prüfen.
- Bremsflüssigkeitsstand prüfen.
- Bremsanlage: Leitungen, Schläuche und Anschlüsse auf Undichtigkeiten und Beschädigungen prüfen.
- Feststellbremse einbremsen.
- Bremsflüssigkeit erneuern.
- Bereifung: Profiltiefe und Reifenfülldruck prüfen; Reifen auf Verschleiß und Beschädigungen (einschließlich Reserverad) prüfen.
- Räder: Abschrauben, Zustand der Felgen (auch innen) prüfen, Räder reinigen und mit vorgeschriebenem Drehmoment anschrauben, siehe Seite 156.

## Bremsbelagdicke/Bremsscheibe prüfen

- Stellung der Räder zur Radnabe mit Farbe kennzeichnen. Dadurch kann das ausgewuchtete Rad wieder in derselben Position montiert werden. Radschrauben bei auf dem Boden stehendem Fahrzeug lösen. Fahrzeug aufbocken und Räder abnehmen.

**Vorderrad-Scheibenbremse:**

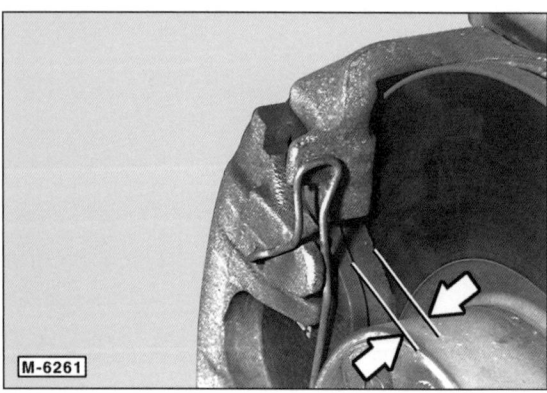

**Hinterrad-Scheibenbremse:**

- Dicke der Bremsbeläge (ohne Rückenplatte) mit einer Schieblehre messen.
- Die Verschleißgrenze der **Scheibenbremsbeläge** an der Vorder- und Hinterachse ist erreicht, wenn ein Belag ohne Rückenplatte nur noch eine Dicke von **2 mm** (E50AMG: 2,5 mm) aufweist. In diesem Fall immer alle 4 Beläge einer Achse ersetzen.

**Hinweis:** Nach einer Faustregel entspricht bei den vorderen Scheibenbremsen 1 mm Bremsbelag einer Fahrleistung von mindestens 1.000 km. Diese Faustregel gilt unter ungünstigen Bedingungen. Im Normalfall halten die Beläge viel länger. Bei einer Belagdicke der Scheibenbremsbeläge von 5,0 mm (ohne Rückenplatte) beträgt die Restnutzbarkeit der Bremsbeläge also noch mindestens 3.000 km.

**Bremsscheibe prüfen**

- Bremsscheibendicke prüfen, siehe Seite 140.
- Bremsscheibe auf Risse prüfen. Belüftete Bremsscheiben mit Haarrissen bis 25 mm Länge, die durch hohe Beanspruchung entstehen können, brauchen nicht erneuert werden. Bei aufklaffenden Rissen und Riefen tiefer als 0,5 mm, Bremsscheiben erneuern.
- Räder so ansetzen, daß die beim Ausbau angebrachten Markierungen übereinstimmen. Vorher Zentriersitz der Felge an der Radnabe mit Wälzlagerfett leicht einfetten. Gewinde der Radschrauben **nicht** fetten oder ölen. Räder anschrauben. Fahrzeug ablassen und Radschrauben über Kreuz mit **110 Nm** festziehen.

## Bremsflüssigkeitsstand prüfen

Der Vorratsbehälter für die Bremsflüssigkeit befindet sich im Motorraum. Er hat zwei Kammern, je eine für jeden Bremskreis. Der Schraubverschluß hat eine Belüftungsbohrung, die nicht verstopft sein darf.

Der Vorratsbehälter ist durchscheinend, so daß der Bremsflüssigkeitsstand jederzeit von außen überwacht werden kann. Es ist ratsam, in regelmäßigen Abständen einen Blick auf den Vorratsbehälter zu werfen.

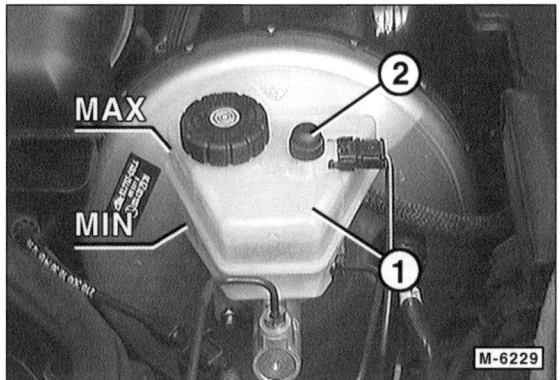

- Der Flüssigkeitsstand soll bei geschlossenem Deckel zwischen den am Behälter –1– eingeprägten Markierungen »MAX« und »MIN« liegen. 2 = Schalter für Bremsflüssigkeitsmangelanzeige.

- Nur Bremsflüssigkeit der Spezifikation **DOT 4** einfüllen.

- Durch Abnutzung der Scheibenbremsen entsteht ein geringfügiges Absinken der Bremsflüssigkeit. Das ist normal.

- Sinkt die Bremsflüssigkeit jedoch innerhalb kurzer Zeit stark ab, ist das ein Zeichen für Bremsflüssigkeitsverlust.

- Die Leckstelle muß dann sofort ausfindig gemacht werden. Sicherheitshalber sollte die Überprüfung der Anlage von einer Fachwerkstatt durchgeführt werden.

## Sichtprüfung der Bremsleitungen

- Fahrzeug aufbocken.
- Bremsleitungen mit Kaltreiniger reinigen.

**Achtung:** Die Bremsleitungen sind zum Schutz gegen Korrosion mit einer Kunststoffschicht überzogen. Wird diese Schutzschicht beschädigt, kann es zur Korrosion der Leitungen kommen. Aus diesem Grund dürfen Bremsleitungen nicht mit Drahtbürste, Schmirgelleinen oder Schraubendreher gereinigt werden.

- Bremsleitungen vom Hauptbremszylinder zu den einzelnen Radbremszylindern mit Lampe überprüfen. Der Hauptbremszylinder sitzt im Motorraum unter dem Vorratsbehälter für Bremsflüssigkeit.

- Bremsleitungen dürfen weder geknickt noch gequetscht sein. Auch dürfen sie keine Rostnarben oder Scheuerstellen aufweisen. Andernfalls Leitung bis zur nächsten Trennstelle ersetzen.

- Bremsschläuche verbinden die Bremsleitungen mit den Radbremszylindern an den beweglichen Teilen des Fahrzeugs. Sie bestehen aus hochdruckfestem Material, können aber mit der Zeit porös werden, aufquellen oder durch scharfe Gegenstände angeschnitten werden. In einem solchen Fall sind sie sofort zu ersetzen.

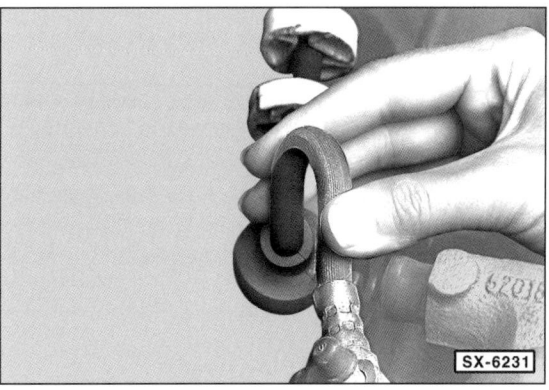

- Bremsschläuche mit der Hand hin- und herbiegen, um Beschädigungen festzustellen. Schläuche dürfen nicht verdreht sein. Farbige Kennlinie beachten, falls vorhanden!

- Lenkrad nach links und rechts bis zum Anschlag drehen. Die Bremsschläuche dürfen dabei in keiner Stellung Fahrzeugteile berühren.

- Anschlußstellen von Bremsleitungen und -schläuchen dürfen nicht durch ausgetretene Flüssigkeit feucht sein.

**Achtung:** Wenn der Vorratsbehälter und die Dichtungen durch ausgetretene Bremsflüssigkeit feucht sind, so ist das nicht unbedingt ein Hinweis auf einen defekten Hauptbremszylinder. Vielmehr dürfte die Bremsflüssigkeit durch die Belüftungsbohrung im Deckel oder durch die Deckeldichtung ausgetreten sein.

- Fahrzeug ablassen.
- Lenkrad nochmals nach links und rechts bis zum Anschlag drehen und prüfen, ob die Bremsschläuche in keiner Stellung Fahrzeugteile berühren.

## Feststellbremse einbremsen

Als Feststellbremse befinden sich 2 Trommelbremsen in den beiden hinteren Bremsscheiben. Dadurch unterliegt die Feststellbremse nur geringem Verschleiß. Durch Korrosion der Bremstrommel oder Verschmutzung der Bremsbacken kann jedoch das Reibmoment absinken. Um eine optimale Wirkung der Feststellbremse zu erzielen, muß diese eingebremst werden.

- Einstellung der Feststellbremse prüfen, siehe Seite 150.
- Probefahrt auf trockener, verkehrsarmer Straße durchführen.
- Bei einer Fahrgeschwindigkeit von ca. 50 km/h, Getriebe in Leerlaufstellung schalten, Lösehebel für Feststellbremse ziehen und festhalten. Fußhebel für Feststellbremse 2 bis 3mal betätigen. Auf diese Weise Fahrzeug bis zum Stillstand abbremsen.

**Sicherheitshinweis:**
Beim Betätigen der Feststellbremse während der Fahrt leuchten die Bremsleuchten nicht auf, daher nachfolgenden Verkehr besonders beachten.

- Fahrt mit konstanter Geschwindigkeit von ca. 50 km/h fortsetzen.
- Lösehebel für Feststellbremse ziehen und Fußhebel ca. 10 Sekunden lang betätigen.

**Hinweis:** Falls die Feststellbremse nicht einwandfrei zieht, kann nach Abkühlung der Feststellbremse der Einbremsvorgang wiederholt werden.

- Löst sich die Feststellbremse nach der Prüfung nicht einwandfrei oder zieht sie nach dem Einbremsen und Einstellen einseitig, Bremsbacken und Seilzüge prüfen, gegebenenfalls erneuern.

## Bremsflüssigkeit wechseln

**Achtung:** Beim V8-Motor mit ESP (bis 2/97) Bremsflüssigkeit in der Fachwerkstatt wechseln lassen, da hierzu das Diagnosetestgerät benötigt wird.

Benötigtes Sonderwerkzeug:

- Ringschlüssel für Entlüfterschrauben.
- Durchsichtiger Kunststoffschlauch.

Benötigte Verschleißteile:

- Ca. 0,5 l Bremsflüssigkeit der Spezifikation **DOT 4**.

Die Bremsflüssigkeit nimmt durch die Poren der Bremsschläuche sowie durch die Entlüftungsöffnung des Vorratsbehälters Luftfeuchtigkeit auf. Dadurch sinkt im Laufe der Betriebszeit der Siedepunkt der Bremsflüssigkeit. Bei starker Beanspruchung der Bremse kann es deshalb zu Dampfblasenbildung in den Bremsleitungen kommen, wodurch die Funktion der Bremsanlage stark beeinträchtigt wird.

Bremsflüssigkeit alle 2 Jahre beziehungsweise ab 1,5 Jahre nach dem letzten Wechsel erneuern. Und zwar unabhängig von den gefahrenen Kilometern, möglichst im Frühjahr. Bei vielen Gebirgsfahrten, Bremsflüssigkeit in kürzeren Abständen wechseln.

- Vorsichtsmaßregeln beim Umgang mit Bremsflüssigkeit beachten, siehe Seite 143.

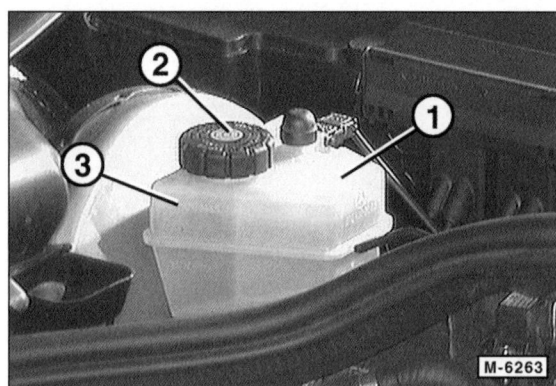

- Bremsflüssigkeitsstand auf dem Vorratsbehälter –1– mit Filzstift markieren. Nach Erneuern der Bremsflüssigkeit ursprünglichen Flüssigkeitsstand wieder herstellen. Dadurch wird ein Überlaufen des Bremsflüssigkeitsbehälters beim Wechsel der Bremsbeläge vermieden.
- Deckel –2– abschrauben und mit einer Absaugflasche aus dem Bremsflüssigkeitsbehälter die Bremsflüssigkeit bis zu einem Stand von ca. 10 mm absaugen.

**Achtung:** Vorratsbehälter nicht ganz entleeren, damit keine Luft in das Bremssystem gelangt.

- Vorratsbehälter bis zur »MAX«-Marke –3– mit **neuer** Bremsflüssigkeit füllen.

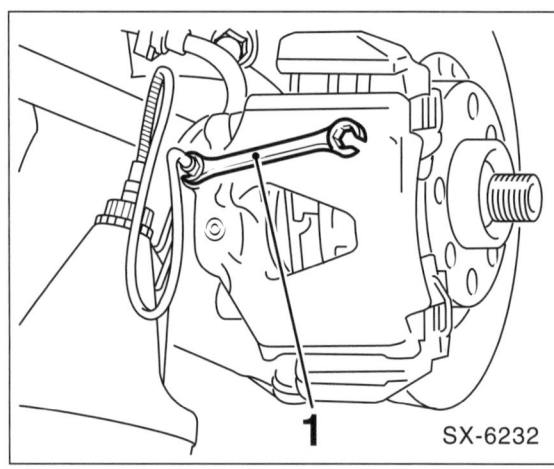

- Am rechten hinteren Bremssattel sauberen Schlauch auf Entlüfterventil aufschieben, geeignetes Gefäß unterstellen.

- Von Helfer das Bremspedal mehrmals durchtreten lassen, bis sich ein Gegendruck aufgebaut hat. Bremspedal getreten lassen, gleichzeitig Entlüfterventil mit offenem Ringschlüssel –1– öffnen und Bremsflüssigkeit durch den durchsichtigen Schlauch herausströmen lassen. Entlüfterventil schließen, wenn das Pedal am Bodenblech anstößt, Fuß vom Pedal nehmen lassen. Dieser Vorgang ist an jedem Entlüfterventil solange zu wiederholen (ca. 10mal), bis nur noch neue Bremsflüssigkeit heraustritt. Neue Bremsflüssigkeit ist an der helleren Farbe zu erkennen.

- Entlüfterventil schließen, Vorratsbehälter mit neuer Bremsflüssigkeit auffüllen.
  Anzugsdrehmoment Entlüfterschraube: 7 ± 1 Nm,
  E50AMG: 4 ± 1 Nm.

- Auf die gleiche Weise alte Bremsflüssigkeit aus den anderen Bremssätteln herauspumpen. Reihenfolge: Links hinten, rechts vorn, links vorn. Gegebenenfalls auch Bremsflüssigkeit am Kupplungsnehmerzylinder herausdrücken, siehe Seite 101.

**Achtung:** Die abfließende Bremsflüssigkeit muß in jedem Fall klar und blasenfrei sein.

- Bremsflüssigkeit im Vorratsbehälter auffüllen, bis zum markierten Stand vor dem Bremsflüssigkeitswechsel.
- Verschlußdeckel am Behälter aufschrauben.
- Alte Bremsflüssigkeit bei der örtlichen Deponie für Sondermüll abgeben.

# Reifenprofil prüfen

Die Reifen ausgewuchteter Räder nutzen sich bei gewissenhaftem Einhalten des vorgeschriebenen Fülldrucks und bei fehlerfreier Radeinstellung und Stoßdämpferfunktion auf der gesamten Lauffläche annähernd gleichmäßig ab. Bei ungleichmäßiger Abnutzung, siehe Störungsdiagnose im Kapitel »Reifen«. Im übrigen läßt sich keine generelle Aussage über die Lebensdauer bestimmter Reifenfabrikate machen, denn die Lebensdauer hängt von unterschiedlichen Faktoren ab:

- Fahrbahnoberfläche
- Reifenfülldruck
- Fahrweise
- Witterung

Vor allem sportliche Fahrweise, scharfes Anfahren und starkes Bremsen fördern den schnellen Reifenverschleiß.

**Achtung:** Die Rechtsprechung verlangt, daß Reifen lediglich bis zu einer Profiltiefe von 1,6 mm abgefahren werden dürfen, und zwar müssen die Profilrillen auf der gesamten Lauffläche noch mindestens 1,6 mm Tiefe aufweisen. Es empfiehlt sich jedoch, sicherheitshalber die Reifen bereits bei einer Mindestprofiltiefe von 2 mm auszutauschen.

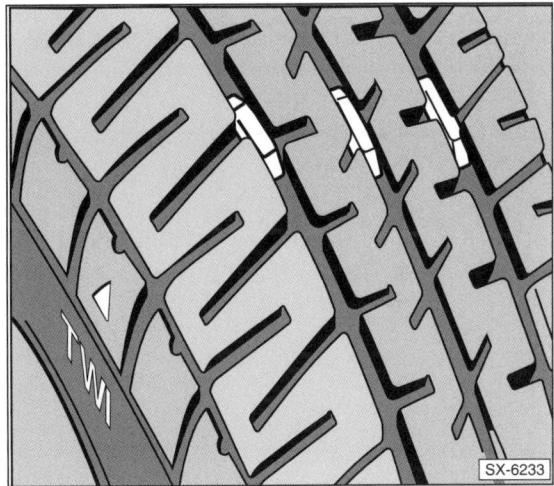

Nähert sich die Profiltiefe der gesetzlich zulässigen Mindestprofiltiefe, das heißt, weisen die mehrfach am Reifenumfang angeordneten, 1,6 mm hohen, Verschleißanzeiger kein Profil mehr auf, müssen die Reifen gewechselt werden.

**Achtung:** M + S-Reifen haben auf Matsch und Schnee nur ausreichende Wirkung, wenn ihr Profil noch mindestens 4 mm tief ist.

**Achtung:** Reifen auf Schnittstellen untersuchen und mit kleinem Schraubendreher Tiefe der Schnitte feststellen. Wenn die Schnitte bis zur Karkasse reichen, korrodiert durch eindringendes Wasser der Stahlgürtel. Dadurch löst sich unter Umständen die Lauffläche von der Karkasse, der Reifen platzt. Deshalb: Bei tiefen Einschnitten im Profil aus Sicherheitsgründen Reifen austauschen.

## Reifenfülldruck prüfen

- Reifenfülldruck nur am kalten Reifen prüfen.
- Ventilkappe abschrauben.

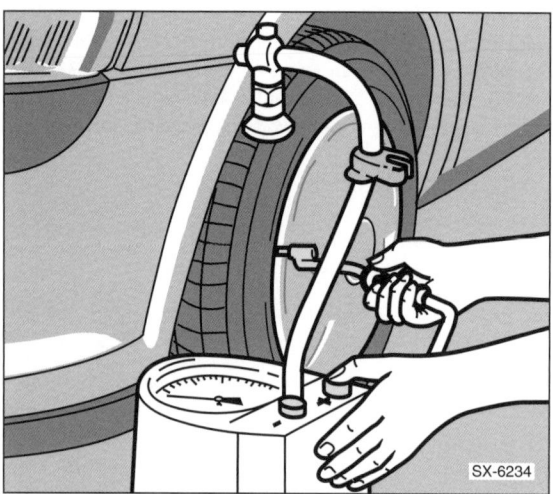

- Reifenfülldruck einmal im Monat sowie im Rahmen der Wartung (einschließlich Reserverad) prüfen.
- Zusätzlich sollte der Fülldruck vor längeren Autobahnfahrten kontrolliert werden, da hierbei die Temperaturbelastung für den Reifen am größten ist.
- Der richtige Fülldruck steht auf einem Aufkleber an der Innenseite des Tankdeckels.
  Anhaltswert bei halber Zuladung:
  Vorn 2,0 bar, hinten 2,2 bar.

## Reifenventil prüfen

- Staubschutzkappe vom Ventil abschrauben.

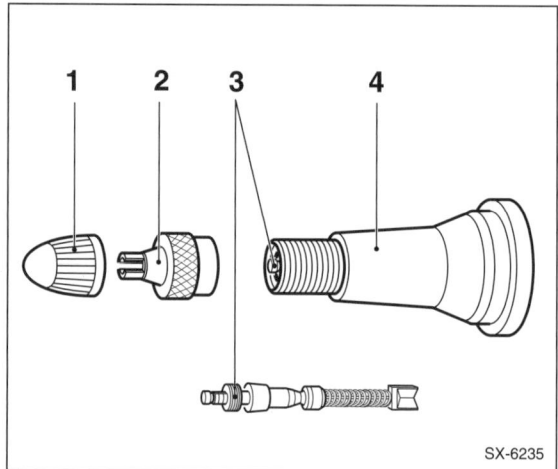

- Etwas Seifenwasser oder Speichel auf das Ventil geben. Wenn sich eine Blase bildet, Ventileinsatz –3– mit umgedrehter Metallschutzkappe –2– festdrehen.

**Achtung:** Zum Anziehen des Ventileinsatzes kann nur eine Metallschutzkappe –2– verwendet werden. Metallschutzkappen sind an der Tankstelle erhältlich. 1 – Gummischutzkappe, 4 – Ventil.

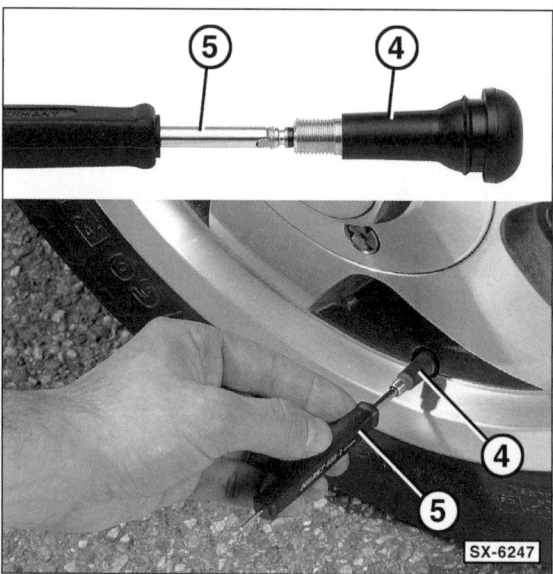

**Hinweis:** Anstelle der Metallschutzkappe kann auch das Werkzeug HAZET 666-1 –5– verwendet werden. 4 – Ventil.

- Ventil erneut prüfen. Falls sich wieder Blasen bilden oder das Ventil sich nicht weiter anziehen läßt, Ventil erneuern (Werkstattarbeit).
- Grundsätzlich Staubschutzkappe wieder aufschrauben.

# Karosserie/Innenausstattung

- Verschluß und Scharniere der Motorhaube schmieren.
- Sicherheitsgurte auf Beschädigungen prüfen.
- Staubfiltereinsatz erneuern.
- Klimaanlage: Aktivkohlefilter ersetzen.
- Schiebedach: Gleitschienen und Gleitbacken reinigen
- Karosserie auf Lackschäden, Beschädigung und Korrosion prüfen, siehe Seite 231.
- Anhängevorrichtung mit abnehmbarem Kugelhals und automatischer Verriegelung: Schmieren und auf Funktion prüfen.

## Motorhaube schmieren

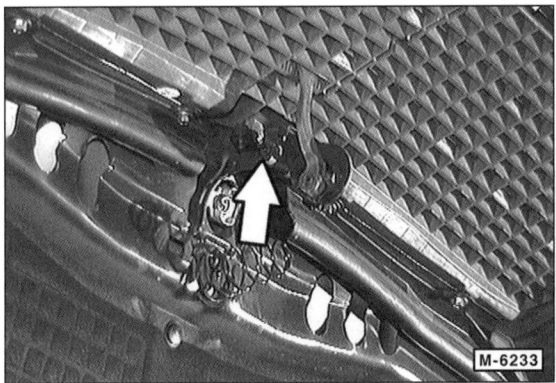

- Sicherungshaken ölen.

- Motorhaubenschloß mit Mehrzweckfett schmieren.

## Sichtprüfung aller Sicherheitsgurte

**Achtung:** Geräusche, die beim Aufrollen des Gurtbandes entstehen, sind funktionsbedingt. Bei störenden Geräuschen kann nur der Sicherheitsgurt ausgetauscht werden. Auf keinen Fall darf zur Behebung von Geräuschen Öl oder Fett verwendet werden. Der Aufrollautomat darf nicht zerlegt werden, da hierbei die vorgespannte Feder herausspringen kann. Unfallgefahr!

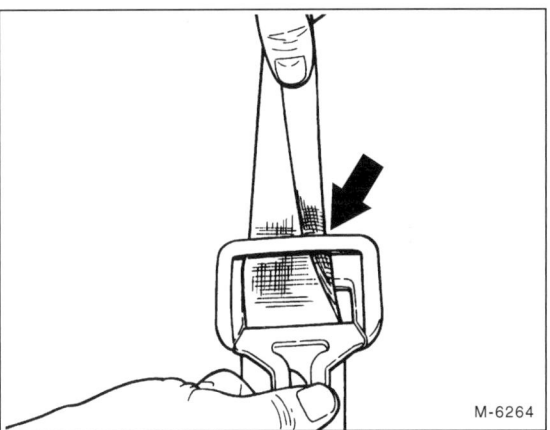

- Sicherheitsgurt ganz herausziehen und Gurtband auf durchtrennte Fasern prüfen.
- Beschädigungen können zum Beispiel durch Einklemmen des Gurtes oder durch brennende Zigaretten entstehen. In diesem Fall Gurt austauschen.
- Sind Scheuerstellen vorhanden, ohne daß Fasern durchtrennt sind, braucht der Gurt nicht ausgewechselt zu werden.
- Schwergängigen Gurt auf Verdrehungen prüfen, gegebenenfalls Verkleidung an der Mittelsäule ausbauen.
- Wenn die Aufrollautomatik nicht mehr funktioniert, Gurt auswechseln.
- Gurtbänder nur mit Seife und Wasser reinigen, keinesfalls Lösungsmittel oder chemische Reinigungsmittel verwenden.

# Staubfilter/Aktivkohlefilter ersetzen

Der Aktivkohlefilter bei Fahrzeugen mit Klimaanlage wird auf die gleiche Weise gewechselt wie der Staubfilter bei Fahrzeugen ohne Klimaanlage. Staubfilter wechseln bei Fahrzeugen mit Klimaanlage, siehe Hinweise am Ende des Kapitels.

### Ausbau

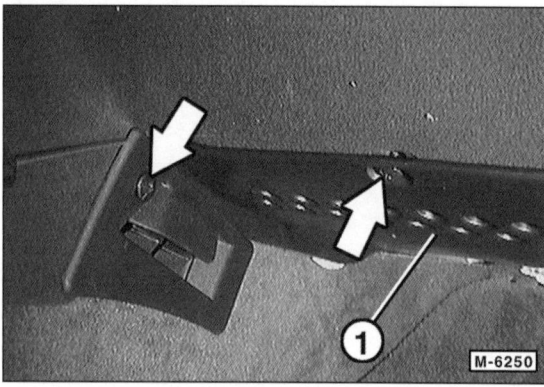

- Seitliche Lüftungsabdeckung im rechten Fußraum abziehen, vorher Befestigungsclip um 90° (¼ Umdrehung) drehen.
- Abdeckung –1– unter dem Handschuhfach abschrauben und nach hinten ziehen.
- Clips abdrücken und Deckel nach unten klappen.

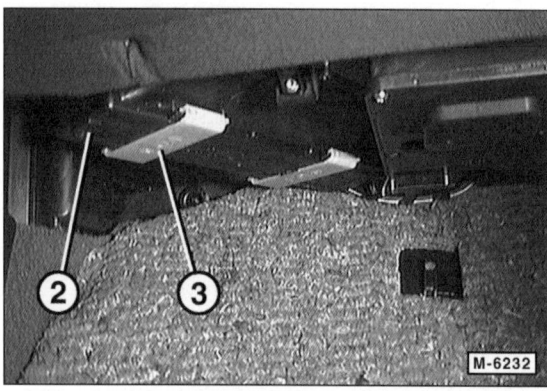

- Deckel –2– abnehmen, dazu Halteklammer –3– verschieben und ausrasten. **Hinweis:** Falls 2 Filtereinsätze vorhanden sind, wird eine Halteklammer nach vorn, die andere nach hinten verschoben, um die Deckel zu entriegeln.

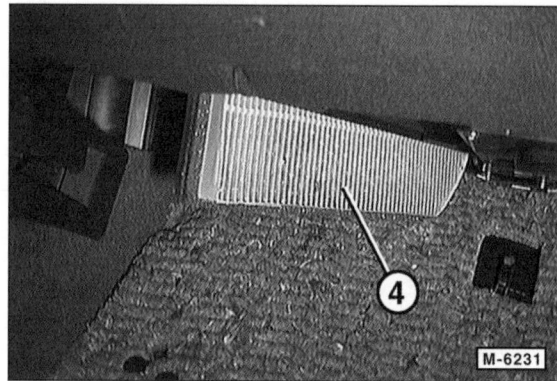

- Staub-/Aktivkohlefilter –4– nach unten herausziehen.

**Achtung:** Staub-/Aktivkohlefilter dürfen nicht gereinigt werden, im Rahmen der Wartung immer erneuern.

### Einbau

- Neuen Staub-/Aktivkohlefilter einsetzen.
- Deckel aufsetzen und mit Halteklammer verriegeln.
- Untere Abdeckung einsetzen und anschrauben.
- Seitliche Lüftungsabdeckung einsetzen und Befestigungsclip um 90° (¼ Umdrehung) drehen.

### Speziell Staubfilter bei Fahrzeugen mit Klimaanlage:

- Handschuhkasten ausbauen, siehe Seite 179.

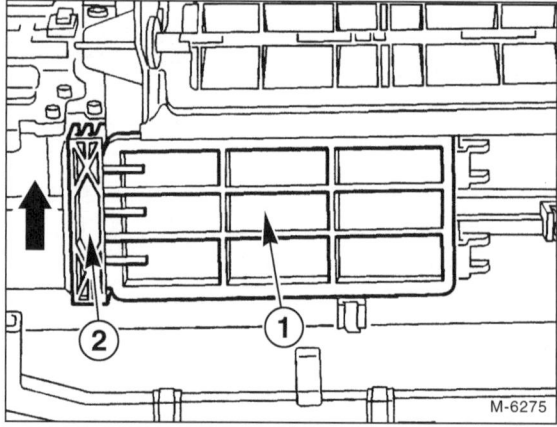

- Dahinterliegenden Deckel –1– entriegeln und abnehmen. Dazu Halteklammer –2– in Pfeilrichtung schieben.

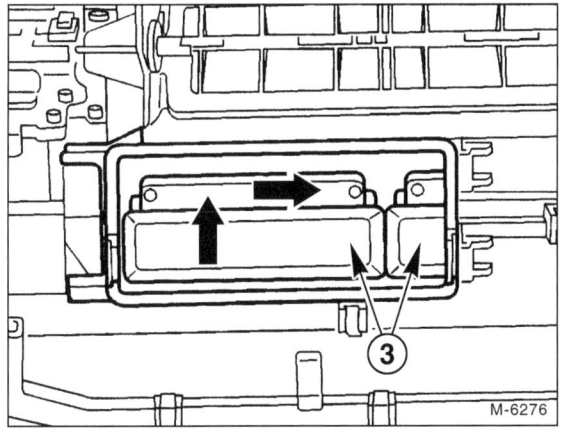

- Beide Staubfilter –3– herausziehen.

**Achtung:** Die Staubfilter dürfen nicht gereinigt werden, im Rahmen der Wartung immer erneuern.

- Neue Staubfilter einsetzen.
- Deckel aufsetzen und mit Halteklammer verriegeln.
- Handschuhkasten einbauen, siehe Seite 179.

## Schiebedach: Gleitschienen und Gleitbacken reinigen

- Schiebedach ganz öffnen.

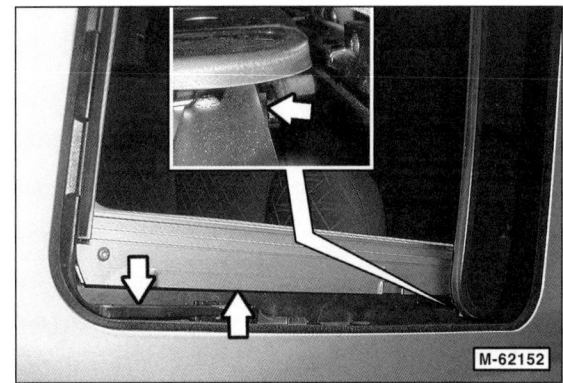

- Gleitschienen und Gleitbacken –Pfeile– mit einem Lappen reinigen.
- Schiebedach ganz schließen und wieder öffnen. Funktion prüfen.
- Gegebenenfalls Lauffläche der Gleitbacken am Schiebedach mit Gleitpaste einfetten, zum Beispiel mit MERCEDES-BENZ-Gleitpaste 001 989 1451 oder vergleichbarem Fett, zum Beispiel »Klueber Polylub GLY 801«.
- Schiebedach ganz schließen und wieder öffnen.
- Überschüssige Gleitpaste seitlich an den Gleitbacken abwischen.

# Anhängevorrichtung prüfen/reinigen/schmieren

**Spezialwerkzeug ist nicht erforderlich.**

### Erforderliche Betriebsmittel:

■ Flüssiggetriebeöl, Motoröl, Mehrzweckfett.

### Reinigen/prüfen

- Abdeckung für Kugelhalsaufnahme abnehmen.
- Kugelhals aus dem Fahrzeug nehmen.

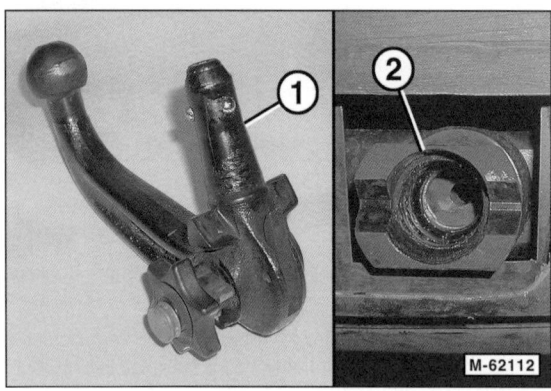

- Kugelhals –1– und Aufnahme –2– sichtprüfen. Bei Verschmutzung der Kugelhalsaufnahme, diese mit einem Dampfstrahlgerät reinigen und mit Druckluft trocknen. Kugelhals mit fließendem Wasser und einer Bürste reinigen sowie mit einem Tuch trocknen. **Achtung:** Für den Kugelhals kein Hochdruck-/Dampfstrahlgerät oder Lösungsmittel wie beispielsweise Waschbenzin verwenden.

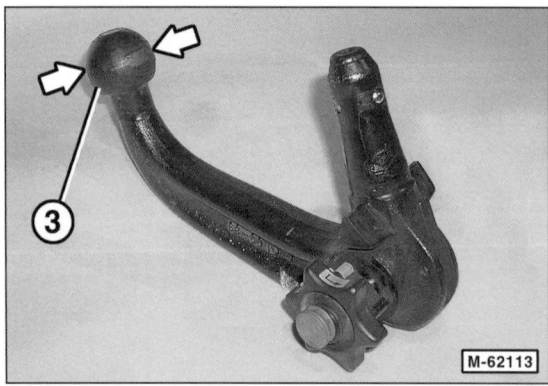

- Durchmesser der Kupplungskugel –3– messen. Wenn der Durchmesser weniger als 49 mm beträgt, Kugelhals ersetzen.

### Funktion prüfen

- Kugelhals auf mechanische Beschädigung sichtprüfen.
- Handrad ziehen und in Stellung »rot« drehen, bis das Handrad einrastet.
- Kugelhals senkrecht in die Kugelhalsaufnahme einschieben, bis der Kugelhals automatisch verriegelt. **Achtung:** Die grüne Markierung des Handrades muß sich mit der weißen Markierung am Kugelhals decken.
- Handrad abschließen, danach darf sich das Handrad nicht nach außen ziehen lassen.

### Schmieren

- Schloß mit Flüssiggetriebeöl ölen.

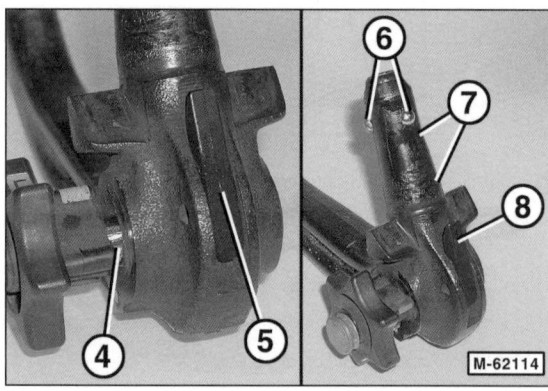

- Handradachse –4– zwischen Kugelhals und Handrad sowie Auslöserachse –5– mit sauberem Motoröl ölen.
- Folgende Teile am Kugelhals leicht fetten:
  6 – Führung mit Kugeln.
  7 – Auslöserfläche.
  8 – Führungsfläche.

- Kugelhalsaufnahme –2– an den mit Pfeilen gekennzeichneten Stellen mit Abschmierfett oder Mehrzweckfett dünn einfetten.

# Elektrische Anlage

- Alle Stromverbraucher: Funktion prüfen.
- Kontrolleuchten, Symbolbeleuchtung und Innenbeleuchtung: Funktion prüfen.
- Außenbeleuchtung prüfen, gegebenenfalls Scheinwerfer einstellen, siehe Seite 216.
- Leuchtweitenregulierung der Scheinwerfer prüfen (nicht bei Xenon-Licht).
- Signalhorn prüfen.
- Scheibenwischer vorn: Wischergummi auf Verhärtung und Risse prüfen.
- Scheibenwaschanlage: Flüssigkeitsstand und Funktion prüfen, Düsenstellung kontrollieren, Scheinwerfer-Waschanlage prüfen, siehe Kapitel »Scheibenwischeranlage«.
- T-Modell: Flüssigkeitsstand und Funktion der Heckscheibenwaschanlage prüfen.
- Wischergummi für Windschutzscheibe erneuern, siehe Kapitel »Scheibenwischeranlage«.
- T-Modell: Heckwischergummi auf Verhärtung und Risse prüfen.
- Teleskopstab der Antenne reinigen (wo vorhanden).
- Batterie: Flüssigkeitsstand prüfen
- Serviceanzeige im Schaltafeleinsatz zurücksetzen.

## Kontrolleuchten/Außenbeleuchtung: Funktion prüfen

### Kontrolleuchten

- Zündung einschalten (Zündschlüssel in Stellung »2« drehen).
- Die Kontrollampen leuchten ca. 30 Sekunden auf und verlöschen dann. Prüfen, ob alle Lampen entsprechend der Fahrzeug-Ausstattung aufleuchten.
- Die SRS-Kontrolleuchte (Airbag) muß spätestens nach ca. 4 Sekunden verlöschen.
- Fernlicht einschalten, Blinker betätigen und die entsprechenden Kontrollampen prüfen.

### Außenbeleuchtung

- Gläser der Front- und Heckbeleuchtung auf Beschädigung und Wassereintritt prüfen.
- Außenbeleuchtung einschalten und Funktion prüfen.

### Leuchtweitenregulierung prüfen

- Motor starten und im Leerlauf laufen lassen.
- Abblendlicht einschalten.
- Leuchtweitenregler auf die verschiedenen Stellungen bringen und prüfen, ob sich beide Lichtbündel der Scheinwerfer gleichmäßig verstellen.

## Teleskopstab der Antenne reinigen

Ab 3/97 ist serienmäßig eine wartungsfreie Heckscheibenantenne eingebaut.

Erforderliche Verschleißteile:

- Reinigungstuch für Teleskopantenne (im Zubehörhandel erhältlich).

- Antenne herausziehen beziehungsweise durch Einschalten des Radios herausfahren lassen.

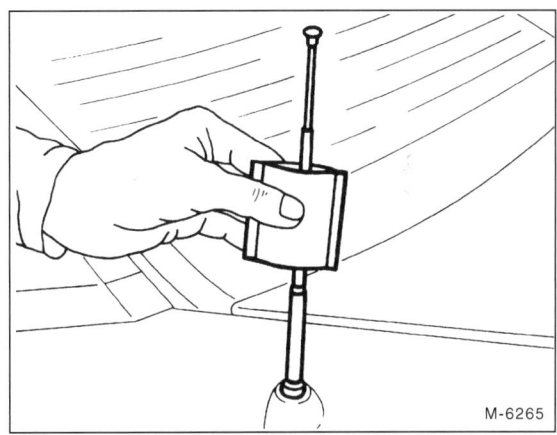

- Teleskopstab mit einem Reinigungstuch reinigen.
- Antenne einschieben beziehungsweise durch Ausschalten des Radios hineinfahren lassen.
- Diesen Vorgang mehrmals wiederholen.

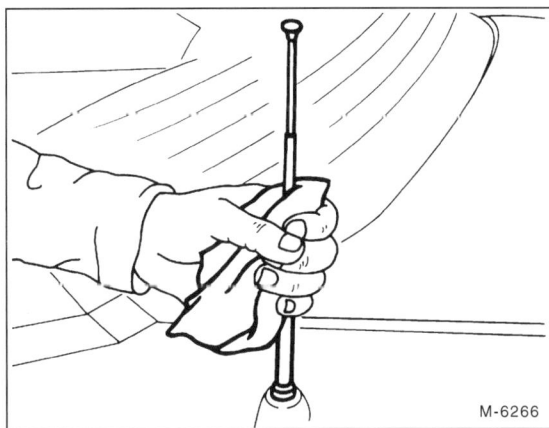

- Anschließend Teleskopstab mit einem sauberen Lappen trockenwischen.

## Batterie: Flüssigkeitsstand prüfen

**Nicht bei wartungsfreier VRLA-Batterie**

### Erforderliches Spezialwerkzeug:

● Destilliertes Wasser.

**Hinweis:** Die **VRLA-Batterie** ist am schwarzen Gehäuse und am Aufdruck »VRLA« erkennbar. Diese Batterie ist wartungsfrei, der Flüssigkeitsstand ist von außen nicht erkennbar. Es sind keine Verschlußstopfen vorhanden, die obere Abdeckung kann nicht abgenommen werden.

### Säurestand prüfen/ergänzen

Bei der serienmäßig eingebauten Batterie reicht die einmal eingefüllte Säuremenge normalerweise für die gesamte Lebensdauer der Batterie.

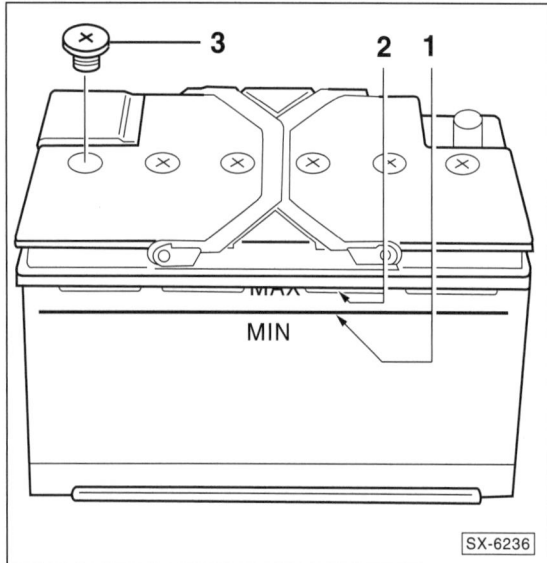

● Nur wenn der Säurestand in einer Zelle unter die MIN-Markierung –1– abgesunken ist, Batteriestopfen –3– ausschrauben.

**Achtung:** Nicht mit offener Flamme in die Batterie leuchten. Explosionsgefahr!

● Jede Zelle einzeln mit destilliertem Wasser bis zur MAX-Markierung –2– auffüllen. Der Säurestand muß etwa 5 mm oberhalb der Bleiplatten liegen.

● Stopfen einschrauben und festziehen. Vorher O-Dichtring am Stopfen kontrollieren, bei Beschädigung erneuern.

● Anschließend Batterie laden, siehe Seite 201.

## Serviceanzeige im Kombiinstrument zurücksetzen

Die Serviceanzeige im Kombiinstrument wird zurückgesetzt nachdem die Wartung durchgeführt wurde.

### Zurücksetzen (ältere Modelle)

● Zündung einschalten beziehungsweise Startschalter mit Zündschlüssel in Stellung »2« bringen.

● Innerhalb von 4 Sekunden nachdem die Zündung eingeschaltet wurde: Rückstelltaste für Tageskilometerzähler innerhalb 1 Sekunde 2-mal drücken. Dadurch wird die Wartungsanzeige für 10 Sekunden aktiviert.

● Innerhalb dieser 10 Sekunden Startschalter in Stellung »1« drehen. Die Wartungsanzeige wird weiterhin angezeigt.

● Rückstelltaste für Tageskilometerzähler drücken und gedrückt halten.

● Startschalter in Stellung »2« drehen.

● Rückstelltaste für Tageskilometerzähler noch weitere 10 Sekunden gedrückt halten, bis ein Signalton ertönt und die neue Mindestlaufstrecke (in der Regel 15.000 km, Direkteinspritzer: 20.000 km) auf dem Display erscheint.

● Rückstelltaste für Tageskilometerzähler loslassen.

### Zurücksetzen (neuere Modelle)

● Zündung einschalten beziehungsweise Startschalter mit Zündschlüssel in Stellung »2« bringen.

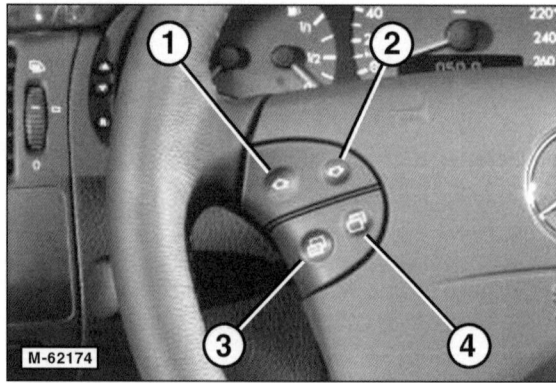

● Am Multifunktionslenkrad durch Drücken der Taste –3– oder –4– die Kilometeranzeige anzeigen lassen.

● Anschließend Taste –1– oder –2– so oft drücken, bis die Serviceanzeige erscheint.

● Rückstellknopf am Kombiinstrument für ca. 2 Sekunden drücken. Daraufhin erscheint im Display die Abfrage: »WOLLEN SIE DAS SERVICEINTERVALL ZURÜCKSETZEN? BESTÄTIGUNG MIT R-TASTE«.

● R-Taste am Kombiinstrument erneut drücken und gedrückt halten, bis ein Signalton ertönt. Damit ist die Serviceanzeige zurückgesetzt.

● Zündung ausschalten.

**Hinweis:** Wurde die Serviceanzeige versehentlich zurückgesetzt, kann sie durch eine MERCEDES-BENZ-Werkstatt wieder aktualisiert werden.

# Maße der E-Klasse

**T-Modell ab 4/96**

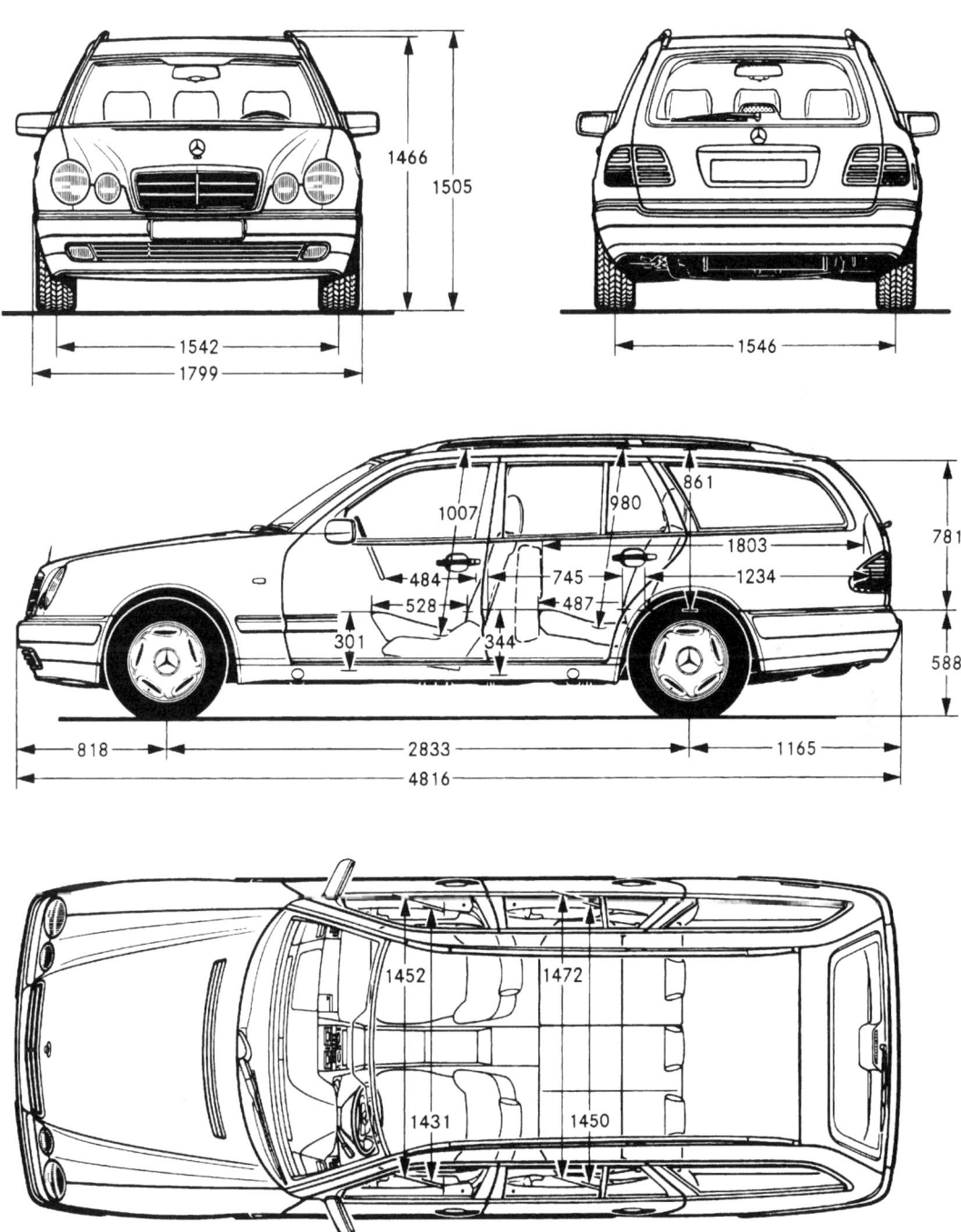